Bundesanstalt für Geowissenschaften und Rohstoffe

Handbuch zur Erkundung des Untergrundes von Deponien und Altlasten

Band 6

Dieses Methodenhandbuch „Deponieuntergrund“ ist im Rahmen des vom Bundesministerium für Bildung, Wissenschaft und Technologie (BMBF) geförderten Forschungverbundvorhabens „Methoden zur Erkundung und Beschreibung des Untergrundes von Deponien und Altlasten“ (Projektträger „Abfallwirtschaft und Altlastensanierung“ im Umweltbundesamt; Förderkennzeichen 1460605, 1460605 A, 1460605 B) entstanden.

Die Verantwortung für den Inhalt der Beiträge liegt bei den jeweiligen Autoren.

Springer-Verlag Berlin Heidelberg GmbH

Hans-Jürgen Voigt Thomas Wippermann

Geochemie

Mit Beiträgen von

Detlef Appel, Detlef Asmus, Christian Böhme, Horst Christofzik, Stephan Demmert, Wolf Eckelmann, Jürgen W. Einax, Frank Engelmann, Johannes Flachowski, Stephan Hannappel, Fred Hesser, Roland Hindel, Stephan Kaden, Helmut Kerndorff, Michael Kersten, Antonius Kettrup, Josef Knecht, Dieter Lauterbach, Jutta Lintelmann, Hartmut Lucht, Ulrike Maiwald, Rainer Müller, Reinhard Nießer, Asaf Pekdeger, Hildegard Post, Heinrich Ruholl, Ruprecht Schleyer, Manfred Schmitt, Andrea Schwark, Ulrike Soldt, Christian Sommer von Jarmersted, Leonardo van Straaten, Jens Utermann, Hans-Jürgen Voigt, Erwin Weßling, Andreas Winkler und Thomas Wippermann

Mit 81 Abbildungen und 62 Tabellen

Springer

Dr. Hans-Jürgen Voigt
FUGRO CONSULT GmbH, Umwelt - Geotechnik - Analytik
Wolfener Strasse 36, Aufgang K, D-12681 Berlin

Dr. Thomas Wippermann
Bundesanstalt für Geowissenschaften und Rohstoffe (BGR)
Stilleweg 2, D-30655 Hannover

Titelbild: Probenvorbereitung mit Wickbold-Apparatur

ISBN 978-3-642-63762-9

Die Deutsche Bibliothek - CIP-Einheitsaufnahme

Handbuch zur Erkundung des Untergrundes von Deponien und Altlasten / BGR, Bundesanstalt für Geowissenschaften und Rohstoffe. - Berlin; Heidelberg; New York; Barcelona; Budapest; Hong Kong; London; Mailand; Paris; Singapur; Tokio: Springer
Bd. 6. Voigt, Hans-Jürgen:Geochemie. - 1998

Voigt, Hans-Jürgen: Geochemie/Hans-Jürgen Voigt;Thomas Wippermann. - Berlin; Heidelberg; New York; Barcelona; Budapest; Hong Kong; London; Mailand; Paris; Singapur; Tokio: Springer, 1998
(Handbuch zur Erkundung des Untergrundes von Deponien und Altlasten; Bd. 6)
ISBN 978-3-642-63762-9 ISBN 978-3-642-58854-9 (eBook)
DOI 10.1007/978-3-642-58854-9

Originally published by Springer-Verlag Berlin Heidelberg New York in 1998
Softcover reprint of the hardcover 1st edition 1998

Herstellung: B. Schmidt-Löffler
Satz: Reproduktionsfertige Vorlage vom Autor
Einbandgestaltung: E. Kirchner, Heidelberg

SPIN: 10495867 30/3136 - 5 4 3 2 1 0 - Gedruckt auf säurefreiem Papier

Dank

Das Bundesministerium für Bildung, Wissenschaft, Forschung und Technologie (BMBF) hat im Rahmen des Programms „Umweltforschung und Umwelttechnologie“ das Forschungsverbundvorhaben „Methoden zur Erkundung und Beschreibung des Untergrundes von Deponien und Altlasten“ (Kurztitel „Deponieuntergrund“) gefördert. Als ein Ergebnis des Verbundvorhabens wird der Band Geochemie des „Handbuchs zur Erkundung des Untergrundes von Deponien und Altlasten“ vorgelegt. Der Herausgeber dankt dem BMBF für die Anregung und Förderung des Handbuchs.

Zu danken ist auch dem Projektträger des BMBF „Abfallwirtschaft und Altlastensanierung“ im Umweltbundesamt (UBA) für die fachliche und administrative Betreuung des Verbundvorhabens und des Methodenhandbuchs. Die Ermutigungen, kritischen Fragen und zahlreichen Hinweise durch die Mitarbeiter des Projektträgers und der Fachreferate im Umweltbundesamt haben die Bearbeitung des Handbuchs wesentlich vorangebracht.

Der vorliegende Band ist ein Gemeinschaftswerk von Wissenschaftlern verschiedener Fachrichtungen in Firmen, Hochschulen, Forschungsinstituten und Behörden. Zu danken ist neben den Autoren allen Fachkollegen und Firmen, die durch Beiträge und Fallbeispiele den Band Geochemie mitgestaltet haben.

Ein besonderer Dank gilt den Revisoren für die gründliche Durchsicht der Manuskripte und zahlreiche konstruktive Hinweise zu deren Verbesserung.

Frau Käbel von FURGRO CONSULT hat mit Fleiß, Kreativität und Umsicht Text und Abbildungen in die vorliegende Form gebracht. Für ihre mühevolle Arbeit gebührt ihnen der herzliche Dank der Autoren und des Herausgebers.

Inhaltsverzeichnis

Autorenverzeichnis

Dr. Detlef Appel
PanGeo -
Geowissenschaftliches Büro
Ibykusweg 23
D-30629 Hannover

Dipl.-Ing. Detlef Asmus
Dr.-Ing. Steffen
Ingenieurgesellschaft mbH
Im Teelbruch 128
D-45219 Essen

Dipl.-Min. Christian Böhme
FUGRO CONSULT GMBH
Umwelt - Geotechnik - Analytik
Wolfener Straße 36
Aufgang K
D-12681 Berlin

Dipl.-Ing. Horst Christofzik
GEO-data
Dienstleistungsgesellschaft
für Geologie, Hydrogeologie und
Umweltanalytik GmbH
Carl-Zeiss-Straße 15
D-30827 Garbsen

Dr.-Ing. Stephan Demmert
Dr.-Ing. Steffen
Ingenieurgesellschaft mbH
Im Teelbruch 128
D-45219 Essen

Dr. Wolf Eckelmann
Bundesanstalt für
Geowissenschaften und Rohstoffe
Stilleweg 2
D-30655 Hannover

Prof. Dr. Jürgen W. Einax
Friedrich-Schiller-Universität Jena
Institut für Anorganische und
Analytische Chemie
Lehrbereich Umweltanalytik
Lessingstraße 8
D-07743 Jena

Dipl.-Geol. Frank Engelmann
FUGRO CONSULT GMBH
Umwelt - Geotechnik - Analytik
Wolfener Straße 36
Aufgang K
D-12681 Berlin

Dr. Johannes Flachowsky
UFZ - Umweltforschungszentrum
Leipzig-Halle GmbH
Sektion Analytik
Perrmoserstraße 15
D-04318 Leipzig

Dr. Helmut Kerndorff
Umweltbundesamt
Postfach 330022
D-14191 Berlin

Dr. Stephan Hannappel
FUGRO CONSULT GMBH
Umwelt - Geotechnik - Analytik
Wolfener Straße 36
Aufgang K
D-12681 Berlin

Prof. Dr. Michael Kersten
Gutenberg-Universität
Institut für Geowissenschaften
Becherweg 21
D-55099 Mainz

Dr. Fred Hesser
Geo-Infometric - Gesellschaft für
Umwelt- und Geo-Service mbH
Büro Niedersachsen
Richthofenstraße 29
D-31137 Hildesheim

Prof. Dr. Antonius Kettrup
GSF - Forschungsinstitut für
Umwelt und Gesundheit GmbH
Institut für Ökologische Chemie
Ingolstädter Landstraße 1
D-85764 Neuherberg

Dr. Roland Hindel
Niedersächsisches Landesamt für
Bodenforschung
Geowissenschaftliche
Gemeinschaftsaufgaben
Stilleweg 2
D-30655 Hannover

Dr. Josef Knecht
Philipps-Universität Marburg
Fachbereich Chemie
Hans-Meerwein-Straße
D-35032 Marburg

Dr. sc. Stefan Kaden
WASY Gesellschaft für wasser-
wirtschaftiche Planung und
Systemforschung mbH
Waltersdorferstraße 105
D-12526 Berlin

Prof. Dr.-Ing. Dieter Lauterbach
Neue Krugallee 66
D-12437 Berlin

Dr. Jutta Lintelmann
GSF - Forschungsinstitut für
Umwelt und Gesundheit GmbH
Institut für Ökologische Chemie
Ingolstädter Landstraße 1
D-85764 Neuherberg

Prof. Dr. Asaf Pekdeger
Freie Universität Berlin
Institut für Geologie, Geophysik
und Geoinformatik - Fachrichtung
Rohstoff- und Umweltgeologie
Malteserstraße 74 - 100, Haus B
D-12249 Berlin

Dr. Hartmut Lucht
LLH Umwelttechnische Analytik
und Anlagen GmbH
Rudower Chaussee 6, Geb. 19.1
D-12484 Berlin

Dr. Hildegard Post
Chemisches Laboratorium Dr. E.
Weßling GmbH
Feodor-Lynen-Straße 23
D-30625 Hannover

Dr. Ulrike Maiwald
Freie Universität Berlin
Institut für Geologie, Geophysik
und Geoinformatik - Fachrichtung
Rohstoff- und Umweltgeologie
Malteserstraße 74 - 100, Haus B
D-12249 Berlin

Dr. Heinrich Ruholl
Chemisches Laboratorium Dr. E.
Weßling GmbH
Feodor-Lynen-Straße 23
D-30625 Hannover

Dr. Rainer Müller
Institut für Geologie und
Paläontologie
Technische Universität Clausthal
Leibnitzstraße 10
D-38678 Clausthal-Zellerfeld

Dr. Ruprecht Schleyer
Umweltbundesamt
Institut für Wasser-, Boden- und
Lufthygiene
Außenstelle Langen
Postfach 1468
D-63204 Langen

Prof. Dr. Reinhard Nießner
Technische Universität München
Lehrstuhl für Hydrogeologie,
Hydrochemie und Umweltanalytik
Marchionistraße 17
D-81377 München

Dipl.-Ing. Manfred Schmitt
GCA - Geochemische Analysen
Glückauf-Straße 50
D-31319 Sehnde - Ilten

Dr. Andrea Schwark
Dr.-Ing. Steffen
Ingenieurgesellschaft mbH
Im Teelbruch 128
D-45219 Essen

Dr. Hans-Jürgen Voigt
FUGRO CONSULT GMBH
Umwelt - Geotechnik - Analytik
Wolfener Straße 36
Aufgang K
D-12681 Berlin

Dr. Ulrike Soldt
Friedrich-Schiller-Universität Jena
Institut für Anorganische und
Analytische Chemie
Lehrbereich Umweltanalytik
Lessingstraße 8
D-07743 Jena

Dr. Erwin Weßling
Chemisches Laboratorium Dr. E.
Weßling GmbH
Feodor-Lynen-Straße 23
D-30625 Hannvoer

Dr. Christian Sommer von
Jarmersted
Freie Universität Berlin
Institut für Geologie, Geophysik
und Geoinformatik - Fachrichtung
Rohstoff- und Umweltgeologie
Malteserstraße 74 - 100, Haus B
D-12249 Berlin

Dr. Andreas Winkler
Freie Universität Berlin
Institut für Geologie, Geophysik
und Geoinformatik - Fachrichtung
Rohstoff- und Umweltgeologie
Malteserstraße 74 - 100, Haus B
D-12249 Berlin

Dr. Leonardo van Straaten
Geo-Infometric - Gesellschaft für
Umwelt- und Geo-Service mbH
Büro Niedersachsen
Richthofenstraße 29
D-31137 Hildesheim

Dr. Thomas Wippermann
Bundesanstalt für
Geowissenschaften und Rohstoffe
Stilleweg 2
D-30655 Hannover

Dr. Jens Utermann
Bundesanstalt für
Geowissenschaften und Rohstoffe
Stilleweg 2
D-30655 Hannover

1 Inhalt und Zielsetzung geochemischer Verfahren zur Gefährdungsabschätzung von Deponien

1.1 Geochemische Charakterisierung des Belastungspfades Deponie-Sickerwasser-Grundwasser

RUPRECHT SCHLEYER UND HELMUT KERNDORFF

1.1.1 Einleitung

Deponien sind künstliche Fremdkörper in der Geosphäre. Es bestehen große stoffliche und physikalische Unterschiede zwischen dem Abfallkörper und seiner Umgebung. Aus thermodynamischen Gründen ist die Natur bestrebt, derartige geochemische Anomalien auszugleichen. Sie trachtet nach Wiederherstellung eines geochemischen Gleichgewichts, was zu wechselseitigen Stoff- und Energieflüssen führt. Stoffflüsse aus der Deponie (Emissionen) verändern (i.d.R. erhöhen) die natürlichen Stoffkonzentrationen in den benachbarten Umweltmedien Luft, Boden, Grundwasser oder Oberflächengewässer und können somit Mensch und Umwelt gefährden. Von Bedeutung ist hierbei, daß es nicht die in der Deponie befindlichen Stoffe sind, von denen eine Gefährdung ausgeht, sondern die Stoffe, welche die Deponie verlassen. Das heißt mit anderen Worten: Von einer rundum dichten Deponie geht keine Gefährdung aus.

Die Emissionen moderner Deponien können durch Kontrolle der deponierten Abfälle sowie durch Einbeziehung natürlicher und technischer Barrieren bereits bei der Standortauswahl, beim Bau, während des Betriebs und nach Schließung eingeschränkt werden. Demgegenüber wurden in der Zeit vor Inkrafttreten des Abfallgesetzes (früher Abfallbeseitigungsgesetz) im Jahr 1972 praktisch alle Abfälle aus Haushalt, Gewerbe und Industrie gemischt in entsprechenden Abfallablagerungsplätzen (Müllkippen) abgelagert. Diese hatten in der Regel keine Basis- und Oberflächenabdichtungen, so daß zahlreiche deponierte Stoffe und auch solche, die durch chemische Reaktionen und biologische Aktivitäten in den Deponien gebildet werden, ausgelaugt oder ausgegast werden und so in den benachbarten Boden, in den Untergrund, in das Grundwasser oder in die Atmosphäre gelangen und dort direkt oder indirekt zu Umwelt- oder Gesundheitsproblemen führen können (*Abb. 1.1*).

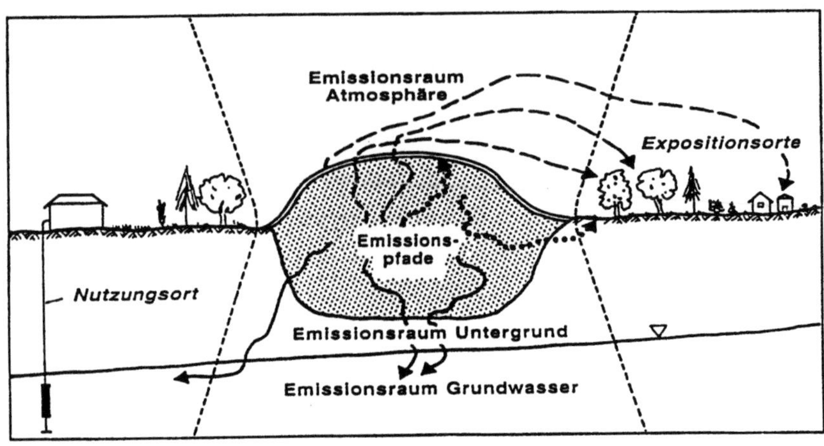

Abb. 1.1. Schematische Darstellung der Emissionen aus Deponien

1.1.2 Emissionen von Deponien

Welche Stoffe aus einer Deponie in welchen Mengen in bestimmte Emissionsräume austreten können, hängt davon ab

- ob ein Stoff abgelagert wurde bzw. sich bilden kann,
- für den Fall, daß er abgelagert wurde, bzw. sich bilden kann, in welchen Mengen dies geschah bzw. geschieht,
- welche physikalisch-chemischen Eigenschaften ein Stoff hat (hinsichtlich seines pfadspezifischen Migrationsverhaltens im Abfallkörper und nach dessen Verlassen auf unterschiedlichen Ausbreitungspfaden) und
- wie die Umgebung des Standorts beschaffen ist, insbesondere der Untergrund.

Eine Prognose von Emissionen aus Deponien ist auch in Fällen weitgehender Kenntnis des Deponieinhalts nur sehr eingeschränkt möglich. Dies liegt zum einen daran, daß die Umgebung einer Deponie, insbesondere ihr Untergrund, nur eingeschränkt erfaßbar und in Modellen darstellbar ist, zum anderen an der unübersehbar großen Anzahl stofflicher Ab- und Umbauprozesse im Abfallkörper, bei denen auch unbekannte Stoffe entstehen. Wesentliche Voraussetzung für die Charakterisierung und Bewertung der Emissionssituation ist daher nicht die Kenntnis der Zusammensetzung des Abfallkörpers, sondern chemisch-analytische Untersuchungen an den Umweltmedien in der Umgebung einer Deponie.

Zahlreiche derartige Untersuchungen in der jüngsten Vergangenheit haben deutlich gemacht, daß der Hauptemissionspfad aus Deponien die Migration von Sickerwässern und ihren Lösungsinhalten in den Untergrund (ungesättigte Zone), von dort in das Grundwasser (gesättigte Zone) und dann mit dem Grundwasserstrom darstellt (EHRIG 1988). Weil das Grundwasser zu über 70 % Anteil an der Trinkwasserversorgung in der Bundesrepublik Deutschland hat, beinhaltet dieser Pfad das wesentliche nutzungsspezifische Gefährdungspotential (*Abb. 1.2*). Andere Pfade, wie beispielsweise das Ausgasen von Schadstoffen in die Atmosphäre oder die Aufnahme von Schadstoffen aus kontaminierten Boden über die Nahrungskette, sind bezüglich ihres umwelthygienischen Gefährdungspotentials nur in speziellen Fällen von Bedeutung.

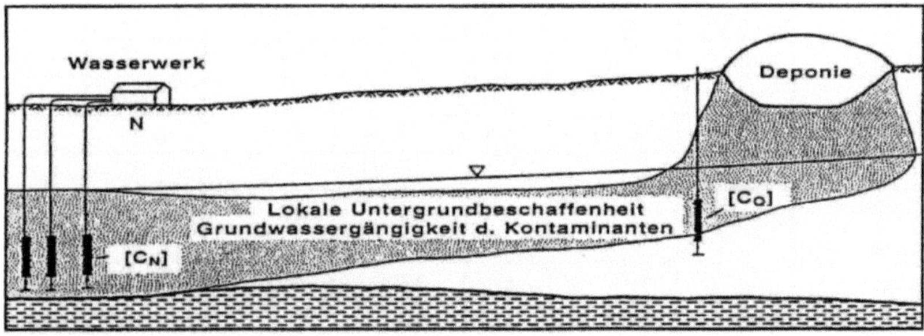

Abb. 1.2. Schematische Darstellung des wichtigsten Emissionspfads Deponie-Sickerwasser-Grundwasser-Trinkwasser und zu berücksichtigende Größen (C_Q= Schadstoffkonzentration am Quellort, C_N = Schadstoffkonzentration am Nutzungsort)

1.1.3 Charakterisierung des Hauptbelastungspfades Sickerwasser-Grundwasser

Trotz der prinzipiell einheitlichen Genese von Abfallablagerungen, insbesondere derer aus der Zeit vor Inkrafttreten des Abfallgesetzes im Jahr 1972 (Altablagerungen), ist jede ein Unikat. Dies gilt sowohl für die Abfallzusammensetzung als auch für die örtlichen Gegebenheiten und somit auch für die Emissionen. Eine generelle Charakterisierung des Einflusses von Sickerwasseremissionen auf die Grundwasserqualität mit dem Ziel der Erkennung übergeordneter Zusammenhänge erfordert daher die Anwendung statistischer Methoden auf der Basis repräsentativer Datensätze. Dies soll nachfolgend am Beispiel eines einheitlichen Aquifer- bzw. Grundwassertyps, nämlich Grundwässern aus Lockergesteinsaquiferen, durch statistische Auswertung zweier

Tabelle 1.1. Statistische Parameter der Konzentrationen anorganischer Grundwasserinhaltsstoffe des Rohwasser- und des Altablagerungendatensatzes im Vergleich zu den Grenzwerten der Trinkwasserverordnung

			Rohwasserdatensatz Rohwasser von 126 grundwasserfördernden Wasserwerken (weitestgehend unbeeinflußt)				
Substanz		Grenzwert TVO	n	Mittelwert	Median 50%-P.	75%-Perz.-wert	Maximum
Hauptkationen							
Calcium	[mg/l]	400	116	83,2	78,7	106	236
Magnesium	[mg/l]	50	121	14,3	11,9	20,7	79
Natrium	[mg/l]	150	104	17,5	12,7	24,3	95,3
Kalium	[mg/l]	12	93	2,9	2,2	3,5	16,9
Ammonium	[mg/l]	0,5	114	0,17	0,07	0,23	2,1
Eisen	[mg/l]	0,2	123	2,0	0,93	2,0	19,4
Mangan	[mg/l]	0,05	120	0,18	0,12	0,24	1,1
Hauptanionen							
Hydrogencarbonat	[mg/l]	-	98	238	252	335	432
Chlorid	[mg/l]	250	120	33,4	25,5	44,1	185
Sulfat	[mg/l]	240	121	59,0	35,7	77,5	400
Nitrat	[mg/l]	50	126	13,3	6,9	23,6	56,2
Spurenelemente							
Aluminium	[µg/l]	200	53	50	< 10	20	200
Blei	[µg/l]	40	88	1,4	< 0,5	0,90	26,3
Cadmium	[µg/l]	5	88	0,13	< 0,1	< 0,1	4,0
Chrom (ges.)	[µg/l]	50	89	0,58	< 0,5	0,50	6,0
Kupfer	[µg/l]	-	28	7,0	4,5	9,6	43,0
Nickel	[µg/l]	50	74	2,8	< 1,0	4,3	22,2
Quecksilber	[µg/l]	1	78	< 0,1	< 0,1	< 0,1	0,2
Strontium	[µg/l]	-	15	240	200	320	530
Zink	[µg/l]	-	41	117	30,2	93,3	630
Spurenanionen							
Arsen (III/V)	[µg/l]	10	86	1,2	< 0,5	0,60	25,0
Nitrit	[mg/l]	100	122	< 0,01	< 0,01	0,01	0,2
Selen (IV/VI)	[µg/l]	10	40	0,55	< 0,1	< 0,1	19,0
Bor (ges.)	[µg/l]	1000	20	34,8	26,0	56,6	127
Fluorid	[mg/l]	1,5	85	< 0,1	< 0,1	0,12	0,4
Cyanide (gesamt)	[µg/l]	50	77	< 1	< 1	< 1	10,0
Phosphat (gesamt)	[mg/l]	-	105	0,14	0,08	0,21	0,9

Tabelle 1.1. Fortsetzung

			Altablagerungendatensatz Grundwasserabstrom von 205 Altablagerungen (beeinflußt)				
Substanz		Grenz-wert TVO	n	Mittel-wert	Median 50%-P.	75%-Perz.-wert	Maximum
Hauptkationen							
Calcium	[mg/l]	400	318	175	156	229	785
Magnesium	[mg/l]	50	321	38,1	22,0	42,3	436
Natrium	[mg/l]	150	338	128	45,6	130	3600
Kalium	[mg/l]	12	217	32,9	12,0	36,0	350
Ammonium	[mg/l]	0,5	276	11,0	0,41	6,2	945
Eisen	[mg/l]	0,2	335	9,6	2,0	11,0	240
Mangan	[mg/l]	0,05	329	1,5	0,43	1,2	33,1
Hauptanionen							
Hydrogen-carbonat	[mg/l]	-	233	519	408	661	2458
Chlorid	[mg/l]	250	360	202	74,2	168	6020
Sulfat	[mg/l]	240	352	194	122	223	8560
Nitrat	[mg/l]	50	347	25,6	2,5	24,3	11500
Spurenelemente							
Aluminium	[µg/l]	200	168	596	80,0	573	59600
Blei	[µg/l]	40	334	6,3	< 0,05	2,1	450
Cadmium	[µg/l]	5	335	1,5	< 0,05	0,3	13000
Chrom (ges.)	[µg/l]	50	279	21,2	< 10	< 10	5120
Kupfer	[µg/l]	-	275	24,5	< 10	20,0	577
Nickel	[µg/l]	50	249	22,9	13,0	24,0	23200
Quecksilber	[µg/l]	1	232	< 0,2	< 0,2	< 0,2	3,4
Strontium	[µg/l]	-	205	580	399	764	5580
Zink	[µg/l]	-	328	410	64,5	220	168000
Spurenanionen							
Arsen (III/V)	[µg/l]	10	253	45,4	1,3	6,0	4000
Nitrit	[mg/l]	100	285	0,49	< 0,1	0,3	79,1
Selen (IV/VI)	[µg/l]	10	112	0,10	< 0,2	< 0,2	14,0
Bor (ges.)	[µg/l]	1000	259	832	181	530	31200
Fluorid	[mg/l]	1,5	97	< 0,5	< 0,5	0,50	1,7
Cyanide (gesamt)	[µg/l]	50					
Phosphat (gesamt)	[mg/l]	-	207	1,8	0,1	0,60	115

Datensätze gezeigt werden. Der eine Datensatz beinhaltet grundwasserchemische Daten aus dem unmittelbaren Abstrom von 205 Abfallablagerungsplätzen in Lockersedimenten (KERNDORFF et al. 1993, nachfolgend als "Altablagerungendatensatz" bezeichnet. Diesem Datensatz gegenübergestellt wurde in *Tabelle 1.1* ein sog. "Rohwasserdatensatz", der weitestgehend unbelastetes Grundwasser erfaßt. Die Rohwasseranalysen wurden in 126 Wasserwerken gewonnen (SCHLEYER & KERNDORFF 1992).

1.1.3.1 Anorganische Veränderungen der Grundwasserqualität durch Deponiesickerwässer

Durch die Sickerwässer der Deponien werden die stoffliche Zusammensetzung und die Stoffgehalte der Grundwässer erheblich verändert. Obschon sich im Einzelfall die Konzentration eines Stoffes durch den Einfluß einer Altablagerung auch vermindern kann (beispielsweise Sulfatabbau in einer Reduktionszone), zeigt sich in der statistischen Masse der Sickerwassereinfluß von Altablagerung durchweg als Konzentrationserhöhung (*Tabelle 1.1*). Eine Ausnahme hiervon bildet das Selen, das in dem Rohwasserdatensatz aus weitestgehend unbeeinflußten Grundwässern etwas höhere Konzentrationen zeigt als in den beeinflußten Grundwässern des Altablagerungendatensatzes. Die Maximalwerte einzelner Parameter (z. B. Cd und Ni) sind extrem hoch und spiegeln spezifische Kontaminationen in einzelnen Meßstellen wider.

Die Bedeutung der verschiedenen anorganischen Substanzen auf dem hier betrachteten Emissionspfad Sickerwasser-Grundwasser ist sehr unterschiedlich. Bedeutend sollen definitionsgemäß diejenigen Substanzen sein, welche häufig und in hohen Konzentrationen im Grundwasserabstrom von Abfallablagerungen nachgewiesen werden. Zur Quantifizierung werden die Größen "Emissionsnachweishäufigkeit" und "mittlere Emissionskonzentration" definiert. Die Emissionsnachweishäufigkeit ist der prozentuale Anteil der Meßwerte des Altablagerungendatensatzes, der oberhalb des Mittelwertes des Rohwasserdatensatzes liegt. Die mittlere Emissionskonzentration ist die Differenz zwischen dem Mittelwert des Altablagerungendatensatzes und dem des Rohwasserdatensatzes. Zur Verknüpfung dieser beiden sehr unterschiedlichen Größen werden sie auf einer von 1 - 100 reichenden Skala zunächst normiert und dann miteinander multipliziert (*Tabelle 1.2*).

Die Reihung der anorganischen Substanzen bezüglich ihrer derart, nach objektiven Kriterien quantifizierten Bedeutung zeigt Hydrogencarbonat, Natrium, Chlorid und Calcium als die bedeutendsten anorganischen Substanzen in Sickerwasseremissionen aus Deponien. Hier wird deutlich, daß Abfall überwiegend aus kohlenstoffhaltigem biologischem Material und anorganischen Salzen besteht (Hausmüll, Bauschutt). Bemerkenswert ist die Stellung des Bor, das geogen nur in Spuren vorkommt, aber in fast allen flüssigen Altablagerungsemissionen nachweisbar ist (85,7 %). In der Reihung folgt es daher als erstes Spurenelement direkt hinter den Hauptelementen. Dieser Sachverhalt, zusammen mit der geochemischen Mobilität und der einfachen

Tabelle 1.2. Anorganische Grundwasserinhaltsstoffe in der Reihenfolge ihrer Bedeutung als Kontaminanten aus Deponien

	Emissions-nachweishäufigkeit[a]		Mittlere Emissions-konzentration[b]		Produkt[e] (Bedeutung als Kontaminant auf dem Grundwas-serpfad)
Substanz	[%]	normiert[c]	[µg/L]	normiert[d]	
Hydrogencarbonat	858	100	281 000	100	10000
Natrium	83,4	97,2	110 500	93,8	9117
Chlorid	79,2	92,4	168 600	96,6	8926
Calcium	74,5	87,0	91 800	92,5	8048
Magnesium	76,0	88,7	23 800	83,5	7406
Kalium	74,2	86,6	30 000	85,1	7370
Sulfat	64,5	75,4	135 000	95,1	7171
Bor	85,7	99,9	797	60,9	6084
Ammonium	53,6	62,8	10 830	78,3	4917
Strontium	74,1	86,5	340	55,2	4775
Mangan	62,6	73,2	1 320	64,3	4707
Nitrat	50,7	59,5	12 300	79,1	4706
Eisen	40,6	47,8	7 600	75,9	3628
Phosphat	41,5	48,9	1 660	65,8	3218
Arsen	61,3	71,7	44,2	41,6	2983
Nickel	64,3	75,2	20,1	36,4	2737
Zink	41,2	48,5	293	54,2	2629
Chrom	56,3	66,0	20,6	36,5	2409
Nitrit	35,4	41,8	480	57,5	2404
Aluminium	33,9	40,1	546	58,4	2342
Kupfer	52,4	61,5	17,5	35,4	2177
Blei	38,3	45,2	4,9	26,9	1216
Cadmium	14,9	18,2	1,4	18,6	339
Selen	22,3	26,7	0	1,0	27
Fluorid	52,6	61,7	-	-	-
Quecksilber	14,7	18,0	-	-	-

[a] Prozent der Meßwerte des Altablagerungendatensatzes über dem Mittelwert des Rohwasserdatensatzes.

[b] Mittelwert Altablagerungendatensatz minus Mittelwert Rohwasserdatensatz.

[c] Pfadspezifisches Maximum (Hydrogencarbonat) = 100; 0.1 % (und kleiner) = 1.

[d] Pfadspezifisches Maximum (Hydrogencarbonat) = 100; 0.1 µg/L (und kleiner) = 1.

[e] Produkt aus normierter Emissionsnachweishäufigkeit und normierter mittlerer Emissionskonzentration.

Analytik, macht Bor zu einem hervorragend geeigneten Parameter zur Erkennung von Sickerwasseremissionen aus Deponien (Screening-Parameter).

Da nur eine Substanz mit guten Transfereigenschaften häufig und in hohen Konzentrationen im Grundwasserabstrom von Deponien nachgewiesen werden kann, ist die Reihung der anorganischen Substanzen in *Tabelle 1.2* auch ein Maß für ihr Migrationspotential auf dem Pfad Sickerwasser-Grundwasser. Insbesondere bei der Größe Emissionsnachweishäufigkeit erreichen nur diejenigen Substanzen hohe Werte, die sich ohne oder nur mit geringer Retardation gut mit dem Grundwasserstrom ausbreiten. Für die Frage, welche Substanzen letztlich im Förderbrunnen eines Wasserwerks ankommen können, spielen dann zusätzlich die Persistenz und die Untergrundbeschaffenheit (z. B. C_{org}-, Tongehalt, oxidierendes/reduzierendes Milieu) die entscheidende Rolle. Die Persistenz wird i.d.R. als Halbwertszeit angegeben und kann, wie bei einfachen Ionen (z.B. Na^+, Cl^-, Ni^{2+}, Cd^{2+}), unendlich sein, bei zusammengesetzten Ionen (z. B. CrO_4^{2-}, NO_3^-, NH_4^+, CN^-) aber auch sehr unterschiedlich endlich.

1.1.3.2 Organische Veränderungen der Grundwasserqualität durch Deponiesickerwässer

Organische Substanzen in Grundwässern können natürlichen (geogen und biogen) und anthropogenen Ursprungs sein. Zu den natürlich vorkommenden organischen Substanzen gehören neben vielen niedermolekularen Zersetzungsprodukten von toten Organismen (wie Kohlenhydrate, Aminosäuren, Fettsäuren, Gerbsäuren etc.) v. a. die höhermolekularen Huminstoffe. Die zuletzt genannten sind auch mengenmäßig die wichtigsten organischen Substanzen in anthropogen unbeeinflußten Grundwässern. Die analytische Bestimmung solcher geogenen und biogenen organischen Grundwasserinhaltsstoffe als Einzelverbindungen ist aufgrund ihres zumeist stark polaren Charakters schwierig. Eine quantitative Aussage über ihre Summe gibt jedoch der Summenparameter DOC (»dissolved organic carbon«, gelöster organischer Kohlenstoff), dessen Mediankonzentration mit 1,2 mg/l deshalb beim Rohwasserdatensatz als einzige oberhalb der Nachweisgrenze liegt und auch die bei weitem höchste ist.

Gänzlich anders ist die Situation im Falle anthropogener organischer Stoffe (Kontaminanten). Diese kommen natürlicherweise in Grundwässern nur stark eingeschränkt vor, so daß i. d. R. ein analytischer Nachweis im Grundwasserabstrom einer Deponie gleichbedeutend mit einem Emissionsnachweis ist. Der Rohwasserdatensatz zeigt jedoch, daß einzelne organische Substanzen, z. B. Trichlormethan, Trichlorethen und Tetrachlorethen, wenn auch meist nur in Spuren in anderweitig unbeeinflußten Grundwässern vorhanden sein können. Ob hierfür regional begrenzte Quellen im Einzugsgebiet der Wasserwerke maßgebend sind oder ein ubiquitär stattfindender Eintrag aus der Atmosphäre muß offen bleiben. Beim Trichlormethan gibt es auch Hinweise auf eine natürliche Entstehung. Wichtig bei diesen Substanzen ist, daß ein analytischer Nachweis im Bereich < 1 µg/l nicht gleichbedeutend mit einem Emissionsnachweis aus einer Deponie sein muß, sondern im Konzentrationsbereich ubiquitärer, diffuser Belastung liegt.

Die im Abstrom von Abfallablagerungen möglichen Grundwasserkontaminationen durch organische Verbindungen sind im Vergleich zu den anorganischen, von der Anzahl der Stoffe her gesehen, weitaus größer. So konnten bis jetzt durch umfangreiche GC-MS-analytische Untersuchungen in der Bundesrepublik und den USA (PLUMB JR. 1992) ca. 1.200 organische Grundwasserkontaminanten im Abstrom von Deponien erfaßt werden, von denen jedoch nur eine vergleichsweise geringe Anzahl öfter nachgewiesen wurde und dabei noch Konzentrationen deutlich oberhalb von 1 µg/l (USA) bzw. oberhalb von 0,1 µg/l (Westdeutschland) aufweist. Der überwiegende Anteil der identifizierten organischen Kontaminanten (> 1.000) hat eine Nachweishäufigkeit von unter 0,1 %, d. h. in 1.000 kontaminierten Grundwasserabstromproben von Abfallablagerungen werden diese durchschnittlich weniger als einmal nachgewiesen! Analytisch und methodisch bedingte Selektionen von Stoffen oder Stoffgruppen sind hierbei weitgehend ausgeschlossen, da im Rahmen dieser Untersuchungen die Probenaufbereitung (sauer-, basisch-/neutral-extrahierbare Substanzen, leichtflüchtige Substanzen und Pestizide) und die Analytik (im wesentlichen GC-MS) auf das Ziel der Erfassung möglichst aller Grundwasserkontaminanten ausgerichtet war.

Die statistische Auswertung des Altablagerungendatensatzes macht die z. T. massive Beeinflussung des Grundwassers mit organischen Substanzen aus Deponien deutlich. Weil eine statistische Auswertung von Konzentrationen nur dann sinnvoll ist, wenn genügend Meßwerte vorliegen, sind in *Tabelle 1.3* nur die organischen Substanzen mit einer Nachweishäufigkeit > 3 % aufgelistet (vgl. *Tabelle 1.4*). Die unterschiedliche Bedeutung der zahlreichen organischen Substanzen als Kontaminanten auf dem Grundwasserpfad kommt wie bei den anorganischen Substanzen durch Verknüpfung der beiden Größen "Emissionsnachweishäufigkeit" und "mittlere Emissionskonzentration" zum Ausdruck (*Tabelle 1.4*). Die Quantifizierung der beiden Größen erfolgt bei den organischen Substanzen prinzipiell genauso wie bei den anorganischen. Weil organische Kontaminanten allerdings natürlicherweise nicht im Grundwasser vorkommen, ist mit Ausnahme der oben angesprochenen Substanzen Trichlormethan, Trichlorethen und Tetrachlorethen der analytische Nachweis gleichbedeutend mit einem Emissionsnachweis. Aus dem gleichen Grund sind die mittleren Emissionskonzentrationen auch die Mittelwerte des Altablagerungendatensatzes.

Die aliphatischen leichtflüchtigen, chlorierten Kohlenwasserstoffe (LCKW) führen bezüglich ihrer Bedeutung auf dem Grundwasserpfad die Liste an (*Tabelle 1.4*). Von den 19 Kontaminanten mit Nachweishäufigkeiten

Tabelle 1.3. Statistische Parameter der Konzentrationen organischer Grundwasserinhaltsstoffe des Rohwasser- und des Altablagerungendatensatzes (mit Ausnahme des DOC alle Konzentrationen in µg/l). Aufgelistet sind nur organische Substanzen mit einer Nachweishäufigkeit > 3 %

Rohwasserdatensatz
Rohwasser von 126 grundwasserfördernden Wasserwerken (weitestgehend unbeeinflußt)

Parameter/ Substanz	n	Mittelwert	Median 50 %-P.	75 %-Perz.-wert	Maximum
DOC [mg/L]	72	1,6	1,2	2,0	8,1
AOX [µg/L]	66	2,7	< 2,0	< 2,0	38,0
Leichtflüchtige Halogenkohlenwasserstoffe [µg/L]					
Dichlormethan	102	< 0,1	< 0,1	< 0,1	0,30
Trichlormethan	99	0,12	< 0,1	< 0,1	4,8
Tetrachlormethan	89	< 0,1	< 0,1	< 0,1	0,10
1,1-Dichlorethan	-	-	-	-	-
1,2-Dichlorethan	-	-	-	-	-
1,1,1-Trichlorethan	123	< 0,1	< 0,1	< 0,1	3,4
1,1,2-Trichlorethan	-	-	-	-	-
Chlorethen (Vinylchlorid)	-	-	-	-	-
cis-1,2-Dichlorethen	-	-	-	-	-
trans-1,2-Dichlorethen	-	-	-	-	-
Trichlorethen	125	0,21	< 0,1	< 0,1	5,0
Tetrachlorethen	126	0,34	< 0,1	< 0,1	8,0
Tribrommethan	57	< 0,1	< 0,1	< 0,1	0,25
Bromdichlormethan	18	< 0,1	< 0,1	< 0,1	0,40
Dibromchlormethan	26	< 0,1	< 0,1	< 0,1	< 0,1
Benzol und Alkyl-/Chlorderivate [µg/L]					
Benzol	18	< 0,1	< 0,1	< 0,1	< 0,1
Toluol	18	< 0,1	< 0,1	< 0,1	< 0,1
o-Xylol	18	< 0,1	< 0,1	< 0,1	< 0,1
m/p-Xylol	18	< 0,1	< 0,1	< 0,1	< 0,1
Ethylbenzol	18	< 0,1	< 0,1	< 0,1	< 0,1
1,3,5-Trimethylbenzol (Mesitylen)	-	-	-	-	-
1,2,4-Trimethylbenzol (pseudo-Cumol)	-	-	-	-	-
Isopropylbenzol (Cumol)	-	-	-	-	-
2-Ethyltoluol	-	-	-	-	-
Chlorbenzol	-	-	-	-	-
1,2-Dichlorbenzol	-	-	-	-	-
1,3-Dichlorbenzol	-	-	-	-	-
1,4-Dichlorbenzol	-	-	-	-	-

Tabelle 1.3. Fortsetzung

Parameter/ Substanz	n	Mittel- wert	Median 50 %-P.	75 %-Perz.- wert	Maximum
Phenol und Methyl-/Chlorderivate [µg/L]					
Phenol	-	-	-	-	-
2-Methylphenol (o-Kresol)	-	-	-	-	-
4-Methylphenol (p-Kresol)	-	-	-	-	-
3,5-Dimethylphenol	-	-	-	-	-
3-Chlorphenol	-	-	-	-	-
2,4-Dichlorphenol	-	-	-	-	-
2,4,5-Trichlorphenol	-	-	-	-	-
2,4,6-Trichlorphenol	-	-	-	-	-
Polycyclische aromatische Kohlenwasserstoffe [µg/L]					
Naphthalin	-	-	-	-	-
Acenaphthen	-	-	-	-	-
Phenanthren	-	-	-	-	-

Altablagerungendatensatz
Grundwasserabstrom von 205 Altablagerungen
(beeinflußt)

Parameter/ Substanz	n	Mittelwert	Median 50 %-P.	75 %-Perz.- wert	Maximum
DOC [mg/L]					
AOX [µg/L]					
Leichtflüchtige Halogenkohlenwasserstoffe [µg/L]					
Dichlormethan	114	871	438	16800	499000
Trichlormethan	236	2,1	1,4	10,1	2800
Tetrachlormethan	201	3,0	0,2	0,3	23,0
1,1-Dichlorethan	130	43,7	53,0	90,0	110
1,2-Dichlorethan	16	72,4	< 5	< 5	210
1,1,1-Trichlorethan	206	1,8	1,0	7,4	270
1,1,2-Trichlorethan	140	7,6	3,0	70,0	190,0
Chlorethen (Vinylchlorid)	136	85,1	99,5	1950	12000
cis-1,2-Dichlorethen	153	234	166	1150	411000
trans-1,2-Dichlorethen	134	40,7	50,0	95,0	135
Trichlorethen	277	11,5	2,3	11,0	128000
Tetrachlorethen	277	4,2	1,4	3,7	6500
Tribrommethan	130	2,5	2,5	4,5	6,0
Bromdichlormethan	-	-	-	-	-
Dibromchlormethan	-	-	-	-	-

Tabelle 1.3. Fortsetzung

Benzol und Alkyl-/Chlorderivate [µg/L]					
Benzol	127	17,4	13,5	38,0	1795
Toluol	127	4,1	3,5	11,0	911
o-Xylol	127	5,9	4,7	19,6	69,0
m/p-Xylol	92	3,4	2,8	4,9	447
Ethylbenzol	124	6,6	4,4	62,5	160
1,3,5-Trimethylbenzol (Mesitylen)	90	<95	< 0,1	<0,1	4,0
1,2,4-Trimethylbenzol (pseudo-Cumol)	90	1,7	1,5	2,6	3,5
Isopropylbenzol (Cumol)	90	1,6	3,1	4,5	4,7
2-Ethyltoluol	90	0,62	0,6	0,8	1,0
Chlorbenzol	93	4,7	2,3	6,5	388
1,2-Dichlorbenzol	90	0,83	0,9	2,1	6,6
1,3-Dichlorbenzol	90	1,7	1,1	38,2	74,0
1,4-Dichlorbenzol	90	3,4	2,2	37,5	265
Phenol und Methyl-/Chlorderivate [µg/L]					
Phenol	124	1,7	1,5	3,6	5,6
2-Methylphenol (o-Kresol)	124	4,6	5,9	9,2	63,3
4-Methylphenol (p-Kresol)	124	12,0	8,6	20,7	283
3,5-Dimethylphenol	124	4,0	6,9	35,6	61,0
3-Chlorphenol	124	10,5	12,3	20,8	22,8
2,4-Dichlorphenol	124	0,85	0,9	9,6	17,2
2,4,5-Trichlorphenol	127	1,7	1,3	16,6	31,9
2,4,6-Trichlorphenol	124	0,71	0,6	1,5	24,1
Polycyclische aromatische Kohlenwasserstoffe [µg/L]					
Naphthalin	124	1,5	1,1	2,1	12,6
Acenaphthen	124	1,6	1,3	17,1	32,0
Phenanthren	124	0,33	0,6	2,6	4,4

> 10 % gehören 9 (47 %) zu dieser Substanzgruppe. Bei den 7 chlorfreien Kontaminanten überwiegen Benzol und seine Alkylderivate (4 Verbindungen), hinzu kommen 2 Phenole und Naphthalin. Insgesamt kommt daher der Substanzgruppe der einkernigen aromatischen Kohlenwasserstoffe, d. h. Benzol und seinen Alkyl- und Chlorderivaten, die zweitwichtigste Bedeutung zu. Bemerkenswert ist die Tatsache, daß 2 Abbauprodukte von LCKW (cis-1,2-Dichlorethen, Vinylchlorid) ganz oben in der Reihung zu finden sind, also Substanzen, die nicht primär im Abfall vorkommen. Dies unterstreicht den bereits eingangs dieses Kapitels diskutierten Sachverhalt,

Tabelle 1.4, Organische Grundwasserinhaltsstoffe in der Reihenfolge ihrer Bedeutung als Kontaminanten aus Deponien

Substanz	Emissionsnachweishäufigkeit[a] [%]	Emissionsnachweishäufigkeit[a] normiert[c]	Mittlere Emissionskonzentration[b] [µg/L]	Mittlere Emissionskonzentration[b] normiert[d]	Produkt[e] (Bedeutung als Kontaminant auf dem Grundwasserpfad)
cis-1,2-Dichlorethen	30,07	35,7	234,4	52,7	1881
Trichlorethen	40,79	48,1	11,5	32,6	1568
Tetrachlorethen	46,21	54,3	4,2	25,9	1406
Benzol	29,13	34,6	17,4	35,4	1225
Dichlormethan	14,91	18,2	871,0	61,5	1119
1,2-Dichlorethan	18,75	22,6	72,4	44,9	1015
Chlorethen (Vinylchlorid)	17,65	21,4	85,1	46,0	984
p-/m-Xylol	22,83	27,3	3,4	24,5	669
Trichlormethan	22,03	26,4	2,1	21,3	562
4-Methylphenol	13,71	16,8	12,0	32,9	553
1,1,1-Trichlorethan	22,82	27,3	1,8	20,2	551
Toluol	16,54	20,1	4,1	25,7	517
Chlorbenzol	12,90	15,9	4,7	26,6	423
2-Methylphenol (o-Kresol)	12,90	15,9	4,6	26,5	421
Tetrachlormethan	14,43	17,7	3,0	23,7	419
Ethylbenzol	11,29	14,0	6,6	28,9	405
trans-1,2-Dichlorethen	7,46	9,6	40,7	41,1	395
1,4-Dichlorbenzol	12,22	15,1	3,4	24,5	370
o-Xylol	9,45	11,9	5,9	28,2	336
1,1,2-Trichlorethan	7,86	10,1	7,6	29,9	302
1,1-Dichlorethan	5,38	7,2	43,7	41,5	299
Naphthalin	12,10	15,0	1,5	18,8	282
3,5-Dimethylphenol	8,06	10,3	4,0	25,6	264
1,2-Dichlorbenzol	12,22	15,1	0,83	15,1	228
3-Chlorphenol	4,84	6,6	10,5	32,0	211
Phenol	8,06	10,3	1,7	20,0	206
1,3-Dichlorbenzol	7,78	10,0	1,7	19,9	199
2,4,6-Trichlorphenol	8,87	11,2	0,71	14,1	158
Isopropylbenzol (Cumol)	5,56	7,4	1,6	19,4	144
Acenaphthen	4,84	6,6	1,6	19,3	127
1,2,4-Trimethylbenzol (pseudo-Cumol)	4,44	6,1	1,7	19,7	120
2,4,5-Trichlorphenol	3,94	5,5	1,7	19,9	109
Tribrommethan	3,08	4,6	2,5	22,3	103

Tabelle 1.4. Fortsetzung

Substanz	Emissionsnachweishäufigkeit[a] [%]	Emissionsnachweishäufigkeit[a] normiert[c]	Mittlere Emissionskonzentration[b] [µg/L]	Mittlere Emissionskonzentration[b] normiert[d]	Produkt[e] (Bedeutung als Kontaminant auf dem Grundwasserpfad)
2,4-Dichlorphenol	4,84	6,6	0,85	15,3	101
1,1,2,2-Tetrachlorethan	2,42	3,8	4,3	26,0	99
2-Ethyltoluol	4,44	6,1	0,62	13,2	81
1,3,5-Trimethylbenzol (Mesitylen)	3,33	4,8	0,95	16,0	77
2,6-Dichlorphenol	2,42	3,8	0,79	14,8	56
Phenanthren	3,23	4,7	0,33	9,0	42
1,2,4-Trichlorbenzol	2,22	3,6	< 0,1	1	4
2-Methylnaphthalin	2,22	3,6	< 0,1	1	4
3-/4-Ethyltoluol	2,22	3,6	< 0,1	1	4
Fluoranthen	1,63	2,9	< 0,1	1	3
2-Chlorphenol	1,61	2,9	< 0,1	1	3
1,2,3-Trichlorbenzol	1,11	2,3	< 0,1	1	2
1,3,5-Trichlorbenzol	1,11	2,3	< 0,1	1	2
1-Methylnaphthalin	1,11	2,3	< 0,1	1	2
2-Chlortoluol	1,11	2,3	< 0,1	1	2
Pentachlorbenzol	1,08	2,2	< 0,1	1	2
Fluoren	0,81	1,9	< 0,1	1	2
Pentachlorphenol	0,81	1,9	< 0,1	1	2
Pyren	0,81	1,9	< 0,1	1	2
Dibromchlormethan	0,80	1,9	< 0,1	1	2
Acenaphthylen	0,00	1	< 0,1	1	1
Anthracen	0,00	1	< 0,1	1	1
Benzo(a)anthracen	0,00	1	< 0,1	1	1
Benzo(a)pyren	0,00	1	< 0,1	1	1
Benzo(a)fluoranthen	0,00	1	< 0,1	1	1
Chrysen	0,00	1	< 0,1	1	1
Hexachlorbenzol	0,00	1	< 0,1	1	1

[a] i.d.R. = analytische Nachweishäufigkeit, nur bei wenigen CKW Nachweishäufigkeit > 1 µg/L.

[b] Mittelwert Altablagerungen-Datensatz (vgl. *Tab. 1.2*).

[c] Pfadspezifisches Maximum (Hydrogencarbonat) = 100; 0.1 % (und kleiner) = 1.

[d] Pfadspezifisches Maximum (Hydrogencarbonat) = 100; 0.1 µg/L (und kleiner) = 1.

[e] Produkt aus normierter Emissionsnachweishäufigkeit und normierter mittlerer Emissionskonzentration.

daß nur die Untersuchung der Emissionen und nicht des Abfallkörpers selbst zu einer realistischen Gefährdungsabschätzung eines Standorts führt.

Auch die höchsten Durchschnittskonzentrationen werden von leichtflüchtigen chlorierten Stoffen erreicht. Insbesondere sind Dichlormethan (871 µg/l), cis-1,2-Dichlorethen (234 µg/l) und Vinylchlorid (85 µg/l) zu nennen, was somit auch mengenmäßig signifikant die Dominanz dieser Verbindungen als Grundwasserkontaminanten aus Abfallablagerungen bestätigt.

Diese Erkenntnisse untermauern Ergebnisse aus den USA. Viele zehntausend Grundwasseranalysen von 486 Deponiestandorten aus den gesamten USA wurden bezüglich der Nachweishäufigkeit organischer Substanzen statistisch ausgewertet (PLUMB JR. 1985, 1987, 1991, 1992; PLUMB JR. & PITCHFORD 1985). Die Gegenüberstellung der 25 am häufigsten nachgewiesenen organischen Grundwasserkontaminanten aus Westdeutschland und den USA zeigt eine bemerkenswerte Übereinstimmung (*Abb. 1.3*). 20 von 25 Substanzen sind identisch. Vorrangig sind bei beiden Auswertungen die leichtflüchtigen chlorierten Aliphaten (jeweils 6 Alkane und 5 Alkene sowie 4 bzw. 2 aromatische Chlorverbindungen). Hinzu kommen 6 bzw. 5 halogenfreie Kohlenwasserstoffe und 4 bzw. 7 sauerstoffhaltige Verbindungen (Phenole und Ketone).

Wie bereits bei den anorganischen Stoffen entspricht auch die Reihung der organischen Substanzen zu einem guten Teil ihrem Transferpotential im Grundwasser. Denn im Grundwasser können nur solche Substanzen häufig und in hohen Konzentrationen nachgewiesen werden, die sowohl oft als auch in großen Mengen im Abfall vorkommen (oder dort gebildet werden; Metabolite), ein gewisses Maß an Persistenz haben und zudem ein gutes Ausbreitungsverhalten in das Grundwasser besitzen. Dieses stoffspezifische Emissionsverhalten wird - was den Grundwasserpfad betrifft - in erster Linie durch die Wasserlöslichkeit, des weiteren durch das Sorptionsverhalten bestimmt.

Dies bedeutet, daß durch Substanzen mit schlechtem Transferverhalten, das bis hin zur Immobilität gehen kann, keine hohen Nachweishäufigkeiten bzw. Konzentrationen im Grundwasser hervorgerufen werden, selbst wenn sie häufig und in großen Mengen im Abfall vorkommen. Hieraus folgt unmittelbar, daß nur Substanzen mit hoher Mobilität (hohen Nachweishäufigkeiten) auch in höheren Konzentrationen auftreten können. Dieser Sachverhalt läßt sich in *Tabelle 1.4* deutlich erkennen, in der mit den Emissionsnachweishäufigkeiten auch die mittleren Emissionskonzentrationen tendenziell abnehmen. Dies erklärt weiterhin die Beobachtung, daß Substanzen mit Nachweishäufigkeiten < 0,1 % (ca. 1.000 Substanzen) nicht mehr in Konzentrationen > 1 µg/l gefunden werden.

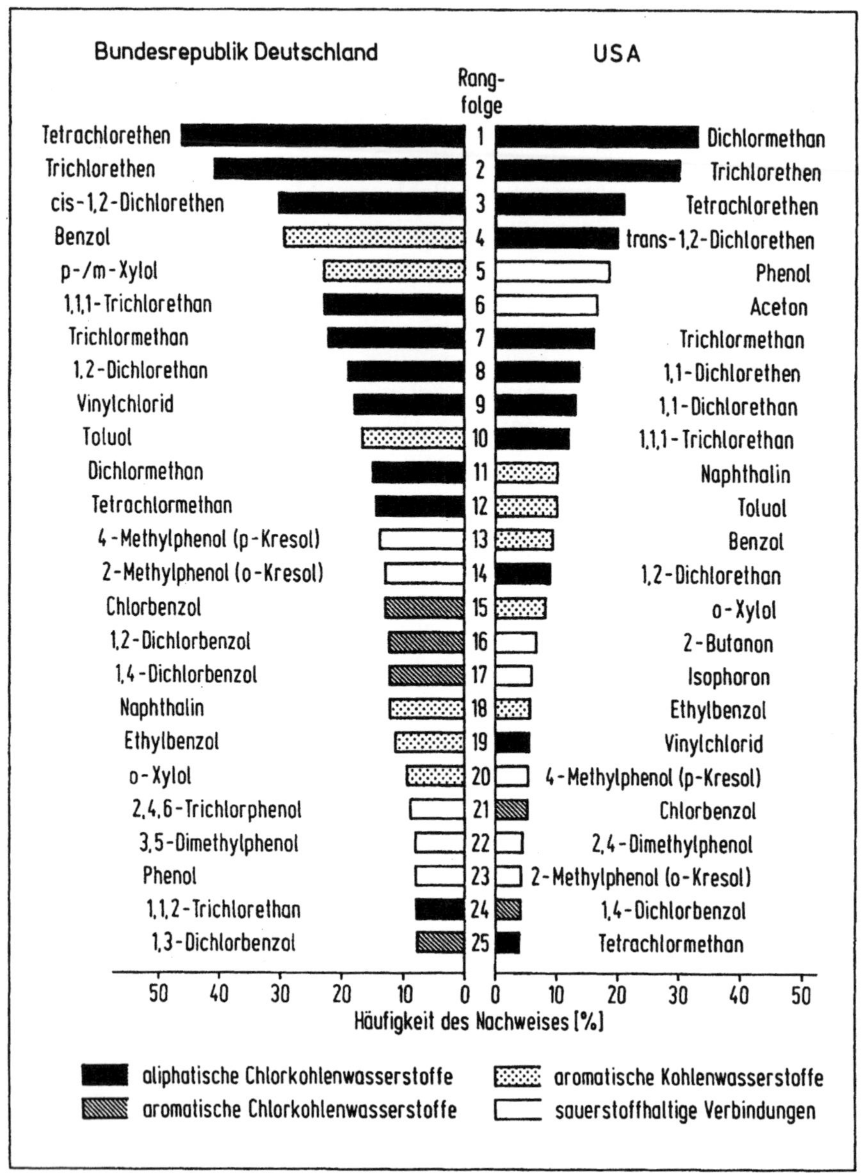

Abb. 1.3. Vergleich der Nachweishäufigkeiten der 25 am häufigsten im Altablagerungendatensatz nachgewiesenen organischen Grundwasserkontaminanten im Vergleich mit entsprechenden Untersuchungen aus den USA

1.2 Übersicht über umweltrelevante Meßparameter, Anwendungsgebiete, Aussagen, Grenzen

ERWIN WEßLING, HILDEGARD POST UND HEINRICH RUHOLL

1.2.1 Einleitung

In einem Deponiekörper kann prinzipiell eine Vielzahl von gefährlichen Gütern abgelagert sein, welche die in ihnen enthaltenen Schadstoffe bzw. deren Abbauprodukt an die Umwelt (Wasser, Boden, Luft) abgeben können. In der Regel handelt es sich um ein Gemisch aus den verschiedenartigsten Stoffen, die durch chemische Analysen nur teilweise identifiziert werden können. Weiterhin kommt es in einem Deponiekörper zu biochemischen und physikochemischen Umsetzungen, durch welche die abgelagerten Stoffe verändert werden. Die bei diesen Prozessen gebildeten Umsetzungsprodukte (Metaboliten) zeichnen sich oftmals durch ein beträchtliches Gefährdungspotential aus und müssen aus diesem Grunde bei einer Standortuntersuchung mit berücksichtigt werden.

Anders als bei Nachweiserkundungen auf einem Altstandort (ehemals industriell-gewerblich genutztes Gelände), wo aufgrund der bekannten Vornutzung oft eine Auswahl weniger Parameter für die Gefährdungsabschätzung ausreicht, sind bei Deponieuntersuchungen Schadstoffe unterschiedlichster Art zu erwarten. Deshalb gehört zu einer umweltrelevanten Standortuntersuchung einer Deponie ein möglichst umfassendes analytisches Untersuchungsprogramm.

Einschränkungen, aber auch Ergänzungen zu einem standardisierten Parameterpaket sind anhand einer genauen und verläßlichen Kenntnis über die abgelagerten Stoffe möglich. Allgemein gilt: Je mehr im Vorfeld der Untersuchungen bekannt ist, desto zielgerichteter kann analysiert werden. Deshalb ist auch bei der Untersuchung von Deponiestandorten eine historische Recherche vorteilhaft, aus der sich Angaben zu Inhaltsstoffen des Deponiekörpers ergeben. Hilfreich sind insbesondere Angaben zum Zeitraum der Verfüllung, zu den abgelagerten Stoffen, zum Einzugsgebiet der Deponie etc. Bei Altablagerungen werden diese Angaben oftmals im Zuge einer systematischen Erfassung durch die zuständigen Behörden erhoben. Des weiteren kann die Befragung von Zeitzeugen wertvolle Details liefern, die eine spezifische Zusammenstellung eines Parameterpaketes für die Untersuchungen erlauben.

Bei jüngeren Altablagerungen und Deponien läßt oft eine Unterteilung in unterschiedliche Deponieklassen, wie Mineralstoffdeponien, Siedlungsabfalldeponien und Sonderabfalldeponien ein abgestuftes analytisches Untersuchungsprogramm zu.

Im folgenden werden zunächst die aus Sicht der Autoren umweltrelevanten Parameter vorgestellt und gemäß ihrer Herkunft, ihres Vorkommens und ihrer Toxizität charakterisiert. In der tabellarischen Übersicht (*Tabelle 1.5*) sind gemäß der oben genannten Einteilung abgestufte Parameterpakete zusammengestellt.

1.2.2 Meßparameter

1.2.2.1 Physiko-chemische Parameter

Diese Parameter, die vor Ort bestimmt werden, charakterisieren gleichzeitig die Milieubedingungen am Standort. Sie lassen sich mit Hilfe relativ einfacher Meßgeräte während der Probennahme erheben. Übliche Parameter hierbei sind: Temperatur, pH-Wert, elektrische Leitfähigkeit, Sauerstoffgehalt und Redoxpotential

Der pH-Wert liegt im unbeeinflußten Grundwasser im neutralen Bereich (um pH 7). Eine Abweichung kann einen Hinweis auf die Beeinflussung des Grundwassers durch Deponiesickerwässer sein. So zeichnen sich durch Zement, Beton oder Bauschutt beeinflußte Wässer durch hohe pH-Werte aus. Ein niedriger pH-Wert kann demgegenüber ein Hinweis auf organische Säuren aus mikrobiologischen Prozessen sein. Die elektrische Leitfähigkeit ist ein Maß für den Gehalt an gelösten ionischen, v. a. anorganischen Stoffen. Erhöhte Leitfähigkeiten deuten auf einen Einfluß durch befrachtete Deponiesickerwässer. Da durch biochemische Prozesse im Deponiekörper Sauerstoff verbraucht wird, weisen deponiebeeinflußte Grundwässer oftmals sehr geringe Sauerstoffgehalte und reduzierende Verhältnisse auf.

1.2.2.2 Anorganische Parameter

Metalle

In der Natur kommen Metalle nur selten elementar (gediegen), sondern meistens in Form ihrer Verbindungen vor und treten auch in allen Böden und Gesteinen sowie im Grundwasser natürlich auf (geogener Anteil). Aus der Vielzahl der natürlich vorkommenden Metalle muß für die Analytik unter Berücksichtigung des jeweiligen toxikologischen Potentials eine sinnvolle Auswahl getroffen werden (s. dazu Kap. 1.1).

Metalle und ihre Verbindungen sind gewöhnlich nicht flüchtig. Eine Ausnahme bildet Quecksilber, welches aufgrund seines hohen Dampfdruckes auch in der Gasphase nachgewiesen werden kann. Die Wasserlöslichkeit von Metallen ist pH-Wert-abhängig, i. d. R. mit hohen Löslichkeiten im sauren Milieu. Bezüglich ihrer Stoffgefährlichkeit sind die Metalle unterschiedlich zu

Tabelle 1.5. Übersicht über Anwendung der genannten Parameter im Hinblick auf die Untersuchung von Deponiestandorten

Parameter	Mineralstoffdeponie			Hausmülldeponie			Sonderabfalldeponie		
	Wasser	Boden	Luft	Wasser	Boden	Luft	Wasser	Boden	Luft
Arsen	x	x		x	x		x	x	
Blei	x	x		x	x		x	x	
Cadmium	x	x		x	x		x	x	
Chrom	x	x		x	x		x	x	
Kupfer	x	x		x	x		x	x	
Nickel	x	x		x	x		x	x	
Quecksilber	x	x		x	x		x	x	
Zink	x	x		x	x		x	x	
Eisen	x			x			x		
Mangan	x			x			x		
Selen	x	x		x	x		x	x	
Thallium	x	x		x	x		x	x	
Vanadium	x	x		x	x		x	x	
Natrium	x			x			x		
Kalium	x			x			x		
Ammonium	x			x			x		
Calcium	x			x			x		
Magnesium	x			x			x		
Chlorid	x			x			x		
Nitrit	x			x			x		
Nitrat	x			x			x		
Hydrogen-carbonat	x			x			x		
Sulfat	x			x			x		
Phosphat	x			x			x		
Fluorid	x			x			x		
Sulfid	x			x			x		
Bor				x			x		
Schwefel-wasserstoff						x			x
Cyanide (gesamt)	x	x		x	x		x	x	

Tabelle 1.5. Fortsetzung

Parameter	Mineralstoffdeponie			Hausmülldeponie			Sonderabfalldeponie		
	Wasser	Boden	Luft	Wasser	Boden	Luft	Wasser	Boden	Luft
Cyanide (l. freisetzbar)	(x)[a]	(x)[a]		(x)[a]	(x)[a]		(x)[a]	(x)[a]	
mineralöl-artige KW	x	x		x	x		x	x	
AOX	x			x			x		
EOX		x			x			x	
TOC/DOC				x			x		
CSB				x			x		
BSB-5				x			x		
Tenside				x			x		
Methan						x			x
BTEX				x	(x)	x	x	(x)	x
CKW, leichtfl.				x	(x)	x	x	(x)	x
PAK				x	x		x	x	(x)[a]
Phenol-Index				x	x		x	x	
Chlorbenzole							x	(x)	(x)[a]
PCDD/F							x	x	
Chlorphenole							x	x	(x)[a]
PCB							x	x	
Pestizide							x	x	

x Untersuchung obligatorisch.
(x) Untersuchung optional.
[a] In Abhängigkeit von der Flüchtigkeit.

bewerten. Viele Metalle gehören zu den essentiellen Spurenelementen, wirken jedoch in höheren Dosen toxisch. In Abhängigkeit von ihrer Zustandsform kann sich die Stoffgefährlichkeit stark ändern. So zeichnen sich z. B. viele Organometallverbindungen durch ein erhöhtes toxikologisches Potential aus.

Wie aus den Ausführungen zur Emissionsnachweishäufigkeit (*Tabelle 1.2)* folgt, sind folgende Elemente als deponierelevant für Grundwasser einzustufen (in der Reihenfolge abnehmender Nachweishäufigkeit): Bor - Strontium - Mangan - Eisen - Arsen - Nickel - Zink - Chrom - Aluminium - Kupfer - Blei - Cadmium - Selen - Quecksilber.

Cyanide

Cyanide finden bei der Herstellung von Pharmazeutika, Farbstoffen ("Berliner Blau"), Kunststoffen und Schädlingbekämpfungsmitteln Verwendung. Größere Mengen an Cyaniden werden bei der Oberflächenvergütung von Metallen (Galvanotechnik) und der Gewinnung von Gold und Silber durch Extraktion (Cyanidlaugerei) benötigt. Cyanide sind sehr giftig, weil aus ihnen Blausäure (Cyanwasserstoff) freigesetzt werden kann. Gefahr besteht insbesondere bei den leicht freisetzbaren Cyaniden im Gegensatz zu den toxikologisch weniger relevanten komplex gebundenen Cyaniden. Bei einem erhöhten Gesamtgehalt an Cyaniden ist aus diesem Grund nachfolgend die Untersuchung auf leicht freisetzbare Cyanide empfehlenswert. Bodenaushub aus Altstandorten von Industriebetrieben sowie ihre Produktionsrückstände, die auf Sondermülldeponien zur Ablagerung gelangten, können somit im Deponieuntergrund bzw. -umfeld auftreten. Untersuchungsmatrizes für Cyanide sind wäßrige Proben und Feststoffproben.

Schwefelwasserstoff, Schwefelverbindungen

Unter reduzierenden Bedingungen entstehen im Deponiekörper Schwefelverbindungen, wie z. B. Schwefelwasserstoff oder Alkylsulfide. Sie bilden sich dort vor allem aus schwefelhaltigen Aminosäuren der Eiweiße.

Schwefelwasserstoff ist ein extrem giftiges Gas mit einem charakteristischen Geruch ("nach faulen Eiern"). Die Toxizität ist größer als die der Blausäure. Schwefelwasserstoff wirkt schon bei geringsten Spuren (im Promillbereich) bei längerer Einatmung toxisch. Wenige Prozent Schwefelwasserstoff in der Atemluft wirken innerhalb von Sekunden tödlich. Aufgrund der starken Giftigkeit ist Schwefelwasserstoff bei der Untersuchung von Deponiegaszusammensetzungen ein wichtiger Parameter.

Sonstige anorganische Parameter

Bei der Untersuchung von Wasserproben ist in der Regel eine umfangreiche Analytik gefragt, in der vor allem die im Wasser gelösten Stoffe untersucht werden. Weiterhin wird durch die Bestimmung der anorganischen Hauptbestandteile im Wasser die Aufstellung einer Ionenbilanz ermöglicht, die zur Plausibilitätskontrolle der chemischen Analytik herangezogen wird. Folgende Stoffe sollten im Zuge einer Deponieüberwachung untersucht werden: Natrium (Na^+), Kalium (K^+), Ammonium (NH_4^+), Calcium (Ca^{2+}), Magnesium (Mg^{2+}), Chlorid (Cl^-), Nitrit (NO_2^-), Hydrogencarbonat (HCO_3^-), Sulfat (SO_4^{2-}), Nitrat (NO_3^-), Phosphat (PO_4^{3-}), Fluorid (F^-), Sulfid (S^{2-})

Erhöhte Konzentrationen dieser Stoffe zeigen generell eine Beeinflussung durch Deponien. Speziell Hydrogencarbonat, Ammonium, Chlorid, Sulfat, Nitrat, Phosphat und Sulfid aber auch Natrium und Kalium gelten als deponietypische Parameter (s. Kap. 1.1). Sulfat liegt beispielsweise im Zusammenhang mit bauschutthaltigen Ablagerungen häufig in erhöhten Konzentrationen vor.

Bor gilt als Leitparameter für hausmüllbeeinflußte Wässer. Dort wird Bor in Konzentrationen festgestellt, die deutlich oberhalb einer natürlichen Hintergrundbelastung liegen. Die erhöhten Borkonzentrationen sind u.a. durch Waschmittelrückstände (Natriumperborat als Bleichmittel) verursacht.

1.2.2.3 Organische Parameter

Summenparameter

Bei der Untersuchung auf Summenparameter wird die Tatsache genutzt, daß mehrere Stoffe einer Klasse sich in bestimmten Merkmalen oder Eigenschaften ähneln. Die Untersuchungsergebnisse geben Hinweise auf das Vorhandensein von Vertretern dieser Stoffgruppen, ohne daß Einzelstoffe identifiziert werden. In vielen Fällen kann hierdurch auf eine aufwendige und oftmals kostspielige Spezialanalytik zunächst verzichtet werden.

Im Zuge einer Altlastenuntersuchung wird häufig so vorgegangen, im ersten Schritt nur auf Summenparameter zu untersuchen und erst nach hierbei erzielten Nachweisen durch eine Spezialanalytik die Einzelstoffe zu identifizieren. Für ein solches Vorgehen gelten jedoch folgende Einschränkungen:

- Oft ist die Erfassungsgrenze der Summenparameter relativ hoch und gleichzeitig die Konzentration der nachzuweisenden (aber toxikologisch relevanten) Einzelstoffe so gering, daß Einzelstoffe im Summenparameter nicht sichtbar erfaßt werden. Als extremes Beispiel sind hier Dioxine zu nennen, die aufgrund ihres hohen toxikologischen Potentials schon in geringen Spurengehalten nachgewiesen werden müssen, jedoch durch einen Summenparameter (z. B. EOX, Bestimmungsgrenze 0,5 mg/kg) bei weitem nicht mit ausreichender Empfindlichkeit erfaßt werden.
- Das Spektrum der durch einen Summenparameter erfaßten Stoffgruppe ist oftmals so groß (z. B. TOC), daß aufgrund der natürlichen Hintergrundgehalte Schadstoffgehalte in der Summe nicht mehr nachweisbar sind bzw. Konzentrationsänderungen dieses Parameters nicht oder nur sehr unempfindlich erkennen lassen.
- Die Anwendung von Summenparametern gestattet keine toxikologische und umweltrelevante Bewertung der gemessenen Gehalte.

Mineralölartige Kohlenwasserstoffe. Der Parameter "Mineralölartige Kohlenwasserstoffe", der gemäß DIN 38409, Teil 18, bestimmt wird, umfaßt eine Vielzahl an möglichen Einzelstoffen. Erfaßt werden die typischen Kraftstoff-Kohlenwasserstoffe (leicht- bis mittelflüchtige aromatische und aliphatische Kohlenwasserstoffe), wobei bei Aromaten mit Minderbefunden zu rechnen ist und deshalb mit dieser Methode nicht bestimmt werden sollten.

Aus toxikologischer Sicht sind die mineralölartigen aliphatischen Kohlenwasserstoffe wenig relevant, außerdem sind sie meist biologisch gut abbaubar. Bei einer Gefährdungsabschätzung ist hier vor allem der Grundwasserschutz zu berücksichtigen.

Adsorbierbare und extrahierbare organische Halogenverbindungen (AOX/ EOX). Mit den Parametern AOX und EOX werden organisch gebundene Halogenverbindungen summarisch erfaßt. Beim EOX werden die extrahierbaren, unpolaren organischen Halogenverbindungen, wie polychlorierte Biphenyle (PCB), Chlorparaffine, einige Pestizide etc. bestimmt, der AOX erfaßt zusätzlich polare Organo-Halogen-Verbindungen, also auch Produkte aus mikrobiologischen Abbauprozessen. Ein erhöhter AOX-/EOX-Gehalt ist immer Anzeichen eines anthropogenen Eintrages, jedoch ist eine Identifizierung der dahinter verborgenen Einzelsubstanzen aufgrund der mit den gängigen Analysentechniken nicht realisierbaren Erfaßbarkeit bei deponiebeeinflußten Wässrn häufig nicht möglich.

Gesamter und gelöster organischer Kohlenstoff (TOC/DOC). Der TOC erfaßt den Gesamtgehalt an organisch gebundenem Kohlenstoff in der untersuchten Wasser- oder Feststoffprobe und ist somit ein Maß für organische Verunreinigungen allgemein. Mit dem DOC wird der Gehalt an gelöstem organisch gebundenem Kohlenstoff in wäßrigen Proben ermittelt. Erfaßt werden neben natürlichen Inhaltsstoffen wie z. B. Huminsäuren auch organische Schadstoffe (z. B. Mineralöl) sowie deren Abbauprodukte. Aufgrund der großen Bandbreite der erfaßten Stoffe ist ein Rückschluß auf die verursachenden Einzelstoffe nicht möglich.

Biologischer Sauerstoffbedarf (BSB_5) und Chemischer Sauerstoffbedarf (CSB). BSB_5 und CSB sind klassische Wasserparameter in der Altlastenuntersuchung. Der biologische Sauerstoffbedarf gibt den Gehalt an biologisch leicht abbaubaren organischen Substanzen wieder. Der chemische Sauerstoffbedarf charakterisiert dagegen den Anteil organisch-chemischer Gesamtbelastungen in einer Wasserprobe. Hier werden im Gegensatz zum BSB_5 auch schwer abbaubare Stoffe mit erfaßt. Über das Verhältnis von BSB_5 zu CSB im Deponiesickerwasser kann das Reifestadium einer Deponie abgeschätzt werden. Ein hohes BSB_5-/CSB-Verhältnis ist typisch für die frühe Säurebildungsphase, während in der anschließenden Methanphase das Verhältnis deutlich kleiner wird (um 0,1).

Tenside. Anionische, kationische und nichtionische Tenside können über die Summenparameter MBAS (methylenblau-aktive Substanzen), DBAS (disulfinblau-aktive Substanzen) und BiAS (Bismutaktive Substanzen) in wäßrigen Proben nachgewiesen werden. Tenside werden größtenteils als Bestandteile von Wasch-, Reinigungs- und Desinfektionsmitteln eingesetzt. Weiterhin finden sie aufgrund ihrer Eigenschaften (Grenzflächenaktivität, Wasserlöslichkeit, Lösungsvermittlung zwischen lipophilen und hydrophilen Stoffen etc.) breite Verwendung als Emulgatoren, Schaumbildner und -unterdrücker, Kühlschmierstoffe, Zusätze in Frostschutzbädern, galvanischen Bädern, Korrosionsschutzmitteln, Schädlingsbekämpfungsmitteln, Farben, Kosmetika, Lebensmitteln usw. Für die Bestimmung von Tensiden in Bodenproben liegen noch keine allgemein anerkannten Verfahren vor.

Phenol-Index. Phenole fallen in vielen Produktionsbereichen der chemischen Industrie an, u. a. bei der Steinkohlenteerdestillation, in Kokereiabwässern, bei der Erdölraffinerie und bei der Waschmittelherstellung. Weiterhin werden sie bei der Herstellung von Kunststoffen, Weichmachern, Arzneimitteln, Herbiziden, Insektiziden, Farbstoffen, Sprengstoffen und Desinfektionsmitteln verwendet. Sie treten auch in Verbrennungsrückständen (Räuchereiabgase, Autoabgase) auf und spielen in natürlichen, biochemischen Prozessen eine Rolle. Sie sind Bestandteil vieler Pflanzenfarb- und -gerbstoffe und entstehen im menschlichen Organismus als normale Stoffwechselprodukte.

Mit dem in der Regel zunächst analysierten Summenparameter "Phenol-Index" wird eine große Gruppe der Phenole und ihrer Derivate erfaßt. Bei erhöhtem Phenol-Index ist nachfolgend eine gaschromatographische Untersuchung auf die besonders toxischen Chlorphenole und Nitrophenole angezeigt (siehe unten).

Polycyclische aromatische Kohlenwasserstoffe (PAK).

Bei den PAK handelt es sich um eine Stoffgruppe, die mehrere hundert Verbindungen umfaßt. Sie entstehen hauptsächlich durch die Inkohlung von organischem Material zu fossilen Brennstoffen wie Erdöl und Kohle und bei der unvollständigen Verbrennung organischer Substanzen. Da diese Prozesse auch in der Natur weit verbreitet sind, können PAK als ubiquitär angesehen werden. Nur wenige PAK finden kommerzielle Verwendung; so ist Acenaphthen z.B. Zwischenprodukt bei der Farb- und Kunststoffherstellung und wird als Fungizid eingesetzt.

In der großen und heterogenen Stoffgruppe der PAK unterscheiden sich die Einzelstoffe gemäß ihres Umweltverhaltens, ihrer Stoffgefährlichkeit und Toxizität stark. Allgemein wird die Löslichkeit von PAK mit steigendem Molekulargewicht geringer. Naphthalin besitzt als zweikernige Verbindung

die größte Wasserlöslichkeit und eine beträchtliche Flüchtigkeit, wodurch es auch bei der Bodenluftanalytik in Spuren nachweisbar sein kann. Viele PAK sind toxikologisch relevant, da ihnen mutagene und karzinogene Wirkungen zugeschrieben werden.
PAK sind nicht über einen Summenparameter erfaßbar. Daher wird eine Einzelstoffanalytik durchgeführt, welche die in der Liste der US-amerikanischen Environmental Protection Agency (EPA) aufgeführten PAK umfassen sollte: Naphthalin, Ace-naphthylen, Acenaphthen, Fluoren, Phenanthren, Anthracen, Fluoranthen, Pyren, Benzo(a)anthracen, Chrysen, Benzo(b)fluoranthen, Benzo(k)fluoranthen, Benzo(a) pyren, Dibenz(ah)anthracen, Benzo(ghi)perylen, Indeno(1,2,3-cd)pyren.

Benzo(a)pyren (BaP) wird oft als Indikator für eine vorliegende Belastungen verwendet. Eine Rechtfertigung für dieses Vorgehen gibt es durch die hohe Anzahl an gesicherten Untersuchungen auf BaP und wegen seiner nachgewiesenen Kanzerogenität. In Böden schwankt der Anteil von BaP an der Gesamtmenge der PAK zwischen 5 und 10 % und kann vereinzelt bis zu 20 % betragen.

Leichtflüchtige aromatische Kohlenwasserstoffe (BTEX)

Die Gruppe der leichtflüchtigen aromatischen Kohlenwasserstoffe wird nach ihren Vertretern **B**enzol, **T**oluol, **E**thylbenzol und **X**ylole mit BTEX abgekürzt. Benzol ist die am einfachsten aufgebaute, einkernige aromatische Kohlenwasserstoffverbindung, welche den Grundbaustein aller aromatischen Verbindungen darstellt.

BTEX sind wesentliche Bestandteile des Vergaserkraftstoffes. Benzol wird als Extraktions-, Lösungs- und Reinigungsmittel eingesetzt. Toluol und Xylole sind gebräuchliche Lösemittel in der Industrie. Toluol ist darüber hinaus Zusatz für hochwertige Treibstoffe (Flugzeugbenzin). BTEX werden im Zuge der Erdölraffination gewonnen oder auch synthetisch hergestellt. In der Gefahrstoffverordnung sind sie als mindergiftig eingestuft. Sie werden leicht über Haut und Atmung aufgenommen und wirken schädigend auf Leber, blutbildende Organe und Nervensystem. Benzol ist darüber hinaus krebserregend.

Die leichtflüchtigen Aromaten weisen hohe Dampfdrücke auf, was sie in der Altlastenuntersuchung zu einem klassischen Parameter für die Analyse in Bodenluftproben macht. Obwohl die BTEX nur gering wasserlöslich sind, sind sie doch bei entsprechender Nutzung häufig im Grundwasser nachzuweisen. Auch in Bodenproben sind die leichtflüchtigen BTEX nachweisbar, wobei im Zuge der Probennahme und der Probenbehandlung eine Entgasung zu vermeiden ist (z. B. durch schnelles Abfüllen in gasdichte Probengefäße, keine Erstellung von Mischproben, schneller Transport zur Analyse).

Leichtflüchtige Halogenkohlenwasserstoffe (LHKW)

Bei den halogenierten Kohlenwasserstoffen sind ein oder mehrere Wasserstoffatome des Kohlenstoffgerüstes durch Halogenatome ersetzt (substituiert). Die hinsichtlich ihres Vorkommens in Umweltproben bedeutendsten Einzelsubstanzen sind Dichlormethan, cis-Dichlorethen, Trichlormethan (Chloroform), 1,1,1-Trichlorethan, Tetrachlormethan, Trichlorethen (Tri), Tetrachlorethen (Per) und Vinylchlorid. Hierbei sind cis-Dichlorethen und Vinylchlorid als Abbauprodukte einzustufen, die durch mikrobielle Dechlorierung aus höher chlorierten Kohlenwasserstoffen entstehen können.

Mit steigendem Grad der Substitution ändern sich die physiko-chemischen Eigenschaften der LHKW. Es kommt zur Erhöhung des Siedepunktes und der Fettlöslichkeit sowie zur Verringerung der Wasserlöslichkeit. Leichtflüchtige LHKW, insbesondere 1,1,1-Trichlorethan, Trichlorethen, Tetrachlorethen und Dichlormethan werden als Lösemittel, v. a. in der metallverarbeitenden Industrie, in chemischen Reinigungen, der Farben- und Lackindustrie sowie der kunststoffverarbeitenden und -herstellenden Industrie verwendet. Der Umgang mit leichtflüchtigen Halogenkohlenwasserstoffen ist gesundheitsgefährdend. Einige Stoffe stehen im Verdacht krebserregend zu sein.

Die Tatsache, daß LHKW nur gering wasserlöslich sind, führte früher zu der Auffassung, sie seien nicht wassergefährdend. Heute ist jedoch bekannt, daß LHKW zu erheblichen Grundwasserverunreinigungen beitragen können. Aufgrund ihrer hohen Dichte haben sie die Tendenz, bei Überschreiten der Löslichkeitsgrenze in Phase auf den Boden des Grundwasserkörpers abzusinken und sich dort anzusammeln. Dabei können in gewissem Umfang auch bindige Schichten durchdrungen werden.

Methan

Methan gehört zu den deponietypischen Gasen. Es bildet sich in Deponiekörpern mit hohen Anteilen an organischen Abfällen (z. B. Hausmülldeponien) bei Fäulnisprozessen infolge von mikrobiologischen Umsetzungen. In Hausmülldeponien laufen verschiedene, zeitlich aufeinander folgende Phasen der Gasbildung ab. Zunächst erfolgt ein Abbau von organischer Substanz unter aeroben Bedingungen. Hierbei verringert sich nach und nach der Sauerstoffgehalt im Deponiegas und wird durch das gebildete Kohlendioxid ersetzt. Ist der Sauerstoff nahezu vollständig ersetzt, erfolgt der weitere Abbau unter anaeroben Bedingungen. Jetzt beginnen Methanbakterien mit dem Umsetzen von komplexen organischen Substanzen unter der Bildung von Methan. In echten Hausmülldeponien werden zu Spitzenzeiten der Methangasbildung Gehalte von mehr als 50 Vol.-% festgestellt. Methan bildet mit Luft in Konzentrationen zwischen 5 und 15 Vol.-% direkt explosionsfähige Gemische. Bei Gehalten von mehr als 15 Vol.-% wird die Explosionsfähigkeit durch eine weitere Verdünnung erreicht. Mit fortschreitendem Abbau geht die Methanproduktion im Deponiekörper zurück.

Neben Methan und Schwefelwasserstoff (s. S. 21) gehören Kohlendioxid, Sauerstoff und Stickstoff zu den mengenmäßig relevanten Bestandteilen des Deponiegases (s. Kap. 2.3.) Sie sind als Permanentgase auch Bestandteile der natürlichen atmosphärischen Luft. Im Boden- und Deponiegas sind üblicherweise die Sauerstoffgehalte aufgrund von sauerstoffverzehrenden mikrobiologischen Abbauvorgängen organischer Substanz reduziert, während demgegenüber die Kohlendioxidgehalte erhöht sind. Mit zunehmendem Alter der Deponie verringern sich auch die zunächst relativ hohen Kohlendioxidgehalte im Deponiegas. Nach Abschluß aller Abbauvorgänge im Deponiekörper nähert sich die Gaszusammensetzung der eines normalen Bodengases.

1.2.2.4 Spezialparameter

Die nachfolgend aufgeführten Parameter sind in der Regel nicht Bestandteil eines Standarduntersuchungsprogramms. Liegen jedoch konkrete Hinweise vor, beispielsweise aus vorherigen Untersuchungen oder Vorrecherchen, kann es sinnvoll sein, auch diese Parameter mit zu berücksichtigen. Insbesondere bei der Untersuchung von Sonderabfalldeponien sind die hier aufgeführten Stoffe häufig feststellbar, die sich durch eine beträchtliches toxikologisches Potential auszeichnen.

Als qualitative Nachweismethode kann man sich bei einigen der nachstehenden Parameter der GC-MS-Übersichtsanalyse bedienen (s. auch Kap. 2.5.1.).

Chlorbenzole

Chlorbenzole weisen je nach Grad der Chlorierung unterschiedliche Eigenschaften auf. Mit steigendem Chlorierungsgrad sinken Flüchtigkeit und Wasserlöslichkeit, während Schmelz- und Siedepunkt steigen. Die toxikologische Relevanz vor allem der höher chlorierten Chlorbenzole liegt in ihrer Tendenz zur Bioakkumulation.

Chlorbenzole sind Zwischenprodukte der chemischen Industrie und finden bei der Herstellung von Farbstoffen, Pharmazeutika und Schädlingsbekämpfungsmitteln sowie als Lösungsmittel Verwendung.

Chlorphenole

Die Gruppe der bezüglich ihrer Stoffgefährlichkeit besonders relevanten Chlorphenole umfaßt 19 Verbindungen [Mono-, Di-, Tri- und Tetrachlorphe-

nol-Isomere sowie Pentachlorphenol (PCP)]. Chlorphenole finden bei der Herstellung von Schädlingsbekämpfungsmitteln sowie als Leder- und Holzschutzmittel Verwendung und sind Zwischenprodukte in der chemischen Industrie.
Neben der summarischen Bestimmung als Phenolindex können Phenol sowie verschiedene Alkyl- und Chlorphenole mittels GC-Technik auch einzeln nachgewiesen und quantifiziert werden. Üblicherweise werden Phenole in Feststoffproben und in wäßrigen Proben untersucht. Einige Phenole sind aufgrund ihrer Flüchtigkeit auch in der Gasphase nachweisbar

Toxizitäten und physikalisch-chemische Eigenschaften der Phenole sind in Abhängigkeit von Art, Anzahl und Stellung der Substituenten unterschiedlich zu bewerten. Phenol selbst wird in der Gefahrstoffverordnung als giftig eingestuft und weist eine relativ hohe Fischtoxizität auf. Die Toxizität der Chlorphenole nimmt mit Anzahl der Chloratome zu (steigende Lipophilität und damit steigende Tendenz zur Speicherung im Körper).

Polychlorierte Dibenzodioxine und -furane (PCDD/F)

Die Gruppe dieser tricyclischen Verbindungen umfaßt über 200 verschiedene Einzelstoffe. Sie entstehen v. a. bei Herstellungs- und Anwendungsprozessen der Chlorchemie (z. B. der Produktion von PCP und Chlorphenoxyalkancarbonsäuren) oder bei Verbrennungsprozessen unter Beteiligung chlororganischer Verbindungen (z. B. PVC) und treten in Flugstäuben emittierender Anlagen auf. Weitere PCDD-/PCDF-Emittenten sind die Papier- und Zellstoffindustrie sowie die Metallindustrie.

In der Gruppe der PCDD/F zeichnen sich in erster Linie die Tetra-, Penta-, Hexa- und Heptachlordibenzodioxine und -furane und hier v. a. die in 2,3,7,8-Stellung chlorierten Isomere durch ein ausgesprochen hohes toxikologisches Potential aus.

Polychlorierte Biphenyle (PCB)

Die Gruppe der PCB umfaßt mehr als 200 Verbindungen, die umwelt- und humantoxikologisch relevant sind. Die physiko-chemischen Eigenschaften wie Dampfdruck oder Wasserlöslichkeit und die Toxizität werden auch bei dieser Stoffgruppe in erster Linie vom Chlorierungsgrad bestimmt. So nehmen Flüchtigkeit und Wasserlöslichkeit mit zunehmender Chlorierung ab, während das toxikologische Potential zunimmt. PCB wirken weniger akut als vielmehr chronisch toxisch. Die hohe Bio- und Geoakkumulationstendenz sowie die Stabilität der PCB sind gemeinsam mit der verbreiteten Verwendung für ihr ubiquitäres Auftreten verantwortlich.

PCB wurden in Transformatoren und Kondensatoren sowie in Hydraulikflüssigkeiten eingesetzt und dienten der Herstellung synthetischer Harze, in der Kunststoff- und Gummiindustrie sowie bei der Herstellung von Pestiziden.

Pestizide

In Deutschland werden z. Z. ca. 300 verschiedene Pestizidwirkstoffe, meist organische Substanzen unterschiedlicher Struktur, eingesetzt. Pestizide zeichnen sich in fast allen Fällen durch eine geringe Flüchtigkeit aus; eine Ausnahme sind die Begasungsmittel.

Zum Nachweis von Pestiziden stehen aufgrund der Inhomogenität der Gesamtgruppe keine Summenparameter zur Verfügung. Die Analytik auf Pestizide erfolgt mittels gaschromatographischer oder flüssigkeitschromatographischer Verfahren.

Ihre Toxizität ist entsprechend dem Wirkungsprinzip der Einzelverbindungen in weiten Bereichen unterschiedlich stark ausgeprägt.

1.3 Untersuchungsstrategie

Hans-Jürgen Voigt

Ziel der Untersuchung von Altlasten und Altablagerungen ist die Abschätzung der Risiken und Gefahren, die von den Kontaminationsherden für die betroffenen Schutzgüter ausgehen können und welche Sanierungs- bzw. Sicherungsmaßnahmen zur Minimierung der Risiken bzw. zur Gefahrenabwehr einzuleiten sind.

Das bedeutet, daß die Untersuchungsstrategie die gesamteinheitliche Betrachtung von der Erfassung und Erstbewertung bis zur Rehabilitierung (Entlassung aus der Behandlung) beinhalten muß.

Eine besondere Bedeutung kommt dabei der Erkundungsphase zu, da auf der Grundlage der dabei gewonnenen Erkenntnisse die Konzipierung der Sanierungs-/Sicherungsmaßnahmen sowie der Nachsorge erfolgt. Leider wird häufig der finanzielle Aufwand für die Erkundung losgelöst vom Gesamtvorhaben betrachtet und für das Erkundungsprogramm werden nur eingeschränkt Mittel bereitgestellt.

Es zeigt sich jedoch in der Sanierungspraxis, daß ein Mehraufwand in der Erkundung in den meisten Fällen zu einer erheblichen Verringerung der Sanierungskosten (durch eine gezielte Vorgehensweise) sowie des Aufwandes für die Nachsorgemaßnahmen führt (Reichert & Roemer in der Fachgruppe Wasserchemie 1996) und damit die Gesamtkosten wesentlich günstiger gestaltet werden können.

Unabhängig davon ist in allen Untersuchungsphasen ein angemessenes, stufenweises und an den Prioritäten orientiertes Vorgehen gefordert.

Die Untersuchungsstrategie zur Erkundung von Altlasten und Altablagerungen sollte deshalb unter Zugrundelegung des „W-Fragespiegels" erfolgen.

Warum muß *wo, wie* (mit welchen Aufschlußverfahren, welcher Meßtechnik bzw. welchen Probennahmeverfahren) *was* (welches Kompartiment, mit welchem repräsentativen Analysenprogramm) *wann* (zu welchem Zeitpunkt) mit *welchem* Aufwand untersucht werden.

Häufig wird nach unseren Erfahrungen dem „warum" zu wenig Aufmerksamkeit geschenkt. Das gilt sowohl für die Einordnung der Kontaminationsquelle in das naturräumliche System und die damit zusammenhängende Bewertung der Schadstoffausbreitung auf den Transferpfaden zu den Schutzgütern als auch für die Begründung der einzelnen Aufschlußpunkte und das auf die einzelnen Erkundungsphasen abgestimmte Untersuchungsprogramm.

Neben dem Luftpfad ist es insbesondere der Wasserpfad, auf dem die Emissionen aus dem Deponiekörper über das Sickerwasser in das Grundwasser und von dort über das Trinkwasser in den menschlichen Organismus gelangen. Die LAWA hat 1994 mit den „Empfehlungen für die Erkundung,

Bewertung und Behandlung von Grundwasserschäden" ein methodisches Grundkonzept vorgelegt, das unter Beachtung der individuellen Bewertung jeder Altablagerung und jedes Altstandortes folgende Untersuchungsphasen beinhalten sollte:

- Erfassung und Erstbewertung,
- orientierende Untersuchung,
- Hauptuntersuchung,
- Sanierungs-/Detailuntersuchung,
- Sanierung/Sicherung,
- Überwachung,
- Nachsorge.

Wichtig erscheint die Forderung, daß alle Daten, Fakten und Entscheidungen, die auf den unterschiedlichen Etappen erhoben bzw. getroffen wurden, in einem Fachinformationssystem (Schadenskatalog, Altlastenkataster etc.) zusammengestellt und dokumentiert werden.

1.3.1 Erfassung der äußeren Kontaminationsfaktoren

Jeder Kontaminationsherd wird durch spezifische Faktoren charakterisiert, die auf das natürliche System Grund-(Sicker-)Wasser - Gas - organische Substanz - Gestein einwirken und die als äußere, dem Schadstoffherd eigene Faktoren bezeichnet werden.

Das Kontaminationspotential unterscheidet sich dabei sowohl nach seiner Intensität als auch nach seiner zeitlichen Entwicklung in Abhängigkeit davon, in welchem Aggregatzustand die Schadstoffe im Kontaminationsherd vorliegen:

Liegt der Schadstoff bereits in wäßriger Lösung vor, so wird sein hydrochemisches Verhalten v. a. durch folgende Faktoren bestimmt:

- chemische Zusammensetzung, Gehalt der im Wasser gelösten Bestandteile,
- Gehalt und Zusammensetzung der Biomasse in der Lösung,
- Löslichkeit der Elementverbindung in der Lösung,
- Migrationsform der Lösungsbestandteile,
- Eh- und pH-Wert der Lösung,
- Temperatur,
- Dichte und Viskosität der Lösung.

Tabelle 1.6. Zusammensetzung des Stadtmülls. (Nach CZERNEY & GEHLHAAR 1988)

Komponente [g/kg TS]	FHM	OSM	OWM
$C_{org.}$	151	121	105
$N_{ges.}$	8,3	7,7	3,2
Summe $N_{lösl.}$	0,116	0,156	0,083
P	7,8	2,9	3,3
K	10,0	10,0	5,7
Ca	67,0	65,0	119
Mg	6,9	8,5	11,7
Al	20,9	25,7	23,8
Fe	21,9	38,9	72,3
Si	455	433	291
Komponente [mg/kg TS]	**FHM**	**OSM**	**OWM**
Mn	1.200	1.500	1.900
Cu	231	312	256
Zn	1.600	1.500	1.400
Co	12	17	21
Pb	320	320	270
Sn	50	140	23
Ti	880	1.200	460
B	35	70	149
Cd	-	-	-

FHM Fernheizungsmüll.
OSM Ofenheizungsmüll (Sommer).
TS Trockenmasse.
OWM Ofenheizungsmüll (Winter)

Liegt der Schadstoff in fester Form vor, z. B. im Bauschutt, Hausmüll oder im immissionsbeeinträchtigten Boden, so sind folgende Faktoren bestimmend für seine Aktivierung (Mobilisierung) in die wäßrige Phase:

Tabelle 1.7. Sickerwasserneubildung auf Deponien (unbewachsen, ohne Abdeckschichten). (VOIGT & ZIESCHANG 1991)

N [mm/a]	l/s•km²	m³/a•ha
500	5	1.577
600	6	1.892
700	8	2.523
767 [a]		2.466

[a] Dieser Wert stellt einen real gemessenen Sickerwasseranfall auf einer Modelldeponie des ehemaligen Institutes für Kommunalwirtschaft Dresden dar.

Tabelle 1.8. Mittlerer Beginn der Sickerwasserabgabe in Jahren. (VOIGT & ZIESCHANG 1991)

	Jährliche Höhe der Mülleinbringung [m]	**1**		**2**		**5**		**10**	
N [mm/a]	**Anfangswassergehalt**	**0**	**10**	**0**	**10**	**0**	**10**	**0**	**10**
500	Beginn der Wasserabgabe bei 35 %	2	2	4	3	11	8	22	16
600	Wassergehalt	2	1	3	3	9	7	18	13
700		1	1	3	2	7	5	14	10
500	Beginn der Wasserabgabe bei 25 %	2	1	3	2	8	5	16	10
600	Wassergehalt	1	1	3	2	7	4	13	8
700		1	1	2	1	5	3	10	6

- Art der Bindung des Schadstoffes im bzw. am Festkörper (chemisch, kolloidal, adsorptiv),
- chemische Zusammensetzung des Festkörpers einschließlich der in ihm enthaltenen organischen Substanzen, Bakterien, Viren und anderen Organismen,
- petrophysikalische Eigenschaften des Festkörpers (Durchlässigkeit, Porosität, Kornverteilung, Wassersättigung),
- aktive Oberfläche des Festkörpers,
- Löslichkeit der festen Bestandteile,

- physiko-chemische Eigenschaften des durch den Festkörper zirkulierenden Wassers (bzw. des mit ihm in Kontakt stehenden Wassers),
- Radioaktivität, Temperatur und andere physikalische Eigenschaften.

Eine mögliche Grundwasserbeeinträchtigung durch gasförmige Stoffe wird gleichfalls vorrangig von der Zusammensetzung und der Löslichkeit der Emission bestimmt.

Aus den Eigenschaften des Kontaminationsherdes bzw. des Schadstoffes leitet sich die Art der Belastung des Ökosystems ab. Man kann bedingt folgende Belastungsarten unterscheiden:

chemische, physiko-chemische, physikalische und biologisch-bakterielle,

wobei fast immer eine kombinierte Belastung der Umwelt zu beobachten ist.

Das Ausmaß der Schadstoffbelastung auf die Umwelt ist neben den genannten inneren Faktoren des Kontamiantionsherdes v. a. von der Größe des Kontaminationsherdes und der Zeit der Einwirkung der Kontaminanten auf das Ökosystem abhängig.

Während für Altstandorte meist mehr oder weniger detaillierte Unterlagen über den Umgang mit wassergefährdenden Stoffen, den Ort und die Zeit der möglichen Beeinträchtigung der Umweltkompartimente vorliegen, ist der Deponiekörper geochemisch meist als black box anzusehen.

Unabhängig davon sollten bei der Betrachtung von Deponien folgende Randbedingungen als Orientierungsgrößen berücksichtigt werden.

In *Tabelle 1.6* ist die mittlere Zusammensetzung des Stadtmülls in den neuen Bundesländern dokumentiert. Für die alten Bundesländer ist dabei der Anteil organischer Bestandteile noch höher einzuschätzen, da in der ehemaligen DDR bereits seit den 60er Jahren die getrennte Erfassung des Biomülls erfolgte.

Der Wassergehalt im Deponiekörper wird neben dem primären Wassergehalt des Mülls vom Gehalt der organischen Substanz sowie von den eindringenden Niederschlagswassermengen bestimmt.

In *Tabelle 1.7* sind überschlägige Berechnungsergebnisse von Sickerwassermengen auf unbewachsenen und nicht oberflächenabgedichteten Deponien dargestellt.

Unter Beachtung der Menge des jährlich eingelagerten Deponiegutes sowie der bereits genannten Kriterien Anfangswassergehalt und Niederschlagsmenge sind in *Tabelle 1.8* die Zeitpunkte des Auftretens von Sickerwasser an der Deponiesohle prognostiziert worden.
Daraus lassen sich deutliche zeitliche Differenzierungen erkennen, die auch bei der Bewertung von Altlasten unbedingt zu beachten sind. Neben der Menge des Sickerwasseranfalles ändert sich auch die chemische Zusammensetzung der in den Untergrund emittierenden Deponiesickerwässer in Abhängigkeit vom Alter der Deponie. In der ersten acidogenen Phase werden neben den leichtlöslichen Müllkomponenten (Chloride, Sulfate) aufgrund der sauren

Milieubedingungen vorrangig Schwermetalle aus dem Deponiekörper ausgetragen. Mit dem Übergang zur stabilen Methanphase steigt der pH-Wert der Sickerwässer sowie der Anteil des Hydrogencarbonates in den Sickerwässern, wodurch die Mobilität der Schwermetalle radikal eingeschränkt wird.

Tabelle 1.9. Langfristige Entwicklungen in Reaktordeponien (FÖRSTNER, in Fachgruppe Wasserchemie 1996)

		Acidogene Phase	Methanogene Phase	Post-Methanogene Phase (* 100 Jahre)
BSB_5	(mg/l)	13.000	180	Organische Substanz für Kolloidbildung ?
CSB	(mg/l)	22.000	3.000	
pH-Wert		6,1	8	Sulfidoxidation ?
Calcium	(mg/l)	1.200	60	Wechselwirkungen von H^+, Fe^{3+} und Ca^{2+} mit der festen Matrix erhöhen die Mobilität von Spurenelementen
Eisen	(mg/l)	780	15	
Mangan	(mg/l)	25	0,7	
Zink	(mg/l)	5	0,6	

Tabelle 1.9 zeigt die langfristige chemische Entwicklung von Reaktordeponien.

Die entsprechend der Nachweishäufigkeit ermittelten deponiespezifischen Stoffe sind im Abschn. 1.1 dokumentiert und sind der Konzipierung entsprechender Untersuchungsprogramme zugrunde zu legen.

Für Altstandorte liegen u. a. in der o. g. LAWA-Empfehlung, in vielen Veröffentlichungen des Umweltbundesamtes (z. B. KINNER et al. 1986) sowie beispielsweise in GIHR & DANIEL (1993) Parameterlisten zur branchenspezifischen Auswahl von Leitparametern vor.

Aus der Erkundungspraxis von Deponien kann verallgemeinert werden, daß unabhängig von der notwendigen Recherche zu den Ablagerungsbedingungen und dem potentiellen Stoffinventar der Deponien, in der Erkundungsphase strategisch der Untersuchung der Emissionen der Vorrang gegenüber vertiefenden Untersuchungen des Abfallkörpers selbst gegeben werden sollte, da nur daraus eine realistische Gefahrenbeurteilung eines Standortes mit verhältnismäßigem Aufwand möglich ist.

1.3.2 Innere Faktoren des Kontaminationsumfeldes

Die Eigenschaften des Kontaminationsherdes sind in ihrer zeitlichen Verän derung relativ unabhängig vom natürlichen Ökosystem; ihre Auswirkungen dagegen werden maßgeblich von dem inneren, diesem Ökosystem eigenen Faktoren bestimmt.

Die Lage der Kontaminationsquelle zur Grundwasseroberfläche stellt für den Wasserpfad das Bindeglied zwischen den äußeren und inneren Faktoren einer Grundwasserkontamination dar. Man unterscheidet (*Abb. 1.4*):

a) Der Deponiekörper befindet sich im Grundwasser (Fall 1 in *Abb. 1.4*) (Deponie mit nassem Fuß): In diesem Fall wird die Kontamination neben den Sickerwässern vordergründig durch die Auslaugung des Müllkörpers durch das Grundwasser bestimmt.

b) Der Deponiekörper befindet sich oberhalb der Grundwasseroberfläche, wobei die Versickerungsmöglichkeiten von der Ausbildung der geologischen Barriere abhängig sind. Bei bindiger Ausbildung des Deponieuntergrundes (Fall 2a in *Abb. 1.4*) kommt es zur Ausbildung von Stauwasser ("Schichtenwasser") im Deponiekörper, das über Entwässerungsgräben (im Beispiel Vorketzin aufgrund der rolligen Ausbildung des für das Planum verwendeten Materials auf direktem Weg) in die Oberflächengewässer gelangen kann.

   Bei fehlender bindiger Barriere unterhalb des Deponiekörpers (Fall 2b in *Abb. 1.4*) gelangt das Sickerwasser auf direktem Wege in das Grundwasser, wobei in der natürlich gewachsenen Versickerungszone bereits eine beschränkte Schadstoffrückhaltekapazität vorhanden ist.

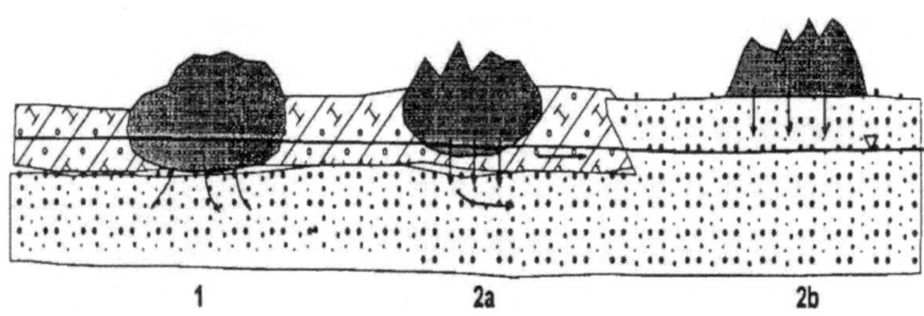

Abb. 1.4. Lage der Deponiesohle zur Grundwasseroberfläche

Neben der Stellung des Deponiekörpers zur Grundwasseroberfläche wird das Gefährdungspotential und damit die Untersuchungsstrategie maßgeblich von seiner Lage im Grundwasserfließsystem (Speisungs-, Durchfluß- bzw. Entlastungsgebiet), d. h. von den *hydrodynamischen Randbedingungen* im betroffenen Grundwasserleiter bestimmt. Für die meisten Regionen Deutschlands liegen regionale Grundwassergleichenpläne vor, die eine erste Orientierung zum regionalen Grundwasserfließgeschehen liefern und aus denen die Wechselwirkung zu den Oberflächengewässern, aber insbesondere zu den Grundwassernutzungen (Wasserwerke, zu beachten sind auch Einzelwasserversorger) zu entnehmen sind. Im Zuge der Bestandsaufnahme ist zu klären, inwieweit im Umfeld der Deponie Grundwasseraufschlüsse existieren, die eine Präzisierung der lokalen Grundwasserfließbedingungen ermöglichen. Die Konzipierung der notwendigen Grundwassermeßstellen zur Erfassung der Grundwasserdynamik ist ansonsten eine erstrangige Aufgabe des Untersuchungsprogrammes.

Der *geologische Standorttyp*, d. h. der lithofazielle Aufbau des Deponieuntergrundes bestimmt nicht nur die Emissionsbedingungen aus der Deponie, sondern auch die konkrete Ausbreitung der Schadstoffe. Zur Einschätzung des Schadstoffrückhaltevermögens des Untergrundes bzw. der Mobilität der Schadstoffe sind deshalb im Untersuchungsprogramm Informationen zu folgenden inneren Faktoren zu erheben:

a) geochemisch/mineralogische Faktoren des Deponieuntergrundes bzw. -umfeldes

   – Verbreitung und Wechselbeziehung der Grundwasserleiter, -hemmer bzw. -geringleiter einschließlich ihrer mineralogischen Zusammensetzung,

   – Gehalt organischer Stoffe sowohl am Feststoff als auch im Grundwasser (TOC, DOC, AOS, AON, AOX, EOX, Erläuterung s. Kap. 3.2),

   – Kationenaustauschkapazität des organisch-mineralischen Komplexes,

   – Sorptionsvermögen des Gesteinskomplexes (durch Migrationsversuche s. Abschn. 3.4.4),

   – Bindungsformen der Schadstoffe im belasteten Grundwasserleiter (s. Abschn. 3.4.1 und 3.4.2),

b) petrophysikalische Eigenschaften des Grundwasserleiters, -hemmers bzw. -geringleiters

   – Porosität,

   – Klüftigkeit,

   – Kornverteilung,

   – Durchlässigkeit,

   – spezifische Oberfläche,

c) hydrogeochemische Verhältnisse

   – „natürliche“ Beschaffenheit des Grundwassers im Anstrom der Deponie,

   – Beschaffenheit im kontaminierten Bereich,

– pH- und Redoxverhältnisse als die die thermodynamische Zustandsform der Lösungsspezies maßgeblich beeinflussenden Randbedingungen (s. Abschn. 3.4.4).

Die notwendigen Informationen zu den inneren Faktoren können durch Erdaufschlüsse, Grundwassermeßstellen, durch Sediment- und Wasserproben und ihre Analyse sowie über indirekte Nachweisverfahren gewonnen werden. Aufbauend auf diesen Kenntnissen ist dann über eine Stofftransportmodellierung (s. Abschn. 5.2) eine Prognose der Schadstoffausbreitung möglich.

1.3.3 Untersuchungsumfang

Der Untersuchungsumfang zum Gewinn der notwendigen Informationen sollte den Untersuchungsetappen und der aus der Erstbewertung ermittelten Priorität der Gefahrenlage bzw. des Risikopotentials angepaßt sein. Aus der bereits zitierten LAWA-Empfehlung (1994) sind die Basisparameter für Vor- und Haupt(Detail)untersuchungen von Grundwasser in der *Tabelle 1.10* zusammengestellt. Ergänzend dazu sollten bei der Untersuchung von Altablagerungen, die im Abschn. 1.1 ausgewiesenen deponietypischen Stoffgruppen in das Programm der Hauptuntersuchungen einbezogen werden.

Im Unterschied zu den Listenwerten der verschiedenen Bundesländer orientiert sich die LAWA-Empfehlung richtigerweise auf einen Vergleich der ermittelten Stoffkonzentrationen im kontaminierten Grundwasser mit den Hintergrundwerten im Umfeld des Kontaminationsherdes. Im Kap. 2 werden Hinweise zur Ermittlung der Hintergrundwerte gegeben sowie für typische Böden und Grundwasserstrukturen regionale Backgroundwerte beschrieben.

Insbesondere in der Phase der Voruntersuchungen haben sich zur Konturierung des Schadstoffkörpers indirekte Verfahren und Vor-Ort-Untersuchungen bewährt. Im Kap. 3.3 werden entsprechende Techniken beschrieben und nach den Kriterien

- Nachweisvermögen,
- Selektivität,
- Ansprechzeit,
- Integration in Probennahmesysteme,
- Feldtauglichkeit,

einer kritischen Prüfung unterzogen.

Die Anforderungen an die Probennahme (auch unter dem Aspekt der Verwendung von Kernmaterial zur Ermittlung von Migrationsparametern) wird im Kap. 3 diskutiert.

Taballe 1.10. Prüfwerte für Basisparameter zur Vor- und Hauptuntersuchung von Grundwasser (LAWA 1994)

Parameter	Einheit	Mindeständerung im Vergleich zum Oberstrom (Differenzwert)	Voruntersuchung
Färbung (visuell) [a]		Verfärbung	+
Trübung (visuell) [a]		Eintrübung	+
Geruch (qualitativ) [a]		Deutlicher Fremdgeruch	+
Temperatur (t) [a], [b]		Deutliche Änderung	+
Leitfähigkeit (bei 20 °C) [a]	µS/cm	+ 200 [c]	+
pH-Wert (bei t) [a]		± 0,3 bis 1,0 [d]	+
Calcitlösekapazität ($CaCO_3$)	mg/l	deutliche Änderung	
Säurekapazität bis pH 4,3 ($K_{S\ 4,3}$)	mmol/l	± 1 [c]	+
Basenkapazität bis pH 8,2 ($K_{B\ 8,2}$)	mmol/l	± 0,5	+
Sauerstoff, gelöst (O_2)	mg/l	− 3	+
Calcium (Ca^{2+})	mg/l	+ 20 [c]	+
Magnesium (Mg^{2+})	mg/l	+ 10 [c]	+
Natrium (Na^+)	mg/l	+ 20 [c]	
Kalium (K^+)	mg/l	+ 10 [c]	
Mangan, gesamt (Mn)	mg/l	Deutliche Änderung	
Eisen, gesamt (Fe)	mg/l	Deutliche Änderung	
Ammonium (NH_4^+)	mg/l	+ 0,3 [e]	+
Chlorid (Cl^-)	mg/l	+ 30 [c]	+
Sulfat (SO_4^{2-})	mg/l	± 30 [f], [c]	+
Nitrat (NO_3^-)	mg/l	± 10	+
Nitrit (NO_2^-)	mg/l	+ 0,3	
Phosphat, ortho (PO_4^{3-})	mg/l	+ 0,2	
Kieselsäure (SiO_2)	mg/l	+ 10	
Oxidierbarkeit (Permanganatindex) (O_2)	mg/l	+ 3 [e]	
Gel. organisch gebundener Kohlenstoff (DOC)	mg/l	+ 4 [e]	+

Tabelle 1.10. Fortsetzung

Parameter	**Einheit**	**Mindeständerung im Vergleich zum Oberstrom (Differenzwert)**	**Voruntersuchung**
Spektr. Absorptionskoeffizient bei 436 nm	m^{-1}	+ 5	
Spektr. Absorptionskoeffizient bei 254 nm	m^{-1}	+ 5	
Leichtflüchtige Halogenkohlenwasserstoffe (LHKW, gesamt)	µg/l	+ 5 [e)]	+
Adsorbierbare organisch gebundene Halogene (AOX)	µg/l	+ 20 [e)]	+
Bor (B)	mg/l	+ 0,1	+
Biotest (Daphnien- oder Leuchtbakterientest)		Toxische Wirkung im unverdünnten Grundwasser	
Koloniezahl	1/ml	Deutliche Änderung	

a) Bestimmung bei der Probennahme vor Ort.

b) Bei Grundwassertemperaturänderungen sind ggf. die Einflüsse vor Bauwerksgründungen und Oberflächeninfiltration zu berücksichtigen.

c) In einigen Grundwasserleitern liegt aufgrund der geogenen Grundbelastung die natürliche Schwankungsbreite in der o. a. Größenordnung.

d) pH-Änderungen sind im Zusammenhang mit dem Pufferungsvermögen des Wassers zu bewerten.

e) Bei höherer Vorbelastung: + 25 %.

f) Bewertung einer Konzentrationsabnahme nur unter der Voraussetzung, daß auch eine Denitrifikation stattgefunden hat.

g) Im Rahmen der Voruntersuchung ist primär auf die mit + gekennzeichneten Parameter zu untersuchen.

Literatur

CERNEY, P., GEHLHAAR, I. (1988) Langzeitforschung Geordnete Deponie. Institut für Kommunalwirtschaft, Dresden

EHRIG, H. J. (1988) Water and element transfer from landfill sites.- In: Rordam, E., Vedby, St. (Hrsg.) Impact of waste disposal on groundwater and surface water Proceedings International Workshop, 15.-19. August 1988 in Kopenhagen (Dänemark)

Fachgruppe Wasserchemie in der GDCh (Hrsg.) (1996) Chemie und Biologie der Altlasten. VCH, Weinheim New York Basel Tokyo

GIHR, R., DANIEL, B. (1993) Altlasten - Analytik, Parameterlisten zur branchenspezifischen Auswahl von Analysenparametern für Altstandorte. ecomed Landsberg

KERNDORFF, H., SCHLEYER, R., DIETER, H. H., (1993) Bewertung der Grundwassergefährdung von Altablagerungen - Standardisierte Methoden und Maßstäbe. WaBoLu-Hefte 1/1993, Selbstverlag Bundesgesundheitsamt, Berlin, 145 S

KINNER, U. H., KÖTTER, L., NICLAUß, M. (1986) Branchentypische Inventarisierung von Bodenkontaminationen - Ein erster Schritt zur Gefährdungsabschätzung für ehemalige Betriebsgelände. UBA - Texte 31/86, Umweltbundesamt Berlin

LAWA (1994) Empfehlungen für die Erkundung, Bewertung und Behandlung von Grundwasserschäden. In: Länderarbeitsgemeinschaft Wasser (Hrsg.), 19 S., Stuttgart

PLUMB, JR., R. H. (1985) Disposal site monitoring data: observation and strategy implications. In: Hitchon, B., Trudell, M. (eds.): Hazardous wastes in groundwater: a soluble dilemma. Proceedings of the Second Canadian/American Conference on Hydrology, Banff, Alberta, Canada, pp. 66-67

PLUMB JR., R. H. (1987) A practical alternative to the RCRA organic indicator parameters. In: Bursztynsky, T.P.E. (eds.): Proceedings of HAZMACON 87, Hazardous Materials Management Conference and Exhibition, Santa Clara, California, 21.-23. April 1987, pp. 135-150

PLUMB JR., R. H. (1991) The occurence of appendix IX organic constituents in disposal site ground water. Groundwater Monitoring Rev. 11 (2): 157-164

PLUMB JR., R. H. (1992) The importance of volatile organic compounds as a disposal site monitoring parameter. In: Lesage, S., Jackson, R. E. (eds.) Groundwater contamination and analysis at hazardous waste sites. Marcel Dekker, New York, pp. 173-197

PLUMB JR., R. H., PITCHFORD , A. M. (1985) Volatile organic scans: implications for groundwater monitoring. In: Proceedings of the National Water Well Association/American Petroleum Institute Conference on Petroleum Hydrocarbons and Organic Chemicals in Groundwater, Housten (Texas), 13.-15. November 1985, pp. 1-15

SCHLEYER, R., KERNDORFF, H. (1992) Die Grundwasserqualität westdeutscher Trinkwasserressourcen. VCH Weinheim, 249 S

VINOGRADOV, A.P. (1954) Geochemie seltener und nur in Spuren vorhandener chemischer Elemente im Boden. Akademie Verlag, Berlin

VOIGT, H.-J., ZIESCHANG, J. (1991) Umweltschutz und Deponien - geologische Aspekte. Z angew Geol 37 (1): 1 - 4, Berlin

2 Methoden zur Erfassung und Bewertung der Schadstoffemissionen

2.1 Bestimmung der geogenen Grundlast

HANS-JÜRGEN VOIGT

Die Abgrenzung anthropogener Beeinträchtigungen auf den Ausbreitungspfaden stellt eines der grundlegenden Erkundungsziele der Standortuntersuchungen dar. Eine wesentliche Voraussetzung zum Erkennen dieser Beeinträchtigungen ist die Kenntnis der natürlichen Hintergrundgehalte in Wasser und Boden. Die Erkundungspraxis der letzten Jahrzehnte zeigt, daß die Erkundung von Altablagerungen und Altstandorten weniger von der Philosophie des Vergleichs mit den natürlichen Hintergrundwerten als vielmehr von einer formalen Anwendung der in den Bundesländern entwickelten Grenzwertlisten geprägt ist. Mit der "Empfehlung zur Erkundung, Bewertung und Sanierung von Grundwasserschäden" der LAWA (1994), die im Oktober 1993 von der Umweltministerkonferenz verabschiedet wurde, liegt erstmals ein für die gesamte Bundesrepublik verbindliches Dokument vor, in dem gefordert wird, daß die konkreten geochemischen Verhältnisse im Umfeld in die Bewertung einzubeziehen sind. Obwohl über die ausgewiesenen Mindeständerungen am Untersuchungsstandort im Vergleich zum Hintergrund diskutiert werden kann (z. B. NH_4^+ im Grundwasser + 0,3 - was unter der natürlichen Schwankungsbreite liegt) ist die Orientierung auf eine ökosystemare Betrachtungsweise zu begrüßen.

Die Umsetzung dieser Empfehlung stellt die Landesbehörden gleichzeitig vor die Aufgabe, für die dominierenden pedologischen und hydrogeologischen Einheiten entsprechende Hintergrundwerte zur Verfügung zu stellen. Das sich in den letzten 10 Jahren ständig entwickelnde Grundwasserbeobachtungsnetz sowie die in einigen Bundesländern eingerichteten Bodendauerbeobachtungsflächen sind dafür u. a. eine wichtige Grundlage.

Daneben liegen insbesondere in den neuen Bundesländern umfassende (wenngleich in ihrem Analysenspektrum beschränkte) Datenbestände aus der flächendeckenden hydrogeologischen Erkundung von Wasserwerksstandorten vor.

Während für das Grundwasser eine zusammenfassende Betrachtung der Hintergrundwerte bisher fehlt, wurde durch die Bund - Länder - Arbeitsgemeinschaft Bodenschutz (LABO 1995) ein Bericht zusammengestellt, der erstmals Hintergrundwerte für ausgewählte Schwermetalle und persistente organische Stoffe im Boden zusammenfassend dokumentiert.

In dieser Arbeit wurde gleichzeitig eine Definition der Begriffe

- geogener Grundgehalt,
- Hintergrundgehalt,
- Hintergrundwert,
- Referenzwert,

gegeben. Diese Definitionen sind im folgendem wiedergegeben (LABO 1995):

Der **geogene Grundgehalt** umfaßt den Stoffbestand eines Bodens, der sich aus dem Ausgangsgestein (lithogener Anteil), ggf. Vererzungen (chalkogener Anteil) und der durch pedogenetische Prozesse beeinflußten Umverteilung (Anreicherung oder Verarmung) von Stoffen im Boden ergibt.

Der **Hintergrundgehalt** eines Bodens setzt sich zusammen aus dem geogenen Grundgehalt eines Bodens und der ubiquitären Stoffverteilung als Folge diffuser Einträge in den Boden.

Die Formulierung "ubiquitär/diffus" grenzt den Hintergrundgehalt von solchen Istgehalten ab, die durch punktuell hohe Stoffeinträge (punktueller Emittenteneinfluß, Altlasten) gegenüber den Hintergrundgehalten deutlich erhöht sind. Sie unterstellt damit, daß der bezeichnete Hintergrundgehalt typisch bzw. repräsentativ für bestimmte Böden, Gebiete oder auch Nutzungen ist und nicht durch punktuell hohe (geogene, chalkogene und/oder anthropogene, z. B. bewirtschaftungsbedingte) Werte "herbeigemittelt" wird.

Für die meisten organischen Schadstoffe können lithogene oder chalkogene Komponenten ausgeschlossen werden, da diese Stoffe im wesentlichen nicht als Ausgangsmaterialien der Bodenbildung vorkommen. Auch andere natürliche Ursachen (z. B. PAK-Entstehung bei Waldbränden) sind in der Regel vernächlässigbar. Der Hintergrundgehalt organischer Schadstoffe ist daher weitgehend identisch mit den ubiquitären Einträgen, die durch pedogenetische Prozesse und Nutzungseinflüsse im Boden umverteilt wurden.

Hintergrundwerte sind repräsentative Werte für allgemein verbreitete Hintergrundgehalte eines Stoffes oder einer Stoffgruppe in Böden. Hintergrundwerte für Böden beruhen auf den ermittelten Hintergrundgehalten und bezeichnen unter Angabe der statistischen Kenngrößen und der Differenzierung hinsichtlich der Bodeneigenschaften und Standortverhältnisse sowie der Bezugsgrößen Nutzung und Gebietstyp die repräsentativen Stoffkonzentrationen in Böden.

Referenzwerte, die von Hintergrundwerten abgeleitet werden, werden unter bestimmten Rahmenbedingungen hinsichtlich des räumlichen Bezugs und der bodenkundlichen Merkmale zum Vergleich verschiedener Konzentrationen herangezogen. Sie sind nicht wirkungsbezogen abgeleitet. Referenzwerte stellen eine Interpretation der verfügbaren Daten zu Hintergrundwerten dar. Referenzwerte können aus Hintergrundwerten abgeleitet werden, indem letztere für eine bestimmte Fragestellung und bestimmte konkrete Einzelfälle in spezifischer Form ausgewertet und als Referenzwerte herangezogen werden.

In Anlehnung an diese Definition sowie unter Berücksichtigung der internationalen Norm ISO/WD 11074 (1993) lassen sich sinngemäß für die Zustandsbeschreibung des Grundwassers folgende Definitionen ableiten:

- geogene Grundgehalte:
  geogen bedingtes Beschaffenheitsmuster im Grundwasser (nach SCHLEYER & KERNDORFF 1992) gleichzusetzen mit dem 84,1 %-Perzentilwert der Einzelstoffkonzentrationen eines regionalen Datensatzes)
- Hintergrundgehalte:
  geogen und ubiquitär beeinflußtes Beschaffenheitsmuster innerhalb einer hydrogeologischen Einheit (nach SCHLEYER & KERNDORFF 1992) der 95 %- Perzentilwert)

Bezüglich der Abgrenzung der Hintergrundgehalte bzw. geogenen Grundgehalte mittels statistischer Verfahren werden unterschiedliche Perzentilwerte verwendet. HINDEL (1991, Abschn. 2.1.1) benutzte zur Charakteristik der geogenen Grundgehalte von Schwermetallen in Böden den Mittelwert. Die Obergrenze des Zwei-Sigma-Bereiches (Schwellenwert) ermöglicht die Entscheidung, ob aus geowissenschaftlicher Sicht ein Analysenwert für einen bestimmten Substratbodentyp als normal oder anormal anzusehen ist.

Auch im Grundwasser haben die diffusen anthropogenen Beeinträchtigungen über längere Zeiträume dazu geführt, daß eine scharfe Trennung rein geogen geprägter Beschaffenheitsmuster im oberflächennahen Grundwasser nur schwer möglich ist. Im Abschn. 2.1.2 wurde deshalb von VOIGT und HANNAPPEL das 95 %-Perzentil zur Ausgrenzung "unbeeinflußter" Grundwässer im Lockergestein unter Berücksichtigung der hydrogeologischen Strukturen genutzt, was ebenfalls dem Hintergrundgehalt gleichkommt.

Für den Festgesteinsbereich bestimmten GABRIEL et al. (1989) Beschaffenheitsmuster der Grundwässer innerhalb repräsentativer Lithofazieseinheiten. Diese Beschaffenheitsmuster "unbeeinflußter" Grundwässer sind das Ergebnis mehr als 20jähriger Regimeuntersuchungen an Quellen und Brunnen in Thüringen. Im Rahmen des UBA-Forschungsprojektes "Grundwassermonitoring in den neuen Bundesländern" (HANNAPPEL et al. 1995) konnten diese Beschaffenheitsmuster auch für die Festgesteinsbereiche in Sachsen und Sachsen-Anhalt übertragen werden

Neben den diffusen Einträgen hat auch die teilweise Jahrhunderte währende gleichartige Landnutzung zu entsprechenden Stoffan(ab-)reicherungen im Boden und im Grundwasser geführt.

Aus den vorliegenden Materialien der Grundwasserüberwachung in den neuen Bundesländern deutet sich z. B. in den oberflächennahen Grundwässern unter einem Acker im Vergleich zum Wald eine deutliche Verarmung an organischen Substanzen an, die mit der beobachteten Humusverarmung im Boden korreliert.

Unter einem Wald sind dagegen bei vergleichbaren Bodensubstraten erkennbar niedrigere pH-Werte im unbedeckten Grundwasser feststellbar.

Ähnliche Unterschiede sind auch im Boden zu beobachten. So zeichnen sich Ackerböden gegenüber Grünlandböden häufig durch die geringsten anorganischen und organischen Stoffkonzentrationen aus. Der Anreicherungsfaktor für die Schwermetalle Cadmium, Kupfer, Blei und Zink unter Grünland im Verhältnis zum Acker schwankt z. B. an flurfernen Sandstandorten in Brandenburg (nach Daten von SCHULTZ-STERNBERG & STANELLE 1995) zwischen 1,2 und 1.5. Es muß jedoch erwähnt werden, daß in unterschiedlichen Regionen und nach verschiedenen Datensätzen sowie für unterschiedliche Bodensubstrate auch andere Verteilungsmuster ermittelt wurden. Ursachen hierfür können neben den lokal stark differenzierten Immissionsbelastungen auch unterschiedliche Probennahme- und Analysenmethoden sein.

Im Abschn. 2.1.1 werden deshalb durch HINDEL die als länderübergreifend definierten Hintergrundwerte (LABO 1995) vorgestellt. Für einen konkreten Deponiestandort mit begrenzt wirksamen Emissionen ist deshalb im Zuge der Standorterkundung die Präzisierung der Hintergrundwerte im Boden über Leitprofile sowie der Hintergrundwerte für das Grundwasser notwendig.

2.1.1 Bestimmung der geogenen Grundlast in Böden

ROLAND HINDEL

2.1.1.1 Einleitung

Die Kenntnis der natürlichen oder geogenen Grundgehalte von anorganischen und organischen Stoffen in Böden ist eine Voraussetzung für die Bewertung von anthropogenen Kontaminationen.

Der geogene Grundgehalt umfaßt den Stoffbestand eines Bodens, der sich aus dem Ausgangsmaterial und der durch bodenbildende Prozesse beeinflußten Umverteilung (Anreicherung oder Verarmung) von Stoffen im Boden ergibt. Das Ausgangsmaterial der Bodenbildung sind die im Untergrund anstehenden Gesteine bzw. die periglazialen Deckschichten.

Die Bestimmung von repräsentativen geogenen Grundgehalten anorganischer und organischer Stoffe in Böden setzt eine umfangreiche Datenbasis voraus. Während dies für verschiedene Schwermetalle und Metalloide zutrifft, ist die uns zur Verfügung stehende Datenbasis für organische Stoffe noch nicht ausreichend. In der vorliegenden Arbeit wird deshalb nur auf die Bestimmung von geogenen Grundgehalten für ausgewählte Schwermetalle und Metalloide in Böden eingegangen. Die ausgewiesenen Gehalte sind im Sinne der Methodik der Bund-Länder-Arbeitsgemeinschaft Bodenschutz (LABO 1995) als länderübergreifende Hintergrundwerte für Böden in ländlich geprägten Regionen zu verstehen.

Differenzierte Angaben zu landesspezifischen Hintergrundwerten sind der o. g. Arbeit bzw. den dort zitierten Originalberichten der einzelnen Bundesländer zu entnehmen (u.a. KUNTZE et al. 1991).

2.1.1.2 Bestimmung von geogenen Grundgehalten ausgewählter Schwermetalle und Metalloide in Locker- und Festgesteinsböden

Für die Bestimmung von geogenen Grundgehalten verschiedener Schwermetalle und Metalloide in Böden und ihre Anwendung in der Praxis werden stark vereinfacht Böden aus Lockergesteinen und Böden aus Festgesteinen unterschieden.

In den relativ homogen zusammengesetzten *Lockergesteinen* (z. B. Sand, Löß, Geschiebelehm) kommt es im Verlauf der Bodenbildung zu Elementumverteilungen, die schließlich zu charakteristischen Elementgehalten in den verschiedenen Bodenhorizonten führen. Die Bestimmung von geogenen Grundgehalten in Böden aus Lockergesteinen erfolgt deshalb in Abhängigkeit vom jeweiligen Lockergesteinstyp und den jeweils typischen Bodenhorizonten (*Tabelle 2.1*).

In den deutschen bzw. mitteleuropäischen Mittelgebirgen werden die anstehenden *Festgesteine* großflächig von unverfestigten periglazialen Deckschichten überlagert, die während der Kaltzeiten des Quartärs durch Prozesse der Solifluktion und Kryoturbation entstanden sind. Das im Untergrund anstehende Festgestein und die periglazialen Deckschichten bilden hier das Ausgangsmaterial für die holozäne Bodenbildung. Bei Vorliegen solcher Böden sollte die Bestimmung von geogenen Grundgehalten primär in Abhängigkeit von den verschiedenen Lagen der periglazialen Deckschichten (Hauptlage, Mittellage, Basislage) und sekundär nach Bodenhorizonten erfolgen (*Tabelle 2.1*).

Für die Bestimmung geogener Grundgehalte von Schwermetallen und Metalloiden in Böden der Bundesrepublik Deutschland stehen z.Z. die Analysenergebnisse von 18000 Bodenproben aus 1800 Bodenprofilen zur Verfügung. Die Bodenprofile sind so verteilt, daß die in Deutschland flächenhaft vorherrschenden Locker- und Festgesteinsböden repräsentiert sind. Eine Erweiterung der Untersuchungen zur Verbesserung der Repräsentanz der Datenbasis ist im Gange.

Eine Voraussetzung für die Berechnung von geogenen Grundgehalten in Abhängigkeit von Ausgangsgestein, Bodenhorizonten bzw. Lagen innerhalb der periglazialen Deckschichten ist die homogene Zusammensetzung der jeweiligen Gruppen.

Die Prüfung auf Homogenität erfolgt anhand der für die verschiedenen Elemente berechneten Summenhäufigkeitskurven im Wahrscheinlichkeitsnetz. Bei Vorliegen von inhomogenen Mischverteilungen ist eine Überprüfung hinsichtlich der richtigen Einordnung in die Kategorien Ausgangsgestein, Bodenhorizont, Lage innerhalb der periglazialen Deckschichten erforderlich. Auch mögliche anthropogene Kontaminationen müssen in Betracht gezogen werden. Gegebenenfalls ist eine Umgruppierung oder im Falle einer anthropogenen Kontamination eine Eliminierung der entsprechenden Proben erforderlich.

Zur Berechnung der in den *Tabellen 2.2 - 2.6* aufgelisteten statistischen Parameter wurden folgende Formeln verwendet, wobei noch zu beachten ist, daß hierfür, statt der Originalwerte, deren Logarithmen benutzt wurden, da sich dadurch jeweils angenäherte Normalverteilungen (Lognormalverteilungen) erzielen ließen:

Geometrisches Mittel: $\bar{x}_g$: (2.1)

$$\bar{y} = \frac{1}{n} \sum_{i=1}^{n} \log(x_i)$$

$$\bar{x}_g = 10^{\bar{y}}$$

Standardabweichung der logarithmierten Analysenwerte: s_y (2.2)

$$s_y = \sqrt{\frac{1}{n-1}\sum_{i=1}^{n}\left(y_i - \bar{y}\right)^2}$$

$$y_i = \log(x_i); i = 1,\ldots n$$ $n =$

Anzahl der Proben

Obergrenzen des Zwei-Sigma-Bereiches (2.3)

$$10^{\left(\bar{y}+2s_y\right)}$$

2.1.1.3 Geogene Grundgehalte von Schwermetallen und Metalloiden in Lockergesteinsböden

In den *Tabellen 2.2 - 2.4* sind die geometrischen Mittelwerte sowie die Obergrenzen der Zwei-Sigma-Bereiche von Schwermetallen und Metalloiden für typische Bodenhorizonte von Löß-, Sand- und Geschiebelehmböden aufgelistet. Diese Böden nehmen im norddeutschen Tiefland große Flächen ein.

In Böden aus Geschiebelehm (*Tabelle 2.2*) hebt sich insbesondere der Bt-Horizont durch erhöhte Gehalte an Nickel, Kupfer, Zink, Arsen, Vanadium und Chrom von den übrigen Bodenhorizonten ab. Im Verlauf der Bodenbildung ist es durch Tonverlagerung aus dem Oberboden zur Ausbildung eines Tonanreicherungshorizontes (Bt-Horizont) gekommen. Die erhöhten Tongehalte des Bt-Horizontes bedingen die erhöhten Elementgehalte.

Aus *Tabelle 2.3* geht hervor, daß sich die verschiedenen Bodenhorizonte von Böden aus Löß teilweise deutlich in ihren Elementgehalten unterscheiden. Insbesondere der durch regelmäßige Bodenbearbeitung geprägte Ap-Horizont ist gegenüber den anderen Bodenhorizonten durch höhere Gehalte an Mangan, Kupfer, Zink, Antimon, Quecksilber, Blei, Vanadium, Chrom und Niob gekennzeichnet. Der durch Tonanreicherung geprägte Bt-Horizont enthält, ähnlich wie bei Böden aus Geschiebelehm (*Tabelle 2.2*), etwas höhere Nickel- und Arsengehalte.

Böden aus Sand (*Tabelle 2.4*) sind, abgesehen vom Ap-Horizont, wo es durch Adsorption an organische Substanz zu einer Anreicherung von Mangan, Kupfer, Zink und Quecksilber gekommen ist, durch relativ niedrige Schwermetallgehalte gekennzeichnet. Die Unterschiede in den Elementgehalten der verschiedenen Bodenhorizonte sind nicht stark ausgeprägt. Die durch erhöhte Sesquioxidgehalte gekennzeichneten Bhs- und Bs-Horizonte zeigen gegenüber dem C-Horizont etwas höhere Gehalte an Mangan, Zink und Blei.

Die hier vorgestellten Tabellen zeigen, daß ein Vergleich der Bodenanalysen von Lockergesteinsböden exakt nur unter Berücksichtigung von Ausgangsgestein und Bodenhorizont möglich ist. Dies unterstreicht die Bedeutung einer horizontbezogenen Beprobung bei der Untersuchung von Lockergesteinsböden.

2.1.1.4 Geogene Grundgehalte von Schwermetallen und Metalloiden in Festgesteinsböden

Aus *Tabelle 2.1* geht hervor, daß für die Bestimmung von geogenen Grundgehalten in Festgesteinsböden neben der Differenzierung nach dem Ausgangsgestein eine Differenzierung nach den Lagen der periglazialen Deckschichten notwendig ist. Im wesentlichen sind in solchen Böden 3 Lagen zu unterscheiden (AD-HOC-ARBEITSGRUPPE BODEN 1994):

1. Basislage (LB): Sie ist aus den liegenden und/oder in Nachbarschaft hangaufwärts vorkommenden Gesteinen hervorgegangen. Äolische Fremdanteile sind bei der Geländeaufnahme meistens nicht zu erkennen.
2. Mittellage (LM): Sie kommt in der Regel im Hangenden der Basislage vor und enthält immer einen erkennbaren äolischen Anteil. Dadurch ergibt sich zur Basislage ein markanter Substratunterschied. Die Mittellage ist im Bergland im allgemeinen nur in erosionsgeschützten Positionen erhalten.
3. Hauptlage (LH): Sie kommt im Hangenden der Mittel- bzw. Basislage, selten über Anstehendem vor und enthält immer äolisches Material. Die Mächtigkeit der Hauptlage ist in allen Reliefpositionen auffällig konstant und schwankt nur wenig um 50 cm.

In den *Tabellen 2.5* und *2.6* sind beispielhaft für Festgesteinsböden die geogenen Grundgehalte verschiedener Elemente von Sandstein- und Tonsteinböden aufgeführt. Diese Böden nehmen in den Mittelgebirgen der Bundesrepublik Deutschland große Flächen ein.

Aus *Tabelle 2.5* geht hervor, daß in Sandsteinböden die Mittellage deutlich höhere Gehalte an Mangan, Kobalt, Nickel, Kupfer, Zink, Arsen, Vanadium, Chrom, Zirkonium und Niob aufweist als die Basis- oder die Hauptlage. Dies ist auf den im Vergleich zur Basis- und Hauptlage höheren Lößanteil in der Mittellage zurückzuführen. Im Löß sind die o. a. Elemente deutlich höher konzentriert als im Sandstein. Die erhöhten Quecksilbergehalte der Hauptlage deuten auf diffusen anthropogenen Eintrag hin.

Auch in Tonsteinböden (*Tabelle 2.6*) sind die Lagen durch unterschiedliche Elementgehalte charakterisiert, die teilweise durch die variierenden Löß- und Tonsteinanteile erklärt werden können. Die Abnahme der Nickel-, Kupfer-, Zink-, Quecksilber- und Vanadiumgehalte sowie die Zunahme der Zirkoniumgehalte von der Basis- zur Mittellage ist auf den höheren Lößanteil in der Mittellage zurückzuführen. Löß weist im Vergleich zum Tonstein niedrigere Gehalte an Nickel, Kupfer, Zink, Quecksilber und Vanadium auf. Der Zirkoniumgehalt ist hingegen im Löß deutlich höher als im Tonstein.

Tabelle 2.1. Differenzierung bei der Bestimmung von durchschnittlichen Spurenelementgehalten in Böden

Böden aus quartären Lockergesteinen (Böden im Flachland)		
Substrat	Bodentyp/Bodenhorizont	Nutzung
Sand	Regosol, Braunerde, Bänderparabraunerde, Podsol, Gleye	Acker, Wald, (Grünland)
Löß	(Pararendzina), Schwarzerde, Parabraunerde, Stauwasserböden	Acker, Wald, (Grünland)
Geschiebelehm (Geschiebemergel)	(Pararendzina), Braunerde, Parabraunerde, Stauwasserböden	Acker, (Wald), (Grünland)
Sedimente im Gezeitenbereich	Marschen	(Acker), (Wald), Grünland
Sandlöß	Bänderparabraunerden	Acker, Wald, (Grünland)
Bimstuff	Braunerde	Acker, (Wald), (Grünland)

Böden über sedimentären, magmatischen und metamorphen Festgesteinen (Böden in Mittelgebirgsregionen)			
Substrat	Zusammensetzung der periglaziären Deckschichten	Lößgehaltsklasse (Hauptlage)	Nutzung
Tongesteine	Hauptlage Mittellage Basislage	Lößarm: i. d. R. Braunerde mit Subtypen Lößhaltig - lößreich: i. d. R. Parabraunerde, Pseudogley mit Subtypen	Acker Wald Grünland
Sandstein	Hauptlage Mittellage Basislage	Lößfrei: i. d. R. Podsol, mit Subtypen Lößarm: i. d. R. Braunerde mit Subtypen Lößhaltig - lößreich: i. d. R. Parabraunerde, Pseudogley mit Subtypen	Acker Wald (Grünland)
Kalkstein	Hauptlage Mittellage Basislage	Lößarm: i. d. R. Rendzina, Braunerde mit Subtypen Lößhaltig - lößreich: i. d. R. Parabraunerde, Pseudogley mit Subtypen	(Acker) Wald (Grünland)

Tabelle 2.1. Fortsetzung

Böden über sedimentären, magmatischen und metamorphen Festgesteinen (Böden in Mittelgebirgsregionen)			
Mergelstein	(Hauptlage) (Mittellage) Basislage	(Lößarm): i. d. R. Rendzina, Braunerde mit Subtypen (Lößhaltig - lößreich): i. d. R. Parabraunerde,Pseudogley mit Subtypen	(Acker) Wald (Grünland)
Saure Magmatite/Metamorphite	Hauptlage (Mittellage) Basislage	Lößarm: i. d. R. Braunerde mit Subtypen (Lößhaltig - lößreich): i. d. R. Parabraunerde,Pseudogley mit Subtypen	(Acker) Wald (Grünland)
Basische Magmatite/Metamorphite	Hauptlage Mittellage Basislage	Lößarm: i. d. R. Braunerde mit Subtypen Lößhaltig - lößreich: i. d. R. Parabraunerde, Pseudogley mit Subtypen	Acker Wald (Grünland)
Ultrabasische Magmatite/Metamorphite	Hauptlage Mittellage Basislage	Lößarm: i. d. R. Braunerde mit Subtypen Lößhaltig - lößreich: i. d. R. Parabraunerde, Pseudogley mit Subtypen	(Acker) Wald (Grünland)
Glimmerschiefer	Hauptlage (Mittellage) Basislage	Lößarm: i. d. R. Braunerde mit Subtypen (Lößhaltig - lößreich): i. d. R. Parabraunerde,Pseudogley mit Subtypen	Acker (Wald) (Grünland)
Gneis	Hauptlage Mittellage Basislage	Lößarm: i. d. R. Braunerde mit Subtypen (Lößhaltig - lößreich): i. d. R. Parabraunerde,Pseudogley mit Subtypen	(Acker) Wald (Grünland)

Bei in Klammern gesetzten Lagen, Lößgehaltsklassen oder Nutzungen war eine Berechnung der entsprechenden statistischen Parameter nicht möglich, da die Anzahl der Proben zu gering war.

Tabelle 2.2. Geogene Grundgehalte [mg/kg] von Schwermetallen und Metalloiden in Geschiebelehmböden

		Mn	Co	Ni	Cu	Zn	As	Cd	Sb	Hg	Pb	V	Cr	Zr	Nb
Ap	1	380	5	9	9	39	3,0	0,4	< 0,3	0,050	32	30	24	295	9
n = 41 (32)	2	710	17	32	17	71	6,0	1,5	-	0,170	51	68	43	370	18
Al	1	250	5	17	9	51	4,0	0,3	0,4	0,057	20	44	38	270	9
n=21 (10)	2	1.170	29	48	25	100	9,0	1,9	1,4	0,250	75	120	110	370	19
Bt	1	350	8	23	14	60	6,0	< 0,3	0,4	0,035	17	56	48	230	9
n=39 (16)	2	1.240	39	79	46	130	20,0	-	1,9	0,180	64	130	140	310	18
Bv	1	190	7	11	9	31	4,0	< 0,3	< 0,3	< 0,020	20	40	31	250	10
n=311 (121)	2	560	29	49	25	64	9,0	-	-	-	48	89	70	330	19
C	1	225	6	14	9	34	3,0	< 0,3	< 0,3	< 0,020	19	36	28	175	7
n=116 (57)	2	1.000	33	72	32	120	12,0	-	-	-	82	88	69	420	20

1 = Geometrisches Mittel; 2 = Obergrenze des Zwei-Sigma-Bereiches; n = Anzahl der Proben, gilt für Mangan bis Blei. Die Zahl in der Klammer gibt die Anzahl der Proben an, die auf Vanadium, Chrom, Zirkonium und Niob analysiert wurden.

Tabelle 2.3. Geogene Grundgehalte [mg/kg] von Schwermetallen und Metalloiden in Lößböden

Horizont		Mn	Co	Ni	Cu	Zn	As	Cd	Sb	Hg	Pb	V	Cr	Zr	Nb
Ap	1	660	9	29	19	72	7,0	< 0,3	0,7	0,120	46	68	124	495	20
n = 32 (21)	2	1000	16	55	30	110	11	-	2,1	0,220	70	95	170	720	30
Ah	1	560	9	21	12	45	5,0	< 0,3	0,4	0,070	39	54	95	510	17
n = 47 (33)	2	1300	22	40	30	100	12	-	1,7	0,330	90	85	160	630	25
Al	1	520	10	23	12	48	5,0	< 0,3	0,5	0,045	31	48	89	470	17
n= 75 (53)	2	1500	21	50	30	100	15	-	2,5	0,160	70	100	220	820	29
Bt	1	570	11	35	18	62	8,0	< 0,3	0,4	0,027	31	67	111	450	17
n= 125 (79)	2	1100	29	65	35	130	16	-	1,5	0,100	55	110	200	810	30
Bv	1	460	11	24	15	65	7,0	< 0,3	0,5	0,040	33	63	100	530	17
n= 66 (40)	2	900	18	50	25	130	12	-	1,5	0,170	70	90	170	760	24
C	1	470	8	27	13	42	6.0	< 0,3	0,4	< 0,020	31	56	110	390	14
n= 101 (78)	2	900	20	55	25	90	14	-	1,6	-	55	95	180	750	28

1 = geometrisches Mittel; 2 = Obergrenze des Zwei-Sigma-Bereiches; n = Anzahl der Proben, gilt für Mangan bis Blei.
Die Zahl in der Klammer gibt die Anzahl der Proben an, die auf Vanadium, Chrom, Zirkonium und Niob analysiert wurden.

Tabelle 2.4. Geogene Grundgehalte [mg/kg] von Schwermetallen und Metalloiden in Sandböden

Horizont		Mn	Co	Ni	Cu	Zn	As	Cd	Sb	Hg	Pb	V	Cr	Zr	Nb
Ap	1	150	< 3	3	6	22	2,0	< 0,3	< 0,3	0,048	21	23	12	220	7
n= 52 (44)	2	1200	-	15	25	80	7	-	-	0,300	75	100	65	550	16
Ahe	1	75	< 3	4	3	15	2,0	< 0,3	0,5	0,053	20	11	9	205	< 5
n= 101 (63)	2	460	-	19	14	55	8	-	2,1	0,330	60	35	55	570	-
Ae	1	41	< 3	< 3	< 3	9	2,0	< 0,3	< 0,3	< 0,020	11	< 10	< 7	160	6
n= 42 (33)	2	390	-	-	-	35	6	-	-	-	75	-	-	420	15
Bhs	1	64	< 3	4	< 3	12	2,0	< 0,3	< 0,3	< 0,020	13	11	< 7	180	< 5
n= 85 (57)	2	340	-	18	-	40	10	-	-	-	30	30	-	490	-
Bs	1	62	< 3	4	< 3	11	2,0	< 0,3	< 0,3	< 0,020	10	11	8	140	< 5
n= 120 (62)	2	380	-	20	-	40	9	-	-	-	25	40	45	570	-
Bv	1	106	< 3	5	3	17	2,0	< 0,3	< 0,3	< 0,020	11	13	10	210	6
n= 260 (143)	2	660	-	30	11	45	6	-	-	-	45	45	60	520	18
C	1	36	< 3	4	< 3	8	1,0	< 0,3	< 0,3	< 0,020	8	11	9	140	< 5
n= 518 (189)	2	290	-	19	-	35	5	-	-	-	30	40	45	530	-

1 = geometrisches Mittel; 2 = Obergrenze des Zwei-Sigma-Bereiches; n = Anzahl der Proben, gilt für Mangan bis Blei.
Die Zahl in der Klammer gibt die Anzahl der Proben an, die auf Vanadium, Chrom, Zirkonium und Niob analysiert wurden.

Tabelle 2.5. Geogene Grundgehalte [mg/kg] von Schwermetallen und Metalloiden in Sandsteinböden

Lage		Mn	Co	Ni	Cu	Zn	As	Cd	Sb	Hg	Pb	V	Cr	Zr	Nb
Hauptlage	1	180	4	8	6	24	3,4	< 0,3	0,3	0,050	34	29	30	280	9
n = 1407 (242)	2	1.400	15	35	18	85	9,8	-	1,7	0,220	85	110	150	630	30
Mittellage	1	260	8	25	12	39	6,1	< 0,3	0,3	0,030	36	46	46	320	12
n = 374 (60)	2	1.000	20	55	30	100	12,4	-	1,1	0,100	70	95	100	560	25
Basislage	1	84	4	12	7	23	3,7	< 0,3	0,3	< 0,020	26	30	31	210	5
n = 700 (192)	2	660	13	45	22	110	11,6	-	1,6	-	65	130	150	560	20

1 = geometrisches Mittel; 2 = Obergrenze des Zwei-Sigma-Bereiches; n = Anzahl der Proben, gilt für Mangan bis Blei.
Die Zahl in der Klammer gibt die Anzahl der Proben an, die auf Vanadium, Chrom, Zirkonium und Niob analysiert wurden.

Tabelle 2.6. Geogene Grundgehalte [mg/kg] von Schwermetallen und Metalloiden in Tonsteinböden

Lage		Mn	Co	Ni	Cu	Zn	As	Cd	Sb	Hg	Pb	V	Cr	Zr	Nb
Hauptlage	1	890	17	46	17	91	7,5	0,3	0,5	0,070	46	93	100	320	20
n = 980 (346)	2	2.600	45	110	40	170	20,5	1,6	2,6	0,270	110	190	210	620	40
Mittellage	1	620	20	57	21	83	9,0	< 0,3	0,4	0,025	33	94	120	390	21
n = 532 (122)	2	1.600	45	100	35	120	19,3	-	1,3	0,100	59	130	160	560	35
Basislage	1	480	19	60	24	96	9,2	< 0,3	0,5	0,036	33	113	110	240	16
n = 807 (339)	2	2.400	55	140	60	190	30,0	-	2,8	0,160	79	200	240	540	33

1 = geometrisches Mittel; 2 = Obergrenze des Zwei-Sigma-Bereiches; n = Anzahl der Proben, gilt für Mangan bis Blei.
Die Zahl in der Klammer gibt die Anzahl der Proben an, die auf Vanadium, Chrom, Zirkonium und Niob analysiert wurden.

Die Abnahme der Konzentrationen von Kobalt, Nickel, Kupfer und Arsen sowie die Zunahme der Konzentrationen von Mangan, Zink, Quecksilber und Blei von der Mittel- zur Hauptlage ist nicht mehr allein durch Schwankungen der Löß- und Tonanteile zu erklären. Neben diffusen anthropogenen Einträgen (Zink, Quecksilber, Blei) spielen hier noch weitere Komponenten (z. B. Bimstuff, Flugsand) eine Rolle, deren Anteile sich aber nur schwer qualitativ oder quantitativ erfassen lassen.

Diese beiden Beispiele zeigen, daß bei Festgesteinsböden ein Vergleich von Bodenanalysen nur unter Berücksichtigung des Ausgangsgesteins und der entsprechenden Lage der periglazialen Deckschichten möglich ist. Gegebenenfalls müssen auch noch die Bodenhorizonte, insbesondere diejenigen der Hauptlage, berücksichtigt werden. Dies unterstreicht die Bedeutung einer lagen- und horizontbezogenen Probenahme bei Festgesteinsböden.

2.1.1.5 Abschätzung der überregionalen und regionalen geogenen Grundbelastung von Böden mit Schwermetallen und Metalloiden

Für die in *Tabelle 2.1* aufgeführten Locker- und Festgesteinsböden liegen die geogenen Grundgehalte verschiedener Schwermetalle und Metalloide vor (HINDEL & FLEIGE 1991).

Diese Tabellen geben eine erste Übersicht über die in den Böden der Bundesrepublik Deutschland in Abhängigkeit von Ausgangsgestein, Bodenhorizont und Lage innerhalb der periglazialen Deckschichten zu erwartenden durchschnittlichen Elementgehalte.

Durch die Verknüpfung der in diesen Tabellen aufgeführten statistischen Kenndaten mit geologischen bzw. bodenkundlichen Karten (z. B. GEOLOGISCHE KARTE DER BUNDESREPUBLIK 1 : 1 000 000; BODENÜBERSICHTSKARTE DER BUNDESREPUBLIK DEUTSCHLAND 1 : 1 000 000) ist es möglich, für einen Großteil der Fläche der Bundesrepublik Deutschland die geogene Schwermetallgrundbelastung der Böden abzuschätzen. Durch die vorgenommene Aufschlüsselung nach Ausgangsgestein, periglazialen Deckschichten bzw. Bodenhorizonten wird es möglich, jeweils relativ enge Elementschwankungsbereiche anzugeben. Übersteigen in den Verbreitungsgebieten bestimmter lithologischer Einheiten die Elementgehalte in den Böden die entsprechenden Obergrenzen der Zwei-Sigma-Bereiche, so sind diese Elementgehalte im geowissenschaftlichen Sinne nicht mehr als normal anzusehen. Es liegt dann der Verdacht einer anthropogenen Kontamination nahe. Bei Festgesteinsböden kann neben einer anthropogenen Kontamination auch eine im Untergrund liegende Vererzung als Ursache für solche anomalen Elementgehalte in Frage kommen. Detailliertere Untersuchungen sind dann erforderlich.

Für regionale Abschätzungen der geogenen Grundgehalte von Böden auf der Maßstabsebene 1 : 25 000 bis 1 : 200 000 sind die in den Tabellen aufgeführten statistischen Kennwerte möglicherweise enger zu fassen. Hierzu wird die geochemische Untersuchung von zusätzlichen Leitbodenprofilen innerhalb der entsprechenden lithologischen Einheiten einer bestimmten Region vorgeschlagen.

Aufgrund dieser Untersuchungen dürfte es in der Regel möglich sein, die in den Tabellen ermittelten Elementschwankungsbereiche einzuengen und damit zu einer besseren Aussagegenauigkeit zu kommen.

Für Abschätzungen der geogenen Grundgehalte in Böden auf der Maßstabsebene größer 1 : 25 000 sind Detailkarten über die Verbreitung und Zusammensetzung der periglazialen Deckschichten in Böden erforderlich, um gezielt Positionen zur Untersuchung von zusätzlichen Leitbodenprofilen innerhalb bestimmter lithologischer Einheiten auszuwählen. In der Regel liegen großmaßstäbige Karten mit Angaben zu den periglazialen Deckschichten und Bodenhorizonten nicht vor und sind neu zu kartieren. Bei der Detailkartierung ist besonderer Wert auf die Beschreibung der Zusammensetzung der periglazialen Deckschichten zu legen (z. B. Verhältnis Festgesteinszersatz zu Lößgehalt, Tongehalt). Diese Detailkarten sind mit einem vergleichsweise geringen Aufwand zu erstellen und dienen dann als Grundlage für die Extrapolation weiterer punktueller Schwermetallerhebungen auf die Fläche. Aufgrund dieser Untersuchungen ist eine sehr genaue Bestimmung von geogenen Grundgehalten in Abhängigkeit von Ausgangsgestein, periglazialen Deckschichten und Bodenhorizonten möglich; darüber hinaus gestatten diese Karten auch Aussagen über die räumliche Variabilität von Schwermetallgehalten in Böden.

2.1.2 Bestimmung der geogenen Grundlast im Grundwasser

HANS-JÜRGEN VOIGT UND STEPHAN HANNAPPEL

Die Beschaffenheit des Grundwassers wird durch eine Vielzahl von Faktoren und Prozessen bestimmt, die sich auf seinem Weg, beginnend mit der Grundwasserneubildung bis hin zu seiner Entlastung in die Vorfluter, vollziehen. Mehrere Veröffentlichungen, allein im deutschsprachigen Raum, sind den Prozessen und Stoffkreisläufen im Boden und Grundwasser gewidmet (MATTHESS 1973; DVWK 1982, 1993; VOIGT 1989; SCHLEYER & KERNDORFF 1992; BAUMANN & WAGNER 1993).

Grundsätzlich ist festzustellen, daß die Grundwasserbeschaffenheit als räumlich und zeitlich veränderlicher Zustand des Grundwassers von einer Vielzahl von Faktoren und Prozessen beeinflußt wird, die das dynamische System Grundwasser - Grundwasserleiter - organische Substanzen (Biomasse) - Gas (gelöstes und freies Gas, insbesondere in der Versickerungszone) bestimmen.

Im Ergebnis der komplexen Wechselwirkung zwischen allen Systembestandteilen sowie der geohydraulischen Randbedingungen charakterisiert die Grundwasserbeschaffenheit relative Gleichgewichtszustände, die von der Kontaktzeit zwischen den Phasen abhängig sind. Die Ausweisung von Hintergrundwerten der natürlichen Grundwasserbeschaffenheit muß deshalb in erster Instanz die lithologische und geochemische Zusammensetzung des Speichergesteins sowie die hydrodynamischen Randbedingungen des dynamischen Systems berücksichtigen. Für das Festgestein der Mittelgebirge und der Vorländer wurden unter diesem Gesichtspunkt von GABRIEL et al. (1989) 10 sog. Lithofazieseinheiten ausgewiesen. Im Ergebnis der mehr als 20jährigen Regimeuntersuchungen in Thüringen wurden unter Berücksichtigung eines Modellansatzes zur Abgrenzung von Kontaminationseinflüssen geogene Beschaffenheitsmuster abgeleitet, die in *Tabelle 2.7* ausgewiesen sind. Der dynamischen Komponente der Beschaffenheitsentwicklung wurde, basierend auf einer Analyse der Grundwasserabflußprozesse im Festgestein durch die Ausweisung einer schnellen Abflußkomponente sowie des Gebietsspeichers Rechnung getragen.[1]

In *Tabelle 2.7* stehen jeweils die geogenen Hintergrundwerte: der linke Wert repräsentiert die schnelle Abflußkomponente, der rechte die Beschaffenheit des Grundwassers im Gebietsspeicher.

[1] Die schnelle Abflußkomponente charakterisiert sowohl den hypodermischen Abfluß als auch den Grundwasserabfluß, der nach kurzer Verweilzeit (2 - 20 Tage bis 1 Jahr) im Untergrund in Form von Quellen zu Tage tritt oder in die Vorfluter entlastet.

Tabelle 2.7. Geogene Beschaffenheitsmuster (aus GABRIEL et al. 1989), Teil 1: Festgesteine der Mittelgebirge

Lithofazies-einheit	**L1 Tonschiefer**	**L2 Schalstein Diabas**	**L3 Flysch, altpaläo-zoische Kalke**	**L4.1 Quarzporphyr Granit**
pH-Wert	4,1 - 8,3	5,8 - 8,3	6,2 - 8,4	5,5 - 8,0
LF (µS/cm)	25 - 150	84 - 330	320 - 470	90 - 180
GH (°dH)	0 - 3	0,7 - 11,5	3,3 - 21	0,6 - 12
KH (°dH)	0 - 1,75	0,5 - 6	1 - 12	0,5 - 8,5
NKH (°dH)	0 - 1,75	0 - 5	1 - 10	0 - 7
Ca (mg/l)	0 - 10	5 - 60	20 - 120	4 - 53
Mg (mg/l)	0 - 8	0 - 13	2 - 20	0 - 20
SO_4 (mg/l)	0 - 30	4 - 52	20 - 120	3 - 80
Cl (mg/l)	2 - 16	4 - 13	7 - 23	5 - 24
Na (mg/l)	1 - 5,5	1 - 5,5	1 - 7	1,5 - 10
K (mg/l)	0,1 - 0,5	0,2 - 1	0,4 - 1,2	0,7 - 5,5
NH_4 (mg/l)	0,1 - 0	0,1 - 0	0,1 - 0	0,1 - 0
NO_2 (mg/l)	0,1 - 0	0,1 - 0	0,1 - 0	0,1 - 0
NO_3 (mg/l)	11 - 0	10 - 0	14 - 0	14 - 0
o-PO_4 (mg/l)	0,07 - 0	0,07 - 0	0,07 - 0	0,07 - 0

Aus *Tabelle 2.7* wird deutlich, daß die Wässer der schnellen Abflußkomponente auf Grund der geringen Verweilzeiten deutlich geringere Stofffrachten aufweisen. Die gegenüber dem Gebietsspeicher erhöhten Nitrit- und Nitratgehalte zeigen den ubiquitären Einfluß landwirtschaftlicher Aktivitäten an.

HÖLTING (1991) faßt ohne Berücksichtigung der Grundwasserabflußverhältnisse die Beschaffenheitsmuster der Grundwässer im Festgestein in 6 Gruppen, diejenigen im Lockergestein lediglich in einer Gruppe zusammen. Entsprechend weit gefächert sind die ausgewiesenen Konzentrationsbereiche der Meßgrößen. Die Werte können somit nur bedingt für die Bewertung anthropogener Überprägungen herangezogen werden.

Tabelle 2.7. Teil 1, Fortsetzung

Lithofazies-einheit	L4.2 Basalt	L51 Quarzit	L6 Molasse	L7 Zechstein-randfazies
pH-Wert	6,6 - 8,3	5,3 - 7,8	6,0 - 8,0	6,4 - 8,1
LF (µS/cm)	110 - 230	125 - 190	70 - 120	580 - 200
GH (°dH)	1,5 - 7,5	1,4 - 5,8	0,9 - 4	13 - 43
KH (°dH)	1,5 - 5,3	0,5 - 2,5	0 - 3	4,5 - 18
NKH (°dH)	0 - 4	0,8 - 4,5	0,5 -2	0 - 31
Ca (mg/l)	11 - 30	10 - 25	6 - 20	93 - 240
Mg (mg/l)	0 - 10	0 - 10	0 - 5	0 - 70
SO_4 (mg/l)	0 - 35	4 - 30	5 - 46	50 - 370
Cl (mg/l)	7 - 21	10 - 25	5 - 16	5 - 36
Na (mg/l)	1 - 5	1,5 - 23	2 - 20	4 - 12
K (mg/l)	0,5 - 2	0,2 - 2,7	0,3 - 6,7	0,7 - 2,5
NH_4^*(mg/l)	0,1 - 0	0,1 - 0	0,1 - 0	0,1 -0
NO_2^* (mg/l)	0,1 - 0	0,1 - 0	0,1 - 0	0,1 - 0
NO_3^* (mg/l)	14 - 0	14 - 0	18 - 0	18 - 0
o-PO_4^* (mg/l)	0,07 - 0	0,07 - 0	0,07 - 0	0,07 - 0

Für die Beschreibung der geogenen Hintergrundwerte im Lockergestein Brandenburgs verwendet HANNAPPEL (1996) rangstatistische Maßzahlen innerhalb hydrogeologischer Struktureinheiten. Unter einer hydrogeologischen Struktureinheit werden dabei Grundwasserregionen verstanden, die sich durch relativ einheitliche und typische hydrodynamische sowie hydrogeochemische Verhältnisse auszeichnen (s. *Tabelle 2.8*).

Natürliche Grundwässer unterscheiden sich in ihrer chemischen Zusammensetzung je nach Lage und Position innerhalb der hydrogeologischer Struktureinheiten. Neben diesen natürlichen Faktoren sind im regionalen Maßstab aber auch anthropogen bedingte Faktoren bestimmend. Die Entscheidung im Einzelfall, ob ein Grundwasser als altlastenbeeinflußt oder als typisch für die geogenen Verhältnisse bewertet wird, kann nur in Kenntnis der lokalen, natürlich bedingten Konzentrationen der Hauptinhaltsstoffe getroffen werden. Deshalb müssen im Rahmen von Voruntersuchungen bei begründe-

Tabelle 2.7. Geogene Beschaffenheitsmuster (aus GABRIEL et al. 1989), Teil 2: Festgesteine der Vorländer und Lockergesteinsbedeckungen

Lithofazies-einheit	**L8.1 Sandstein wenig min.**	**L82 Sandstein stärker min.**	**L9.1 Kalkstein Normalausbau**	**L9.2 Kalkstein versalzen**
pH-Wert	5,3 - 7,7	5,8 - 7,5	6,2 - 7,9	5,5 - 7,4
LF (µS/cm)	85 - 200	270 - 540	400 - 620	600 - 1250
GH (°dH)	1,1 - 6,5	5,5 -24	7,1 - 33	10,3 - 75
KH (°dH)	0,5 - 4,3	4 - 11,2	3,5 - 19,5	6 - 18,5
NKH (°dH)	0 - 4,5	1,5 - 12,8	3 - 12,5	4 - 55
Ca (mg/l)	8 - 35	30 - 130	51 - 150	65 - 375
Mg (mg/l)	0 - 7	6 - 30	0 - 54	5 - 100
SO_4 (mg/l)	0 - 55	10 - 130	3 - 78	45 - 655
Cl (mg/l)	1 - 16	10 - 25	7,5 - 25	50 - 160
Na (mg/l)	1 - 7	5 - 30	2 - 8	11 - 55
K (mg/l)	0,5 - 3,7	3 - 9	0,5 - 2,2	0,4 - 6
NH_4 (mg/l)	0,1 - 0	0,1 - 0	0,1 - 0	0,1 - 0
NO_2 (mg/l)	0,1 - 0	0,1 - 0	0,1 - 0	0,1 - 0
NO_3 (mg/l)	10 - 0	15 - 0	18 - 0	18 - 0
o-PO_4 (mg/l)	0,07 - 0	0,07 - 0	0,07 - 0	0,07 - 0

tem Altlastenverdacht stets Vollanalysen durchgeführt werden, bei denen die Konzentrationen aller Hauptinhaltsstoffe des Grundwassers analytisch bestimmt werden (LAWA 1994). Aus der Analyse der Hauptkomponenten kann dann nach dem nachfolgenden Bewertungsschema der Beschaffenheitsstatus des Grundwassers bestimmt werden, welches der Altlastenverdachtsfläche zuströmt. Die Analysenergebnisse aus dem Anstrombereich sind eine wichtige Grundlage zur Beurteilung der Analysenergebnisse des Untersuchungsgebietes und zur Festlegung naturnaher Sanierungszielwerte.

Bei Kenntnis der Konzentrationen der Hauptinhaltsstoffe kann die Beurteilung, ob das Grundwasser im Anstrombereich *die natürlichen Gehalte der Grundwasserbeschaffenheit* repräsentiert, aus dem Vergleich mit den regional vorhandenen, natürlichen Gehalten getroffen werden. Diese Gehalte

Tabelle 2.7. Teil 2, Fortsetzung

Lithofazies-einheit	**L 10 Schluff- und Tonstein**	**L11 Sande/Kiese Flußauen**	**L13 Löß**
pH-Wert	6,1 - 7,5	5,5 - 7,5	6,8 - 7,9
LF (µS/cm)	450 - 1030	60 - 150	450 - 800
GH (°dH)	14 - 58	0,7 - 5,5	18 - 32
KH (°dH)	8,5 -20,6	0,5 - 3	6 - 10
NKH (°dH)	0,8 - 37	0,5 - 3	10 - 21
Ca (mg/l)	77 - 237	5 - 30	119 - 206
Mg (mg/l)	13,5 - 120	0 - 5	5 - 15
SO_4 (mg/l)	14,5 - 390	0 - 40	206 - 281
Cl (mg/l)	20 - 50	1 - 15	52 - 70,5
Na (mg/l)	1,5 - 55	1 - 5	2 - 8
K (mg/l)	0,4 - 6	0,5 - 3,5	0,5 - 2,2
NH_4 (mg/l)	0,1 - 0	0,1 - 0	0,1 - 0
NO_2 (mg/l)	0,1 - 0	0,1 - 0	0,1 - 0
NO_3 (mg/l)	18 - 0	18 - 0	10 - 0
o-PO_4 (mg/l)	0,07 - 0	0,07 - 0	0,07 - 0

konnten für die Grundwässer im Bundesland Brandenburg aus der Bewertung der Analysenergebnisse der hydrogeologischen Erkundungen zur Sicherstellung der Trinkwasserversorgung der Bevölkerung aus den Jahren von 1960 - 1990 (HANNAPPEL 1996) abgeleitet werden. Für die Bewertung wurde ein Schema (*Abb. 2.1*) entwickelt, das auf der Basis der Hauptinhaltsstoffe von ca. 6.000 Meßstellen innerhalb der Landesfläche Typen der Beeinflussung *(Grundwassertypen)* definiert:

Ziel der Ausweisung von Beeinflussungstypen ist es, die im untersten Kasten der Abbildung dargestellten "unbeeinflußten Grundwässer" im Datensatz erkennen zu können, um anhand dieses Typs die natürlichen Gehalte der Grundwasserbeschaffenheit abzuleiten. Die auf der rechten Seite aufgeführten 4 Typen stellen Sonderfälle der natürlichen Grundwasserbeschaffenheit dar, die nicht auf anthropogenen Einfluß zurückgeführt werden können. Die 3 Typen auf der linken Seite hingegen lassen einen anthropogenen Einfluß erkennen, der sich z. B. durch erhöhte Nährstoffeinträge durch land-

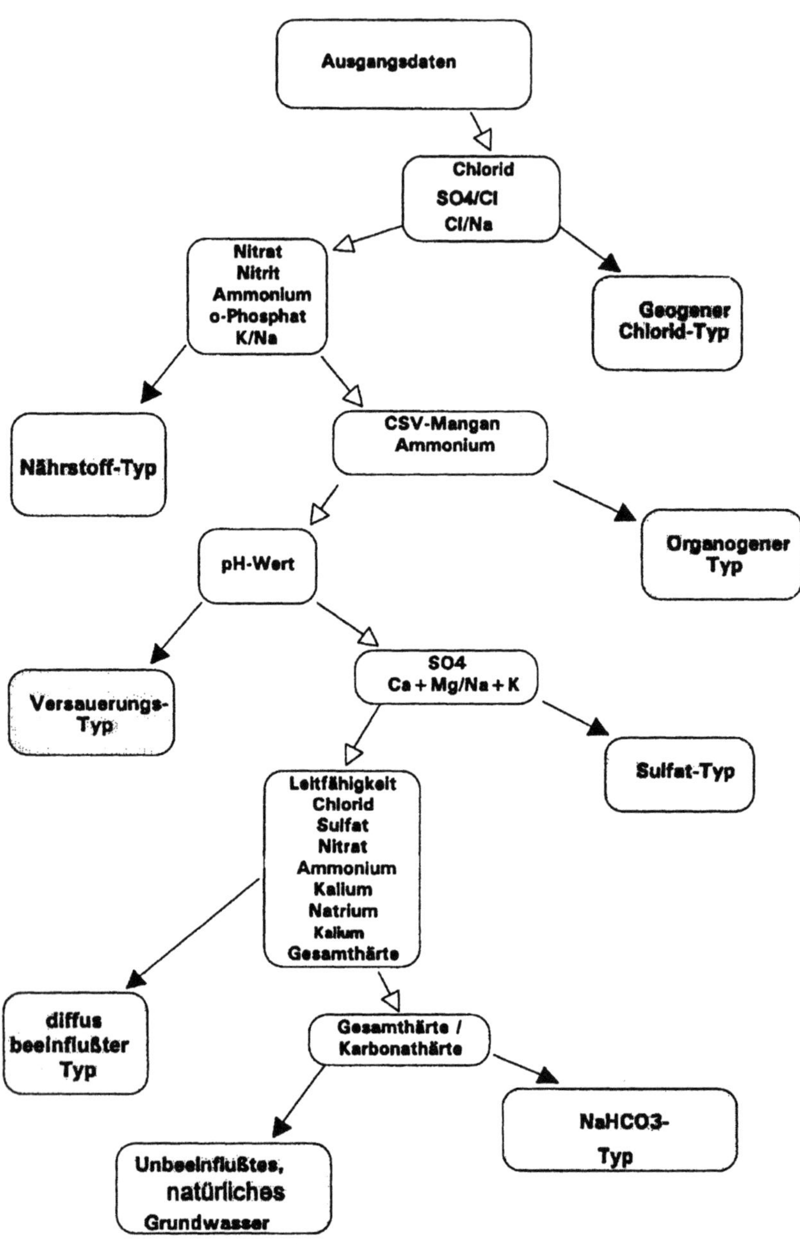

Abb. 2.1. Entscheidungsbaum zur Bewertung von Analysen und Ausweisung von Grundwassertypen

wirtschaftliche Maßnahmen oder durch erhöhte Gehalte der Hauptinhaltsstoffe (Sulfat, Chlorid, Erdalkalien) im diffus beeinflußten Typ bemerkbar macht. Zur Ausweisung eines jeden Grundwassertyps wurden in der Reihenfolge des Entscheidungsbaums die in *Tabelle 2.9* aufgeführten, anhand des 95 %-Perzentils rangstatistisch ermittelten Schwellenkonzentrationen von *Leitmeß-größen* verwendet:

Diese Schwellenkonzentrationen dienen dazu, die Art der Beeinflussung bereits im Anstrom zu erkennen, die unabhängig von der eigentlichen Verdachtsfläche ist.

Beispiele:

- Ein Chloridgehalt von 150 mg/l im Durchflußgebiet zeigt geogene Versalzung an ➔ *Chlorid-Typ*
- Ein Nitratgehalt von 12 mg/l im Neubildungsgebiet zeigt Nährstoffbeeinflussung an ➔ *Nährstofftyp*

Tabelle 2.8. Hydrogeologische Struktureinheiten im Lockergestein

Hydrogeologische Struktureinheiten	Hydrogeologische Charakterisierung
Neubildungsgebiete	**- Ungespanntes Grundwasser** **- Verdunstungsrate > Neubildungsrate** - Flurabstand > 2 m - Sandige Ausprägung der Versickerungszone
Indirekte Neubildungs-gebiete	**Inhomogene Lagerungsverhältnisse :**
a. Decksandgebiete	- Schwebendes Grundwasser in temporär wasserführenden, hangenden Decksanden
b. Stauchungsgebiete	- Unkontrollierte Versickerung des Wassers in Stauchungsgebieten
c. Wechselhafte Gebiete	- Gebiete mit lithologisch wechselhaftem Aufbau der Deckschichten
Durchflußgebiete	**- Grundwasser in bedeckten Grundwasserleitern in Grundmoränengebieten (verminderte Grundwasserneubildung)**
Entlastungsgebiete	**Ungespanntes Grundwasser in Niederungen** **Verdunstungsrate > Neubildungsrate, FA < 2m**
a. Sandige Gebiete	- Sandige Ausprägung der ungesättigten Zone
b. Anmoorige Gebiete	- Anmoorige, holozäne Bildungen anstehend
Sonstige Gebiete	
Kein nutzbares Grundwasser	- Versalzenes Grundwasser oder kein quartärer Grundwasserleiter
Tagebaugebiete	- Grundwasser im Einflußbereich anthropogener Störungen infolge Absenkungsmaßnahmen

Gw: Grundwasser, FA: Flurabstand

- Ein Permanganatverbrauch von 15 mg/l O_2 im Entlastungsgebiet bei gleichzeitigem Ammoniumgehalt von 1,0 mg/l zeigt organogenen Einfluß von anmoorigen Deckschichten an ➔ organogener Typ
- Ein Nitratgehalt von 5 mg/l im Neubildungsgebiet bei gleichzeitigem Chloridgehalt von 80 mg/l und Sulfatgehalt von 130 mg/l zeigt diffus wirksamen Einfluß an ➔ diffus *beeinflußter Typ*

In Kenntnis der Ursache der Beeinflussung bereits im Anstrom lassen sich die Hintergrundwerte eindeutig erklären. Überschreitet keine der Leitmeßgrößen eine der angegebenen Schwellenkonzentrationen, handelt es sich um ein *von anthropogenen und geogenen Faktoren nicht überprägtes, natürliches, unbeeinflußtes Grundwasser.* Diese können anhand der in *Tabelle 2.10* dargestellten Konzentrationsspannen charakterisiert werden. Ermittelt wurden diese natürlichen Gehalte der Grundwasserbeschaffenheit anhand der zentralen 80%-Masse innerhalb des Typs "unbeeinflußte Grundwässer". Zusätzlich sind für natürliche Verhältnisse charakteristische Ionenquotienten angegeben:

In *Tabelle 2.10* sind neben den für Brandenburg ermittelten natürlichen Beschaffenheitsmustern der Grundwässer innerhalb der ausgewiesenen hydrogeologischen Struktureinheiten, die nach dem gleichen Algorithmus bestimmten Beschaffenheitsmuster der Grundwässer in Mecklenburg-Vorpommern (LUN 1996) sowie die Ergebnisse aus dem Untersuchungsgebiet Untere Jeetzel (Niedersachsen), die im Handbuch Bodenschutz durch HÖLTING (1991) ausgewiesenen Spannbreiten natürlicher Wässer in tertiären und pleistozänen Sanden und die im Rahmen der Auswertung des Basismeßnetzes Karlsruhe gewonnenen Beschaffenheitswerte dargestellt.

Die Gegenüberstellung ist in mehrfacher Hinsicht von methodischem Interesse. Zum einen zeigt sie, daß eine Verallgemeinerung für die gesamte Bundesrepublik ohne Berücksichtigung der konkreten lithologischen und geochemischen Randbedingungen nicht statthaft ist. Die ohne kritische Bewertung durch HÖLTING (auf der Grundlage von 5 Analysenbefunden) ausgewiesenen Beschaffenheitsmerkmale sind als wenig repräsentativ zu bewerten. Des weiteren zeigt der Vergleich mit den ausgewiesenen Mittelwerten im Jeetzel-Projekt, daß allein der Bezug auf Mittelwerte zu Fehleinschätzungen führen kann, da aufgrund der eingangs zitierten Vielfalt der hydrogeochemischen Prozesse die Spannbreite der natürlichen Grundwasserbeschaffenheitsmuster relativ breit ist.

Gleichzeitig wird aus *Tabelle 2.10* deutlich, daß durch eine hydrogeologische Regionalisierung diese Spannbreite deutlich eingeengt werden kann. Damit wird regionalspezifischen Besonderheiten besser Rechnung getragen, wie der Vergleich der Meßdaten aus dem Meßnetz Karlsruhe sowie der Ergebnisse aus Mecklenburg-Vorpommern und Brandenburg belegt. Während z. B. die Konzentrationen von Natrium, Kalium und Chlorid ähnliche Schwankungsbreiten aufweisen, zeichnen sich für die durch das Kalk-

Kohlensäure-Gleichgewicht geprägten Komponenten Calcium, Magnesium- und Hydrogencarbonat deutliche Unterschiede ab.

So ist z. B. der erhöhte Calcium- und Hydrogencarbonatgehalt der Grundwässer in Mecklenburg-Vorpommern gegenüber Brandenburg darauf zurückzuführen, daß in den oberflächig anstehenden altpleistozänen Ablagerungen in Südbrandenburg der Kalklösungsprozeß wesentlich weiter fortgeschritten ist als in den jungpleistozänen Ablagerungen in Mecklenburg-Vorpommern. Letztere wiederum zeichnen sich durch erhöhte Anteile dolomitischer Bestandteile aus, worauf die erhöhten Magnesiumgehalte hinweisen.

Zusammenfassend kann in Analogie zum Boden auch für das Grundwasser gefolgert werden, daß die für bestimmte hydrogeologische Struktureinheiten ausgewiesenen geogenen Beschaffenheitsmuster eine wichtige Grundlage zur Abgrenzung anthropogener Überprägung durch Altstandorte und Altlastenverdachtsflächen bieten. Sie müssen standortspezifisch durch die Ermittlung von Beschaffenheitswerten im Anstrom bzw. im Umfeld des Untersuchungsgebietes entsprechend dem in der LAWA-Empfehlung (LAWA 1994) vorgeschlagenen Untersuchungsprogramm untersetzt werden.

Tabelle 2.9. Schwellenkonzentrationen von Leitmeßgrößen zur Abgrenzung der Beeinflussungstypen in den hydrogeologischen Struktureinheiten Brandenburgs

Leitmeßgröße	Einheit	Neubildungs-gebiet	Indirekte Neubildung	Durchfluß-gebiet	Entlastungs-gebiet
Geogene Versalzung: Chlorid-Typ					
Chlorid (Cl)	mg/l	-	-	> 142	> 142
<u>und</u> Cl/Na		-	-	>1 / <1.3	>1 / <1.3
<u>und</u> SO_4/Cl		-	-	<1	<1
Nährstofftyp					
Nitrat	mg/l	>10	>12	>1.7	>4.1
Nitrit	mg/l	>0.20	>0.34	>0.30	>0.22
Ammonium	mg/l	>1.0	>1.2	>1.5	>2.6
o-Phosphat	mg/l	>0.30	>0.50	>0.60	>0.54
K/Na		>0.35	>0.38	>0.24	>0.37
Organogener Typ					
CSV-Mangan	mg/l O_2	-	-	> 7.8	> 14.6
<u>und</u>					
NH_4	mg/l			< 1.2	< 1.6

Tabelle 2.9. Fortsetzung

Initialstadien der Versauerung: Versauerungs-Typ					
pH-Wert		<6.1	<6.4	<6.6	<6.2
Sulfat-Typ					
Sulfat	mg/l	>138	>207	>143	>225
und					
Ca+Mg/Na+K		>3	>3	>3	>3
Diffus beeinflußter Grundwasser-Typ					
Abdampfrück.	mg/l	>518	>596	>642	>633
Gesamthärte	°dH	>18	>23	>21	>21
Chlorid	mg/l	>58	>77	>99	>85
Sulfat (SO_4)	mg/l	>120	>167	>117	>176
Nitrat	mg/l	>2.4	>2.5	>0.5	>1.2
Ammonium	mg/l	>0.7	>0.7	>1.0	>1.4
Natrium (Na)	mg/l	>34	>48	>96	>61
Kalium	mg/l	>5.0	>6.6	>6.2	>6.9
Ionenaustauschwässer ($NAHCO_3$-Typ)					
Ca+Mg/HCO_3		<1	<1	<1	<1

Ca: Calcium, Mg: Magnesium, K: Kalium, HCO_3: Hydrogencarbonat, NH_4: Ammonium

Tabelle 2.10. Natürliche Grundwasserbeschaffenheit pro Meßgröße und hydrogeologischer Struktureinheit im Lockergestein. Die erste Zahl in einer Spalte markiert die Untergrenze (10 % - Perzentil), die zweite Zahl die Obergrenze (90 % - Perzentil); Angaben zu den Meßgrößen [mg/l], Quotienten berechnet [mmol/l]

Meßgröße	Neubildungsgebiete		Indirekte Neubildung		Durchflußgebiete	
	a	b	a	b	a	b
Abdampf-rückstand	49 - 394	153 - 387	131 - 482	238 - 530	114 - 432	220 - 460
pH-Wert	6,7 - 8,0	7,0 - 8,0	6,9 - 8,0	7,0 - 7,9	7,0 - 8,0	7,0 - 8,0
Calcium	24 - 92	45 - 102	36 - 113	57 - 99	35 - 101	49 - 103
Magnesium	2,2 - 11	3 - 21	3 - 11	6 - 25	3 - 16	5 - 27
Natrium	5 - 16	5 - 19,5	5 - 29	7 - 30	5 - 18	7 - 33
Kalium	0,7 - 2,5	0,2 - 4,0	0,9 - 3,0	0,2 - 3,1	0,8 - 2,7	0,8 - 4,9
Ammonium	<0,1 - 0,4	0,01 - 0,62	<0,1 - 0,3	0,01 - 0,34	0,1 - 0,5	0,01 - 0,8
Chlorid	8 - 34	11 - 40	9 - 45	16 - 59	7,8 - 35	10 - 43
Sulfat	18 - 39	1,7 - 80,6	15 - 112	7 - 85	10 - 82	1 - 67
HCO_3	47 - 246	117 - 292	85 - 286	141 - 392	97 - 334	159 - 360
Nitrat	< 0,1 - 0,5	< 0,1 - 3,1	< 0,1 - 0,5	< 0,1 - 5,7	< 0,1 - 0,5	< 0,1 - 1,0
o-Phosphat	<0,1 -0,13	< 0,1	<0,1 -0,11		<0,1 -0,18	0,1 - 0,24
CSV-Mn (mg/l O_2)	0,8 - 5,0	0,5 - 3,3	0,8 - 3,9	0,8 - 4,5	0,9 - 4,3	1,0 - 3,9
Kalium/-Natrium	0,05 - 0,16	0,03 - 0,19	0,05 - 0,17	0,01 - 0,17	0,06 - 0,17	0,04 - 0,2
Sulfat/-Chlorid	1,0 - 3,8	0,08 - 2,3	0,8 - 2,9	0,3 - 1,8	0,6 - 2,5	0,08 - 1,9
(Ca+Mg)/-(Na+K)	4,2 - 12,8	3,8 - 17,3	2,9 - 15	4,0 - 12,7	4,7 - 15,8	2,7 - 13,2

Tabelle 2.10. Fortsetzung

Meßgröße	Entlastungsgebiete a	Entlastungsgebiete b	Untere Jeetzel 1	Tertiäre und pleistozäne Sande 2	Meßnetz Karlsruhe
Abdampf-rückstand	131 - 468	230 - 512	-	408 - 562	600 - 900
pH-Wert	6,5 - 7,9	7,0 - 8,0	-	7,2 - 7,5	6,9 - 7,3
Calcium	35 - 103	42 - 107	61,7	62 - 90	100 - 160
Magnesium	3 - 13	4 - 28	5,3	18 - 39	9 - 27
Natrium	5,5 - 23	6 - 31	19,4	3,9 - 30 [a]	10 - 30
Kalium	0,8 - 3,8	0,4 - 4,0	1,4	-	0,3 - 6,3
Ammonium	<0,1 - 0,8	0,01 - 0,8	-	-	—
Chlorid	11 - 48	11 - 60	36,7	0 - 25	15 - 45
Sulfat	19 - 128	11 - 87	50,0	5 - 66	40 - 120
HCO_3	61 - 270	122 - 314	130,0	283 - 412	240 - 480
Nitrat	<0,1 - 0,5	<0,1 - 0,1	0,9	0 - 7,5	0,1 - 30
o-Phosphat	<0,1 - 0,2		-	-	—
CSV-Mn (mg/l O_2)	1,1 - 7,3	1,1 - 5,5	-	-	0,4 - 2,65
Kalium/-Natrium	0,04 - 0,18	0,02 - 0,16	-	-	—
Sulfat/-Chlorid	0,8 - 3,5	0,45 - 2,3	-	-	—
(Ca+Mg)/-(Na+K)	3,9 - 12,3	3,8 - 14,6	-	-	—

a: Brandenburg, b: Mecklenburg-Vorpommern.

1. BAUMANN & WAGNER (1993) - Geometrischer Mittelwert geogen geprägter Komponenten.

2. HÖLTING (1991) - (auf der Grundlagen von 5 Analysenbefunden), [a] Alkalien als Natrium berechnet.

3. GRIMM-STRELE et. al. (1991) - typische Wertbereiche → 60 - 70 % der Meßwerte.

2.2 Ermittlung des Stoffaustrages aus Altlasten als direkter Undichtigkeitsnachweis

2.2.1 Grundwasser

DETLEF APPEL

Unter Undichtigkeit einer Deponie wird im folgenden eine Situation verstanden, bei der Abfallinhaltsstoffe mit Sickerwasser in das Grundwasser eingetragen werden und den Ablagerungsbereich mit dem Grundwasser verlassen können. Welche spezifischen Bedingungen dazu führen, etwa das Fehlen einer Basisabdichtung, ein Dichtungsleck bzw. mangelnde Barriereeigenschaften, ist für die Nachweisführung unbedeutend und wird nicht betrachtet. Von Bedeutung sind allerdings die Folgen der Undichtigkeit, also der Stoffaustrag aus der Altlast in den Untergrund, ins Grundwasser.

Beim Undichtigkeitsnachweis (in diesem Sinne) sind hinsichtlich Anlaß und damit auch der zum Zeitpunkt der Nachweisführung vorliegenden Informationen und der davon abhängigen Vorgehensweise 2 Fallgruppen zu unterscheiden.

Bei *geordneten Deponien*, die nach den Vorgaben des Abfallgesetzes genehmigt worden sind und - spätestens seit Inkrafttreten der TA Abfall - obligatorisch der Beweissicherung Grundwasser unterliegen, stellt die Auswertung der Beweissicherungsdaten theoretisch einen dauernden Undichtigkeits- bzw. Dichtigkeitsnachweis dar. Ziele sind zum einen der Beleg des Betreibers gegenüber der Genehmigungsbehörde, daß die Deponie die geforderte Leistungsfähigkeit im Hinblick auf den Grundwasserschutz tatsächlich aufweist; zum anderen dient sie der Erkennung von Stofffreisetzungen aus der Deponie, um frühzeitig Gegenmaßnahmen einleiten zu können.

Bei vor Inkrafttreten des Abfallgesetzes (1972) in Betrieb gegangenen bzw. bereits aufgegebenen Altablagerungen und Altlasten ist dagegen wegen mangelnder Berücksichtigung des Grundwasserschutzes grundsätzlich der Anfangsverdacht gegeben, daß Schadstoffe ausgetragen worden sind bzw. noch ausgetragen werden. Der Nachweis der Undichtigkeit stellt hier also den ersten Schritt der Gefährdungsabschätzung für die Deponie dar.

Nach dem Abfallgesetz errichtete und betriebene Deponien unterliegen dem Vorsorgeprinzip. Dessen rechtliche Konkretisierung im sog. Besorgnisgrundsatz des Wasserhaushaltsgesetzes verbietet die Ablagerung von Abfällen dann, wenn auch nur die Besorgnis einer Beeinträchtigung des Grundwassers (bzw. des Oberflächenwassers) besteht (WHG § 36 Abs. 2). Die wissenschaftliche Umsetzung des Besorgnisgrundsatzes führt zur Forderung nach Immissionsneutralität. Das heißt: Stofffreisetzungen aus einer Deponie dürfen nicht zur Konzentrationserhöhung der freigesetzten Stoffe im Grundwasser führen.

Bei Altlasten tritt das Vorsorgeprinzip gegenüber Reparaturmaßnahmen zur Gefahrenabwehr oft in den Hintergrund. Hier ist also nicht unbedingt der Nachweis zu führen, ob überhaupt Stoffe aus der Ablagerung in das Grundwasser abgegeben werden, sondern ob diese Stofffreisetzung eine Gefahr für die Nutzung des Grundwassers darstellt. Aus Kostengründen wird hierbei in der Praxis der Altlastenbeurteilung der Undichtigkeitsnachweis in der Regel durch die Ermittlung der Gefährdungssituation ersetzt oder zumindest damit gekoppelt.

Maßstab für die Beurteilung der Undichtigkeit von Deponien ist bei anthropogen unbeeinflußtem Zustand die lokale (natürliche) geogene Grundkonzentration der aus der Deponie freisetzbaren bzw. freigesetzten Stoffe im Grundwasser. Ist das Grundwasser durch anthropogene Stoffeinträge ubiquitär bzw. regional oder lokal bereits belastet, muß die örtliche Grundlast als Beurteilungsmaßstab angewendet werden (s. Kap. 2.1.2). Das ist diejenige anthropogen geprägte Stoffkonzentration im Grundwasser (oder anderen Untermedien), die bereits ohne die Emission aus der betrachteten Deponie vorhanden ist (BDG 1990; LAWA 1994).

Im Rahmen der Gefährdungsabschätzung für Altlasten ist die geogene Grundkonzentration bzw. Grundlast auch der Maßstab zur Beurteilung des Ausmaßes der stofflichen Beeinträchtigung des Schutzgutes Grundwasser. Diese äußert sich qualitativ und quantitativ im Auftreten grundwasserfremder Stoffe (geogene Grundkonzentration: 0) oder quantitativ in der Erhöhung von Stoffkonzentrationen über die geogene Grundkonzentration (Grundlast) hinaus.

Andere Maßstäbe als geogene Grundkonzentration bzw. Grundlast kommen für die Beurteilung von Grundwasserbelastungen - trotz vielfach anderer Praxis - nur dann in Frage, wenn die Beeinträchtigung weiterer Schutzgüter über den Grundwasserpfad geprüft werden soll. Wird beispielsweise des Grundwasser im Umfeld einer Ablagerung für Trinkwasserzwecke genutzt (aber auch nur dann), müssen die Grenzwerte der Trinkwasserverordnung - soweit sie toxikologisch definiert sind - zur Anwendung kommen.

2.2.1.1 Beurteilungsgrundlagen

Wichtigster Vorgang für die Verlagerung von Stoffen aus einer Deponie in das Grundwasser ihrer Umgebung ist die Konvektion, also die Mitnahme gelöster oder feiner partikulärer Stoffe (Schwebstoffe) durch das sich bewegende Grundwasser (in der ungesättigten Zone zunächst durch das Sickerwasser). Voraussetzung für die gezielte Erhebung, Aufbereitung und Interpretation von Daten mit dem Ziel, die Undichtigkeit einer Deponie (oder das

Gegenteil) nachzuweisen, ist also die möglichst genaue Kenntnis der Grundwasserdynamik.

Darüber hinaus muß auch die Bedeutung der während des konvektiven Stofftransportes ablaufenden weiteren Prozesse - je nach Fragestellung grob oder im Detail - beurteilt werden können. Diese Prozesse sind:

- Dispersion,
- Diffusion,
- Matrixdiffusion,
- Sorption,
- Chemische Reaktionen (z. B. Ausfällung) zwischen gelöstem Stoff und der Umgebung (Gestein, Grundwasser),
- Verdünnung (z. B. beim Übergang von der ungesättigten in die gesättigte Zone),
- Abbau (im wesentlichen sauerstoffhaltiger bzw. organischer Verbindungen) durch bakterielle Aktivität.

Allgemeine Folge dieser Prozesse ist die Konzentrationsverringerung der freigesetzten Stoffe entlang des Transportweges. Wegen der unterschiedlichen Transportrichtung, -geschwindigkeit und -dauer wirken sie sich in der ungesättigten Boden- und Gesteinszone i. a. nachhaltiger aus als in der gesättigten Zone. Ihre tatsächliche Wirksamkeit hängt von verschiedenen stoff-, gesteins- und standortspezifischen Bedingungen ab, die für eine verläßliche Standortbeurteilung gezielt erhoben werden müssen.

Als wichtiger Faktor für die Stoffrückhaltung in bestimmten Gesteinstypen, insbesondere in Tonstein und Schluffstein mit Trennfugen, ist in den letzten Jahren die Matrixdiffusion erkannt und quantifiziert worden (MAIER & DÖRHÖFER 1994). Sie wirkt sich im wesentlichen auf organische Stoffe mit geringer Wasserlöslichkeit aus. Der Undichtigkeitsnachweis wird daher bei solchen Gesteinen am besten mit gut wasserlöslichen Indikatorparametern geführt.

2.2.1.2 Methodisches Vorgehen

Vorbereitung (durch Informationsbeschaffung) und Durchführung des Nachweises der Undichtigkeit einer Deponie sind zwar ein mehr oder weniger wissenschaftliches Unterfangen, doch geht der Anlaß in der Regel auf andere Ursachen als ein wissenschaftliches oder fachliches Interesse an dieser Frage zurück. Daher ist es angebracht, den Nachweis so durchzuführen, daß er für Außenstehende nachvollziehbar wird.

Es empfiehlt sich daher ein abgestuftes Vorgehen mit etwa folgenden Schritten:

- Bewertung der Aussagekraft vorliegender Daten,
- Formulierung des Informationsbedarfes,
- Entwicklung einer fortschreibbaren, am Informationsbedarf der jeweiligen Arbeitsschritte orientierten Untersuchungskonzeption,
- Formulierung und Umsetzung von Regeln für die Qualitätssicherung von Informationserhebung und Datendokumentation,
- Dokumentation aller Untersuchungen und Ergebnisse,
- Datenauswertung und Ergebnisdarstellung.

Bewertung der Aussagekraft vorliegender Daten

Wenngleich zum angestrebten Nachweiszeitpunkt in der Regel nicht alle erforderlichen Informationen vorliegen, so stehen doch nicht selten in anderen Zusammenhängen erhobene Daten zur Verfügung. Bei einer Reihe von nach Inkrafttreten des Abfallgesetzes errichteten Deponien liegen zudem Daten aus der mehr oder weniger regelmäßig durchgeführten Grundwasserüberwachung vor, ohne daß sie gezielt ausgewertet worden wären.

Vielfach sind die Überwachungsprogramme im Laufe der Zeit auf der Grundlage neuer Erkenntnisse verändert worden, so daß eine insgesamt inhomogene Datenlage entstanden ist. Vor der Auswertung verfügbarer Daten und erst recht der Konzipierung neuer Untersuchungsprogramme zur Schließung von Kenntnislücken muß daher die Aussagekraft der vorhandenen Daten überprüft werden. Dabei ist zu klären, ob sie untereinander vergleichbar und für den Einsatz beim Nachweis der Undichtigkeit geeignet sind.

Informationsbedarf

Für den Undichtigkeitsnachweis werden folgende Informationen benötigt:

- Ausgangszusammensetzung von Deponiewasser bzw. Sickerwasser als Grundlage für die Parameterauswahl,
- Geogene Grundkonzentration bzw. Grundlast der ausgewählten Parameter als Bewertungsmaßstab,
- Konzentration der ausgewählten Parameter im Grundwasserabstrom als Bewertungsgröße, die an den Maßstäben zu messen ist.

Allerdings liegen nur in günstigen Fällen ausreichend detaillierte Informationen vor. Bei unzureichender Datenlage müssen die erforderlichen Informationen gezielt erhoben werden, wobei i. allg. zuvor auch noch hydrogeologische, hydraulische und hydrochemische „Basisdaten" beschafft werden müssen. Womöglich ist dazu auch die Errichtung von (zusätzlichen) Grundwassermeßstellen erforderlich.

Im Hinblick auf den für den Nachweis der Undichtigkeit einer Deponie zu deckenden Informationsbedarf kann als generelle Regel gelten: Je besser der Deponiestandort im Sinne vorsorgenden Grundwasserschutzes gewählt worden ist, desto größer ist der Aufwand für den Nachweis und für die dazu erforderlichen Untersuchungen. Günstige Standorte verfügen über Gesteine mit geringer Wasserdurchlässigkeit und hohem Rückhaltevermögen. Bei diesen Gesteinen ist schon die reproduzierbare (repräsentative) Erhebung der hydraulischen Kenndaten des Gesteins mit methodischen Problemen und höheren Kosten verbunden. Die (je nach Beginn der Freisetzung) meist geringe und dabei unterschiedliche Transportweite freigesetzter Stoffe und das möglicherweise uneinheitliche Ausmaß konzentrationsmindernder Prozesse verursachen zudem eine sehr heterogene uneinheitliche Stoffahne im Deponieabstrom und damit Schwierigkeiten bei der Erhebung repräsentativer Daten und deren Auswertung.

Um trotz solcher Bewertungsprobleme zu einer verläßlichen Aussage zu kommen, ist - neben Richtung und Geschwindigkeit der Grundwasserbewegung - die Kenntnis folgender möglicher Sachverhalte unerläßlich:

- Existenz einer hydraulischen Stockwerksgliederung oder vertikalen oder horizontalen hydraulischen Differenzierung im Deponieumfeld,
- Typ der Grundwasserleiter; er bestimmt die Art der nutzbaren Poren/Trennfugen, die Größenordnung des transportwirksamen Porenvolumens, Raumlage, Abstand und Größe von Einzelporen/Trennfugen sowie die Bedeutung der Matrixdiffusion,
- Hydrochemische Verhältnisse, einschließlich Tiefenzonierung oder Differenzierung in der Fläche.

Parameterauswahl / Untersuchungsumfang

Angesichts des breiten Spektrums der in Deponien (auch in Monodeponien) vorhandenen Einzelstoffe wird der „reine" Undichtigkeitsnachweis in der Regel nur für ausgewählte Stoffe bzw. Untersuchungsparameter geführt werden können. Wo immer möglich, sollte die Auswahl dieser Parameter standortspezifisch, und zwar möglichst auf der Grundlage von Sickerwasser- oder Deponiewasseranalysen erfolgen. Dazu bieten sich Screening-Verfahren oder stufenweise Analytik an.

Als Indikationsparameter für den Undichtigkeitsnachweis kommen v. a. solche Stoffe in Frage, die charakteristisch für den Deponieinhalt sind (s dazu Kap. 1.1).

Ist das Spektrum der eingelagerten Abfälle und der darin vorhandenen Einzelstoffe bekannt, können die deponie- bzw. abfallspezifischen Parameter gezielt ausgewählt werden. Besonders gut geeignet sind grundwasserfremde Stoffe. Zu dieser Stoffgruppe gehören insbesondere organische Schadstoffe. Die meisten dieser Stoffe sind allerdings nur wenig wasserlöslich und werden während des Transportes in der ungesättigten Zone und im Grundwasserleiter deutlich zurückgehalten. „Frühwarneigenschaften" haben sie daher nicht.

In günstigen Fällen kann der rein qualitative Nachweis dieser Stoffe im Grundwasserabstrom der Deponie unmittelbar auf die Freisetzung aus der Deponie zurückgeführt werden. In der Regel reicht der Nachweis von deponiespezifischen Parametern allein jedoch nicht aus:

- Verschiedene vermeintlich deponiespezifische Stoffe sind heute ubiquitär - wenngleich oft nur in Spurenkonzentrationen - in Boden und Grundwasser nachweisbar. Dazu gehören z. B. leichtflüchtige Halogen-Kohlenwasserstoffe oder in der Vergangenheit verbreitet in der Landwirtschaft eingesetzte Insektizide (bzw. deren Abbauprodukte), die auch auf manchen (Sonderabfall-)Deponien in größeren Mengen und Konzentrationen vorhanden sind.
- Verschiedene organische Schadstoffe kommen in Spuren auch natürlicherweise in Gestein, Boden und Grundwasser vor (z. B. manche PAK). Diese Tatsache darf allerdings nicht dazu führen, jedweden Nachweis solcher Stoffe auf natürliche Ursachen zurückzuführen.

Gemeinsames Merkmal der für den Undichtigkeitsnachweis in Frage kommenden anorganischen Parameter ist ihre relativ hohe Wasserlöslichkeit. Erschwerend für die Dateninterpretation wirkt sich allerdings aus, daß sie selbst zu den regelmäßig auftretenden natürlichen Hauptinhaltsstoffen des Grundwassers gehören und zudem aus anderen anthropogenen Stoffquellen als Deponien stammen können.

Müssen statt deponiespezifischer Parameter für den Stoffaustrag allgemeingültige Indikatoren für den Undichtigkeitsnachweis eingesetzt werden, sollten die hydrochemischen Verhältnisse im Deponieumfeld gut bekannt sein. Es genügt grundsätzlich nicht, nur die Indikatorparameter zu untersuchen. Zumindest müssen auch die für das chemische Milieu charakteristischen Parameter sowie die natürlichen Hauptinhaltsstoffe (Ionen) erhoben werden. Für letztere ist grundsätzlich die Ionenbilanz zu erstellen. Diese differenzierte Erhebung und Betrachtung der hydrochemischen Parameter ist um so dringlicher, je ausgeprägter die (natürliche oder anthropogene) hydrochemische Differenzierung des Grundwassers ist.

Die hydrochemischen Daten müssen räumlich und - bei starker zeitlicher Variation der Konzentrationen - möglichst auch zeitlich repräsentativ sein. Je nach hydrogeologischen (hydraulischen und hydrochemischen) Standortverhältnissen ist zu ihrer Erhebung ein mehr oder weniger großer Aufwand erforderlich.

Relativ einfach und wenig aufwendig gelingt der Nachweis der Undichtigkeit in der Regel bei im Sinne des Grundwasserschutzes ungünstigen Untergrundverhältnissen, z. B. relativ grobkörnigen Porengrundwasserleitern mit hoher Wasserdurchlässigkeit. Ausgenommen sind Karst- und Kluftgrundwasserleiter, bei denen bereits die Identifizierung der Abstromrichtung Probleme bereiten kann.

Bei Standorten mit im Sinne des Grundwasserschutzes günstigen Gesteinen, feinkörnigen Lockersedimenten und Festgesteinen, kann dagegen bereits die Erhebung der hydraulischen Gesteinsparameter auf methodische Probleme stoßen; zumindest ist sie wegen der oft geringen Reichweite geeigneter Testverfahren sehr aufwendig.

Bei feinkörnigen Festgesteinen mit Trennfugen unterschiedlicher Öffnungsweite ist zudem mit heterogener Ausbreitungsgeschwindigkeit und Konzentrationsverteilung zu rechnen. Bei Kluftgesteinen besteht auch die Gefahr, daß die Grundwassermeßstellen unterschiedlich intensiven hydraulischen Anschluß an das Trennfugensystem mit der Konsequenz uneinheitlicher Probenahmevoraussetzungen haben können.

Gibt es Hinweise auf eine vertikale hydrochemische Zonierung im Deponieumfeld, so muß diese systematisch erkundet werden. Dazu sind tiefendifferenziert ausgebaute Mehrfachgrundwassermeßstellen mit jeweils kurzen Filterlängen besonders geeignet. In der Regel geht die Zonierung gerade auf solche (natürlichen) Grundwasserinhaltsstoffe zurück, die auch Indikatorfunktion für die Freisetzung aus der Deponie haben können. Das sind insbesondere Chlorid, Sulfat und Hydrogencarbonat sowie die von ihnen gesteuerten Summenparameter (spezifische elektrische Leitfähigkeit, Härte, Glühverlust).

Datenauswertung

In günstigen Fällen liefern bereits der Vergleich nur je einer Analyse aus dem Deponieanstrom und -abstrom oder die Beurteilung der Entwicklung eines Indikatorparameters an einer Abstrommeßstelle eindeutig Hinweise auf die Stofffreisetzung aus einer Deponie.

Für den Undichtigkeitsnachweis sind differenzierte, bei ausreichender Datenlage statistische Auswerteverfahren für die Beschreibung und Unterscheidung von Anstrom- und Abstromverhältnissen anzuwenden. Zur EDV-gestützten Auswertung und Ergebnisdarstellung stehen heute hochentwickelte Programmpakete zur Verfügung, die auch auf Personal-Computern einsetzbar sind. Sie erlauben verschieden statistische Prüfungen und Darstellungen, die entsprechend den jeweiligen Bedürfnissen ausgewählt werden können (s. Kap. 5).

Die *Abb. 2.2 - 2.5* zeigen beispielhaft, wie Analysenergebnisse entsprechend dargestellt und im Hinblick auf die Festlegung der geogenen Grundkonzentration bzw. Grundlast ausgewertet werden können. (Die Daten stammen von der ehemaligen Sonderabfalldeponie Münchehagen und sind im Zuge der Erkundung zur Vorbereitung der geplanten Sicherung erhoben worden (PIELES & GRONEMEIER 1990; ALBRECHT et al. 1992).

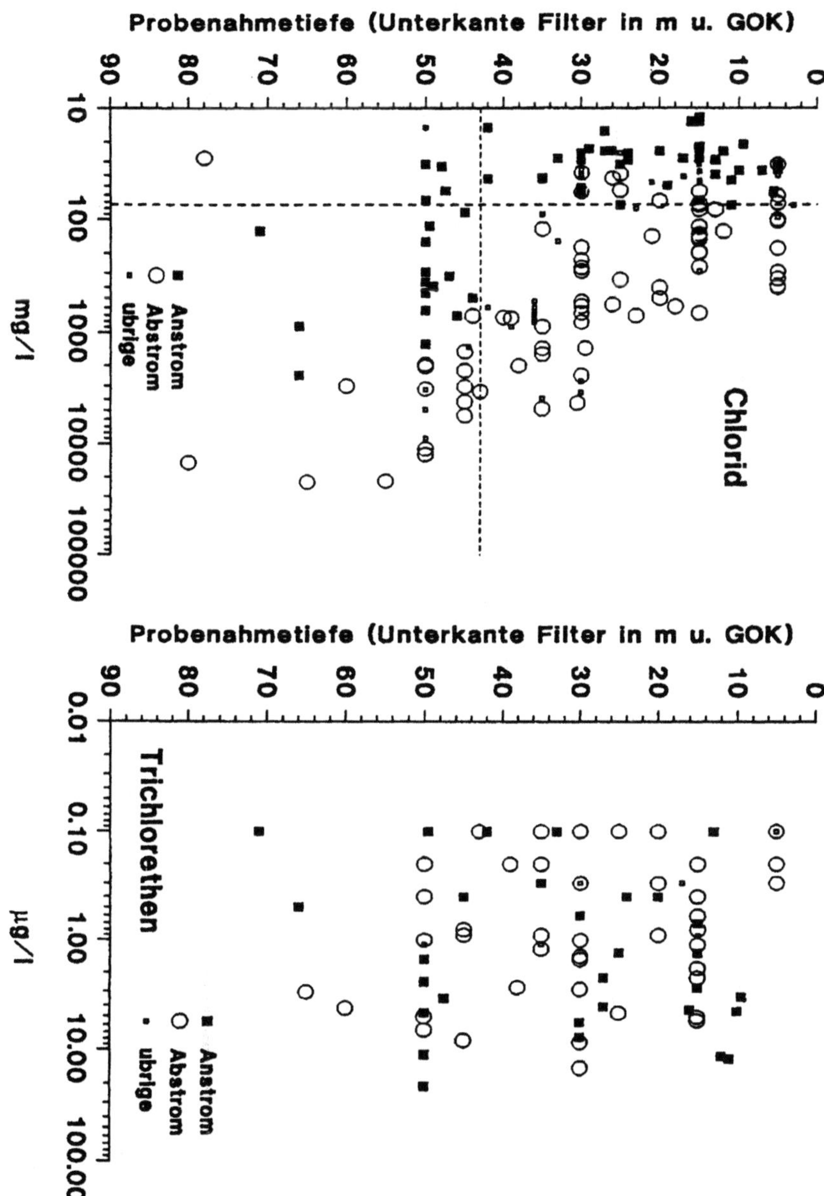

Abb. 2.2. Konzentration des Chlorids (*links*) und Trichlorethen (*rechts*) bei Proben aus Anstrombrunnen und Abstrombrunnen in Abhängigkeit von der Beprobungstiefe; die vertikale Linie im Chloriddiagramm gibt die Obergrenze der geogenen Grundkonzentration bzw. Grundlast an

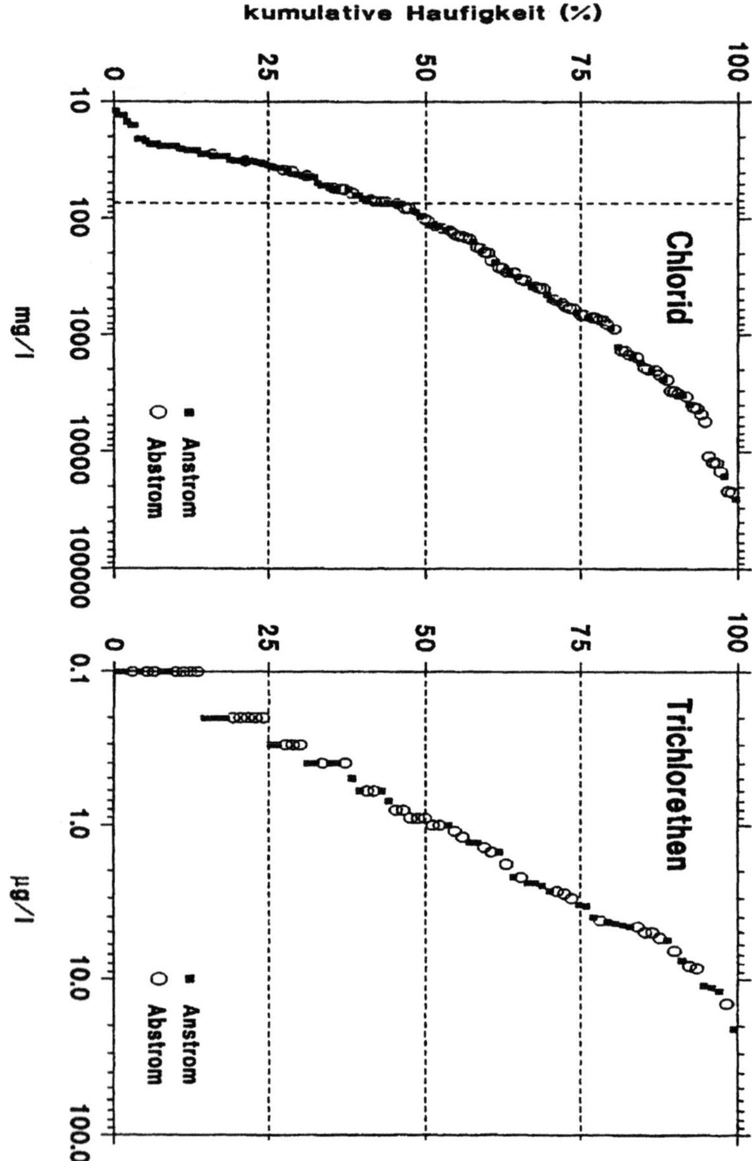

Abb. 2.3. Kumulative Häufigkeitsverteilung der Chloridkonzentration (*links*) und der Trichlorethenkonzentrationen (*rechts*) an Anstrombrunnen (*schwarze Kreise*) und Abstrombrunnen (*offene Kreise*)

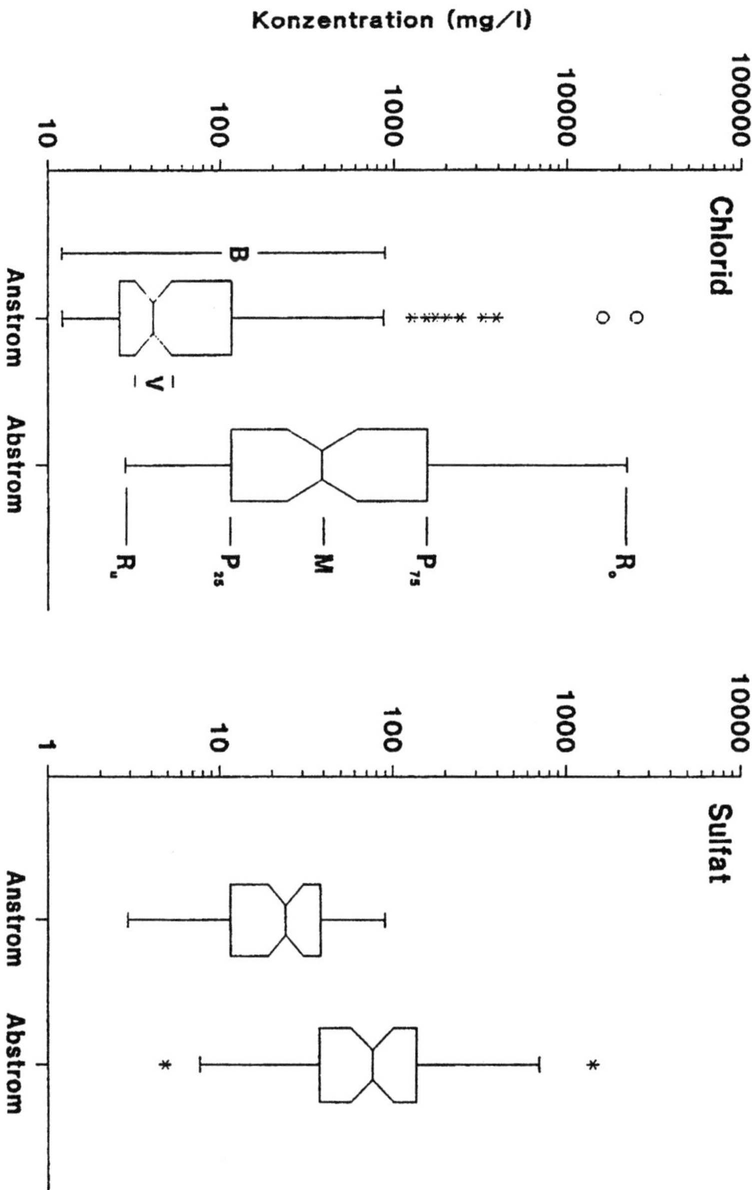

Abb. 2.4. Boxplots für Chloridkonzentrationen (*links*) und Sulfatkonzentrationen (*rechts*), getrennt nach Proben aus Anstrombrunnen und Abstrombrunnen

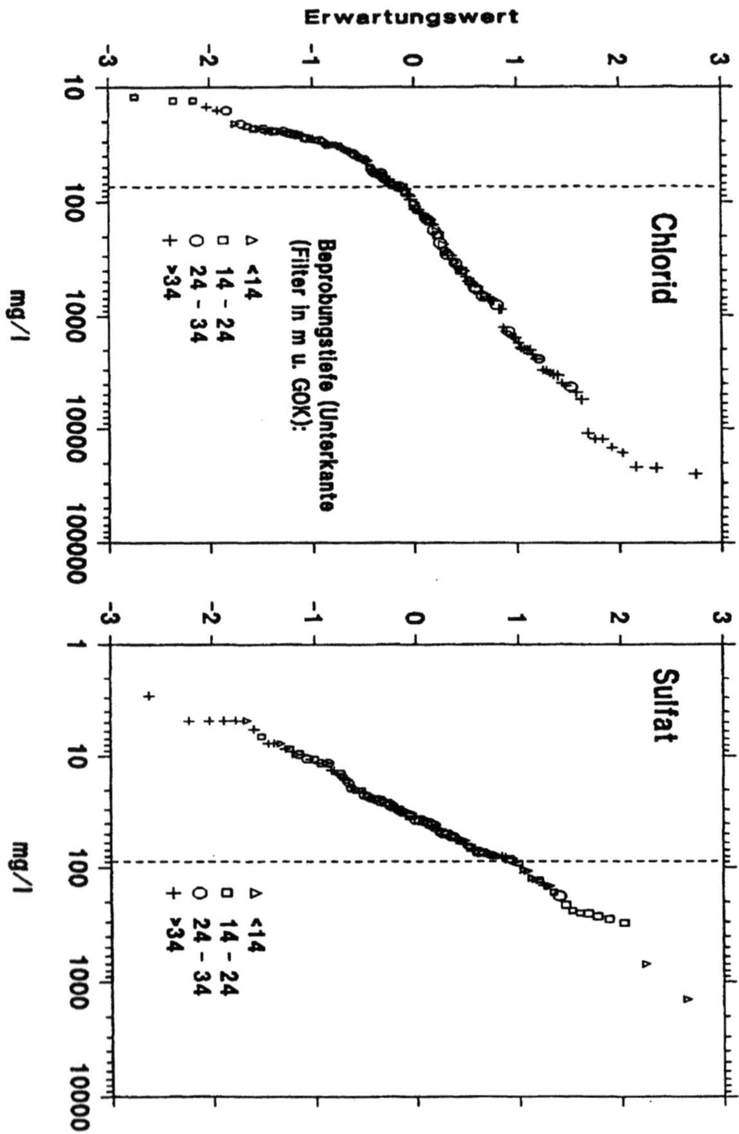

Abb. 2.5. Wahrscheinlichkeitsdiagramme für die Chloridkonzentrationen (*links*) und die Sulfatkonzentrationen (*rechts*) in flachen Grundwasserbrunnen (UK-Filter < 25 m u. G.) im engeren Umfeld der Altlast Münchehagen

2.2.2 Gasemissionen von Deponien und Altlasten

DETLEF ASMUS UND ANDREA SCHWARK

2.2.2.1 Einleitung

In allen Deponien und Altlasten, in denen Hausmüll oder hausmüllähnliche Abfälle abgelagert werden bzw. wurden, kommt es nach einer relativ kurzen Anlaufphase zur Bildung von sog. Deponiegas. Dieses Gas ist das Stoffwechselendprodukt des mikrobiellen Abbaus von organischen Substanzen im Abfall (u. a. Lebensmittelreste, Papier, Grünabfälle) und enthält Methan sowie Kohlendioxid als Hauptkomponenten. Es gehört damit zu den sog. Biogasen bzw. den Faul- oder Sumpfgasen.

Neben den Hauptbestandteilen aus den biochemischen Abbauprozessen beinhaltet das Deponiegas Spurenstoffe anthropogen Ursprungs, die aufgrund ihrer physikalischen Eigenschaften (Dampfdruck) in die Gasphase übertreten. So wurde im Deponiegas eine Vielzahl von organisch-chemischen Verbindungen mit toxischer und kanzerogener Wirkung nachgewiesen (LAGA 1983; POLLER 1991; RETTENBERGER 1991). Hier sind v. a. Schwefelverbindungen und leichtflüchtige Kohlenwasserstoffe wie Benzol und Vinylchlorid zu nennen, für die MAK- (= **M**aximale **A**rbeitsplatz**k**onzentration) bzw. TRK- (**T**echnische **R**icht**k**onzentration) Werte existieren (TRGS 900).

Entweicht das Deponiegas unkontrolliert aus der Deponie oder der Altlast so spricht man von Gasemissionen, die eine Gefahr für die Umwelt darstellen.

2.2.2.2 Gefährdung durch Deponiegas

Die umweltrelevanten Gefahren von Deponiegas sind vielfältig. Einerseits besteht eine Gefährdung für die unmittelbare Umgebung von Deponien, d. h. Explosionsgefahr, Erstickungsgefahr, Geruchsbelästigung und Vegetationsschäden. Andererseits sind Methan und im Deponiegas enthaltene halogenierte Kohlenwasserstoffe (CKW) mitverantwortlich für den Treibhauseffekt und die Schädigung der stratosphärischen Ozonschicht (TABARASAN 1987; LANGWITZ et al. 1988).

Die Methanemissionen aus Deponien werden weltweit mit 30 - 40 Mio. t/a angenommen. Dies entspricht etwa einem Anteil von 6 - 18 % an den geschätzten weltweiten jährlichen Methanemissionen (RETTENBERGER & MEZGER 1992). Daneben entweicht Methan auch aus Rinderfarmen, Sümpfen, Reisfeldern und Kohlebergwerken.

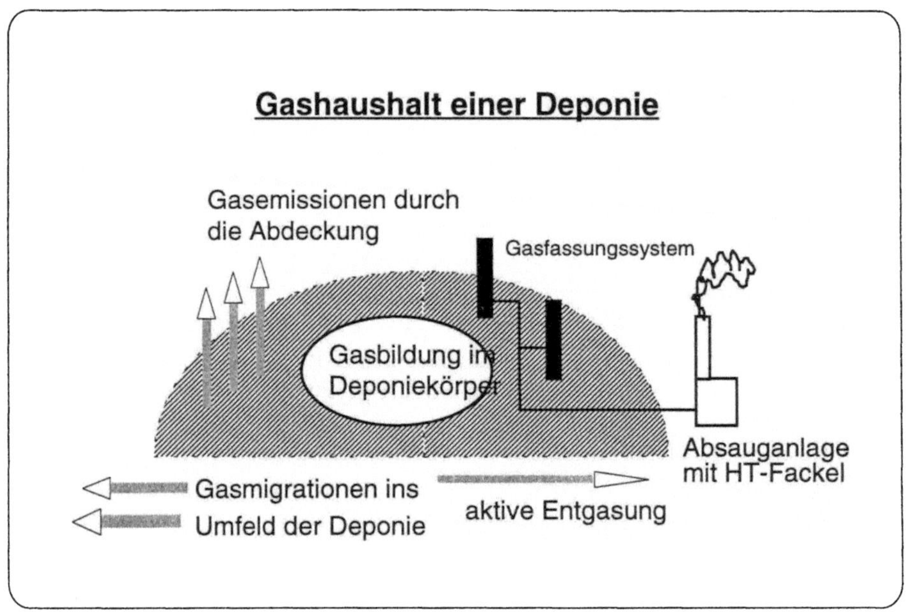

Abb. 2.6. Gashaushalt einer Deponie: Das Deponiegas im Deponiekörper kann passiv durch die Oberfläche bzw. Abdeckung oder in den Untergrund von Deponien entweichen. Eine Minimierung von unkontrollierten Gasemissionen wird über die aktive Entgasung von Deponien und Altlasten erreicht

2.2.2.3 Bewertungsgrundlage

Im Hinblick auf den Undichtigkeitsnachweis wird entsprechend dem vorangegangenen Kap. 1 zum Grundwasser der Nachweis der direkten oder indirekten Abgabe von Stoffen aus einer Deponie in die Umgebung verstanden.

Im Unterschied zur Grundwassersituation sind in bezug auf den Dichtigkeits - bzw. Undichtigkeitsnachweis für Deponiegas grundsätzlich 2 Emissionspfade zu betrachten. Diese sind die Deponieoberfläche, d. h. das direkte Entweichen von Deponiegas und Stäuben in die Atmosphäre, und das Deponieumfeld, d. h. die horizontale Migration von Deponiegas in den Untergrund oder in bauliche Einrichtungen von Deponien oder von benachbarter Wohnbebauung. Im Gegensatz zur Grundwassersituation ist daher nicht nur der Gasaustritt in das Schutzgut Luft sondern auch in den Untergrund zu betrachten (vgl. *Abb. 2.6*).

Die generelle Vorgehensweise zur Durchführung eines Nachweises der Undichtigkeit bzw. Undichtigkeit einer Deponie oder Altlast entspricht im wesentlichen der in vorangegangenen Kapitel beschriebenen Vorgehensweise zur Grundwassersituation. Diese beinhaltet die Sichtung und Kontrolle von vorliegendem Datenmaterial und die Ermittlung des Informationsbedarfes für weitere Untersuchungen. Dabei sind ebenfalls 2 Fallgruppen zu unterscheiden.

Geordnete Deponien, die nach den Vorgaben des Abfallgesetzes und der TA-Siedlungsabfall (1993) mit einem Gasfassungssystem ausgerüstet sind und somit aktiv entgast werden, unterliegen der ständigen Berichtspflicht und Beweissicherung. Die Auswertung der Beweissicherungsdaten können auch hier theoretisch einen dauernden Undichtigkeits- bzw. Dichtigkeitsnachweis darstellen.

Der Untersuchungsumfang bezüglich der geforderten Überwachung von Gasemissionen ist in der TA-Siedlungsabfall vorgeben und umfaßt die Bereiche Anlagenüberwachung, Wirkungskontrolle der Entgasung sowie Gasmigrationskontrolle im Deponieumfeld.

Im Falle der *Anlagenüberwachung* werden Betriebsdaten der technischen Anlagen zur Absaugung, Entsorgung bzw. Nutzung und zum Umschlag von Deponiegas kontinuierlich registriert. Darunter fallen u. a. Qualität und Quantität des abgesaugten Deponiegases, Verbrennungstemperatur und Betriebszeiten der Anlagen zur Entsorgung (Hochtemperaturfackeln) und Nutzung, z. B. Blockheizkraftwerke (BHKW). Dabei existieren strenge sicherheitstechnische Anforderungen und Grenzwerte, die von entsprechenden Prüfstellen regelmäßig im Hinblick auf Explosionsschutzmaßnahmen und möglichen Schadstoffausstoß kontrolliert werden (GUV 1991; HLFU 1990).

Die Auswertung der Untersuchungsergebnisse ermöglicht eine Bewertung und damit einen Undichtigkeitsnachweis und werden im folgenden nicht weiter behandelt.

Die gesetzlich geforderte *Wirkungskontrolle der Entgasung* sowie die *Gasmigrationskontrolle ins Deponieumfeld* wird jedoch ohne konkrete Vorgaben über eine standardisierte Vorgehensweise vorgeschrieben. Das gesetzlich festgelegte Untersuchungsprogramm unterscheidet zwischen in Betrieb befindlichen und abgeschlossenen Deponien bzw. Deponieabschnitten. Es bestimmt die Häufigkeit der durchzuführenden Untersuchungen und nennt die zu messenden Parameter. In einzelnen Bundesländern, z.B. Hessen, Thüringen werden die Vorgaben zur Überwachung von Gasemissionen mit sog. "Eigenkontrollverordnungen" präzisiert (VWV 1994).

Bei Altdeponien und Altlasten, die über keine aktive Entgasung verfügen, ist der Anfangsverdacht einer möglichen Gefährdung durch Gasemissionen gegeben. Hier stellt der Undichtigkeitsnachweis einen ersten Schritt einer Gefährdungsabschätzung für eine Deponie bzw. Altlast dar. Vegetationsschäden in unmittelbarer Nähe von Deponien und Altlasten liefern erste Hinweise für unkontrollierte Gasemissionen bzw. Gasmigrationen im Untergrund.

Die Bewertung von Untersuchungsergebnissen ist z. T. schwierig, da im Gegensatz zur Grundwassersituation nur allgemeine Vorgaben über eine standardisierte Vorgehensweise bei der Durchführung eines Undichtigkeitsnachweises von Deponien bezüglich Deponiegasemissionen ins Deponieumfeld und in die Atmosphäre existieren (RETTENBERGER & MEZGER 1992). Untersuchungsergebnisse sind oft unvollständig und damit ohne Aussagekraft, da bedeutende Randbedingungen nicht erfaßt werden. Richt- bzw. Grenzwerte für Gasmigrationen im Untergrund, die einen Handlungsbedarf für erforderliche Schutzmaßnahmen aufzeigen, sind nicht verbindlich geregelt.

2.2.2.4 Vorgehensweise

Zur Beurteilung einer möglichen Gefährdung durch Deponiegasemissionen ist die Kenntnis des Deponiegaspotentials einer Deponie bzw. Altlast erforderlich. Dabei können 2 Strategien verfolgt werden. Der direkte Nachweis von Gasemissionen, der anhand von Gasmessungen auf der Deponieoberfläche und im Deponieumfeld geführt wird und der indirekte Nachweis, der über eine Bilanzierung des Gashaushalts erfolgen kann. In einem ersten Schritt erfolgt dabei die theoretische Ermittlung des Gasbildungspotentials anhand mathematischer Gasprognosemodelle, die Auskunft über die zeitliche Entwicklung der Gasentwicklung geben sollen (RETTENBERGER & MEZGER 1992; EHRING 1994; FARQUHAR et al. 1980). Hierfür werden folgende Kenndaten benötigt:

- Abfallzusammensetzung, Nährstoffgehalt,
- Wassergehalt und Temperatur im Deponiekörper,
- Alter der Deponie,
- Einbautechnik,
- Verfüllungsgeschichte der Deponie.

Die Ermittlung des Deponiegaspotentials mittels Gasprognose ist umstritten, da nicht immer eindeutiges Datenmaterial für die Erstellung einer Gasprognose vorliegt. Bei unvollständigem Datenmaterial wird auf allgemeine Erfahrungswerte zurückgegriffen.

Zur Überprüfung einer Gasprognose werden daher Gasmessungen in Teilbereichen des Deponiekörpers im Rahmen von Feldversuchen, den sog. Absaugversuchen vorgenommen, die durch Laborversuche ergänzt werden können (DICKERT et al. 1994).

Im Rahmen einer Gefährdungsabschätzung sind also die Gasentwicklung im Deponiekörper, die Gasaustrittsrate in die Atmosphäre und in die Gasmigrationen im Untergrund zu betrachten. Dabei ist zu berücksichtigen, daß alle genannten Parameter vielfältigen Einflüssen unterliegen (RETTENBERGER & MEZGER 1992).

So findet die Methanbildung im Deponiekörper nur unter anaeroben Bedingungen, d. h. nur unter Ausschluß von Sauerstoff, statt. Demzufolge haben die Deponietechnik, d. h. die einfache Schüttung ohne Verdichtung, die systematische Einbautechnik mit Verdichtung (Kompaktor) und das Vorhandensein von Abdichtungssystemen (Basis- und/oder Oberflächenabdichtung) als auch die Deponieform (z. B. Hügel-, Gruben- oder Grubendeponie) entscheidenden Einfluß auf den Sauerstoffgehalt in oberflächennahen Bereichen der Deponie und damit verbunden auf die Gasbildung im Deponiekörper (KIRCHWITZ & LEIDT 1994; SCHNEIDER 1995).

Die Stoffwechselaktivität der methanogenen Bakterien ist weiterhin abhängig von optimalen Milieubedingungen, die von folgenden Parametern abhängen:

- Wassergehalt,
- pH-Wert,
- Temperatur,
- Nährstoffangebot und
- toxische Substanzen.

Demzufolge steht die Deponiegasbildung auch in direktem Zusammenhang mit dem möglichen Wassereintrag durch Niederschläge bei fehlender oder vorläufiger Abdeckung des Deponiekörpers. Staunässe, aber auch die Austrocknung bedingt durch geringen Wassereintrag in endabgedeckte Deponien, führen zu einem frühzeitigen Abbruch der Methanbildung und können ggf. ein geringes Gaspotential im Deponiekörper vortäuschen. Es ist jedoch zu beachten, daß mit dem frühzeitigen Abbruch der Methanproduktion die Gefährdung durch gasförmige Emissionen nicht endgültig unterbunden wird, da die organischen Abfallstoffe nicht vollständig abgebaut, d.h. mineralisiert werden. Die Gasproduktion kann demzufolge jederzeit nach Befeuchtung der Abfallstoffe erneut einsetzen.

Die Ermittlung des Gaspotential einer Deponie oder Altlast liefert erste Hinweise über eine mögliche Umweltgefährdung durch Deponiegas, da der durch die Gasbildung entstehende Gasinnendruck im Deponiekörper zu unkontrollierten Gasaustritten in die Atmosphäre oder in den Untergrund führen kann.

Neben den o. g. endogenen Faktoren unterliegen die Gasemissionen externen Einflüssen. Hier sind zu nennen Luftdruck, Windstärke und -richtung, Niederschlag und die Feuchtigkeit der Abdeckung (RETTENBERGER & MEZGER 1992; WEBER 1990), die bei der Bewertung von Untersuchungsergebnissen von Gasmessungen auf der Deponieoberfläche berücksichtigt werden müssen.

Neben den meteorologischen Einflüssen sind geologische Randbedingungen, d. h. die Boden- und Gesteinsart (Kluft oder Schichtgesteine) sowie dessen Porenvolumen und Wassergehalt (Lockersedimente) im Untergrund einer Deponie zu erfassen, um mögliche Gasmigrationen abzuschätzen. Dies ist insbesondere bei abgedeckten bzw. abgeschlossenen Deponien, bei denen das Gas nicht in die Atmosphäre entweichen kann, in Betracht zu ziehen.

Im Hinblick auf die Explosionsgefahr ist die Ausbreitung bzw. Ansammlung des Deponiegases in bauliche Einrichtungen, die außerhalb des Deponiekörpers lokalisiert sind, in das Meßprogramm aufzunehmen. Mögliche Gaspfade sind:

- Kabelkanäle,
- Rohrleitungen,
- Kanäle,
- Schächte,
- Straßenentwässerungsleitungen und
- Betriebsgebäude.

Bei der Erstellung eines Untersuchungsprogrammes im Hinblick auf einen Undichtigkeits- bzw. Dichtigkeitsnachweis sind somit neben den direkten Gasmessungen vor Ort die meteorologischen, geologischen und örtlichen Randbedingungen einer Deponie bzw. Altlast sowie mögliche Gaspfade zu erfassen, um das Gefährdungspotential durch die Ausbreitung von Deponiegas bewerten zu können.

2.2.2.5 Untersuchungsumfang für einen Undichtigkeitsnachweis

Im Gegensatz zur Grundwassersituation ist die stoffliche Beweisführung zur Ermittlung möglicher Gasemissionen von Deponien bzw. Altlasten eindeutig. Leitsubstanz ist Methan, dessen Hintergrundbelastung in der Umgebungsluft mit maximal 5 - 10 ppm sehr gering ist. Geogene (Sümpfe und Reisfelder) oder anthropogene Quellen (Rinderfarmen) könnten eine lokale Erhöhung der Methankonzentrationen in der Umgebungsluft hervorrufen, werden aber nur in Ausnahmefällen den Undichtigkeitsnachweis von Deponien oder Altlasten, basierend auf Methanmessungen in der Umgebungsluft, verfälschen.

Gasmigrationen im Untergrund von Deponien werden ebenfalls eindeutig über Methanmessungen in der Bodenluft festgestellt. Nur in Ausnahmefällen, z. B. in der Nähe von Bergbaugebieten oder im Bereich defekter Erdgasleitungen muß ein Konzentrationsgradient als Hinweis für die Quellennähe bestimmt werden, um einen eindeutigen Undichtigkeitsnachweis zu führen.

Für den direkten Nachweis von Gasemissionen sind die im folgenden beschriebenen Gasmessungen erforderlich. Einzelheiten zur Methodik und Detektion von Zonen erhöhter Gaswegsamkeit werden an anderer Stelle ausgeführt (vgl. Kap. 4.3).

Die Gasmessungen im Deponieumfeld sollen die Ausbreitung von Deponiegas im Untergrund der Deponie anzeigen. Um mögliche Undichtigkeiten im Untergrund des Deponiekörpers aufzuspüren und rechtzeitig zu beheben, werden entweder Sondenmessungen in unterschiedlichen Tiefen durchgeführt oder es werden stationäre Gasüberwachungspegel errichtet. Die Beprobungsdichte, d. h. der Abstand der Probennahmestellen zueinander und zum Deponiekörper, ist in Abhängigkeit vom Alter und dem Gasbildungspotential einer Deponie sowie dem Untergrund zu wählen (RETTENBERGER & MEZGER 1992).

Die Gasemissionen der Oberfläche von Deponien sind schwieriger zu erfassen. Der Gesetzgeber schreibt für abgedeckte bzw. abgedichtete Deponien und Deponieabschnitte die Wirkungskontrolle der Entgasung mittels tragbarem Flammenionisationdetektor (FID) vor (TA-SIEDLUNGSABFALL 1993). Dabei sollten die Meßpunkte in einem definiertem Meßraster auf der Deponieoberfläche festgelegt werden (VWV 1994).

Diese FID-Messungen geben aber nur Aufschluß über die Qualität der Deponieabdeckung und zeigen Undichtigkeiten der Oberflächenabdichtung, wie z. B. Setzungsrisse, auf. Die Auswertung der Meßdaten zeigt Bereiche der Abdeckung mit erhöhten Emissionen auf. Die genaue Quantifizierung von Gasemissionen kann über diese Vorgehensweise allerdings nicht ermittelt werden. Hierzu sind punktuelle Gasmessungen über die sog. Lemberger-box-Messungen erforderlich. Mit dieser Methode werden die Gasaustrittsraten einer definierten Oberfläche entsprechend der Größe der eingesetzten Box bestimmt (RETTENBERGER & MEZGER 1992; WEBER 1990; FASOLT & SCHNEIDER 1994).

2.2.2.6 Bewertung

Aufgrund der Komplexität der biochemischen und physikalischen Vorgänge im Bioreaktor Deponiekörper, ist die Erfassung des Deponiegaspotentials und damit verbunden eine Bewertung möglicher Gefährdungen schwierig. Insbesondere im Hinblick auf die Gefährdung der Atmosphäre durch Methan und die Langzeiteffekte durch Spurenstoffe besteht noch Forschungsbedarf, um die z. T. durch Spurenstoffe besteht noch Forschungsbedarf, um die zum T vorliegenden Untersuchungsergebnisse von Gasmessungen auf ihre Umweltrelevanz einschätzen zu können. Gültige Grenzwerte für Methanemissionen in die Umgebungsluft oder den Untergrund von Deponien existieren bislang nicht.

Mit der Verabschiedung der TA-Siedlungsabfall fordert der Gesetzgeber, daß die Gasemissionen von Deponien zu unterbinden bzw. weitestgehend zu minimieren sind. Hieraus ist letztlich zu schließen, daß der Grenzwert für Methan im Parts-per-million-Bereich also an der unteren Nachweisgrenze eines Flammenionisationsdetektors (0,1 ppm) liegen sollte.

Die Festlegung eines Grenzwertes für Gasemissionen in die Umgebungsluft fordert eine politische Entscheidung und kann durch wissenschaftliche Untersuchung vorbereitet werden (REINHARDT et al. 1995). Es existieren jedoch z. Z. geringe Erfahrungswerte, da die geforderte Kontrolle von Gasemissionen erst in jüngster Zeit Beachtung findet. Im Hinblick auf die standardisierte Durchführung von Gasmessungen und die Bewertung der Untersuchungsergebnisse von FID-Gasmessungen auf der Deponieoberfläche besteht Forschungsbedarf.

Gasmigrationen im Untergrund sind bei Vegetationsschäden und anstehender Bebauung zu unterbinden. Bei einer Gefährdungsabschätzung im Hinblick auf Gasmigrationen im Untergrund von Deponien ist zu berücksichtigen, daß das Methan in oberflächennahen Bodenschichten bei Anwesenheit von Sauerstoff durch methanoxidierende Bakterien zu Kohlendioxid abgebaut werden kann.

2.3 Grundwasserüberwachung

DIETER LAUTERBACH

Altlasten sind nach BMU (1990) Gefahren- oder Schadstoffherde, von denen aktuelle oder latente Gefährdungen für die Schutzgüter Wasser und Boden ausgehen bzw. ausgehen können. Bereits die Vielfalt der damit verbundenen Gegebenheiten bzw. Möglichkeiten läßt deutlich werden, daß es zur weiteren Eingrenzung des im konkreten Einzelfall tatsächlich gegebenen Sachverhaltes der zielgerichteten Sammlung von allen zugänglichen Informationen bedarf. Die eigentliche Aufgabe des Entscheidungsträgers bzw. des mit der Entscheidungsvorbereitung Beauftragten besteht darin, sich ein zutreffendes Bild von der Realität des Schadstoffherdes, des Schadstofftransports und der in die Schutzgüter migrierenden Schadstoffströme zu machen und letztere mit ggf. tolerierbaren Charakteristika zu vergleichen, um daraus den notwendigen Handlungsbedarf ableiten zu können.

So notwendig es ist, sich eine ausreichende informationelle Basis als Grundlage für späteres Handeln zu schaffen, genauso notwendig ist es, diese Aufgabe nicht auf das alleinige Sammeln von Meßwerten zu beschränken. Alle bisher gesammelten Erfahrungen lassen den Schluß zu, daß es kein allen Anforderungen und Gegebenheiten gerecht werdendes Überwachungsprogramm (Meßnetz und Meßprogramm) gibt. Vielmehr ist die Erfassung der zeitlich und räumlich veränderlichen Beschaffenheit der Schutzgüter stets nur in Abhängigkeit von möglichst präzise formulierten Anforderungen und auf dem Wege einer darauf ausgerichteten Gewinnung von möglichst repräsentativen Stichproben möglich.

Diesem Umstand Rechnung tragend, hat die Länderarbeitsgemeinschaft Wasser (LAWA 1993) neben dem großflächig und vom Grundsatz her immissionsorientierten Grundmeßnetz (Basis- und Trendmeßstellen) für das Grundwasser, auch anlagen- und nutzungsbezogene Sondernetze ausgewiesen. Im Falle der Altlastenüberwachung betrifft dies die

- Emittentenmeßstellen (Überwachung potentieller, lokaler bzw. flächenhaft begrenzter Eingriffe in das natürliche Grundwasserregime oder im Abstrombereich entsprechender Schadstoffherde) sowie
- Belastungsmeßstellen [Überwachung aktueller, im Abstrombereich von punktuellen oder flächenhaft begrenzten Gefahrenherden auftretender Auswirkungen und zur Kontrolle von Gegenmaßnahmen(Sanierung)].

Alle Sondermeßnetze werden für räumlich begrenzte Gebiete eingerichtet, sind bezüglich der Anzahl und Anordnung der Meßstellen und des Untersuchungsprogramms sehr eng an die Aufgabenstellung und an die Modellansätze zur Simulation hydraulischer und chemischer Prozesse gebunden, die zur Auswertung der Meßwerte eingesetzt werden sollen. Nur eine Überwachungsstrategie, die sich an den hydrodynamischen Bedingungen des Grundwasserströmungsfeldes orientiert, kann der inhomogenen Verteilung der Beschaffenheitsmerkmale im Grundwasserraum nach dem Ort und nach der Zeit entsprechen. Bei der Fixierung der Meßstrategie und für die Auswertung und Interpretation der Meßwerte ist es - neben der Berücksichtigung von stoffspezifischen Charakteristika zum Verhalten der zu überwachenden Schadstoffe - zweckmäßig, von mathematischen Modellvorstellungen auszugehen. So lassen sich z. B. nur im "Wechselspiel" von Realität und Modell die Lage und der erforderliche Ausbau der Meßstellen (z. B. bei einer notwendigen Beprobung einer tiefenabhängigen Schichtung der Schadstoffe) sowie die Beprobung selbst sachgerecht den hydrodynamischen Verhältnissen zuordnen (s. dazu auch Kap. 5.2). Das aber ist Voraussetzung für Aussagen zur Repräsentativität und zur Vergleichbarkeit von Einzelproben.

Im Falle der Altlasten- und Deponieüberwachung mit punktförmigen bzw. lokal begrenztem Stoffeintrag handelt es sich um eine "klassische" Überwachungsaufgabe mit verursacherbezogenen Konsequenzen im Falle der Aufdeckung (z. B. § 34 WHG). Somit wird der Aufbau von Emittentenmeßnetzen mit potentieller Gefährdung häufig durch die Betreiber im Rahmen der Eigenüberwachung, aber im Falle von aktuellen Gefährdungen, bevorzugt um die Planung von Belastungsmeßstellen durch die verantwortlichen Fachbehörden handeln. Im Mittelpunkt steht also die Frage, ob eine Beeinträchtigung der Schutzgüter in beweisfähiger Form vorliegt oder ggf. zu erwarten ist, welche Gegenmaßnahmen zu welchem Zeitpunkt wo durchzuführen sind bzw. im Bedarfsfall durchgeführt werden müssen und wie sie kontrolliert werden können. Letztlich bedeutet dies aber nichts anderes als die Überwachung - i. S. einer entscheidungsvorbereitenden Maßnahme - in den gesamten Entscheidungsprozeß einzuordnen und sie auf die notwendige Entscheidung auszurichten.

In einem modernen Überwachungssystem ist somit ein auf eine möglichst präzise Zielvorgabe ausgerichtetes und wissenschaftlich begründetes Programm zur Erkennung (wenn möglich Früherkennung) von Veränderungen des Status der Grundwasser- und ggf. Bodenbeschaffenheit nach Art, Ausmaß und zeitlichem Verlauf zusammengefaßt (s. dazu Kap. 2.2.2).

Das Überwachungssystem umfaßt

– ein auf die spezifischen Gegebenheiten der Zielstellung, Stoffart und -menge sowie der Standortcharakteristik ausgerichtetes Meßnetz und Meßprogramm zur Zustandsbeobachtung. Hierzu gehören

  - einheitlich vereinbarte, vergleichbare Kriterien, die einer Bewertung zugänglich sind und die für die Modell- und Parameteridentifikation benutzt werden können,

- auf die Anforderungen und Zielvorgaben ausgerichtete repräsentative Standorte,
- einheitlich zu vereinbarende Termine bzw. Zeitabstände für Einzeluntersuchungen,
- der Einsatz geeigneter, zuverlässiger und untereinander vergleichbarer Methoden und Geräte;

- die Analyse und Bewertung von Zustandsänderungen der Meßwerte auf der Grundlage zeitlicher Folgemessungen und mit Hilfe mathematischer Modelle unterschiedlicher Ausprägung;
- die Ausarbeitung alternativer Entscheidungsvorschläge auf der Grundlage der Vorhersage von Zustandsänderungen (z. B. mittels Szenarioanalysen) im Ergebnis potentieller oder aktueller Einflüsse oder Gefährdungen oder zur Prüfung der Wirksamkeit geplanter bzw. realisierter Gegenmaßnahmen (Erfolgskontrolle).

Faßt man die gesammelten Erfahrungen beim Einsatz geeigneter Arbeitsmittel zur Analyse und Bewertung zusammen, so läßt sich sagen, daß eine solche Vorgehensweise nur dann zum Erfolg führt, wenn die Konzipierung des Überwachungsprogramms bereits in Relation zur Modellbildung bzw. -nutzung erfolgt. Nach LUCKNER et. al. (1992) führt die sehr komplexe Struktur der Realität und die von vornherein mangelnde strukturelle Systemkenntnis (Ursache-Wirkungs-Relation) sowie die unzureichende Kenntnis der diese Strukturen quantifizierenden Parameter zu einem Modell des komplexen Gefährdungszustandes, bei dem mit zunehmender Detailliertheit die Modellbeschreibung immer unschärfer wird. Es ist deshalb sinnvoll, stark vereinfachte Modelle zu bilden und dabei dennoch zu versuchen, das Wesentliche der komplexen Realität nicht zu verlieren. Auch BEIMS (1991) betrachtet die Simulation von Grundwasserströmungs- und -transportvorgängen als unentbehrlichen Baustein im Prozeß der Altlastenerkundung, -bewertung und -sanierung, für die es eine Vielzahl von Rechenprogrammen, die auf analytischen oder numerischen Lösungen aufbauen, gibt. So setzen analytische Lösungen zwar weitgehende Schematisierungen des Strömungssystems voraus, lassen sich aber schnell handhaben, benötigen keine aufwendigen Hilfsmittel, lassen den Einfluß der Eingabeparameter auf das Berechnungsergebnis unmittelbar erkennen und liefern in kürzester Zeit Ergebnisse. Die bevorzugten Anwendungsfälle liegen deshalb bei

- den ersten Untersuchungsetappen für Variantenuntersuchungen,
- der Analyse des Systemverhaltens,
- Plausibilitätstests und Sensibilitätsanalysen und
- der Parameterbestimmung im Feld.

Numerische Lösungen hingegen erfassen die Strömungs- und Transportvorgänge detaillierter, sie erfordern aber einen höheren Aufwand bei der Lösung und bei der Datenbereitstellung. Sie werden bevorzugt in späteren Untersuchungsetappen für die komplexe Erfassung der Transportvorgänge und auch für die Bewertung von Sanierungsmaßnahmen eingesetzt. Bereits diese Kurzcharakteristika lassen deutlich werden, daß es sich lohnt, einen entsprechenden Aufwand in eine diesbezügliche Vorarbeit zu investieren, um nicht einen kontinuierlich höheren Aufwand bei der Meßwertbereitstellung in Kauf nehmen zu müssen. Nur wenn es gelingt, die in der Vergangenheit abgelaufenen Prozesse mit Hilfe geeigneter Modellansätze und mit den durch das Überwachungsprogramm gewonnenen Datensätzen zu erklären, besteht die Chance - bei den ohnehin noch zu erwartenden Unsicherheiten bezüglich zukünftiger Entwicklungen - vertretbare Vorhersagen (ggf. mit der Angabe zu erwartender Fehlerintervalle) abzugeben.

Dabei ist nicht auszuschließen, daß eine spätere Korrektur der Zielvorgaben erforderlich ist; nur im "Wechselspiel" zwischen dem "Warum" und den dafür vorgesehenen Mitteln zur Realisierung (was wird wo und wann, wie und von wem durchgeführt) wird deutlich, ob Anspruch und Realität einander entsprechen oder ob nur mit einer eingeschränkten Zielstellung gearbeitet werden kann.

Bei der Beurteilung der Gefährdungssituation und darauf auszurichtender Sanierungskonzepte ist auf die in zeitlicher und räumlicher Hinsicht veränderlichen Beschaffenheitsmerkmale Bezug zu nehmen. Diese werden nicht nur durch die geologischen, hydrogeologischen und hydraulischen Gegebenheiten des Untergrundes, sondern auch durch die physikalischen, chemischen und biologischen Eigenschaften der Schadstoffe und des daraus abzuleitenden Verhaltens im Grundwasserraum bestimmt. Soweit dazu Wissensdefizite vorliegen, sind diese im Erkundungskonzept zu berücksichtigen. Bei der Konzipierung der Erkundungsmaßnahmen einschließlich der Grundwassermeßstellenplanung sollte man sich an den Richtlinien der LAWA (1993, 1994) orientieren.

Im Gegensatz zum Grundwasserstand ist eine Übertragung von Untersuchungsergebnissen zur Grundwasserbeschaffenheit von einzelnen Punktmessungen auf einen größeren Grundwasserkörper wesentlich schwieriger, da Veränderungen in horizontaler und vertikaler Richtung im richtigen zeitlichen Ablauf miteinander verknüpft werden müssen. So erreichen z. B. die aus einem Stoffeintrag herrührenden Kontaminationsfahnen in einem Grundwasserleiter mit großer Abstandsgeschwindigkeit (konvektiver Transport in Fließrichtung des Grundwassers) die Überwachungsmeßstellen viel schneller als bei erforderlicher Berücksichtigung der hydrodynamischen Dispersion. Andererseits können gelöste Stoffe in höherer Konzentration das Strömungsfeld des Wasserkörpers durch Dichteströmungen beeinflussen oder in Abhängigkeit von der Dichte, der Oberflächenspannung und Zähigkeit des Wasserschadstoffes eine schnelle vertikale Verlagerung zur Folge haben, wie im Falle der

LHKW (TOUSSAINT 1993). Andere Stoffe bevorzugen einen Aufenthalt im oberen Bereich des Grundwasserkörpers. Letzteres verdeutlicht, daß eine dreidimensionale Auslegung des Meßnetzes unerläßlich ist, wenn nicht nur die Inhaltsstoffe an der Grundwasseroberfläche bzw. im oberen Bereich des Grundwasserkörpers erfaßt werden sollen, sondern auch eine eventuelle vertikale Verteilung - ggf. auch über mehrere Grundwasserstockwerke hinweg - abgeschätzt werden soll.

Die Beispiele belegen, daß als Grundlage für die Festlegung der Anzahl der Überwachungsmeßstellen und ihrer Anordnung alle bereits verfügbaren Informationen zur Beurteilung des Gesamtsystems auszuwerten sind, bevor gezielt das Überwachungssystem als Ganzes konzipiert wird und je nach Bedarf eine Erweiterung oder Verdichtung der Meßstellen festgelegt werden kann.

Die Festlegung des Bohransatzpunktes und der Tiefe der Bohrung dient der Vervollkommnung der Kenntnisse über den Aufbau des Untergrundes und zur Ermittlung geohydraulischer Parameter (Erkundung als Lernprozeß durch schrittweise Informationsverdichtung). Die Probennahmeprotokolle, die Erfassung in Schichtenverzeichnissen und die geophysikalische Bohrlochvermessung gehören dabei heute in gleicher Weise zum Standard wie die Durchführung von hydraulischen Bohrlochtests (Slug- oder Packertests) oder Pumpversuchen mit geringen Förderraten. Zur Verringerung des Risikos einer Verschleppung von Schadstoffen bei Neuaufschlüssen und zur Minimierung der Entsorgung ggf. kontaminierter geförderter Wässer können auch geringer dimensionierte Aufschlüsse (z. B. DN 50) durchgeführt werden, wenn sie ausschließlich Erkundungszwecken dienen.

Eine zweckmäßige Beurteilung des zu überwachenden Raumes erfolgt am besten durch die Charakterisierung der hydrogeologischen Gegebenheiten mit Bezug zu den latenten Gefährdungspotentialen, z. B. für eine Gewinnung von Rohwasser für die Trinkwasserversorgung. Beim Ausweis von Planungskriterien für Grundwasserbeschaffenheitsmeßstellen (DÖRHÖFER 1995) sind diese Gegebenheiten zu vier Standorttypen zusammengefaßt und wie folgt charakterisiert worden (*Abb. 2.7*):

TYP B: Der Gefahrenherd liegt in einem Barrieregestein, das einen Austrag von Schadstoffen verhindert oder stark behindert.

TYP O: Der Gefahrenherd und das Filterniveau der Aufschlüsse (Förderbrunnen) liegen in getrennten Aquiferen ohne hydraulischen Kontakt (Stockwerkstrennung durch geringdurchlässige, nicht unterbrochene Stauer).

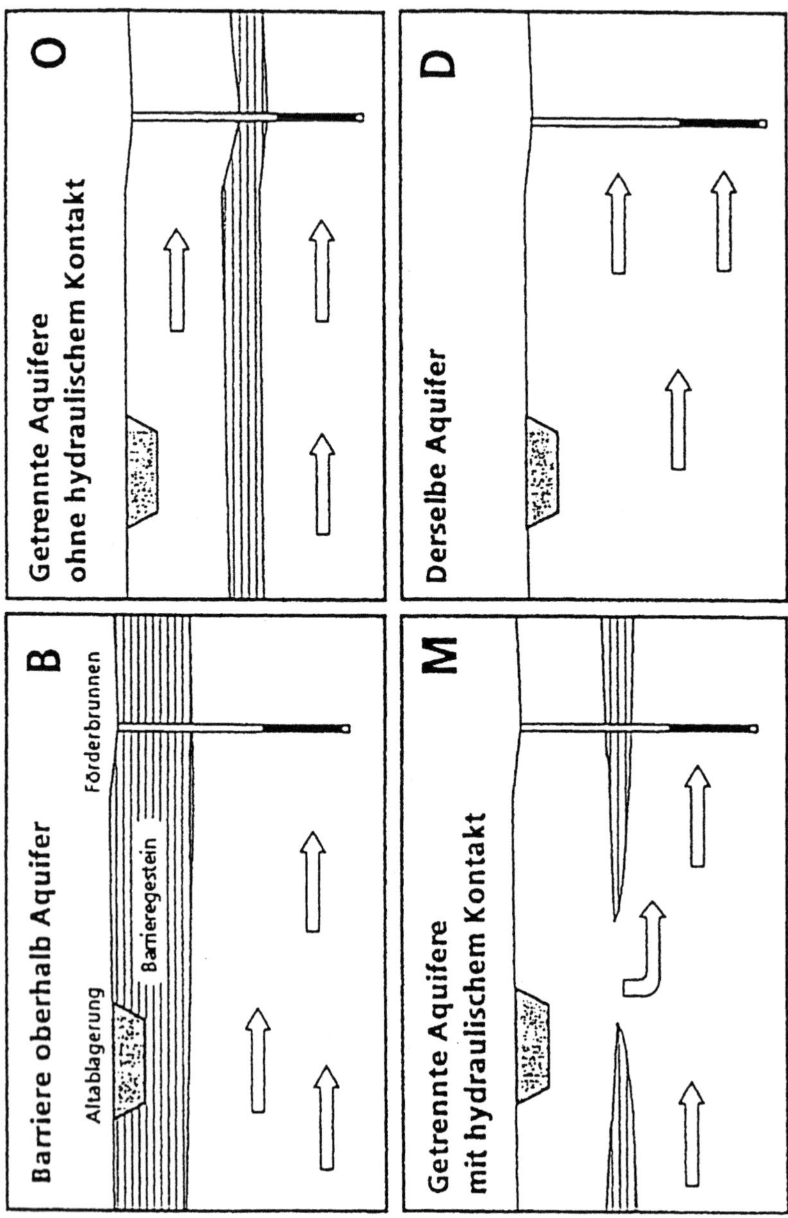

Abb. 2.7. Standorttypen für Lagebezüge zwischen Altlasten und Wasserwerksbrunnen. (Nach DÖRHÖFER 1995)

TYP M: Der Gefahrenherd und das Filterniveau der Aufschlüsse (Förderbrunnen) liegen in getrennten Aquiferen, jedoch mit hydraulischem Kontakt (Stockwerkstrennung infolge "hydraulischer Fenster" nur bedingt ausgeprägt).

TYP D: Der Gefahrenherd und das Filterniveau der Aufschlüsse (Förderbrunnen) liegen im gleichen Aquifer, so daß eine unmittelbare und weitgehend ungehemmte Verbindung besteht.

Im Zusammenhang mit Untersuchungen zum Stoffeintrag von LHKW und deren Transport im Untergrund hat TOUSSAINT (1993) die vorgenannten Standorttypen auf 22 erweitert und dabei eine Unterteilung nach Locker- und Festgestein sowie eine Differenzierung der Grundwasserstandsverhältnisse (hoher und tiefer Grundwasserstand sowie Stockwerkstrennung) vorgenommen (*Abb. 2.8*).

In diesen 22 hydrogeologischen Standorttypen werden berücksichtigt:

- die Ausbildung der Deckschicht, der Grundwasserleiter und -stauer,
- der Grad der Heterogenität der ungesättigten und gesättigten Bodenzone,
- der Grundwasserflurabstand,
- die Druckverhältnisse und
- eine ggf. vorliegende hydraulische Stockwerksgliederung.

Die große Vielfalt dieser hydrogeologischen Standorttypen verdeutlicht die Aussage, daß es keine, allen Erfordernissen gerecht werdende Regel zur Fixierung der Anzahl und Lage von Überwachungsmeßstellen gibt. Es wird aber auch deutlich, daß die gesammelten Erfahrungen in gewissen Grundregeln zusammengefaßt werden können und daß davon der Bereich Altlasten/Deponien bevorzugt betroffen ist.

Es muß gewährleistet sein, daß oberstromseitig vom Kontaminationsherd liegende Bezugsmeßstellen zur Gewinnung unbeeinflußter Grundwasserproben, die für die regionalen hydrochemischen Verhältnisse repräsentativ sind, vorhanden sind. Der potentielle Stoffaustrag aus der zu überwachenden Fläche soll unterstromseitig durch quer zur Fließrichtung angeordnete Profile erfolgen, deren Breite die vollständige Erfassung der Breite der Schadstoffahne gestatten muß. Als Minimum sollten mindestens 2 Profile mit auf Lücke gesetzten Meßstellen angeordnet werden (LAWA 1993).

Eine darüber hinausreichende und entsprechend ausgestaltete Systematik ist bei DÖRHÖFER (1996) ausgewiesen (*Abb. 2.9* und *Abb. 2.10*). Sie umfaßt folgende Grundregeln im Rahmen eines zonaren Überwachungskonzeptes:

Erläuterungen zu den hydrogeologischen Standorttypen in *Abb. 2.8* :

(1 - 12) Porengrundwasserleiter, (13 - 22) Kluft- bzw. Karstgrundwasserleiter. Die verschiedenen Typen haben folgende Merkmale: (1) gespannt, überdeckt von Geringleiter, hoher Wasserstand; (2) frei, überdeckt von Geringleiter, tiefer Wasserstand; (3) unterlagernder Geringleiter, frei, hoher Wasserstand; (4) frei, geringmächtig, hoher Wasserstand, angrenzender Vorfluter; (5) frei, heterogen, tiefer Wasserstand; (6) frei, inhomogen, mittlerer bis tiefer Wasserstand, hydraulische Verbindung mit liegendem Kluftgrundwasserleiter; (7) frei, größere Mächtigkeit, tiefer Wasserstand; (8) frei, tiefer Wasserstand, lokal in hydraulischer Verbindung mit liegendem Kluftgrundwasserleiter; (9) frei, mittlere Mächtigkeit, tiefer Wasserstand, mit schwebendem Grundwasser; (10) frei, z. T. gespannt, stark inhomogen, mittlerer Wasserstand; (11) frei, geringmächtig, teilweise hoher Wasserstand, hydraulisch getrennt von liegendem Grundwasserleiter mit gleichsinniger Fließrichtung des Grundwassers, gespannt mit aufwärts gerichtetem hydraulischem Gradienten; (12) frei, größere Mächtigkeit, z. T. sehr hoher Wasserstand, benachbarter Vorfluter, hydraulisch getrennt von liegendem Grundwasserleiter mit entgegengesetzter Fließrichtung des Grundwassers, gespannt mit abwärts gerichtetem hydraulischem Gradienten; (13) zeitweise gespannt, hoher Wasserstand, Strömungsfeld mit aufwärts gerichtetem Gradienten; (14) frei, hoher Wasserstand; (15) frei, mit angrenzendem Porengrundwasserleiter; (16) hohe Durchlässigkeit in Oberflächennähe, gespannt, geringmächtig, in Geringleiter eingelagert; (17) frei, mittlerer bis tiefer Wasserstand, deutlicher Vertikalgradient des Strömungsfeldes; (18) frei, mittlerer bis tiefer Wasserstand; (19) frei, örtlich stark heterogen, tiefer Wasserstand; (20) verkarstet, frei, tiefer Wasserstand; (21) hohe Durchlässigkeit in größerer Tiefe, gespannt, geringmächtig, in Geringleiter eingelagert; (22) frei, z. T. sehr hoher Wasserstand, hydraulisch getrennt vom liegenden Grundwasserleiter, gespannt, mit gleichsinniger Fließrichtung.

1. Wahl einer primären Überwachungszone auf der Grundlage des hydrogeologischen/geohydraulischen Modellkonzepts. Diese primäre Zone ist die von der Altlast am stärksten beeinflußte bzw. beeinflußbare hydrostratigraphische Einheit und somit am meisten gefährdet. Sie liegt im Nahfeld der Altlast und hat innerhalb der gesättigten Zone die höchsten Durchlässigkeiten und Fließgeschwindigkeiten und somit die größten Durchflußraten. In der Regel liegt sie im obersten Grundwasserleiter und ist durch bevorzugt horizontales Fließen in einer durchlässigen Schicht gekennzeichnet, die in einen anderen Aquifer oder im Nahbereich von Vorflutern entwässert. Zusätzlich zur primären Überwachungszone können bei Bedarf (z. B. im Falle der Gefährdung eines tieferen Stockwerkes infolge direkter hydraulischer Verbindung) weitere, von der Gefahrenstelle weiter ab liegende Überwachungszonen eingerichtet werden.

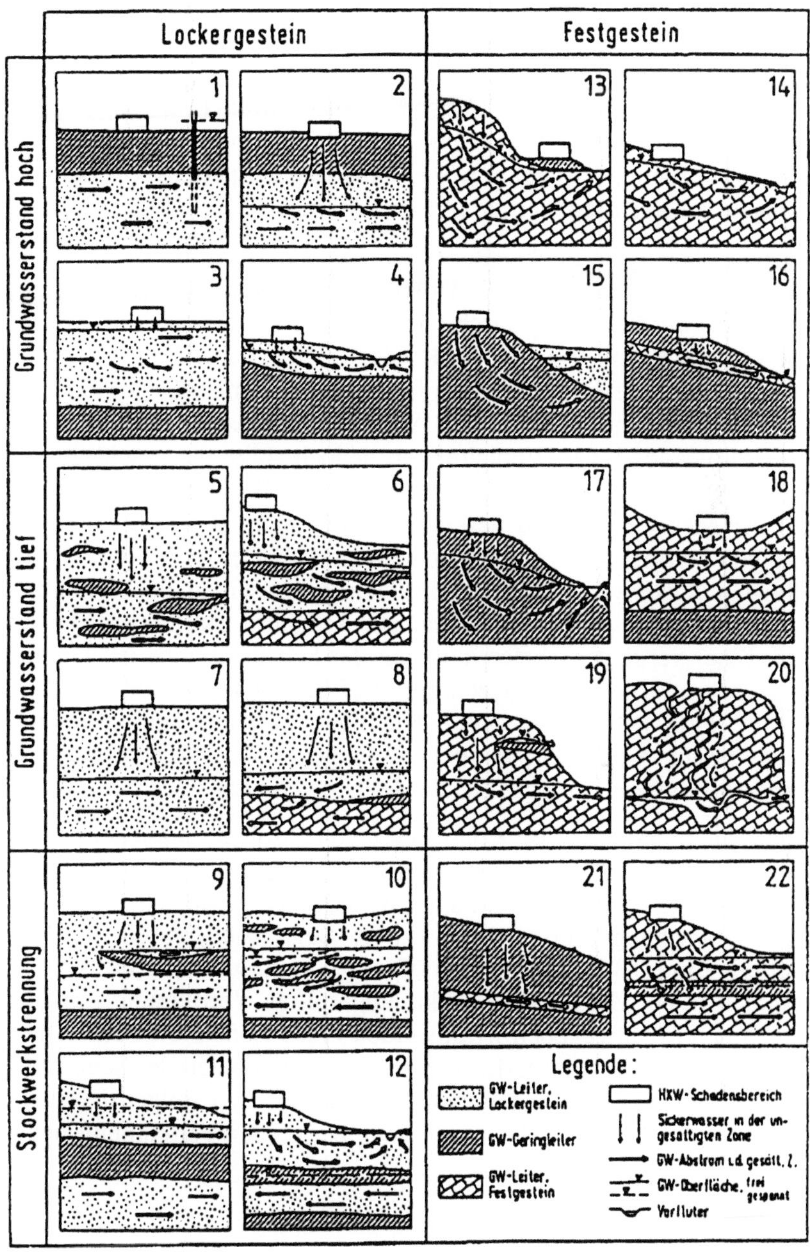

Abb. 2.8. Hydrogeologische Standorttypen. (Nach TOUSSAINT 1993)

2. Die hydrochemische Charakterisierung des die Altlast anströmenden, meist unbeeinflußten Grundwassers erfolgt durch Anstrombrunnen A. Die Position dieser Meßstellen muß einerseits repräsentativ für die Gewinnung unbeeinflußter Grundwasserproben sein - d. h. sie dürfen also nicht zu nahe an der Altlast errichtet werden - andererseits sollen sie aber im Abstand der zu berechnenden oder abzuschätzenden Anstromzeit T1 an der oberstromigen Grenze des Geländes abgeteuft werden. Sie sollen möglichst als vollkommene Brunnen ausgebaut werden und müssen bei Stockwerkstrennung auch getrennt verfiltert werden (A1 und A2 in *Abb. 2.10*, DÖRHÖFER 1996).

3. Die unterstromigen Beobachtungsbrunnen B bilden das erste Glied des Frühwarnsystems und liegen innerhalb der primären Überwachungszone 1, deren äußere Begrenzung durch die 200-Tage-Fließzeit-Linie T2 bestimmt wird (B1 bis B3 in *Abb. 2.9*, DÖRHÖFER 1996). Diese Zeit wurde für den Gefahrenfall so gewählt, daß eine frühzeitige Erkennung bei halbjährlicher Beprobung gewährleistet ist. Die Anzahl der Meßstellen richtet sich nach den hydrogeologischen Verhältnissen, jedoch sollte die geschätzte Schadstoffahne in ihrer vollen Breite erfaßt werden. Bei der zu wählenden Anzahl der Meßstellen ist zu beachten, daß es nicht selten zu einem punktförmigen Versagen des Dichtungssystems von Deponien kommt, was zu schmalen Sickerwasserfahnen führt. Die gegenseitige Positionierung der Meßstellen sollte also so erfolgen, daß sich ihre Einflußbereiche überlagern. Einer vertikalen Differenzierung der Schadstoffahne ist durch Brunnengruppen mit vertikal abgeteufter Verfilterung zu begegnen (B1 bis B3 in *Abb. 2.10*, DÖRHÖFER 1996). Die Filterabschnitte sind dabei in ihrer Länge gering zu halten, da bei zu langen Filterstrecken und geringer Schadstoffkonzentration die Gefahr der Nichterfassung besteht.

4. Durch die Anordnung von Kontrollbrunnen C sollen vorhandene Kontaminationen erfaßt und kontrolliert werden. Sie liegen entweder innerhalb oder beim Vorliegen größerer räumlicher Belastungen zusätzlich auch außerhalb der Überwachungszone 2, deren äußere Begrenzung durch die 2-Jahres-Fließzeit-Linie T3 bestimmt wird (C1 - C6 in *Abb. 2.9*, DÖRHÖFER 1996). Während in der Zone 2 der vertikal abgestuften Verfilterung - analog Zone 1 - der Vorzug gegeben wird, werden in der Zone 3 die Meßstellen häufig durchgehend verfiltert, da der tatsächliche Fließpfad der Schadstoffahne oft nicht genau genug bekannt ist. Das hat aber zur Folge, daß die zuvor genannten Probleme der Nichterfassung bei großer Verdünnung noch stärker ins Gewicht fallen können.

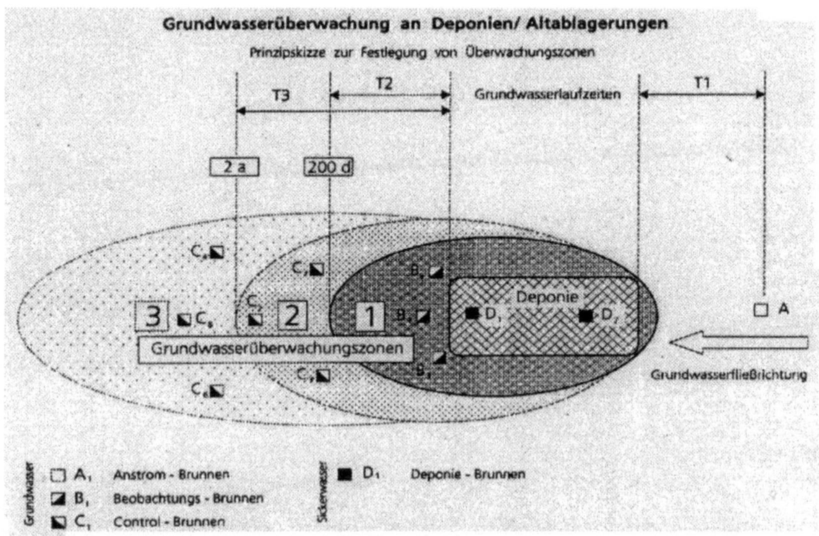

Abb. 2.9. Prinzipskizze zur Festlegung von Überwachungszonen an Deponien/Altablagerungen nach Deponieüberwachungsplan „Wasser", Aufsicht. (Aus DÖRHÖFER 1996)

5. Zusätzlich werden im Deponiekörper selbst oder gleich unterhalb Deponiebrunnen D abgeteuft. An ihrer Stelle kann auch das über Dränageeinrichtungen gefaßte, unverdünnte Sickerwasser zum Vergleich herangezogen werden. Beim Abteufen von Brunnen in Deponien ohne Basisabdichtung ist wegen möglicher gasförmiger Emissionen große Vorsicht geboten.

Zusammengefassend kann festgestellt werden, daß jede Überwachung das Ziel verfolgt, Gefahren für Menschen und Umwelt rechtzeitig zu erkennen. Sie muß also auf die Fälle eingerichtet sein, bei denen

- sich eine Sicherung oder Sanierung als (noch) nicht erforderlich oder möglich erwiesen hat,
- die Wirksamkeit einer Sicherungsmaßnahme kontrolliert werden soll oder
- die Wirksamkeit oder der Erfolg einer Sanierungsmaßnahme überprüft wird.

Die Ergebnisse der Überwachung in Form von Meßwerten sind in regelmäßigen Zeitabständen einer Bewertung zuzuführen und den Anforderungen gegenüberzustellen.

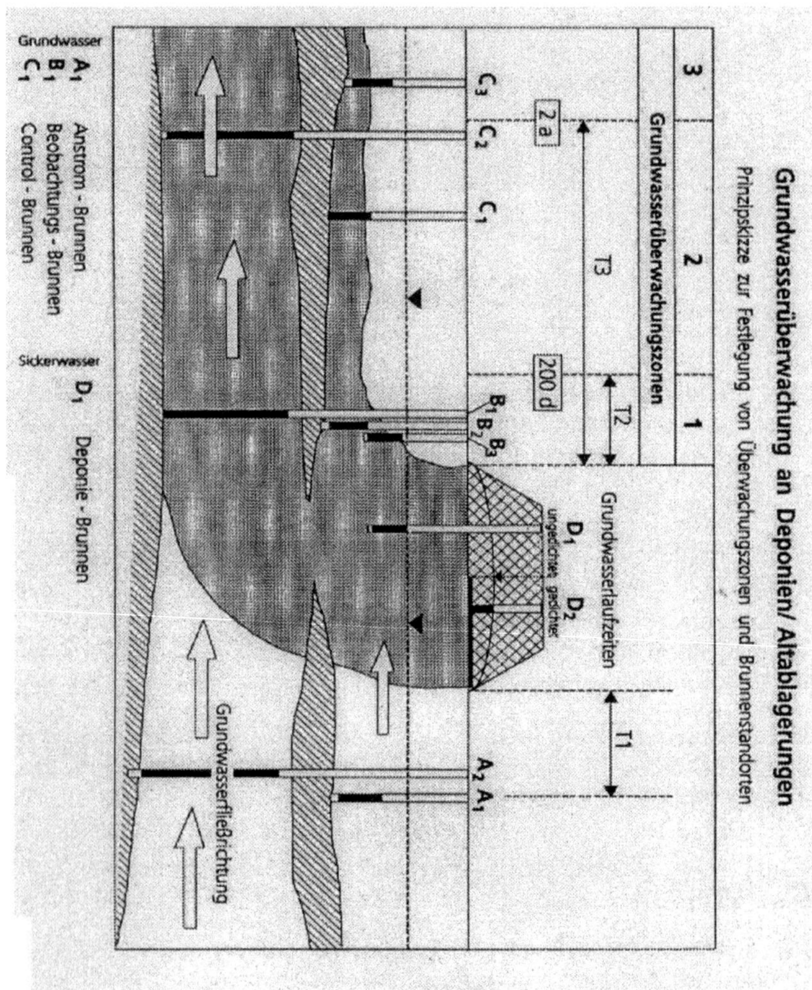

Abb. 2.10. Prinzipskizze zur Festlegung von Überwachungszonen an Deponien/Altablagerungen nach Deponieüberwachungsplan „Wasser",Schnitt. (Nach DÖRHÖFER 1996)

Literatur

AD-HOC-ARBEITSGRUPPE BODEN (1994) Bodenkundliche Kartieranleitung. 4. Auflage, 392 S., Hannover

ALBRECHT, I., APPEL, D., BARKOWSKI, D., GÜNTHER, P., KREUSCH, J. (1992) SAD Münchehagen. Entwicklung einer Konzeption für die Risikoabschätzung (Phase 1 der Risikoabschätzung). Gutachten im Auftrag des Staatlichen Amtes für Wasser und Abfall, Suligen; Hannover (PanGeo - Geowissenschaftliches Büro)

BAMBERG, H. (1991) Sächsische Altlasten - Methodik ihrer Erfassung, Bewertung und Sanierung. Proc. 1. Dresdner Grundwasserforschungstage 1991, DGFZ, S. 143 - 153, Dresden

BAUMANN, J., WAGNER, W. (1993) Geogene Grundwasserbeschaffenheit als Bemessungsgrundlage für den Grundwasserschutz. Umweltforschungsplan des Bundesministers für Umwelt, Naturschutz und Reaktorsicherheit, Forschungsbericht 10202617, Bundesanstalt für Geowissenschaften und Rohstoffe, Hannover

BDG (1990) Einsatz von Standardsoftware in geowissenschaftlichen Anwendungen. Schriftenreihe des BDG, 6; Bonn: Bundesverband Deutscher Geologen / Arbeitskreis Software

BEIMS, U. (1991) Getestete Software zur Altlastenerkundung und -bewertung. 1. Dresdener Grundwasserforschungstage. Dezember 1991, Proc. Nr. 1

BMU (1990) Sondergutachten des Rates von Sachverständigen für Umweltfragen. Bundesministerium für Umwelt, Naturschutz und Reaktorsicherheit, Dezember 1989, Metzler, Stuttgart

BODENÜBERSICHTSKARTE DER BUNDESREPUBLIK DEUTSCHLAND, 1:1000000-Karte mit Erläuterungen, Textlegende und Leitprofilen. Herausgeber: Bundesanstalt für Geowissenschaften und Rohstoffe (Bearb. HARTWICH, R., BEHRENS, J., ECKELMANN, W., HAASE, G., RICHTER, A., ROESCHMANN, G. & SCHMIDT, R.) Hannover 1995

DICKERT, H., KAPPESSER, S., PAETZOLD, T. (1994) Fortschritte der Deponiegasprognose. Entsorgungs Praxis 10: 40-43

DÖRHÖFER, G. (1995) Planungskriterien für Grundwasserbeschaffenheitsmeßstellen, Teil 1: Begriffsdefinition und Einsatzbereiche. bbr, Wasser und Rohrbau 11/1995

DÖRHÖFER, G. (1996) Planungskriterien für Grundwasserbeschaffenheitsmeßstellen, Teil 2: Überwachung von Deponien und Altlasten. bbr, Wasser und Rohrbau 01/1996

DVWK-Schriften 54 (1982) Auswertung hydrochemischer Daten. Kommissionsvertrieb. Parey, Hamburg Berlin

DVWK-Schriften 104 (1993) Stoffeintrag und Grundwasserbewirtschaftung. DVWK-Fachausschuß, 275 S. Parey, Hamburg Berlin

EHRING, H.J. (1994) Gasprognosemodelle bei unterschiedlichen Deponietypen. In RETTENBERGER, G., STEGMANN,R. (Hrsg): Trierer Berichte zur Abfallwirtschaft, 6, Erfassung und Nutzung von Deponiegas. Economica, Bonn, S. 69 - 86

FARQUHAR, G. J., SOYUPAK, S., CONSTABLE, T. W., IYKES, D. F. (1980) Grundlagen der Gasentstehung. In JÄGER, B., WIEMER K. (Hrsg): Abfallwirtschaft der TU Berlin, 5

FASOLT, B., SCHNEIDER, J. (1994) Emissionsstrombestimmung von Deponiegas aus Mülldeponien durch Konzentrationsmessungen in der Abdeckschicht. Müll und Abfall 11: 721-728.

GABRIEL, B., ZIEGLER, G., SCHULTZE, M. et al. (1989) Das Grundwasser - Einfluß der landwirtschaftlichen Produktion, Wasserwirtschaftsdirektion Saale - Werra (Hrsg.), Forschungsbereich Erfurt

GUV (1991) Gemeindeunfallversicherungsverband Westfalen-Lippe, Sicherheitsregeln für Deponien, Ausgabe Oktober 1991; Gesetzliche Unfallversicherung, Salzmannstr. 156, 4400 Münster

GEOLOGISCHE KARTE DER BUNDESREPUBLIK DEUTSCHLAND 1:1 000 000 - Grundkarte, Herausgeber: Bundesanstalt für Geowissenschaften und Rohstoffe, Hannover, 1993

GRIMM-STRELE, J. SCHULZ, K., BRAUCH, J., HERZER, J., KALTENBACH, D., SCHULLERER, S. (1991) Modellhafte Einrichtung eines Grundwassergütemeßnetzes in einer ausgewählten Region. - Umweltforschungsplan des Bundesministers für Umwelt, Naturschutz und Reaktorsicherheit, Forschungsbericht 10204214, Landesanstalt für Umweltschutz Baden-Württemberg, 456 S., Karlsruhe (unveröffentlicht)

HANNAPPEL, S. (1996) Die Beschaffenheit des Grundwassers in den hydrogeologischen Strukturen der neuen Bundesländer. Berliner geowissenschaftliche Abhandlungen, Reihe A, 182, 151 S., Berlin

HANNAPPEL, S., VOIGT, H.-J., LAUTERBACH, D., ZIEGLER, G., GABRIEL, B. (1995) Entwicklung eines einheitlichen Grundwasserbeschaffenheitsmeßnetzes in den neuen Bundesländern als Grundlage zur Erfüllung von Berichtspflichten des Bundes gegenüber der EU. Umweltforschungsplan des Bundesministers für Umwelt, Naturschutz und Reaktorsicherheit, Forschungsbericht 10202628/06, Gesellschaft für Umwelt- und Wirtschaftsgeologie mbH Berlin in Zusammenarbeit mit den Landesumweltämtern der neuen Bundesländer, 203 S., Berlin (unveröffentlicht)

HINDEL, R., FLEIGE, H. (1991) Schwermetalle in Böden der Bundesrepublik Deutschland - geogene und anthropogene Anteile. Texte 10/91, 137 S., Umweltbundesamt, Berlin

HLFU (1990) Hessische Landesanstalt für Umwelt, Meßprogramm zur Ermittlung der Massenkonzentration relevanter Schadstoffe im Deponiegas und Abgas von Deponiegasverbrennungsanlagen. HLfU, Heft 88

HÖLTING, B. (1991) Geogene Grundwasserbeschaffenheit und ihre regionale Verbreitung in der Bundesrepublik Deutschland. - 1300, 1 - 36. In ROSENKRANZ, D. et. al. (Hrsg.): Bodenschutz. Schmidt, Berlin

ISO/WD 11074-1 (1993) Bodenbeschaffenheit - Begriffe - Teil 1: Begriffe und Definitionen aus dem Bereich Bodenschutz und Bodenkontaminationen. Beuth, Berlin

KERNDORFF, H., BRILL, V., SCHLEYER, R., FRIESE, P., MILDE, G. (1985) Erfassung grundwassergefährdender Altablagerungen. Ergebnisse hydrochemischer Untersuchungen. WaBoLU-Hefte, 5/1995, Berlin

KIRCHWITZ, K.-D., LEIDT, K.-H. (1994) Aspekte der Deponiegaserkundung und Deponiegasentsorgung in den neuen Bundesländern. In: Rettenberger, G., Stegmann, R. (Hrsg.): Erfassung und Nutzung von Deponiegas, Trierer Berichte zur Abfallwirtschaft, Bd 6, Economica, Bonn, S. 166-182

KUNTZE, H., FLEIGE, H., HINDEL, R., WIPPERMANN, T., FILIPINSKI, M., GRUPE, M., PLUQUET, E. (1991) Empfindlichkeit der Böden gegenüber geogenen und anthropogenen Gehalten an Schwermetallen - Empfehlungen für die Praxis. In: ROSENKRANZ, D., BACHMANN, G., EINSELE, G. & HARREß, H.-M. (Hrsg.): Bodenschutz. Schmidt, Berlin, 1539: 1-86

LABO, BUND-LÄNDER-ARBEITSGEMEINSCHAFT BODENSCHUTZ (1995) Hintergrund- und Referenzwerte für Böden. In: ROSENKRANZ, D., BACHMANN, G., EINSELE, G. & HARREß, H.-M. (HRSG.): Bodenschutz. Schmidt, Berlin, 9006: 1-123

LAGA (1983) Mitteilungen der Länderarbeitsgemeinschaft, Informationsschrift "Deponiegas", Schmidt, Berlin

LANGWITZ, R., POLLER, T. STEGMANN, R. (1988) Entstehen und Verhalten von Spurenstoffen im Deponiegas sowie umweltrelevante Auswirkungen von Deponiegasemissionen. Hamburger Berichte, Bd 1, Abfallwirtschaft TU Hamburg-Harburg. Economia 153/16

LAWA (1993) Grundwasser, Richtlinien für Beobachtung und Auswertung, Teil 3: Grundwasserbeschaffenheit. Hrsg. Länderarbeitsgemeinschaft Wasser, Bonn

LAWA (1994) Empfehlungen für die Erkundung, Bewertung und Behandlung von Grundwasserschäden. Hrsg. Länderarbeitsgemeinschaft Wasser, 19 S., Stuttgart

LUCKNER, L., BÖRNER, F., ECKARDT, A., MÜLLER, G. (1992) Grundlagen zur Erfassung, Untersuchung und Bewertung von Altlasten. II. Sächsisches Altlastkolloquium des BWK-Landesverbandes Sachsen, 29./30.10.1992, Dresden

LUN (1996) Bewertung der hydrochemischen Analysenergebnisse aus den hydrogeologischen Ergebnisberichten des Landes Mecklenburg-Vorpommern. Unveröffentlichter Bericht der UWG Gesellschaft für Umwelt- und Wirtschaftsgeologie mbH Berlin an das Landesamt für Umwelt und Natur des Landes Mecklenburg-Vorpommern, Stralsund

MAIER, J., DÖRHÖFER, G. (1994) Schadstofftransport in klüftigen Tongesteinen. Feld- und Laboruntersuchungen unter besonderer Berücksichtigung organischer Schadstoffe. In: DÖRHÖFER, G., THEIN, J., WIGGERING, H. (Hrsg.): Altlast Sonderabfalldeponie Münchehagen. - Umweltgeologie heute, 4: 119-129, Ernst & Sohn, Berlin

MATTHESS, G. (1973) Beschaffenheit des Grundwassers. - Lehrbuch der Hydrogeologie, 2, 1. Aufl. Bornträger, Berlin Stuttgart

PIELES & GRONEMEIER - DR. PIELES & DR. GRONEMEIER CONSULTING GMBH (1990) Ergebnisbericht hydrogeologische Erkundung zur Sicherung der SAD Münchehagen. - Im Auftrag des Landkreises Nienburg; Kiel

POLLER, T. (1991) Untersuchungen zur Gasbildung aus Hausmüll unter Berücksichtigung des Gehaltes an abfallbürtigen LCKW/FCKW, Müll und Abfall 23 (1): 20-25

REINHARDT, T., DACH, J., SCHWING, E., JAGER J. (1995) Abbaukinetik und Emissionspotential der biologisch-mechanischen Behandlung von Restmüll und der anschließenden Deponierung. Österreichische Wasser- und Abfallwirtschaft 47, (1/2): 6-15

RETTENBERGER, G. (1991) Die Bedeutung von Methan-, Kohlendioxid- und HKW-Emissionen von Deponien für die Atmosphäre. In: RETTENBERGER, G., STEGMAN, R. (Hrsg.): Deponiegasnutzung. Economia, Bonn, 9 - 26

RETTENBERGER, G., MEZGER, H. (1992) Der Deponiegashaushalt in Altablagerungen - Leitfaden Deponiegas -, Handbuch Altlasten. Landesanstalt für Umweltschutz Baden-Württemberg (Hrsg.)

SCHLEYER, R., KERNDORFF, H. (1992) Die Grundwasserqualtiät westdeutscher Trinkwasserressourcen - VCH, Weinheim, 249 S

SCHNEIDER, J. (1995) Erfahrungen bezüglich der Gasproduktion an vorhandenen Deponien in den neuen Bundesländern; Tagung Deponiegasnutzung ´95, Emissionsminimierungen, neue Planungen und Technologien, Trier, 29. - 30 März

SCHULZ-STRENBERG, R., STANELLE, S. (1995) Ermittlung aktueller Boden-Hintergrundgehalte - ein Fachverfahren im Fachinformationssystem. Bodenschutz Brandenburg, 67 - 71, Landesumweltamt Brandenburg, Berichte aus der Arbeit

TABARASAN, O. (1987) Überlegungen zum Problem Deponiegas. Müll und Abfall 7: 204-209

TA-SIEDLUNGSABFALL (1993) Dritte Allgemeine Verwaltungsvorschrift zum Abfallgesetz. 1. Aufl. 1993, Stand Juni 1993

TOUSSAINT, B. (1993) Hydrogeologische Standorttypen - DV-gestützte Gefährdungsabschätzung von Schadstoffeintrag und -transport im Untergrund am Beispiel der HKW. Hessische Landesanstalt für Umwelt und Umweltplanung, Arbeits- und Umweltschuzt, Heft Nr. 157

TRGS 900: Grenzwerte in der Luft am Arbeitsplatz "Luftgrenzwerte". Stand April 1997, BArBl. Nr. 10/1996, S. 88, Nr. 4/1997, S. 42

VERORDNUNG ÜBER DIE EIGENKONTROLLE VON OBERIRDISCHEN DEPONIEN (Deponieeigenkontroll-Verordnung). Gesetz- und Verordnungsblatt für das Land Hessen, Teil 1, Nr 7 vom 31. März 1992

VWV (1994) Verwaltungsvorschrift zur Thüringer Verordnung über die Eigenkontrolle von oberirdischen Deponien (ThürDepEKVO) vom 9. September 1994 (GVBI.I)

VOIGT, H.-J. (1989) Hydrogeochemie - Eine Einführung in die Beschaffenheitsentwicklung des Grundwassers. 310 S. VEB Deutscher Verlag für Grundstoffindustrie, Leipzig

WEBER, B. (1990) Minimierung von Emissionen der Deponie, Veröffentlichung des Instituts für Siedlungswasserwirtschaft und Abfalltechnik der Universität Hannover, Heft 74

3 Methoden der Gewinnung geochemischer Parameter

3.1 Probennahme - Konservierung - Transport

3.1.1 Einfluß des Bohrverfahrens und des Meßstellenausbaues auf die Probengewinnung

FRANK ENGELMANN UND HANS-JÜRGEN VOIGT

Ziel der Entnahme von Proben sowohl für Sedimente als auch für Grundwasser ist die Gewinnung eines repräsentativen, d. h. den natürlichen Milieubedingungen entsprechenden Mediums, das einer geochemischen Untersuchung unterzogen wird. Die Probennahme muß so erfolgen, daß die Milieubedingungen weitestgehend erhalten bleiben und die im Anschluß ermittelten chemischen, biologischen und physiko-chemischen Parameter dieses Milieu möglichst naturnah widerspiegeln.

3.1.1.1 Bohrverfahren

Für die Gewinnung von Informationen zum Grundwasser bedarf es, sieht man von der Quellbeprobung ab, zunächst der Errichtung eines Grundwasseraufschlusses, sog. Grundwassermeßstellen, und spezifisch für die Untersuchung der Grundwasserbeschaffenheit sog. Grundwasserbeschaffenheitsmeßstellen (s. auch Abschn. 2.3).

In den letzten Jahren wurden verstärkt Anstrengungen zur Absicherung einer qualitätsgerechten Probennahme durch die Länderarbeitsgemeinschaften sowie durch die Fachverbände unternommen, da Fehler bei der Probennahme die Untersuchungsergebnisse erheblich beeinflussen können. Diese Anstrengungen finden ihren Ausdruck in den in *Tabelle 3.1* dargestellten Regeln und Merkblättern zur Grundwasserprobennahme.

In *Tabelle 3.1* sind auch die Richtlinien erfaßt, die maßgeblich die Anforderungen an die Konzipierung, Errichtung bzw. die Funktionsprüfung von Grundwassermeßstellen regeln. In der Erkundungspraxis zur Untersuchung von Altablagerungen und Deponien ist jedoch festzustellen, daß die genannten Richtlinien nicht ausreichend definiert sind bzw. nur unzureichend umgesetzt werden. Aus diesem Grund sollen nachfolgend die Grundanforderungen an die Errichtung von Grundwasseraufschlüssen und die Probennahme aus diesen Regelwerken zusammengefaßt und eigene Vergleichsuntersuchungen

Tabelle 3.1. Regeln und Merkblätter zur Grundwasserprobennahme. (Nach DVWK-Mitteilung 245/1997)

Literaturquelle	**Konzeption und Errichtung von Meßstellen**	**Funktionsprüfung von Meßstellen**	**Auswahl der Probennahmetechnik**	**Methodik der Probennahme**
DIN 38402 - Teil 13: Probennahme aus dem Grundwasser	○	○	◐	◐
DVGW-Merkblatt W 110: Geophysikalische Untersuchungen in Bohrlöchern und Brunnen zur Erschließung von Grundwasser (1983)	○	●	○	○
DVGW-Merkblatt W 112: Entnahme von Wasserproben bei der Wassererschließung (1977)	○	○	◐	◐
DVGW-Merkblatt W 115: Bohrungen bei der Wassererschließung (1977)	◐	○	○	○
DVGW-Merkblatt W 121: Bau und Betrieb von Grundwassermeßstellen (1988)	●	◐	○	○
DVWK-Regel 128: Entnahme und Untersuchungsumfang von Grundwasserproben (1992)	◐	◐	◐	●
DVWK-Schrift 84: Grundwasser-Redoxpotentialmessung, Probennahmegeräte (1991)	○	○	●	○
DVWK-Mitteilung 20: Einflüsse von Meßstellenausbau und Pumpenmaterialien auf die Beschaffenheit einer Wasserprobe (1990)	◐	○	◐	○

Tabelle 3.1. Fortsetzung

<table>
<tr><td>LAWA Grundwasser: Richtlinien für die Beobachtung und Auswertung, Teil 1 - Grundwasserstand (1982)</td><td>○</td><td>●</td><td>○</td><td>○</td></tr>
<tr><th>Literaturquelle</th><th>Konzeption und Errichtung von Meßstellen</th><th>Funktionsprüfung von Meßstellen</th><th>Auswahl der Probennahmetechnik</th><th>Methodik der Probennahme</th></tr>
<tr><td>LAWA Grundwasser: Richtlinien für die Beobachtung und Auswertung, Teil 3 - Grundwasserbeschaffenheit E 3 (1993)</td><td>☯</td><td>☯</td><td>○</td><td>○</td></tr>
<tr><td>AQS-Merkblatt P-8/2 der LAWA für die Qualitätssicherung bei Wasser-, Abwasser- und Schlammuntersuchungen</td><td>○</td><td>○</td><td>☯</td><td>☯</td></tr>
</table>

● Detailinformation; ☯ Überblicksinformation; ○ keine Information

verschiedener Aufschlußverfahren dargestellt werden. Die Anforderungen an die Probennahme selbst werden im Abschn. 3.1.2 diskutiert.

Die Grundwasserrichtlinie E 3/93 der LAWA fordert:

> "Grundlage für die Festlegung von Meßnetz, Meßturnus sowie Ausbau von Grundwassermeßstellen muß die Auswertung aller Kenntnisse über die hydrogeologische Situation und des durch die Wasserinhaltsstoffe beeinflußten Grundwasserströmungsfeldes sein."

Anzahl und Anordnung der Meßstellen bei der Altlastenerkundung hängen zum einen wesentlich von der Informationsbasis und dem Untersuchungsstadium(-ziel) (Orientierungs-, Detail-, Sanierungsuntersuchung bzw. -kontrolle) als auch von den konkreten Standortbedingungen ab. Diese werden u. a. durch:

- den geologisch-hydrogeologischen Standorttyp (DÖRHÖFER 1995; BAMBERG 1991; TOUSSAINT 1993; u. a.),
- die hydrodynamischen Randbedingungen,
- die Exposition zu den Schutzgütern (Grundwasser, Wasserwerk, Vorflut etc.) (VOIGT 1990; DÖRHÖFER 1995),

- die Eigenschaften der Kontaminationsquelle (VOIGT 1990),
- die räumliche Verteilung des Stoffinventars innerhalb der Verdachtsfläche (COLDEWEY & KRAHN 1991)

aber auch durch

- die Anzahl, Lage und Funktionsfähigkeit bereits bestehender Meßstellen, (in diesem Zusammenhang sollte stets auch der Bezug zum Landesbasisnetz als Backgroundinformation gesucht werden),

charakterisiert.

Bezüglich der Auswahl des Bohrverfahrens empfehlen sowohl das DVGW-Merkblatt W 121 als auch die o. g. LAWA-Richtlinie:

> "Das Bohrverfahren ist so zu wählen, daß eine sorgfältige Gesteinsprobennahme zur Beurteilung und Bewertung der Untergrundverhältnisse möglich ist und kein Verschleppen von evtl. Verunreinigungen im Grundwasserleiter stattfinden kann. Nur bei Kenntnis der stratigraphisch und petrographisch exakt beschriebenen Schichtenfolge (Schichtenverzeichnis nach DIN 4022) ist ein dem Untersuchungsziel entsprechender Ausbau möglich. Vor allem die Festlegung der Position und Länge des Filters sowie der Lage und Mächtigkeit der Tonsperren im Ringraum sind an diese Kenntnisse gebunden." (LAWA 1993)

Das erfordert die ständige Entnahme von Bohrproben (meterweise bzw. bei Gesteinswechsel) bzw. bei Spülbohrungen die detaillierte bohrlochphysikalische Vermessung zur Aufnahme der lithofaziellen Befunde. Das im Ergebnis vorzulegende Schichtenverzeichnis sollte in Übereinstimmung mit dem mit den meisten Bundesländern (Ausnahme Bayern, Sachsen) abgestimmten DV-Schichtenerfassungsprogramm SEP des NLfB (oder eine seiner graphischen Weiterentwicklungen, z. B. GeODin® siehe *Abb. 3.1*) erfolgen. Letzteres ermöglicht auch die parallele Darstellung der bohrlochphysikalischen Meßergebnisse, der Ausbaudaten sowie weiterer gewonnener Informationen (z. B. Grundwasserstand, Analysenergebnisse geohydraulischer Tests etc.).

Sowohl im DVGW-Merkblatt W 115 als auch in der LAWA-Richtlinie E 3/93 wird empfohlen, zur sachgerechten Auswahl der zu verfilternden Grundwasserleiterbereiche den gesamten Grundwasserleiter mit einer Stammbohrung zu durchteufen.

Grundsätzlich wird in der diesbezüglichen jüngsten Richtlinie (LAWA 1993) ausgewiesen, dem Trockenbohrverfahren bzw. dem Lufthebeverfahren ohne Spülungszusätze bei der Errichtung von Grundwassermeßstellen den Vorrang einzuräumen. Eine Schlußfolgerung, der man sich in dieser absoluten Form

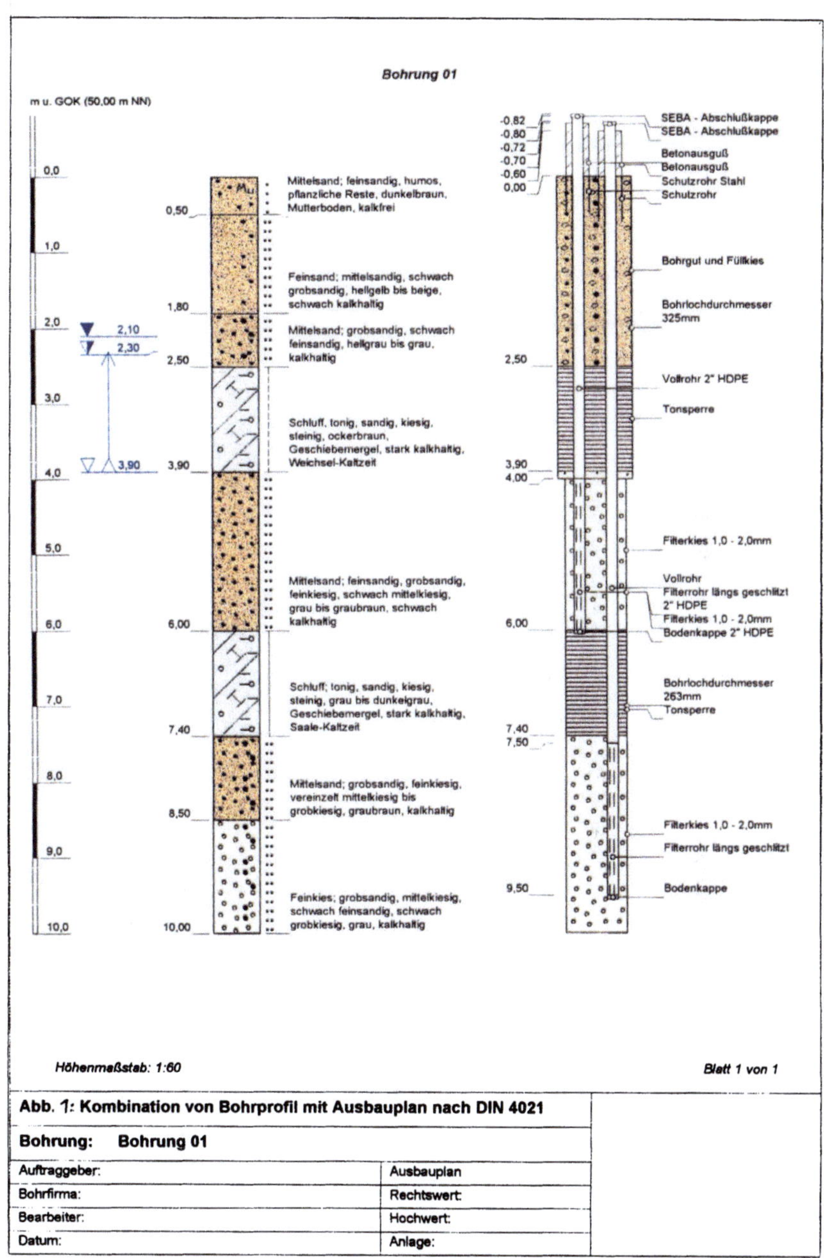

Abb. 3.1. Kombination von Borprofil und Ausbauplan nach DIN 4021

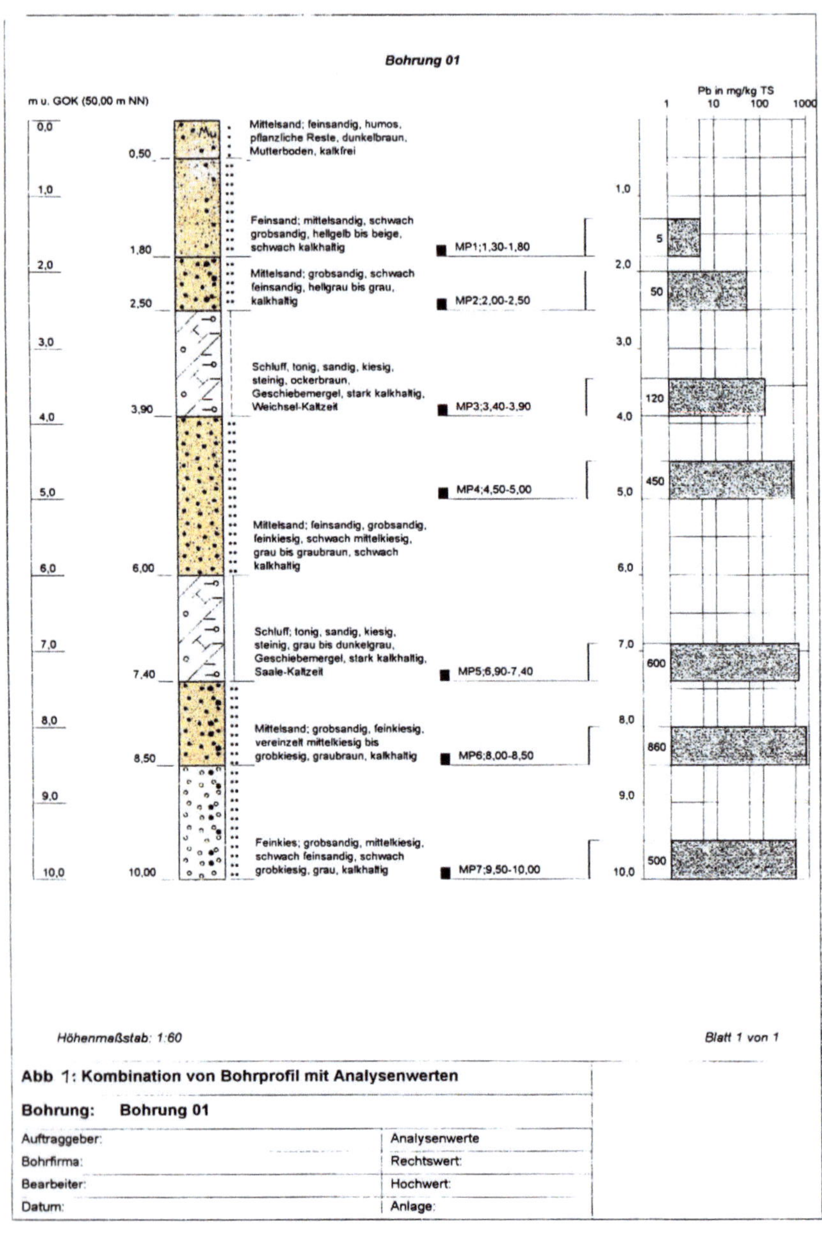

Abb. 3.1. Fortsetzung

nicht anschließen kann, wie vergleichende Untersuchungen im Rahmen eines BMBF-Forschungsvorhabens ergaben.

Der Grundwiderspruch dieser Festlegung besteht darin, daß die Anmerkung zu Spülungszusätzen:

> „Sind aus bohrtechnischen Gründen Spülzusätze unvermeidbar, dürfen nur solche angewandt werden, *die keinen nachhaltigen Einfluß auf die Beschaffenheit des Grundwassers haben,*"

in vollem Umfang auch auf s. g. Trockenbohrungen übertragen werden muß.

Bei allen herkömmlichen "Trockenbohrverfahren" muß zur Verhinderung eines Grundbruches mit Wasserauflast gebohrt werden. Entscheidend ist nun, wie "verträglich" das eingesetzte Wasser mit der Beschaffenheit des Grundwassers ist. Im Normalfall wird Leitungswasser eingesetzt, das insbesondere bei Untersuchungen im Altlastenbereich mit anoxischen Grundwasserverhältnissen zu erheblichen und meist nicht kontrollierbaren Verfälschungen (Veränderungen) des natürlichen Milieus führt. Davon ist nicht nur der Grundwasserleiter, sondern auch das Porenwasser der z. B. für Migrationsversuche benötigten Kerne betroffen. Gemindert werden kann dieser gravierende Eingriff nur dadurch, daß das Fremdwasser nach Möglichkeit aus einer benachbarten Meßstelle mit ähnlicher Beschaffenheitszusammensetzung des Grundwassers gewonnen wird.

Der Einfluß des Fremdwassers ist im klüftigen und grobkörnigen Gebirge besonders groß. Bei der Errichtung einer Meßstelle in o. g. Forschungsvorhaben waren trotz gezielter Minimierung der Fremdwasserzugabe im Bohrprozeß an einem Standort im Berliner Urstromtal im Durchschnitt 250 l pro Bohrmeter erforderlich.

Im Vorwärtsmarsch wurden in dieser Bohrung Kernproben entnommen sowie temporäre Filter zur vertikalen Ammoniumprofilierung eingebaut. Letztere wurden etwa 2 h mit ca. 4 m^3/h abgepumpt und anschließend der NH_4-Gehalt des Grundwassers untersucht (*Tabelle 3.2*):

Nach diesen Analysenbefunden ist der Bereich oberhalb des regionalen Grundwassergeringleiters (30 - 40 m) als relativ unbelastet einzustufen. Im Gegensatz dazu wurden durch Grundwasserströmungs- und Stofftransportmodellierungen auch für diesen Bereich erhöhte Ammoniumbelastungen ausgewiesen. Die Verfälschung der Grundwasserbeschaffenheit während des Trokkenbohrprozesses durch den Eintrag unbelasteten, sauerstoffreichen Wassers war sehr intensiv und hielt einige Monate an. Erst nach 9 Monaten konnte z. B. in der im Intervall 47 - 49 m ausgebauten stationären Grundwassermeßstelle repräsentative Ammoniumwerte von 98,3 mg/l gemessen werden, die denen der Modellierung entsprachen. Für den Bereich oberhalb des Grundwassergeringleiters wurden mittels BAT-Drucksondentechnik (s. unten) NH_4-Gehalte zwischen 15 und 60 mg/l ermittelt.

Tabelle 3.2. Ammoniumgehalte in der temporären Meßstelle der Trockenbohrung

Teufe [m]	6,5 - 8,5	13,0 - 15,0	23,0 - 25,0	28,0 - 30,0	41,0 - 43,0	47,0 - 49,0
NH4 [mg/l]	5,5	2,0	1,7	1,5	47	0,85

Auch die aus der Trockenbohrung gewonnenen Kerne enthielten im Porenwasser ähnliche NH_4-Gehalte, wie die in *Tabelle 3.2* dokumentierten, d. h. realitätsfremde Werte. Berücksichtigt man, daß diese Sedimentproben die Grundlage für die den Stofftransport beschreibenden Migrationsversuche darstellen sollten, sind die daraus resultierenden Fehlinterpretationen gewaltig. Im Gegensatz dazu konnten beim Einsatz eines Spülbohrverfahrens mit mitgeführter Verrohrung wesentlich bessere Ergebnisse erzielt werden.

Als Alternative zur Trockenbohrung wurde der Einsatz eines Rotary-Spülbohrverfahrens mit schrittweisem Nachführen der Verrohrung unter Einsatz einer Bentonitspülung sowohl zur Gewinnung weitestgehend ungestörter Sedimentproben als auch zur Errichtung von Grundwassermeßstellen untersucht. Zur Sedimentprobengewinnung wird ein 1 m langes Rammkernbohrrohr (*Abb. 3.2*) in der Verrohrung zur Bohrlochsohle abgesenkt. Anschließend wird ein 500 kg schwerer Freifallhammer in die Verrohrung eingelassen und das Kernrohr mit 40 - 80 Schlägen in das "spülungsunbeeinflußte" Sediment getrieben. Nach Beendigung des Schlagvorganges wird der Hammer ausgebaut und das gefüllte Kernrohr überbohrt. Im Anschluß an das Überbohren wird die Außenverrohrung mit Hilfe des Kraftspülkopfes hochgefahren und damit das Rammkernrohr vorsichtig von der Bohrsohle gelöst. Nach dem Ziehen des gefüllten Kernrohres wird die Verrohrung auf die Bohrlochsohle

Tabelle 3.3. Mineralogische, chemische Zusammensetzung von Tixoton

Minerale	**Anteil [%]**	**Chemie**	**Anteil [%]**
Montmorillonit	65 - 75	SiO2	57
Quarz	6 - 9	Al2O3	18
Feldspäte	1 - 2	Fe2O3	6
Glimmerartige	1 - 2	CaO	2
Kaolinit	1 - 2	MgO	4
Chlorit	0	Na2O	3
Dolomit	5 - 10	K2O	1
KAK	**60 - 70 mval/100g**		

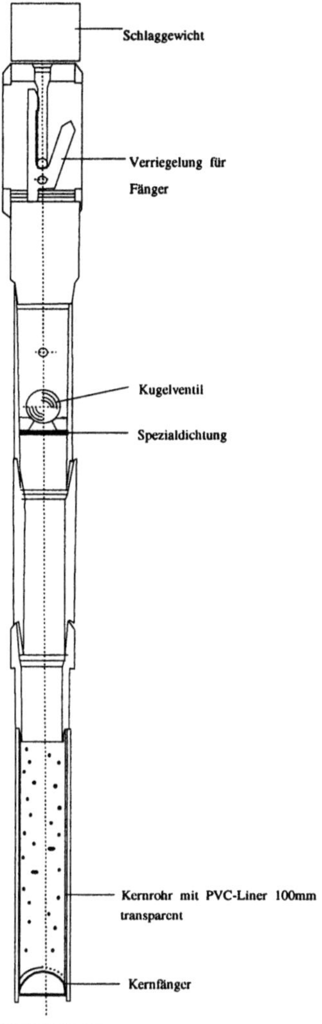

Abb. 3.2. Rammkernbohrsonde

abgesetzt, um eventuelle Verunreinigungen des Bohrloches durch Nachfall aus der Bohrwand zu vermeiden. Das Kernrohr wird dann mit Hilfe der Fangvorrichtung geborgen.

Als Spülungsmittel kam Tixoton zum Einsatz. Tixoton ist ein zur Verbesserung seiner Quellfähigkeit mit Soda behandelter Ca-Montmorillonit, der z. B. in niederbayerischen Lagerstätten gewonnen wird. Es handelt sich um

Tabelle 3.4. Spülungsmittelherstellung am Bohransatzpunkt FRIO

Bohrtiefe [m]	Lithologie	angesetzte Wassermenge [m³]	Tixotonzugabe [kg]
13,5	Ms, gs, fs	4,0	200
20,5	Ms	3,0	150
33,5	Ms	4,0	200
47,5	Fs,ms	2,5	125
58,5	Ms	2,0	150
	Gesamt:	**15,5**	**825**

Tabelle 3.5. Spülungsverluste am Bohransatzpunkt FRIO

Spülung nach Abschluß der Bohrarbeiten	Spülungsmenge [m³]
Gesamte angesetzte Menge für 58 m Bohrung	*15,5*
Restspülung im Vorratsbehälter	4,0
Restspülung Bohrgestänge	1.2
Restspülung im Bohrloch (300 mm)	1.4
Restspülung	*6,6*
Spülungsverluste	**ca. 9 m³**

Tabelle 3.6. Vergleich Tonmineralzusammensetzung der Kornfraktion < 5 µm im Sediment (aus Trockenbohrung) mit Tixoton

	Smectit [%]	Chlorit [%]	Kaolinit [%]
Tixoton	63	1	< 1
Sediment	< 1	3	3

ein weder durch Pestizide noch durch radioaktive Bestrahlung behandeltes Material, das überwiegend aus Montmorillonit besteht (*Tabelle 3.3*). Die Bohrspülung wurde in einem 4 m³ großen Behälter angesetzt. In *Tabelle 3.4* sind Angaben zum Spülungsansatz in Abhängigkeit von der Bohrtiefe exemplarisch für die Bohrung FRIO dargestellt. Filtratsenker wurden nicht verwendet.

Während der Bohrarbeiten wurde je Meter Kernmarsch ein Spülungsverlust von ca. 100 - 200 l abgeschätzt. Der Gesamtspülungsverlust nach Abschluß der Bohrarbeiten betrug ca. 9 m³ (*Tabelle 3.5*). Das entspricht einem mittleren Wert von ca. 150 l je Bohrmeter. Bei der o. g. Trockenbohrung lag die Fremdwasserzuführung je Bohrmeter bei ca. 250 l. Durch den Einsatz des kombinierten Rammkern-Spülungsverfahrens konnte der Fremdwasserzusatz zum Grundwasserleiter im Vergleich zur Trockenbohrung um 40 % reduziert werden.

Der Tixotoneintrag in den Grundwasserleiter betrug ca. 470 kg. Aufgrund der relativ homogenen Untergrunddurchlässigkeit wird der Tixotoneintrag in den Untergrund auf ca. 10 kg/Bohrmeter abgeschätzt (*Tabelle 3.6)*.

Zur Gewinnung weitestgehend ungestörter Sedimentproben (Phasenerhalt) wurde bei der Sedimentprobennahme schwerpunktmäßig auf folgende Punkte geachtet:

- Sicherung der Sedimentprobe im Kernliner gegen das Ablaufen gravitativen Grundwassers bei Entnahme aus dem Kernrohr,
- Abtrennung und Verwerfung spülungsbeinflußter Kernstrecken.

Die Sicherung der Sedimentprobe im Kernliner (Gesamtkerngewinn > 90 %) gegen das Ablaufen gravitativen Grundwassers konnte durch Modifikationen des Rammkernrohres erreicht werden. Für den unteren Abschluß des Rammkernbohrrohres wurde ein Doppellamellenkernfänger mit Dichtfolie entwickelt (*Abb. 3.2*). Gleichzeitig wurde eine zusätzliche Gummidichtung an der Lüftungsöffnung mit Kugelventil angebracht. Diese beiden konstruktiven Veränderungen sorgten erfolgreich dafür, daß bei der Überführung des Rammkernrohres aus dem Bohrloch kein Wasseraustritt aus dem Sedimentkern erfolgte.

In einer Spülungswanne mit sehr dick angesetzter Bentonitspülung wurde das Rammkernbohrrohr senkrecht gestellt, von der Bohrkrone getrennt und der PVC-Liner freigesetzt. Die Dickspülung verhinderte einen Abfluß des Porenwassers aus dem Sedimentkern.

Nach Säuberung der Außenwand des Kernliners erfolgte durch den transparenten PVC-Liner eine Abgrenzung der spülungsbeeinflußten oberen Kernstrecke, die abgetrennt wurde. Der plangeschnittene und gesäuberte, mit einer dünnen Porenwasserschicht versehene obere Sedimentrand wurde abschließend verschlossen. Nach Verschluß des oberen Teils des Sedimentkerns wurde dieser um 180 ° gedreht, die Bohrkrone abgezogen, der spülungsbeeinflußte Bereich abgetrennt und die weitestgehend unbeeinflußte Probe verschlossen. Die durch Bentonitspülung beeinflußten Kernstrecken lagen am oberen Rand bei 10 - 30 cm, am unteren Rand bei ca. 5 - 10 cm. Probennahmetechnik und -methodik ergaben in Abhängigkeit vom Bohrgut einen visuell bewerteten, qualitätsgerechten Bohrkerngewinn von 50 - 70 %.

Die Konservierung der Sedimentkerne erfolgte in jeder Bohrtagesschicht in transportablen Tiefkühlzellen bei - 18 °C. Die Frostung bei - 18 °C führte in erster Linie zu einer Volumenvergrößerung der Bohrkerne infolge des gefrierenden Porenwassers. An beiden Enden der Kernprobe wurden die Verschlüsse ca. 1 - 2 cm vom Linerrand durch Austritt überwiegend gefrorenen Porenwassers weggedrückt. Diese sekundäre Deckelbewegung konnte ebenfalls als Hinweis auf eine hohe Porenwassersättigung und somit gute Bohrkernqualität gewertet werden. Der transparente PVC-Liner unterlag durch die Frostung nur geringen Verformungen.

Zur Untersuchung der Porenlösungen auf Ammoniumgehalte wurden von den eingefrosteten Kernen der Bohrungen FRI0 die jeweils unteren 10 cm abgetrennt. Bei 4 °C wurden dann aus 500 g Sediment 20 - 40 ml Porenwasser gewonnen. Bis auf den Bereich 3 - 4 m unter Grundwasseranschnitt konnten an allen Bohrungen hohe bis sehr hohe Ammoniumkonzentrationen in den Porenlösungen der Feststoffkerne festgestellt werden. Es zeigt sich eine deutliche Korrelation hoher Ammoniumgehalte zu feinsandigen und feinsandig-schluffigen Schichten im Grundwasserleiter.

Es ist davon auszugehen, daß das eingesetzte Sedimentprobennahmeverfahren nach dem derzeitigen Stand der Technik einen weitestgehenden Erhalt der natürlichen Bedingungen in der fluiden Phase ermöglicht. Im Vergleich zu Trockenbohrungen findet insbesondere im mittleren und unteren Teil der 1 m langen Kerne keine gravierende Beeinflussung der Porenlösung durch die Bohrspülung statt. Bei der im Trockenbohrverfahren abgeteuften Bohrung wurde dagegen die gesamte Kernstrecke durch Fremdwasser nachhaltig verändert. Durch Untersuchungen an 6 Horizonten von drei 80 cm langen gefrosteten Kernen, die im kombinierten Rammkern-Spülbohr-Verfahren gewonnen wurden, konnte nachgewiesen werden, daß selbst Porenwasserschichtungen < 10 cm innerhalb der Kerne im NH_4-Gehalt erkennbar waren.

Zur Prüfung der Eindringtiefe des Spülungsmittels in den Kern wurden neben der visuellen Ansprache Tonmineraluntersuchungen am Kernmaterial durchgeführt. Dies war möglich, da sich die Tonmineralzusammensetzung der Kornfraktion des Gebirges < 5 µm signifikant von dem eingesetzten Tixoton im Spülmittel unterschied.

Im Ergebnis der tonmineralogischen Untersuchungen an den Kernen wird deutlich, daß auch die visuell nicht spülungsbeeinflußten Kerne im oberen Teil bis 30 cm Montmorilloniteinträge aufweisen. Die ermittelten Gehalte an der Gesamttonfraktion lagen bei 10 - 26 %. Im unteren Teil der erbohrten Kerne gehen die Mengen an quellfähigem Ton bis auf den geogenen Hintergrund zurück.

Zusammenfassend kann abgeschätzt werden, daß mit Hilfe des kombinierten Rammkern-Spülbohr-Verfahrens weitestgehend ungestörte Sedimentproben im unteren und mittleren Linerbereich vorliegen. Ein auf die Qualitätsbelange von Istzustand- und Prozeßanalysen für Migrationsuntersuchungen bezogener Kerngewinn liegt somit bei ca. 50 %.

Die abgeteuften Spülbohrungen wurden entsprechend den lithofaziellen Bedingungen zu DN 65-Grundwassermeßstellen mit einer Filterlänge von 2 m ausgebaut. Vor Inbetriebnahme der Grundwassermeßstellen erfolgte ihre Entwicklung, um zum einen die in den Untergrund eingedrungene Spülung weitestgehend wieder abzupumpen und zum anderen, um die Meßstellen klarzupumpen. Die Klarpumpversuche mittels Unterwassermotorpumpe dauerten bei einer Förderleistung von 0,55 l/s 120 min.
Für eine unvollkommen errichtete Meßstelle mit einem ca. 10 m langen, vertikal strömungsbeeinflußten Raum beträgt die geschätzte Menge der eingedrungenen Spülung ca. 1,5 m³ (ca. 100 kg Tixoton), was etwa einem Drittel des Klarpumpvolumens (4 m³) entspricht. Im Klarpumpstrom zeigte sich bereits nach 50 - 90 min. keine auffallende Trübung mehr. Es wurde aber an allen Meßstellen wesentlich weniger Tixoton zurückgewonnen als eingetragen. Die Erhöhung der Rückgewinnungsmenge durch Einsatz einer Unterwassermotorpumpe war aufgrund des Meßstellendurchmessers nicht möglich.

Zur Erhöhung der Förderleistung wurde deshalb zur besseren Entwicklung der Meßstellen zusätzlich ein Airlifttest durchgeführt. Zum Einsatz kam dabei eine sog. Schlauch-in-Schlauch-Konstruktion, bei der der Druckschlauch

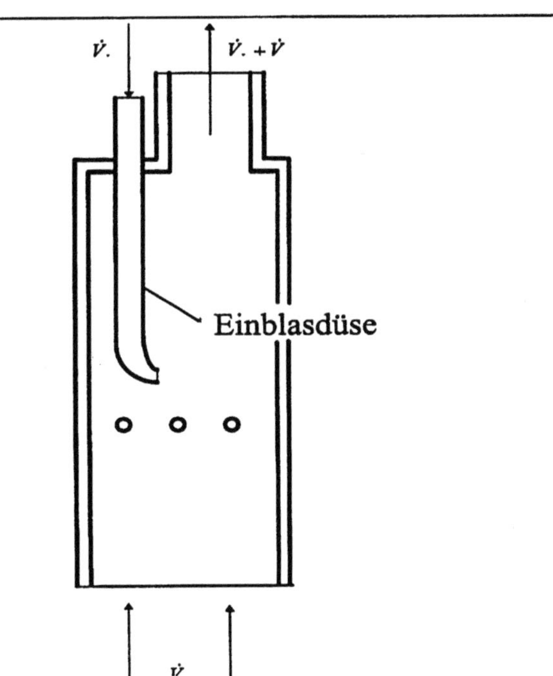

Abb. 3.3. Airliftkonstruktion

im Inneren eines faltbaren, gummierten Gewebeschlauches (Feuerwehrschlauch) angeordnet ist (*Abb. 3.3*). Diese Konstruktion gewährleistet, daß kein Lufteintrag in den filternahen Bereich der Meßstelle erfolgt. Die Förderleistung mit dem Airliftverfahren betrug 1,6 l/s, die Gesamtversuchsdauer jeweils 3 h. Je Stunde wurde zweimal 10 min. gefördert und anschließend ein 20minütige Ruhephase eingelegt. Dieses alternierende Förderregime führte zu einer besseren Tixotonrückgewinnung als ein kontinuierliches Pumpregime.

Die geophysikalische Vermessung der Meßstellen im Anschluß an die Klarpumpversuche ergab, daß im Filterbereich kein Filterkuchen aus Bentonit vorliegt. Die Meßstellen sind hydraulisch gut entwickelt. Der Grundwasserwiederanstieg nach den Klarpumpversuchen war innerhalb weniger Minuten abgeschlossen. Kontrollmessungen ergaben Spülungsfreiheit im gehobenen Wasser.

Die ermittelten NH_4-Gehalte entsprachen den in den entsprechenden Grundwasserleiterbereichen prognostizierten Gehalten (15 - 49 mg/l).

Zusammenfassend kann aus den Ergebnissen der Forschungsbohrungen geschlossen werden, daß mit dem ausgewiesenen Spülbohrverfahren mit mitgeführter Verrohrung weitestgehend unbeeinflußte Sedimentproben (etwa die untere Hälfte eines 1 m langen Rammkerns) sowie ein weitestgehend unbeeinflußter Grundwasserzustrom zum Filter erreicht werden kann.

Bei Anwendung von Trockenbohrverfahren sollten zur Sicherung einer weitestgehend repräsentativen Grundwasserprobennahme folgende Randbedingungen beachtet werden:

- Minimierung und Kontrolle der zugeführten Fremdwassermengen,
- Abstimmung der Fremdwasserzugabe auf die Grundwasserbeschaffenheit,
- Durchführung von Langzeitpumpversuchen zur Rückgewinnung des in den Untergrund eingedrungenen Fremdwassers,
- Durchführung von Grundwasserprobennahmen nach einer Meßstellenkonsolodierungsphase von einigen Wochen.

3.1.1.2 Meßstellenausbau

Die LAWA-Richtlinie 3/93 empfiehlt zur Erfassung der räumlichen Ausdehnung einer Kontaminationsfahne oder einer differenzierten stofflichen Schichtung im Grundwasser, wie sie im Abstrom von Altlastenstandorten und Deponien zu erwarten ist, die Meßstellen so zu gestalten, daß eine teufenorientierte Probennahme möglich ist.

Die DVWK-Mitteilung 245/1997 ist ausschließlich der Entnahme tiefenorientierter Proben aus den Grundwassermeßstellen gewidmet, so daß an dieser Stelle nur die wesentlichsten Schlußfolgerungen dieser Arbeit und der sie betreffenden Richtlinien zusammengestellt werden:

- Die Meßstellen müssen hydrogeologisch definierte Grundwasserleiter (-stockwerke) getrennt erfassen.
- Der Filterausbau ist entsprechend den angetroffenen lithofaziellen Verhältnissen so vorzunehmen, daß kein hydraulischer Kurzschluß zwischen unterschiedlichen Grundwasserleitern erfolgt.

  Anmerkung: Weiterhin sollten nur hydraulisch gleichartig wirksame Bereiche verfiltert werden. Auch sollten Gesteine mit unterschiedlichen geochemischen Eigenschaften nicht durch den Filter erfaßt werden.

- Der Stoffaustausch zwischen Grundwasser und Atmosphäre sollte so klein wie möglich sein, um dadurch bewirkte Stoffreaktionen zu minimieren.
- Der Bohrdurchmesser sollte so gering wir möglich gewählt werden. W 121 und LAWA-Richtlinie 3/93 empfehlen bei einem Bohrdurchmesser von 300 mm einen Regelausbau von DN 125.

  Anmerkung: Die dieser Empfehlung zugrundeliegenden Faktoren: Durchmesser der Unterwasserpumpen und der Bohrlochmeßsonden sind gegenwärtig jedoch so weiterentwickelt worden, daß zumindest für flache Grundwassermeßstellen bis ca. 30 m Tiefe auch Meßstellen mit einem Durchmesser von DN 65 diesen Anforderungen gerecht werden.

- Der Ringraum muß groß genug sein, um Filterkies und Dichtungsmaterial einbauen zu können. Als Faustregel gilt (W 121): Bohrdurchmesser = Ausbaudurchmesser + 2 *80 mm
- Die Verfüllung des Ringraumes muß so langsam erfolgen, daß sich das Material setzen kann. Eine ständige Kontrolle durch Loten hat den Verfüllungsvorgang zu begleiten (W 110).
- Die Filterkieskörnung ist auf das umgebende Gebirge entsprechend DIN 4924 abzustimmen. Die Filterkiesschüttung ist bis mindestens 1 m über Filteroberkante auszuführen. Eine 0,5 m mächtige Unterschüttung des Bodenstücks wird empfohlen.
- Eine sachgemäße Abdichtung des Ringraumes, insbesondere im Teufenbereich geringleitender Schichten ist zu gewährleisten. Nach W 110 sollte die Mächtigkeit der Abdichtung im Bereich grundwasserleitertrennender Schichten 5 m betragen.
- Zwischen Abdichtung und Filterkies ist ein Gegenfilter zur Unterbindung des Eintrages von Ton- und Schluffpartikeln zu installieren.
- Auf den Einbau von Sumpfrohren sollte verzichtet werden. Der Filterfuß ist durch eine Verschlußkappe abzudichten.

- Als Dichtungsmaterial wird ein granulierter, gut quellfähiger Ton bzw. Bruttoplast empfohlen.
- Das Bohrgut ist als Verfüllungsmaterial über der Abdichtung grundsätzlich auszuschließen.
- Nach Fertigstellung und Ergänzung der Verfüllung muß die Meßstelle mindestens 48 h stehen, ehe mit dem Klarpumpversuch begonnen werden darf.
- Mit dem Klarpumpen muß gewährleistet werden, daß der Filter und die Kiesschüttung so entwickelt sind, daß eine funktionierende hydraulische Anbindung an den zu untersuchenden Grundwasserbereich erfolgt.
- Bei Einsatz von Spülung im Bohrverfahren (s. o.) wird der Einsatz von Mammutpumpen in einer Konstruktion entsprechend *Abb. 3.3* empfohlen. Der Erfolg der Meßstellenentwicklung ist durch Kontrolluntersuchungen zu dokumentieren.
- In Abhängigkeit von der zu erwartenden Grundwasserkontamination sollte vorsorglich das Ausbaumaterial der Meßstelle ausgewählt werden. *Tabelle 3.7* gibt dazu orientierende Hinweise.

Tabelle 3.7. Allgemeine vom Untersuchungsziel abhängige Materialempfehlungen (DVWK-Mitteilung Nr. 20, 1990)

Parameter (Untersuchungsziel)	PTFE	Edelstahl	PVC
Anorganische Spuren			
- Schwermetalle	+	(+)	+ ⊕
Vorliegen von korrosiven Milieubedingungen	+	(+)	+
Organische Spuren			
- Tenside	+	+ A	(+)
- Phenole	(+)	(+)	(+)
- Chlornitroverbindungen	+	(+) A	(+)
- Aliphatische und aromatische Kohlenwasserstoffe	+ A	+ A	-
- Chlorierte Kohlenwasserstoffe	+ ⊕	+	(+)
- Pflanzenschutzmittel	(+) A	+ A	-
- Ketone, Ester, Aldehyde	(+) A	+ A	-
Bakteriologische Parameter	+	+	(+)

+: einsetzbar, (+) eingeschränkt einsetzbar, -.nicht einsetzbar, A Diese Angaben beruhen auf Analogieschlüssen, ⊕ Unter ungünstigen Einsatzbedingungen sind evtl. Unschärfen möglich.

- Die Auswahl des Meßstellentyps hängt von der Aufgabenstellung (dem Untersuchungsstadium) sowie den konkreten hydrogeologischen und stoffspezifischen Randbedingungen ab.

In *Abb. 3.4* ist eine Systematisierung der Meßstellentypen gegeben.

In *Tabelle 3.8* wird die Eignung dieser Typen für eine tiefenorientierte Grundwasserprobennahme bewertet (DVWK - Mitteilung 245, 1997) :

- Für eine langfristige und routinemäßige Grundwasserüberwachung empfiehlt die W 121 Meßstellengruppen
- Grundsätzlich sollte jede neu errichtete Grundwassermeßstelle nach Fertigstellung mittels bohrlochphysikalischer Meßverfahren überprüft werden (s. *Tabelle 3.9*).
- Der Meßstellenausbau (s. *Abb. 3.1*), die Durchführung und Kontrolle des Klarpumpversuches sowie die Ergebnisse der Funktionsprüfung sind im Grundwassermeßstellenkataster ebenso zu erfassen wie folgende Stamminformationen entsprechend W 121:
    - Topographische Karte 1 : 25 000 (TK 25)
    - GAUSS-KRÜGER-Koordinaten (Hoch- und Rechtswerte)
    - Gemarkung
    - Flurstück (evtl. Eigentümer, Pächter)
    - Höhe des Geländes (m NN)
    - Bezeichnung und Höhe (m NN) des Meßpunktes
    - Tiefenlage der Filterstrecken und Ringraumsperren (m NN)
    - Zugänglichkeit:
      frei zugänglich oder abgeschlossen, mit Meßwagen (nicht) erreichbar, Behinderung während der Vegetationszeit durch Lage in Feld oder Wiese
    - Besonderheiten
- Bereits existierende Grundwassermeßstellen sollten vor ihrer Einbeziehung in das Untersuchungsprogramm auf ihre Eignung entsprechend *Tabelle 3.10* überprüft werden.

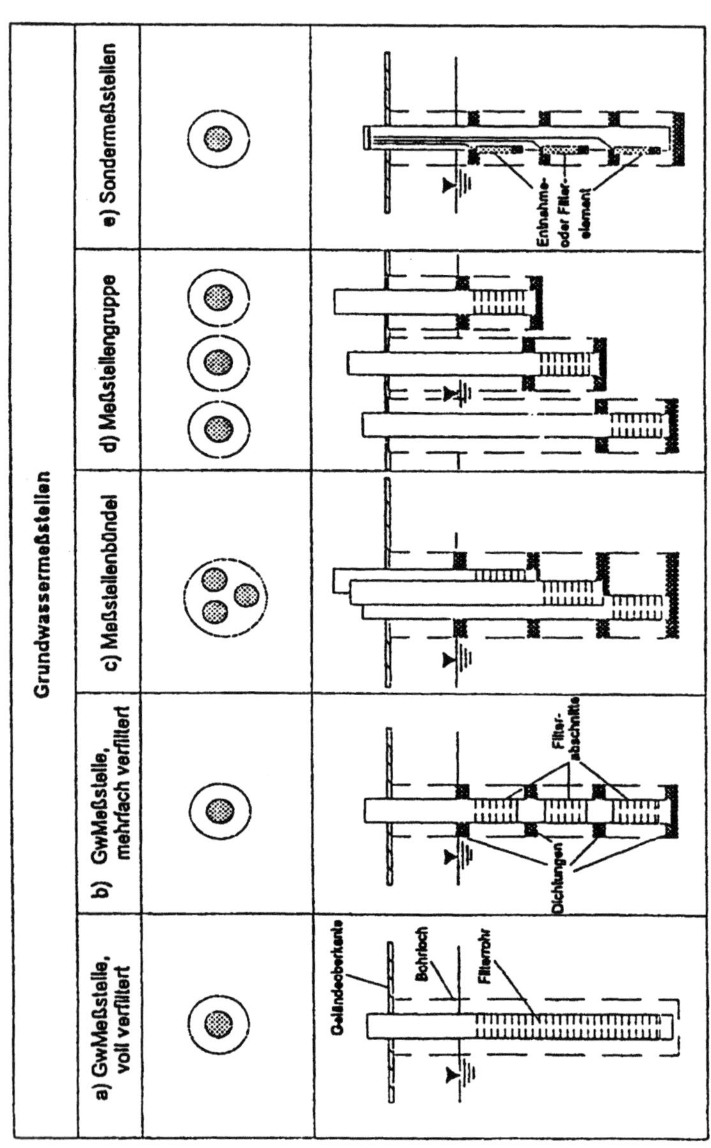

Abb. 3.4. Systematisierung der Meßstellentypen

Tabelle 3.8. Eignung der Meßstellen zur tiefenorientierten Grundwasserprobennahme (DVWK-Merkblatt „Tiefenorientierte Probennahme“, 245/1997)

Meßstellentyp	Zielhorizont	Störung der natürlichen Strömungsverhältnisse	Beprobungsaufwand	Erforderliche Beprobungs-technologie	Packereinsatz	Bewertung der Eignung
Voll verfilterte Meßstelle	Raum und Schicht	Groß	Groß	I. d. R. parallele Beprobung mehrerer Horizonte	Zwingend erforderlich (MP.VP)	Nicht bzw. nur mit großem Aufwand geeignet
Mehrfach verfilterte Meßstelle	Raum und Schicht	Groß	Groß	I. d. R. parallel Beprobung mehrerer Horizonte	Zwingend erforderlich (MP, VP)	Nur mit erhöhtem Aufwand geeignet
Meßstellenbündel	Schicht und Raum	Groß	Mittel	Sequentielle oder parallele Beprobung	I. d. R. nicht erforderlich	Geeignet
Meßstellengruppe	Schicht und Raum	Klein	Mittel	Sequentielle oder parallele Beprobung	I d. R. nicht erforderlich	Sehr gut geeignet
Sondermeßstelle	Punkt und Schicht	Klein	Mttel bis klein	Sequentielle oder parallele Beprobung	Nicht notwendig	Sehr gut geeignet

MP Mehrfachpacker VP Vollpacker

Tabelle 3.9. Prüfkriterien zur Abnahme neu errichteter Grundwassemeßstellen

Kriterium	**Verfahren**
Endteufe der Meßstelle	Lotung
Durchgängigkeit und Durchmesser der Meßstelle	Kaliber-Log
Lage der Filterstrecke	Widerstandslog, Fernsehbefahrung
Lage der Dichtungen	Gamma-Log
Nachweis der Dichte des Vollwandrohres	Auffüllversuch mit Abpackerung der Filterstrecke
Hydraulische Funktionstüchtigkeit der Meßstelle	Kurzpumpversuch

Tabelle 3.10. Eignungsprüfung von Grundwassermeßstellen (nach Bedarf fallweise anzuwenden) (DVWK-Merkblatt „Tiefenorientierte Probennahme", 245/1997)

Eignungsprüfung von Grundwassermeßstellen		
Maßnahme	**Zielstellung**	**Vorgehensweise**
Recherche	• Prüfung der Relevanz des Standortes der GW-Meßstelle hinsichtlich der geologisch-hydrogeologischen Standortbedingungen • Ermittlung meßstellenspezifischer Grunddaten • Prüfung der Plausibilität ermittelter Wasserstands- und Beschaffenheitsdaten	Recherche beim Eigentümer der Bohrgesellschaft oder in entsprechenden Archiven • Einordnung der Meßstelle in das entsprechende GW-Meßnetz • Einsichtnahme in geologische und hydrogeologische Übersichtskarten • Einsicht in bohrungsspezifische Unterlagen (Schichtenverzeichnisse, Ausbaudokumentation, Pumpversuche, Vermessungsergebnisse) • Sichtung und Bewertung vorhandener Datenreihen

Tabelle 3.10. Fortsetzung

Eignungsprüfung von Grundwassermeßstellen		
Maßnahme	**Zielstellung**	**Vorgehensweise**
Begehung/ Ermittlung der Stammdaten	• Visuelle Prüfung des äußeren Zustandes der Meßstelle • Überprüfung der Standortbedingungen hinsichtlich der Sicherheit gegenüber oberflächennahen Kontaminationen • Ermittlung oder Überprüfung meßstellenspezifischer Stammdaten	Begehung des Standortes und Durchführung folgender Untersuchungen • Prüfung möglicher Beschädigungen der Meßstelle, der Leichtgängigkeit des Rohrverschlusses, der Anordnung eines Schutzrohres und der Beschriftung der Meßstelle • Messung des Wasserstandes, Lotung der Endteufe, Prüfung der freien Durchgängigkeit der Meßstelle, Ermittlung möglicher Zufahrtswege und der gegebenen Flächennutzung • Bewertung vorhandener Meßergebnisse
Hydraulische Eignungstests	Prüfung der Funktionstüchtigkeit • Charakterisierung des hydraulischen Kontaktes mit dem GW-Leiter • Ermittlung der Leistungsparameter der GW-Meßstelle • Ermittlung hydraulischer Randbedingungen für die Probennahme	Durchführung hydraulischer Testverfahren und Bewertung der erzielten Ergebnisse, z. B.: • Kurzpumpversuch mit Erfassung spezifischer Leitkennwerte • Slug-Bail-Test • Auffüllversuch • Open-End-Test • Einschwingtest • Hydraulischer Impedanztest • Messung der Anströmverhältnisse • Messung natürlicher Vertikalströmungen in der Meßstelle

Tabelle 3.10. Fortsetzung

Eignungsprüfung von Grundwassermeßstellen		
Maßnahme	**Zielstellung**	**Vorgehensweise**
Geophysikalische Messungen	Prüfung bzw. Ermittlung meßstellenspezifischer Stammdaten wie: • Art des anstehenden Gesteins • Art und Zustand der Verrohrung • Material und Durchlässigkeit der Ringraumfüllung • Prüfung von Art und Zustand der Verrohrung • Filterlage und Lage effektiv durchströmter Filterbereiche • Lage und Wirksamkeit von Dichtungsschichten	Problemspezifische Auswahl geeigneter Meßverfahren/Durchführung und Auswertung der geophysikalischen Messungen; so z. B.: • Induktions-Log • Kaliber-Log und Widerstands-Log • Widerstands-Log, Gamma-Log, Neutron-Neutron-Log • Temperatur-, Flowmeter-, Fluid- und Salinitäts-Log • Gamma-Log, Magnetik-Log • Durchführung einer tiefenabhängigen Bohrlochfotographie oder fernsehoptischen Befahrung der GW-Meßstelle
Meßstellenbewertung und Dokumentation	• Bewertung der GW-Meßstelle hinsichtlich ihrer Eignung für die tiefenorientierte GW-Probennahme und für die zu untersuchenden Beschaffenheitskennwerte • Darstellung der recherchierten oder ermittelten Meßstellendaten in Form eines Dokumentationsblattes	Erarbeitung eines Dokumentationsblattes unter Berücksichtigung von: • Orientierungs- und Lageskizze • Flächennutzung • Lagekoordinaten • Höhe des Meßstellenrohres • Ausbau und Hinterfüllung der Meßstelle • Weiteren Ergebnissen der durchgeführten Eignungsüberprüfung

3.1.1.3 Sediment- und Grundwasserprobennahme mittels Drucksondiertechnik

Seit Ende der 80er Jahre wird in den USA zur Untersuchung kontaminierter Standorte in zunehmendem Maße die Drucksondentechnologie (DST) angewandt. Die DST schließt die Bestimmung des geologischen Schichtauf-

Tabelle 3.11. Drucksondierwerkzeuge für die Untersuchung kontaminierter Standorte

Werkzeug	Gemessene Parameter	Anwendung
Elektrische Drucksonde / Cone Penetrometer	Spitzendruck / Mantelreibung / Neigung	Ermittlung geomechanischer Kennwerte, manuelle oder automatische Interpretation des Schichtenaufbaues
Porenwasserdrucksonde / Piezocone	Porenwasserdruck mit Spitzendruck / Mantelreibung	Feinschichtengliederung Grundwasserleiter/-stauer
Leitfähigkeitssonde / Conductivity Cone	Elektrische Leitfähigkeit	Zusatzinformation zur Feinschichtengliederung, direkter Kontaminationsnachweis
Umweltspitze / Envirocone/ Chemocone	pH, Redoxpotential und Temperatur im Grundwasser	Bestimmung der Milieubedingungen für Kontaminationsanalyse
γ-Sonde/γ-cone	Natürliche γ-Aktivität	Geophysikalisches γ-log, Nachweis bindiger Schichten
ROST®-LIF	Laserinduzierte Fluoreszenz	Direktnachweis fluoreszierender Kohlenwasserstoffe
FMG 300®	Laserinduzierte Fluoreszenz	Direktnachweis fluoreszierender Kohlenwasserstoffe
FMG 600	UV-lampeninduzierte Fluoreszenz	Direktnachweis fluoreszierender Kohlenwasserstoffe
BAT®-Enviroprobe	Grundwasserprobennahmesystem	Entnahme von Grundwasser oder Bodenluft aus definiertem Zielhorizont in Headspace-Qualität
BAT®-Permeameter	In-situ-Permeabilitätsbestimmung	Direktbestimmung des k_f-Wertes zur Prognose der Schadstoffausbreitung und Versickerungsfähigkeit
MOSTAP®	Bodenprobennahme	Entnahme von Bodenproben aus definiertem Horizont zur Kontaminationsanalyse
FROSTAP®	Bodenprobennahme	Entnahme gefrosteter Bodenproben mit Phasenerhalt fest/flüssig zur Migrationsanalyse

Tabelle 3.11. Fortsetzung

Werkzeug	Gemessene Parameter	Anwendung
Roddecont	Gestängedekontamination	Vorrichtung zur unmittelbaren Heißwasserdekontamination des Sondiergestänges beim Ausfahren
Grouting shoe	Sondierlochverfüllung	Vorrichtung zur sofortigen Abdichtung des Sondierloches

baues, des genauen Grundwasserspiegelstandes und die Erfassung der lückenlosen vertikalen Schadstoffverteilung ebenso ein, wie die Entnahme von Sediment, Bodenluft und Grundwasserproben aus exakt definierten Teufenbereichen, die Installation von Gas- und Grundwasserbeobachtungsmeßstellen und die sichere Verfüllung der Sondierlöcher (*Tabelle 3.11*).

Wesentliche Vorteile der DST gegenüber herkömmlichen Bohrverfahren sind:

- hohe Produktivität hinsichtlich des Sondierungsfortschrittes (rd. 1 m/min),
- Gewinnung kontinuierlicher, objektiver und reproduzierbarer Daten mit der Möglichkeit sofortiger Feldinterpretation,
- keine Kontaminationsverschleppung im Untergrund und Probenmaterial,
- kein Anfall kontaminierten Bohrgutes oder Grundwassers,
- Möglichkeit der sofortigen dichten Verfüllung des Aufschlusses,
- Gewährleistung von Arbeits- und Gesundheitsschutz am kontaminierten Standort.

Zur Sedimentprobennahme ist die Kenntnis des geologischen Aufbaues und seiner Lagerungsdichte eine wichtige Voraussetzung. Geologische Informationen werden deshalb in einer ersten Etappe mit dem cone penetrometer gewonnen (*Abb. 3.5*). In der Sondenspitze werden Spitzendruck und Mantelreibung gemessen und die elektrischen Signale über ein Kabel zur Oberfläche übertragen, mit einem Analogschreiber aufgezeichnet oder digital im Computer verarbeitet und als Tiefenprofil dargestellt. CAMPANELLA & ROBERTSON (1982) entwickelten ein Tabellenwerk, welches über das Verhältnis von Spitzendruck zu Mantelreibung (Reibungszahl) konkrete Schichtansprachen ausweist. Die Nutzung des Tabellenwerkes und der Abgleich der Reibungszahl sollten am Standort mit geologischen Informationen aus Vergleichsbohrungen vorgenommen werden.

Entsprechend dem angetroffenen Profil wird mit einem Sedimentprobennehmer gezielt aus dem entsprechenden Teufenintervall eine Probe entnom-

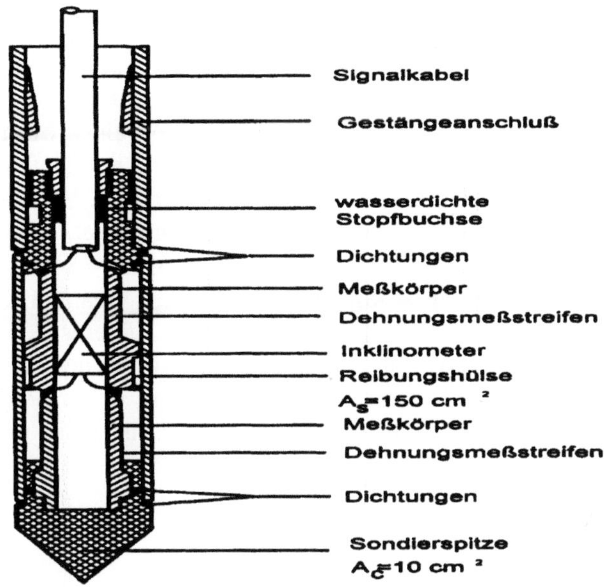

Abb. 3.5. cone penetrometer

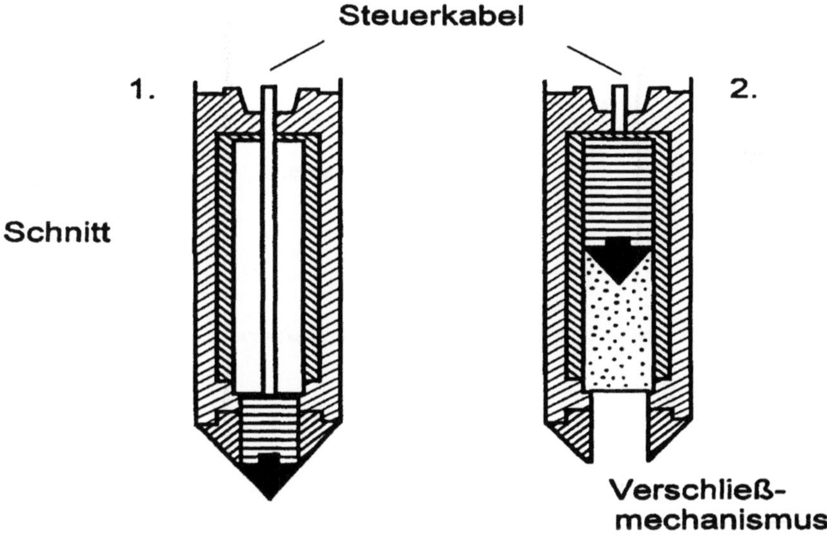

Abb. 3.6. Probennahmegeräte MOSTAP 35

men. Dazu wird eine spezielle Sondenspitze mit konstanter Geschwindigkeit von 2 cm/s in den Boden gedrückt. Die maximale Druckkraft von 200 kN wird hydraulisch vom Sondierungsfahrzeug über Stahlgestänge auf die Sonde übertragen. Zur Sedimentprobennahme wird als Sondenspitze ein MOSTAP 35 verwendet (*Abb. 3.6*). Dieser enthält einen PVC-Liner (Durchmesser 35 mm) und zur Reibungsminderung einen Strumpf. Die Sondenspitze wird auf Oberkante Gelände gebracht und der Tiefenzähler genullt. Danach erfolgt die Sondierung bis auf den Zielhorizont. Erst auf dem Zielhorizont wird der MOSTAP 35 über einen Seilzug geöffnet, so daß die Probennahme durch Vertiefung der Sondierung erfolgen kann.

Das Probennahmegerät ist konstruktiv auf einen Geamtdruck von 200 kN und einen Spitzendruck von 30 MN/m² ausgelegt. Höherer Gesamtdruck führt zum Bruch von Gewindeverbindungen oder am Körper des MOSTAP 35. Bei höheren Spitzendrücken kommt es zur Verformung in der Schneidspitze und die Funktionsfähigkeit des Öffnungsmechanismus ist nicht mehr gewährleistet.

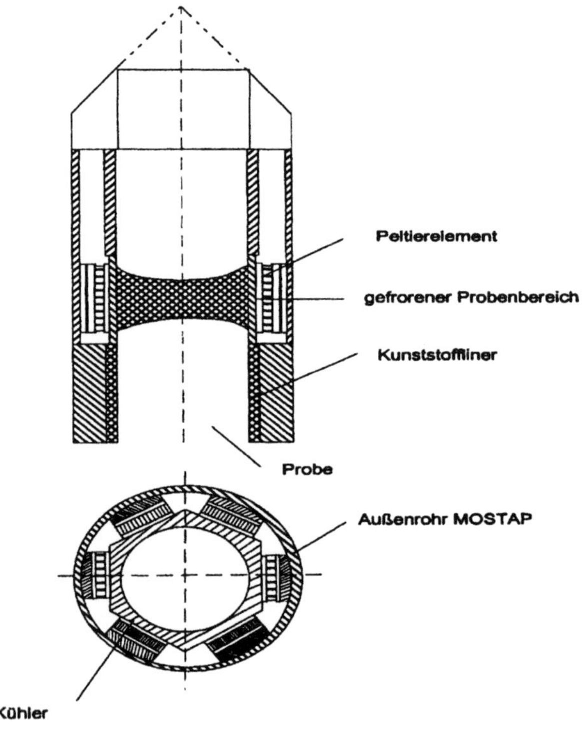

Abb. 3.7. Probennahmegerät FROSTAP 35

Der Kerngewinn in der ungesättigten Zone liegt bei 90 - 100 %. In der wassergesättigten Zone hingegen ist der Kerngewinn bei MOSTAP deutlich geringer (26 - 58 %). Konstruktive Veränderungen am Kernfänger führten nicht zu einer Erhöhung des Kerngewinnes. In Zusammenarbeit mit der Firma LLA Berlin wurde deshalb ein Probennehmer mit In-situ-Frostung auf der Basis MOSTAP 35 entwickelt (*Abb. 3.7*)

Mit dem FROSTAP 35 konnte an Standorten im Urstromtal bis in Tiefen von ca. 25 m unter Geländeoberkante ein Kerngewinn von 70 - 90 % realisiert werden. Das Entwicklungsmuster FROSTAP 35 weist gegenwärtig jedoch noch einige technische Unzulänglichkeiten auf, die bei weiteren Arbeiten zu beheben sind:

- Verbesserung der elektrischen Kontaktaufnahme,
- Blockierung des Öffnungsmechanismus durch Eindringen von Feinsand in die Sondenspitze.

Mit Hilfe der Drucksondierungstechnologie kann ebenfalls eine Sondenspitze in den Untergrund gedrückt werden, welche ein geschlossenes Filtersystem beinhaltet. Erst auf dem Zielhorizont wird der Filter geöffnet (*Abb. 3.8*), so daß es auf der gesamten Sondierstrecke zu keiner Kolmatierung des Filters kommt.

Die Grundwasserprobennahme erfolgt mit Hilfe eines shuttle (*Abb. 3.9*). Die aus dem Probennahmehorizont in Head-space-Qualität entnommene Grundwasserprobe beinhaltet weitestgehend die natürlichen Phasenanteile. Diese Probennahmetechnik ist deshalb besonders gut geeignet, um operativ druckkonstante Grundwasserproben aus dem Grundwasserleiter zu gewinnen. Das Verfahren wird in der Fachliteratur als BAT-Probennahmetechnik bezeichnet. Bei Schadstoffen mit hoher Flüchtigkeit wird im Head-spaceglas die Gasphase erhalten und kann gesondert analysiert werden.

Die BAT-Probennahmetechnik hat sich in den USA und in Skandinavien für die Untersuchung von Grundwasserschäden, aber auch zur Grundwasserüberwachung bewährt.

Ihr Vorteil besteht:

- in der milieugerechten Probennahme,
- in einem weitestgehend von äußeren Einflüssen unabhängigen Probennahmesystem, das eine direkte Überführung der Probe vom Probennahmepunkt ins Labor ohne Fremdeinfluß gewährleistet,
- in der Einsparung der Kosten für die Vorhaltung entsprechender Behälter und die Entsorgung kontaminierten Sedimentmaterials und Grundwassers.

Die Probennahme durch Drucksondentechnik ersetzt nicht die Grundwassermeßstellen, aber Anzahl und Standort der Meßstellen lassen sich durch eine

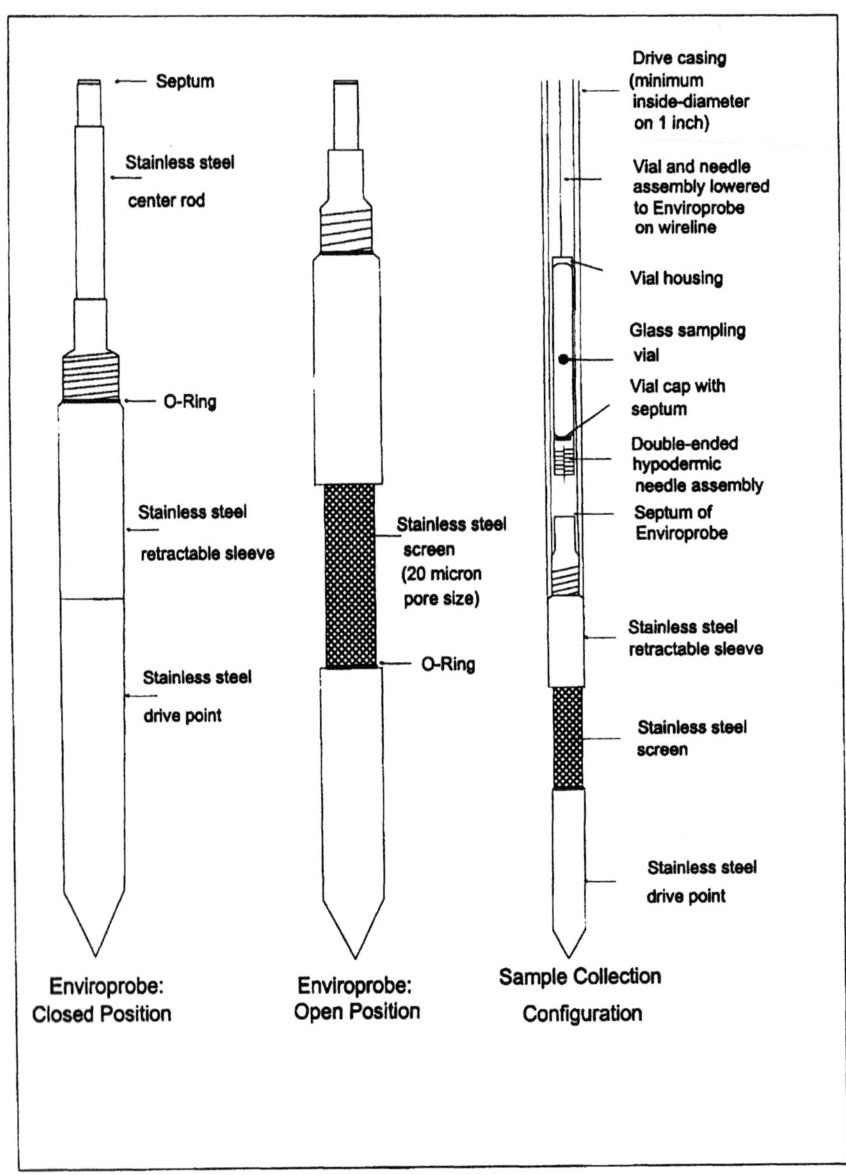

Abb. 3.8. Enviroprobennehmer

solche Vorerkundung (Erkundung bzw. Kartierung von Schadstoffherd und -fahne) optimieren. Weitere Informationen zur Grundwasserprobennahme mittels Drucksondentechnik finden sich u. a. bei SMOLLEY & KAPPMEYER (1991), TORSTENSON & PETSONK (1988).

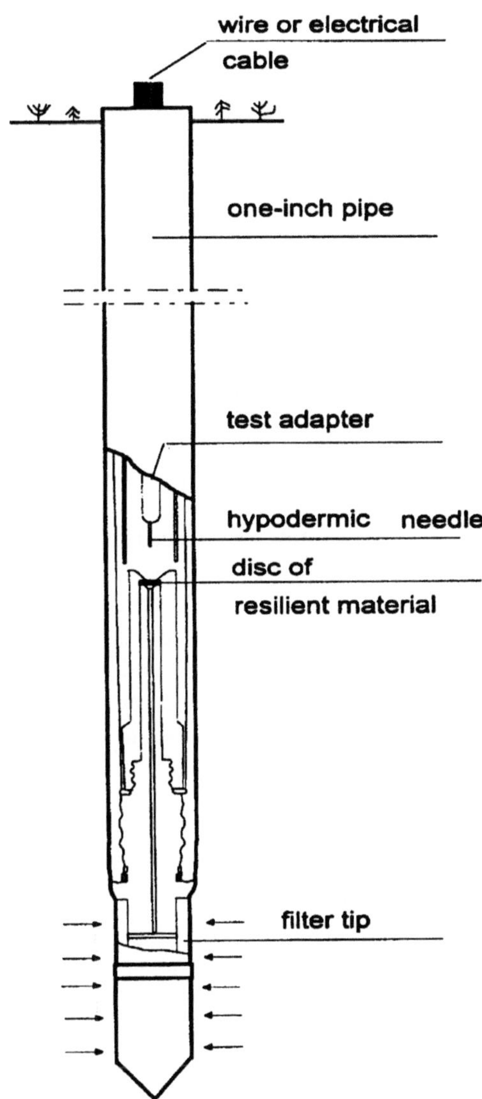

Abb. 3.9. BAT-shuttle

3.1.2 Grundwasserprobennahme

LEONARDO VAN STRAATEN UND FRED HESSER

3.1.2.1 Einleitung

Ziel und Zweck der Grundwasserprobennahme ist die Gewinnung einer repräsentativen, dem natürlichen Milieu des Untergrundes weitestgehend entsprechenden Grundwasserprobe an einem definierten Ort und zu einer definierten Zeit. Mit den Proben sollen mit entsprechenden Bestimmungsverfahren Aussagen über die chemische, physikalische und biologische Beschaffenheit des Grundwassers in ihrer räumlichen und zeitlichen Veränderung getroffen werden.

Da Fehler, die bei der Probennahme gemacht werden, später nicht mehr zu korrigieren sind, bedarf es einer besonderen Qualitätssicherung. Sie beinhaltet Verantwortlichkeit, Kontrollierbarkeit und Nachvollziehbarkeit aller Arbeitsschritte. Selbstverständlich sind darüber hinaus zahlreiche Faktoren im Vorfeld der Probennahme von Bedeutung, insbesondere der Meßstellenbau (Standortfindung, Bohrarbeiten, Ausbau, Klarpumpen, s. Kap. 3.1.1) sowie logistische Maßnahmen (Planung und Ausschreibung der Probennahme).

Die Schritte von der Probennahme bis zur Analyse umfassen: Probennahme, -behandlung, -transport, -lagerung und Analyse. Dabei darf sich die Beschaffenheit einer Probe während all dieser Schritte möglichst nicht verändern. Jedoch übt bereits die Probennahmetechnik selbst einen bedeutenden Einfluß auf die Beschaffenheit einer Probe aus, da die zu analysierenden Stoffe inhomogen im Grundwasser verteilt sein können und unterschiedliche Probennahmetechniken zu unterschiedlichen Mischungsverhältnissen in der Probe führen. Dies ist bei der Interpretation der Untersuchungsergebnisse zu berücksichtigen.

3.1.2.2 Probennahmetechnik

Grundsätzlich ist bei der Probennahme zwischen Pump- und Schöpfproben zu unterscheiden, wobei einer Schöpfprobe ein Abpumpen der Meßstelle vorausgehen kann bzw. sollte.

Pumpproben
Das in einer Grundwassermeßstelle befindliche Wasser (Standwasser) kann durch verschiedene Prozesse verändert worden sein, z. B.:

- Stoffaustausch mit Meßstellenverrohrung und Filter,
- Gasaustausch mit der Atmosphäre und damit verbundenen Niederschlag oder Lösung von Metallen durch Konzentrationsänderungen von gelösten Gasen wie Sauerstoff oder Kohlendioxid,
- Fremdstoffeintrag durch die Meßstellenöffnung,
- Kurzschlußströmungen entlang der Rohrwandung,
- Temperatureinfluß,
- Tätigkeit aerober Bakterien.

Deshalb empfiehlt es sich, das in der Meßstelle befindliche Standwasser und die im unteren Bereich des Filters abgelagerten Schwebstoffe vor der Probenentnahme abzupumpen (*purging*). Erst nach Abschluß des *purging*, also der "Reinigung" der Meßstelle, sind die Voraussetzungen gegeben, eine für den beprobten Aquiferbereich repräsentative Probe zu entnehmen.

Spezielle Probennahmepumpen werden zunehmend am Markt angeboten. Informationen hierzu finden sich u.a. in REHM et al. (1985), KÄSS (1989) und LFU BADEN-WÜRTTEMBERG (1993b).

Tiefengemittelte (zuflußgewichtete) Probennahme

Wenn die Zuströmung von Grundwasser zur Meßstelle über einen größeren Aquiferbereich erfolgt, handelt es sich bei der entnommenen Probe um eine Mischprobe. Die chemische Zusammensetzung dieser Probe ergibt sich aus den Durchlässigkeiten der verschiedenen Schichten und deren Lösungsinhalt (nach BARCZEWSKI & MARSCHALL 1990).

$$c_m = \frac{1}{T}\int_0^H c(z) * k_f(z) * dz$$

wobei			
	T	=	Transmissivität
	M	=	Mächtigkeit
	c(z)	=	vertikales Konzentrationsprofil
	$k_f(z)$	=	vertikales Durchlässigkeitsprofil

Wenn der Untergrund hinsichtlich der Durchlässigkeiten deutlich geschichtet ist und nur bestimmte Schichten kontaminiert sind, kann es bei einer zuflußgewichteten Probennahme zur Unter- bzw. Überschätzung der Kontamination kommen (KALERIS 1992).

Förderleistung und Einhängtiefe der Pumpe wirken sich um so stärker aus, je größer die Pumprate, je kleiner der Durchmesser der Meßstelle und je länger deren Filterstrecke ist (im Extremfall nimmt die Pumpe den Meßstellenquerschnitt fast vollständig ein). Außerdem ist bei sehr guten Gebirgsdurchlässigkeiten und ausgeprägten Vertikalströmungen im Aquifer der Strömungswiderstand in der Meßstelle nicht mehr vernachlässigbar gegenüber dem des Aquifers. Das bedeutet, daß die Beschaffenheit der Probe unter den genannten Umständen zunehmend vom Ausbau der Meßstelle, der Heterogenität und Mächtigkeit des Aquifers, der Einhängtiefe der Pumpe, der Pumpleistung und -dauer abhängt. Der exakten Dokumentation der Probennahmebedingungen kommt deshalb eine besonders große Bedeutung zu.

Schichtspezifische Probennahme

Wenn die Zuströmung von Grundwasser zur Meßstelle aus einer einzigen Schicht des Aquifers erfolgt, repräsentiert die entnommene Probe die chemische Zusammensetzung eben dieser Schicht. In diesem Fall spricht man von einer schichtspezifischen Probe.

Um das zu erreichen, müssen spezielle Vorkehrungen getroffen werden, z. B. beim Meßstellenbau selbst (Mehrfachmeßstellen oder Multilevel-Brunnen, Verfilterung möglichst kurz und nur in dieser Schicht) oder bei längeren Filterstrecken durch den Einsatz von Einfach- oder Multipackern mit Schutzbeprobung und abgestimmter Förderrate (s. DVWK 1997). Dennoch können in der Praxis Zuflüsse aus anderen Schichten meistens nicht ausgeschlossen werden. Beispielsweise verhindert der Einsatz von Packern nicht den Aufbau eines schichtübergreifenden Strömungsfeldes im Grundwasserleiter.

Schöpfproben

Für bestimmte Fragestellungen kann es sinnvoll sein, eine Grundwasserprobe mit Hilfe eines Schöpfgerätes zu gewinnen, z. B. wenn ein "purging" durch Abpumpen nicht möglich oder notwendig ist oder wenn das Wasser in der Filterstrecke bei gut durchlässigen Schichten im Austausch mit dem Aquifer steht und keine Vermischung mit dem Standwasser aus dem unverfilterten Bereich stattfindet (z. B. bei stationär abgepackten Filterstrecken)

SCHREIBER et al. (1985) schränken diese Verfahren auf Meßstellen ein, bei denen eine gute horizontale Durchströmung und fehlende Vertikalströmungen geophysikalisch nachgewiesen werden können.

Die Palette der Möglichkeiten reicht von einfachen Schöpfgeräten bis zu speziellen „In situ"-Probennahmegeräten, bei denen die Probe in ein druckdichtes Behältnis gesaugt wird.

Beschreibungen von „In situ"-Probennahmegeräten finden sich u. a. bei JOHNSON et al. (1987) und TORSTENSSON & PETSONK (1988).

Multilevel-Probennahme

Zur Ermittlung von Konzentrationsprofilen in Meßstellen mit langer Filterstrecke eignen sich Multilevel-Probennahmegeräte. Durch Messungen in weiteren Meßstellen lassen sich dreidimensionale Schadstoffverteilungen ermitteln. Gut erkennen lassen sich erhöhte Stoffkonzentrationen in einzelnen (kontaminierten) Horizonten des Aquifers und in Kluftzonen.

Die Geräte bestehen aus einer längeren Sonde, in der mehrere Wassereinlässe vorhanden sind. Das Wasser tritt in mehreren Teufen in das Probennahmegerät ein und verbleibt dort in einer separaten Kammer (Schöpfprobe) oder wird direkt zur Oberfläche gefördert.

Neben Ventilen, Schiebern etc. gibt es auch Membranen als Einlaßöffnung für das Grundwasser. Durch die Verwendung von Dialysezellen mit Membranverschluß, lassen sich Konzentrationsprofile im dm-Bereich erstellen (KAPLAN et al. 1991). Die Dialysezellen werden mit destilliertem Wasser gefüllt und die Meßstelle eingebracht. Dort stellt sich nach einigen Tagen bis Wochen durch Diffusion ein Konzentrationsgleichgewicht ein.

Mit Multilevel-Geräten ermittelte Konzentrationsprofile bedürfen einer sorgfältigen Interpretation, da je nach Durchlässigkeit der Gesteine, die Profile von Standwassereffekten und Vertikalströmungen überlagert werden.

3.1.2.3 Technische Regeln und begleitende Meßtechnik bei Pumpproben

Zeitpunkt der Probennahme

Die einfachste Regel ist die Vorgabe einer bestimmten Pumpzeit, nach der die Grundwasserprobe genommen werden soll (z. B. LAGA 1981: 15 min.). Bei dieser Verfahrensweise werden weder die Ausbaumaße der Meßstelle noch die Pumprate berücksichtigt.

Probenentnahme nach dem Austausch definierter Meßstellenvolumina

Als erste quantifizierende Probennahmeregel wurde das Abpumpen des x-fachen Meßstellenvolumens vorgeschlagen (MOOIJ & ROVERS 1975). Dies berücksichtigt zwar die Meßstellengröße, nicht aber die hydraulischen Vorgänge in bzw. um die Meßstelle.

Während z. B. bei einem sehr durchlässigen Aquifer ein einmaliger Austausch ausreichend sein kann, erhält man bei gering durchlässigen Grundwasserleitern noch nach dem Abpumpen von 5 Meßstellenvolumina einen Zustrom aus dem Kiesfilterbereich (COHEN & RABOLD 1988). Daraus folgt die Forderung, das abzupumpende Volumen an die jeweiligen Meßstellengegebenheiten anzupassen (GILLHAM et al. 1983; BARCELONA et al. 1985).

Leitparameterkonstanz als Zeitpunkt der Probenentnahme

WOOD (1976) postulierte, daß die Stabilität der Parameter Temperatur, pH-Wert und Leitfähigkeit während des Pumpens die minimale Anforderung für eine repräsentative Probennahme darstellt (s. auch SUMMERS & BRANDVOLD 1967). Im Laufe der Zeit führten die positiven Erfahrungen insbesondere mit der Leitfähigkeitskonstanz zur Ablehnung der "x-faches Volumen" Regel (z. B. U.S. GEOLOGICAL SURVEY 1977; SCHENK 1983).

Aber auch die Leitparameterkonstanz als Indikator für eine repräsentative Probennahme wurde teilweise in Frage gestellt (EPA 1986). Daß diese Konstanz eingetreten ist sagt nämlich nur aus, daß das geförderte Wasser weitgehend aus dem Aquifer stammt und kaum noch physiko-chemisch verändertes Standwasser enthält. Eine repräsentative Probe für *alle* Inhaltsstoffe, z. B. für halogenorganische Verbindungen oder Schwermetalle, ist durch die Konstanz von Leitparametern *nicht* zwangsläufig gegeben (KEELY & BOATENG 1987; ROBIN & GILLHAM 1987; ROBBINS & MARTIN-HAYDEN 1991). Allerdings handelt es sich um eine in Deutschland weit verbreitete pragmatische Regel.

In Deutschland werden bei der Grundwasserprobennahme in der Regel 4 Parameter elektrochemisch gemessen: elektrische Leitfähigkeit, pH-Wert, Temperatur und Sauerstoffgehalt. Hierfür sind ausgereifte Feldmeßgeräte am Markt erhältlich. Weniger gebräuchlich, da schwer zu messen (KÄSS 1989), ist die elektrochemische Bestimmung des Redoxpotentials. Die Trübung wird, wenn überhaupt, nur handschriftlich protokolliert, obwohl eine photometrische Messung sowohl sinnvoll als auch möglich ist (DVWK 1992; VAN STRAATEN 1991a), besonders bei der Beprobung auf Metalle und kolloidale Stoffe (PULS & BARCELONA 1989; LENDERMANN 1993).

Zur Messung der genannten Parameter während des Probennahmevorgangs ist eine geeignete Durchflußmeßzelle erforderlich (PANKO & BARTH 1988; LWA 1989).

Berechnung des Probenentnahmezeitpunkts

Ein in Deutschland bisher kaum gebräuchliches mathematisches Verfahren zur Bestimmung des Probenentnahmezeitpunkts wurde von GIBB et al. (1981) vorgestellt. Mit Hilfe einer Formel, die auf weiterentwickelten Pumpversuchsauswertungen basiert, läßt sich berechnen, wie lange gepumpt werden muß, bis der Einfluß des "Standwassers" zu vernachlässigen ist.

Qualitätsbeprobung

Eine konsequente Lösung zur Feststellung des Probenentnahmezeitpunkts ist die Qualitätsbeprobung. Hierzu werden bei der Erstbeprobung einer Meßstelle mehrere Proben entnommen, z. B. nach 2, 4, 6 und 8 ausgetauschten Meßstellenvolumina. Auf der Grundlage der Analysenergebnisse wird anschließend festgestellt, ab wann sich eine konstante Grundwasserbeschaffenheit eingestellt hat. Diese Prozedur muß an jeder Meßstelle nur einmal durchgeführt werden. Bei Wiederholungsbeprobungen läßt sich durch den Vergleich der Entwicklung bei den Feldparametern kontrollieren, ob annähernd gleiche Probennahmebedingungen vorliegen (LAWA 1993; BARCZEWSKI et al. 1993; LFU BADEN-WÜRTTEMBERG 1993a). Gegebenenfalls ist eine analytische Bestätigung nach einem bestimmten Zyklus erforderlich.

Das Verfahren ist für die Hauptinhaltsstoffe gut, für Spurenstoffe jedoch nur bedingt geeignet (BARCZEWSKI et al. 1993).

Zwei-Proben-Verfahren

Um bei fehlender Qualitätsbeprobung eine sachgerechte Probennahme zu gewährleisten, wurde von der LFU BADEN-WÜRTTEMBERG (1993a) das "Zwei-Proben-Verfahren" entwickelt.

Bei diesem Verfahren erfolgt die erste Probenentnahme nach dem Abpumpen mindestens eines Meßstellenvolumens, sofern die Leitfähigkeit konstant ist und mindestens 15 min. gepumpt wurde. Die zweite Probe kann z. B. nach Abpumpen des zweifachen Volumens erfolgen. Beide Proben werden vor der eigentlichen Analyse auf die Leitparameter Nitrat, Hydrogencarbonat, Gesamthärte und Chlorid untersucht. Ist kein nennenswerter Unterschied zwischen den Proben zu erkennen, kann die erste Probe zur vollen Parameterbestimmung herangezogen werden. Falls nicht, wird die zweite Probe vollständig analysiert. Wenn beide Proben verschiedene Leitparameterkonzentrationen aufweisen, muß die Prozedur bei der nächsten Beprobung mit längerer Pumpdauer (z. B. Verdopplung) wiederholt werden.

Micro purging

In den USA gebräuchlich ist das sog. „Micro-purging-Verfahren". Dabei wird in allen routinemäßig zu beprobenden Meßstellen eine Tauchschwingkolbenpumpe (Bladder Pump) mit geringer Leistung fest installiert. Da die Pumpe nicht in die Meßstelle eingeführt wird und die Förderrate gering ist, entstehen keine Turbulenzen im Ringraum das Aufwirbeln von Feststoffen wird vermieden. Die geringe Förderleistung soll bewirken, daß ausschließlich Grundwasser gefördert wird, daß aus dem durchströmten Teil der Filterstrecke stammt. Somit werden nur sehr geringe Volumina abgepumpt (im wesentlichen die Probe selbst), was in Verbindung mit den eingesparten Zeiten für den nicht erforderlichen Ein- und Ausbau der Pumpe dieses Verfahren wirtschaftlich interessant macht.

3.1.2.4 Pumpvorgang

Einhängtiefe der Pumpe

Nach DIN 38402 Teil 13 ist in Deutschland die Pumpe 1 m unter den Wasserspiegel einzuhängen, bei ständig gefluteter Filterstrecke jedoch 1 m unter Filteroberkante (auch DVWK 1992). Von der LAWA (1993) wird empfohlen, die Pumpe 2 m unter dem maximal abgesenkten Wasserspiegel einzuhängen. Im Gegensatz dazu gibt die LFU BADEN-WÜRTTEMBERG (1993a) nur 1 m als Vorgabe an.

In den USA wird die Pumpe entweder knapp unter dem Wasserspiegel eingehängt (GILLHAM et al. 1983; EPA 1986; FELD et al. 1987; PANKO & BARTH 1988) oder an der Oberkante der Filterstrecke (BARCELONA et al. 1985; EPA 1991).

Pumprate
Spezielle Probennahmepumpen ermöglichen heute eine Regelung der Förderrate. Das purging kann auf diese Weise mit einer möglichst hohen Förderrate erfolgen, anschließend wird die Leistung der Pumpe gedrosselt, um die Störung der Strömungsverhältnisse und die Trübung während der eigentlichen Probennahme möglichst gering gehalten (BARCELONA et al. 1985; TOUSSAINT 1991). Außerdem soll dadurch eine Zuströmung frischen Wassers von unten herbeigeführt (GILLHAM et al. 1983) und das Ausgasen leichtflüchtiger Inhaltsstoffe und der Gaseintrag aus der Atmosphäre minimiert werden (LFU BADEN-WÜRTTEMBERG 1993a). Andererseits wird der Gleichgewichtszustand, der sich möglicherweise bereits eingestellt hat, durch eine Drosselung der Förderrate kurz vor der Probennahme wieder gestört.

Angaben über Vor- und Nachteile einer hohen Pumprate finden sich unter anderem bei BARCELONA et al. (1985), COLDEWEY & KRAHN (1991) und der LFU BADEN-WÜRTTEMBERG (1993b).

Absenkung des Wasserspiegels
Nach LAWA (1993) und LFU BADEN-WÜRTTEMBERG (1993a) sollte die Absenkung des Wasserspiegels maximal ein Drittel der Wassersäule betragen, jedoch i. d. R. nicht mehr als 2 m. Auch Absenkungen der Wassersäule in der Meßstelle von weniger als 10% werden diskutiert (LWA 1989, 1991; SÖHNGEN 1992). Eine kontinuierliche Messung des Wasserspiegels während der Probennahme ist mit Hilfe geeigneter Sonden (z. B. Drucksonden) möglich.

3.1.2.5 Abfüllen der Probe

Auch der eigentliche Vorgang des Abfüllens einer Probe (Entnahme aus dem Förderstrom und Befüllung von Gefäßen) darf die Beschaffenheit des Grundwassers nicht beeinflussen. Kontaminationen, Aufkonzentrationen oder Ausgasungen müssen deshalb vermieden werden.

Wichtig ist die Auswahl geeigneter Gefäße und die richtige Handhabung der Probenabfüllung. Als Probengefäße werden in der Regel Braunglas- und PE-Flaschen verwendet. Üblich ist eine einmalige Spülung der Flaschen mit dem zu beprobenden Grundwasser, bevor die eigentliche Probe abgefüllt wird. Dies muß jedoch vermieden werden, wenn die suspendierten Anteile ebenfalls analysiert werden sollen. Sie würden sich beim Spülen in der Flasche anreichern.

Idealerweise sollten Konservierungsstoffe (s. u.) nach Befüllung der halben Flasche zugegeben werden. Danach kann die Flasche ohne Überlauf bis zum Rand gefüllt werden. Bei der Zugabe von Konservierungsstoffen muß ein Überlaufen der Probenflaschen in jedem Fall vermieden werden. Häufig werden Konservierungsstoffe bereits vorgelegt. Diese Verfahrensweise birgt aber die Gefahr, daß bei Beginn der Befüllung das Wasser mit der Säure reagiert und damit seine Beschaffenheit ändert.

Bei Ölspuren im Grundwasser ist zu beachten, daß der aufschwimmende Ölfilm verloren geht, wenn die Flasche nach dem Befüllen überläuft.

Die Befüllung selbst erfolgt mit einem dünnen Schlauch, der beim Befüllen vom Probenflaschenboden nach oben gezogen wird. Um Verschleppungen von Konservierungsstoffen zu vermeiden, werden zuerst die unkonservierten Probenflaschen befüllt. Bei unterschiedlichen Konservierungsstoffen müssen die Schläuche gewechselt werden.

Da während des Pumpvorgangs auch nach dem Erreichen der Mischkonzentration Konzentrationsschwankungen auftreten können, wird ein Mittelungsvolumen von mindestens 2 l für die Probe selbst empfohlen (BARCZEWSKI & MARSCHALL 1990).

Ausführlichere Informationen über das Thema Probenabfüllung finden sich in der Literatur u. a. in LWA (1991), LAWA (1993) und LFU BADEN-WÜRTTEMBERG (1993a).

3.1.2.6 Besonderheiten

Beprobung organischer Verbindungen

Organische Stoffe können als wasserunlösliche Phase mit einer von Wasser abweichenden Dichte auftreten und müssen vor der eigentlichen Probennahme separat beprobt werden (Öl schwimmt auf, CKW sinken ab). Hinweise zur Beprobung von "leichten" oder "schweren" organischen Phasen geben EPA (1986) und COLDEWEY & KRAHN (1991).

Befinden sich organische Stoffe in Lösung, sollte zu Beginn einer Untersuchungsreihe eine Qualitätsbeprobung (s. o.) durchgeführt werden, weil unterschiedliche Substanzen auch nach unterschiedlicher Pumpdauer eine repräsentative Konzentration annehmen. Manche Stoffkonzentrationen stabilisieren sich; andere erreichen ein Maximum und fallen wieder ab (GERSCHLER 1982; LAWA 1993).

Eine konstante Leitfähigkeit läßt keine Rückschlüsse auf eine Konzentrationskonstanz organischer Verbindungen zu, da diese Stoffe keine ionare Beschaffenheit aufweisen. Zudem sind sie oft im Spurenbereich vorhanden und nur schwach polar (KEELY & BOATENG 1987).

Meßstellen in gering durchlässigen Schichten

Zur Überwachung von Altlasten und Deponien wurden Meßstellen im zunehmenden Maße in gering durchlässigen Schichten errichtet. In der Praxis werden solche Meßstellen ein- oder mehrmals leergepumpt, um das Standwasser zu entfernen. Das nachlaufende Wasser stammt aus dem Aquifer und sollte beprobt werden, sobald eine ausreichende Menge Wasser vorhanden ist. Wegen der Möglichkeit, daß es durch kaskadenartiges Nachlaufen des Wassers an der Filterrohr-Innenseite zu einem Ausgasen der leicht flüchtigen Bestandteile kommt, fordert die EPA (1986), den Wasserspiegel nicht unter die Filteroberkante abzusenken. Bei sehr langsam nachlaufendem Wasser empfehlen BARCELONA et al. (1985), alle 2 h ein Teil des Probenentnahme-Volumens abzupumpen.

3.1.2.7 Normen, Richtlinien und Literatur

Eine Übersicht über die diskutierten Empfehlungen im Rahmen von Fachliteratur sowie von gängigen Normen und Richtlinien liefern die *Tabellen 3.12* und *3.13*.

3.1.2.8 Probenbehandlung und -transport

Turbulenzen, Druck- und Temperaturänderungen sowie weitere Veränderungen der "Umgebung" führen dazu, daß die pysiko-chemische Zusammensetzung einer Probe schon kurz nach ihrer Förderung an die Erdoberfläche nicht mehr dem Grundwasser des Aquifers entspricht. Eine Probe kann das Labor deshalb nicht in dem Zustand erreichen wie sie gefördert wurde. Um aber die Veränderung bestimmter Stoffkonzentrationen so weit wie möglich zu minimieren, muß eine Probe gekühlt und teilweise mit Konservierungsstoffen versetzt werden.

Eine Zusammenstellung von Konservierungsmethoden in Anlehnung an DIN EN ISO 5667/3 (Entwurf 1995) sowie zusätzlicher Fachliteratur ist in *Tabelle 3.14* dargestellt.

Die Analyse der Probe sollte möglichst früh nach der Entnahme durchgeführt werden. Dazu ist ein Transport ins Labor zum frühest möglichen Zeitpunkt erforderlich. Zudem muß das Labor im voraus über die Anzahl und den Analyseumfang der Proben informiert werden.

An sehr heißen Tagen reichen Kühlboxen mit Kühlelementen nicht aus, um die Proben bis zum Labor auf der geforderten Temperatur von 2-5°C zu halten. Ein transportables Kühlaggregat mit Thermostat ist deshalb vorzuhalten.

3.1.2.9 Fehlermöglichkeiten

Eine Probe liefert "wahre" Ergebnisse, wenn sie die natürlichen physikalischen, chemischen und/oder biologischen Bedingungen im Untergrund widerspiegelt. Eine solche Probe bezeichnet man als repräsentativ für den jeweiligen Untergrund (definierter Ort) und eine definierte Zeit (KRITZNER 1990). Wird durch falsche oder ungeeignete Probennahmetechnik eine nicht reprä-

Tabelle 3.12. Übersicht über Aussagen bestehender Probennahmenormen

Norm	**DIN 38402**; Teil 13 Probennahme aus Grundwasserleitern (1984)	**ISO 5667/1** Guidance on the Design of Sampling Programmes (1980); entspricht **DIN EN 25667 Teil 1** (1993)	**ISO 5667/11** Guidance on Sampling of Groundwaters (1993)
Abzupumpendes Volumen	Der PN-Zeitpunkt ist erreicht, wenn das Wasser aus dem Rohr und dem Ringraum sowie eventuell verändertes Wasser aus dem umgebenden Gestein entfernt wurde	Vor der PN ist Wasser abzupumpen Grundwasser-MST mit korrosionsanfälligen Materialien sind vor der PN gründlich abzupumpen	Es sollte mindestens das 4 - 6fache MST-Volumen vor der PN abgepumpt werden
Parameterkonstanz/-Überachung	Bestimmt wird der PN-Zeitpunkt durch ständiges Beobachten von Lf, pH oder Temperatur (Parameterauswahl durch Vortest möglich). Gepumpt wird bis zur Konstanz dieser Werte	k. A.	Die Überwachung von O_2, pH, Temperatur oder Lf kann den PN-Zeitpunkt bestätigen Keine PN, solange sich die Werte mehr als ±10 % ändern, bzw. ±0,2 °C bei Temperatur Es kann notwendig sein, weitere Parameter von Interesse zu messen, wie z. B. komplexe organische Stoffe bei kontaminiertem Grundwasser
Pumpentiefe	Die Pumpe soll 1 m unter Wasserspiegel eingehängt werden; bei ständig gefluteter Filterstrecke jedoch 1 m unter Filteroberkante	Die Entnahmetiefe soll nur dokumentiert werden	Ggf. kann es nötig sein, die MST zunächst mit hoher Förderleistung klar zu spülen, um später mit geringerer Pumprate eine Stabilisation herbeizuführen Wird vor einer Schöpfprobe das Standwasser abgepumpt, dann sollte dies bei geringer Förderleistung geschehen

Tabelle 3.12. Fortsetzung

Norm	**DIN 38402**; Teil 13 Probennahme aus Grundwasserleitern (1984)	**ISO 5667/1** Guidance on the Design of Sampling Programmes (1980); entspricht: **DIN EN 25667 Teil 1** (1993)	**ISO 5667/11** Guidance on Sampling of Groundwaters (1993)
Tiefen-orientierte Proben-nahme	Schöpfproben geben meist nur orientierende Hinweise	Teufenorientierte PN nur aus Mehrfach-MST	Geschichtetes Grundwasser muß mit geeigneten PN-Gerätschaften erfaßt werden Tiefengemittelte Mischprobe nur, wenn die Wasserqualität vertikal einheitlich ist oder nur eine Mischprobe gefordert wird Bei vertikal uneinheitlichem Grundwasser empfiehlt sich die Verwendung spezieller MST oder die Beprobung von mehrfach verfilterten MST mit Packern Schöpfproben nur innerhalb der Filterstrecke
Sonstiges	„Es ist sicherzustellen, daß die entnommene Probe für das zu untersuchende Grundwasser repräsentativ ist." Wenn davon abgewichen wird, muß dies protokolliert werden	Trotz des Pumpens kann eine Schichtung des Grundwassers in der MST erhalten bleiben, deshalb ist ggf. eine weitere PN durchzuführen, um den Grad der Schichtung festzustellen	Die Probennahmemethode sollte die komplexen Fließbewegungen des Grundwassers in und um die Meßstelle widerspiegeln Vorsicht bei Schöpfproben, denn Vertikalströmungen in der Meßstelle machen die tatsächliche Herkunft der Probe fraglich Wenn Schöpf- oder Pumpproben nicht möglich bzw. nicht geeignet sind, können vakuum- oder gasbetriebene „In-situ"-PN-Geräte eingesetzt werden

Tabelle 3.12. Fortsetzung

Norm	**DIN 38402**; Teil 13 Probennahme aus Grundwasserleitern (1984)	**ISO 5667/1** Guidance on the Design of Sampling Programmes (1980); entspricht **DIN EN 25667 Teil 1** (1993)	**ISO 5667/11** Guidance on Sampling of Groundwaters (1993)
Bemerkungen	Es werden keine Konstanzkriterien angegeben Repräsentative Proben werden gefordert, aber keine konkreten Hinweise zu deren Erhalt gegeben		Keine Angaben für gering ergiebige MST Bei längeren 5" MST ist das Abpumpen des 4 - 6fachen MST-Volumens nur mit hohen Förderraten möglich, von denen vielfach abgeraten wird

Lf = Leitfähigkeit; MST = Meßstelle; PN = Probenahme; k. A. = keine Angaben

Tabelle 3.13. Auswahl von Probennahmeempfehlungen aus der Literatur

Autor(-en)	Auszutauschende MST-Volumina	Konstanzparameter	Leerpumpen?[a]	Bemerkungen
MOOIJ & ROVERS (1975)	5	k. A.	Ja	
WOOD (1976)	k. A.	Temperatur, pH und Lf		
GARVIS & STUERMER (1980)	≥ 1	Temperatur, Lf, pH und E_h		Pumpe in die Filterstrecke
HUMENICK et al. (1980)	Auch <1	Temperatur und pH		Über 10 min konstant
U.S. GEOLOGICAL SURVEY (1980)	k. A.	Temperatur, pH und Lf		
GIBB et al. (1981)	4 - 6	Erm. durch Pumpversuch	Ja	Formel für Pumpdauer
GILLHAM et al. (1983)	5 - 10	wird nicht empfohlen	Nein	Pumpe möglichst weit oben
UNWIN & HUIS (1983)	7 - 20	k. A.		
EMENHISER & SINGH (1984)	3	pH und Lf		15 % über 5 min
BARCELONA et al. (1985)	Berechnung nach GIBB (1981)	Temperatur, Lf, pH und E_h	ja	±10 % über 2 MST-Volumin
BRYDEN et al. (1986)	3 -s 10	Lf, pH, Temperatur, O_2/E_h	Ja	
HESSISCHE LFU (1986)	ausreichend	Temperatur, pH und Lf		Bis Wasser aus Aquifer stammt
FELD et al. (1987)	4	Zweck wird angezweifelt	Ja	Bei schnellem Wiederanstieg noch mal
FETTER (1988)	1 -s 5	pH und Lf	Nein	Trübungsende abwarten

Tabelle 3.13. Fortsetzung

Autor(-en)	Auszutauschende MST-Volumina	Konstanzparameter	Leerpumpen?[a]	Bemerkungen
PANKO & BARTH (1988)	Ermittelte Parameter	Wird nicht empfohlen	Ja	Ermittlung der Parameter vor Erstbeprobung
FINK & BOYAJIAN (1989)	≥ 3	Temperatur, pH, und Lf		± 10 %
LWA (1989)	≥ 4	Lf-Konstanz		
COLDEWEY & KRAHN (1991)	≥ 2	Temperatur, pH und Lf		
EPA (1991)	3 - 5	ja		Oder Berechnung nach GIBB et al. (1981)
WESSELOW & TERJUNG (1991)	≥ 3	Lf	Nein	±2 % über 1 h
DVWK (1992)	Wird nicht empfohlen	Lf		
SÖHNGEN (1992)	≥ 4	Lf und/od. pH		
LAWA (1993)	Wird nicht empfohlen	Temperatur, pH und Lf		±0,1 K, ±0,1 Einheiten, ±5 µS/cm über 5 min eine Qualitätsbeprobung ist vorzuziehen
LFU BADEN-WÜRTTEMBERG (1993)	2 - 5, ≥ 15 min	Lf		±5 µS/cm über 5 min; eine Qualitätsbeprobung ist vorzuziehen

[a] bei Meßstellen mit geringer Ergiebigkeit Lf = Leitfähigkeit; E_h = Redoxpotential; O_2 = Sauerstoffgehalt; MST = Meßstelle; k. A. = keine Angaben

Tabelle 3.14. Konservierungsmethoden, geeignete Probengefäße und max. Konservierungsdauer für ausgewählte Parameter [Zusammenfassung in Anlehnung an DIN EN ISO 5667/3 (Entwurf) 1995, soweit nicht anders angegeben]

Parameter	Probenbehälter	Konservierungsmethode[a]	Haltbarkeit	Bemerkungen
Farbe, Trübung	G, PE	2-5 °C, dunkel	24 h	
Geruch (qualitativ)	G	Vor Ort zu bestimmen		
Temp., pH, Lf, O_2, Redox	G, PE	Vor Ort zu bestimmen		
Säure-/Basekapazität, Hydrogencarbonat	G, PE	2-5 °C[b]	24 h	
Gesamtrückstand, Trockenrückstand	G, PE	2-5 °C	24 h	
Bakterien	Sterile Gef.	2-5 °C	8 h	
Alpha-/Betaaktivität, ges.	PE	2-5 °C, dunkel, HNO_3		
Tritium	BorG	Kein atmosphärischer Kontakt	Max. 1 Monat	
Ammonium, Nitrit, Sulfat	G, PE	2-5 °C, dunkel	24 h	Sulfat 1 Woche
Nitrat	G, PE	2-5 °C, dunkel, filtrieren	48 h	
Stickstoff (Kjeldahl)	G, PE	2-5 °C, dunkel, H_2SO_4	24 h	
Chlorid	PE, G	Nicht erforderlich	1 Monat	
Fluorid	PE	Nicht erforderlich	1 Monat	
Phosphor, gesamt Phosphor, gelöst	G, BorG	2-5 °C, H_2SO_4 2-5 °C, filtrieren	1 Monat, 24 h	24 h ohne H_2SO_4
Orthophosphat, gesamt Orthophos-phat, gelöst	G, BorG	2-5 °C 2-5 °C, filtrieren	24 h	
Silicat, gelöst Silicat, gesamt	PE	2-5 °C, filtrieren, H_2SO_4	24 h 1 Monat	

Tabelle 3.14. Fortsetzung

Parameter	Proben-behälter	Konservierungs-methode[*]	Haltbarkeit	Bemer-kungen
Calcium, Magnesium, Gesamthärte	G, PE	Ohne ansäuern (nicht H_2SO_4)	24 h 1 Monat	Bei Lf < 70 mS/m bis 48 h
Kalium, Natrium, Lithium	PE	Nicht nötig	1 Monat	Ansäuern möglich
Ag, Al, As, Ba, Cd, Co, Cr ges., Cu, Fe ges., Mn, Ni, Pb, Sb, Sn, Ti, U, Zn, Zr, gelöst	PE	Filtrieren, HNO_3, s. Bem.	1 Monat	Keine HNO_3 bei Sn- und keine H_2SO_4 bei Pb-Bestimmung verwenden
Ag, Al, As, Ba, Cd, Co, Cr ges., Cu, Fe ges., Mn, Ni, Pb, Sb, Sn, Ti, U, Zn, Zr, gesamt	PE	HNO_3, s. Bem.	1 Monat	Keine HNO_3 bei Sn- und keine H_2SO_4 bei Pb-Bestimmu ng ver-wenden
Selen	G, BorG	Ohne Selenide ansäuern auf pH < 1, sonst mit NaOH auf pH > 11		
Quecksilber	BorG, Poly-sulfon	$HNO_3 + K_2Cr_2O_7$	Einige Monate	
TOC	G	2-5 °C	8 Tage	DEV
Öle, Fette, KWs, Mineralöle, Derivate	G, ge-kühlt und gespült	2-5 °C, möglichst umgehend extrahieren	24 h	
AOX, organisches Chlor	G	2-5 °C, dunkel, HNO_3	3 Tage	

Tabelle 3.14. Fortsetzung

Parameter	Proben-behälter	Konservierungs-methode 1)	Haltbarkeit	Bemer-kungen
BSB	G, PE	2-5 °C, dunkel	24 h	
CSB	G, PE	2-5 °C, dunkel, H_2SO_4	5 Tage	
Oberflächenaktive Stoffe, kationisch	G	2-5 °C	48 h	
Oberflächenaktive Stoffe, anionisch	G	2-5 °C, H_2SO_4	48 h	
Oberflächenaktive Stoffe, nichtionisch	G	2-5 °C, bis 1 Vol.% Formaldehyd aufffül-len	1 Monat	
Phenole	BorG	2-5 °C, dunkel	24 h	Bald ex-trahieren
Hydrazin	G	Dunkel, HCl	24 h	
Organchlor-/ Organo-phosphor-Pestizide	G, ge-spült	2-5 °C, dunkel	24 h	
PAK	G, mit Schliff-stutzen, PTFE	2-5 °C, dunkel zus. 0,008 % $Na_2S_2O_3$	24 h 14 Tage	LWA (1989) Herzog et al. (1991)
LHKW	G, braun	2-5 °C, dunkel zus. 0,008 % $Na_2S_2O_3$	14 Tage	Herzog et al. (1991)
CKW	G, mit Schliff-stutzen	2-5 °C	7 / 40 Tage vor/nach Ex-traktion	Herzog et al. (1991)
PCB	G, mit Schliff-stutzen	2-5 °C, pH 5-9	7 / 40 Tage vor/nach Ex-traktion	Herzog et al. (1991)

[a] Mit der angegebenen Säure werden die Proben auf pH < 2 angesäuert, sofern keine anderen Angaben gemacht werden;
[b] möglichst vor Ort zu bestimmen;
BorG = Borsilicatglas, G = Glas, PE Polyethylen. PTFE = Polytetraflourethylen, < = so schnell wie möglich.

sentative Probe gewonnen, so spricht man von einem Probennahmefehler. Ist die Probe aber erst einmal fehlerhaft entnommen worden, kann auch die beste Qualitätssicherung im Labor nichts mehr daran ändern.

In der Laboranalytik sind die Verfahren für die Durchführung einer Analyse normiert. Normen gewährleisten jedoch nicht ein „wahres" Ergebnis, sondern sichern lediglich die Nachvollziehbarkeit, Nachprüfbarkeit und Reproduzierbarkeit der Analyse. Dadurch kommt es teilweise (bewußt) zu „unwahren", aber, auf Grundlage der Norm, immer zu „richtigen" Ergebnissen (SÖHNGEN 1994).

Analog der Verfahrensweise in der Laboranalytik erfordert auch die Probennahme das Einhalten bestimmter Verfahrensschritte um zu „richtigen" Ergebnissen zu kommen. In der Praxis werden aber die Kriterien der Nachvollziehbarkeit, Nachprüfbarkeit und Reproduzierbarkeit bei der Entnahme von Grundwasserproben häufig stark vernachlässigt, da eine exakte Dokumentation der Probennahmebedingungen nicht erfolgt.

Abgesehen von den Einflüssen, die die Probennahmetechnik selbst auf die Beschaffenheit einer Grundwasserprobe ausübt [z. B. durch zu starkes und zu langes Pumpen Förderung von Wasser, das nicht aus dem Nahbereich der Meßstelle stammt („over-purging")] oder Mobilisierung von Feinstpartikeln durch zu starke Förderleistung, entstehen die wichtigsten Probennahmefehler durch:

- keine oder unzureichende Reinigung des Probennahmesystems (Verschleppung von Kontaminationen),
- Veränderung der Beschaffenheit einer Grundwasserprobe beim Entnahmevorgang sowie auf dem Transportweg (z. B. durch Ausgasung leichtflüchtiger Inhaltsstoffe),
- Vertauschung von Proben wegen mangelhafter Kennzeichnung.

In *Abb. 3.10* ist das Verhältnis des Probennahmefehlers zum analytischen Gesamtfehler nach Einschätzung von SÖHNGEN (1992) und LFU BADEN-WÜRTTEMBERG (1994) dargestellt.

Einer Verschleppung von Schadstoffen kann durch die Konzeption der Pumpen, Schläuche und Zapfhähne als Einweggeräte bzw. durch den Einsatz spezieller Systeme für belastetes und unbelastetes Wasser (z. B. "Schwarz-" bzw. "Weißsystem") entgegengewirkt werden.

3.1.2.10 Qualitätssicherung und Dokumentation

Weil ohne eine exakte Dokumentation der Probennahmebedingungen die o. g. Kriterien der Nachvollziehbarkeit, Nachprüfbarkeit und Reproduzierbarkeit nicht erfüllbar sind, stellt ein einfaches Textprotokoll zwar eine Mindestanforderung dar, reicht aber für eine wirkliche Qualitätssicherung nicht aus.

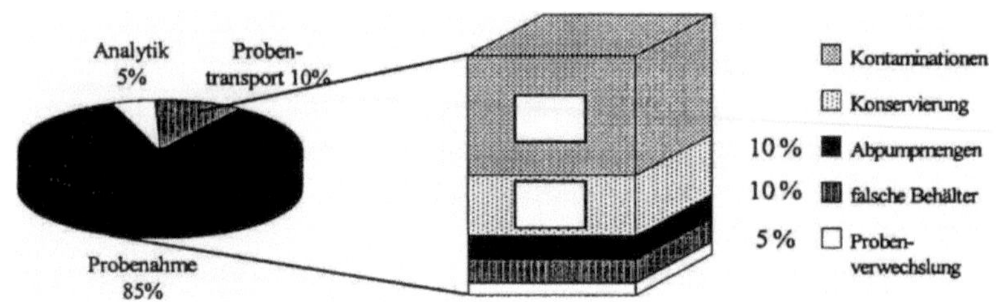

Abb. 3.10. Fehlerquellen/-spannen bei der Entnahme und Untersuchung von Grundwasserproben. [umgezeichnet nach SÖHNGEN 1992 (*oben*), LFU BADEN-WÜRTTEMBERG 1994 (*unten*)]

Die technische Entwicklung der letzten Jahre ermöglicht die On-line-Messung der Feldparameter. Dies wird zunehmend gefordert, um eine lückenlose Dokumentation der Probennahme zu erhalten (CAMMERER 1990; VAN STRAATEN 1991a, b; LENDERMANN 1993). Das textliche Protokoll kann dadurch mit graphischen Darstellungen ergänzt werden, die eine Nachvollziehbarkeit der Probennahme ermöglichen (*Abb. 3.11*).

Eingesetzt werden einfachere Systeme, bei denen einige der vor Ort gemessenen Parameter mit Hilfe eines Datenloggers aufgezeichnet werden, aber auch rechnergestützte Systeme mit spezieller Software, die den Probennehmer bei seiner Arbeit zusätzlich unterstützen (sog. Computer Aided Sampling, CAS).

Die graphische Darstellung ermöglicht über die reine Dokumentation hinaus auch eine bessere Interpretation der analytischen Befunde. Daß dies erforderlich ist, zeigt besonders deutlich die von GORELICK et al. (1993) durchgeführte Klassifikation und Deutung zeitlicher Konzentrationsänderungen im Verlauf der Probennahme (*Abb. 3.12*).

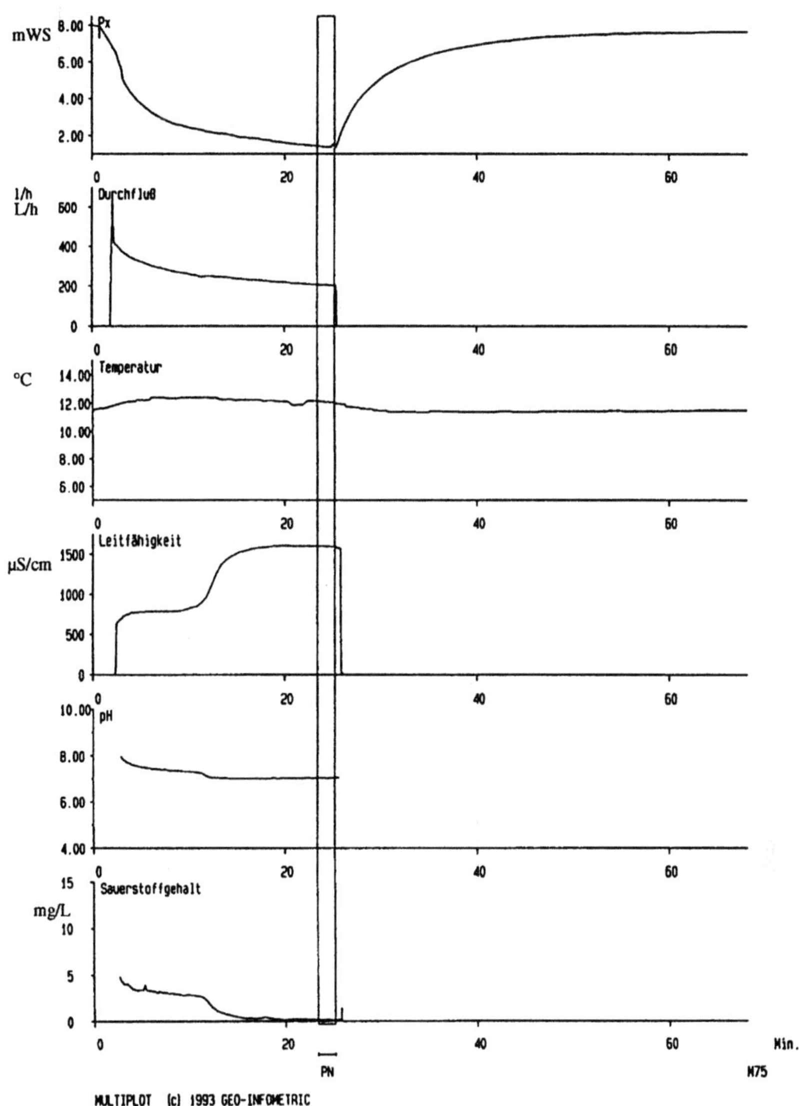

Abb. 3.11. Beispiel für ein ausführliches Probennahmeprotokoll mit Text und Graphiken

WASSERPROBENNAHMEPROTOKOLL

<table>
<tr><td colspan="9">Auftraggeber :
Durchführung :</td></tr>
<tr><td colspan="6">Projekt :</td><td colspan="2">PN-Nr. :</td><td>Seite 1 von x</td></tr>
<tr><td colspan="6">Probennehmer :</td><td colspan="3">Datum :</td></tr>
<tr><td colspan="6">Grundwassermeßstelle :</td><td colspan="2">R :</td><td>H :</td></tr>
<tr><td colspan="6">Ruhewasserspiegel u. ROK [m] :</td><td colspan="3">Tiefe u. ROK [m] :</td></tr>
<tr><td colspan="6">Pumpentype :</td><td colspan="3">Ausbaudurchm. [mm] :</td></tr>
<tr><td colspan="9">Einhängtiefe Pumpe / Schlauch u. ROK [m] :</td></tr>
<tr><td colspan="2">Dat. - Tag / Zeit</td><td>T1 °C</td><td>LF µS/cm</td><td>pH</td><td>OXI mg/l</td><td>DFL l/h</td><td colspan="2">Aussehen / Geruch</td></tr>
<tr><td>16</td><td>14:31</td><td>8,7</td><td>662</td><td>8,2</td><td>5,0</td><td>397</td><td colspan="2">trüb, grau / ohne</td></tr>
<tr><td>16</td><td>14:33</td><td>12,2</td><td>783</td><td>7,5</td><td>3,4</td><td>322</td><td colspan="2">schw. trüb / ohne</td></tr>
<tr><td>16</td><td>14:36</td><td>12,4</td><td>789</td><td>7,4</td><td>3,1</td><td>288</td><td colspan="2">klar / ohne</td></tr>
<tr><td>16</td><td>14:38</td><td>12,4</td><td>797</td><td>7,3</td><td>2,9</td><td>265</td><td colspan="2">klar / ohne</td></tr>
<tr><td>16</td><td>14:40</td><td>12,4</td><td>896</td><td>7,2</td><td>2,7</td><td>251</td><td colspan="2">stark trüb, grau / ohne</td></tr>
<tr><td>16</td><td>14:42</td><td>12,3</td><td>1421</td><td>7,0</td><td>0,8</td><td>242</td><td colspan="2">stark trüb, grau / ohne</td></tr>
<tr><td>16</td><td>14:45</td><td>12,2</td><td>1536</td><td>7,0</td><td>0,3</td><td>231</td><td colspan="2">stark trüb, grau / ohne</td></tr>
<tr><td>16</td><td>14:47</td><td>12,2</td><td>1588</td><td>7,0</td><td>0,3</td><td>223</td><td colspan="2">stark trüb, grau / ohne</td></tr>
<tr><td>16</td><td>14:51</td><td>12,2</td><td>1602</td><td>7,0</td><td>0,2</td><td>206</td><td colspan="2">stark trüb, grau / ohne</td></tr>
<tr><td>16</td><td>14:54</td><td>12,1</td><td>1600</td><td>7,0</td><td>0,2</td><td>202</td><td colspan="2">stark trüb, grau / ohne</td></tr>
<tr><td colspan="6">Pumpe Start :</td><td colspan="3">Pumpe Stop :</td></tr>
<tr><td>Tag</td><td>Probe</td><td colspan="2">Beginn</td><td colspan="2">DFL-Summe</td><td colspan="2">Ende</td><td>DFL-Summe</td></tr>
<tr><td>16</td><td>1</td><td colspan="2">14:52</td><td colspan="2">m^3</td><td colspan="2">14:53</td><td>m^3</td></tr>
<tr><td colspan="9">Gesamtfördermenge : m^3 = -facher Meßstelleninhalt</td></tr>
<tr><td colspan="9">Bemerkungen :</td></tr>
<tr><td colspan="7">geprüft :</td><td colspan="2">am :</td></tr>
</table>

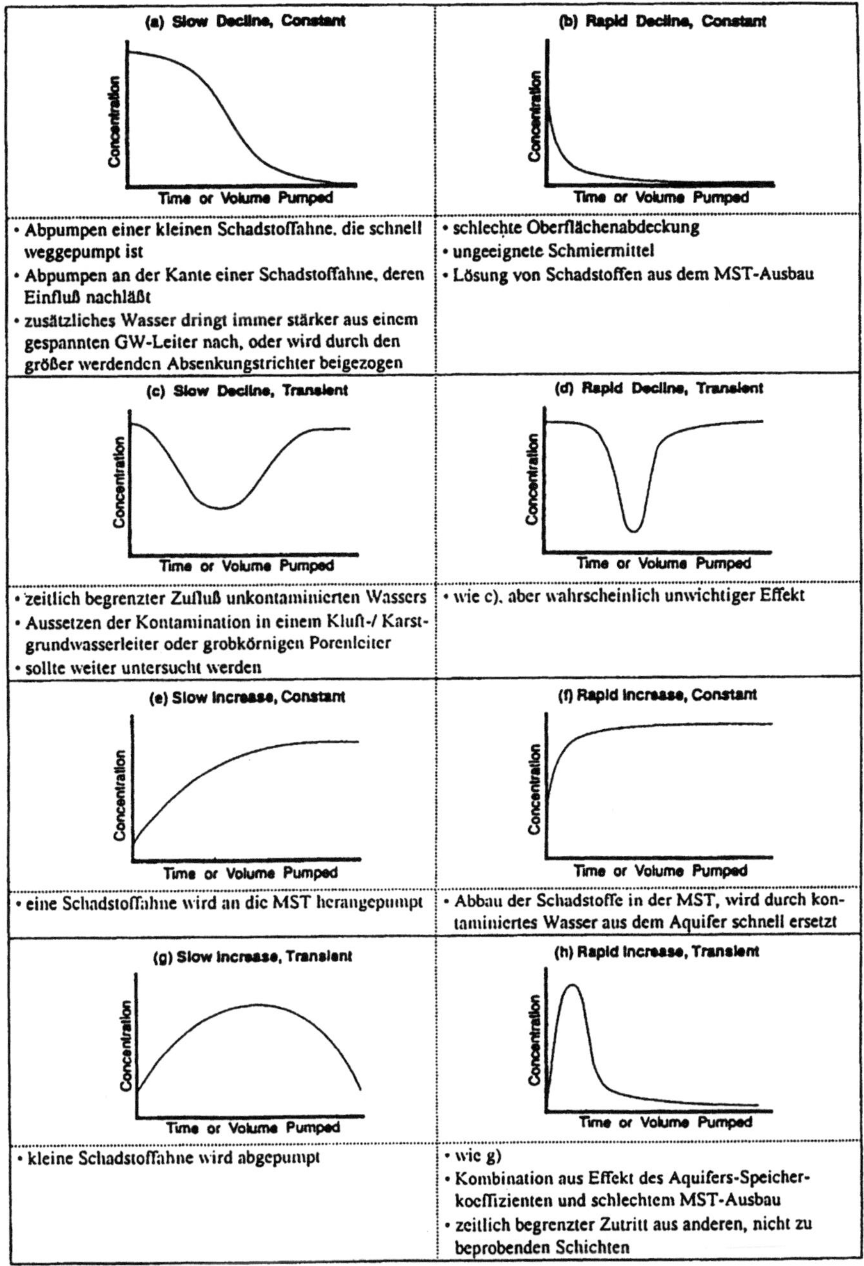

Abb. 3.12. Verschiedene Möglichkeiten der Veränderung von Schadstoffkonzentrationen während des Abpumpens und ihrer Interpretation. (Umgezeichnet nach GORELIK et al. 1993)

3.1.3 Boden und Gesteine

WOLF ECKELMANN, JENS UTERMANN UND THOMAS WIPPERMANN

3.1.3.1 Einleitung

Ziel der Beprobung von Böden und Gesteinen ist es, eine repräsentative Probe eines Bodens bzw. Gesteins so aus dem Verbund des zu beprobenden Materials zu entnehmen, daß an dieser Probe bodenchemische, -physikalische, -mineralogische und -biologische bzw. gesteinschemische, -physikalische und -mineralogische Parameter ermittelt werden können. Bei der Beprobung muß der zeitlichen und räumlichen Inhomogenität und Variabilität der Böden besondere Beachtung geschenkt werden. Die Beprobung größerer Flächen oder Gebiete muß so erfolgen, daß eine repräsentative Beschreibung des Stoffinventars der Einzelproben und auch dessen Verteilung auf der zu untersuchenden Fläche möglich ist. Bei der Planung der Beprobung von Bodenarealen sind nutzungs-, schutzgut- und wirkungspfadbezogene Aspekte besonders zu berücksichtigen; bei der Beprobung größerer Gebiete für geologische/geochemische Fragestellungen sind vornehmlich geowissenschaftliche Aspekte von Bedeutung.

Die Beprobung sollte grundsätzlich nur durch qualifiziertes Personal durchgeführt werden, da die Beprobung das spätere Untersuchungsergebnis am stärksten beeinflußt (HOFFMANN 1991); Probentransport und -aufbewahrung, Probenaufbereitung und Analytik beeinflussen die Analysenergebnisse weniger deutlich. Bei der Planung und Vorbereitung der Untersuchungen sollte die eigentliche Zielsetzung, in der Regel die Charakterisierung des aktuellen Belastungszustandes des Untersuchungsgebietes mit Schwermetallen oder organischen Verbindungen, im Auge behalten werden, um eine der Fragestellung angepaßte Antwort geben zu können (z. B. AK STADTBÖDEN DER DBG 1989; KUBINOK & MAAS 1991; SCHRAPS 1991; UMWELTMINISTERIUM BW 1993; SPRENGART & WAGNER 1993; DIN 19681).

Zur Beprobung von Böden gibt es eine Vielzahl von Schriften. Allgemein anerkannte Normen und Regelwerke sind z. T. erarbeitet, andere befinden sich noch im Entwurfstadium (für die Probennahme von Boden z. B. E DIN ISO 10381, Teil 1 - 4, ISO CD 10381, Teil 5). Von einzelnen Bundesländern sind Verwaltungsvorschriften (z. B. Baden-Württemberg) oder Merkblätter (z. B. Hamburg) für die Probennahme erstellt worden, die inhaltlich nicht immer in Übereinstimmung zu bringen sind; eine Vergleichbarkeit der Ergebnisse auf der Basis der entsprechend durchgeführten Probennahmen ist dementsprechend nicht immer gegeben.

In Kenntnis dieser Defizite haben die Geologischen Dienste von Deutschland zusammen mit der Bundesanstalt für Geowissenschaften und Rohstoffe in Hannover eine erste gemeinsame, fachlich abgestimmte "Anleitung zur Entnahme von Bodenproben" (AD-HOC-ARBEITSGRUPPE BODEN 1996) herausgegeben, die sich speziell dem Medium Boden widmet. Sie hat, soweit dies möglich war, die bis zum Zeitpunkt ihres Erscheinens existierenden internationalen Empfehlungen aufgegriffen und darf deshalb als derzeit weitestgehend abgestimmte Arbeitsanleitung angesehen werden. Sie wird deshalb für die Beprobung des Mediums Boden üblicherweise zur Anwendung empfohlen.

Die im Entwurf vorliegenden fachlichen Inhalte einer Verordnung zum Bundes-Bodenschutzgesetz (E-BBodSchV i.d. Fassung v. 28.05.1997) sehen Untersuchungsstrategien vor, die sich in erster Linie am jeweils relevanten Wirkungspfad orientieren. Bezüglich der praktischen Vorgehensweise wird weitgehend auf verabschiedete oder im Entwurf vorliegende DIN ISO-Normen (E DIN ISO 10381, Teil 1 - 4, ISO CD 10381, Teil 5) verwiesen.

Im Gegensatz zum Untersuchungsmedium Boden gibt es für die Beprobung und Untersuchung von Bachsedimenten oder Festgesteinen zur Bearbeitung geochemischer Fragestellungen keine normativen Regelungen. Vielmehr hat sich hier über die Zeit eine "allgemein akzeptierte Vorgehensweise" etabliert, die jedoch im Rahmen einer speziellen Fragestellung jeweils weiter konkretisiert oder abgewandelt werden kann. Für eine systematische Erhebung geochemischer Umweltdaten ist das Untersuchungsmedium "Bach-/Flußsedimente" besonders geeignet, da sie in bezug auf den Eintrag von Schwermetallen sehr sensitiv sind und gleichzeitig als "Querschnittsproben" einen Überblick über das Einzugs- und Einflußgebiet oberhalb der Probennahmestelle geben können (PLANT & HALE 1994). Sind Bach- oder Flußsedimente nicht verfügbar, so können an ihrer Stelle auch Seesedimente in das Untersuchungsprogramm einbezogen werden. Seesedimente bieten den Vorteil, daß mit Kernproben auch langfristige Veränderungen in der Zusammensetzung des Sediments erfaßt werden können (DAVENPORT 1993).

Die Beprobung von im Untersuchungsgebiet anstehenden Gesteinen erweist sich in der Praxis als schwierig; es sollte versucht werden, auf der Basis der auf der jeweiligen geologischen Karte ausgewiesenen Gesteinseinheiten einen repräsentativen Querschnitt von Gesteinsproben zu nehmen, die nicht notwendigerweise eine direkte Beziehung zu irgendeinem anderen Probennahmepunkt haben müssen. Um die natürliche Variationsbreite jeder Gesteinsart zu erfassen, kann es erforderlich sein, über das Untersuchungsgebiet verstreut mehrere Aufschlüsse zu beproben.

3.1.3.2. Probennahmestrategie bei Schadstoffuntersuchungen

Das Ziel der Schadstoffuntersuchungen ist maßgebend bei Planung und Durchführung der Probennahme. Vorrangig ist die Erfassung von Schadstoffen und ihr Verhalten in Böden von Bedeutung, wobei bodenkundliche

Grunddaten zur Charakterisierung von Standorteigenschaften herangezogen werden können bzw. sollen, um das Schadstoffverhalten besser erklären und bewerten zu können.

Die Vorgehensweise zur Erfassung von Schadstoffen und ihres Verhaltens in Böden ist u. a. in den Arbeiten von FRÄNZLE et al. (1994) und dem Vorschlag des Altlastenhandbuchs Niedersachsen, Teil Altablagerungen - Leitfaden Boden (LANDESARBEITSGRUPPE ALTLASTEN 1993), beschrieben; ferner wird auf die Regelungen des E-BBodSchV, des E-DIN ISO 10381 sowie auf die Arbeiten der AG Boden 1996 hingewiesen. Die Vorgehensweise zur Erfassung bodenkundlicher Grunddaten zur Charakterisierung von Standorteigenschaften ist in DIN 19681 und der „Bodenkundlichen Kartieranleitung" (AD-HOC-ARBEITSGRUPPE BODEN 1994) dargestellt worden.

Erfassung bodenkundlicher Grunddaten zur Charakterisierung von Standorteigenschaften

Bodenkundliche Grunddaten werden in der Regel bei der bodenkundlichen Landesaufnahme mit dem Ziel erhoben, repräsentative Bodenformen und Bodengesellschaften zu ermitteln. Darüber hinaus bieten sie die Möglichkeit, die Ergebnisse der Geländeansprache abzusichern. Die hierbei zu untersuchenden Bodenprofile werden dabei meist durch die auftretenden Bodenformen und deren räumliche Verteilung bestimmt. Die eigentlichen Probennahmestandorte können dann oft auf der Grundlage einer Bodenkarte bestimmt werden, wozu die vorhandenen Karten unterschiedlicher Maßstäbe herangezogen werden sollten. Die zu beprobenden Profile sollen die Extreme und die vermittelnden Bodenformen repräsentieren, damit sichergestellt ist, daß alle auftretenden Bodenformen erfaßt werden.

Erfassung von Schadstoffen und ihr Verhalten in Böden

Bei sehr geringem Kenntnisstand über einen Schadstoff und dessen Verteilung auf der Untersuchungsfläche ist es erforderlich, die räumliche Verteilung über eine stichprobenhafte Untersuchung, am besten anhand eines Rasters, zu erfassen. Im weiteren Verlauf der Untersuchungen nehmen Beprobungsdichte und ggf. der Analysenumfang von der Orientierungs- über die Detail- bis hin zur Sanierungsuntersuchung zu. Eine ausführliche Beschreibung und Darstellung von Beprobungsanweisungen findet sich in der E DIN ISO 10381-1 sowie z. B. bei FRÄNZLE et al. (1994) bzw. der LANDESARBEITSGRUPPE ALTLASTEN (1993).

Anstelle der Beprobung auf einem Raster kann auch ein Zufallsverfahren zu Beginn der Untersuchungen angewendet werden; charakteristisch hierfür ist die zufällige Anordnung der Probennahmepunkte innerhalb des Untersuchungsgebietes, wobei zuvor die Anzahl der Probennahmestellen pro Flächeneinheit festzulegen ist.

Gelangt hingegen das Rasterverfahren zum Einsatz, wird das Untersuchungsgebiet möglichst gleichmäßig durch die Probennahmestellen abgedeckt. Als Raster verwendet man meist einfache Meßraster (Quadrat, Rechteck, Sechseck), wobei die Probennahmestellen vorzugsweise äquidistant angeordnet sind. Im Umfeld von Punktemittenten (z. B. eine Altlast oder Deponie) werden oft Rasterverfahren eingesetzt, bei denen die Probennahmestellen radial oder konzentrisch um den Emittenten angeordnet sind. Bei einer Kombination von Zufalls- und Rasterverfahren wird das Untersuchungsgebiet in *n* Quadrate eingeteilt, von denen jedes eine oder mehrere Probennahmestellen enthält; diese sind innerhalb des Quadrates zufällig angeordnet. Raster dieser Art können vorteilhaft eingesetzt werden, wenn keine Vorinformationen über das Untersuchungsgebiet vorliegen, und bei denen die Gefahr besteht, durch ein einfaches Raster regelmäßige linienhafte Strukturen nicht ausreichend erfassen zu können.

Reichen im Gegensatz hierzu die über das Untersuchungsgebiet vorhandenen Informationen aus, um einzelne Schadstoffquellen räumlich hinreichend genau voneinander abzugrenzen, so wird eine urteilsbegründete Vorgehensweise vorgeschlagen, bei der das Meßnetz auf individuellen Erfahrungen und Einschätzungen von Experten beruht (LEUCHS 1989).

Die Anzahl der Probennahmepunkte richtet sich nach der Größe des Untersuchungsgebietes, seiner Nutzungsart und der Lage möglicher Kontaminationen. Im Bereich erkannter Kontaminationsschwerpunkte und bei Flächen, die einer sensiblen Nutzung zugeführt werden sollen (z. B. Kinderspielplätze), sollte eine verdichtete Beprobung durchgeführt werden.

3.1.3.3 Probennahme

Allgemeines zu Probennahme und Probentypen

Bei der Erkundung des geologischen Untergrundes von Deponien und Altlasten sowie des näheren Umfeldes können verschiedene Teilaspekte der Beprobung unterschieden werden:

- Erfassung der geologischen/geochemischen Gegebenheiten zur Charakterisierung des Standortes und des Umfeldes,
- Erfassung von aktuellen Bodenbelastungen mit anorganischen/organischen Stoffen,
- Erfassung bodenkundlicher Grunddaten zur Charakterisierung der Standorteigenschaften sowie

- Erfassung sich verändernder Bodeneigenschaften, z. B. im Rahmen eines Monitoring-Programms.

Die eigentliche Probennahmestrategie kann nur auf der Grundlage einer genau definierten Fragestellung der Untersuchung entwickelt werden. Dazu sind auch alle wichtigen Informationen über den zu untersuchenden Standort, besonders die geologische/geochemische sowie die bodenkundliche Ausgangssituation, zu berücksichtigen. Bei potentiellen Belastungen des Standortes müssen auch die möglichen Stoffeintragspfade erfaßt und bewertet werden. Besonders bei der Erfassung aktueller Bodenbelastungen, die durch anthropogene Kontaminationen hervorgerufen sein können, sind die Eintrittspfade über Luft, Wasser und Abfall, in der Nähe landwirtschaftlich genutzter Flächen auch über die Bewirtschaftung zu berücksichtigen.

Hierbei kann es über die genannten Eintrittspfade zu folgenden Belastungen kommen (nach NLFB 1993):

Luftpfad

- Eintrag von Partikeln, Aerosolen und Gasen aus diffusen oder gerichteten Emissionen,
- Aufwehung von durch Wind erodiertem Material.

Wasserpfad

- Überspülung (z. B. als Folge von Erosion),
- lateraler Zufluß kontaminierten Stauwassers,
- kapillarer Aufstieg aus kontaminiertem Grundwasser.

Abfallpfad

- künstlicher Auftrag, der zu einer vollständigen Überdeckung des natürlichen Bodenprofils führen kann,
- Ausbreitung aus Deponiekörpern stammender Gase und kontaminierter Wässer im Porenraum.

Bewirtschaftungspfad

- Einbringung von Klärschlamm und Komposten etc. in landwirtschaftlich und gärtnerisch genutzten Flächen,
- Ausbringung von Mineral- und Wirtschaftsdüngern, Pflanzenschutzmitteln.

Alle genannten Pfade zeichnen sich durch spezifische Raummuster der Immission aus, die bei der Festlegung der Beprobungsdichte berücksichtigt werden müssen.

Unabhängig von den speziellen Gegebenheiten und Fragestellungen von Untersuchungsprogramm und Untersuchungsgebiet gilt eine Reihe von allgemein gültigen Regeln:

- Die zur Probennahme verwendeten Geräte sind nach jeder Probe gründlich zu reinigen, um Querverunreinigungen durch Probenverschleppungen zu vermeiden. Die zu prüfenden Untersuchungsparameter dürfen sich durch die Transport- und Lagerungsbedingungen oder den Kontakt mit den Probennahmegeräten nicht verändern.
- Einzelproben stammen aus einer einzigen Entnahmestelle (Schurf oder Bohrung), wobei innerhalb des Aufschlusses Horizonte und Schichten zweckabhängig insgesamt oder nur in typischen Bereichen beprobt werden können. Mit der Untersuchung mehrerer Einzelproben auf einer Fläche können kleinräumige Variabilitäten am Standort erfaßt werden.
- Mischproben werden aus Einzelproben verschiedener Probennahmestellen (bei gleicher Entnahmetiefe oder gleichem Horizontbezug) zusammengestellt. Die Einzelproben werden entweder im Gelände oder im Labor unmittelbar vor Beginn der Untersuchung gemischt; sie sind in der Regel für die Durchführung von Nährstoffanalysen geeignet, können aber bei bestimmten Fragestellungen auch für Schadstoffuntersuchungen verwendet werden.

Generell gilt, daß der Probennahme unmittelbar die Untersuchung im Labor folgen sollte, da lange und unsachgemäße Lagerung der Proben die Analysenergebnisse beeinflussen können. Das Ausmaß der Beeinflussung der Proben durch unsachgemäßen Transport und Lagerung ist dabei entscheidend von den zu bestimmenden Parametern abhängig.

Hinsichtlich der Entnahme einer großen Anzahl von Proben wird empfohlen, nach einheitlicher Methodik vorzugehen und alle Arbeitsschritte und Beobachtungen in einem standardisierten Protokoll festzuhalten. Bei der Entnahme von Proben aus einem Schurf oder einer Bohrung sollen grobe organische Bestandteile (z. B. Wurzeln), grobe klastische Anteile (ca. > 10 mm) und erkennbare anthropogene Einträge (> 10 mm Glas, Schlacken, Schrott, Ziegel etc., sofern sie nicht Gegenstand der Untersuchung sind) ausgesondert werden. Die Proben für die Bestimmung der klassischen anorganischen Parameter sollten in geeigneten Behältern (z. B. Papier- oder Kunststofftüten, Gläsern) gesammelt werden. Proben für die Bestimmung organischer Parameter sollten in Glasgefäßen und Blechdosen gesammelt und unmittelbar nach der Probennahme gekühlt und abgedunkelt aufbewahrt werden. Zur Aufrechterhaltung einer Kühlkette wird empfohlen, die Proben im Gelände in Kühltaschen zu sammeln und dann direkt in das Labor zu bringen, wo die weitere Lagerung, z. B. in Kühlschränken bei niedrigen Temperaturen (< 0 °C), erfolgen kann.

Das Probennahmeprotokoll sollte mindestens Angaben zu folgenden Punkten enthalten:

Datum der Probennahme, Probennehmer, Meßtischblatt mit TK-Nummer, Hoch- und Rechtswert, Probennahmehorizont und -tiefe mit Ober- und Untergrenze, Geländebeschreibung, Wetterbedingungen, Farbe und Körnung der Probe, Skelettanteil, Durchwurzelung/Humusgehalt, bodenhydrogeologische Verhältnisse, Altlasten und Kontaminationen, Nutzung der Fläche.

Vor der Durchführung einer Beprobung ist bei dem Grundstückseigentümer das Betretungsrecht einzuholen.

Punktbezogene Bodenprobennahme

Punktbezogene Probennahmen können durch Bohrungen und/oder durch Entnahmen von Bodenproben in Schürfen erfolgen. Die Auswahl der Beprobungsstelle erfolgt nach einer Überprüfung des Standortes, z. B. durch Bohrungen oder nach vorprojektierten Entnahmestellen. Vor der Beprobung soll das Bodenprofil aufgenommen werden. Bei Humusauflagen sind diese als erste getrennt zu beproben; anschließend wird schrittweise von unten nach oben (horizont- bzw. tiefenstufenweise) beprobt, wobei Horizonte nicht übergreifend beprobt werden sollen. Bei einer horizontbezogenen Probennahme wird über die gesamte Horizontmächtigkeit beprobt. Bei der Entnahme von Bodenproben durch Bohrungen handelt es sich in der Regel um gestörte Proben; für die Entnahme durch Bohrungen werden u. a. folgende Geräte verwendet:

- Pürckhauer-Bohrstock (bis 1 m Tiefe),
- Rammkernsonde mit verschiedenen Durchmessern,
- Spiralbohrer,
- Marschenlöffel,
- Linnemann-Bohrer (ab 1 m Tiefe).

Weitere Hinweise auf Bohrgeräte und deren Anwendung siehe DIN 19671 und 19672 sowie E DIN ISO 10381. Welches Bohrverfahren zum Einsatz gelangt, hängt wesentlich von der Fragestellung ab. Prinzipiell ist beim Einsatz von Bohrern mit einem Verschleppen von Probenmaterial zu rechnen. In vielen Fällen bleibt deshalb die Beprobung an Profilgruben unerläßlich.

Bei der Anlage von Schürfen muß die Tiefe so gewählt werden, daß alle wichtigen Horizonte und Schichten beschrieben und beprobt werden können. Auf gute Begehbarkeit der Grube und die Einhaltung der Arbeitssicherheitsvorschriften ist zu achten.

Flächenbezogene Bodenprobennahme

Soll eine bestimmte Fläche repräsentativ beprobt werden, so muß diese Fläche durch Bohrungen/Sondierungen ausgegrenzt werden; alle abweichenden Flächen müssen von der Beprobung ausgeschlossen bzw. getrennt beprobt werden. Die Auswahl und Anzahl der Probennahmepunkte richtet sich nach den (bekannten) Belastungsschwerpunkten bzw. bei unbekannter Verteilung nach den jeweiligen Stichprobeverfahren (Raster).

Bodenprobennahmeintervalle

Die Entnahme von Bodenproben, die überwiegend für die Beschreibung des Standortes verwendet werden sollen, erfolgt auf der Basis der Bodenhorizonte. Jedem Horizont ist mindestens eine Probe aus einem typischen Bereich zu entnehmen. Im Ah-Horizont soll der Abstand der Proben 10 cm, in den folgenden Horizonten bis 1 m unter Geländeoberkante 20 cm nicht überschreiten. Bei Entnahmetiefen von mehr als 1 m können die Abstände auf 40 cm ausgedehnt werden.

Für spezielle geochemische Fragestellungen kann die Beprobung von Bohrungen oder Schürfen auch über vorab definierte Tiefenintervalle (z. B. 0-30, 30-60, 60-100 cm) erfolgen. Aus bodenkundlicher Sicht ist eine horizontbezogene Probennahme zu bevorzugen, letztlich muß jedoch anhand der konkreten Zielsetzung über die Beprobungsmethodik entschieden werden. So kann z. B. bei dem Untersuchungsziel der Beurteilung/Ermittlung einer möglichen Kontamination durch wenig mobile Stoffe, die über den Luftpfad eingetragen werden, die Beprobung auf den (humosen) Oberboden beschränkt werden.

Beprobung von Bachsedimenten

Die Charakterisierung größerer Flächeneinheiten (Einzugsgebiete von Bächen oder Flüssen) kann relativ einfach mit Bach- oder Flußsedimenten erfolgen. Abhängig von der jeweiligen Fragestellung sollten die Sedimentproben an den jeweiligen Ausflußstellen der Einzugsgebiete genommen werden. Generell sind Durchschnittsproben aus dem aktiven Bach- oder Flußsediment in ausreichender Menge zu entnehmen. Hierbei kann es vorteilhaft sein, bereits im Gelände durch nasses Absieben Teilproben $< 150\,\mu m$ und $< 2.000\,\mu m$ zu gewinnen (PLANT et al. 1996). Es ist jedoch auch möglich, diese Korngrößenfraktion durch Sieben der getrockneten Probe abzutrennen. Für die später durchgeführten Untersuchungen werden diese Proben im Labor analysenfein aufgemahlen.

Über die Probennahme soll ein Protokoll angefertigt werden, das wenigstens folgende Angaben enthalten muß: Datum der Probennahme, Probennehmer, Meßtischblatt mit TK-Nummer, Hoch- und Rechtswert, Witterungsverhältnisse, Gewässerart, Fließgeschwindigkeit, Trübung, Geruch, pH-Wert, elektrische Leitfähigkeit, Temperatur, Eh-Wert, Körnung und Farbe des Sediments, Nutzung der Fläche in der Umgebung des Probennahmepunktes.

3.1.3.4 Probenvorbehandlung

Transport

Der Transport von Bodenproben sollte möglichst schnell nach der Probennahme erfolgen. Um Verluste an zu untersuchenden Substanzen oder Veränderungen der Proben zu vermeiden, sollen die Proben möglichst kühl gelagert und transportiert werden. Ferner sind bei der Wahl des Aufbewahrungs- und Transportbehälters Aspekte wie Dichtigkeit, Lichtdurchlässigkeit, Möglichkeit der Kontamination berücksichtigt werden.

Für gestörte Proben, an denen bodenkundliche oder übliche anorganische Parameter bestimmt werden sollen, sind beschichtete Papiertüten oder Tüten und Flaschen aus Polyethylen geeignet. Für die Ermittlung organischer Schadstoffe müssen die Proben in lichtdichten, kunststofffreien Materialien (Glas oder Metall) gelagert und transportiert werden; hier ist besonders auf eine durchgängige Kühlkette zu achten.

Konservierung und Lagerung

Bodenproben werden in der Regel durch Kühlung (2 - 5 °C), durch Tiefgefrieren (-18 bis -20 °C) oder durch Gefriertrocknung konserviert. Eine chemische Konservierung durch Zugabe von Laugen oder Säuren ist weniger üblich. Zur Vermeidung photolytischer Zersetzungsprozesse sollten die Proben in lichtundurchlässigen Behältern aufbewahrt werden. Kühlungsmaßnahmen haben sich für die Konservierung von Bodenproben als universell einsetzbares Verfahren bewährt. Sie sind v. a. dann einzusetzen, wenn die Proben flüchtige oder mikrobiell abbaubare Stoffe enthalten, da biochemische Reaktionen bei tiefen Temperaturen verlangsamt ablaufen und die Freisetzung (Ausgasung) von flüchtigen Probenbestandteilen verringert wird. Das Gefrieren des Probenmaterials bietet die Möglichkeit, die Zeit der Lagerung gegenüber der Kühlung zu verlängern, da Zersetzungs-, Abbau- oder Verflüchtigungsprozesse stark vermindert bzw. ganz unterbunden werden. Eine kurze Zusammenstellung über Probenbehälter, Konservierungsmaßnahmen und die damit verbundene Haltbarkeit von Bodenproben für die Bestimmung einzelner Parameter ist in *Tabelle 3.15* zusammengestellt.

3.1.3.5 Analytisch-chemische Verfahren zur Untersuchung von Boden

Bislang stehen nicht für alle Parameter standardisierte Meßverfahren zur Untersuchung von Boden zur Verfügung. Es hat sich deshalb in der Praxis be-

Tabelle 3.15. Probenbehälter, Konservierung und Haltbarkeit von Bodenproben (BARTH & MASON 1984, erweitert)

Parameter	Probenbehälter	Konservierung	Haltbarkeit
Kationenaustauschkapazität	Papier, PE-Beutel	Kühlen, trocknen[(a)]	6 Monate, unbegrenzt
Kohlenstoff, Phosphat, Oxide	Papier, PE-Beutel	Kühlen, trocknen	6 Monate, unbegrenzt
Korngröße	Papier, PE-Beutel	--	Unbegrenzt
Acidität	Papier, PE-Beutel	Kühlen, trocknen	6 Monate, 6 Monate
Ammonium-N	Papier, PE-Beutel	Kühlen	8 Tage
Nitrat-N	Papier, PE-Beutel	Kühlen	8 Tage
Nitrit-N	Papier, PE-Beutel	Kühlen	8 Tage
Sulfid	Papier, PE-Beutel	Kühlen	4 Tage
Quecksilber	Papier, PE-Beutel	Kühlen, trocknen	8 Tage, 28 Tage
Weitere Metalle	Papier, PE-Beutel	Kühlen, trocknen (40°C[(b)], 105°C)	8 Tage, unbegrenzt
Organischer Kohlenstoff	Papier, PE-Beutel	Kühlen, trocknen	6 Monate, unbegrenzt
Öl, Schmierstoffe	Glas	Kühlen	7 Tage bis Extraktion, dann 6 Monate
Extrahierbare organische Stoffe[(c)]	Glas, Teflon beschichtet	Kühlen	7 Tage bis zu 1-6 Monaten (je nach Substanz nach der Extraktion)
Flüchtige organische Stoffe[(d)]	Spezialgefäß	Kühlen	14 Tage
Reaktive organische Stoffe[(e)]	Glas, Teflon beschichtet	Kühlen	3 Tage
Phenole	Glas, PE	Kühlen	7 bis zu 30 Tagen nach der Extraktion

[a] Luftrockene Proben: Trocknen an der Luft oder im Umluftofen bis max. 40°C, [b] Nach ABFKLÄRV (1992): Trocknung bis max. 40°C, [c] Phthalate, Nitrosamine, Chlorpestizide, PCB, NH-Organika, aromatische Kohlenwasserstoffe, chlorierte Kohlenwasserstoffe, Dioxine, Furane, [d] Halocarbone, Duftstoffe,[e] Acrolein, Acryl

währt, die Untersuchungen/Analytbestimmungen - nach einer entsprechenden Probenaufbereitung und speziellen Probenvorbereitung - auf der Basis der entsprechenden Wassernormen durchzuführen. Die Gesamtverfahren müssen dementsprechend validiert werden, bevor sie zum Einsatz gelangen.

In der folgenden *Tabelle 3.16* sind übliche Untersuchungsparameter und die jeweilige Untersuchungsmethode unkommentiert aufgeführt.

3.1.3.6 Bodenluftuntersuchungen

Bislang liegen einheitliche Anforderungen zur Entnahme von Bodenluftproben nicht vor. Die Richtlinie "Messen organischer Bodenverunreinigungen, Techniken für die Entnahme von Bodenluftproben" (VDI 3865, Blatt 2) liegt bislang nur als Entwurf vor. Neben den in der Richtlinie genannten Verfahren zur aktiven Beprobung kommt eine ganze Reihe anderer Verfahren in der Praxis zum Einsatz. Inwiefern diese Verfahren untereinander gleichwertig und für alle Fragestellungen gleich geeignet sind, muß noch weiter untersucht werden.

Mit der Untersuchung der Bodenluft lassen sich zwar die absoluten Konzentrationen von flüchtigen Schadstoffen im Boden nicht ermitteln, jedoch lassen sich relative Belastungen feststellen, die zur Eingrenzung von Belastungsschwerpunkten oder belasteten Gebieten verwendet werden können.

Zur Vorgehensweise bei der Untersuchung von Bodenluft, den dabei verwendeten Geräten und den erfaßbaren Substanzen s. Kap. 2.2.2 und 4 in diesem Band.

Tabelle 3.16. Analytisch-chemische Verfahren zur Untersuchung von Böden. (Verändert nach OFD Hannover-BAM 1995)

Physikalisch-chemische Parameter	
Untersuchungsparameter	**Untersuchungsmethode**
Bestimmung der Trockensubstanz	DIN ISO 11465 (1996-12)
pH-Wert	E DIN ISO 10390 (1993-07)
Elektrische Leitfähigkeit	E DIN ISO 11265 (1993-12)
Korngrößenverteilung	E DIN ISO 11277 (1994-06) DIN 18123 (1983-04)

Tabelle 3.16. Fortsetzung

Anorganische Parameter	
Untersuchungsparameter	**Untersuchungsmethode**
Extraktion von Spurenelementen, Königswasserextraktion	DIN ISO 11466 (1996-12) DIN 38414 - S7 (1983-01)
Extrahierbare Elementgehalte: Al, As, Ba, Be, Bi, Ca, Cd, Co, Cr, Cu, Fe, K, Li, Mg, Mn, Mo, N, Ni, P, Pb, S, Sb, Sr, Ti, V, W, Zn, Zr	DIN 38406 - E 22 (1988-03)
Cd, Cr, Co, Cu, Pb, Mn, Ni, Zn	E DIN ISO 11047 (1995-06)
Arsen	DIN EN ISO 11969 (1996-11)
Chrom (VI)	DIN 38405 - D 24 (1987-05)
Quecksilber	E DIN EN 1483 (1994-08)
Thallium	In Vorbereitung
Leicht freisetzbare und Gesamt-Cyanide	E DIN ISO 11262 (1994-06)
Fluorid	DIN 51084 (1990-07)
Gesamtstickstoff	E DIN ISO 11261 (1993-08)
Organische Parameter	
Untersuchungsparameter	**Untersuchungsmethode**
Organischer Kohlenstoff und Gesamtkohlenstoff nach trockener Verbrennung	DIN ISO 10694 (1996-08)
Mineralölkohlenwasserstoffe	ISO/TR 11046 (1994-06) LAGA-Richtlinie KW85 (1993-03)
Flüchtige aromatische Kohlenwasserstoffe, BTEX, Naphthalin	DIN 38407 - F9 (1991-05) ISO CD 15009 (1995-07)
Polycyclische aromatische Kohlenwasserstoffe	Merkblätter des LUA-Nordrhein-Westfalen (1994-04) E DIN ISO 13877 (1995-06)
Chlorbenzole	DIN 38407 - F 2 (1993-02) ISO CD 10382 (1995-07)
Phenol-Index	DIN 38409 - H16 (1984-06)
Phenole, Chlorphenole	DIN 38407 - F15 (1991-12) ISO CD 14154 (1996)

Tabelle 3.16. Fortsetzung

Untersuchungsparameter	**Untersuchungsmethode**
Leichtflüchtige Halogenkohlenwasserstoffe	DIN 38407 - F5 (1991-11) DIN 38407 - F4 (1988-05) ISO(CD 15009 (1995-07)
Vinylchlorid	DIN 38413 - P2 (1988-05)
Organopestizide, Schwerflüchtige Halogenkohlenwasserstoffe ohne PCB	DIN 38407 - F2 ISO CD 10382 (1995-07)
Polychlorierte Biphenyle	DIN 38414 - S20 (1996-01) ISO CD 10382 (1995-07) AbfKlärV, Anhang 1 (1992-04)
Polychlorierte Dibenzodioxine und Dibenzofurane	AbfKlärV, Anhang 1 (1992-04) VDI Richtlinien 3499 (1990-03)
Adsorbierbare organisch gebundene Halogene	DIN 38414 - S18 (1989-11)
Extraktion organisch gebundener Halogene	DIN 38414 - S17 (1989-11)

3.1.4 Anforderungen an die Probenbehandlung und den -transport, soweit diese nicht in Normen und Richtlinien geregelt sind

CHRISTIAN BÖHME

Probenbehandlung und -transport sind wesentliche Elemente der analytischen Qualitätssicherung (AQS) für eine erfolgreiche und im Ergebnis richtige Wasseranalytik. Sie bilden die Schnittstelle zwischen Probennahme und Messung im Labor.

Im folgenden sollen Hinweise gegeben und Fehlermöglichkeiten aufgezeigt werden, die in der Praxis auf die Qualität des Ergebnisses einen Einfluß haben können.

Aufgabenstellung und Probennahmestrategie

Die analytische Aufgabenstellung muß vor Beginn der Probennahme eindeutig zwischen dem Labor und der beauftragenden Stelle festgelegt werden und beinhaltet:

- Anzahl der zu untersuchenden Proben,
- Zeitraum des Untersuchungsintervalles für die Leistungsplanung im Labor,
- anzuwendende DIN- oder DEV-Vorschriften bzw. bei Abweichungen Nachweis der Gleichwertigkeit der Analysenmethode,
- Festlegung des Parameterumfanges und der Bestimmungsgrenze für jeden Analysenparameter,
- Aufbewahrungsfristen für Rückstellproben (ist nur eingeschränkt aufgrund der begrenzten zeitlichen Beständigkeit von Wasserproben möglich),
- Schaffung von technischen Voraussetzungen, die eine Unterbrechung der Kühlkette beim Transport vom Probennahmeort zum Labor verhindern,
- Bereitstellung geeigneter Probennahmegefäße durch das Labor einschließlich der zu erforderlichen Konservierungsmittel.

Analysenauftrag (Prüfauftrag)

Der Probennahme als ersten Teilschritt bei der Durchführung von physikalischen, chemischen und biologischen Untersuchungen ist eine hohe Bedeutung beizumessen, da Probennahmefehler im Labor nicht mehr korrigiert werden können und eine Wiederholung der Probennahme aufgrund der zeitlichen und räumlichen Repräsentanz oftmals nicht möglich ist. Entsprechend ausgebildete Probennehmer sind die Grundvoraussetzung für eine qualitätsgerechte Analyse.

Wird vom Probennehmer die Analysenprobe im Labor abgegeben, ist es notwendig, sofort den Analysen- bzw. Prüfauftrag schriftlich mit folgenden Mindestangaben zu formulieren:

- Auftraggeber für den Prüfauftrag,
- Projektbezeichnung,
- Probenart/-anzahl,
- Termin der Übergabe der Proben,
- Termin der Fertigstellung des Auftrages,
- Termin der Übergabe von Proben für evtl. Subunternehmer,
- exakte Auflistung der zu analysierenden Komponenten,
- Termin der Übergabe des Prüfberichtes an den Auftraggeber,
- Hinweise zur Probenbehandlung und zu Lagerbedingungen,
- schriftliche Übergabe des Probennahmeprotokolls und der Probenliste an das Labor,
- Vergabe einer Registriernummer für jeden einzelnen Auftrag, die dem Auftraggeber mitgeteilt wird.

Nach Erstellung des Analysenauftrages und vor Beginn der analytischen Arbeiten im Labor ist es erforderlich, folgende weitere Prüfungen vorzunehmen.

- Vollständigkeit der Proben entsprechend Analysenauftrag und in Übereinstimmung mit der Probenliste,
- Fehler beim Transport und bei der Aufbewahrung,
- Übereinstimmung der Probenbezeichnung auf den Probengefäßen mit dem Analysenauftrag (Probenidentifikation),
- Verschlußsicherheit der Probengefäße insbesondere bei der Bestimmung organischer Komponenten,
- Homogenität der Proben,
- Probenmengen zur Entscheidung, ob alle vorgesehenen Prüfungen durchgeführt werden können,
- Prüfung auf gefährliche Stoffe (Befragung).

Literatur

ABFKLÄRV, Anhang 1 (1992-04): Klärschlammverordnung vom 15.April 1992, Bundesgesetzblatt, Jahrgang 1992, Teil I, S. 912 - 934

AD-HOC ARBEITSGRUPPE BODEN (1994) Bodenkundliche Kartieranleitung, 4. Aufl., Hannover (Berichtiger Nachdruck 1996), 392 S

AD-HOC-ARBEITSGRUPPE BODEN (1996) Anleitung zur Entnahme von Bodenproben, Geol. Jb., G 1, Hannover (Bearb. W. Eckelmann, E. Gehrt, D. Kühn, J. Kues, V. Malessa, U. Müller, B. Scheffer, J. Schneider, J. Utermann), 34 S.

AK STADTBÖDEN DER DBG (1989) Kartierung von Stadtböden. Empfehlungen des Arbeitskreises Stadtböden der Deutschen Bodenkundlichen Gesellschaft für die bodenkundliche Kartieranleitung urban, gewerblich und industriell überformter Flächen (Stadtböden). UBA Texte, 18; Berlin

BAMBERG, H. F. (1991) Altlastenprogramm des Landes Sachsen - Objektbezogene Altlastenuntersuchung, Teil I: Grundlagen und Empfehlungen zur Erfassung, Untersuchung und Bewertung von Altlasten im Schadstoffpfad Grundwasser. Sächsisches Staatsministerium für Umwelt und Landesentwicklung. Dresden

BARCELONA, M. J., GIBB, J. P., MILLER, R. A. (1985) Practical guide for ground-water sampling. Illinois State Water Survey Contract Rep. 374, 78 S. Champaign, Illinois

BARCZEWSKI, B., MARSCHALL, P. (1990) Grundwassermeßstellen. Wasserwirtschaft 80 (10): 506 513, Stuttgart

BARCZEWSKI, B., GRIMM-STRELE, J., BISCH, G. (1993) Überprüfung der Eignung von Grundwasserbeschaffenheitsmeßstellen. Wasserwirtschaft 83 (2): 72-78, Stuttgart

BARTH, D. S., MASON, B. J. (1984) Soil Sampling Quality Assurance User´s Guide.-US-EPA, Environmental Research Center, University of Nevada, Las Vegas

BRYDEN, G. W., MABEY, W. R., ROBINE, K. M. (1986) Sampling for toxic contaminants in ground water. Ground Water Mon. Rev.6 (2): 67-72, Worthington, Ohio

CAMMERER, F. (1990) Meßgeräte zur Überwachung von Meßstellen. Vortrag auf dem DVGW/FIGAWA-Fachseminar "Bau und Betrieb von Grundwassermeßstellen", Heidelberg

CAMPANELLA, R., ROBERTSON, P. (1982)State-of-the-art in-situ testing on soils: dvelopments since 1978. Dept. of Civil Eng., University of British Columbia, Vancouver, Canada

COHEN, R. M., RABOLD, R. R. (1988) Simulation of sampling and hydraulic tsts to assess a hybrid monitoring well design. Ground Water Mon. Rev. **8** (1): 51-59, Worthington, Ohio

COLDEWEY, W. G., KRAHN, L. (1991) Leitfaden zur Grundwasseruntersuchung in Festgesteinen bei Altablagerungen und Altstandorten, (Hrsg.) Ministerium für Umwelt, Raumordnung und Landwirtschaft des Landes Nordrhein-Westfalen, 173 S., Düsseldorf

DAVENPORT, P. H. (ed.) (1993) Special volume on geochemical mapping. J Geochem Explor 49: 250

DIN 4021 (Oktober 1990) Baugrund, Aufschluß durch Schürfe und Bohrungen sowie Entnahme von Proben. Beuth, Berlin

DIN 4022, Teil 1 (September 1987) Baugrund und Grundwasser, Benennen und Beschreiben von Boden und Fels, Schichtenverzeichnis für Bohrungen ohne durchgehende Gewinnung von gekernten Proben im Boden und im Fels. Beuth, Berlin

DIN 4022, Teil 2 (März 1981) Baugrund und Grundwasser, Benennen und Beschreiben von Boden und Fels, Schichtenverzeichnis für Bohrungen im Fels (Festgestein). Beuth, Berlin

DIN 4022, Teil 3 (Mai 1982) Baugrund und Grundwasser, Benennen und Beschreiben von Boden und Fels, Schichtenverzeichnis für Bohrungen mit durchgehender Gewinnung von gekernten Proben im Boden (Lockergestein). Beuth, Berlin

DIN 18123 (1983-04) Baugrund - Untersuchung von Bodenproben - Bestimmung der Korngrößenverteilung). Beuth, Berlin

DIN 19671 (1964) Erdbohrgeräte für den Landeskulturbau. Beuth, Berlin

DIN 19672 (1968) Erdbohrgeräte für den Landeskulturbau. Beuth, Berlin

DIN 19681 Bodenuntersuchungen im landwirtschaftlichen Wasserbau. Entnahme von Bodenproben. Beuth, Berlin

DIN 38402, Teil 13 (1984-12) Probennahme aus Grundwasserleitern. Deutsche Einheitsverfahren zur Wasser-, Abwasser- und Schlammuntersuchung. Beuth, Berlin

DIN 38405-D24 (1987-05) Bestimmung von Chrom(VI) mittels 1,5-Diphenylcarbazid. Deutsche Einheitsverfahren zur Wasser-, Abwasser- und Schlammuntersuchung. Beuth, Berlin

DIN 38406-E22 (1988-03) Bestimmung der 33 Elemente Ag, Al, As, B, BA, Be, bi, Ca, Cd, Co, Cr, Cu, Fe, K, Li, Mg, Mn, Mo, Na, Ni, P, Pb, S, Sb, Se, Si, Sn, Sr, Ti, V, W, Zn und Zr durch Atomemissionsspektrometrie mit induktiv gekoppeltem Plasma (ICP-OES). Deutsche Einheitsverfahren zur Wasser-, Abwasser- und Schlammuntersuchung. Beuth, Berlin

DIN 38407-F2 (1993-02) Gaschromatographische Bestimmung von schwerflüchtigen Halogenkohlenwasserstoffen. Deutsche Einheitsverfahren zur Wasser-, Abwasser- und Schlammuntersuchung. Beuth, Berlin

DIN 38407-F4 (1988-05) Bestimmung von leichtflüchtigen Halogenkohlenwasserstoffen (LHKW). Deutsche Einheitsverfahren zur Wasser-, Abwasser- und Schlammuntersuchung. Beuth, Berlin

DIN 38407-F5 (1991-11) Bestimmung von leichtflüchtigen Halogenkohlenwasserstoffen (LHKW) durch gaschromatographische Dampfraumanalyse. Deutsche Einheitsverfahren zur Wasser-, Abwasser- und Schlammuntersuchung. Beuth, Berlin

DIN 38407-F9 (1991-05) Bestimmung von Benzol und einigen Derivaten mittels Gaschromatographie. Deutsche Einheitsverfahren zur Wasser-, Abwasser- und Schlammuntersuchung. Beuth, Berlin

DIN 38407-F15 (1991-12) Bestimmung ausgewählter einwertiger Phenole nach deren Derivatisierung und Gaschromatographie. Deutsche Einheitsverfahren zur Wasser-, Abwasser- und Schlammuntersuchung. Beuth, Berlin

DIN 38409-H16 (1984-06) Photometrische Bestimmung des Phenol-Index. Deutsche Einheitsverfahren zur Waaser-, Abwasser- und Schlammuntersuchung. Beuth, Berlin

DIN 38413-P2 (1988-05) Bestimmung von Vinylchlorid (Chlorethen) mittels gaschromatographischer Dampfraumanalyse. Deutsche Einheitsverfahren zur Wasser-, Abwasser- und Schlammuntersuchung. Beuth Verlag, Berlin

DIN 38414, Teil 4 (Oktober 1984) Bestimmung der Eluierbarkeit mit Wasser (S 4). Deutsche Einheitsverfahren zur Wasser-, Abwasser- und Schlammuntersuchung. Beuth, Berlin

DIN 38414-S7 (1983-01) Aufschluß mit Königswasser zur nachfolgenden Bestimmung des säurelöslichen Anteils an Metallen. Deutsche Einheitsverfahren zur Wasser-, Abwasser- und Schlammuntersuchung. Beuth, Berlin

DIN 38414-S17 (1989-11) Bestimmung von ausblasbaren und extrahierbaren, organisch gebundenen Halogenen. Deutsche Einheitsverfahren zur Wasser-, Abwasser- und Schlammuntersuchung. Beuth, Berlin

DIN 38414-S18 (1989-11) Bestimmung von adsorbierten, organisch gebundenen Halogenen (AOX). Deutsche Einheitsverfahren zur Wasser-, Abwasser- und Schlammuntersuchung. Beuth, Berlin

DIN 38414-S20 (1996-01) Bestimmung von 6 polychlorierten Biphenylen (PCB). Deutsche Einheitsverfahren zur Wasser-, Abwasser- und Schlammuntersuchung. Beuth, Berlin

DIN 51084 (1990-07) Prüfung von oxidischen Roh- und Werkstoffen für Keramik, Glas und Glasuren - Bestimmung des Gehaltes an Fluorid. Beuth, Berlin

DIN EN ISO 5667-3 (1995) Wasserbeschaffenheit, Probennahme - Teil 3: Anleitung zur Konservierung und Handhabung von Proben. Beuth, Berlin

DIN EN ISO 11969 (D18) (November 1996) Wasserbeschaffenheit - Bestimmung von Arsen - Atomabsorptionsspektrometrie (Hydridverfahren). Deutsche Einheitsverfahren zur Wasser-, Abwasser- und Schlammuntersuchung. Beuth, Berlin

DIN ISO 10694 (1996-08) Bodenbeschaffenheit - Bestimmung von organischen Kohlenstoff und Gesamtkohlenstoff nach trockener Verbrennung (Elementaranalyse)

DIN ISO 11464 (1996-12) Bodenbeschaffenheit - Probenvorbehandlung für physikalisch-chemische Untersuchungen. Beuth, Berlin

DIN ISO 11465 (1996-12) Bodenbeschaffenheit - Bestimmung der Trockensubstanz und des Wassergehaltes auf Grundlage der Masse - Gravimetrisches Verfahren). Beuth, Berlin

DÖRHÖFER, G. (1987) Geologische Standorttypen für Deponien - ein Ansatz zur Definition der geologischen Barriere. Ber Nat Tag Ing Geol 6, Aachen

DÖRHÖFER, G. (1995) Planungskriterien für Grundwasserbeschaffenheitsmeßstellen, Teil 1 - Begriffsdefinition und Einsatzbereiche. bbr, Wasser- und Rohrbau 11

DREHER, T. (1991) LCKW in Grundwasserproben: Verschleppung durch die Probennahme. Geol Jahrb Hessen 119: 177-189, Wiesbaden

DVGW-MERKBLATT W 110 (1990) Geophysikalische Untersuchungen von Bohrlöchern und Brunnen zur Erschließung von Grundwasser, Bonn

DVGW-MERKBLATT W 112 (1983) Entnahme von Wasserproben bei der Wassererschließung, Eschborn

DVGW-MERKBLATT W 115 (1977) Bohrungen bei der Wassererschließung, Eschborn

DVGW-MERKBLATT W 121 (1988) Bau und Betrieb von Grundwasserbeschaffenheitsmeßstellen, Bonn

DVWK-MERKBLÄTTER ZUR WASSERWIRTSCHAFT (1982) Entnahme von Proben für hydrogeologische Grundwasseruntersuchungen, Merkblatt 203, Bonn

DVWK-MERKBLÄTTER zur WASSERWIRTSCHAFT (1997) Tiefenorientierte Probennahme aus Grundwassermeßstellen, Nr. 245/1997, Bonn

DVWK-MITTEILUNGSHEFTE 20 (1990) Einflüsse von Meßstellenausbau und Pumpenmaterialien auf die Beschaffenheit einer Wasserprobe. Bearbeitet von F. Remmler unter Federführung des DVWK-Fachausschusses "Grundwasserchemie", Bonn, 153 S

DVWK-REGELN ZUR WASSERWIRTSCHAFT (1992) Entnahme und Untersuchungsumfang von Grundwasserproben, DK 556.32.001.5 Grundwasseruntersuchung, DK 543.3.053 Probennahme. DVWK-Regeln zur Wasserwirtschaft 128, 36 S., Deutscher Verband für Wasserwirtschaft und Kulturbau e.V., Hamburg, Berlin

DVWK-SCHRIFTEN (1991) Grundwasser-Redoxpotentialmessungen und Probennahmegeräte, Heft 84, Unveränderter Nachdruck, Bonn

E DIN 19730 (Oktober 1990) Bodenbeschaffenheit - Extraktion von Spurenelementen mit Ammoniumnitratlösung (sogenannter "mobiler Elementanteil"). Beuth, Berlin

E DIN 38414, Teil 22, DEV S 22 (Mai 1996) Bestimmung des Gefriertrockenrückstandes und Herstellung der Gefriertrockenmasse eines Schlammes. Deutsche Einheitsverfahren zur Wasser-, Abwasser- und Schlammuntersuchung. Beuth, Berlin

E DIN EN 1483 (1994-08, E 12) Wasseranalytik - Bestimmung von Quecksilber

E DIN ISO 10381, Teil 1 (Februar 1996) Bodenbeschaffenheit - Probennahme, Anleitung zur Aufstellung von Probennahmeprogrammen. Beuth, Berlin

E DIN ISO 10381, Teil 2 (Februar 1996) Bodenbeschaffenheit - Probennahme, Anleitung für Probennahmeverfahren. Beuth, Berlin

E DIN ISO 10381, Teil 3 (Februar 1996) Bodenbeschaffenheit - Probennahme, Anleitung zur Sicherheit. Beuth, Berlin

E DIN ISO 10381, Teil 4 (Februar 1996) Bodenbeschaffenheit - Probennahme, Anleitung für das Vorgehen bei der Untersuchung von natürlichen, naturnahen und Kulturstandorten. Beuth, Berlin

E DIN ISO 10390 (1993-07) Bodenbeschaffenheit - Bestimmung des pH-Wertes. Beuth, Berlin

E DIN ISO 11047 (1995-06) Bodenbeschaffenheit - Bestimung von Cadmium, Chrom, Cobalt, Kupfer, Blei, Mangan, Nickel und Zink - Flammen- und elektrrothermisches atomabsorptionsspektrometrisches Verfahren. Beuth, Berlin

E DIN ISO 11261 (1993-08) Bodenbeschaffenheit - Bestimmung von Gesamtstickstoff, Kjeldahl-Verfahren unter Verwendung von Titanoxid als Katalysator. Beuth, Berlin

E DIN ISO 11262 (1994-06) Bodenbeschaffenheit - Bestimmung von Cyanid. Beuth, Berlin

E DIN ISO 11265 (1993-12) Bodenbeschaffenheit - Bestimmung der spezifischen elektrischen Leitfähigkeit. Beuth, Berlin

E DIN ISO 11277 (1994-06) Bodenbeschaffenheit - Bestimmung der Partikelgrößenverteilung in Mineralböden; Verfahren durch Sieben und Sedimentation nach Entfernen der löslichen Salze, der organischen Substanz und der Carbonate. Beuth, Berlin

E DIN ISO 13877 (1995-06) Bodenbeschaffenheit - Bestimmung von polycyclischen aromatischen Kohlenwasserstoffen (PAK) - Hochleistungs-Flüssigkeitschromatographie (HPLC)-Verfahren. Beuth, Berlin

E DIN ISO 14507 (1996-02) Bodenbeschaffenheit - Probenvorbehandlung für die Bestimmung von organischen Verunreinigungen in Böden. Beuth, Berlin

EMENHISER, T. C., SINGH, U. P. (1984) Innovative techniques for ground-water monitoring at hazardous waste sites. Ground Water Mon Rev **4** (4): 35-37, Worthington, Ohio

EPA 1986: U. S. Environmental Protection Agency (1986) RCRA ground-water monitoring technical enforcement guidance document. U. S. EPA, Office of Waste Programs Enforcement, Office of Solid Waste and Emergency Response, OSWER-9950.1, 208 p., Wahington DC

EPA 1991: U. S. Environmental Protection Agency (1991) Compendium of ERT Groundwater Sampling Procedures. Office of Solid Waste and Emergency Response, EPA/540/P-91/007, 63 p., Washington, DC

FELD, J., CONNELLY, J. P., LINDORFF, D.E. (1987) Ground water sampling, addressing the turbulent inconsistencies. Proceedings of the National Outdoor Action Conference on Aquifer Restoration, Ground Water Monitoring and Geophysical Methods 1: 237-255, Las Vegas, Nevada

FETTER, C.W. (1988) Applied Hydrogeology. 2nd. edn. 592 p., New York

FINK, M.J., BOYAJLAN, R.T. (1989) Decontamination procedure for ground water sampling equipment. Proceedings of the National Outdoor Action Conference on Aquifer Restoration. Ground Water Monitoring and Geophysical Methods 3: 305 - 311, Dublin, Ohio

FRÄNZLE, O., SCHMOTZ, W., KRINITZ, J., HERTLING, T., MÜLLER, J. (1994) Methodik für Schadstoffuntersuchungen in Böden. Teil I und II. Kiel (unveröffentlicht)

GARVIS, D.G., STUERMER, D.H. (1980) A well-head instrument package for multiparameter measurement during well water smpling. Water Res 14: 1525 - 1527, GB

GERSCHLER, L. J. (1982) Probleme der Vorbehandlung von Wasserproben der Grundwasserüberwachung für die Untersuchung auf organische Spurenstoffe. In: Anthropogene Einflüsse auf die Grundwasserbeschaffenheit in Niedersachsen, Fallstudien 1982, Veröffentlichungen des Instituts für Stadtbauwesen, Heft 34, TU Braunschweig, Braunschweig

GIBB, J. P., SCHULLER, R. M., GRIFFIN, R. A. (1981) Procedures for the collection of representative water quality data from monitoring wells. Illinois State Water Survey/Geological Survey, Cooperative Resources Report 7, 61 p., Champaign, Illinois

GILLHAM, R. W., ROBIN, M. J. L., BARKER, J. F., CHERRY, J. A. (1983) Groundwater monitoring and sample bias. Environmental Affairs Department, American Petroleum Institut 'API' Publication 4367, 206 S., Waterloo, Ontario

GORELICK, S. M., FREEZE, R. A., DONOHUE, D., KEELY, J. F. (1993) Groundwater contamination: optimal capture and containment. 385 p., Boca Raton

HESSISCHE LANDESANSTALT FÜR UMWELT (1986) Richtlinie zum Aufbau und Betrieb eines Grundwasserbeschaffenheitsmeßnetzes in Hessen. Schriftenreihe der Hessischen Landesanstalt für Umwelt, Heft 46, Wiesbaden

HOFFMANN, G. (1991) Methodenbuch VDLUFA Bd 1, die Untersuchung von Böden, 4. Aufl. VDLUFA-Verlag, Darmstadt

HUMENICK, M.J., TURK, L.J., COLCHIN, M.P. (1980) Methodology for monitoring ground water at uranium solution mines. Ground Water 18 (3): 262 - 273, Urbana, Illinois

ISO 5667/1 (1980) Guidance on the Design of Sampling Programmes. Water Quality-Sampling, Part 1, 15 p., Berlin

ISO 5667/11 (1993) Guidance on Sampling of Groundwaters. Water Quality-Sampling, Part 11, 10 p., Berlin.

ISO CD 10381, Part 5 (1995) Soil quality - Sampling, Guidance on the procedure for the investigation of urban and industrial sites on soil contamination

ISO CD 10382 (1995-07) Soil quality - Gaschromatographic determination of the content of poly-chlorinated biphenyls (PCB) and organochloro pesticides

ISO CD 14154 (1996) Soil quality - Determination of phenols and chlorophenols

ISO CD 15009 (1995-07) Soil quality - Determination of the content of volativle aromatic hydrocarbons, naphthalene and halogenated hydrocarbons - purge and trap method with thermal desorption

ISO/TR 11046 (1994-06) Soil quality - Determination of mineral oil content - Method by infrared spectrometry and gas chromatographic method

JOHNSON, R. L., PANKOW, J. F., CHERRY, J. A. (1987) Design of a ground-water sampler for collecting volatile organics and dissolved gases in small-diameter wells. Ground Water 25 (4): 448-454, Urbana, Illinois

KALERIS, V. (1992) Strömungen zu Grundwassermeßstellen mit langen Filterstrecken bei der Gewinnung durchflußgewichteter Mischproben. Wasserwirtschaft 83 (1): 5-11, Stuttgart

KAPLAN, E., BANERJEE, S., RONEN, D., MAGARITZ, M., MACHLIN, A., SOSNOW, M., KOGLIN, E. (1991) Multilayer sampling in the water-table region of a sandy aquifer. Ground Water 29 (2): S. 191-198, Urbana, Illinois

KÄSS, W. (1989) Grundwasserentnahmegeräte Zusammenstellung von Geräten für die Grundwasserentnahme zum Zweck der qualitativen Untersuchung. DVWK-Schriften 84 (2): 119-172, Hamburg

KEELY, J. F., BOATENG, K. (1987) Monitoring well installation, purging, and sampling techniques Part 1: conceptualizations. Groundwater 25 (3): S. 300-313, Urbana, Illinois

KRITZNER, W., (1990) Beitrag zur Gewinnung repräsentativer Proben aus dem Boden- und Grundwasserbereich. Dissertation TU Dresden, 122 S.(60 Abb. 19 Tab.), Dresden.

KUBINOK, J., MAAS, E. (1991) Bodenkundliche Methoden der Standortaufnahme, Probenentnahme, -aufbereitung und -untersuchung. Studie im Auftrag des UBA, 10706001/07

LÄNDERARBEITSGEMEINSCHAFT ABFALL 'LAGA' (1981) PN 1,75: Entnahme von Wasserproben. Mitteilungen der Länderarbeitsgemeinschaft Abfall (LAGA) 3: 11-20, Berlin.

LAGA-RICHTLINIE KW 85 (1993-03) Bestimmung des Gehaltes an Kohlenwasserstoffen in Abfällen

LANDESANSTALT FÜR UMWELTSCHUTZ BADEN-WÜRTTEMBERG (1993a) Anleitung zur Probennahme von Grund-, Roh- und Trinkwasser. Grundwasserüberwachungsprogramm in Baden-Württemberg, 15 S., Karlsruhe

LANDESANSTALT FÜR UMWELTSCHUTZ BADEN-WÜRTTEMBERG (1993b) Beprobung von Grundwasser Literaturstudie. 66 S., Karlsruhe

LANDESANSTALT FÜR UMWELTSCHUTZ BADEN-WÜRTTEMBERG (1994) Lehrgang für Probennehmer bei Grundwassermeßnetz. Zusammenarbeit mit dem Institut für Siedlungsbau, Wassergüte- und Abfallwirtschaft der Universität Stuttgart, Stuttgart

LANDESARBEITSGRUPPE ALTLASTEN (1993) Altlastenprogramm des Landes Niedersachsen - Altablagerungen. Hannover (Nds. Ministerium für Umwelt)

LAWA-GRUNDWASSER (1993) Richtlinien für Beobachtung und Auswertung, Teil 3 - Grundwasserbeschaffenheit

LAWA-GRUNDWASSER (1982) Richtlinien für Beobachtung und Auswertung, Teil 1 - Grundwasserstand

LAWA-EMPFEHLUNG (1995) AQS-Merkblatt für die Qualitätssicherung bei Wasser-, Abwasser- und Schlammuntersuchungen

LENDERMANN, B. (1993) Qualitätsverbesserung bei der Beprobung von Grundwassersystemen. Wasser, Luft und Boden (WLB) 6: 30-31, Mainz

LEUCHS, W. (1989) Strategien und Techniken zur Gewinnung von Feststoffproben. In: LANDESAMT FÜR WASSER UND ABFALL (Hrsg.) Probennahme bei Altlasten. LWA-Materialien 3:7-31, Düsseldorf

LWA (1989) Leitfaden zur Grundwasseruntersuchung bei Altablagerungen und Altstandorten. Landesamt für Wasser und Abfall Nordrhein-Westfalen, LWA-Materialien 7/89, 95 S., Düsseldorf.

LWA (1991) Probennahme bei Altlasten. Landesamt für Wasser und Abfall Nordrhein-Westfalen, LWA-Materialien 1/91, 128 S., Düsseldorf

MERKBLÄTTER DES LANDES UMWELTAMT NORDRHEIN-WESTFALEN (1994-04) Bestimmung von polycyclischen aromatischen Kohlenwasserstoffen (PAK) in Bodenproben

MOOIJ, H., ROVERS, F. (1975) Recommended groundwater and soil sampling procedures. Environment Canada, Seminar Proceedings, 18/19.09.1975, Toronto

MÜLLER, G. (1979) Anforderungen an die Grundwasserbeobachtung und deren Standardisierung in der DDR. Wasserwirtschaft-Wassertechnik (WWT), 29 (12): 411-415, Berlin

NLfB/BGR (1991) Symbolschlüssel Geologie - Symbole für die Dokumentation und Automatische Datenverarbeitung geologischer Feld- und Aufschlußdaten. 3. vollständig überarbeitete Auflage, herausgegeben vom Niedersächsischen Landesamt für Bodenforschung und der Bundesanstalt für Geowissenschaften und Rohstoffe, Hannover. Kommission: E. Schweizerbart´sche Verlagsbuchhandlung (Nägele u. Obermiller), Stuttgart

NLfB (1993) Anleitung zur Entnahme von Bodenproben. Archiv Niedersächsisches Landesamt für Bodenforschung, 111665, Hannover (Unveröffentlicht)

OFD Hannover-BAM (1995) Anforderungen an Untersuchungsmethoden zur Erkundung und Bewertung kontaminationsverdächtiger/kontaminierter Flächen und Standorte auf Bundesliegenschaften. Verwaltungsvereinbarung OFD Hannover -BAM, 15.09.1995;, Stand Februar 1997, Berlin

PANKO, A. W., BARTH, P. (1988) Chemical stability prior to ground water wampling: a review of current well purging methods. ASTM Special Technical Publication on Ground Water Contamination 963: 232-239, Philadelphia, Pa

PLANT, J. A., HALE, M. (Eds.) (1994) Drainage geochemistry in mineral exploration. Handbook of Exploration Geochemistry 6. Elsevier, Amsterdam

PLANT, J. A., KLAVER, G., LOCUTURA, J., SALMINEN, R., VRANA, K., FORDYCE, F.M. (1996) Forum of European Geological Surveys Geochemistry Task Group 1994-1996 Report. British Geological Survey Technical Report WP/95/14. British Geological Survey, Keyworth, UK

PULS, R. W., BARCELONA, M. J. (1989) Ground water sampling for metals analyses. Superfund ground water issue. Report, EPA/540/4-89/001, Order No PB91-133249/GAR, 8 S., Washington, DC

REHM, B. W., STOLZENBURG, T. R., NICHOLS, D. G. (1985) Field measurement methods for hydrogeologic investigations: a critical review of the literature. EPRI EA-4301, Project 2485-7, Electric Power Research Institute, 328 S., Palo Alto, California

ROBBINS, G. A., MARTIN-HAYDEN, J. M. (1991) Mass balance evaluation of monitoring well purging: part I. Theoretical models and implication for representative sampling. Journal of Contaminant Hydrology 8 (3-4): 203-224, Amsterdam

ROBIN, M. J. L., GILLHAM, R. W. (1987) Field evaluation of well purging procedures. Ground Water Mon Rev 7 (3): 85-93, Worthington, Ohio

SCHENK, V. (1983) Erfahrungen beim Bau tiefer Grundwassermeßstellen und bei der Bestimmung des Probennahmezeitpunktes. Brunnenbau, Bau von Wasserwerken, Rohrleitungsbau 'bbr' 34 (2): 51-56, Köln

SCHRAPS, W. (1991)Entnahme von Bodenproben. GLA Nordrhein Westfalen Unveröffentlicht)

SCHREIBER, G, MÜLLER, G., HERMANN (1985) Probleme und Technik der Entnahme repräsentativer Wasserproben aus dem Grundwasser. Wasserwirtschaft-Wassertechnik (WWT) 35 (8): 185-186, Berlin

SMOLLEY, M., KAPPMEYER, J. C. (1991) Cone penetrometer tests and HydroPunch sampling: a screening technique for plume definition. Ground Water Mon Rev 11 (2): 101-106, Worthington, Ohio

SÖHNGEN, K. (1992) Strategie einer sach- und fachgerechten Entnahme von Grundwasserproben. eretec. Institut für chemische Analytik und Umwelttechnik, 12 S., 10 Abb., Gummersbach

SÖHNGEN, K. (1994) Praktischer Nutzen und sinnvolle Umsetzung von Qualitätssicherungsmaßnahmen in der chemischen Analytik. Vortrag bei dem Seminar "Qualitätsgerechte Grundwasserprobennahme bei Altlasten", 2 S., 23 Anl., Hildesheim

SPRENGART, J, WAGNER, G., (1993) Umweltprobenbank des Bundes. Richtlinien zur Probennahme und Probenbearbeitung. Inst. f. Biogeographie, Zentrum f. Umweltforschung, Uni. Saarland, Saarbrücken.

STRAATEN, L. van (1991 a) Analyseverfahren während und nach dem Abpumpen von Grundwassermeßstellen. Vortrag auf dem DVGW/FIGAWA-Fachseminar "Bau und Betrieb von Grundwassermeßstellen", Heidelberg

STRAATEN, L. van (1991 b) Qualitätssicherung und Dokumentation. Vortrag auf dem DVGW/FIGAWA-Fachseminar "Bau und Betrieb von Grundwassermeßstellen", Heidelberg

SUMMERS, W. K., BRANDVOLD, L. A. (1967) Physical and chemical variations in the discharge of a flowing well. Ground Water 5 (1): 9-10, Urbana, Illinois

TORSTENSSON, B. A., PETSONK, A. M. (1988) A hermetically isolated sampling method for ground-water investigations. ASTM American Special Technical Publication 963: 274-289, Philadelphia, Pa

TOUSSAINT, B. (1991) Probleme mit der Grundwasserbeprobung von Meßstellen. DGM 35, (5/6): 189-190, Koblenz

TOUSSAINT, B. (1993) Hydrogeologische Standorttypen - DV-gestützte Gefährdungsabschätzung von Schadstoffeintrag und -transport im Untergrund am Beispiel der HKW. Hessisches Landesamt für Umwelt, Umweltplanung, Arbeits- und Umweltschutz, H. 157

UBA Texte 10/95: Methodenhandbuch Bodenschutz I. Umweltbundesamt, Berlin

UBA Texte 26/95, Teil I: Handlungsanleitung für Schadstoffuntersuchungen in Böden, Vorbemerkungen und theoretische Grundlagen. Umweltbundesamt, Berlin

UBA Texte 26/95, Teil II: Handlungsanleitung für Schadstoffuntersuchungen in Böden, Handlungsanleitung. Umweltbundesamt, Berlin

UMWELTMINISTERIUM BW (1993) Zweite Verwaltungsvorschrift zum Bodenschutzgesetz über Probennahme und -aufbereitung (VwV Bodenproben) vom 24.8.1993, AZ 44-8810.30-1/46

U. S. Geological Survey (1977) National Handbook of Recommended Methods for Water-Data Acquisition. USGS Office of Water Data Coordination, 576 pp., Reston, Virginia

UNWIN, J. P. HUIS, D. (1983) A laboratory investigation of the purging behavior of small-diameter monitoring well. Proceedings of the Annual Symposium on Ground Water Monitoring and Aquifer Restoration, pp. 257-262, Columbus, Ohio

URBAN, D., SCHETTLER, G. (1980) Untersuchungsergebnisse zur Gewinnung repräsentativer Grundwasserproben für die chemische Analyse in Pegelbrunnen. Wasserwirtschaft, Wassertechnik 'WWT' 30 (12): 426-430: Berlin

VDI Richtlinien 3499 (1990-03) Messen von polychlorierten Dibenzodioxinen und -furanen im Rein- und Rohgas von Feuerungsanlagen mit der Verdünnungsmethode. Bestimmung in Filterstaub, Kesselasche und in Schlacken

VDI 3865, Blatt 2 (Entwurf Juni 1996) Messen organischer Bodenverunreinigungen, Techniken für die aktive Entnahme von Bodenluftproben

VOIGT, H.-J. (1990) Hydrogeochemie - Eine Einführung in die Beschaffenheitsentwicklung des Grundwasser. Springer Berlin, Heidelberg, New York, Tokyo, 310 S.

WESSELOW, TERJUNG (1991) Handbuch zur Probennahme für hydrogeologische Untersuchungen. DBE - Projekt 9G Gorleben, 262 Bl.

WOOD, W. W. (1976) Guidelines for the collection and field analyses of groundwater samples for selected unstable constituents. U. S. Geological Survey Techniques for Water Resources Investigations, Book 1, Collection of Water Data by Direct Measurement, Chap D-2, 24 S., Washington, DC

3.2 Methodensammlung analytischer Bestimmungsverfahren

JOHANNES FLACHOWSKY, ANTONIUS KETTRUP, JOSEF KNECHT, JUTTA LINTELMANN, HARTMUT LUCHT UND THOMAS WIPPERMANN

Die Untersuchung von Wasser-, Boden- und Luftproben hat in der Regel die Beantwortung einer der folgenden Fragen zum Ziel :

1. Ist eine Substanz in der Probe vorhanden (Ja-Nein - Entscheidung) ?
2. Wieviel der Substanz ist in der Probe vorhanden (Konzentrationsbereich oder Konzentration) ?
3. Ist ein Grenzwert überschritten ?

Hierzu gelangt eine Reihe von unterschiedlichen Untersuchungsverfahren zum Einsatz, die auf verschiedenen Analysenprinzipien beruhen. Ziel der hier zusammengestellten Liste von Analysenprinzipien und -methoden sowie Parametern ist es, Anwendern/Nutzern entsprechender Untersuchungsergebnisse eine knappe Beschreibung der Methode zu geben und gleichzeitig auf Anwendungsbereiche und normative Regeln hinzuweisen. Auf eine exakte, ausführliche und fachlich umfassende Beschreibung der einzelnen Untersuchungsverfahren wurde verzichtet, da dies bereits mehrfach in der Literatur erfolgt ist, wie aus dem Literaturverzeichnis ersichtlich ist.

AAS: Atomabsorptionsspektrometrie

AES: Atomemissionsspektrometrie oder Auger-Elektronen-spektrometrie

AFS: Atomfluoreszenzspektrometrie

Amperometrie:
Bezeichnung für die Ermittlung eines Stromes, der zwischen 2 Elektroden, die in eine Lösung eintauchen, fließt; der gemessene Strom steht in Abhängigkeit von der Konzentration der gelösten Stoffe. Mit Hilfe amperometrischer Titrationen kann man oxidierende bzw. reduzierende Substanzen in einer Lösung erfassen. Das Meßprinzip amperometrischer Titrationen beruht darauf, daß bei der Titration einer Analysenlösung in einer elektrochemischen Zelle Polarisationseffekte an den Zellelektroden auftreten, während die Spannung der Amperometrie konstant gehalten wird. Der Stoffumsatz der chemischen Reaktion im Verlauf der Titration kann durch Änderung des Stromflusses in der elektrochemischen Zelle verfolgt werden. Am Endpunkt der Redoxtitration ändert sich der Strom sprunghaft; die

Konzentration der zu bestimmenden Substanz ergibt sich durch Auswertung von Volumen der Titrationslösung und der gemessenen Stromstärken. Klassisches Beispiel für eine amperometrische Titration ist die Wasserbestimmung nach Karl Fischer, bei der SO_2 durch I_2 bei Anwesenheit von Wasser oxidiert wird: $SO_2 + I_2 + 2\,H_2O \rightarrow H_2SO_4 + 2\,HI$. Am Titrationsendpunkt tritt das reversible Redoxsystem J/J^- in der Lösung auf und führt zu einer Depolarisation der Arbeitselektrode und damit zu einem sprunghaften Anstieg des Stromflusses durch die Zelle.

Analysenprobe:
Die Probe, die nach Durchführung einer Probenvor- und -aufbereitung (z. B. Aufschluß, Extraktion, Elution, Aufkonzentrierung, Verdünnung) aus der ursprünglichen Probe erhalten wird und für den eigentlichen Meßvorgang genutzt wird (FUNK et al. 1992).

Anionenchromatographie: s. Ionenchromatographie

AOF: **A**dsorbierbare **O**rganische **F**luorverbindungen
Summenparameter, der in Anlehnung an DEV-H14 (1985) (Bestimmung des AOX) ermittelt wird und den Gehalt des in einer Wasserprobe enthaltenen organisch gebundenen Fluors charakterisiert.

AOS: **A**dsorbierbare **O**rganische **S**chwefelverbindungen
Summenparameter, der in Anlehnung an DEV-H14 (1985) (Bestimmung des AOX) ermittelt wird und den Gehalt der in einer Wasserprobe enthaltenen organischen Schwefelverbindungen charakterisiert.

AOX: **A**dsorbierbare **O**rganische Halogen- (**X**) verbindungen
Als Summenparameter in der Abwasseranalytik erfaßt der AOX-Wert die an Aktivkohle adsorbierbaren organischen Chlor-, Brom- und Iodverbindungen [Bestimmung nach DEV-H14 (1985)im Konzentrationsbereich 10 - 250 µg/l AOX (berechnet als Cl^-) und einem DOC < 10 mg/l]; zur Bestimmung werden die Wasserinhaltsstoffe in salpetersaurer Lösung an pulverisierter Aktivkohle adsorbiert. Nach Abtrennung der adsorbierten anorganischen Halogenidanteile wird die Aktivkohle im Sauerstoffstrom in einer Verbrennungsapparatur mineralisiert und die entstandenen Halogenwasserstoffe (HCl, HBr, HI) im Mikrocoulometer bestimmt. Hinsichtlich der Belastung von Oberflächengewässern kann man von folgender Bewertung ausgehen: <1 - 5 µg/l: Nachweisgrenze; < 10 µg/l: allgemeine Hintergrundbelastung; 10- 20 µg/l: anthropogene Beeinflussung ohne konkrete Emissionsquelle; 20 - 60 µg/l: deutliche Beeinflussung, schwache, punktförmige Quelle; 60 - 300 µg/l: spezifische Emissionsquelle (z.B. Altlast); > 300 µg/l: starke Grundwasserkontamination (Hinweis z.B. auf Sonderabfälle).

Arbeitsbereich eines Analysenverfahrens:
Konzentrationsbereich, in dem ein Stoff nach einer vorgegebenen Arbeits-

und Meßvorschrift einwandfrei bestimmt werden kann. Der Arbeitsbereich eines Verfahrens sollte dem (praxisbezogenen) Anwendungsziel angepaßt sein und einen größeren Anwendungsbereich abdecken. Die Mitte des Arbeitsbereiches sollte der am häufigsten zu erwartenden Proben-/Analytkonzentration entsprechen bzw. bei Grenzwertüberwachungen gleich einem festgelegten Grenzwert sein. Eine geforderte Analysenpräzision muß im gesamten Arbeitsbereich erreichbar sein. Die Festlegung einer unteren Arbeitsbereichsgrenze ist nur dann sinnvoll, wenn sie mindestens gleich oder größer der Nachweisgrenze eines Verfahrens ist. Verfahrensschritte wie Verdünnungen oder Konzentrierungen sollten bequem und fehlerfrei realisierbar sein (FUNK et al. 1992; FUNK et al. 1985).

Atomabsorptionsspektrometrie (AAS, auch Atomabsorptions-Analyse) Die Atomabsorptionsspektrometrie ist ein Analysenverfahren zum Nachweis von Elementen und deren Konzentrationen in Lösungen. Die zu analysierende Probe wird nach Aufschluß in flüssiger Form in einer heißen Flamme verdampft und atomisiert; der Atomdampf des Elements absorbiert Licht einer für das jeweilige Element charakteristischen Wellenlänge. Die meßbare Extinktion (Verhältnis von austretender und eintretender Strahlungsintensität) ist entsprechend dem Lambert-Beerschen Gesetz der Konzentration der freien Atome und damit der Konzentration dieses Elementes in der eingesetzten Probe (Lösung) proportional. Entsprechend der bei der Verdampfung eingesetzten Technik unterscheidet man Flammen-AAS und flammenlose AAS; zur letzteren Technik gehören die Graphitrohr-AAS (GF-AAS, ETA-AAS), die Kaltdampf-AAS (CV-AAS) sowie die Hydrid-AAS (HG-AAS). In der Flammen-AAS wird die Luft-Acetylen-Flamme am häufigsten eingesetzt; die mit ihr erreichbaren Temperaturen sind für die Atomisierung der meisten Elemente ausreichend, gleichzeitig aber nicht zu hoch, so daß Störungen durch Ionisation gering bleiben. Für Elemente, die sehr stabile Verbindungen in der Flammen bilden (insbesondere Oxide der Elemente V, Ti, Zr etc.) wird die heißere Acetylen-Lachgas-Flamme eingesetzt. In den Flammen treten chemische Störungen (Bildung stabiler Verbindungen mit den Bestandteilen der Flammengase oder der Probe), Ionisationsstörungen (Verringerung der Empfindlichkeit des Verfahrens, Beeinflussung des Ionisationsgleichgewichts in der Flamme) und spektrale Störungen (unspezifische Untergrundabsorption durch Moleküle) auf, die bei der Durchführung der Messungen berücksichtigt und korrigiert werden müssen.Die AAS gestattet prinzipiell die quantitative Bestimmung von 70 Metallen und Metalloiden in Lösungen (Wässern, Eluaten, Aufschlußlösungen) als echtes Ein-Element-Verfahren; bei neueren Entwicklungen geht man auch direkt von feinverteilten (dispergierten) Feststoffproben in geeigneten Dispergierungsmitteln aus. In der Wasser- und Abwasseranalytik werden die meisten Metalle mit atomabsorptionsspektrometrischen Verfahren bestimmt (s. DEV-E1 - DEV-E27), wobei in letzter Zeit wegen ihrer Einsetzbarkeit als Multielementmeßverfahren aber besonders Verfahren der optischen Emissionsspektrometrie (ICP-OES, DEV-E22) in den Vordergrund rücken und diese, langfristig gesehen, ablösen werden. Nachweisgrenzen s. Anhang (KLÄNTSCHI et al. 1996; WELZ & SPERLING 1997; DEV-E1 1983; DEV-E2 1983; DEV-E3 1982; DEV-E6 1981; DEV-E7 1991; DEV-E8 1980; DEV-E10 1985; DEV-E11 1991; DEV-E13 1992; DEV-E14 1992; DEV-E15 1968; DEV-E18 1990; DEV-E19 1995; DEV-E24 1993; DEV-E25 1995; DEV-E26 1997; DEV-E27 1992).

Atomemissionsspektrometrie mit induktiv gekoppeltem Plasma (ICP-OES, ICP-AES)

Die Atomemissionsspektrometrie ist wie die Atomabsorptionsspektrometrie ein Verfahren zum Nachweis von Elementen und deren Konzentrationen in einer Probe. Bei der ICP-OES wird die zu analysierende, meist wässerige Probe in einem Zerstäuber in ein Aerosol überführt und von dort in ein heißes Plasma geleitet, wo sie verdampft und atomisiert wird. Unter den im Plasma herrschenden Bedingungen werden die Atome in einen angeregten elektronischen Zustand gebracht, aus dem sie unter Emission von Licht elementspezifischer Wellenlängen in den elektronischen Grundzustand zurückkehren. Die Intensität des emittierten Lichts ist der Menge des in der Probe vorhandenen Analyten proportional und wird ausgewertet. Für die Analyse von Lösungen hat sich das induktiv gekoppelte Argonplasma (inductively coupled plasma, ICP) gegenüber anderen Plasmatypen (z. B. Mikrowellen induziertes Plasma, microwave induced Plasma, MIP) durchgesetzt. Generell sind Plasmen gegenüber chemischen Flammen (Flammen-AAS) vielseitiger einsetzbar, da viele Elemente gleichzeitig angeregt und bestimmt werden können (Multielementanalytik mit Simultan- bzw. Sequenz-Spektrometern). Die Atomemissionsspektrometrie mit induktiv gekoppelten Plasma eignet sich zur qualitativen und quantitativen Bestimmung von praktisch allen Elementen. Die Bestimmungen in Lösung [Wässern, Eluaten, Aufschlußlösungen nach DEV-E22 (1988)] können simultan oder sequentiell durchgeführt werden, wobei die simultane Elementbestimmung erhebliche Einsparungen in der Meßzeit mit sich bringt. Der optischen Emissionsspektrometrie ist bei der Analytik von Lösungen mit der Einführung der Plasmamassenspektrometrie (geringere Nachweisgrenzen) eine starke Konkurrenz erwachsen. Nachweisgrenzen s. Anhang (SLICKERS 1992; MOORE 1989; THOMPSON & WALSH 1989; DEV-E22 (1988).

Atomfluoreszenzspektrometrie (AFS):

Das Prinzip der Atomfluoreszenzspektrometrie beruht auf der Beobachtung, daß thermisch erzeugte, freie Atome im Gaszustand durch elektromagnetische Strahlung in einen höheren energetischen Zustand gebracht werden können und von dort unter Emission von Fluoreszenzstrahlung in den elektronischen Grundzustand zurückkehren (s.a. AAS). Die Empfindlichkeit der AFS ist der Konzentration des Analyten und Intensität der Primärstrahlung proportional. Die Nachweisgrenzen der AFS sind mit denen der Graphitrohr-AAS vergleichbar. Mit der AFS sind prinzipiell die gleichen Elemente mit einem ähnlichen Arbeitsbereich wie mit der Atomemission (ICP-OES) erfaßbar. Sie hat bis heute keine große Verbreitung gefunden (KLÄNTSCHI et al. 1996).

Aufschlußverfahren:
Mit der Probenvorbereitung wird das Ziel verfolgt, das Untersuchungsmaterial in eine für die Anwendung der jeweiligen analytischen Methode geeignete Form zu bringen. Sie muß sich deshalb sowohl an den Eigenschaften des Untersuchungsmaterials als auch an den Anforderungen der analytischen Methode orientieren. Viele Feststoffe, aber auch Lösungen, lassen sich ohne probenspezifische Aufschlußoperationen nicht analysieren. Die speziellen Bedingungen von Aufschlußoperationen ergeben sich aus der Art der Probenmatrix und den zu bestimmenden Elementen. Übliche Methoden des Aufschlusses von Proben sind die Behandlung mit starken Mineralsäuren bei erhöhten Temperaturen oder die Durchführung von Schmelzaufschlüssen. Dabei finden chemische Umsetzungen statt, bei denen das Gefüge und die Art der chemischen Verbindungen der Probenbestandteile sehr weitgehend verändert und z. T. auch Verbindungen oder Reaktionsprodukte von der Probe abgetrennt werden. Endziel des Aufschlusses ist immer ein vollständiges Lösen der Probe, wobei die Lösung alle interessierenden Elemente und Verbindungen der Probe in unveränderter Menge enthalten muß (BOCK 1972; SULCEK & POVONDRA 1989).

Basekapazität:
Die Basekapazität eines Wassers entspricht dem Verbrauch an Milligrammäquivalenten Natron- oder Kalilauge bei der Titration von 1000 ml Wasser bis zum Erreichen eines bestimmten pH-Wertes. Der negative p-Wert bezeichnet die verbrauchte Menge an Milligrammäquivalenten Natronlauge bis zum Erreichen des pH-Wertes 8,2, der negative m-Wert bezeichnet die verbrauchte Menge an Milligrammäquivalenten Natronlauge bis zum Erreichen des pH-Wertes 4,3. Die Bestimmung erfolgt durch Titration der Wasserprobe mit Natronlauge gegen Phenolphthalein oder Methylrot als Indikator bzw. als maßanalytische Bestimmung mit elektrometrischer Endpunktanzeige nach DEV-H7 (DEV-H7).

Belastungswert:
Der Belastungswert charakterisiert z. B. den mobilen Gehalt eines Elementes oder Verbindung, bei dessen Überschreiten hinsichtlich der Funktion des Bodens als Filter und Puffer für Schadstoffe gegenüber dem Schutzgut Pflanzen eine Bodenbelastung vorliegt (BADEN-WÜRTTEMBERG 1993).

Bestimmungsgrenze (limit of determination):
Die Bestimmungsgrenze eines analytischen Verfahrens ist definiert als die kleinste Konzentration einer Substanz, die mit einer vorgegebenen Analy-

senpräzision bestimmt werden kann. Der Wert der Bestimmungsgrenze ist daher nicht verfahrensspezifisch, sondern abhängig vom größten Fehler, der bei der Angabe von Ergebnissen noch toleriert werden kann. DIN 32645 (1994) definiert die Bestimmungsgrenze als den Gehalt, bei dem unter Zugrundelegung einer festgelegten Wahrscheinlichkeit α die relative Ergebnisunsicherheit. definiert als Quotient aus dem halben zweiseitigen Prognoseintervall und dem zugehörigen Gehalt, einen vorgegebenen Wert annimmt (FUNK et al. 1985; FUNK et al. 1992).

BiAS: **Bi**smut**a**ktive **S**ubstanz, s. Tenside

Biologischer Sauerstoffbedarf (BSB, auch biochemischer Sauerstoffbedarf): Der Biologische Sauerstoffbedarf ist definiert als diejenige Sauerstoffmenge, die von Mikroorganismen benötigt wird, um die in einem Wasser enthaltenen organischen Substanzen innerhalb von 5 Tagen bei 20 °C abzubauen. Die Bestimmung wird in geschlossenen Flaschen durchgeführt, die eine Mischung des zu untersuchenden Wassers und O_2-gesättigten, mikroorganismenhaltigen Wassers enthält. Der BSB_5 stellt eine für ein Wasser charakteristische Kenngröße dar, die auch Aussagen über eine Belastung eines Wassers mit biochemisch (leicht) abbaubaren organischen Substanzen gibt; der BSB wird häufig mit dem chemischen Sauerstoffbedarf (CSB) in Relation gesetzt (DEV-H51).

BOD: **B**iological **O**xygen **D**emand, engl. Bezeichnung für BSB

Bodenluft:
Sammelbezeichnung für die in der Gasphase des Bodens vorliegenden Stoffe, die im Boden gebildet bzw. in ihm gespeichert werden und aus dem Boden über verschiedene Verfahren gewonnen werden können. Eine Reihe von als wassergefährdend eingestuften Stoffen können mittels Bodenluftanalytik erfaßt werden, u.a. leichflüchtige halogenierte, aromatische und andere niedrigsiedende Kohlenwasserstoffe.

Bor:
Ein großer Teil des in Oberflächenwässern enthaltenen Bors stammt aus den in Waschmitteln eingesetzten Peroxoboraten (z. B. Natriumperborat); der Borgehalt von Oberflächenwässern kann damit als direktes Maß für eine anthropogene Belastung eines Gewässers angesehen werden. Die Bestimmung von Bor kann sowohl photometrisch (DEV-D17 1981) als auch atomemissionsspektrometrisch (DEV-E22 1988) erfolgen; der Borgehalt eines Grund- oder Deponiesickerwassers kann als Leitparameter in der Deponieüberwachung verwendet werden.

BSB_5: s. Biologischer Sauerstoffbedarf (nach 5 Tagen)

BTEX: **B**enzol, **T**oluol, **E**thylbenzol, **X**ylole
Sammelbezeichnung für einen Teil der aromatischen Kohlenwasserstoffe, in der folgende Substanzen zusammengefaßt werden können: Benzol, Cu-

mol, Ethylbenzol, 2-Ethyltoluol, 3-Ethyltoluol, 4-Ethyltoluol, Styrol, Toluol, 1,2,3-Trimethylbenzol, 1,2,4-Trimethylbenzol, 1,3,5-Trimethylbenzol, m-Xylol, o-Xylol und p-Xylol. Die Bestimmung kann z. B. nach DEV-F9 (1991) erfolgen.

BTX: Kurzbezeichnung für die 3 Aromaten Benzol, Toluol und Xylol

BW I:
Oberer, geogen und pedogen bedingter Istwert natürlicher Böden ohne wesentliche anthropogen bedingte Einträge (Basiswert, Grundwert, Hintergrundwert, Referenzwert).

BW II:
Schutzgut- und nutzungsbezogener Gehalt in Böden, der trotz dauernder Einwirkung auf die jeweiligen Schutzgüter deren „normale" Lebens- und Leistungsqualität auch langfristig nicht negativ beeinträchtigt (Prüfwert, Sanierungszielwert, Toleranzwert).

BW III:
Gehalt im Boden, bei dem Schäden an Schutzgütern wie Pflanze, Tier und Mensch sowie an Nutzungen und Ökosystemen erkennbar werden (Eingreifwert) (EIKMANN & KLOKE 1993).

CE: **C**apillary **E**lectrophoresis, s. Kapillarelektrophorese

Chemischer Sauerstoffbedarf (CSB, Bestimmung der Oxidierbarkeit mit Kaliumdichromat):
Der CSB-Wert ist eine nach einem genormten Verfahren ermittelte Kenngröße für den Verschmutzungsgrad von Wässern insbesondere mit organischen Verbindungen und gilt als Maß für die Menge an oxidierbaren Stoffen; er ist ein verbindliches Verfahren gemäß AbwAG. Bei der Ermittlung des CSB ist die Menge an Sauerstoff, die für die Oxidation gebraucht wird der Masse an Kaliumdichromat äquivalent; die Bestimmung erfolgt durch Umsetzung der in einer Wasserprobe enthaltenen organischen Verbindungen mit einer Kaliumdichromatlösung unter sauren Bedingungen in Gegenwart von Silbersulfat (DEV-H41).

Chemometrie:
Bezeichnung für die Anwendung mathematischer und statistischer Verfahren in der (analytischen) Chemie zur Interpretation von Arbeitsergebnissen. Chemometrische Verfahren werden bei der Auswertung von Daten, der Visualisierung von Daten, der Anwendung, Wahl und Entwicklung geeigneter analytischer Verfahren und Methoden eingesetzt (SHARAF et al.; 1986, EINAX 1995).

Chlorierte Kohlenwasserstoffe: s. LHKW

Chromatographische Methoden:
Oberbegriff für Trennverfahren, bei denen die Stofftrennung durch Stoff-

transport- und Stoffaustauschvorgänge in einem selektiven Zweiphasensystem erfolgt. Eine Phase ist dabei stets kompakt und stationär (stationäre Phase), die andere Phase beweglich (mobile Phase). Chromatographischen Verfahren ist die vielfach wiederholte Verteilung der Komponenten zwischen der in einer Säule oder auf einer ebenen Unterlage befindlichen stationären Phase und einer gasförmigen/flüssigen mobilen Phase, die an der stationären Phase vorbeifließt, gemeinsam. Durch die unterschiedliche Verteilung der Bestandteile einer Probe zwischen stationärer und mobiler Phase kommt es zu unterschiedlichen Wanderungsgeschwindigkeiten der einzelnen Bestandteile mit der mobilen Phase und damit zu einer Auftrennung. Es haben sich die Arbeitsrichtungen Säulenchromatographie und Planarchromatographie ausgebildet, bei denen die getrennten Verbindungen durch die mobile Phase zeitlich getrennt aus dem Trennsystem ausgetragen werden bzw. im System bleiben und eine örtlich fixierte „Momentaufnahme" geben. Ein anfänglich aufgegebener Probenimpuls wird während des chromatographischen Trennprozesses in mehrere schmale Banden (Peaks) aufgetrennt. Zu den überwiegend eingesetzten Trennverfahren gehören die Flüssigkeitschromatographie (Untergliederung: Ausschluß- und Wechselwirkungschromatographie (Affinitäts-, Adsorptions-, Flüssig-Flüssig- und Ionenchromatographie), Dünnschichtchromatographie und die Gaschromatographie (Gaschromatographie an gepackten Säulen, Kapillargaschromatographie). Die aufgezeichneten Chromatogramme beinhalten die Informationen, die zur qualitativen und quantitativen Auswertung und zur Beschreibung der Probe erforderlich sind. (*Dünnschichtchromatographie, Gaschromatographie, HPLC, HPTLC, Ionenchromatographie*)

CKW: Chlor**k**ohlen**w**asserstoffe

COD: Chemical **O**xygen **D**emand, engl. Bezeichnung für CSB

Coulometrie:
Elektrochemisches Analysenverfahren, das auf der Äquivalenz zwischen gemessener Elektrizitätsmenge und dem chemischen Umsatz beruht und die quantitative Bestimmung von Substanzen ermöglicht, die elektrolytisch umgesetzt werden können. Die Bestimmung von Metallen kann entweder bei konstantem Potential (potentiostatische Coulometrie, Messung der Elektrizitätsmenge gegen die Zeit) oder konstantem Strom (coulometrische Titration, Messung des Potentials gegen die Zeit) erfolgen. Bei der coulometrischen Titration wird das zur Titration benötigte Reagenz elektrochemisch bei konstanter Stromstärke erzeugt. Zur Anzeige des Titrationsendpunktes ist z. B. die Potentiometrie geeignet. Die jeweilige Meßgröße wird direkt registriert und aus dem Produkt von Stromstärke, Zeit und Äquivalentgewicht die Konzentration berechnet.

CRM: Certified **R**eference **M**aterial, s. Referenzmaterial

CSB: Chemischer Sauerstoffbedarf

CSV: Chemischer Sauerstoffverbrauch, s. Chemischer Sauerstoffbedarf

CV-AAS: Cold-Vapour-Atomic-Absorption-Spectrometry, s. Kaltdampf-AAS

Cyanide:
Salze der Cyanwasserstoffsäure (Blausäure, HCN), die das Anion CN^- enthalten (M^ICN); daneben treten komplexe Cyanide von Übergangsmetallen auf (z. B. Kaliumhexacyanoferrat(II), $K_4[Fe(CN)_6]$). Cyanide werden z. B. bei der Herstellung von Farben und Schädlingsbekämpfungsmitteln oder bei der Oberflächenvergütung von Metallen (Galvanikbetriebe) benötigt. Der Nachweis von Cyaniden in der Wasser- und Abwasseranalytik erfolgt mit einem photometrischen Verfahren nach Umsetzung mit Barbitursäure, Chloramin-T und Pyridin nach DEV-D13 (1981) bzw. DEV-D14 (1988).

DC: s. Dünnschichtchromatographie

DEV: Deutsche Einheitsverfahren zur Wasser-, Abwasser- und Schlammuntersuchung.
Die „Deutschen Einheitsverfahren zur Wasseruntersuchung" wurden ursprünglich von der Fachgruppe Wasserchemie der Gesellschaft Deutscher Chemiker herausgegeben; seit 1976 besteht zwischen dieser Fachgruppe und dem Deutschen Institut für Normung eine Übereinkunft, die Einheitsverfahren in DIN-Normen zu überführen. Internationale Normen zur Wasserbeschaffenheit werden in manchen Fällen in Form von DIN-ISO-Normen in das deutsche Normenwerk überführt. Europäische Normen (EN) ersetzen in der Regel bestehende DIN-Normen. Sowohl DIN-ISO- als DIN-EN-Normen sind Bestandteil der DEV.

Differenzthermoanalyse (DTA):
Bei der Differenzthermoanalyse wird der thermische Effekt registriert, der auftritt, wenn die mit dem thermischen Effekt verknüpfte Wärmemenge nicht sofort abgeführt werden kann, so daß eine Temperaturdifferenz zwischen der zu untersuchenden Probe und einer Referenzsubstanz beobachtet wird (ANALYTIKUM 1994).

Differential-Scanning-Calorimetrie (DSC):
Bei der Differential-Scanning-Kalorimetrie wird die Kühl- oder Heizleistung ermittelt, die aufgewendet werden muß, um die zu untersuchende Probe im Temperaturgleichgewicht mit einer Referenzprobe zu halten (ANALYTIKUM 1994).

Dioxine:
Systematische Bezeichnung für eine Verbindungsklasse mit einem ungesättigten sechsgliedrigen Ringsystem mit 2 Sauerstoffatomen im Ring.

Häufig als Synonym für die Stoffklasse der chlorierten Dibenzodioxine (z. B. PCDD) verwendet.

DOC: **D**issolved **O**rganic **C**arbon
Gelöster, organisch gebundener Kohlenstoff; entspricht dem Kohlenstoffanteil einer Probe, der in Form gelöster Verbindungen vorliegt; s.a. Summenparameter.

DSC: **D**ifferential-**S**canning-**C**alorimetry, s. Thermische Analyse

DTA: **D**ifferenzthermoanalyse, s.a. Thermische Analyse

Dünnschichtchromatographie (DC):
Chromatographische Verfahren (s. chromatographische Methoden), bei denen die stationäre Phase in dünnen Schichten von 0,5 - 0,25 µm Dicke auf Glas-, Aluminium- oder Kunststoffplatten aufgebracht ist. Je nachdem, ob die Sorptionsschicht auf einer Trägerplatte bzw. -folie aufgebracht ist, oder in sich selbst zusammenhält, unterscheidet man die Dünnschicht von der Papierchromatographie. Beschichtete Platten sind im Handel als Fertigplatten erhältlich. Als stationäre Phase wird häufig Kieselgel oder Aluminiumoxid eingesetzt, die Auswahl der mobilen Phase, meist Gemische verschiedener organischer Lösungsmittel, richtet sich nach den zu trennenden Substanzen. Die Stoffe können sowohl durch Adsorptionsvorgänge an der Sorptionsschicht getrennt werden, als auch durch Flüssig-Flüssig-Verteilung zwischen der mobilen und einer stationären Phase. Zur Trennung werden mehrere Proben mit definierten Volumina am Rand einer Dünnschichtplatte (DC- Platte) aufgebracht und die DC- Platte wird in eine mit dem Laufmittel (mobile Phase) befüllte Kammer eingesetzt (Kammer mit dem Laufmitteldampf gesättigt). Das Laufmittel steigt durch Kapillarkräfte in der Schicht allmählich hoch und transportiert die einzelnen Substanzen unterschiedlich weit. Substanzgemische der Proben werden durch unterschiedliche Verteilung zwischen stationärer und mobiler Phase getrennt. Das Verhältnis Laufstrecke einer Substanz/Gesamtstrecke des Laufmittels wird als Retentionsfaktor (R_f- Wert) bezeichnet und ist substanzspezifisch. Die getrennten Substanzen, die auf einer Bahn über der Startzone liegen, lassen sich durch physikalische oder chemische Methoden detektieren. Die Substanzmenge wird durch spektroskopische Methoden nach Kalibration des Chromatographiesystems mit Standardsubstanzen ermittelt. In der Wasser- und Abwasseranalytik werden z. B. PAK mittels der Dünnschichtchromatographie (DEV-F7 1991) bzw. Pflanzenbehandlungsmittel (DEV-F11 1995) bestimmt (SCHWEDT 1992).

Durchschnittsanalyse:
Die klassischen chemisch analytischen Verfahren liefern Informationen (Analysenwerte) über die stoffliche Zusammensetzung einer Probe im Sinne einer Durchschnittsanalyse (mittlere Zusammensetzung) des eingesetzten Probenmaterials. Die Probenmenge muß dabei so gewählt werden, daß

die zu bestimmende Substanz homogen in der Probenmatrix verteilt ist, da das Ergebnis sonst von zufälligen Unterschieden in der Verteilung beeinflußt wird (s.a. Probenvorbereitung).

ECD: Electron Capture Detector, s. Elektroneneinfang-Detektor

EDRFA: Energiedispersive Röntgenfluoreszenzanalytik, s. Röntgenfluoreszenz-analytik

Eichung:
Vergleich der im öffentlichen Verkehr zu verwendenden Maße (Gewichte, Volumen-, Längenmaße) und Meßgeräte (Waagen etc.) mit den im Besitz der Eichbehörden befindlichen Normalen. Mit Eichung bezeichnet man auch die Abgleichung eines Meßwertes gegen einen willkürlich zur Basis erklärten Bezugswert (Kalibrieren s. a. DIN 1319, T 1 1985).

Eingreifwert:
Synonym zu Maßnahmenwert

Elektrische Leitfähigkeit:
Kehrwert des elektrischen Widerstandes, der in einer wäßrigen Lösung mit einer speziellen Meßelektrode (definierte Elektrodenoberflächen und -abstände) unter speziellen Bedingungen gemessen wird (Dimension S/m). Bei der Untersuchung der Wasserbeschaffenheit (DEV-C8 1993) kennzeichnet man dies kurz als „elektrische Leitfähigkeit"; sie kann als Maß für die Konzentration gelöster ionischer Stoffe in einer Lösung verwendet werden. Ihre Größe hängt von der Konzentration und dem Dissoziationsgrad der Ionen sowie von der Temperatur und der Wanderungsgeschwindigkeit der Ionen im elektrischen Feld ab. Über die Art der Ionen sind keine Aussagen möglich. Trotzdem kann man exakte Rückschlüsse von der Leitfähigkeit auf die Konzentration gelöster Elektrolyte ziehen, wenn die Zusammensetzung und die Äquivalentleitfähigkeit bekannt sind (RUMP & KRIST 1987).

Elektroanalytische Methoden: s. Elektrochemische Methoden

Elektrochemische Methoden:
Oberbegriff für Verfahren, bei denen an oder zwischen Elektroden chemische Vorgänge ablaufen. Die dabei auftretenden und unter bestimmten Bedingungen gemessenen Größen, wie z. B. Spannung (Potentialdifferenz), Strom, Elektrizitätsmenge, Leitfähigkeit etc., sind der Konzentration der zu bestimmenden Stoffe proportional, oder die gemessene Größe ist stoffspezifisch. Zu den elektrochemischen Methoden gehören u.a.: Amperometrie, Coulometrie, Konduktometrie, Polarographie, Potentiometrie, Voltammetrie (Geißler 1981; Riley & Watson 1987; Oehme 1991; Midgley & Torrance 1991; Galster 1990; Cammann & Galster 1996; Henze & Neeb 1986).

Elektroneneinfang-Detektor (ECD):
Gaschromatographischer Detektor, bei dem das Trägergas durch eine radioaktive Strahlungsquelle ionisiert wird und Elektronen freigesetzt werden. Diese primären Elektronen werden als Nullstrom detektiert. Enthält das Trägergas Substanzen mit elektronenabsorbierenden Eigenschaften, wird die Veränderung des Nullstroms als Meßsignal detektiert. Der Detektor ist u.a. selektiv für Halogen-, Schwefel-, Schwermetall- und Nitroverbindungen.

Elementspezies:
Oberbegriff für die physikalische oder chemische Zustandsform, in der Elemente in der zu untersuchenden Matrix vorliegen. Die Kenntnis der in einer Probe auftretenden Elementspezies erlaubt die Abschätzung ihres Langzeitverhaltens im Hinblick auf z. B. ihre Mobilität, ihre Pflanzenverfügbarkeit und die Möglichkeit des Eintretens in die Nahrungskette. Derartige Informationen können allein durch die Bestimmung des Elementgesamtgehalts einer Probe nicht gewonnen werden, sondern erfordern den Einsatz von selektiven Aufbereitungs- und Trennverfahren zur Isolierung und Charakterisierung.

Elutionsverfahren:
Laborverfahren zur Differenzierung des unter den beschriebenen Versuchsbedingungen mobilisierbaren/verfügbaren Anteils von Stoffen einer zu untersuchenden Probe. Die in einer Probe vorliegenden Stoffe werden unter definierten chemischen und physikalischen Bedingungen (Lösungsmittel, pH-Wert, Redoxpotential, Korngröße usw.) eluiert und dadurch in operational definierte Fraktionen eingeteilt. Durch diesen Ansatz wird u.a. versucht, das Langzeitverhalten von Stoffen unter natürlichen Bedingungen zu beschreiben. Einige Elutionsverfahren haben Eingang in gesetzliche Regelwerke gefunden: DEV-S4 (1984): Elution einer Probe mit Wasser über 24 h DEV-S7 (1983): Elution einer Probe mit Königswasser zur Bestimmung des maximal verfügbaren Elementgehaltes (REICHERT & ROEMER 1996).

ELISA: **E**nzyme **L**inked **I**mmunoabsorbent **A**ssay:
Biochemische Methode zur Bestimmung biologisch aktiver Stoffe. Diese reagieren mit Antikörpern mit einer sehr spezifischen Bindung, die analytisch genutzt werden kann. Beim ELISA-Verfahren werden die Antikörper an einer festen Phase immobilisiert. Zu dieser Phase werden ein Enzymtracer und die zu bestimmende biologisch aktive Substanz zugegeben. Beide konkurrieren in einer Gleichgewichtsreaktion um die Bindung an die Antikörper. Nach Gleichgewichtseinstellung werden die freien Enzymtracermoleküle absorptionsspektrometrisch bestimmt. Ihre Konzentration ist umgekehrt proportional zur Konzentration der zu bestimmenden biologisch aktiven Substanz, z. B. eines Pflanzenschutzmittels.

EN: **Euro**norm

EOX: **E**xtractable **O**rganic Halogens (**X**) Compounds
Extrahierbare, organische Halogenverbindungen. Mit dem in der DEV-H8 (1984) angegebenen Verfahren werden die extrahierbaren, organisch gebundenen Halogenverbindungen im Konzentrationsbereich > 20 µg/l (als Chlorid) erfaßt. Die EOX werden in 2 Schritten mit Pentan, Hexan oder Heptan aus dem zu untersuchenden Wasser extrahiert. Dabei ist die Erfassung polarer Stoffe unvollständig. Der Extrakt wird in einer Verbrennungsapparatur verbrannt und die dabei entstehenden Halogenwasserstoffe mikrocoulometrisch bestimmt; s. Summenparameter.

Erfassungsgrenze:
Die Erfassungsgrenze ist der kleinste Gehalt einer gegebenen Probe, bei dem mit einer gegebenen Wahrscheinlichkeit ein Nachweis möglich ist (DIN 32645 1994).

ETA: **E**lectro-**T**hermal-**A**tomization, **E**lektro**t**hermale **A**tomisierung.

ETA-AAS: **E**lectro-**T**hermal-**A**tomization-**A**tomic-**A**bsorption-**S**pectrometry, s. Graphitrohr-AAS.

ETV: **E**lektro**t**hermale **V**erdampfung.

ETV-AAS: Atomabsorptionsspektrometrie mit elektrothermaler Verdampfung.

Extraktion:
Sammelbezeichnung für Trennverfahren, bei denen bestimmte Bestandteile aus festen oder flüssigen Proben oder Matrices mit Hilfe geeigneter Lösungsmittel herausgelöst (extrahiert) werden. Man unterscheidet dementsprechend Fest-flüssig- und Flüssig-flüssig-Extraktionen. Grundlage ist die Tatsache, daß sich gelöste Stoffe zwischen 2 miteinander nicht oder nur wenig mischbaren Phasen in einem konstanten Verhältnis und unabhängig voneinander verteilen (Nernstsches Verteilungsgesetz).

F-AAS: s. Flammen-AAS

FCKW: **F**luor**c**hlor**k**ohlen**w**asserstoff

Festphasenextraktion:
Verfahren der Probenaufbereitung mit dem Ziel einer Substanz- oder Analytanreicherung und/oder Eliminierung störender Probenbestandteile. Bei der Festphasenextraktion wird die Probe zunächst an einer geeignet präparierten Festphase adsorbiert und die unerwünschten Nebenbestandteile mit selektiv eluierenden Lösungsmitteln entfernt. Anschließend wird der zu bestimmende Bestandteil der Probe selbst mit geeigneten Lösungsmitteln desorbiert und in das meßtechnische Verfahren eingebracht.

FIA: **F**low-**I**njection **A**nalysis, s. Fließ-Injektions-Analytik.

FID: s. **F**lammen**I**onisations**D**etektor

Flammen-AAS (s. a. Atomabsorptionsspektrometrie): Atomabsorptionsspektrometrisches Verfahren, bei dem als Verdampfungs- und Atomisierungstechnik eine heiße Flamme eingesetzt wird (Gemische aus Luft mit Wasserstoff, Propan, Butan, Acetylen oder aus Lachgas und Acetylen). Die von den dabei erzeugten Atomen absorbierte Intensität einer eingestrahlten monochromatischen Lichtquelle ist der Konzentration der Elemente in der Probe proportional. Bestimmung von Metall- oder Metalloidkonzentrationen in Wässern, Eluaten oder Aufschlußlösungen nach entsprechender Auf- und Vorbereitung. Nachweisgrenzen s. Anhang (WELZ & SPERLING 1997).

Flammenemissionsspektrometrie (FAES): Verdampfung und Atomisierung einer meist wäßrigen Probelösung in einer heißen Flamme. Die thermisch angeregten Atome emittieren elementspezifisch Licht charakteristischer Wellenlängen; die Lichtintensitäten bei dieser Wellenlängen sind den Elementkonzentrationen in der Probe proportional. Überwiegend zur Bestimmung von Alkali- und Erdalkalimetallen in Lösungen (Wässern, Eluaten und Aufschlußlösungen). Die Technik ist auf vielen Gebieten von der AAS abgelöst worden (WELZ & SPERLING 1997).

Flammenionisationsdetektor (FID): Gaschromatographischer Detektor, dessen Signal auf der Ionenbildung bei der Verbrennung von Stoffen mit C-C- und C-H-Bindungen in einer kaum ionisierten Wasserstoffflamme beruht. Die gebildeten Ladungsträger werden an einer Sammelelektrode aufgefangen, das Signal ist der je Zeiteinheit durchgesetzten Substanzmenge proportional. FIDs werden auch als handgehaltene Meßgeräte vertrieben, bei denen mittels einer Luft-Wasserstoff-Flamme alle flüchtigen organischen Kohlenwasserstoffverbindungen mit C-C- oder C-H-Bindungen ionisiert werden (Bildung von Ionen und Elektronen). Der entsprechende Ionenstrom wird erfaßt und ist Meßgröße für den Summenparameter „Kohlenwasserstoffe". Die Geräteeichung erfolgt mittels Methan; die entsprechenden Meßdaten beziehen sich demzufolge auf das Methan.

Fließ-Injektions-Analytik (FIA): Bezeichnung für eine Technik, bei der eine flüssige Probe über ein Injektionsventil mit Probenschleife in einen kontinuierlich fließenden Trägerstrom injiziert und zu einem Detektionssystem geleitet wird. Während des Transportes vermischen sich Probe und Trägerstrom; Reagenzlösungen können bei Bedarf kontinuierlich zugeführt werden und somit chemische Reaktionen während des Transports durchgeführt werden. Das Reaktionsprodukt wird in einer Durchflußzelle eines Detektors (z. B. UV-VIS-Photometer, AAS, Sensor etc.) bestimmt. Die Fließ-Injektions-Analyse-Technik läßt sich mit praktisch allen Detektorsystemen kombinieren; die wichtigsten

Detektionssysteme sind Spektralphotometer, Atomabsorptionsspektrometer, Optische-Emissions-Spektrometer, elektrochemische Detektoren (ZHAOLUN FANG 1995).

Flow-Injection-Analysis: s. Fließ-Injektions-Analytik

Fluoreszenzspektroskopie:
Bezeichnung für spektroskopische Methoden, bei denen die Fluoreszenz von gasförmigen, flüssigen oder festen Stoffen gemessen wird (auch als Spektrofluorometrie, Fluorophotometrie, Fluorimetrie bezeichnet). Man unterscheidet Anregungs- und Emissionsspektrum. Im ersten Fall wird die Substanz mit ultravioletten Licht verschiedener Wellenlängen bestrahlt, die Intensität der Fluoreszenz jedoch nur bei einer jeweils für das Element/Verbindung spezifischen Wellenlänge gemessen und gegen die Anregungswellenlänge aufgetragen. Bei der Aufnahme des Emissionsspektrums dagegen wird die Substanz mit monochromatischem Ultraviolettlicht bestrahlt, während die Intensität des emittierten Fluoreszenzlichtes in dessen gesamten Spektralbereich bestimmt wird. Die Fluoreszenzspektrometrie wird u.a. in der anorganischen Analytik zur Bestimmung von Metallen eingesetzt. Im Umweltschutz wird sie beispielsweise zur quantitativen Erfassung von Pestizid- und PAK-Rückständen verwendet, hier jedoch nur bei einer spezifischen Wellenlängenpaarung (Anregung / Emission) detektiert.

Fluorimetrie: s. Fluoreszenzspektroskopie

Flüssig-flüssig-Extraktion: s. Extraktion
Extraktion von bestimmten Bestandteilen einer flüssigen Probe durch geeignete Lösungsmittel. So lassen sich z. B. einige anorganische Ionen durch Komplexbildner so komplexieren, daß sie mit einem organischen Lösungsmittel aus der wäßrigen Phase abgetrennt (extrahiert) werden können.

Flüssigkeitschromatographie:
Chromatographische Methode zur Auftrennung von Substanzgemischen durch Stoffaustausch zwischen einer flüssigen mobilen und einer festen stationären Phase in Form einer Elutionstechnik. Für die moderne Ausführungsform ist die Bezeichnung Hochdruck- bzw. Hochleistungsflüssigkeitschromatographie (HPLC) eingeführt. Der chromatographische Trennprozeß läßt sich vereinfacht mit 2 gleichzeitig ablaufenden Vorgängen beschreiben: a) Aus den Wechselwirkungen zwischen den zu trennenden Substanzen, der mobilen und der stationären Phase ergeben sich unterschiedliche Wanderungsgeschwindigkeiten der einzelnen Komponenten der Probe, was zu einer Trennung führt, b) Durch Diffusion und Massenaustausch kommt es zur Verbreiterung der jeweiligen Substanzzonen, was zu einer Verringerung der Trennschärfe führt. Als Elutionstechniken werden a) die isokratische Arbeitsweise [während der chromatischen Trennung herrschen konstante Arbeits-(Elutions-)bedingungen, weder Temperatur

noch Eluenten-Zusammensetzung werden verändert] und b) die Gradienten-Elution (geregelte Veränderung der Eluentenzusammensetzung in Richtung auf größere Elutionskraft während einer Analyse) unterschieden. Als Detektionssysteme für die Flüssigkeitschromatographie kommen u.a. Differentialrefraktometer (Bestimmung der Differenz zwischen den Brechungsindices von Probelösung und Eluens), Absorptionsdetektoren [Bestimmung der Absorption von Licht verschiedener Wellenlänge bei Durchgang durch eine Probenküvette (UV-Absorptionsdetektoren)], Fluoreszenzdetektoren (die durch die Meßzelle fließende Probe wird mit Licht einer bestimmten Intensität und Wellenlänge bestrahlt und angeregt; die fluoreszierenden Probenbestandteile emittieren Licht größerer Wellenlänge, das detektiert wird) sowie Meßzellen zur Bestimmung der elektrischen Leitfähigkeit oder elektrochemische Detektoren in Frage.

FT-IR-Spektroskopie: **F**ourier-**T**ransformation-**I**nfra**R**ed-**S**pectroscopy, **F**ourier-**T**ransformation-**I**nfra**r**otspektroskopie, s. Infrarot-Spektroskopie

Funken-Emissionsspektrometrie:
Bei der Funken-Emissionspektrometrie wird die zu analysierende, elektrisch leitende Probe als eine von 2 Elektroden in eine Funkenstrecke eingebaut. Nach dem Anlegen einer Hochspannung wird durch überspringende Funken Probenmaterial atomisiert und die Atome durch die Energiezufuhr zu Lichtemission angeregt. Das emittierte elementspezifische Licht wird mit einem Spektrometer detektiert, seine Intensität ist ein Maß für die Elementkonzentration in der Probe.

Furane:
Systematische Bezeichnung für eine Verbindungsklasse mit einem ungesättigten fünfgliedrigen Ringsystem mit einem Sauerstoffatom im Ring. Häufig als Synonym für die Stoffklasse der chlorierten Dibenzofurane (PCDF) verwendet.

Gaschromatographie (GC):
Die Gaschromatographie ist eine wichtige Variante der chromatographischen Trennmethoden, mit der Gase und unzersetzt flüchtige Stoffe erfaßt werden können. Zur Durchführung des Verfahrens wird ein inertes Gas als mobile Phase durch ein mit einem Trägermaterial als stationärer Phase gefülltem oder belegtem Rohr (Kapillare) geleitet. Die zu trennenden Substanzen liegen in gas- oder dampfförmigem Zustand im Trägergas vor und werden durch adsorptions- oder verteilungschromatographische Prozesse aufgetrennt. Besonders gute Trennleistungen lassen sich durch den Einsatz langer (bis zu 100 m) Kapillarsäulen mit einem Innendurchmesser von 0,2 - 1 mm ohne Trägermaterialfüllung erreichen, bei denen die Gemischauftrennung durch Verteilung zwischen Gasphase und Kapillaroberfläche stattfindet. Durch Kombination mit einem massenspektrometrischen Detektor (GC- MS) entstehen sehr leistungsfähige Gerätesysteme, die die Identi-

fizierung und Bestimmung komplexer Gemische organischer Substanzen ermöglichen. Als konventionelle Detektoren stehen u.a. FID, ECD und WLD zur Verfügung, die für unterschiedliche Substanzklassen geeignet sind.

GC: s. Gaschromatographie

GC-FID: Gaschromatographie mit Flammenionisationsdetektor , s. Flammenionisationsdetektor

GC-ECD: Gaschromatographie mit Elektroneneinfangdetektor, s. Elektroneneinfangdetektor

GC-MS: Gaschromatographie mit massenselektiver Detektion, s. Gaschromatographie

GC-WLD: Abk. f. Gaschromatographie mit Wärmeleitfähigkeitsdetektor, s. Wärmeleitfähigkeitsdetektor

GD-MS: **G**low **D**ischarge **M**ass **S**pectrometry, s. Glimmentladungsspektrometrie

GD-OES: **G**low **D**ischarge **O**ptical **E**mission **S**pectrometry, s. Glimmentladungsspektrometrie.

Genauigkeit (accuracy):
Die Genauigkeit ist eine qualitative Bezeichnung für das Ausmaß der Annäherung von Analysenergebnissen an den Bezugswert, wobei dieser je nach Festlegung oder Vereinbarung der wahre, der richtige oder der Erwartungswert sein kann. Die Genauigkeit ist damit ein Oberbegriff für Präzision und Richtigkeit (siehe auch Präzision und Richtigkeit) (DIN 55350 1987, Teil 13; Funk et al. 1992)

Geogener Grundgehalt:
entspricht dem Stoffbestand eines Bodens, der sich aus dem Ausgangsgestein (lithogener Anteil), ggf. Vererzungen (chalkogener Anteil) und der durch pedogenetische Prozesse beeinflußten Umverteilung (Anreicherung oder Verarmung) von Stoffen in Böden ergibt (LABO 1994).

GF-AAS: **G**raphite-**F**urnace-**A**tomic-**A**bsorption-**S**pectrometry, s. Graphitrohr-AAS

GLC: **G**as **L**iquid **C**hromatography, Gas/Flüssig-Chromatographie

Glimmentladungsmassenspektrometrie (GD-MS, Glow Discharge Mass Spectrometry):
Massenspektrometrisches Verfahren, bei dem zwischen einer elektrisch leitenden Probe und einer Gegenelektrode im Vakuum eine Entladung stattfindet. Dabei wird Probenmaterial von der Oberfläche abgelöst und

durch Energiezufuhr atomisiert und ionisiert. Die gebildeten Ionen werden mittels eines Massenspektrometers detektiert.

Glimmentladungsspektrometrie (GD-OES, Glow Discharge Optical Emission Spectrometry):
Spektrometrisches Verfahren, bei dem zwischen einer elektrisch leitenden Probe und einer Gegenelektrode im Vakuum eine Entladung stattfindet. Dabei wird durch Energiezufuhr Probenmaterial verdampft, atomisiert und zur Lichtemission angeregt. Das elementspezifische emittierte Licht wird mit einem Spektrometer detektiert, seine Intensität ist ein Maß für die Elementkonzentration der Probe (s. auch Atomemissionsspektrometrie und Funken- Emissionsspektrometrie).

GLP: **G**ood **L**aboratory **P**ractice, Gute Laborpraxis, s. Qualtiätssicherung

Graphitrohr-AAS (s.a. Atomabsorptionsspektrometrie):
Atomabsorptionsspektrometrisches Verfahren, bei dem Verdampfung und Atomisierung eines Aliquotes der meist wäßrigen Probelösung in einem elektrisch beheizten Graphitrohr, ggf. unter Verwendung der L'Vov-Plattformtechnik erfolgt. Vorteile gegenüber der F-AAS sind die wesentlich geringeren Nachweisgrenzen (Faktor 100 - 1000) und die relativ geringen Probenvolumina (5 - 100 µl). Nachteilig sind die bei der Messung auftretenden Matrixeffekte sowie der relativ hohe Zeitbedarf zur Durchführung der Messungen. Zur Durchführung der Messung geht man in der Regel so vor, daß die zu untersuchende Probe in das Graphitrohr eingebracht und die Probe durch geeignete, zeitlich gesteuerte Heizschritte und Heizstufen sowie ggf. durch Zugabe von Reagenzlösungen (Matrix-Modifiern) vorbereitet wird. Erst nach Abtrennung bzw. Stabilisierung der Probenmatrix wird die Probe innerhalb einer kurzen Zeitspanne auf eine hohe, zur Verdampfung und Atomisierung ausreichende Temperatur erhitzt und das zeitabhängige Absorptionssignal aufgezeichnet und ausgewertet. Durch den Einsatz verschiedener Verfahren zur Hintergrundkompensation (z. B. Zeeman-Effekt) läßt sich die Graphitrohr-AAS effektiver und selektiver gestalten, da spektrale Störungen durch das Untergrundsignal verringert werden können. Die Graphitrohr-AAS ist zur Bestimmung von Metall- oder Metalloidkonzentrationen in Wässern, Eluaten oder Aufschlußlösungen nach entsprechender Auf- und Vorbereitung gut geeignet, steht aber in letzter Zeit mit der Massenspektrometrie mit induktiv gekoppeltem Plasma (ICP-MS) in Konkurrenz. Nachweisgrenzen s. Anhang (WELZ & SPERLING 1997).

Gravimetrie:
Teilgebiet der chemischen, insbesondere quantitativen Analyse, bei dem eine gelöste Substanz durch Wägen eines Niederschlages bestimmt wird, der aus einer stabilen definierten Verbindung oder einem Element besteht (SEEL 1979).

HG-AAS: s. Hydrid-AAS

Hauptbestandteile (auch Hauptanteile):
Entsprechend dem Quotienten aus der Masse des Analyten, d.h. der zu analysierenden Einzelkomponente und der Masse der Probe insgesamt wird üblicherweise von der folgenden Klassifikation ausgegangen [Angabe in Prozent (g/100 g)]: Hauptbestandteile: 10 - 100 %; Nebenbestandteile: 0,01 - 10 %; Spurenbestandteile: < 0,01 %. Bis vor wenigen Jahrzehnten wurde der Begriff „Spurenanalytik" auf Bestandteile < 0,1 % angewendet; die Bezeichnung „Ultraspurenanalytik" wurde für Methoden eingeführt, mit denen Massenbestandteile < 0,01 % in Substanzmengen von 10^{-4} g und weniger bestimmt werden können.

Hauptionen von Wässern:
Na^+, K^+, Mg^{2+}, Ca^{2+}, $Fe^{2+/3+}$, Mn^{2+}, NH_4^+, NO_3^-, Cl^-, SO_4^{2-}, HCO_3^-

Hintergrundwert:
Wert für die Stoffkonzentration in nicht spezifisch belasteten Böden, der den geogen bedingten Grundgehalt und die allgemein vorhandene anthropogen bedingte Zusatzbelastung der Böden angibt; geogen = lithogen, chalkogen und pedogen, anthropogen = ubiquitär/diffus (VIERECK-GÖTTE & EWERS 1994; BADEN-WÜRTTEMBERG 1993).

Hochleistungsdünnschichtchromatographie (HPTLC, High Performance Thin Layer Chromatography, s. a. Dünnschichtchromatographie):
Chromatographisches Trennverfahren, bei dem die Dünnschichtplatten in speziellen Kammern entwickelt werden. Die Entwicklung und Auswertung der DC- Platten ist weitgehend automatisiert und dadurch sehr reproduzierbar. Im Vergleich zu anderen chromatographischen Verfahren können mehrere Proben gleichzeitig bearbeitet werden, wodurch die Analyse großer Probenserien ermöglicht wird. Die HPTLC findet in der Wasser- und Abwasseranalytik z. B. bei der Bestimmung von PAK nach DEV-F7 (1991) Anwendung.

Hochleistungsflüssigkeitschromatographie (High Performance Liquid Chromatography HPLC, s. a. chromatographische Methoden):
Bezeichnung für flüssigkeitschromatographische Verfahren, bei denen die stationäre Phase in dünnen, druckbeständigen Säulen (Durchmesser: 2-4 mm; Länge: 10- 20 cm, Druck bis ca. $300 \bullet 10^5$) gepackt vorliegt und die mobile Phase mittels einer Hochdruckpumpe mit einem konstanten Fluß durch die Säule transportiert wird. Als stationäre Phase können sowohl polare Materialien (Kieselgel, Ionenaustauscher auf Polymerbasis) als auch unpolare Materialien/Festphasen (durch Anbindung von Kohlenwasserstoffgrupppen modifiziertes Kieselgel z. B.: C-18 Phasen) eingesetzt werden. Im zweiten Fall spricht man von "reversed phase" (RP-) Trägermaterialien. Gute Trennleistungen bei moderaten Drücken werden durch den Einsatz von Trägermaterialien mit definierten Teilchengrößen im Bereich 3 - 10 µm erzielt. Bei der Durchführung der Analyse werden einige Mikroli-

ter des zu trennenden Substanzgemisches mittels eines Probenaufgabeventils in den Strom der mobilen Phase eingebracht. Auf der Trennsäule werden die verschiedenen Substanzen der Probe durch unterschiedliche Verteilung zwischen stationärer und mobiler Phase aufgetrennt. Die einzelnen Substanzen verlassen nach einer für sie spezifischen Retentionszeit die Trennsäule und werden im Strom der mobilen Phase mittels spektroskopischer oder elektrochemischer Methoden detektiert. Die Signalintensität ist dabei abhängig von der Substanzmenge und wird nach Kalibration des Systems quantitativ ausgewertet. Die HPLC findet in der Wasser- und Abwasseranalytik z. B. bei der Bestimmung von PAK nach DEV-F8 (1995) Anwendung (MEYER 1988).

HPCE: **H**igh **P**erformance **C**apillary **E**lectrophoresis, s. Kapillarelektrophorese

HPIC: **H**igh **P**erformance **I**on **C**hromatography, s. Ionenchromatographie

HPLC: **H**igh **P**erformance **L**iquid **C**hromatography, s. Hochleistungsflüssigchromatographie

HPTLC: **H**igh **P**erformance **T**hin **L**ayer **C**hromatography, s. Hochleistungsdünnschichtchromatographie

Hydrid-AAS (HG-AAS, s.a. Atomabsorptionsspektrometrie):
Die Hydrid-AAS ist eine spezielle Technik der Atomabsorptionsspektrometrie, die zur Bestimmung der Konzentrationen von Metallen oder Metalloiden in Wässern, Eluaten oder Aufschlußlösungen nach entsprechender Auf- und Vorbereitung geeignet ist. Aus wäßrigen Lösungen der Elemente Antimon (Sb), Arsen (As), Bismut (Bi), Blei (Pb), Germanium (Ge), Zinn (Sn), Selen (Se) und Tellur (Te) bilden sich bei Umsetzung mit Natriumborhydrid flüchtige Hydride, die thermisch zu den Metallen und Wasserstoff zersetzt und detektiert werden können. Nachweisgrenzen s. Anhang (Dedina & Tsalev 1995; Welz & Sperling 1997.)

IC: **I**on **C**hromatography, s. Ionenchromatographie

ICP: **I**nductively **C**oupled **P**lasma, Induktiv gekoppeltes Plasma

ICP-MS: **I**nductively **C**oupled **P**lasma **O**ptical **E**mission **S**pectrometry, s. Atomemissionsspektrometrie mit induktiv gekoppeltem Plasma

Infrarotspektroskopie (IR-Spektroskopie):
Verfahren der optischen Spektroskopie, bei dem Absorptionsspektren von anorganischen und organischen festen, flüssigen oder gasförmigen Verbindungen zur qualitativen und quantitativen Analyse aufgenommen werden. Je nach Frequenzbereich unterscheidet man hierbei den Bereich des nahen (NIR, 760 nm - 2,5 µm), mittleren (MIR, 2,5 µm - 25 µm) und fernen Infrarots (FIR, 25 µm - 500 µm). Infrarotspektren sind Schwingungsspektren, die dadurch zustande kommen, daß innerhalb der Moleküle die an den Bin-

dungen beteiligten Atome Schwingungen (Molekülschwingungen) ausführen, die für bestimmte funktionelle Gruppen in den Verbindungen charakteristisch sind; Molekülschwingungen sind nur dann infrarotaktiv, wenn sich das Dipolmoment des Moleküls bei der Schwingung ändert, im Gegensatz dazu kann man in der Ramanspektroskopie nur Schwingungen beobachten, wenn sich bei der Schwingung die Polarisierbarkeit des Moleküls ändert. In der Regel werden Infrarotspektren als Transmissionsspektren aufgenommen. Proben, die für Transmissionsmessungen nicht brauchbar sind, lassen sich meist mit der ATR-Technik (attenuated total reflection) untersuchen (Untersuchung von Materialien auf Oberflächen, wie z. B. Anstriche oder adsorbierte Stoffe). Mit der Infrarotspektroskopie lassen sich qualitative und quantitative Bestimmung von einzelnen Verbindungen oder Verbindungsgruppen über charakteristische Schwingungen durchführen; eine typische Anwendung ist die Bestimmung von Kohlenwasserstoffen nach DEV-H18 (1981).

In-situ-Analytik: s. Mobile Analytik

Interventionswert: Synonym zu Eingreifwert, BW III

Ionenaustauschchromatographie: s. Ionenchromatographie

Ionenchromatographie (IC, s. a. chromatographische Methoden, Hochleistungsflüssigkeitschromatographie):
Die Ionenchromatographie ist ein Spezialfall der Hochleistungsflüssigchromatographie, bei der mit ähnlichen Gerätesystemen ionisch vorliegende Substanzen aufgetrennt und nachgewiesen werden. Bei der Analyse wird das zu trennende Substanzgemisch über eine Probenschleife in die mobile Phase eingebracht. Die IC- Trennsäulen sind in der Regel mit Polymermaterialien gefüllt, die auf ihrer Oberfläche funktionelle Gruppen mit Ionenaustauschereigenschaften besitzen (Anionentauscher: z. B. quartäre Ammoniumbasen NR_4^+ ; Kationentauscher: z. B. Sulfonsäuregruppen R-SO_3^-). Die mobile Phase besteht meistens aus einem Puffersystem (Carbonatpuffer, Phosphatpuffer, Carbonsäuren). Die Detektion erfolgt mittels elektrochemischer oder spektroskopischer Verfahren. Besonders häufig wird die Ionenchromatographie in der Wasser- und Abwasseranalytik (DEV-D19 1995, DEV-D20 1991) bei der Bestimmung der Anionen Fluorid, Chlorid, Nitrat, Nitrit, Sulfat und Phosphat mit einem Leitfähigkeitsdetektor eingesetzt (SMALL 1989; WEIß 1991).

Ionenselektive Elektrode (s. a. Potentiometrie):
Elektroden, die nur auf bestimmte, frei in einer Lösung vorliegende Ionen ansprechen, werden als ionenselektive (ionensensitive) Elektroden bezeichnet. Die älteste ionenselektive Elektrode ist die "Glaselektrode" für pH-Messungen. Zwischen der flüssigen Phase (Meßlösung) und der festen Phase (Elektrode) bildet sich gemäß der Nernstschen Gleichung eine Potentialdifferenz aus. Die zwischen der ionenselektiven Elektrode und einer Refe-

renz-(Vergleichs-)elektrode mit konstantem Potential gemessene Spannung ist ein Maß für die Aktivität (und damit die Konzentration) eines Ions in der Meßlösung. Bei Flüssigmembranelektroden wird das Potential durch den Übergang von Meßionen zwischen flüssiger und aktiver Phase (Ionenaustauscher) der Elektrode bestimmt. Ionenselektive Elektroden werden in der Wasseranalytik z. B. zur Bestimmung von Fluorid-Ionen (DEV-D4 1985) eingesetzt (CAMMANN & GALSTER 1996; GALSTER 1990).

IR-Spektroskopie: s. Infrarotspektroskopie

ISE: **I**onenselektive/**I**onensensitive **E**lektrode

ISO: **I**nternational **O**rganization for **S**tandardization

Kalibrierung:
Das Kalibrieren eines Systems ist die Ermittlung und Festlegung eines funktionalen Zusammenhangs zwischen einer zähl- bzw. meßbaren Größe und einer zu bestimmenden Konzentration (Aktivität, Häufigkeit usw.) aus Daten, die i. allg. mit zufälligen Abweichungen behaftet sind (DIN 1319 Teil 1 1985; DIN 58936 Teil 2 1989; FUNK et al. 1992).

Kaltdampf-AAS (CV-AAS, s.a. Atomabsorptionsspektrometrie):
Atomabsorptionsspektrometrisches Verfahren zur Bestimmung von Quecksilber direkt in Feststoffproben sowie in Wässern, Eluaten und Aufschlußlösungen. Bei Feststoffproben werden diese schnell aufgeheizt (auf ca. 1000 °C) und das dabei freigesetzte elementare Quecksilber ermittelt. Bei Wässern etc. werden durch Umsetzung mit Zinn(II)-chlorid ($SnCl_2$) bzw. Natriumborhydrid ($NaBH_4$) die in Lösung vorliegenden Quecksilberionen zu elementarem Quecksilber reduziert und ihre Konzentration, ggf. nach Voranreicherung über die Amalgamationstechnik, ermittelt (DEV-E12 1991; WELZ & SPERLING 1997).

Kapillarelektrophorese (CE, Capillary Electrophoresis):
Unter dem Begriff Elektrophorese werden Trennmethoden zusammengefaßt, die auf der unterschiedlichen Bewegung elektrisch geladener Teilchen in einem elektrischen Feld beruhen. Bei der Kapillarelektrophorese werden in einer dünnen, mit Elektrolytlösung gefüllten Silicakapillare durch Anlegen eines elektrischen Feldes (Spannung bis 30 kV; Strom bis 100 µA) elektrisch geladene Teilchen getrennt. Analog zu chromatographischen Trennmethoden (unterschiedliche Retention einzelner Substanzen) werden bei der Elektrophorese Substanzen durch ihre elektrophoretische Mobilität charakterisiert. Das Probenvolumen beträgt einige Nanoliter, so daß nur sehr kleine Probenmengen für eine Analyse benötigt werden. Die Detektion der aufgetrennten Spezies erfolgt über spektroskopische Methoden. Aufgrund der guten Trennleistungen, der hohen Analysengeschwindigkeit und der sehr guten Reproduzierbarkeit werden in letzter Zeit verstärkt chroma-

tographische Methoden durch kapillarelektrophoretische Trennungen ersetzt.

Kationenchromatographie: s. Ionenchromatographie

Kolorimetrie: s. Photometrie

Komplexbildner (auch Chelatbildner):
Sammelbezeichnung für Verbindungen, die zur Komplexierung und Maskierung von Metallen befähigt sind (Bildung von Komplexen). Es handelt sich in der Regel um organische Verbindungen, in denen ein Ligand mehr als eine Koordinationsstelle an einem Metallion besetzen kann. Zu den typischen synthetischen Komplexbildnern gehören Polyamine, Polycarbonsäuren, EDTA, NTA, DTPA etc..

Konduktometrie:
Sammelbezeichnung für analytische Bestimmungsverfahren, bei denen die elektrische Leitfähigkeit von (wäßrigen) Lösungen, die von der Konzentration freier Ionen abhängig ist, unter Verwendung einer niederfrequenten Wechselspannung ermittelt und verwendet wird; von Bedeutung sind besonders konduktometrische Titrationen und die Anwendung der Konduktometrie als Detektionsprinzip in der Ionenchromatographie. Die Verfahren werden v. a. bei stark verdünnten oder bei stark farbigen (dunklen) Lösungen angewendet, die den Einsatz von färbenden Indikatoren erschweren bzw. unmöglich machen.

Lambert-Beersches Gesetz:
Die Auswertung photometrischer Analysenverfahren beruht auf der Beobachtung, daß bei Absorptionsmessungen an Lösungen die Lichtschwächung von monochromatischem Licht in einer Meßküvette relativ zu einer Vergleichsküvette durch den Ausdruck $\log I_0/I \equiv E = \varepsilon \bullet c \bullet d$ gegeben ist. Dabei ist die Extinktion E die eigentliche Meßgröße, die der Konzentration c des absorbierenden Stoffes und der Schichtdicke d proportional ist; die Proportionalitätskonstante ε (molarer dekadischer Extinktionskoeffizient) ist nur von der Wellenlänge abhängig und für eine Substanz spezifisch (LANGE & VEJDELEK 1987).

LC: **L**iquid **C**hromatography, Flüssigkeitschromatographie.

Leitfähigkeit: (Elektrische Leitfähigkeit):
Übliche Bezeichnung für den spezifischen Leitwert (Größe des elektrischen Leitvermögens eines Stoffes).

LHKW (**L**eichtflüchtige **h**alogenierte **K**ohlen**w**asserstoffe):
Sammelbezeichnung für leichtflüchtige halogenierte Kohlenwasserstoffe wie z. B. 1-Brom-butan, Bromchloriodmethan, Bromdichlormethan, Bromtrifluormethan, Chlorbenzol, Chlorbrommethan, Dibromchlormethan, 1,2-Dibromethan, Dibrommethan, Dibromtetrafluorethan, 1,2-

Dichlorbenzol, 1,3-Dichlorbenzol, 1,4-Dichlorbenzol, 1,4-Dichlorbutan, 1,1-Dichlorethan, 1,2-Dichlorethan, 1,1-Dichlorethen, 1,2-Dichlorethen, Dichloriodmethan, Dichlormethan, 1,2-Dichlorpropan, Hexachlor-1,3-butadien, Hexachlorethan, Pentachlorethan, 1,2,3,4-Tetrachlor-benzol, 1,2,3,5-Tetrachlorbenzol, 1,2,4,5,-Tetrachlorbenzol, 1,1,1,2-Tetrachlorethan, 1,1,2,2-Tetrachlorethan, Tetrachlorethen, Tetrachlormethan, Tribrommethan, 1,2,3-Trichlorbenzol, 1,2,4-Trichlorbenzol, 1,3,5,-Trichlorbenzol, 1,1,1-Trichlorethan, 1,1,2-Trichlorethan, Trichlorethen, Trichlormethan, Vinylchlorid und Frigene. Die Bestimmung der LHKW in der Wasser- und Abwasseranalytik erfolgt z. B. gaschromatographisch nach DEV-F4 (1988) und DEV-F5 (1991).

LIF: **L**aser **I**nduced **F**luoresence, Laserinduzierte Fluoreszenz.

LIMS: **L**aboratory **I**nformation **M**anagement **S**ystem.

Maßnahmenwert:
Nutzungs-, wirkungspfad-, pfad- und schutzgutbezogener Wert, bei dessen Überschreitung in der Regel weitere Maßnahmen (z. B. Sanierung, Nutzungsbeschränkung) erforderlich werden (VIERECK-GÖTTE & EWERS 1994).

Massenspektrometrie mit dem induktiv gekoppeltem Plasma (ICP- MS, s. a. Atom-emissionsspektrometrie mit ICP):
Bei der ICP-MS wird die zu analysierende Probe über ein Zerstäubersystem in ein Plasma eingebracht. Bei Temperaturen von mehreren tausend Kelvin liegen die weitaus meisten Bestandteile der Probe in Form einfach positiv geladener Ionen vor. Diese Ionen werden über ein Lochblendensystem in das Hochvakuum eines Massenspektrometers extrahiert. Der Ionenstrahl wird über ein Linsensystem gebündelt und durch ein Quadrupol-Massenfilter nach dem Verhältnis von Masse und Ladung (m/e) der vorliegenden Ionen aufgetrennt. Durch schnelle Variation des elektromagnetischen Feldes des Massenfilters können nacheinander alle Massen von ^{6}Li bis ^{238}U (und darüber hinaus) auf den Detektor fokussiert werden, so daß mit wenigen Ausnahmen nahezu alle Elemente des Periodensystems analysiert werden können. Durch die hohe Nachweisempfindlichkeit des Detektorsystems können unter Routinebedingungen, z. B. in einer Wasserprobe für viele Elemente Nachweisgrenzen von < 1 µg/l erreicht werden (DEV-E29 1996). Nachweisgrenzen s. Anhang (GRENVILLE & EATON 1991; JARVIS et al. 1990; THOMPSON & WALSH 1989).

MBAS: **M**ethylen**b**lau**a**ktive **S**ubstanz, s. Tenside

MIP: **M**icrowave **I**nduced **P**lasma, Mikrowellen induziertes Plasma

MKW: **M**ineralöl**k**ohlen**w**asserstoffe
Sammelbezeichnung für verschiedene Produkte wie z. B. Benzin, Dieselkraftstoff, Getriebeöle, Heizöl, Hydrauliköl, Kerosin, Motorenöle, Petrole-

um, Schmierfette, Schmieröle, Vergaserkraftstoff, deren summarischer Nachweis in Wasser (Summenparameter) nach DEV-H18 (1981)erfolgt.

Mobile Analytik:
Die Untersuchung auf Schadstoffe und deren Gehalte in der Umwelt erfolgt in der Regel so, daß eine Feldbeprobung durchgeführt wird, an die sich der Transport der Proben in das Labor und eine an die Problematik angepaßte Analytik anschließen. Durch diese Vorgehensweise kann es zu einer Reihe von Fehlern kommen; Ursachen hierfür sind u.a. Veränderungen der physikalischen und chemischen Zusammensetzung der Proben bei Transport und Lagerung, aber auch der Umstand, daß punktförmige Probennahmen die zeitliche und räumliche Variabilität der Schadstoffbelastung nicht hinreichend genau wiedergeben. Um diesem Problem zu begegnen, wird in der letzten Zeit vermehrt auf eine leicht einsetzbare und aussagekräftige Mobile Analytik (Feldanalytik, Vor-Ort-Meßtechnik, field screening) zurückgegriffen, mit der kurzfristig am Untersuchungsort Analysenergebnisse erhalten werden können, so daß, unter Einbeziehung geophysikalischer und geostatistischer Methoden, die Erkundung von belasteten Standorten flexibler erfolgen kann. Insgesamt kann eine solche Vorgehensweise als Field Screening bezeichnet werden, das in 3, sich z.T. überschneidende Teilgebiete untergliedert werden kann: 1. die Vor-Ort-Analytik (chemische, biochemische Instrumente und Methoden zur Beurteilung der Proben), 2. die geowissenschaftliche Erkundung und Bewertung (Verfahren zur flächenhaften oder räumlichen Charakterisierung und Bewertung in unterschiedlichen Maßstabsebenen) und 3. die Untersuchungsstrategien (Planung und Auswertung). Hierbei kommt der Vor-Ort-Analytik (Mobile Analytik) die Aufgabe zu, mit Hilfe von verschiedenen objektiven Untersuchungsverfahren, die sowohl im Labor als auch im Feld eingesetzt werden können, auf der Grundlage der aktuellen Fragestellung und der jeweiligen Probenvorbehandlung, halbquantitative bis quantitative Analysenergebnisse zu liefern. Gegenüber der konventionellen, laborgestützten Analytik zeichnen sich die Methoden der Mobilen Analytik häufig durch einfachere Probenaufbereitungs- und Meßverfahren aus, so daß insgesamt ein geringerer Bedarf an Analysenzeiten folgt und somit ein hoher Probendurchsatz ermöglicht wird. Durch die Anpassung der Methoden an die jeweils vor Ort herrschende Situation kann in der Regel nur eine eingeschränkte Aussagensicherheit erhalten werden; präzise Untersuchungen, ggf. mit Hilfe von Referenzverfahren (z. B. DIN-, VDI-Verfahren) werden im Anschluß im Labor durchgeführt. Die für eine mobile Analytik zur Verfügung stehenden Analysentechniken reichen von einfachen Testverfahren bis zu hochqualifizierter Meßtechnik wie der EDRFA oder der Kopplung von Gaschromatographie und Massenspektrometrie. Zu den einfachen Testverfahren gehören z. B. Teststäbchen und kolorimetrische Verfahren für die Wasser- und Abwasseranalytik oder Verfahren mit Gasprüfröhrchen. Apparativ aufwendiger ist der Einsatz handgehaltener (Feldparametermeßtechnik, Gassensorik) und transportabler

Meßgeräte (Photometer oder IR-Spektrometer). Für die Vorort-Analytik am aufwendigsten ist der Einsatz mobiler Massenspektrometer, von RFA-Geräten mit Röntgenröhre und peltiergekühltem Halbleiterdetektor und von Cone Penetrometern mit In-situ-Sensorik zur tiefenorientierten Erfassung von Schadstoffverteilungen (PAPKE 1994; SCHWEDT 1995; FLACHOWSKY 1997, 1998).

MS: Massenspektrometrie

Nachweisgrenze:
Der Nachweis eines Bestandteiles ist das Erkennen seines Vorhandenseins. Die Nachweisgrenze ist derjenige Gehalt, der unter Verwendung der ermittelten Kalibrierfunktion dem kritischen Wert der Meßgröße zuzuordnen ist. Die Nachweisgrenze eines Analysenverfahrens stellt die kleinste Menge oder geringste Konzentration eines Stoffes dar, die mit einer gegebenen Wahrscheinlichkeit qualitativ von der Arbeitsmenge Null unterschieden werden kann (DIN 32645 1994; FUNK et al. 1985; FUNK et al. 1992).

Nebenbestandteile: (auch Nebenanteile) s. Hauptbestandteile

NIR:**N**ahes **I**nfra**r**ot, s. Infrarotspektroskopie

NPD: s. Thermoionischer Detektor

OES: **O**ptical **E**mission **S**pectrometry, Optische Emissionsspektrometrie, s.a. Atomemissionsspektrometrie mit induktiv gekoppelten Plasma

PAH: Abk. f. **P**olycyclic **A**romatic **H**ydrocarbons, s. PAK

PAK: **P**olycyclische **A**romatische **K**ohlenwasserstoffe:
PAKs entstehen bei allen unvollständigen Verbrennungsprozessen. Sie sind in der Umwelt weit verbreitet, z. B. im Teer, in Röstprodukten, in geräucherten Fisch- und Fleischprodukten oder Ruß. Durch atmosphärische Niederschläge, Straßen- oder Hausabwässer gelangen sie in das Wasser. PAKs liegen im Wasser entweder gelöst oder an Schwebstoffe gebunden vor. Zur Vereinfachung der analytischen Bestimmung (mittels DC, HPTLC, HPLC) wird nach DEV-H13 (1981) oder DEV F8 (1995) die Bestimmung von 6 PAKs (Fluoranthen, Benzo(b)fluoranthen, Benzo(k)fluoranthen, Benzo(a)pyren, Benzo(ghi)perylen und Indeno(1,2,3-cd)pyren) durchgeführt. Die Bestimmung dieser 6 Substanzen charakterisiert die Gesamtbelastung einer Probe mit PAKs häufig nur ungenügend; in der von der US EPA vorgelegten Liste sind 16 PAKs aufgeführt, deren Bestimmung eine bessere Einschätzung der Probe zulassen. Zusätzlich zu den 6 in der DIN aufgeführten Verbindungen handelt es sich hierbei um die Verbindungen Naphthalin, Acenaphthylen, Acenaphthen, Fluoren, Phenanthren, Anthracen, Pyren, Benzo(a)anthracen, Chrysen und Dibenzo(a,h)anthracen.

PBSM: **P**flanzen-**B**ehandlungs- und **S**chädlingsbekämpfungs-**M**ittel.

PCB: **P**oly**c**hlorierte **B**iphenyle:
PCBs sind eine Stoffklasse, die 209 Verbindungen (Kongenere) umfaßt und wegen ihrer thermischen Stabilität vorwiegend als Transformatorenöle (Aroclor®, Clophen®) verwendet wurden. In der Regel erfolgt die Bestimmung von 6 Kongeneren [PCB-28 (2,4,4´-Trichlorbiphenyl), PCB-52 (2,2´,5,5´-Tetrachlorbiphenyl), PCB-101 (2,2´,4,5,5´-Pentachlorbiphenyl), PCB-138 (2,2´,3,4,4´,5´-Hexachlorbiphenyl), PCB-153 (2,2´,4,4´,5,5´-Hexachlorbiphenyl) und PCB-180 (2,2´,3,4,4´,5,5´-Heptachlorbi-phenyl)] dieser Stoffklassen nach DEV-F2 (1993), wobei diese Indikatorverbindungen aufgrund ihrer Persistenz und unter gaschromatographischen Gesichtspunkten festgelegt wurden (DIN 38407-F3).

PCDD: **P**oly**c**hlorierte **D**ibenzo**d**ioxine, s.a. Dioxine

PCDF: **P**oly**c**hlorierte **D**ibenzo**f**urane, s.a. Furane

PCP: **P**enta**c**hlor**p**henol

PE: Polyethylen:
Material für Probennahmegefäße für die Wasser- und Abwasseranalytik.

Permangant-Index:
Der Permangant-Index ist ein Konventionsparameter zur Bestimmung der Konzentration an oxidierbaren organischen und anorganischen Stoffen in Wasser. Er gibt die volumenbezogene Masse an Sauerstoff an, die unter den definierten Bedingungen des Verfahrens zur Oxidation benötigt wird. Sie wird indirekt über den Verbrauch an Kaliumpermanganat ermittelt wird. In erster Linie dient der Permanganat-Index der Beurteilung von Trink- und Rohwasser, Quell- und Oberflächenwasser; stärker belastete Wässer dürfen nach entsprechender Verdünnung untersucht werden. Der Permanganat-Index kann nicht als Maß für den theoretischen Sauerstoffbedarf betrachtet werden, da viele organische Verbindungen nach diesem Verfahren nur unvollständig oxidiert werden und flüchtige Stoffe, die vor Zusatz der Permanganat-Lösung ausgasen, nicht erfaßt werden. Die Bestimmung erfolgt nach DEV-H5 (1995).

pH-Elektrode: (s. Ionenselektive Elektrode)
Bei der elektrometrischen Bestimmung des pH-Wertes benötigt man ein Elektrodenpaar aus Referenzelektrode und Meßelektrode, hier eine pH-Glaselektrode. Die Bestimmung des pH-Wertes beruht auf der Messung der elektrischen Spannung zwischen einer Glas- und einer Referenzelektrode, die dem pH-Wert der Lösung proportional ist. In den heute meist verwendeten Einstabmeßketten sind Glas- und Referenzelektrode in einer Meßanordnung (meist mit integrierter Temperaturkompensation) kombiniert (GALSTER 1990).

pH-Wert:
Der pH-Wert ist der negative dekadische Logarithmus der Aktivität der

H_3O^+ Ionen (Protonenkonzentration) einer wäßrigen Lösung. Aus dem Massenwirkungsgesetz folgt das Ionenaktivitätsprodukt des Wassers zu $K_W = a(H^+) \bullet a(OH^-) = 1{,}008 \bullet 10^{-14}$ (25 °C), welches sich auf das Dissoziationsgleichgewicht $H_2O \Leftrightarrow H^+ + OH^-$ bezieht, so daß $pK_W = pH + pOH$ ist. Daraus folgt, daß der Neutralpunkt des Wassers (bei 25 °C) dem Wert pH = pOH = 7 entspricht. In natürlichen Wässern liegt der pH-Wert zwischen 6,5 und 7,5, was hauptsächlich auf die Gehalte an Kohlendioxid und Hydrogencarbonat-Ionen zurückzuführen ist. Die Ermittlung des pH-Wertes erfolgt in der Regel mit pH-Elektroden oder Farbindikatoren (pH-Papier bzw. pH-Teststäbchen), wobei mit pH-Elektroden genauere Bestimmungen durchgeführt werden können. Durch Säuren und Laugen kann dieser Wert vermindert (Säuren) oder vergrößert (Laugen) werden. Im Boden werden Versauerungen durch Hydrolyse von Eisen- oder Aluminium-Verbindungen oder durch Bildung von Huminsäuren aus der Zersetzung organischen Materials hervorgerufen.

Phenol-Index:

Höhere und schwerflüchtige Phenole können in natürlichen Wässern als Abbauprodukte von Pflanzeninhaltsstoffen vorkommen; im Gegensatz dazu handelt es sich bei den aus Einleitungen von Industrie oder Haushalten stammenden Phenolen um einfache, wasserdampfflüchtige Verbindungen. Der Phenolindex kann als Summenparameter sowohl auf die Gesamtkonzentration der Phenole als auch auf die Konzentration der wasserdampfflüchtigen Phenole bezogen werden. Zur Ermittlung des Phenol-Indexes im Massenkonzentrationsbereich von 0,02 - 1,0 mg/l (Gesamtphenol) wird ein photometrisches Verfahren herangezogen (DEV-H16 1984), mit dem Phenol und eine Reihe substituierter Phenole erfaßt werden können. In alkalischer Lösung bilden Phenole mit 4-Aminoantipyrin unter oxidierenden Bedingungen einen Farbstoff, der abgetrennt und photometrisch bestimmt werden kann. Die Kalibrierung des Verfahrens erfolgt mit reinem Phenol (⇒ Phenolindex). Zur Bestimmung der wasserdampfflüchtigen Phenole wird die Wasserprobe destilliert und anschließend im Destillat der Gehalt an Phenolen mit 4-Aminoantipyrin bestimmt. Ausgewählte einwertige Phenole können auch nach Anreicherung durch Extraktion im Konzentrationsbereich 0,1 µg/l - 1 mg/l mittels Gaschromatographie bestimmt werden (DEV-F15 1991).

Photometrie:

Bezeichnung für Analysenverfahren, bei denen die Konzentration der zu bestimmenden Stoffe über die Farbintensität der Lösung ermittelt wird. Bei der Kolorimetrie werden die Farben/Intensitäten einer farbigen Lösung unbekannter Konzentration und einer farbigen Lösung bekannter Konzentration miteinander verglichen (optischer Vergleich mit dem Auge) und dabei die Konzentration der Bezugslösung so lange geändert, bis in beiden Lösungen gleiche Farbintensität erreicht ist (der Gehalt der zu bestimmenden

Verbindung ist dann direkt gegeben). Photometrische Methoden unterscheiden sich von dieser Vorgehensweise dadurch, daß bei ihnen die Farbintensität der Lösung aus der Absorption der Lösung mit einem Spektrometer auf einer definierten Wellenlänge des Lichts bestimmt wird und die Auswertung gemäß dem Lambert-Beer´schen Gesetzes erfolgt. Mit photometrischen Verfahren ist mit gezielten Farbreaktionen sowohl die Bestimmung anorganischer als auch organischer Verbindungen möglich, wenn die Verbindungen Licht absorbieren, das im Bereich des sichtbaren Lichts (VIS, 400 -700 nm), des ultravioletten Lichts (200 - 400 nm) oder des nahen infraroten Bereiches (760 - 2000 nm) liegt. Im Bereich der Wasser- und Abwasseranalytik werden photometrische Verfahren z. B. bei der Bestimmung von Arsen (DEV-D12), Bor (DEV-D17) oder Chrom(VI) (DEV-D24) eingesetzt (LANGE & VEJDELEK 1987; DEV-D12 1993; DEV-D17 1981; DEV-D24 1987).

PID : Photoionisationsdetektor
Handgehaltenes Meßsystem zur Bestimmung flüchtiger organischer Stoffe (VOC), v. a. aromatischer Kohlenwasserstoffe (etwa 0,1 ppmV Benzen), die durch die UV-Strahlung einer UV-Lampe ionisiert werden. Der registrierte Ionenstrom ist die analytische Meßgröße. Wegen der unterschiedlichen Ionisationspotentiale und der unterschiedlichen Ionisierungsausbeuten der Einzelstoffe ist keine quantitative Aussage bei Mehrstoffsystemen möglich. Die Geräte sind meist auf Benzen (Benzol) geeicht. Die ablesbaren Meßwerte gelten deshalb nur bei reiner Benzenkontamination.

Polarographie: (s. a. Voltammetrie)
Die Polarographie ist ein Spezialfall der Voltammetrie, bei der Strom-Spannungs-Kurven mit einer flüssigen (tropfenden) Quecksilberelektrode als Arbeitselektrode gegen eine unpolarisierte Bezugselektrode aufgenommen werden. Polarographische Messungen beruhen im Prinzip auf der Elektrolyse von Substanzen an einer Hg-Elektrode. Beim Anlegen einer Spannung zwischen Arbeitselektrode (Hg-Elektrode) und einer Bezugselektrode fließt bei der Anwesenheit elektrochemisch aktiver Stoffe ein Strom. Durch die dabei ablaufende Elektrolyse verarmt die Lösung in der Nähe der Elektrode an der elektrochemisch aktiven Substanz; die Diffusion aus der Lösung bestimmt den Stromfluß. Dieser sog. Diffusionsgrenzstrom ist abhängig von der Konzentration des zu bestimmenden Stoffes in der Lösung. Bestimmte meßtechnische Modifikationen des zeitlichen Spannungsverlaufes (Puls-Polarographie) und die Erhöhung der Anreicherungszeit von Analyten an der Arbeitselektrode (stripping-Techniken) führen zu gut auswertbaren Polarogrammen und erhöhen die Nachweisempfindlichkeit für elektrochemisch aktive Stoffe (z. B.: organische Substanzen und Kationen wie Zn, Cu, Cd, Pb) bis in den Bereich der Spurenanalyse. In der Wasser- und Abwasseranalytik kann die Bestimmung der Elemente Blei, Cadmium,

Cobalt, Kupfer, Nickel, Thallium und Zink z. B. nach DEV-E16 (1990) erfolgen (GEIßLER 1981; RILEY & WATSON 1987; HENZE & NEEB 1986).

Potentiometrie: (s. a. Ionenselektive Elektroden)
Bei potentiometrischen Messungen wird die Potentialdifferenz (Spannung) zwischen einer Meßelektrode (z. B. einer ionenselektiven Elektrode) und einer Bezugselektrode mit konstantem Potential ohne Stromfluß in einer galvanischen Zelle gemessen. Die Spannung ist gemäß der Nernstschen Gleichung $E = E^0 + (RT/zF) \ln a_{Me}$ (E: gemessenes Elektrodenpotential, E^0: Normalpotential des Redox-Systems, R: allg. Gaskonstante, T: Temperatur, n: Ladung der Ionen, F: Faraday-Konstante, a_{Me}: Aktivität potentialbestimmender Ionen in Lösung) eine Funktion der Aktivität (und damit der Konzentration) potentialbestimmender Ionen in Lösung. Die Ionenkonzentration in Lösung kann direkt über die gemessene Potentialdifferenz ermittelt werden. Indirekt werden Änderungen des Elektrodenpotentials bei chemischen Reaktionen im Verlauf einer Titration als Endpunktsindikator eingesetzt (MIDGLEY & TORRANCE 1991; CAMMANN & GALSTER 1996).

POX: **P**urgeable **O**rganic Halogen (**X**) Compounds
Ausblasbare, organisch gebundene Halogene. Mit dem Verfahren können die Anteile an ausblasbaren, organischen Halogenverbindungen (berechnet als Chlorid) in Wässern mit einem Gehalt > 10 µg/l POX erfaßt werden. Die Bestimmung des POX kann der Bestimmung des AOX vorgeschaltet werden, um Verluste an flüchtigen organischen Halogenverbindungen zu vermeiden oder um nur flüchtige organische Halogenverbindungen zu erfassen. Zur Durchführung der Bestimmung (DEV-H25 1989) werden die flüchtigen Halogenverbindungen aus dem zu untersuchenden Wasser mit einem Sauerstoffstrom ausgetrieben (ausgeblasen). Beim Durchleiten des Gasstromes durch ein Verbrennungsrohr werden die organischen Halogenverbindungen zu Halogenwasserstoffen umgewandelt, die dann mikrocoulometrisch erfaßt und als Chlorid berechnet werden; s. Summenparameter.

ppb: **p**arts **p**er **b**illion
[z. B. µg Analyt/kg Probe; die Angabe µg Analyt/l Lösung (Probe) gilt nur bei Lösungen der Dichte 1 g/cm^3].

ppm: **p**arts **p**er **m**illion
[z. B. mg Analyt /kg Probe; die Angabe mg Analyt/l Lösung (Probe) gilt nur bei Lösungen der Dichte 1g/cm^3].

ppmV: **p**arts **p**er **m**illion Volumen
[z.B. ml gasförmiger Analyt/m^3 Gas].

ppt: **p**arts **p**er **t**rillion
[z.B. ng Analyt/kg Probe; die Angabe ng Analyt/l Lösung (Probe) gilt nur bei Lösungen der Dichte 1 g/cm^3].

Präzision: (precision)

Die Präzision ist eine qualitative Bezeichnung für das Ausmaß der gegenseitigen Annäherung voneinander unabhängiger Analysenergebnisse bei mehrfacher Anwendung eines festgelegten Analyseverfahrens unter vorgegebenen Bedingungen. Dabei sind die Bedingungen, unter denen die Analysenergebnisse gewonnen werden, genau anzugeben (DIN 55350 Teil 13 1987; DIN 58936 Teil 2 1989; FUNK et al. 1992).

Probennahme:

Allgemeine Vorgehensweise zur Gewinnung einer repräsentativen Teilprobe eines zu untersuchenden Gesamtsystems. Probennahmestrategie und Probenumfang müssen genau an die analytische Fragestellung angepaßt sein; das jeweils zu erarbeitende Probennahmeschema ist in bezug auf den Unterschied zwischen Untersuchungsobjekt und benötigter Analysenprobe kritisch zu betrachten. Bei der Erstellung des Probennahmeschemas sind u.a. die Größe des Untersuchungsgebietes (flächenhafte Verteilung von Stoffen), Inhomogenitäten z. B. in der mineralogischen Zusammensetzung von Böden, Gesteinen oder Abfallstoffen oder in Materialbeschaffenheiten (z. B. Korngröße) zu berücksichtigen. Für die Bewertung der Analysenergebnisse ist es wesentlich, daß Inhomogenitäten innerhalb einer Probe bzw. Proben eines Untersuchungsgebietes (reale Konzentrationsunterschiede der Proben) nur dann erfaßt werden können, wenn sie größer als der Analysenfehler sind. Für den Bereich der Wasser- und Abwasseranalytik ist die Probennahme in DEV-A11 (1995), DEV-A12 (1985), DEV-A13 (1985), DEV-A14 (1986), DEV-A15 (1986), DVWK 128 (1992) und ISO 5667 (Teile 1 (1996), 2 (1994), 3 (1991), 11) geregelt; die Entnahme von Bodenproben kann z. B. nach DIN ISO 10381 [Teile 1, 2, 4 (1996)] und ISO CD 10381 (Teil 5 1995) erfolgen (MARKERT 1994).

Probenvorbereitung:

Unter dem Begriff Probenvorbereitung können alle physikalischen (z. B.: brechen, mahlen, sieben) und chemischen (z. B.: aufschließen, extrahieren, verdünnen) Bearbeitungsschritte zusammengefaßt werden, die durchgeführt werden, um aus einer Urprobe eine Meßprobe zu erhalten. *Urprobe:* Eine an Ort und Stelle genommene Probe, deren Gehalt an einem Stoff quantitativ bestimmt werden soll. *Analysenprobe:* Probe, die nach Aufbereitung aus der Urprobe erhalten und der eigentlichen Messung zugeführt wird. *Meßprobe:* Probe, deren Gehalt an einem zu bestimmenden Stoff unmittelbar gemessen werden kann (FUNK et al. 1992).

Prüfwert:

Nutzungs-, wirkungs-, pfad- und schutzgutbezogener Konzentrationswert, der als Beurteilungshilfe für die Entscheidung über weitere Sachverhaltsermittlungen bei der Gefahrenermittlung dient (VIERECK-GÖTTE & EWERS 1994; BADEN-WÜRTTEMBERG 1993).

PTFE: Polytetrafluorethen; Material für Probennahmebehälter in der Wasser- und Abwasseranalytik.

Qualitätssicherung:
Alle geplanten und systematischen Tätigkeiten, die erforderlich sind, um ein angemessenes Vertrauen zu erzeugen, daß eine Dienstleistung/ein Produkt die angegebenen Qualitätsforderungen erfüllen wird; sie umfaßt das Qualitätsmanagement, die Qualitätsplanung, die Qualitätslenkung und die Qualitätsprüfungen. Ziel der Qualitätssicherung in der analytischen Chemie ist es, richtige, genaue, reproduzierbare, vergleichbare, plausible (und justiziable) Meßwerte zu generieren; die dazu erforderlichen Maßnahmen umfassen die Punkte Probennahme, Probenkonservierung, Probenvorbereitung, Erzeugen und Auswerten von Meßwerten, Berichterstellung und Archivierung des Ergebnisses. *Qualitätsmanagement:* derjenige Aspekt der Gesamtführungsaufgabe, welcher die Qualitätspolitik festlegt und zur Ausführung bringt; er umfaßt alle Tätigkeiten, welche die Qualitätspolitik, Ziele und Verantwortungen festlegen, sowie diese durch Mittel wie Qualitätsplanung, Qualitätslenkung, Qualitätssicherung und Qualitätsverbesserung im Rahmen eines Qualitätsmanagementsystems verwirklicht werden. *Qualitätsplanung:* auswählen, klassifizieren und gewichten der Qualitätsmekmale sowie konkretisieren der Qualitätsforderungen unter Berücksichtigung von Anspruchsniveau und Realisierungsmöglichkeit. *Qualitätslenkung:* Überwachung der Werte und Qualitätsmerkmale im Hinblick auf die gegebenen Forderungen und ggf. Korrekturmaßnahmen. *Qualitätspolitik:* umfassende Absichten und Zielsetzungen einer Organisation zur Qualität der Arbeiten. *Qualitätsprüfung:* feststellen, inwieweit der Qualitätsgegenstand die Qualitätsanforderungen erfüllt. *GLP:* die Gute Laborpraxis (GLP) befaßt sich mit dem organisatorischen Ablauf und den Bedingungen, unter denen Laborprüfungen geplant, durchgeführt und überwacht werden sowie mit der Aufzeichnung und Berichterstattung der Prüfung. Die GLP ist ursprünglich eine Empfehlung der amerikanischen Food and Drug Administration und regelt die formalen Verfahrensschritte zur Durchführung toxikologischer Untersuchungen bei der Neuzulassung z. B. Pflanzenschutzmittel und Arzneistoffen. Die Übernahme in deutsches Recht erfolgte mit dem Chemikaliengesetz (DIN 55350 Teil 11 1987; DIN 58936 Teil 1 1989; E DIN ISO 8402 ; DIN ISO 9000 (1990); NEITZEL & MIDDEKE 1994).

Ramanspektroskopie:
Spezialfall der Schwingungsspektroskopie, bei der die Wechselwirkung von Molekülschwingungen mit Strahlung anhand der auftretenden Streuung des eingestrahlten Lichts beobachtet wird. Bei der qualitativen und quantitativen Analyse organischer Verbindungen ergänzen sich Raman- und IR-Spektroskopie bei der Strukturaufklärung.

Redoxpotential:
Das Redoxpotential, das elektrometrisch mit Einstabmeßketten mit Pt- oder

Au-Elektroden bestimmt wird, ist ein Maß für die Bewertung des Reduktions- und Oxidationsvermögens von Lösungen. pH-Werte und Redoxwerte sind die wichtigsten Steuerparameter für ökochemische und geochemische Abläufe in der Natur. In Gewässern wird z. B. ein sprunghaftes Absinken der Redoxspannung durch anaerobe biologische Prozesse ausgelöst und angezeigt. Die Einstabmeßketten müssen z. B. mit einer Chinhydron-Pufferlösung kalibriert werden. Die Meßwerte sind von vielen Einflußgrößen abhängig u.a. von der Ionenaktivität, der Temperatur und der Beschaffenheit der Elektrodenoberfläche und sollten deshalb nur als Anhaltspunkt für aerobe oder anaerobe Prozesse verwendet werden. Während anaerobe Bereiche durch Redoxpotentiale unterhalb - 200 mV charakterisiert werden, liegen aerobe Bereiche bei positiven Redoxpotentialen vor; Werte zwischen 0 und - 200 mV besitzen Übergangscharakter. Ein direkter Vergleich von Redoxpotentialwerten ist nur bei gleichen Redoxpaaren, gleichen Ionenstärken und gleichen pH-Werten zulässig. Die Bestimmung des Redox-Potentials erfolgt in der Wasser- und Abwasseranalytik nach DEV-C6 (1984) (RUMP & KRIST 1987).

Referenzmaterialien (RM):

Ein Referenzmaterial ist ein Material, dessen Eigenschaften so genau festgelegt sind, daß es zur Kalibrierung von Meßgeräten und Kontrolle der Ergebnisse von Meß-, Prüf- und Analyseverfahren sowie zur Kennzeichnung von Stoffeigenschaften verwendet werden kann (DIN 32811 1979).

Referenzverfahren:

Bezeichnung für Verfahren, die im Rahmen rechtlicher Regelungen Anwendung finden; dies sind in der Regel DIN-Normen, ersatzweise entsprechende DEV-Vorschriften, andere nationale (VDI) oder internationale Richtlinien oder Normenwerke (ASTM, ISO etc.) oder vereinbarte Untersuchungsverfahren. Synonym zum Begriff Referenzverfahren werden auch die Begriffe Normmethode, Schiedsmethode, Referenzmethode oder Vergleichsmethode verwendet (FUNK et al. 1992).

Referenzwert: Synonym zu Hintergrundwert

RFA: s. Röntgenfluoreszenzanalyse

Richtiger Wert: (conventional true value):

Der richtige Wert wird für Vergleichszwecke verwendet; die Abweichung vom wahren Wert kann für den Vergleichszweck vernachlässigt werden. Es handelt sich somit um einen Näherungswert für den wahren Wert, der mit Referenzmaterialien oder Referenzverfahren unter definierten Rahmenbedingungen ermittelt werden kann. Auch als Sollwert oder Zielwert bezeichnet (FUNK et al. 1992).

Richtigkeit:

Die Richtigkeit ist eine qualitative Bezeichnung für das Ausmaß der Annäherung des Erwartungswertes des Analysenergebnisses an den Bezugswert, wobei dieser je nach Festlegung oder Vereinbarung der wahre oder der richtige Wert sein kann. *Wahrer Wert:* Tatsächlicher Merkmalswert unter den bei der Ermittlung herrschenden Bedingungen. *Richtiger Wert:* Wert für Vergleichszwecke, dessen Abweichung vom wahren Wert für den Vergleichszweck als vernachlässigbar betrachtet wird (DIN 55350, Teil 12 1984; DIN 55350, Teil 13 1987).

RM: Referenzmaterial

Röntgenfluorenszenzanalyse (RFA):
Mit der Röntgenfluoreszenzanalyse können die chemischen Elemente einer Probe qualitativ und quantitativ bestimmt werden. Wird eine Probe mit energiereicher Strahlung bestrahlt, so sendet sie durch Elektronenübergänge in den Atomen der Probe eine charakteristische Röntgenstrahlung aus, die sich aus den Teilen Bremsstrahlung und diskretes Linienspektrum zusammensetzt. Der letzte Teil dieser Fluoreszenzstrahlung ist elementspezifisch, ihre Intensität ist eine Funktion der Elementkonzentration in der Probe. Die Elementkonzentration in der Probe kann nach Kalibrierung mit Referenzsubstanzen ermittelt werden. *Energiedispersive RFA:* Die emittierte Fluoreszenzstrahlung wird mit Hilfe eines Halbleiterdetektors nach ihrem Energieinhalt zerlegt. Die Energie ist eine Funktion der Wellenlänge der Strahlung, die elementspezifische Information kann aus ihr erhalten werden. Nachweisgrenzen s. Anhang. *Wellenlängendispersive RFA:* Die emittierte Fluoreszenzstrahlung wird durch Beugung an einem Analysatorkristall in Wellenlängen aufgetrennt und mit einem Detektor (Gasdurchflußzähler, Szintillationszähler) erfaßt. Die detektierte Wellenlänge liefert die Elementinformationen, die Intensität ist proportional der Elementkonzentration der Probe. Nachweisgrenzen s. Anhang (JENKINS 1988; DIN 51418, Teil 2 1992).

Säurekapazität:
Die Säurekapazität eines Wassers entspricht dem Verbrauch an Milligrammäquivalenten Salzsäure bei der Titration von 1000 ml Wasser bis zum Erreichen eines bestimmten pH-Wertes. Der positive p-Wert bezeichnet die verbrauchte Menge an Milligrammäquivalenten Salzsäure bis zum Erreichen des pH-Wertes 8,2, der positive m-Wert bezeichnet die verbrauchte Menge an Milligrammäquivalenten Salzsäure bis zum Erreichen des pH-Wertes 4,3. Die Bestimmung erfolgt durch Titration der Wasserprobe mit Salzsäure gegen Phenolphthalein oder Methylrot als Indikator bzw. als maßanalytische Bestimmung mit elektrometrischer Endpunktanzeige nach DEV-H7 (1979).

Sanierungsschwellenwert:
Wert, bei dessen Überschreitung in der Regel weitere Maßnahmen, z. B. eine Sicherung oder Sanierung erforderlich werden (LAWA 1992).

Sanierungszielwert:
Nutzungs-, wirkungspfad- und schutzgutbezogener Konzentrationswert, der bei Sanierungsmaßnahmen als Mindestanforderung an die Ausführung und Wirksamkeit von bautechnischen Sicherungsmaßnahmen oder als zulässige Restkonzentration nach einer Bodenbehandlung angegeben werden kann (VIERECK-GÖTTE & EWERS 1994).

Sauerstoff:
Für die meisten Organismen im Wasser ist Sauerstoff lebensnotwendig. Dies gilt auch für die Stoffwechselmechanismen von aeroben Bakterien und anderen Mikroorganismen, die den Abbau von Schmutzstoffen im Wasser bewirken und für diese Vorgänge Sauerstoff als Elektronenakzeptor verwenden. Sauerstoff gelangt über die Wasseroberfläche sowie durch Photosynthese von Algen und submersen Pflanzen ins Wasser. Im Trinkwasser ist eine Mindestmenge an Sauerstoff in den Rohrleitungen notwendig (> 4 mg/l), um Korrosionsvorgänge zur verhindern. Die Sauerstoff-Bestimmung kann amperometrisch (DEV-G22 1992) oder titrimetrisch nach der modifizierten Winkler-Methode (DEV-G21 1993) erfolgen.

Schwellenwert: Synonym zu Prüfwert

Schwerflüchtige Halogenkohlenwasserstoffe: (SHKW):
Schwerflüchtige Halogenkohlenwasserstoffe sind halogenorganische Verbindungen und Organochlorpestizide mit mehr als 5 Kohlenstoffatomen, bei denen Wasserstoffatome durch Halogene, vorwiegend Chlor, substituiert sind und die einen niedrigen Dampfdruck sowie eine Siedetemperatur über 180 °C haben. Zur Gruppe der SHKW gehören u.a. die Verbindungen: Aldrin, DDT, Endrin, Lindan, PCB; ihre Bestimmung erfolgt in der Wasser- und Abwasseranalytik nach DEV-F2 (1993).

Schwermetalle:
Sammelbezeichnung für Metalle mit einer Dichte von mehr als 3,5 - 5 g/cm^3. Schwermetalle kommen in der Natur nur in geringen Konzentrationen vor; einige Schwermetalle sind als Spurennährstoffe für Stoffwechselprozesse essentiell. Besonders in Form löslicher Salze können Schwermetalle schon in geringen Mengen toxische Wirkungen besitzen. Zur Schwermetallbestimmung können verschiedene Verfahren, z. B. Verfahren der Atomabsorptions-, Atomfluoreszenz- oder Atomemissionsspektrometrie ebenso wie Verfahren der Massenspektrometrie, Ionenchromatographie, Photometrie, Polarographie, Potentiometrie oder Röntgenfluoreszenzspektrometrie verwendet werden; die einzelnen Bestimmungsverfahren richten sich für die Wasser-, Abwasser- und Schlammuntersuchung nach den Regeln der „Deutschen Einheitsverfahren". Alle diese Verfahren müssen an Proben mit bekannten Schwermetallgehalten kalibriert werden. Nachweisgrenzen für verschiedene Verfahren s. Anhang (DEV-D12 1993; DEV-D18 1985; DEV-D21 1990; DEV-D23 1994; DEV-D24

1987; DEV-E1 1983; DEV-E2 1983; DEV-E3 1982; DEV-E6 1981; DEV-E7 1991; DEV-E8 1980; DEV-E9 1989; DEV-E10 1985; DEV-E11 1991; DEV-E12 1991; DEV-E13 1992; DEV-E14 1992; DEV-E16 1990; DEV-E18 1990; DEV-E19 1995; DEV-E21 1980; DEV-E22 1988; DEV-E24 1993; DEV-E25 1995; DEV-E26 1997; DEV-E27 1992; DEV-E29 1996).

SHKW: s. Schwerflüchtige Halogenkohlenwasserstoffe

Spektroskopische Verfahren:
Oberbegriff für analytische Verfahren, bei denen die Informationen über eine Probe aus der Wechselwirkung von elektromagnetischer Strahlung (z. B. Licht des sichtbaren oder ultravioletten Bereichs, Radiowellen) mit Materie (Atomen, Ionen, Molekülen) erhalten werden. Es können folgende Wechselwirkungen stattfinden: Absorption (Schwächung der Intensität der Strahlung durch die Probe), Emission (Abgabe von Strahlung durch die Probe), Streuung (mit oder ohne Energieübertragung zwischen Strahlung und Probe), Reflexion, Brechung, Änderung der Polarisation der Strahlung.

SPE: **S**olid **P**hase **E**xtraction, s. Festphasenextraktion

SPME: **S**olid **P**hase **M**icro **E**xtraction, s. Festphasenextraktion

Spurenanalyse: s. Hauptbestandteile

Spurenbestandteile (auch Spurenanteile): s. Hauptbestandteile

Stripping Voltammetrie: s. Voltammetrie

Summenparameter:
Summenparameter dienen der kollektiven Erfassung von Stoffen, die ein gemeinsames Merkmal bzw. ähnliche Eigenschaften besitzen. Der Parameter gibt Hinweise auf das Vorhandensein von Vertretern der Stoffgruppe, ohne Einzelstoffe zu identifizieren. *AOX, POX, EOX:* In der Wasser und Abwasseranalytik reicht die Spannbreite an halogenierten organischen Verbindungen von leicht flüchtigen chlorierten Lösungsmitteln, über unpolare lipophile Verbindungen bis zu stark polaren, hydrophilen Substanzen. Viele dieser Verbindungen können auch mit einer aufwendigen Einzelstoffanalytik nicht oder nur unvollständig erfaßt werden, weshalb für den Nachweis halogenierter organischer Verbindungen Methoden zur summarischen Erfassung dieser Stoffgruppe eingesetzt werden. Über die Bestimmung des AOX-Wertes gelingt es, praktisch alle halogenierten (nicht fluorierten) organischen Verbindungen zu bestimmen. Diese Untersuchung kann mit dem POX-Wert (leicht flüchtige Verbindungen) ebenso wie mit dem EOX-Wert (halogenierte leichtflüchtige und schwerflüchtige lipophile Verbindungen) ergänzt werden. *Phenolindex:* Die Bedeutung der Umweltaspekte von Phenolen haben in den letzten Jahren stark an Bedeutung gewonnen; sie wurden deshalb z. B. in die Liste der „priority pollutants list" der Europäischen Gemeinschaft und auch der US EPA aufgenommen. Die

von der EU aufgestellte Liste umfaßt die Verbindungen: 2-Chlorphenol, 3-Chlorphenol, 4-Chlorphenol, 2,3,4-Trichlorphenol, 2,3,5-Trichlorphenol, 2,3,6-Trichlorphenol, 2,4,5-Trichlorphenol, 2,4,6-Trichlorphenol, Pentachlorphenol und 4-Chlor-3-methylphenol. Neben der Bestimmung des Summenparameters Phenolindex bieten sich auch andere Verfahren zur differenzierten Bestimmung des Gehaltes an Phenolen in verschiedenen Untersuchungsmedien (Wasser, Abwasser, Abfall) an: Einsatz eines HPLC-Verfahrens mit UV-Detektion bzw. eines GC-MS-Verfahrens mit Identifizierung und Quantifizierung über Retentionszeiten und Spektrenvergleich. *DOC, TOC, TIC, TC:* Der Gesamtkohlenstoffgehalt (TC, Total Carbon) einer Probe setzt sich in der Regel aus dem gelösten (DOC, Dissolved Organic Carbon), dem ungelösten organisch gebundenen Kohlenstoff POC (Precipitated Organic Carbon) und dem anorganisch gebundenem Kohlenstoff TIC (Total Inorganic Carbon) zusammen. Zur Bestimmung des TOC-Wertes muß der TIC-Anteil (meist Carbonate) entfernt werden; es gelten die Beziehungen TOC = POC + DOC (TOC = Total Organic Carbon) und TC = TOC + TIC.

TC: **T**otal **C**arbon, Gesamter Kohlenstoff:
Er umfaßt den organisch und anorganisch gebundenen Kohlenstoff in gelöster und ungelöster Form, s.a. Summenparameter.

TCD: Thermal **C**onductivity **D**etector, s. WLD

TCDD: 2,3,7,8-**T**etra**c**hloro**d**ibenzo**d**ioxin, s.a. Dioxine

TCDF: 2,3,7,8-**T**etra**c**hlor**d**ibenzo**f**uran, s.a. Furane

Tenside:
Sammelbezeichnung für grenzflächenaktive Verbindungen, die frühere Bezeichnungen wie z. B. Waschrohstoffe, waschaktive Stoffe, Surfactants abgelöst hat. Die Bezeichnung Tenside ist nicht gleichbedeutend mit Detergentien (Waschmittel). Man unterscheidet Anionentenside (Seifen, Alkansulfonate, Alkylbenzolsulfonate etc.), Kationentenside (geradkettige und cyclische Ammoniumverbindungen, Invertseifen), nichtionische Tenside (Polyether, Alkylphenolpolyether) und Amphotenside (zwitterionische Verbindungen mit anionischen und kationischen Gruppen). In der Wasser- und Abwasseranalytik erfolgt die Bestimmung der anionischen Tenside mittels Methylenblau (methylenblauaktive Substanz MBAS) bzw. der nichtionischen Tenside mittels Dragendorff-Reagenz (bismutaktive Substanz BiAS) nach DEV-H23 (1980).

Thermische Analyse:
Zusammenfassender Begriff für Analysenverfahren, bei denen physikalische und chemische Eigenschaften einer Substanz in Abhängigkeit von der Temperatur oder der Zeit bestimmt werden. Dazu wird die Probe einem Temperaturprogramm unterworfen, das aus Zeitabschnitten für Kühlen,

Heizen oder Einhalten konstanter Temperatur besteht. Bei der thermischen Analyse werden u.a. folgende physikalische Größen in Abhängigkeit von der Temperatur beobachtet: Wärmetönung [Differentialthermoanalyse (DTA) und Differential-Scanning-Kalorimetrie (DSC)] und Masse (Thermogravimetrie (TGA) (ANALYTIKUM 1994).

Thermogravimetrie:
Prinzip: kontinuierliche Messung der Masse bzw. Massenänderung einer Probe als Funktion der Temperatur oder bei isothermer Arbeitsweise der Zeit. Anwendungsbereich: Untersuchung von physikalischen Vorgängen oder chemischen Reaktionen, die von einer Massenänderung einer Probe unter Einfluß eines Temperaturprogramms begleitet sind (ANALYTIKUM 1994).

Thermoionischer Detektor:
Gaschromatographischer Detektor, bei dem im Trägergasstrom an einer Alkalisalzquelle aus phosphor- und stickstoffhaltigen Verbindungen geladene Teilchen erzeugt und an einer Sammelelektrode detektiert werden. Mit diesem Detektor lassen sich selektiv Pflanzenschutz- und -behandlungsmittel mit hoher Empfindlichkeit nachweisen (z. B. mit einem NPD).

TIC: **T**otal **I**norganic **C**arbon:
Gesamter anorganisch gebundener Kohlenstoff in gelöster und ungelöster Form, s.a. Summenparameter.

TID: s. Thermionischer Detektor

Titrimetrie:
Allgemeiner Begriff für alle analytischen Verfahren, bei denen die Konzentration einer Substanz durch Titration mit einer Referenzsubstanz (Urtiter) bestimmt wird. Der eigentlich Meßvorgang besteht in der Volumenmessung des zugesetzten Titers (SEEL 1979).

TLC: **T**hin **L**ayer **C**hromatography, s. Dünnschichtchromatographie

Tn$_b$: **T**otal **N**itrogen **b**ound:
Gesamter gebundener Stickstoff; Summenparameter, mit dem die in einer Wasserprobe vorhandenen Stickstoffkomponenten (organisch gebundener Stickstoff (Amine, Nitroverbindungen etc.), Ammonium-Stickstoff, Nitrat- und Nitrit-Stickstoff erfaßt werden. Bei der Bestimmung dieses Parameters nach DEV-H27 (1992) wird die Wasserprobe bei hohen Temperaturen (ca. 700 °C) unter reduzierenden oder oxidierenden Bedingungen an Katalysatoren umgesetzt. Die Stickstoffkomponenten werden dabei quantitativ zu Ammoniak (NH_3) bzw. Stickstoffoxiden (NO_x) umgesetzt, die dann mit geeigneten Verfahren (z. B. Acidimetrie, IR-Spektrometrie) bestimmt werden.

TOC: **T**otal **O**rganic **C**arbon, gesamter organisch gebundener Kohlenstoff.:
Die Bestimmung des organisch gebundenen Kohlenstoffs ergibt einen Summenparameter für die vorhandenen organischen Verbindungen. Das Verfahren beruht auf der Oxidation der in der Probe enthaltenen organischen Verbindungen zu Kohlendioxid und Wasser. Die Bestimmung des Kohlendioxids kann mittels verschiedener Verfahren erfolgen (z. B. Coulometrie, IR-Spektrometrie, Acidimetrie); s. a. Summenparameter.

TXRF: **T**otal Reflection **X-Ra**y **F**luorescence Analysis, Totalreflexions-Röntgenfluoreszenzspektrometrie

UV: **U**ltraviolett, s. Photometrie

UV-Absorptionskoeffizient (spezifischer):
Viele organische Verbindungen haben Absorptionsbanden im Bereich des ultravioletten Lichts. Die Bestimmung des spektralen Absorptionskoeffizienten bei der Wellenlänge 254 nm kann zur orientierenden Bestimmung gelöster organischer Wasserverunreinigungen verwendet werden, insbesondere dann, wenn deren qualitative Zusammensetzung keinen starken Schwankungen unterliegt. Die Bestimmung erfolgt nach DEV-C3 (1976).

UV-VIS-Spektrometrie: s. Photometrie.

Validierung:
Bestätigung eines Verfahrens/einer Methode aufgrund einer Untersuchung und durch Führung eines Nachweises, daß die besonderen Forderungen für einen speziellen vorgesehen Gebrauch erfüllt worden sind (E DIN ISO 8402).

VIS: Abk. f. Visible

Voltammetrie (Bez. zusammengesetzt aus **Volt, Am**pere und **Metrie**):
Die Bezeichnung umfaßt elektrochemische Methoden, bei denen der Stromfluß in einer elektrolytischen Zelle zwischen Festkörperelektroden bei zeitlich veränderter Spannung gemessen wird (s. Elektrochemische Methoden). Ein wichtiger Spezialfall der Voltammetrie ist die Polarographie (s. Polarographie). In der Wasser- und Abwasseranalytik kommt die Voltammetrie zur Bestimmung der Elemente Blei, Cadmium, Cobalt, Kupfer, Nickel, Thallium und Zink zum Einsatz (DEV-E16 1990).(Henze & Neeb 1986).

Volumetrie: s. Titrimetrie

Vor-Ort-Analytik :
Die Bestimmung Schadstoffzusammensetzung, -verteilung und -menge unmittelbar am Untersuchungsort mittels handgehaltener oder in Fahrzeugen eingebauter Meßtechnik bezeichnet man als mobile Analytik (s.dort). Sie ist die hauptsächliche Anwendungsform der sog. Vor-Ort-Analytik. Im

Gegensatz zur konventionellen Laboranalytik mit abgekoppelter Probennahme und zeitverzögerter Bereitstellung der Analysenergebnisse stehen die analytischen Informationen am Untersuchungsstandort sofort zur Verfügung und gestatten eine unmittelbare Optimierung der Untersuchungsstrategie (Probennahmeraster und Beprobungstiefe). In Kombination mit geowissenschaftlichen und geostatistischen Methoden werden solche Vorgehensweisen auch „Field-Screening-Verfahren" genannt. Hierbei kommt der Vor-Ort-Analytik die Aufgabe zu, mit Hilfe von an die spezielle Problemstellung angepaßten Meßverfahren, die sowohl im Feld als auch im Labor eingesetzt werden können, quantitative bis halbquantitative Analysenergebnisse zu liefern. Diese können stoffunspezifisch sein, gestatten eine Zustandsbeschreibung des Standortes und ermöglichen repräsentative Probennahmen für eine zertifizierte Laboranalytik. Gegenüber der konventionellen Laboranalytik zeichnen sich Methoden der mobilen Analytik durch vereinfachte und schnelle Probenvorbereitung bis hin zur aufbereitungsfreien In-situ-Messung aus. Damit ist ein hoher Probendurchsatz unter Einbußen an analytischer Präzision möglich. Die für eine mobile Analytik zur Verfügung stehenden Analysentechniken reichen von simpler handgehaltener Sensorik (z.B. PID) bis zu hochqualifizierter Meßtechnik (z.B. EDRFA oder GC-MS-Kopplungen) (FLACHOWSKI 1997; SCHWWEDT 1995; PAPKE 1994).

Wärmeleitfähigkeitsdetektor (WLD):
Gaschromatographischer Detektor, der die Wärmeleitfähigkeit des Trägergas- Eluentenstroms durch Vergleich mit dem reinen Trägergasstrom ermittelt. Tritt eine gaschromatographisch getrennte Substanz im Eluentenstrom auf, verringert sich dessen Wärmeleitfähigkeit im Vergleich zum reinen Trägergas. Diese Veränderung wird als Meßsignal detektiert. Der WLD ist der in der GC am universellsten einsetzbare Detektor, da durch das Meßprinzip der Relativmessung jede Substanz unspezifisch detektiert wird.

Wahrer Wert (true value):
Analysenergebnis (tatsächlicher Merkmalswert), das unter den bei der Ermittlung herrschenden Bedingungen gefunden wird; dieser Wert ist oft nur ein ideeller Wert (kann nur ermittelt werden, wenn alle Unsicherheiten in den Untersuchungsverfahren ausgeschlossen werden können), bzw. handelt es sich um einen Wert, der sich aus theoretischen Überlegungen ergibt (FUNK et al. 1992).

WDRFA: Wellenlängendisperisve Röntgenfluoreszenzanalyse, s. Röntgenfluoreszenzanalyse

WLD: **W**ärme**l**eitfähigkeits**d**etektor

XRD: **X-R**ay **D**iffraction, Röntgendiffraktometrie

XRF: **X-R**ay **F**luoresence Spectrometry, s. Röntgenfluoreszenzanalytik

Literatur

ANALYTIKUM (1994) Methoden der analytischen Chemie und ihre theoretischen Grundlagen. Doerffel, K., Geyer, R., Müller, H. (Hrsg.) 9. Auf., Deutscher Verlag für Grundstoffindustrie, Leipzig

BADEN-WÜRTTEMBERG, Dritte Verwaltungsvorschrift des Umweltministeriums zum Bodenschutzgesetz über die Ermittlung und Einstufung von Gehalten anorganischer Schadstoffe im Boden (1993) In: Rosenkranz, D., Einsele, G., Harress, H. M.: Handbuch Bodenschutz, 15. Lfg., I/94

BOCK, R. (1972) Aufschlußmethoden der anorganischen und organischen Chemie. VCH Weinheim

CAMMANN, K., GALSTER, H. (1996) Das Arbeiten mit ionenselektiven Elektroden - Eine Einführung für Praktiker. 3. Aufl., Springer, Berlin Heidelberg New York Tokyo

DEDINA, J., TSALEV, D. L. (1995) Hydride generation atomic absorption spectroscopy. Wiley, Chichester

DEV-A11: DIN 38402, Teil 11 (Dezember 1995) Probennahme von Abwasser. Beuth, Berlin

DEV-A12: DIN 38402, Teil 12 (Juni 1985) Probennahme aus stehenden Gewässern. Beuth, Berlin

DEV-A13: DIN 38402, Teil 13 (Dezember 1985) Probennahme aus Grundwasserleitern. Beuth, Berlin

DEV-A14: DIN 38402, Teil 14 (März 1986) Probennahme von Rohwasser und Trinkwasser. Beuth, Berlin

DEV-A15: DIN 38402, Teil 15 (Juli 1986) Probennahme aus Fließgewässern. Beuth, Berlin

DEV-C3: DIN 38404, Teil 3 (Dezember 1976) Bestimmung der Absorption im Bereich der UV-Strahlung. Beuth, Berlin

DEV-C6: DIN 38404, Teil 6 (Mai 1984) Bestimmung der Redox-Spannung. Beuth, Berlin

DEV-C8: DIN EN 27888 (November 1993) Bestimmung der elektrischen Leitfähigkeit. Beuth, Berlin

DEV-D4: DIN 38405, Teil 4 (Juli 1985) Bestimmung von Fluorid. Beuth, Berlin

DEV-D12: DIN EN 26595 (Januar 1993) Bestimmung von Arsen - Photometrisches Verfahren mit Silberdiethyldithiocarbamat. Beuth, Berlin

DEV-D13: DIN 38405, Teil 13 (Juli 1981) Bestimmung von Cyaniden. Beuth, Berlin

DEV-D14: DIN 38405, Teil 14 (Dezember 1988) Bestimmung von Cyaniden in Trinkwasser, gering belasteten Grund- und Oberflächenwasser. Beuth, Berlin

DEV-D17: DIN 38405, Teil 17 (März 1981) Bestimmung von Borat-Ionen. Beuth, Berlin

DEV-D18: DIN 38405, Teil 18 (September 1985) Bestimmung von Arsen mittels Atomabsorptionsspektrometrie. Beuth, Berlin

DEV-D19: DIN EN ISO 10304-1 (April 1995) Bestimmung der gelösten Anionen Fluorid, Chlorid, Nitrit, Orthophosphat, Bromid, Nitrat und Sulfat mittels Ionenchromatographie. Teil 1: Verfahren für gering belastete Wässer. Beuth, Berlin

DEV-D20: DIN 38405, Teil 20 (September 1991) Bestimmung der gelösten Anionen Bromid, Chlorid, Nitrat, Nitrit, Phosphat (ortho-) und Sulfat in Abwasser mit der Ionenchromatographie. Beuth, Berlin

DEV-D21: DIN 38405. Teil 21 (Oktober 1990) Photometrische Bestimmung von gelöster Kieselsäure. Beuth, Berlin

DEV-D23: DIN 38405, Teil 23 (Oktober 1994) Bestimmung von Selen mittels Atomabsorptionsspektrometrie. Beuth, Berlin

DEV-D24: DIN 38405, Teil 24 (Mai 1987) Bestimmung von Chrom(VI) mittels 1,5-Diphenylcarbazid. Beuth, Berlin

DEV-E1: DIN 38406, Teil 1 (Mai 1983) Bestimmung von Eisen. Beuth, Berlin

DEV-E2: DIN 38406, Teil 2 (Mai 1983) Bestimmung von Mangan. Beuth, Berlin

DEV-E3: DIN 38406, Teil 3 (September 1982) Bestimmung von Calcium und Magnesium. Beuth, Berlin

DEV-E6: DIN 38406, Teil 6 (Mai 1981) Bestimmung von Blei. Beuth, Berlin

DEV-E7: DIN 38406, Teil 7 (September 1991) Bestimmung von Kupfer mittels Atomabsorptionsspektrometrie. Beuth, Berlin

DEV-E8: DIN 38406, Teil 8 (Oktober 1980) Bestimmung von Zink. Beuth, Berlin

DEV-E9: DIN 38406, Teil 9 (Februar 1989) Photometrische Bestimmung von Aluminium. Beuth, Berlin

DEV-E10: DIN 38406, Teil 10 (Juni 1985) Bestimmung von Chrom. Beuth, Berlin

DEV-E11: DIN 38406, Teil 11 (September 1991) Bestimmung von Nickel mittels Atomabsorptionsspektrometrie. Beuth, Berlin

DEV-E12: DIN 38406, Teil 12 (Vorschlag, 1991) Bestimmung von Quecksilber mittels Atomabsorptionsspektrometrie. Beuth, Berlin

DEV-E13: DIN 38406, Teil 13 (Juli 1992) Bestimmung von Kalium mittels Atomabsorptionsspektrometrie in der Luft-Acetylen-Flamme. Beuth, Berlin

DEV-E14: DIN 38406, Teil 14 (Juli 1992) Bestimmung von Natrium mittels Atomabsorptionsspektrometrie in der Luft-Acetylen-Flamme. Beuth, Berlin

DEV-E15 (1968) Bestimmung des Lithium-Ions. Beuth, Berlin

DEV-E16: DIN 38406, Teil 16 (März 1990) Bestimmung von 7 Metallen (Zink, Cadmium, Blei, Kupfer, Thallium, Nickel, Cobalt) mittels Voltammetrie. Beuth, Berlin

DEV-E18: DIN 38406, Teil 18 (Mai 1990) Bestimmung des gelösten Silbers durch Atomabsorptionsspektrometrie im Graphitrohrofen. Beuth, Berlin

DEV-E19: DIN EN 25961 (Mai 1995): Bestimmung von Cadmium durch Atomabsorptionsspektrometrie. Beuth, Berlin

DEV-E21: DIN 38406, Teil 21 (September 1980) Bestimmung von neun Schwermetallen (Ag, Bi, Cd, Co, Cu, Ni, Pb, Tl, Zn) nach Anreicherung und Extraktion. Beuth, Berlin

DEV-E22: DIN 38406, Teil 22 (März 1988) Bestimmung der 33 Elemente Ag, Al, As, B, Ba, Be, Bi, Ca, Cd, Co, Cr, Cu, Fe, K, Li, Mg, Mn, Mo, Na, Ni, P, Pb, S, Sb, Se, Si, Sn, Sr, Ti, V, W, Zn und Zr durch Atomemissionsspektrometrie mit induktiv gekoppeltem Plasma (ICP-OES). Beuth, Berlin

DEV-E24: DIN 38406, Teil 24 (März 1993) Bestimmung von Cobalt mittels Atomabsorptionsspektrometrie. Beuth, Berlin

DEV-E25: DIN 38406, Teil 25 (Juni 1995) Bestimmung von Aluminium mittels Atomabsorptionsspektrometrie. Beuth, Berlin

DEV-E26: DIN 38406, Teil 26 (Juli 1997) Bestimmung von Thallium mittels Atomabsorptionsspektrometrie im Graphitrohrofen, Beuth, Berlin

DEV-E27: DIN 38406, Teil 27 (Februar 1992) Bestimmung von Natrium und Kalium mittels Flammenphotometrie. Beuth, Berlin

DEV-E29: DIN 38406, Teil 29 (Dezember 1996) Bestimmung von 61 Elementen durch Massenspektrometrie mit induktiv gekoppeltem Plasma (ICP-MS) (Entwurf). Beuth, Berlin

DEV-F2: DIN 38407, Teil 2 (Februar 1993) Gaschromatographische Bestimmung von schwerflüchtigen Halogenkohlenwasserstoffen. Beuth, Berlin

DEV-F3: DIN 38407, Teil 3 (Oktober 1995) Gaschromatographische Bestimmung von polychlorierten Biphenylen (Entwurf). Beuth, Berlin

DEV-F4: DIN 38407, Teil 4 (Mai 1988) Bestimmung von leichtflüchtigen Halogenkohlenwasserstoffen. Beuth, Berlin

DEV-F5: DIN 38407, Teil 5 (November 1991) Bestimmung von leichtflüchtigen Halogenkohlenwasserstoffen LHKW durch gaschromatographische Dampfraumanalyse. Beuth, Berlin

DEV-F7 (1991) Bestimmung von 6 polycyclischen aromatischen Kohlenwasserstoffen (PAK) in Trink- und Mineralwasser mittels Hochleistungs-Dünnschicht-Chromatographie (HPTLC) (Vorschlag). Beuth, Berlin

DEV-F8: DIN 38407, Teil 8 (Oktober 1995) Bestimmung von 6 polycyclischen aromatischen Kohlenwasserstoffen (PAK) in Wasser mittels Hochleistungs-Flüssigkeitschromatographie (HPLC) mit Fluoreszenzdetektion. Beuth, Berlin

DEV-F9: DIN 38407, Teil 9 (Mai 1991) Bestimmung von Benzol und einigen Derivaten mittels Gaschromatographie. Beuth, Berlin

DEV-F11: DIN 38407, Teil 11 (Januar 1995) Bestimmung ausgewählter organischer Pflanzenbehandlungsmittel mittels Automated-Multiple-Development (AMD)-Technik (Vornorm). Beuth, Berlin

DEV-F15: DIN 38407, Teil 15 (Dezember 1991) Bestimmung ausgewählter einwertiger Phenole nach Derivatisierung und Gaschromatographie (Entwurf). Beuth, Berlin

DEV-G21: DIN EN 25813 (Januar 1993) Bestimmung des gelösten Sauerstoffs - Iodometrisches Verfahren. Beuth, Berlin

DEV-G22: DIN EN 25814 (November 1992) Bestimmung des gelösten Sauerstoffs - Elektrochemisches Verfahren. Beuth, Berlin

DEV-H5: DIN EN ISO 8467 (Mai 1995) Bestimmung des Permanganat-Index. Beuth, Berlin

DEV-H7: DIN 38409, Teil 7 (Mai 1979) Bestimmung der Säure- und Basekapazität. Beuth, Berlin

DEV-H8: DIN 38409, Teil 8 (September 1984) Bestimmung der extrahierbaren organisch gebundenen Halogene (EOX). Beuth, Berlin

DEV-H13: DIN 38409, Teil 13 (Januar 1981) Bestimmung von polycyclischen aromatischen Kohlenwasserstoffen (PAK) in Trinkwasser mittels zweidimensionaler Dünnschicht-Chromatographie. Beuth, Berlin

DEV-H14: DIN 38409, Teil 14 (März 1985) Bestimmung der adsorbierbaren organisch gebundenen Halogene (AOX). Beuth, Berlin

DEV-H16: DIN 38409, Teil 16 (Juni 1984) Bestimmung des Phenol-Index. Beuth, Berlin

DEV-H18: DIN 38409, Teil 18 (Februar 1981) Bestimmung von Kohlenwasserstoffen. Beuth, Berlin

DEV-H23: DIN 38409, Teil 23 (Mai 1980) Bestimmung der methylenblauaktiven und der bismutaktiven Substanzen. Beuth, Berlin

DEV-H25: DIN 38409, Teil 25 (1989) Bestimmung der ausblasbaren organisch gebundenen Halogene (Vorschlag). Beuth, Berlin

DEV-H27: DIN 38409, Teil 27 (Juli 1992) Bestimmung des gesamten gebundenen Stickstoffs Tn_b. Beuth, Berlin

DEV-H41: DIN 38409, Teil 41 (Dezember 1980) Bestimmung des Chemischen Sauerstoffbedarfs (CSB) im Bereich über 15 mg/l. Beuth, Berlin

DEV-H51: DIN 38409, Teil 51 (Mai 1987) Bestimmung des Biochemischen Sauerstoffbedarfs in n Tagen nach dem Verdünnungsprinzip (Verdünnungs-BSB_n). Beuth, Berlin

DEV-S4: DIN 38414, Teil 4 (Oktober 1984) Bestimmung der Eluierbarkeit mit Wasser. Beuth, Berlin

DEV-S7: DIN 38414, Teil 7 (Januar 1983) Aufschluß mit Königswasser zur nachfolgenden Bestimmung des säurelöslichen Anteils an Metallen. Beuth, Berlin

DIN 1319 Teil 1 (Juni 1985) Grundbegriffe der Meßtechnik, Allgemeine Grundbegriffe. Beuth, Berlin

DIN 32645 (Mai 1994) Nachweis-, Erfassungs- und Bestimmungsgrenze -Ermittlung unter Wiederholbedingungen; Begriffe, Verfahren, Auswertung. Beuth, Berlin

DIN 32811 (Februar 1979) Grundsätze für die Bezugnahme auf Referenzmaterialien in Normen. Beuth, Berlin

DIN 51418, Teil 2 (Dezember 1992) Röntgenemissions- und Röntgenfluoreszenz-Analyse (RFA) - Begriffe und Grundlagen zur Messung, Kalibrierung und Auswertung. Beuth, Berlin

DIN 55350 Teil 11 (Mai 1987) Begriffe der Qualitätssicherung und Statistik. Grundbegriffe der Qualitätssicherung. Beuth, Berlin

DIN 55350, Teil 12 (März 1989) Begriffe der Qualitätssicherung und Statistik. Merkmalsbezogene Begriffe. Beuth, Berlin

DIN 55350, Teil 13 (Juli 1987) Begriffe der Qualitätssicherung und Statistik. Begriffe zur Genauigkeit von Ermittlungsverfahren und Ermittlungsergebnissen. Beuth, Berlin

DIN 58936 Teil 1 (April 1989) Qualitätssicherung in der Laboratoriumsmedizin. Grundbegriffe. Beuth, Berlin

DIN 58936 Teil 2 (April 1989) Qualitätssicherung in der Laboratoriumsmedizin. Begriffe zur Qualität und Anwendung von Klassierungs-, Zähl- und Meßsystemen. Beuth, Berlin

DIN ISO 8402 (Entwurf, März 1992) Qualitätsmanagement und Qualitätssicherung, Begriffe. Beuth, Berlin

DIN ISO 9000 (Mai 1990) Qualitätsmanagement und Qualitätssicherung: Anmerkungen zu Grundbegriffen. Beuth, Berlin

DIN ISO 10381, Teil 1 (Februar 1996) Bodenbeschaffenheit - Probennahme. Anleitung zur Aufstellung von Probennahmeprogrammen (Entwurf). Beuth, Berlin

DIN ISO 10381, Teil 2 (Februar 1996) Bodenbeschaffenheit - Probennahme. Anleitung für Probennahmeverfahren (Entwurf). Beuth, Berlin

DIN ISO 10381, Teil 4 (Februar 1996) Bodenbeschaffenheit - Probennahme. Anleitung für das Vorgehen bei der Untersuchung von natürlichen, naturnahen und Kulturstandorten (Entwurf). Beuth, Berlin

DVWK 128 (1992) Deutscher Verband für Wasserwirtschaft und Kulturbau e.V. (DVWK) (Hrsg.), DVWK-Regeln zur Wasserwirtschaft, Heft 128: Entnahme und Untersuchungsumfang von Grundwasserproben

EIKMANN, T., KLOKE, A. (1993) Nutzungs- und schutzgutbezogene Orientierungswerte für (Schad-)Stoffe in Böden -2. überarbeitete und erweiterte Fassung. In: Rosenkranz, D., Einsele, G., Harress, H. M. (Hrsg.) Handbuch Bodenschutz, 14. Lfg., X/93, 3590

EINAX, J. (ed.) (1995) Chemometrics in environmental chemistry - statistical methods. In: Hutzinger, O. (ed.) The handbook of environmental chemistry Vol. 2 - Part G. Springer Berlin Heidelberg New York Tokyo

FLACHOWSKY, J. (1997) Mobile Vorort-Analytik zur Identifizierung von Gefahrenquellen. In: Feldmann, R., Henle, K., Auge, H., Flachowsky, J., Klotz, S., Kröndert, R. (Hrsg.) Regeneration und nachhaltige Landnutzung. Springer, Heidelberg, S. 58 - 64

FLACHOWSKY, J. (1998) Mobile Umweltanalytik. In: Günzler et al. (Hrsg.) Analytiker-Taschenbuch Bd. 18: 143-179. Springer, Berlin Heidelberg

FUNK, W., DAMMANN, V., DONNEVERT, G. (1992) Qualitätssicherung in der Analytischen Chemie. VCH Weinheim

FUNK, W., DAMMANN, V., VONDERHEID, C., OEHLMANN, G. (1985) Statistische Methoden in der Wasseranalytik, Begriffe, Strategien, Anwendungen. VCH Weinheim

GALSTER, H. (1990) pH-Messung- Grundlagen, Methoden, Anwendungen, Geräte. VCH Weinheim

GEIßLER, M. (1981) Polarographische Analyse. VCH, Weinheim

GRENVILLE, H., EATON, A. N. (1991) Applications of plasma source mass spectrometry. The Royal Society of Chemistry, Thomas Graham House, Science Park, Cambridge

HENZE, G., NEEB, R. (1986) Elektrochemische Analytik. Springer Berlin Heidelberg New York Tokyo

ISO 5667, Teil 1 (Februar 1996) Wasserbeschaffenheit - Probennahme. Richtlinie für die Erstellung von Probennahmeprogrammen

ISO 5667, Teil 2 (August 1994) Wasserbeschaffenheit - Probennahme. Anleitung für die Aufbewahrung und Behandlung von Proben

ISO 5667, Teil 3 (Juli 1991) Wasserbeschaffenheit - Probennahme. Richtlinien zur Probennahmetechnik

ISO 5667, Teil 11 Wasserbeschaffenheit - Probennahme. Hinweise zur Probennahme von Grundwasser

ISO CD 10381 (1995) Soil quality - Sampling. Part 5: Guidance on the procedure for the investigation of urban and industrial sites on soil contamination

JARVIS, K. E., GRAY, A. L., JARVIS, L., WILLIAMS, J. (1990) Plasma source mass spectrometry. The Royal Society of Chemistry, Special Publication No. 85. Thomas Graham House, Science Park, Cambridge

JENKINS, J. (1988) X-Ray Fluorescence Spectrometry. Wiley New York

KLÄNTSCHI, N., LIENEMANN, P., RICHNER, P., VONMONT, H. (1996) Elementanalytik: Instrumenteller Nachweis und Bestimmung von Elementen und deren Verbindungen. Spektrum Heidelberg

LABO (1994) Hintergrund- und Referenzwerte für Böden, Abschlußbericht der LABO adhoc-AG Referenz- bzw. Hintergrundwerte für Böden des LABO-Arbeitskreises IV, Bodenbelastung, 146 S., 13 Tab

LAWA (1992) Schutz und Bewirtschaftung von Grundwasser - hier: Leitparameter einzelner Bundesländer für Grundwasserschäden, Boden-Prüfwerte und Boden-Sanierungsschwellenwerte

LANGE, B., VEJDELEK, Z. J. (1987) Photometrische Analyse. VCH, Weinheim

MARKERT, B., (ed.), (1994) Environmental Sampling for Trace Analysis. VCH, Weinheim

MEYER, V.R. (1988) Praxis der Hochleistungs-Flüssigkeitschromatographie. 5. Aufl., Diesterweg, Frankfurt am Main

NEITZEL, V., MIDDEKE, K. (1994) Praktische Qualitätssicherung in der Analytik: ein Leitfaden. VCH, Weinheim

MIDGLEY, D., TORRANCE, K. (1991) Potentiometric Water Analysis. 2nd edn., Wiley, Chichester

MOORE, G. L. (1989) Introduction to inductively coupled plasma atomic emission spectrometry. Analytical Spectroscopy Library - Vol. 3. Elsevier, Amsterdam

OEHME, F. (1991) Chemische Sensoren, Funktion, Bauformen, Anwendungen. Friedr. Vieweg, Braunschweig

PAPKE, G. (1994) Umweltanalytik: Die Rolle der Orientierungstests und Feldmethoden in der öffentlichen Verwaltung. In: Merck E. (Hsg.) Kontakte 2: 20 - 27, Darmstadt

REICHERT, J. K., ROEMER, M. (1996) Eluatuntersuchungen. In: Fachgruppe Wasserchemie in der GDCh (Hrsg.) Chemie und Biologie der Altlasten. VCH, Weinheim

RILEY, T., WATSON, A. (1987) Polarographic and other voltammetric methods. Wiley, Chichester

RUMP, H.H., KRIST, H. (1987) Laborhandbuch für die Untersuchung von Wasser, Abwasser und Boden. VCH, Weinheim

SCHWEDT, G. (1992) Taschenatlas der Analytik. Thieme, Stuttgart

SCHWEDT, G. (1995) Mobile Umweltanalytik. Vogel, Würzburg

SEEL, F. (1979): Grundlagen der analytischen Chemie unter besonderer Berücksichtigung der Chemie in wäßrigen Systemen. 7. Aufl. VCH, Weinheim

SHARAF, M. A., ILLMAN, D. L., KOWALSKI, B. R. (1986) Chemometrics. Wiley, New York

SLICKERS, K. (1992) Die automatische Atom-Emissions-Spektralanalyse, 2. Ausgabe, Buchvertrieb K. A. Slickers, Gießen

SMALL, H. (1989) Ion Chromatography. Plenum Press, New York

SULCEK, Z., POVONDRA, P. (1989) Methods of decomposition in inorganic analysis. CRC Press, Inc., Boca Raton, Florida

THOMPSON, M., WALSH, J. N. (1989) Handbook of inductively coupled plasma spectrometry. 2nd edn, Blackie, Glasgow

VIERECK-GÖTTE, L., EWERS, U. (1994) Bestandsaufnahme der in den Regelwerken und Handlungsanleitungen der Länder- und Bundesbehörden vorliegenden Richtwerte zur Beurteilung von Bodenverunreinigungen. Altlasten-Spektrum 494: 217 - 222

WEIß, J. (1991) Ionenchromatographie. 2. erw. Aufl. VCH, Weinheim

WELZ, B., SPERLING, M. (1997) Atomabsorptionsspektrometrie. 4. Aufl. Wiley-VCH, Weinheim

ZHAOLUN FANG (1995) Flow injection atomic absorption spectrometry. Wiley, Chichester

Flammen-AAS (Nachweisgrenzen)

H																	He
Li	Be											B	C	N	O	F	Ne
Na	Mg											Al	Si	P	S	Cl	Ar
K	Ca	Sc	Ti	V	Cr	Mn	Fe	Co	Ni	Cu	Zn	Ga	Ge	As	Se	Br	Kr
Rb	Sr	Y	Hf	Nb	Mo	Tc	Ru	Rh	Pd	Ag	Cd	In	Sn	Sb	Te	I	Xe
Cs	Ba	La	Zr	Ta	W	Re	Os	Ir	Pt	Au	Hg	Tl	Pb	Bi	Po	At	Rn
Fr	Ra	Ac															

Ce	Pr	Nd	Pm	Sm	Eu	Gd	Tb	Dy	Ho	Er	Tm	Yb	Lu
Th	Pa	U	Np	Pu	Am	Cm	Bk	Cf	Es	Fm	Md	No	Lr

< 10 µg/L   10 - 100 µg/L   100 - 1000 µg/L

Graphitrohr-AAS (Nachweisgrenzen bei einem Aufgabevolumen von 20 µL)

H																	He
Li	Be											B	C	N	O	F	Ne
Na	Mg											Al	Si	P	S	Cl	Ar
K	Ca	Sc	Ti	V	Cr	Mn	Fe	Co	Ni	Cu	Zn	Ga	Ge	As	Se	Br	Kr
Rb	Sr	Y	Hf	Nb	Mo	Tc	Ru	Rh	Pd	Ag	Cd	In	Sn	Sb	Te	I	Xe
Cs	Ba	La	Zr	Ta	W	Re	Os	Ir	Pt	Au	Hg	Tl	Pb	Bi	Po	At	Rn
Fr	Ra	Ac															

Ce	Pr	Nd	Pm	Sm	Eu	Gd	Tb	Dy	Ho	Er	Tm	Yb	Lu
Th	Pa	U	Np	Pu	Am	Cm	Bk	Cf	Es	Fm	Md	No	Lr

< 0,001 µg/L   0,001 - 0,01 µg/L   0,01 - 0,1 µg/L   > 0,1 µg/L

Hydrid-AAS (Nachweisgrenzen)

H																	He
Li	Be											B	C	N	O	F	Ne
Na	Mg											Al	Si	P	S	Cl	Ar
K	Ca	Sc	Ti	V	Cr	Mn	Fe	Co	Ni	Cu	Zn	Ga	**Ge**	**As**	**Se**	Br	Kr
Rb	Sr	Y	Hf	Nb	Mo	Tc	Ru	Rh	Pd	Ag	Cd	In	Sn	**Sb**	**Te**	I	Xe
Cs	Ba	La	Zr	Ta	W	Re	Os	Ir	Pt	Au	Hg	Tl	Pb	Bi	Po	At	Rn
Fr	Ra	Ac															

Ce	Pr	Nd	Pm	Sm	Eu	Gd	Tb	Dy	Ho	Er	Tm	Yb	Lu
Th	Pa	U	Np	Pu	Am	Cm	Bk	Cf	Es	Fm	Md	No	Lr

(shaded) < 1 µg/L

Optische Emissionsspektroskopie mit induktiv gekoppeltem Plasma (Nachweisgrenzen)

H																	He
Li	Be											B	C	N	O	F	Ne
Na	Mg											Al	Si	P	S	Cl	Ar
K	Ca	Sc	Ti	V	Cr	Mn	Fe	Co	Ni	Cu	Zn	Ga	Ge	As	Se	Br	Kr
Rb	Sr	Y	Hf	Nb	Mo	Tc	Ru	Rh	Pd	Ag	Cd	In	Sn	Sb	Te	I	Xe
Cs	Ba	La	Zr	Ta	W	Re	Os	Ir	Pt	Au	Hg	Tl	Pb	Bi	Po	At	Rn
Fr	Ra	Ac															

Ce	Pr	Nd	Pm	Sm	Eu	Gd	Tb	Dy	Ho	Er	Tm	Yb	Lu
Th	Pa	U	Np	Pu	Am	Cm	Bk	Cf	Es	Fm	Md	No	Lr

< 1 µg/L   1 - 10 µg/L   > 10 µg/L

Massenspektrometrie mit induktiv gekoppeltem Plasma (Nachweisgrenzen)

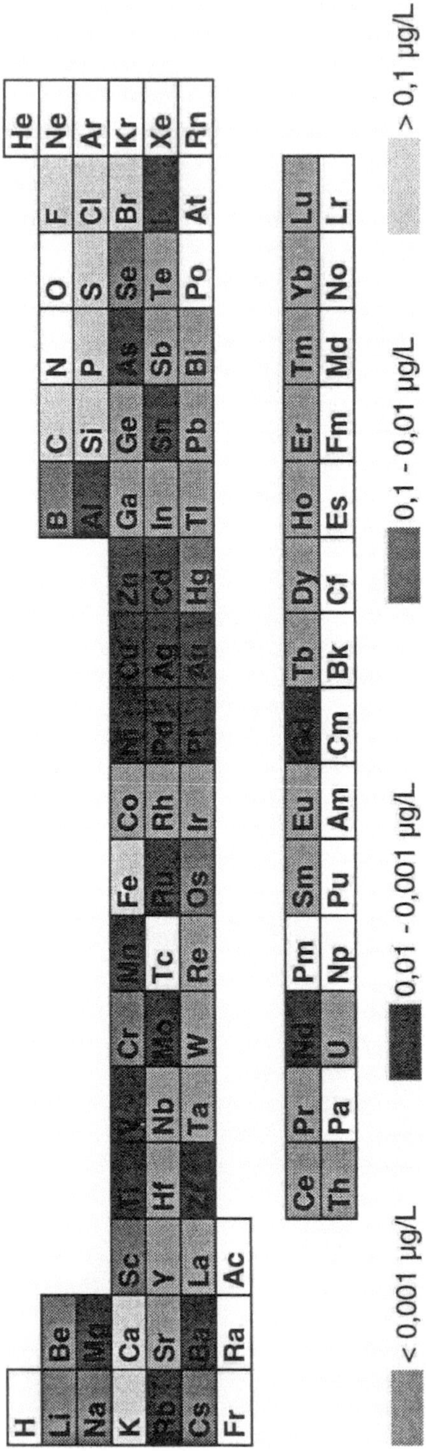

H																	He
Li	Be											B	C	N	O	F	Ne
Na	Mg											Al	Si	P	S	Cl	Ar
K	Ca	Sc	Ti	V	Cr	Mn	Fe	Co	Ni	Cu	Zn	Ga	Ge	As	Se	Br	Kr
Rb	Sr	Y	Hf	Nb	Mo	Tc	Ru	Rh	Pd	Ag	Cd	In	Sn	Sb	Te	I	Xe
Cs	Ba	La	Zr	Ta	W	Re	Os	Ir	Pt	Au	Hg	Tl	Pb	Bi	Po	At	Rn
Fr	Ra	Ac															

Ce	Pr	Nd	Pm	Sm	Eu	Gd	Tb	Dy	Ho	Er	Tm	Yb	Lu
Th	Pa	U	Np	Pu	Am	Cm	Bk	Cf	Es	Fm	Md	No	Lr

< 0,001 µg/L

0,01 - 0,001 µg/L

0,1 - 0,01 µg/L

> 0,1 µg/L

Energiedispersive Röntgenfluoreszenzanalytik (Nachweisgrenzen an Proben mit silikatischen oder organischen Matrices)

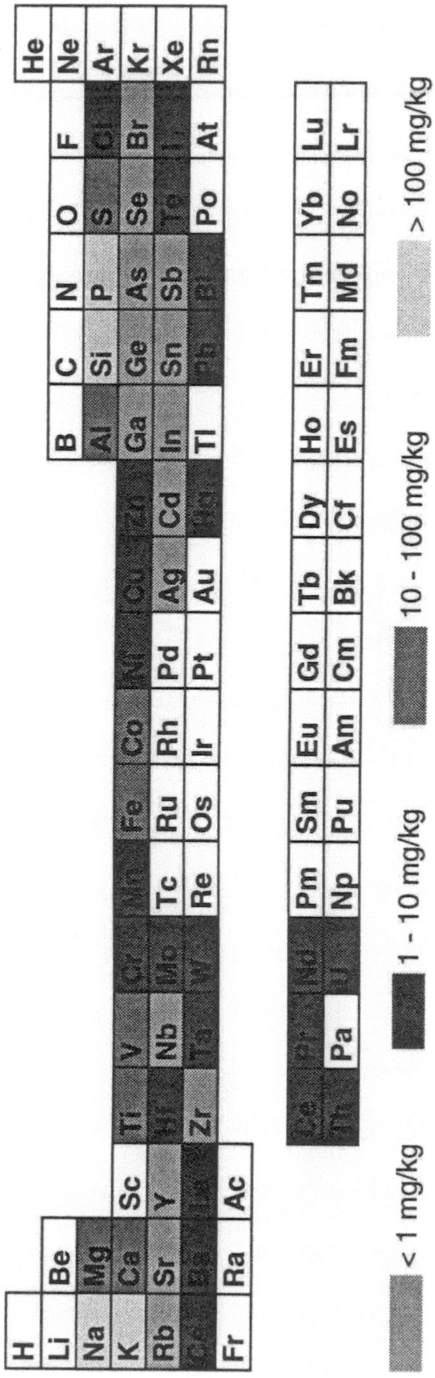

H																	He
Li	Be											B	C	N	O	F	Ne
Na	Mg											Al	Si	P	S	Cl	Ar
K	Ca	Sc	Ti	V	Cr	Mn	Fe	Co	Ni	Cu	Zn	Ga	Ge	As	Se	Br	Kr
Rb	Sr	Y	Hf	Nb	Mo	Tc	Ru	Rh	Pd	Ag	Cd	In	Sn	Sb	Te	I	Xe
Cs	Ba	La	Zr	Ta	W	Re	Os	Ir	Pt	Au	Hg	Tl	Pb	Bi	Po	At	Rn
Fr	Ra	Ac															

Ce	Pr	Nd	Pm	Sm	Eu	Gd	Tb	Dy	Ho	Er	Tm	Yb	Lu
Th	Pa	U	Np	Pu	Am	Cm	Bk	Cf	Es	Fm	Md	No	Lr

< 1 mg/kg 1 - 10 mg/kg 10 - 100 mg/kg > 100 mg/kg

Wellenlängendispersive Röntgenfluoreszenzanalytik (Nachweisgrenzen an Proben mit silikatischen Matrices, 1 g Probe + 5 g Schmelzmittel)

H																	He
Li	Be											B	C	N	O	F	Ne
Na	Mg											Al	Si	P	S	Cl	Ar
K	Ca	Sc	Ti	V	Cr	Mn	Fe	Co	Ni	Cu	Zn	Ga	Ge	As	Se	Br	Kr
Rb	Sr	Y	Hf	Nb	Mo	Tc	Ru	Rh	Pd	Ag	Cd	In	Sn	Sb	Te	I	Xe
Cs	Ba	La	Zr	Ta	W	Re	Os	Ir	Pt	Au	Hg	Tl	Pb	Bi	Po	At	Rn
Fr	Ra	Ac															

Ce	Pr	Nd	Pm	Sm	Eu	Gd	Tb	Dy	Ho	Er	Tm	Yb	Lu
Th	Pa	U	Np	Pu	Am	Cm	Bk	Cf	Es	Fm	Md	No	Lr

< 1 mg/kg   1 - 10 mg/kg   10 - 100 mg/kg

3.3 Alternative Vor-Ort-Nachweisverfahren für Schadstoffe bei der Erkundung und Beobachtung von Untergrundbelastungen im Bereich von Deponien und Altstandorten

REINHARD NIEßNER

3.3.1 Einleitung

Die systematische und wissenschaftlich korrekte Feststellung der Schadstoffsituation im Umfeld von Deponien und Altlasten nimmt zunehmenden Raum in der Arbeit von Behörden und privaten Umweltdienstleistungsunternehmen ein. Insbesondere von der Kostenseite ist festzustellen, daß mit der bisherigen Untersuchungstechnik, verursacht durch Probennahme vor Ort und Analytik in üblicherweise entfernten Laboratorien, ein mit der Anzahl der zu untersuchenden Analyten wachsender Kostenaufwand getrieben werden muß.

Dies ist dadurch bedingt, daß für eine Sanierungsentscheidung oder den Bau einer Totalbarriere um eine "ausblutende" Altlast repräsentative Meßergebnisse zugrunde gelegt werden müssen.

Es besteht demnach ein enormer Bedarf an neuen Vor-Ort-Meßtechniken, die sowohl zum großflächigen "Screening" als auch zur Steuerung und Kontrolle von Sanierungsprojekten eingesetzt werden können.

Bei der Durchsicht der Literatur zur Entwicklung und Anwendung einer geeigneten Meßtechnik sind dabei 2 Trends feststellbar.

Zum einen werden bestehende Analysentechniken wie etwa Gaschromatographie oder HPLC zu immer hochwertigeren, aber auch kleineren und kompakteren Geräten weiterentwickelt, die im Verbund mit immer leistungsfähigeren EDV-Geräten, in Feldlabors die schnelle konventionelle Erarbeitung von Analysendaten ermöglichen sollen.

Diese Entwicklung stößt aber an natürliche Grenzen. So bleibt als Zeit- und Kostenfaktor die mühsame Probennahme erhalten, allerdings ist die ansonsten übliche Probenvorbereitung (sieben, mahlen, trocknen, extrahieren) von kontaminierten Bodenproben oder gewonnenen Porenwassers aus Zeit- und Platzgründen in einem Feldlabor begrenzt. Damit läuft aber diese Art der Analytik konträr zu den immer größeren Bemühungen um Validierung und Zertifizierung in der Umweltanalytik.

In der Zukunft wird daher auf der anderen Seite die Vor-Ort-Analytik ("Screening") als Ergänzung zur konventionellen Laboranalyse entscheidende Bedeutung gewinnen.

Unter Vor-Ort-Analytik wird somit eine Stoffbestimmung im Umfeld einer Deponie oder Altlast verstanden, die ohne aufwendige Probennahme und Probenvorbereitung durchgeführt werden kann. Dabei kann der Zeitverzug durch Probentransport und langwierige Standardanalytik durch leistungsfähige qualifizierte Schnellverfahren bzw. Sensoren minimiert und das Ergebnis durch eine große Probenzahl oder kontinuierliche Messungen statistisch abgesichert werden.

Unter Sensortechnik wird eine Analyse ohne aufwendige Probennahme und Probenvorbereitung verstanden. Ein Sensor ist ein Meßsystem, das eine Information über eine physikalische und / oder chemische Größe liefert und funktional aus einem Meßfühler und einem Wandler besteht. Der Meßfühler ändert dabei eine seiner physikalischen oder chemischen Eigenschaften in reproduzierbarer Weise, wenn sich die zu messende Größe (hier Konzentration und Art der Schadstoffe) ändert. Der Wandler führt den Wert der sensitiven Eigenschaft in ein detektierbares elektrisches, optisches oder akustisches Signal über.

Um eine Auswahl für alternative Meßverfahren vornehmen zu können, wird folgende Wertung der Verfahren verwendet: Das schwächste Glied eines Verbundverfahrens ist die Detektion. Ist diese extrem schwach im Nachweisvermögen, so ist man zu erheblichen Anreicherungsschritten gezwungen, welche wiederum eine „On line"-Aussage vereiteln. Es wird also von diesem Standpunkt aus versucht, aufzuzeigen, welche Nachweis- oder Detektionsprinzipien äußerst nachweisstark geführt werden können und zukünftig zur Charakterisierung des Untergrundes von Deponien und Altstandorten eine Rolle spielen könnten.

Der Einsatz von Trennoperationen (Trennung: Transformation eines "räumlichen Nebeneinanders") kostet Zeit und sollte so einfach wie möglich gestaltet werden. Häufig läßt sich durch eine geschickte Probennahme direkt ein Trenneffekt und somit auch prinzipiell eine Anreicherung erzielen.

Ist die Selektivität eines Nachweisverfahrens gering, also das Verfahren "breitbandig", so bietet sich bei der Auswertung die Anwendung chemometrischer Verfahren an. Bei entsprechender Konfiguration läßt sich die als Querempfindlichkeit beschriebene Überlagerung von Signalanteilen anderer Substanzen vom eigentlichen Nutzsignal beseitigen und sogar zur Erkennung anderer Stoffsysteme mitbenutzen.

Da ein weiteres wesentliches Anwendungskriterium für den Feldeinsatz die Miniaturisierung darstellt, wurde eine bewährte Einteilung von Nachweisverfahren bei den chemischen Sensoren (NIESSNER 1988) herangezogen (*Tabelle 3.17*).

Es werden im folgenden die einzelnen Sensorprinzipien dargelegt und auf eine mögliche Verwendung hin zur Schadstoffdetektion besprochen.

Tabelle 3.17. Einteilung chemischer Sensoren nach dem Wirkungsprinzip

Bildung des Sensorsignals	Sensortyp
A. Elektrische Signalerzeugung	
Leitfähigkeitsänderung	Homogene-Metalloxid-Halbleiter, Organische Halbleiter, Pellistor
Elektrochemische Strom- bzw. Potentialbildung	Anorganische Festkörperelektrolyte, Chemisch sensitive Metalloxid-Halbleiter-Strukturen
Resonanzfrequenzänderung	Piezoelektrische Waage, Surface-acoustic-wave-Sensoren (SAW)
Elektrische Mobilität	Laufzeit-Massenspektrometer
B. Optische Signalerzeugung	
Transmission Fluoreszenz, Phosphoreszenz, Lichtstreuung, Ramanstreuung: Hervorgerufen durch optische Stimulierung	Faseroptiken, Lichtleiter, Miniatur-Spektrometer
Optothermische Wechselwirkung	Photoakustischer Sensor Optothermischer Sensor
Plasmonen-Anregung	Surface-plasmon-resonance-Detector (SPR)
C. Biochemische Signalerzeugung	
Enzymatische Detektion	Substratumsatz Aktivierung durch Analyt Inhibierung durch Analyt
Immunologische Detektion	Kompetitiver Immunoassay (direkte oder indirekte Variante) Mikrotiterplatte, Immunfiltration

3.3.2 Elektrische Signalerzeugung als Sensorprinzip

3.3.2.1 Chemische Sensoren, auf Widerstandsänderung beruhend

Halbleitersensoren aus anorganischem Material

Anorganische Metalloxidsensoren werden zumeist entweder aus einer homogen ausgebildeten Halbleiterschicht oder einer "Pille" oder Dickschicht gefertigt. Besonders in Japan werden letztere Sensoren zur Überwachung von brennbaren und explosiven Gasen hergestellt ("Figaro-Sensoren"). Es kommen dabei Metalloxide mit n-Typ-Elektronenleitung, wie SnO_2, ZnO, TiO_2

und Fe_2O_3 zur Anwendung. Die so gefertigten Sensoren sind nur wenige Millimeter groß. Über 2 Kontakte wird der Leitwert der Metalloxidschicht abgegriffen.

Diese Sensoren beruhen auf der reversiblen Oxidation bzw. Reduktion des zu messenden Gases an der Metalloxidoberfläche. Bei höherer Temperatur (120° - 600 °C) betrieben, besitzen diverse Metalloxide bereits eine gute Eigenleitfähigkeit, die durch die von der Temperatur abhängende Störstellenkonzentration bestimmt wird. Über einen gezielten Dotierprozeß können Störstellen definiert eingebaut werden.

Wird ein derartiger Sensor zunächst bei reiner Luft betrieben, so kommt es zur Chemisorption des Sauerstoffs an der Oberfläche. Dadurch werden Elektronen vom Metalloxid zum adsorbierten Sauerstoffmolekül abgegeben, und es erfolgt eine Gleichgewichtseinstellung der Ladungsträgerdichte auf niedrigem Niveau. Reduzierende Gase wie CO, H_2 und H_2S sowie Kohlenwasserstoffe reagieren nun im Fall ihrer Anwesenheit mit dem adsorbierten Sauerstoff und setzen dabei Elektronen frei. Die Folge ist eine Erhöhung des Leitwertes. Nimmt die Konzentration reduzierend wirkender Gase ab, so wird die Oxidoberfläche erneut mit Sauerstoffmolekülen gesättigt und der Leitwert sinkt entsprechend. Die Desorption der Reaktionsprodukte ist bei höheren Temperaturen ebenfalls sehr schnell. Da aber viele Gase mit Sauerstoff an heißen Oberflächen reagieren, ist die Selektivität dieses Sensortyps nicht sehr hoch. Es gibt Versuche, durch z. B. Trimethylsilylierung der Oberfläche eine Steigerung der Selektivität zu erreichen. Neben den n-halbleitenden MeO-Sensoren sind auch p-halbleitende Sensormaterialien (CuO, NiO, CoO) für oxidierende Gase bekannt.

Ein derartiger Sensortyp dürfte in Verbindung mit Saugkerzen zum Bodengas-Screening interessant sein. Er ist breitbandig anzeigend. Über die kommerzielle Erhältlichkeit in einer für die Bodengas- oder Wasserüberwachung geeigneten Form ist bislang nichts bekannt.

Direkt zum Zweck der Bestimmung halogenierter Kohlenwasserstoffe (LCKW) in Wasser (On-line-Bestimmung) publizierten STETTER & CAO (1990) ein Verfahren, bei welchem zunächst durch Permeation die LCKW in die Gasphase überführt werden und dann im kontinuierlich abgeführten Trägergasstrom mittels eines Seltenerd-dotierten Halbleitersensorelementes detektiert werden. Geprüft wurde die Funktionsfähigkeit mit Chlorbenzol, Trichlorethan und Chloroform. Die Nachweisgrenze ist aus der Veröffentlichung mit etwa 5 ppm abschätzbar; es wurde keine Störung durch Hexan oder Phenol festgestellt.

Halbleitersensoren aus organischem Material

Organische Verbindungen mit speziellen funktionellen Gruppen (erzeugen ionische Leitfähigkeit im Kristall) oder Verbindungen mit einem mehr oder weniger ausgedehnten System konjugierter Doppelbindungen (erzeugen elektronische Leitfähigkeit) stellen die 2 Untergruppen dar. Zu letzteren zählen Makrozyklen wie Phthalocyanine oder organische Polymere wie die Polypyrrole. Je nachdem, ob das organische Material als Elektronendonator oder -akzeptor wirkt, handelt es sich dabei um n- oder p-halbleitende Sensoren.

Die Findung geeigneter organischer Stoffe ist nicht einfach:

- Die Leitfähigkeitsänderung, verursacht durch Adsorption des Analyten, sollte proportional zur Analytkonzentration sein.
- Der Sorptionsprozeß sollte reversibel erfolgen.
- Der organische Halbleiter sollte thermisch und chemisch stabil sein.
- Die Dunkelleitfähigkeit sollte niedrig sein.

Diesen Vorgaben genügen besonders die Phthalocyanine. Diese haben eine Ähnlichkeit im Strukturaufbau mit dem als biologische Gasüberträger bekannten Hämin oder Chlorophyll. Mittlerweile ist eine Vielzahl von Arbeiten zu diesem Sensorprinzip bekannt.

RABE et al. (1989) publizierten einen Leitfähigkeitssensor, der mit einem Polypyrrol-Dünnfilm ausgestattet ist. Die Nachweisgrenze für Methylamin, das als geruchstypischer Fremdstoff bei noch aktiven Deponien auftreten kann, liegt bei etwa 10 mbar. Derartige Sensorkonfigurationen erscheinen im Zusammenhang mit Bodengasanalysen oder strippbaren Wasserinhaltsstoffen als hochinteressant.

Leitfähigkeitssensoren auf katalytischer Basis

Billige Gassensoren sind häufig auf katalytischen Reaktionen des Sensorkörpers mit dem nachzuweisenden Gas aufgebaut. Ein typischer Gassensor dieser Bauart (Pellistor) besteht z. B. aus einem Sinterkörper aus ThO_2, oder Al_2O_3, in den ein Heizdraht aus Pt oder Ir eingelassen ist. Die Oberfläche besteht aus einer katalytisch wirksamen Schicht, meistens erzeugt durch Dotierung mit Pt- oder Pd-Atomen.

Gemessen wird dabei nicht das Gas selbst, sondern die bei der Oberflächenreaktion freiwerdende Reaktionswärme. Bei einer Temperatur von etwa 550 °C werden reduzierende Gase wie CO oder CH_4 an der Oberfläche des Pellistors vom adsorbierten Luftsauerstoff oxidiert. Die freiwerdende Reaktionswärme bewirkt einen Anstieg des Widerstandes der eingebauten Heizwendel. Bei geringen Temperaturänderungen ist die Widerstandsänderung proportional zur Oxidationsrate an der Sensoroberfläche und somit auch zur Konzentration des nachzuweisenden Gases.

Eine räumliche Trennung der Katalyse und des Nachweises mittels eines Pellistor-Arrays wurde ebenfalls mehrfach vorgeschlagen (ABE et al. 1987).

Analyten waren dabei Fluorchlorkohlenwasserstoffe, aber auch Chloroform, Propion- und Essigsäure. Die untersuchten Konzentrationen lagen allerdings jeweils beim Sättigungsdampfdruck. Andererseits konnten durch Clusteranalysentechniken Einzelstoffe aus Mischungen erkannt werden.

3.3.2.2 Sensoren mit Strom- bzw. Potentialbildung

Amperometrisch arbeitende Sensoren

Eine ausführliche Übersicht zu amperometrischen Gassensoren ist von CHANG et al. (1993) publiziert worden.

Von den amperometrisch arbeitenden Sensoren ist die Clark-Zelle der am meisten verbreitete Typ. Das Prinzip ist das folgende: Die Zelle besteht aus einem Gehäuse, worin sich ein KCl-Elektrolyt über einer Sauerstoff-durchlässigen Membran mit O_2 in Kontakt befindet. Die Anode besteht aus Silber, die Kathode aus Platin. Durchdringt Sauerstoff die Membran, so gelangt er diffusionskontrolliert an die Kathode und wird reduziert. Der in der Zelle fließende Strom ist somit proportional zum Partialdruck des Sauerstoffes. Hier wird auch der Nachteil dieses Sensorprinzips deutlich: Die Anode und der Elektrolyt werden mit der Zeit verbraucht. Trotzdem sind, wegen des niedrigen Preises, derartige Sensoren in "Wegwerfversion" verbreitet. Eine Miniaturisierung ist leicht möglich. Auch Dickfilmausführungen (Siebdruckaufbringung von Metallen auf Aluminiumsubstraten) sind publiziert worden. Kombinationen mit immobilisierten Chloroplasten können zur nachweisstarken Detektion von Photosynthese-Hemmstoffen (z. B. Carbamat-Pestizide) in Wasser verwendet werden.

Von KLOCKOW et al. (1986) stammt eine Ag/AgI-Sensorzelle zur Chlordetektion, die auf dem Transport der durch Chloradsorption und Reaktion mit Iodid gebildeten Ladungsträger über die Phasengrenze von Ag und AgI beruht. Vorteilhaft ist hier, daß das direkt Gas ohne den Umweg über eine Flüssiganreicherung gemessen wird. NIESSNER & BÄCKER (1989) nutzen die photolytische Zersetzung halogenierter Kohlenwasserstoffe zu Chlor mit anschließender Quantifizierung durch den AgI-Sensor. Dieses Prinzip ist nach Abtrennung gasförmiger Wasserinhaltsstoffe (durch Versprühen) zur Perchlorethen-Bestimmung in Wasser im µg/l-Bereich geeignet. Ungelöst ist das Standzeitproblem des Ag/AgI-Sensors.

SCHIERBAUM et al. (1992) verwenden kommerziell erhältliche amperometrische Chlorgassensoren zur Detektion von Perchlorethen in Luft. Dabei wird "Per" zunächst an einem beheizten Katalysator pyrolytisch gecrackt. Als Nachweisgrenze wurden etwa 100 ppmv erreicht.

Vielfache Kombinationen mit biochemischen Erkennungsstrukturen (Enzyme, Antigen-Antikörper, Mitochondrien, Chloroplasten) sind gerade mit den neuen miniaturisierten Sauerstoffelektroden möglich. Kommerziell erhältliche Systeme zu Umweltüberwachungszwecken existieren noch nicht, wären aber denkbar (KORYTA 1986; DOBBS & BRIERS 1988; HENSEL 1990; BONAKDAR et al. 1989).

Membrangebundene Enzymsequenzen über eine amperometrische Sauerstoffelektrode ermöglichen beispielsweise die gezielte Detektion von Fettsäuren im mikromolaren Bereich in Wasser (SODE et al. 1989).

Potentialbildende Sensoren

Festkörperelektrolyte als potentialbildende Sensoren. Bei den potentialbildenden Festkörperelektrolyt-Sensoren erfolgt der Ladungstransport über Ionenleitung im Festkörper. Hier ist die Beweglichkeit der Ionen bei entsprechend hohen Temperaturen schon hinreichend. Dabei baut sich zwischen 2 Elektroden, die durch den Festkörperelektrolyten getrennt werden, wegen der Konzentrationsunterschiede auf beiden Seiten eine Nernstsche-Spannung auf, die zur Potentialmessung zur Verfügung steht.

Am besten untersucht dürfte wohl Yttrium-dotiertes ZrO_2 als Sauerstoffionenleiter sein. Dieser Festkörperelektrolyt findet z. B. Verwendung als Sauerstoffsensor zur Verbrennungsregelung (λ-Sonde). Er besteht aus dem eigentlichen Elektrolyt, dessen eine Seite als Referenzkammer und dessen andere Seite als Meßkammer ausgebildet ist. Das zu vermessende Gas gelangt durch poröse Pt-Elektroden an die Elektrolytoberfläche. Hier steht der Sauerstoff mit dem Gittersauerstoff (O^{2-}) und den Elektronen im Platin im Gleichgewicht:

$$O_2(\text{gasförmig}) + 4\,e^- \Leftrightarrow 2\,O^{2-}$$

Dies gilt sowohl für die dem Meßglas zugewandte, als auch für die als Referenzkammer benutzte andere Seite der Sensoranordnung. Bei konstanter Temperatur baut sich daher über dem Elektrolyten eine Spannung U auf:

$$U = \frac{1}{4}\frac{RT}{F}\ln(c_i / c_a)$$

$$= \frac{A}{4}\log(P_i / P_a)$$

R	=	Gaskonstante
F	=	Faraday-Konstante
c_i, P_a	=	Konzentration bzw. Partialdruck des Sauerstoffes in der Referenzkammer
c_a, P_a	=	Konzentration bzw. Partialdruck des Sauerstoffes in der Meßkammer

Bei Raumtemperatur ist A = 0.059. Als Referenz kann hier ein definierter Sauerstoffpartialdruck oder ein anderes Bezugspotential benutzt werden.

ZrO_2-Festkörperelektrolyt-Sensoren werden in vielen Anwendungen benutzt. Neben ZrO_2 findet auch Thoriumoxid als Sauerstoffionenleiter in Sensoren Anwendung. Mittlerweile sind auch erste potentiometrische Festkörpersensoren zur Detektion von SO_x, NO_x, CO und CO_2 bekannt geworden.

Interessant für Applikationen im Altlastenbereich könnten Varianten mit vorgeschaltetem "chemischen Modulator" sein. Damit sind pyrolytische Behandlungen in Arraykonfiguration (mit und ohne Katalysator) gemeint. OTAGAWA & STETTER (1987) publizierten einen Array, der Benzol, Toluol und Blausäure im unteren ppm-Bereich detektiert. Weiterhin von Interesse dürfte ein potentiometrischer Sensor mit Chlorempfindlichkeit (BAUSSAND et al. 1986) sein. Kombiniert mit einer chlorabspaltenden Vorrichtung (thermisch oder photolytisch) könnte dieser zum LCKW-Screening im Bodengas bzw. nach Abtrennung aus Wasser und Boden geeignet sein.

Ionenselektive Elektroden als potentialbildende Sensoren. Ionenselektive Elektroden werden seit Jahren zur mehr oder weniger selektiven Bestimmung von Ionen in wäßrigen Systemen verwendet. Die bekannteste ionenselektive Elektrode ist die Glaselektrode zur H^+-Bestimmung. Die pH-Elektrode hat zahllose Anwendungen in der klassischen analytischen Chemie, aber auch in der industriellen Praxis oder Medizin. Der Aufbau einer üblicherweise verwendeten Meßkette sieht folgendermaßen aus: Eine Glasröhre ist an einem Ende verschlossen. Dabei ist ein Teil als dünne Glasmembran ausgebildet. Das Innere ist mit einem Referenzelektrolyten (gepufferte Chloridlösung) gefüllt. Der elektrische Kontakt zur inneren Elektrolytlösung wird dabei über eine Ag/AgCl-Ableitelektrode vorgenommen. Entscheidender Nachteil ist die Notwendigkeit, daß eine zweite Bezugselektrode zur relativen Potentialbestimmung verwendet werden muß. Beide müssen somit in die zu vermessende Lösung eingetaucht werden. Die H^+-Ionen erzeugen dabei über den Membranquerschnitt eine pH-abhängige Potentialdifferenz, welche dem Nernstschen Gesetz gehorcht. In bezug auf die Referenzelektrode stellt sich eine Potentialdifferenz E ein:

$$E = \frac{RT}{nF} \ln(a_i / a_a)$$

T = Temperatur
R = allgemeine Gaskonstante
a_i = Aktivität der H+-Ionen innen
a_a = Aktivität der H+-Ionen außen
n = Elektronenumsatz

Durch Variation der Glasmembran, wie z. B. durch Verwendung von Festkörperelektrolyten wie LaF_3 zur F^--Bestimmung oder in flüssigen oder festen Polymermembranen eingebauten Ionenaustauschern sowie speziellen Ioneneinschlußverbindungen gelingt die selektive Ionenbestimmung neben einer Vielzahl von gelösten Stoffen.

Gemessen werden die teilweise geringen Potentialunterschiede im stromlosen Zustand. Ein wesentlicher Nachteil ist die nicht ohne weiteres durchführbare Miniaturisierung. Eine typische ionenselektive Elektrode ist ca. 100 - 150 mm lang und hat einen Durchmesser von 10 mm.

Interesse finden ionenselektive Elektroden zur Messung biochemisch wirksamer Stoffe. Hierzu wird meistens die Elektrode mit einem immobilisierten Enzym in Verbindung gebracht. Grundsätzlich werden Enzym/Substrat-Systeme verwendet, deren Produkt entweder das H^+-Potential darstellt oder die H^+-Produktkonzentration durch den zu messenden Inhibitor verändert wird.

Das Arbeiten mit ionenselektiven Elektroden erfordert häufig eine Matrixkorrektur, da nur Aktivitäten der entsprechenden Ionen erfaßt werden und Einflüsse von Komplexbildnern, Inhibitoren und Fällungsreagenzien (welche die Membraneigenschaften verändern können) berücksichtigt werden müssen.

Ionenselektive Elektroden (IS) stoßen in ihrer Miniaturisierung an deutliche Grenzen. Nachteilig ist weiterhin die Notwendigkeit der Flüssigphasse im Elektrodenaufbau. Da chemisch sensitive Halbleiterstrukturen ähnliche Möglichkeiten aufzeigen, sollte versucht werden, IS durch ISFET zu ersetzen.

Generell ist eine ionenselektive Elektrode nur nach Kombination mit einem Erkennungselement direkt in der Lage, ein organisches Molekül zu detektieren.

Aus dem Bereich der biochemischen Erkennungsstrukturen stehen zur Verfügung:

- Lactatdehydrogenase-Inhibierung durch chlorierte Kohlenwasserstoffe (Aldrin, DDT, PCB, PCP, TCPA, Lindan) im mikromolaren Bereich (OFFENHARTZ & LEFKO 1984),
- monoklonale Antikörper, immobilisiert auf einer ionenselektiven Elektrode für die Detektion von 2,4-Dinitrophenol im unteren mikromolaren Bereich (BUSH & RECHNITZ 1987),
- die Nutzung intakten Nervengewebes auf einer Fluoridelektrode zum Nachweis von fluorid-haltigen Kampfstoffen im 10^{-5}-molaren Bereich (UCHIYAMA et al. 1988) oder Pestiziden (ZINK & RECHNITZ 1989),
- Cyclodextrin-Membran-modifizierte Elektroden für Wirt-Gast-Verbindungsmessungen, wie z. B. p-Nitrohenol (KOMIYAMA 1988),
- gezielte Entwicklung von Langmuir-Blodgettfilmen als Erkennungsstruktur (z. B. MORIZUMI 1988),
- Ionenaustauscher, membrangebunden, zur Messung von kationischen und anionischen Tensiden bis in den 10^{-5}-molaren Bereich (DOWLE et al. 1988).

Indirekt meßbar sind organische Stoffsysteme dann, wenn die gezielte Abspaltung funktioneller Gruppen und deren Nachweis als Anion gelingt. Beispiele wären Organophosphate nach Photolyse und Nachweis mittels phosphatselektiver Elektrode. Ähnliches gilt für chlororganische Substanzen. Eingeschränkt wird die Nutzung solcher Systeme allerdings durch die häufig hohe Backgroundbelastung von Anionen im Deponiesickerwasser.

Chemisch sensitive Halbleiterstrukturen. Die modernen Halbleitertechnologien eröffnen für weitere Sensorentwicklungen völlig neue Perspektiven. Die mit der zunehmenden Integration elektronischer Bauteile gewonnenen Erfahrungen können natürlich zur Fertigung winziger Sensoren auf Halbleiterstrukturbasis genutzt werden.

Eine besondere Stellung nimmt dabei der chemisch sensitive Feldeffekt-Transistor (CHEMFET) mit seinen zahlreichen Modifikationen ein. Er stellt eigentlich die logische Weiterentwicklung von ionenselektiven Elektroden dar.

Eine konventionelle Meßanordnung besteht aus ionenselektiver Elektrode, Referenzelektrode und der Verbindung zum hochohmigen Eingang eines pH-Meterverstärkers. Wird die ionenselektive Membran nun direkt mit dem isolierenden Teil eines FET, dem Gate, verbunden und die gesamte Anordnung als Sensor in die zu vermessende Lösung getaucht, so hat man bereits einen chemisch sensitiven FET angewandt.

Das Arbeitsprinzip eines ionenselektiven FET (ISFET) beruht darauf, daß am Gate Ladungsträger den Drainstrom kapazitiv beeinflussen. Diese Möglichkeit, den Drainstrom kapazitiv beeinflussen zu können, ist der große Vorteil eines ISFET. Sämtliche Varianten beruhen auf der unterschiedlichen Dipolbildung der interessierenden Spezies im Gatebereich.

Der CHEMFET (und auch miniaturisierte chemisch selektive Elektroden) besitzt folgende besonderen Vorteile:

- Der Aufbau ist bis in den Mikrometer-Bereich verkleinerbar.
- Sie sind durch Massenfertigung billig herstellbar.
- Durch die Hochohmigkeit im Gatebereich sind keine besonderen Abschirmmaßnahmen notwendig.

Nachteilig ist:

- die Notwendigkeit einer Referenzelektrode,
- die Notwendigkeit i. allg. in der Flüssigphase messen zu müssen.

Beide Nachteile sind sehr große Einschränkungen. Besonders kritisch sind biochemisch aktive FET-Sensoren zu bewerten. Für den Einsatz in der Umweltanalytik bestehen einige Defizite, wie Langzeitstabilität der Enzymsubstrate, Zwang zum Referenzelement, enorme Querempfindlichkeiten anderer Ladungsträger etc.

Es kann derzeit kein vernünftiger Einsatz von Bio-FET in der Umweltüberwachung gesehen werden, da die Vielzahl von Analyten ohne geeignete Vortrennung nicht bewältigt wird. Die Kombination von CHEMFET in sog. „Miniaturized-total-analysis"-Systemen, z. B. eine Verbindung der Kapillarzonenelektrophorese mit geeigneten Sensoren, würde allerdings völlig neue Möglichkeiten zur Schnellanalyse von Flüssigkeiten eröffnen.

3.3.2.3 Chemische Sensoren als frequenzbestimmendes Bauteil in einer Oszillatorschaltung

Piezoelektrische Quarze als Sensoren

Bis heute ist eine Vielzahl von Varianten zur Massenbestimmung auf AT-geschnittenen Schwingquarzen bekannt geworden. Das Prinzip dieses Sensortyps ist die Messung von Resonanzfrequenzänderungen bei der Deposition von Stoffen auf der Kristalloberfläche. Ein Schwingquarz befindet sich in ungekapseltem Zustand als frequenzbestimmendes Element in einer Oszillatorschaltung. Wird auf einer der planen Kristallflächen Material deponiert, so wird die die Dickenscherschwingung ausführende Masse verändert und damit auch die Resonanzfrequenz f_0 verschoben. Die Sauerbreysche Gleichung beschreibt diesen Zusammenhang:

$$\Delta f = -2{,}3*10^6 * f_0^{\,2}\left(\frac{\Delta M}{A}\right)$$

ΔM = Massenzuwachs
Δf = Frequenzänderung
A = belegte Quarzoberfläche
f_0 = Resonanzfrequenz

Auflösbar sind bei einer Resonanzfrequenz von 10 - 15 Mhz noch 0.01 Hz, d. h. es sind prinzipiell Massenzuwächse von 10^{-10} g meßbar. Allerdings setzt dieses Verfahren eine gleichmäßige Massenbelegung der Quarzoberfläche voraus.

Mit wenig selektiv wirkenden Absorptionsmitteln beschichtet, wurden Quarzsensoren zur kontinuierlichen Überwachung von Schadgasimmissionen eingesetzt: NH_3, SO_2, NO_2, H_2S, O_3, CO, CO_2, Alkohole, HCl, Hg(g), aliphatische und aromatische Kohlenwasserstoffe, Organofluorophosphate, Nitrotoluol, Bakterienwachstum. Ebenso sind erste Applikationen von Quarzsensoren in der Flüssigphase bekannt geworden, allerdings mit deutlich verschlechterter Nachweisgrenze (SHANA et al. 1990).

Derzeit werden von verschiedenen Gruppen enorme Anstrengungen unternommen, selektive Senken durch gezielte Synthese zu entwickeln. Gerade neueste Erfolge in der "supramolekularen" Chemie zeigen, daß z. B. Trichlorethen mit Nachweisgrenzen weit unter 10 ppm (DICKERT et al. 1993) oder etwa Nitrobenzol (NELLI et al. 1993) mittels Quarzsensoren *ohne Array* nachgewiesen werden können.

Neue Wege begehen OKAHATA et al. (1993), die die Einlagerung von wassergelösten Heterozyklen in einen auf den Quarzsensor aufgezogenen Film aus DNA/Lipid nachweisen können. Absolute Mengen < 100 ng Ethidiumbromid konnten so nachgewiesen werden.

SCHIERBAUM et al. (1992) verwenden einen Array aus Dimethylpolysiloxanbeschichteten Quarzen und einer Temperaturmodulation. Die Nachweisgrenzen für C_2Cl_4 betragen etwa 50 ppmv.

Für eine Applikation im Sickerwasser oder Bodeneluat dürfte der hohe Anteil an Humin- und Ligninstoffen zunächst ein unüberwindliches Hindernis darstellen.

Der generelle Nachteil von Quarzsensoren ist deren enorme Anfälligkeit gegen unspezifische Adsorption beliebiger Stoffe an die sensitive Oberfläche.

"Surface-acoustic-wave"-Sensoren (SAW)

Ein im Vergleich zum Quarzsensor noch nachweisstärker arbeitendes Bauelement ist der SAW-Sensor. Auf einem piezoelektrischen Substrat werden 2 fingerförmig verzweigte Elektroden mit wenigen Mikrometer Abstand durch Photolithographie aufgebracht. Werden diese Elektroden über einen Hochfrequenzverstärker zu rückgekoppelten Schwingungen angeregt, so stellt das gesamte Gebilde einen Oszillatorschaltkreis dar. Dabei wird die von einer Elektrode abgegebene Wechselspannung in Rayleigh-Wellen umgesetzt, welche sich mit einer für das Medium (piezoelektrisches Substrat) charakteristischen Laufzeit zur Empfängerelektrode ausbreiten. Dort werden diese wieder in eine Spannung umgesetzt, verstärkt und wieder phasengleich eingespeist. Es kommt zu einer Resonanz mit der Frequenz f_0, die von der Laufzeit der Rayleigh-Welle bestimmt wird.

Ähnlich wie bei den Quarzsensoren sind mittlerweile SAW-Sensoren mit und ohne Arrayausbildung für eine Vielzahl von Gasbestimmungen bekannt geworden. Anwendungen für die Flüssigphase sind noch nicht bekannt.

Applikationen zur Bestimmung folgender Analyten, die deponierelevant sind, scheinen attraktiv:

- Nitrobenzol, Anisol, 3-Fluorbenzol, 2-Nitrotoluol (keine Nachweisgrenzen angegeben), (HECKL et al. 1990),
- Toluol (4 ppmv), Dichlormethan (27 ppmv), (AMATI et al. 1992),
- Toluol (5 ppmv), (GRATE & KLUSTY 1991),
- Styrol (5 ppmv), (ZELLERS et al. 1990),
- Organophosphorverbindungen (10 µg/m³) und Organoschwefelverbindungen (500 µg/m³), (GRATE et al. 1993; ROSE-PEHRSSON et al. 1992).

Aufgrund der Kopplung von Δf mit Δm über f_0^2 und wegen der hohen Resonanzfrequenz (bis zu 1 Ghz) erhält man eine prinzipiell hohe Massenempfindlichkeit bis in den Femtogrammbereich.

Applikationen für den Einsatz zur Bodengasanalyse sind nicht bekannt, aber denkbar. Querempfindlichkeiten sind analog den Quarzsensoren zu erwarten.

3.3.2.4 Detektion von Gasionencluster als Sensorprinzip

Hierzu wurde in verschiedenen Arbeiten eine große Anzahl von Ausführungsformen vorgestellt. Gemeinsam ist allen Arbeiten, daß zunächst der zu detektierende Analyt, der in der Gasphase vorliegen muß, in Kontakt mit einem Hilfsgas (z. B. H_2O-Moleküle oder NH_3) und mit hochenergetischer Strahlung (Plasma, keV-Elektronen) gebracht wird. Es kommt dabei teilweise zu einer Fragmentierung des Analytmoleküls, gefolgt von der Bildung eines Clusterions.

Die diversen, kommerziell erhältlichen Geräte arbeiten auf einer Laufzeiterkennung der gebildeten Ionencluster. Die Geräte sind äußerst kompakt, erlauben aber keine quantitative Bestimmung des detektierten Stoffes.

Die kürzlich vorgestellte Verwendung eines Plasmas in Form einer Glimmentladung scheint recht vielversprechend zu sein. Dabei wird vor dem Einlaß eines Quadrupolmassenspektrometers unter Verwendung normaler Außenluft der Analyt durch eine Glimmentladung fragmentiert. Messungen mit TNT als Analyt ergaben einen weiten dynamischen Bereich und eine Nachweisgrenze von 1.4 pptv TNT.

Eine weitere Variante stellen die Aerosolionisationsdetektoren dar. Hier werden durch thermische und radiolytische Behandlung sowie teilweise unter Verwendung von Hilfsnukleationsbildnern wie NH_3 aus geladenen Gasionenclustern geladene Aerosolteilchen gebildet und kontinuierlich in Aerosolelektrometern registriert.

Die bislang bekannten Ionisationsdetektoren sind äußerst querempfindlich. Auch hängt die Bildung der gewünschten Ionencluster äußerst stark von der Zusammensetzung der Umgebungsluft ab. Als Warngerät scheinen sie empfindlich anzusprechen, jedoch ist die quantitative Aussage sehr zweifelhaft. Die Tatsache, daß das Auflösungsvermögen bei einer Miniaturisierung drastisch erniedrigt wird und daher die Detektion zwangsweise auf niedrige m/e-Verhältnisse beschränkt wird, lassen eine Erhöhung der Selektivität nur mit teuren Maßnahmen (Multiphotonenionisation) erwarten. Die niedrige Selektivität kann nur durch einen zweiten Trennschritt vor oder nach dem "Plasma"-Chromatograph gesteigert werden.

Inzwischen wurde bereits über erste Applikationen im Deponiebereich berichtet (FIELD SCREENING EUROPE 1997).

3.3.3 Erkennungsverfahren, die auf optischen Wechselwirkungen mit dem Analyten beruhen

3.3.3.1 Photonenabsorption als Detektionsprinzip

Um über die Lichtextinktion eine nachweisstarke Detektion eines Schadstoffes zu ermöglichen, gibt es prinzipiell folgende Möglichkeiten:

a) Der Analyt wird mit einem Farbstoffbildner versehen, dessen molarer Extinktionskoeffizient e nach selektiver Reaktion sehr hoch ist.

b) Der absorbierende Lichtweg d wird durch Vielfachreflektion wesentlich erhöht.

c) Der mathematische Aufwand zur Signalverarbeitung wird erhöht. Üblich sind Differentialbildung, PLS-Verfahren und Bildung neuronaler Netze.

d) Differentialabsorptionstechniken durch Mehrwellenlängenbeobachtung.

e) Erhöhung des Absorptionseffektes durch Überlagerung eines hohen elektrischen Feldes: Stark-Effekt.

Kolorimetrische bzw. photometrische Verfahren im sichtbaren und nahen Infrarot. Zur Realisierung der kolorimetrischen Variante it in den letzten 40 Jahren eine hohe Zahl von Verfahren entwickelt worden, deren Anwendung in einfachen "spot"-Tests bis hin zu einsatzfähigen Feldgeräten erfolgt.

Für die Überwachung und Vor-Ort-Erkundung steht inzwischen eine Vielzahl von faseroptischen Verfahren mit und ohne immobilisiertem Indikator zur Verfügung. Attraktiv erscheinen solche, die bei entferntem "cladding", also ohne Kunststoffmantel, aber mit einer den Analyten anreichernden Senke arbeiten. Geeignet ist beispielsweise Polysiloxan. Durch die Vielfachreflexion an der Faserkerngrenzfläche wird quasi eine Lichtwegverlängerung erreicht. Nachweisgrenze z. B. für Chloroform in Wasser ist 18 mg l^{-1} (BÜRCK et al. 1992).

Faseroptische Verfahren erscheinen zur kontinuierlichen Überwachung bestehender Deponien interessant. Durch die faseroptische Kopplung mit Spektrometern beliebiger Bauart und Datenauswertung ist die Extinktionsmessung von Organika in Beobachtungspegeln möglich. Die erzielbaren Nachweisgrenzen sind allerdings unzureichend.

3.3.3.2 Photonenemission als Detektionsprinzip

Fluorimetrische Detektion

Die Fluorimetrie gehört deshalb zu den nachweisstärksten Verfahren, weil das Fluoreszenzsignal F direkt von der eingestrahlten Lichtstärke I_o abhängt:

$$F = 2.3 \exp(-\varepsilon \bullet c \bullet d) \bullet I_o \cdot \varnothing \qquad \varnothing = \text{Fluoreszenzquantenausbeute}$$

Die Verwendung von gepulsten UV-Lampen oder die auf dem Markt befindlichen N_2-Laser sowie die ersten Labormuster von frequenzverdoppelten Halbleiterlaserdioden mit einer Emission unter 400 nm ermöglichen äußerst nachweisstarke Detektionsverfahren.

Sämtliche wassergelösten oder auch an Erdreich adsorbierten Fluorophore, wie insbesondere polycyclische aromatische Kohlenwasserstoffe, können mittels faseroptischer Sensoren bis in den ppt-Bereich nachgewiesen werden.

Durch Einführung von chemischen Reaktionen am Faserende (z. B. Bildung oder Quenchung von Fluorophoren) ist die Detektion unzähliger Analyten möglich. Problematisch ist aber die Erkennung schwacher Fluoreszenzsignale des Analyten neben ebenfalls fluoreszierenden natürlichen Bestandteilen (z. B. Huminstoffen). Die Verwendung zeitaufgelöster, gepulster Lasertechniken hat hier neue Detektionsmöglichkeiten eröffnet.

Als Nachweisreaktion (am Faserkopf) für Organophosphorpestizide und insektiziden Carbamaten existiert ein Cholinesterasehemmtest mit Indoxylacetat als Substrat; nachteilig wie bei allen Enzymverfahren ist die geringe Haltbarkeit und die nur bei exakter Einhaltung der Inkubationsbedingungen beobachtete Reproduzierbarkeit.

Laserinduzierte Ramanstrahlung

Ramanspektroskopie (RS) besitzt gegenüber vielen Techniken den Vorteil, daß sie eine molekulare Information liefert. Die Grundlage des Verfahrens ist dabei, daß Schwingungsfrequenzen der Moleküle ermittelt werden, und zwar in der Intensität proportional zum Quadrat der Änderung der molekularen Polarisierbarkeit. Die RS zeigt Schwingungen von Molekülgerüsten und von unpolaren Gruppen besser als ein Infrarotspektrum (ANGEL et al. 1991).

Werden Moleküle mit monochromatischen Laserlicht im UV-, VIS- und IR-Bereich bestrahlt, so ist einmal die Rayleigh-Streuung bei derselben Frequenz f_0 wie das erregende Laserlicht und jeweils oberhalb und unterhalb (f_+ und f) die Stokes- und Anti-Stokes-Ramanstrahlung beobachtbar.

Der Vorteil der RS ist neben der molekularen Information auch die Möglichkeit, einen unbekannten Stoff aus den Spektren deuten zu können. Weiterhin benötigt man im Gegensatz zur IR-Spektroskopie nur ein Gerät, das einen Wellenzahlenbereich von 10 - 4000 cm^{-1} überstreicht. Beobachtet werden üblicherweise die Stokes-Banden, da sie wesentlich intensiver sind. Ist die Anregungsenergie größer als die Energiedifferenz von $S_1 - S_0$ (S_1 = Energieinhalt im angeregten Zustand; S_0 = Energieinhalt im Grundzustand), so erhält man den sog. Resonanz-Raman-Effekt. Diese Linien sind sehr intensiv und stellen die eigentliche analytische Informationsquelle dar.

Eine weitere RS-Technik, die SERS (surface enhanced Raman spectroscopy), verdient besondere Aufmerksamkeit. Hier wird der Ramanstreuquerschnitt (also die RS-Intensität) von auf ultrafeinen Silberpartikeln adsorbierten organischen Molekülen um den Faktor 100 - 10000 erhöht (SELPH et al. 1992).

Nachteilig ist bei Verwendung von kurzwellig strahlenden Lichtquellen die beobachtbare Fluoreszenz. Daher wurde kürzlich die Verwendung eines Nd : YAG-Lasers bei 1.06 µm und eine Fourier-Transform-RS-Auswertung vorgeschlagen und an Benzol demonstriert.

Weiterhin von Interesse ist die Resonanz-RS-Technik mit Anregung im UV-Bereich. So konnten PAH-Isomere mit einer Nachweisgrenze von 20 ppb in der Flüssigphase detektiert werden. Die Anregungswellenlänge war 254 nm.

SERS-Techniken sind bislang nur an festen Substraten untersucht worden. So wurden auf silberbeschichteten Aerosol-Oberflächen Phthalsäureester, Anthracen und Pestizide im 10 - 20 ng(absolut)-Bereich detektiert. In Kombination mit Dünnschichtchromatographie und Mikro-Ramanspektroskopie und Vielkanaldetektor konnten absolute Mengen im Femtogrammbereich detektiert werden.

RS und SERS sind wegen der molekularen Information attraktive Techniken. Organophosphate sind damit im Nanogrammbereich (abs.) detektierbar. Als ungünstig erweist sich, daß zur nachweisstarken Detektion im UV-Bereich angeregt werden muß sowie der damit verbundene hohe technische Aufwand.

3.3.4 Biochemische Schnellmeßtechnik zur Vor-Ort-Erkundung

Anwendungen biochemischer Meßtechniken zur Beschreibung der Schadstoffsituation in und um eine Deponie oder Altlast sind bislang kaum bekannt.

Es läßt sich aber anhand der bisherigen Erfahrungen mit enzymatischen und immunologischen Nachweistechniken die Nützlichkeit in etwa abschätzen.

Bei den enzymatischen Nachweisverfahren lassen sich prinzipiell Substratumsetzungen, Inhibitor- und Aktivatorwirkungen als Nachweisprinzip verwenden.

Die breiteste Anwendung findet die Cholinesterase-Inhibierung zum Nachweis von Pestiziden in Wasser. Leider erweist sich die Selektivität der zur Verfügung stehenden Cholinesterasen für Umweltüberwachungszwecke

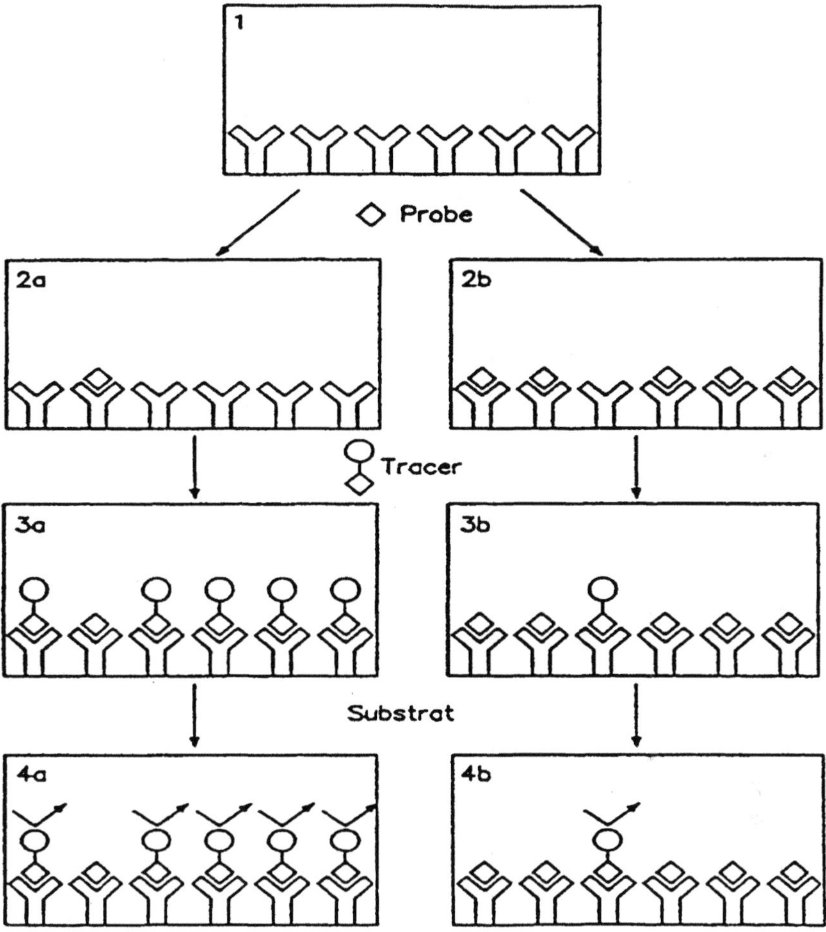

Abb. 3.13. Ausführungsprinzip eines direkten, kompetitiven ELISA (KEUCHEL 1994)

als nicht ausreichend. Auch sind zahlreiche Querempfindlichkeiten, wie etwa zu gelösten Schwermetallen, äußerst einschränkend. Eine auch nur annähernde Quantifizierung ist bislang nicht gelungen.

Ganz anders stellt sich die Situation auf dem Gebiet der immunologischen Screening-Verfahren dar. Hier ist gerade in den letzten Jahren ein bemerkenswerter Anstieg an publizierten Verfahren feststellbar. Es sollen im folgenden daher nur diese exemplarisch in ihrer Entwicklung und Perspektive dargestellt werden.

3.3.5 Möglichkeiten der Immunoassay-Anwendung

Mit "Immunoassay" wird die große Gruppe von Analysentechniken bezeichnet, die sich die selektive Bindungsfähigkeit von Antikörpern zunutze macht. Innerhalb dieser ist es besonders die ELISA-Technik ("enzyme-linked immunosorbent assay"), die für den rauhen Feldeinsatz bei der Schnellmessung geeignet erscheint.

Der ELISA gehört zu den kompetitiven Immunoassays, die auf der Konkurrenzreaktion zwischen markiertem und nichtmarkiertem Analyten um eine begrenzte Anzahl von Antikörperbindungsstellen beruhen. Speziell beim ELISA wird daher eine der an der Antikörper-Antigen-Reaktion beteiligten Komponenten an eine feste Oberfläche gebunden.

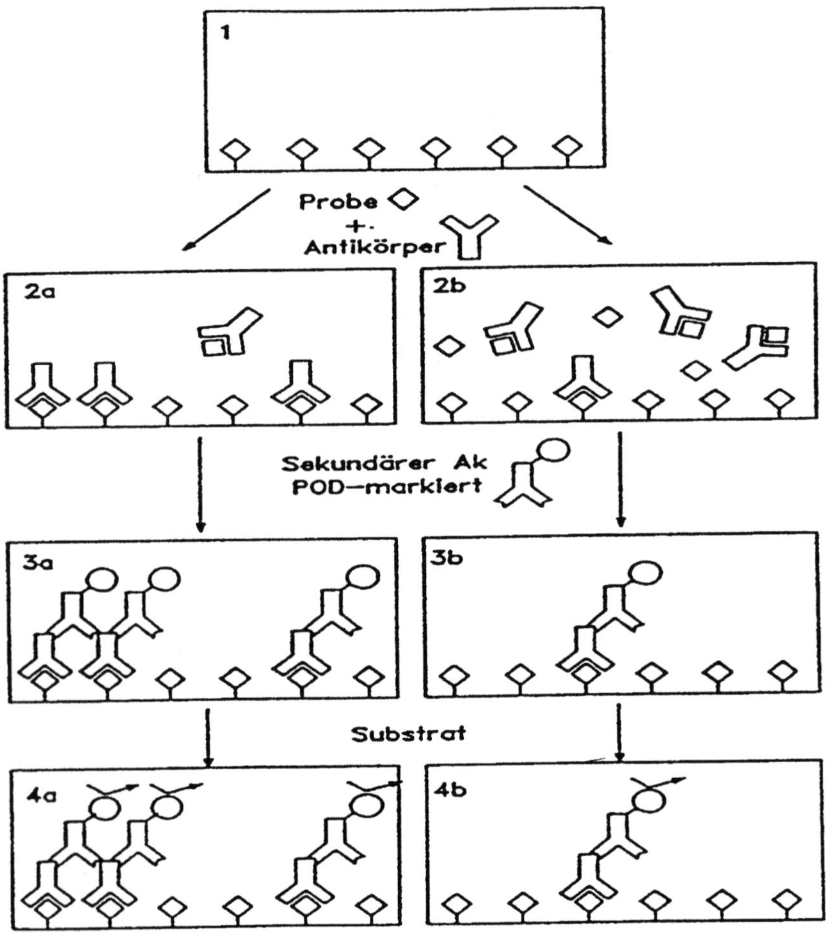

Abb. 3.14. Ausführungsform eines direkten, kompetitiven ELISA (KEUCHEL 1994)

Bei ELISA gibt es prinzipiell 2 verschiedene Ausführungsformen. *Abb. 3.13* zeigt das Prinzip eines direkten ELISA, in *Abbildung 3.14* ist der direkte ELISA dargestellt.

Beim direkten ELISA wird der Antikörper an einer Oberfläche immobilisiert. Probe und Enzymtracer (enzym-markierter Analyt) konkurrieren um die Antikörperbindungsstellen. Der Bedeckungsgrad der Bindungsplätze ist abhängig von ihrer relativen Konzentration. Die Menge gebundenen Tracers wird durch eine Farbreaktion sichtbar gemacht. Die Intensität der Färbung ist direkt proportional zur Menge des gebundenen Tracers bzw. indirekt proportional zur Analytkonzentration. Je mehr Farbe gebildet wird, desto weniger Analyt ist vorhanden.

Der indirekte ELISA ist dadurch gekennzeichnet, daß ein Protein-Analyt-Konjugat immobilisiert wird. Der zugegebene Antikörper kann sowohl an dem immobilisierten Konjugat als auch an Analytmolekülen binden, die in der Probe vorhanden sind. Der an der Wand gebundene Antikörper reagiert mit einem weiteren enzymmarkierten Antikörper, der wiederum mittels einer Substratreaktion sichtbar gemacht wird. Auch hier ist die Intensität der Färbung indirekt proportional zur Analytkonzentration.

Die Gewinnung der analytselektiven Antikörper kann sowohl zur Bildung polyklonaler als auch monoklonaler Antikörper führen.

Polyklonale Antikörper werden vorwiegend durch Immunisierung von Säugetieren gewonnen. Wesentlich ist dabei, daß das Immunogen, das die Immunantwort auslöst, so beschaffen ist, daß der neugebildete Antikörper auf den an einem Makromolekül gebundenen Analyten gerichtet ist und nicht auf das Makromolekül oder die Brücke zwischen dem Analyten und dem Makromolekül.

Die Herstellung von monoklonalen Antikörpern hat den Vorteil, daß eine Zelle nur eine bestimmte Sorte von Antikörpern produziert. Nach der Standardimmunisierung, meist von Mäusen, wird diese antikörperproduzierende Zelle in vitro mit einer Myelomzelle (Krebszelle) fusioniert (Hybridomatechnik). Die Eigenschaft, Antikörper zu produzieren, wird somit von einer Zelle, die in Gewebekulturen nicht lebensfähig ist, auf eine Zelle übertragen, die in vitro gezüchtet werden kann und unablässig neue Antikörper produziert. Der Nachteil der monoklonalen Antikörper ist, daß die Herstellung sehr zeitaufwendig ist, da sehr viele Klone untersucht werden müssen, um den am besten geeigneten zu finden.

Inzwischen ist eine Vielzahl von ELISA publiziert worden, deren Erfassungsgrenzen diese für Boden- und Wasseranalysen ausgezeichnet prädestinieren. Eine Auswahl ist in nachfolgender *Tabelle 3.18* zusammengestellt.

Wie ersichtlich, ist der Bereich Pestizide bereits breit abgedeckt. In der Zwischenzeit ist der erste Dioxinimmunoassay im Handel.

Generell ist inzwischen die Akzeptanz von Immunoassays zur Schnelluntersuchung gegeben. Allerdings müssen neue Tests sorgfältig auf Querempfindlichkeiten und Lösemitteleinflüsse sorgfältig geprüft werden. Neben der

Präferenz für wäßrige Medien ist es die hohe Huminstoffbelastung von Bodenextrakten, die Probleme durch unspezifische Adsorption verursachen kann. Erste Aufstockungsversuche durch Zugabe des Analyten in definierten Mengen zu unbelasteten Bodeneluaten schaffen hier Klarheit. Auch muß generell der Immunoassay durch unabhängige Meßverfahren vor dem Feldeinsatz validiert worden sein.

Neue Varianten, wie etwa die Kombination mit der „Super-critical-fluid"-Extraktion mit ELISA oder mizellarer Extraktion mit ELISA, dürften rasch Eingang in die Feldmeßtechnik bekommen.

Tabelle 3.18. ELISA-Tests in der Umweltanalytik

Substanz	Nachweisgrenze
Pestizide	
Alachlor	1 ppb
Aldicarb	300 ppb
Atrazine	50 ppb
Benomyl	250 ppb
Bentazon	2 ppb
Diflubenzuron	1 ppb
Endosulfan	3 ppb
Fenpropimorph	13 ppb
Hydroxyatrazine	50 ppb
Metazachlor	10 ppb
Methabenzthiazuron	50 ppb
Molinate	30 ppb
Norflurazon	1 ppb
Terbuthylazin	60 ppb
2,4-Dichlorphenoxyessigsäure	100 ppb
Aromatische Verbindungen	
Benzo[a]pyren	100 ppb
1-Nitropyren	50 ppb
Pyren	35 ppb
Trinitrotoluol	50 ppb
Benzol, Toluol, Xylol	1 ppb
Halogenierte aromatische Verbindungen	
Pentachlorophenol	30 ppb
2,3,7,8-Tetrachlorodibenzodioxin	5 ppb
PCB	5 ppb
Schwermetalle	
Quecksilber(II)	500 ppb
Tenside	
Triton X-100	2 ppb

Die Reproduzierbarkeit von ELISA-Techniken ist i. allg. mit der der Gaschromatographie oder HPLC mindestens vergleichbar.

Nachteilig ist die prinzipielle Restriktion auf *einen* Analyten, nämlich den, gegen den der Antikörper gerichtet ist.

Bislang ist die Vorgehensweise bei den ELISA-Verfahren dadurch gekennzeichnet, daß die Messungen auf einer Mikrotiterplatte (einer Polystyrolplatte mit Vertiefungen von einigen hundert Mikrolitern) halbautomatisch durchgeführt werden. Es werden somit auf einer Mikrotiterplatte Standards, Probeneluate oder Wasserprobe und Blindwerte gemeinsam der kompetitiven Reaktion ausgesetzt und nach einigen Waschschritten und Tracer- bzw. Substratzugabe die Farbbildung als Meßsignal automatisch verfolgt und über Computerauswertung abgeschlossen.

Interessant für Messungen im Altlasten- und Deponiebereich sind Entwicklungen von Immunfiltrationstests. Im folgenden soll ein neuentwickelter Test für TNT-Bestimmung in Bodeneluaten exemplarisch dargestellt werden (KEUCHEL & NIESSNER 1994):

Abbildung 3.15 zeigt schematisch den Aufbau einer Immunfiltrationseinheit. Diese besteht aus einem weißen Plastikgehäuse mit 3 verschiedenen Schichten. Zunächst befindet sich unten ein saugfähiges Baumwollkissen. Die zweite Schicht ist ein Stück Filterpapier und darüber ist ein Stück Membran-

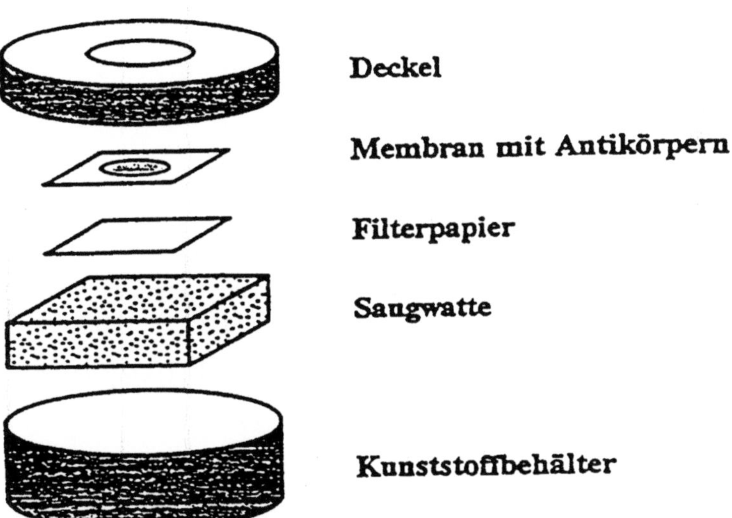

Abb. 3.15. Schematischer Aufbau einer Immunfiltrationseinheit (KEUCHEL 1994)

filter aufgelegt. Das Ganze wird mit einem Überstülpdeckel zusammengehalten, in dessen Mitte sich eine Öffnung befindet. In diesem Bereich sind auch die Trinitrotoluol-Antikörper adsorptiv auf der Membranfilteroberfläche gebunden. Zum Gebrauch werden auf die Öffnung zu den Antikörpern in definierten Volumina die Probenlösung und der Tracer aufgetropft. Über die Kapillarwirkung wird das Lösemittel in das Baumwollkissen gesaugt. Ebenso wird die Enzymsubstratlösung nachgetropft und die enzymatische Umsetzung nach einer Einwirkungszeit von 6 min durch Zugabe einer StopSplösung abgeschlossen. Das Membranfilterstück wird entnommen und mittels eines Taschenreflektometers in seiner Farbtiefe ausgewertet. *Abbildung 3.16* zeigt die mit reinen TNT-Standards gewonnene Kalibrierkurve und die dazugehörigen Standardabweichungen. Die Nachweisgrenze liegt bei 1 µg TNT / 1 l Wasser.

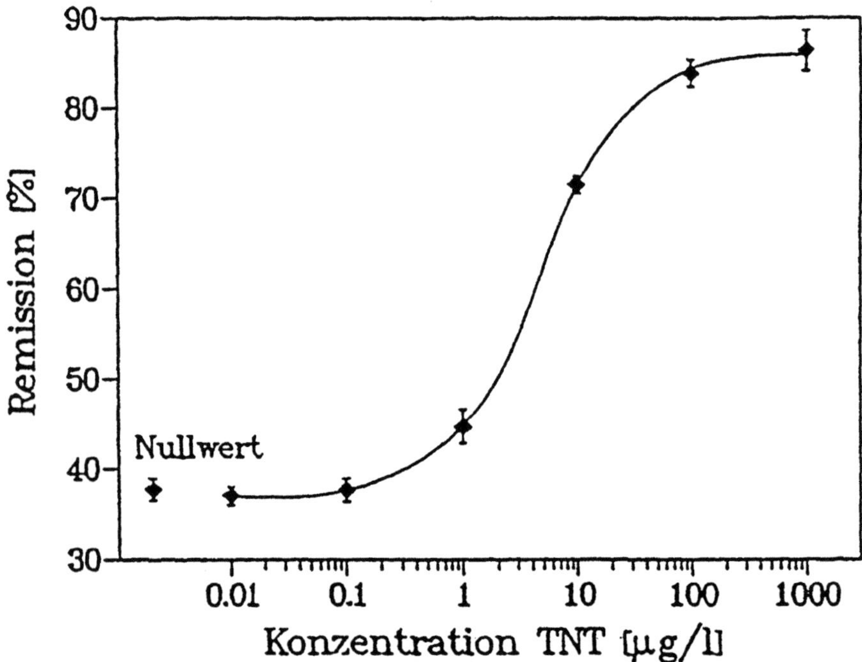

Abb. 3.16. Kalibrierfunktion eines Feldmeßtests zur TNT-Bestimmung in Bodeneluaten unter Verwendung eines ELISA und Reflektometrie (Keuchel 1994)

3.3.6 Zusammenfassung und Ausblick

Zum gegenwärtigen Zeitraum stehen aus dem Bereich der chemischen und biochemischen Sensorprinzipien nur wenige Verfahren mit Aussicht auf Feldtauglichkeit zur Verfügung.

Den meisten Sensorprinzipien fehlt es gegenwärtig sowohl an Ausführungsreife als auch an Nachweisstärke und Selektionsvermögen. Gerade wegen der enormen Komplexität von Wasser- oder Bodenproben an Altlast- oder Deponiestandorten müssen auch Schnellmeßtechniken die genannten Kriterien erfüllen, da ansonsten die gewonnenen Aussagen wertlos sind.

Immunologische Nachweisverfahren sind in Anschaffung und Ausführungsaufwand konkurrenzlos billig. Allerdings muß die Probengewinnung (Schnellextrakt) separat durchgeführt werden. Vorteilhaft ist die hohe Nachweisstärke. Eine kontinuierliche Überwachung oder die Multianalytbestimmung ist derzeit nicht möglich.

Faseroptische Sensoren dürftSen in Verbindung mit leistungsstarker Spektroskopie die vielseitigst anwendbaren Techniken bilden. Von der simplen Wasserüberwachung bis hin zur Integration in Barrieredichtungen von Deponien oder in Bodensonden zeigen sie eine weite Anwendbarkeit. Die zunehmende Miniaturisierung und Leistungsfähigkeit der Optoelektronik wird die Attraktivität dieser direkt beobachtenden Technik ohne Probennahme weiter ansteigen lassen.

Im Bereich der **Bodengasanalyse** könnte relativ schnell ein Einsatz gängiger elektrischer Halbleitersensoren in Bodensonden möglich sein. Dies betrifft v. a. flüchtige Stoffsysteme wie BTX-Aromaten und LHKW. Derartige Systeme wären in erster Linie darauf auszulegen, daß das übliche Drägerröhrchen durch einen intelligenten, miniaturisierten Sensorarray, der im Prinzip aus den gängigen elektrochemischen Bauteilen gefertigt sein kann, ersetzt würde.

Die Beobachtung der **Wasserinhaltsstoffe** in Beobachtungspegeln bzw. des Porenwassers (z. B. in Barrieredichtungen) dürfte ebenfalls eine gute Möglichkeit zur Verfolgung des "Ausblutens" polarer organischer Schadstoffsysteme (etwa Phenole) darstellen. Dazu wären besonders optische Systeme auf faseroptischer Basis (Fluoreszenz) geeignet. Zur Ermittlung PAH-kontaminierter Wässer bzw. durch Mineralöl kontaminierte Wässer bietet sich die laserinduzierte, faseroptisch geführte Fluoreszenz an. Auch hier ist vielleicht in wenigen Jahren eine Vielzahl kommerziell erhältlicher Systeme vorhanden.

Das direkte Ausmessen **kontaminierter Böden** ist aus heutiger Sicht neben der Nutzung einfachster Photoionisationssonden zur Erkennung einer BTX-Kontamination mittels lasergestützter Fluoreszenz zur PAH-Erkennung möglich. Drucksonden mit integrierter Faseroptik zur Schnellerkennung von PAH-kontaminierten Horizonten wurden bereits erfolgreich getestet (EHLE 1996). Insbesondere die Überwachung von Barrieredichtungen auf durchtretendes Deponiesickerwasser erscheint als Frühwarnsystem interessant. Generell besitzen Faseroptiken den Vorteil einer hohen Korrosionsfestigkeit und Breitbandigkeit.

Verglichen mit den Möglichkeiten der Schnellanalyse mittels miniaturisierter GC/MS-Geräte und immunologischer Nachweistechniken erscheint der Stand der Sensortechnologie für die Vor-Ort-Überwachung bzw. Analyse als noch nicht breit einsatzfähig. Andererseits ist zur kontinuierlichen Überwachung (über Jahre hinweg) doch nur ein robustes optisches System und erst an zweiter Stelle ein chemikalienfreies elektrochemisches Bauteil als Sensor geeignet. Für eine Dauerüberwachung einer Deponie oder Altlast mit Chromatographen oder Immunoassays wird man auf hohen Personalaufwand angewiesen bleiben.

Literatur

ABE, H., YOSHIMURA, T.Y., KANAYA, S., TAKAHASHI, Y., MIYASHITA, Y., SASAKI, S.-I. (1987) Automated odor-sensing system based on plural semiconductor gas sensors and computerized pattern recognition techniques. Anal Chim Acta 194: 1-9

AMATI D., ARN, D., BLOM, N., EHRAT, M., SAUNOIS, J., WIDMER, H.M. (1992) Sensitivity and selectivity of surface acoustic wave sensors for organic solvent vapor detection. Sensors and Actuators B 7: 587-591

ANGEL, S., KULP, T.J., MYRICK, M.L., LANGRY, K.C. (1991) Development and applications of fiber optic sensors. In: Yamazoe, N.(ed.) Chemical sensor technology, Vol. 3, Kodansha Ltd., Tokyo, pp. 163-183

ANGEL, S., MYRICK, M., VESS, T. (1991) Remote Raman spectroscopy using diode lasers and fiber-optic probes. SPIE Proc. Series 1435: 72-81

BAUSSAND, P., LAFFOND, M., FOSTER, P., PELLOUX, A. (1986) Chlorine atmospheric measurement: utilization of a specific electrochemical gauge. Atmos Environ 20: 553-557

BONAKDAR, M., VILCHEZ, J.,MOTTOLA, H. (1989) Biamperometric sensors for phenol based on carbon paste electrodes. J Electroanal Chem 266: 47-55

BÜRCK, J., CONZEN, J.-P., ACHE, H.-J. (1992) A fiber optic evanescent field absorption sensor for monitoring organic contaminants in water. Fresenius J Anal Chem 342: 394-400

BUSH, D., RECHNITZ, G. (1987) Monoclonal antibody biosensor for antigen monitoring. Anal Lett 20: 1781-1790

CHANG, S., STETTER, J., CHA, C. (1993) Amperometric gas sensors. Talanta 40: 461-477

DICKERT, F., BRUCKDORFER, TH., FEIGL, H. et al (1993) Supramolecular detection of solvent vapours with QMB and SAW devices. Sensors and Actuators B 13/14: 297-301

DOBBS, A.,BRIERS, M. (1988) Water quality monitoring using chemical and biological sensors. Anal Proc 25: 278-279

DOWLE, C.J., COOKSEY, B.G., OTTAWAY, J.M., CAMPBELL, W.C.(1988) Determination of ionic surfactants by flow injection pseudotitration. Analyst 113: 117-119

EHLE, N. (1996) Site characterization using cone penetrometer technology. Proc. 3rd Int. Symp. on Environmental Contamination in Central and Eastern Europe, Sept. 1996, Warsaw

VAN EMON, J., LOPEZ-AVILA, V. (1992) Immunochemical methods for environmental analysis. Anal Chem 64: 79 A - 88 A

FIELD SCREENING EUROPE (1997) Proceedings of the First International Conference on Strategies and Techniques for the Investigation and Monitoring of Contaminated Sites. GOTTLIEB, J., HÖTZL, H., HUCK, K., NIEßNER, R. Klwer Academic Publishers, Dordrecht, Niederlande, 425p

GRATE, J. KLUSTY, M. (1991) Surface acoustic wave vapor sensors based on resona for devices. Anal Chem 63: 1719-1727

GRATE, J.W., ROSE-PEHRSSON, S.L., VENEZKY, D.L., KLUSTY, M., WOHLTJEN, H. (1993) Smart sensor system for trace organophosphorous and organosulfur vapor detection employing a temperature-controlled array of surface acoustic wave sensors, automated sample preconcentration, and pattern recognition. Anal Chem 65: 1868-1881

HECKL, W.M., MARASSI, F.M., KALLURY, K.M.R., STONE, D.C., THOMPSON, M. (1990) Surface acoustic wave sensor response and molecular modeling: selective binding of nitrobenzene derivatives to (Aminopropyl)triethoxysilane. Anal Chem 62: 32-37

HENSEL, J. (1990) Biosensoren zur Kontrolle aromatenbelasteter industrieller Abwässer. Wiss Z Univ Halle 39: 15-21

KEUCHEL, C. (1994) Entwicklung von Enzymimmunoassays (ELISAs) zur Bestimmung aromatischer Nitroverbindungen (Rüstungsaltlasten) in Wasser und Boden. Diss. Techn. Univ. München, 226 S

KEUCHEL, C., NIEßNER, R. (1994) Rapid field screening test for determination of 2,4,6-trinitrotoluene in water and soil with immunofiltration. Fresenius J Anal Chem 350: 538-543

KLOCKOW, D., MELZIG, W., DOBOS, K. (1986) Construction and performance of a solid electrolyte sensor for fetection of sub-ppm-concentrations of chlorine in indoor air. Proc. of the 2nd Int. Meeting on Chemical Sensors, Bordeaux 1986, pp. 327-330

KOMIYAMA, M. (1988) Preparation of cyclodextrin membrane-modified electrodes as sensor materials. Angew Makromol Chem 163: 205-207

KORYTA, J. (1986) Electrochemical sensors based on biological principles. Electrochimica Acta 31: 515-520

MORIZUMI, T. (1988) Langmuir-Blodgett films as chemical sensors. Thin Solid Films 160: 413-443

NELLI, P., DALCANALE, E., FAGLIA, G., SBERVEGLIERI, G., SONCINI, P. (1993) Cavitands as selective materials for QMB sensors for nitrobenzene and other aromatic vapours. Sensors and Actuators B 13/14: 302-304

NIESSNER, R. (1988) Chemische Sensoren: Prinzipien und Anwendungen. In: Fresenius, W. (Hrsg.) Analytiker Taschenbuch, Bd 7, Springer, Berlin Heidelberg New York Tokyo, S. 55 - 87

NIESSNER, R., BÄCKER, M. (1989) Photochemical decomposition for detection of tetrachloroethene in the gas and liquid phase with a solid Ag/AgI electrolyte-sensor. Anal Sci 5: 277-278

OFFENHARTZ, B., LEFKO, J. (1984) Enzyme-based detection of chlorinated hydrocarbons. Proc. Hazardous Material Spills Conference, pp. 195-198

OKAHATA, Y., MATSUZAKI, Y., FJIRO, K. (1993) Detection of intercalation behaviours of dyes in DNAs using a quartzcrystal microbalance. Sensors + Actuators B 13/14: 380-383

OTAGAWA, T., STETTER, J. (1987) A chemical concentration modulation sensor for selective detection of airborne chemicals. Sensors + Actuators 11: 251-264

RABE, J., BISCHOFF, G. SCHMIDT, W. (1989) Electrical conductivity of polypyrrol-film as affected by adsorption of vapors. Jpn J Appl Phys 28: 518-523

ROSE-PEHRSSON, S., GRATE, J., KLUSTY, M. (1992) A surface acoustic wave sensor array system for trace organic vapour detection using pattern recognition analysis. SPIE Proc. Series 1716: 299-311

SCHIERBAUM, K., VAIHINGER, S., HAUG, M., GÖPEL, W. (1992) Perchloroethylene detection in air: a comparative study using polymer sensor elements and catalyst/sensor systems. SPIE Proc. Series 1716: 288-298

SELPH, W., TRAN, K.-C., HURWITZ, M. et al. (1992) Portable surface enhanced Raman toxic chemical analyzer development. SPIE Proc. Series 1637: 180-188

SHANA, Z., RADTKE, D.E., KELKAR, U.R., JOSSE, F. (1990) Theory and application of a quartz resonator as a sensor for viscous liquids. Anal Chim Acta 231: 317-320

SODE, K., TAMIYA, E., KARUBE, I., KAMEDA, Y. (1989) Sensor for free fatty acids based on Acyl Coenzyme-A Synthetase and Acyl Coenzyme-A Oxidase. Anal Chim Acta 220: 251-255

STETTER, J., CAO, Z. (1990) Gas sensor and permeation apparatus for the determination of chlorinated hydrocarbons in water. Anal Chem 62: 182-185

UCHIYAMA, S., SATO, Y., TOFUKU, Y., SUZUKI, S. (1988) Di-isopropyl fluorophosphate electrode based on squid nerve tissue. Anal Chim Acta 209: 351-355

ZELLERS, E.T., HASSOLD, N., WHITE, R.M., RAPPAPORT, S.M. (1990) Selective real-time measurement of styrene vapor using a surface-acoustic-wave sensor with a regenerable organoplatinum coating. Anal Chem 62: 1227-1232

ZINK, P., RECHNITZ, G. (1989) Intakter Chemoreceptor als Biosensor zur Pesticiderfassung. Fresenius Z Anal Chem 333: 645

3.4 Spezifische Verfahren zur Ermittlung migrationsbestimmender Kennwerte

3.4.1 Elutions- und Aufschlußverfahren unter besonderer Berücksichtigung der Bindungsformbestimmung

THOMAS WIPPERMANN

3.4.1.1. Einleitung

Die in den Industriegesellschaften in großen Mengen anfallenden Abfallstoffe stellen sowohl hinsichtlich ihrer sicheren Entsorgung als auch ihrer weiteren Verwertung ein dringliches Problem dar. Die Entsorgung von Abfallstoffen erfolgt heute überwiegend auf oberirdischen Deponien, für eine Reihe von "Sonderabfällen" auch in Untertagedeponien; die weitere Verwertung von industriellen Abfallstoffen als wertvolle Rohstoffsubstitute zur Schonung der natürlichen Ressourcen ist zwar noch nicht für alle anfallenden Abfallstoffe hinreichend geregelt, hier gibt es aber eine Reihe von erfolgversprechenden Ansätzen.

Zu dieser geregelten Abfallentsorgung kommen die vielen registrierten aber auch die bislang nicht entdeckten und erfaßten Altablagerungen und Altlasten aus Zeiten, als die Möglichkeiten der Schadstoffrückhaltung bzw. -vermeidung in Entsorgungskonzepten noch nicht berücksichtigt wurden. Hier hat in den letzten Jahren ein deutlicher Bewußtseinswandel eingesetzt, und es werden große Anstrengungen unternommen, das Ausmaß der durch unsachgemäße Abfallentsorgung eingetretenen Schäden zu erfassen und zu begrenzen; gleichzeitig wurden neue Wege bei der Wiederverwertung von Reststoffen bzw. der Sanierung von Schadensfällen beschritten.

Bei der Beurteilung von Altablagerungen und Altlasten, belasteten Böden oder Sedimenten bzw. der Deponierbarkeit von Reststoffen auf ober- und unterirdischen Deponien, spielen Fragen der Grundwasser- bzw. Bodengefährdung und vorbeugende Maßnahmen zum Schutz des Grundwassers und des Bodens eine zentrale Rolle.

Während der 60er und 70er Jahre wurden eine Reihe von Richt- und Grenzwerten für Maßnahmen des Grundwasser- und Bodenschutzes erarbeitet und in der Folgezeit dem sich ändernden wissenschaftlichen Kenntnisstand angepaßt; bei der Erarbeitung bzw. Ableitung dieser in untergesetzlichen Regelwerken verankerten Werte blieb jedoch weitgehend unberücksichtigt, daß nicht alleine die Stoffkonzentration die entscheidende Wirkungsgröße ist, sondern daß die (öko)toxikologische Wirkung eines Stoffes in entscheidendem Maße von der chemischen Form, in der der Stoff im jeweiligen Umweltkompartiment vorliegt, abhängt. Die Erarbeitung bzw. Weiterentwicklung von

Testverfahren zur Ermittlung von stoffbezogenen Belastungskriterien stellen somit eine wichtige Aufgabe dar, da die erforderlichen Testverfahren nach Möglichkeit die aktuellen und potentiellen Auswirkungen eines belasteten Materials auf seine Umgebung mittel- und gerade auch langfristig erfassen und beschreiben müssen.

Die Ermittlung des Freisetzungsverhaltens von Schadstoffen aus Altlasten, Deponien, Reststoffen, Böden oder Sedimenten durch nasse Deposition bzw. Sickerwässer ist besonders im Hinblick auf die Gefährdung des Grundwassers durch die freigesetzten Stoffe im Rahmen der Daseinsvorsorge von großer Bedeutung. Da Untersuchungen im Freiland unter natürlichen Bedingungen kosten- und zeitaufwendig sind, wird seit längerem versucht, das Freisetzungsverhalten von einzelnen Stoffen bzw. Stoffklassen in sog. Elutionstests im Labor nachzubilden. Vor allem für die Bewertung kurzfristiger Effekte sind ökotoxikologisch aussagefähige biologische Testverfahren genauso erforderlich wie chemische Testverfahren zur Bewertung von Langzeit-effekten.

Bei den chemischen Testverfahren hat sich in der Vergangenheit eine Reihe von - z. T. normierten - Testverfahren etabliert, die alle auf der Herstellung von Eluaten aus den zu prüfenden Materialien (Abfallstoff, Boden etc.) und einer (wäßrigen) Eluierlösung beruhen. Die Vielzahl der z. T. sehr speziellen, untereinander nicht abgestimmten Testverfahren führt dazu, daß die Ergebnisse der Einzeluntersuchungen untereinander kaum vergleichbar sind bzw. nicht zusammen bewertet werden können. Hinzu kommt, daß von den verschiedenen Anwendergruppen dieser Testverfahren (Untersuchung von Abfall- und Reststoffen, Böden, Sedimenten, Kompost, teilweise auch mit unterschiedlichen spezifischen Fragestellungen) teilweise unterschiedliche Verfahren zur Ermittlung des gleichen Parameters eingesetzt werden bzw. unterschiedliche Fachterminolgien genutzt und eigenständige Interpretationsschemata den Bewertungen zugrunde gelegt werden.

Das Verhalten von potentiell gefährlichen Substanzen („Schadstoffen") in der Umwelt, speziell ihr Verhalten in den Teilsystemen Wasser und Boden der Geosphäre, wird sowohl von der jeweils vorliegenden Substanz bzw. dem Substanzgemisch als auch von den am jeweiligen Ort vorherrschenden geologischen und hydrogeologischen Verhältnissen (Parametern) bestimmt.

Die in der Technischen Anleitung Abfall (TA ABFALL 1991) bzw. Siedlungsabfall (TA SIEDLUNGSABFALL 1993) aufgeführten Anforderungen an die geologischen und physikalisch-chemischen Eigenschaften des geologischen Untergrundes, der „geologischen Barriere", bei der Neuanlage von Deponien, nämlich

- hohes Schadstoffrückhaltepotential und Adsorptionsvermögen für Schadstoffe sowie
- flächige und homogene Verbreitung schwach durchlässiger Locker- bzw. Festgesteine von mehreren Metern Mächtigkeit

gehen von einer Reihe verschiedener Wechselwirkungen zwischen dem Schadstoff und dem Material der geologischen Barriere aus; diese Wechselwirkungen können den physikalisch-chemischen Reaktionstypen Sorption, Ionenaustausch, Fällung und Hydrolyse zwischen de Reaktionspartnern Feststoffmaterial des geologischen Untergrundes und den in einer Lösungsphase transportierten Stoffen zugeordnet werden.

Zur Abschätzung des Einflusses einzelner Komponenten auf das Rückhalte- und Adsorptionsvermögen des Systems „geologische Barriere“ gegenüber Schadstoffen sind detaillierte Untersuchungen des Stoffbestandes erforderlich. Hierzu werden eine Reihe von verschiedenen Aufschluß- und Elutionsverfahren eingesetzt, auf die im folgenden eingegangen wird.

3.4.1.2 Aufschlußverfahren

Die meisten chemisch-analytischen Meßverfahren sind mit den Originalproben, also den Proben wie sie im Gelände gewonnen wurden, nicht durchzuführen. Vielmehr ist es erforderlich, das Probenmaterial durch geeignete Vorbehandlungsschritte in eine Form zu überführen, mit der das oder die anzuwendenden Meßverfahren durchgeführt werden kann. Im einfachsten Fall kann dieser Vorbehandlungsschritt in der Auflösung des Feststoffes in einem geeigneten Lösungsmittel (Wasser, Säuren, organisches Lösungsmittel etc.) bestehen. Gelingt es durch Lösen nicht, die zu untersuchende Probe in eine analysierbare Form zu überführen, so muß das Probenmaterial einem (naßchemischen) Aufschluß unterworfen werden, dessen Auswahl sich wesentlich nach der zu beantwortenden Fragestellung richten muß. Generell kommt dem Aufschlußverfahren die Aufgabe zu, den in einer Probe enthaltenen gesamten Verbindungs- oder Elementgehalt („Totalgehalt") bzw. Anteile davon, freizusetzen und einer qualitativen und quantitativen Bestimmung zugänglich zu machen.

Zur Ermittlung von „Totalgehalten" können so unterschiedliche Analysentechniken wie z. B. die Röntgenfluoreszenzanalytik oder die Neutronenaktivierungsanalytik eingesetzt werden, die nach einer entsprechenden Probenvorbereitung (Probenzerkleinerung und -homogenisierung) an den Originalproben durchgeführt werden können. Daneben existieren viele Aufschlußmethoden, bei denen das zu untersuchende Probenmaterial durch eine chemische Operation so umgewandelt wird, daß nach dem Aufschluß die zu bestimmenden Probenbestandteile in einer für das jeweilige Meßverfahren geeigneten Form vorliegen. Für anorganische Feststoffe eignen sich hierfür in der Regel nur Schmelzaufschlüsse (z. B. mit Boraten oder Carbonaten), an die sich die Auflösung der Schmelze in einer Säure anschließt bzw. Säureaufschlüsse in offenen bzw. geschlossenen Systemen unter Beteiligung von Flußsäure zu „Totalgehalten" führen. Bei diesen Aufschlußverfahren werden die in der Probe enthaltenen Silicate zerstört und auch die in den Silicatstrukturen gebundenen Elemente freigesetzt, was letztlich zum Ausdruck „Totalgehalt" geführt hat.

Der Aufschluß von Probenmaterialien nur mit starken Säuren (ohne die Beteiligung von Flußsäure) mit dem Ziel, das Ausmaß der Schadstoffbelastung eines Bodens oder Sedimentes festzustellen, liefert streng genommen keine „Totalgehalte"; hier handelt es sich technisch gesehen um Extraktionen, in denen die Silicatstruktur der Probe nicht zerstört oder nur wenig angegriffen wird; damit werden die in den Silicatstrukturen gebundenen Bestandteile nicht freigesetzt. Die mit solchen Verfahren ermittelten Elementgehalte werden auch als „Pseudototal-Elementgehalte" bezeichnet. Ein typisches Beispiel für solch ein Analysenverfahren ist der Probenaufschluß mit Königswasser z. B. nach DIN 38414 Teil 7 (1983) (DEV S7), der in Europa weite Verbreitung gefunden hat und von der BCR (Community Bureau of Reference), der Kommission der Europäischen Gemeinschaft für Bodenreferenzmaterialien, z. B. für die Angabe von „akzeptierten königswasserlöslichen Elementgehalten" genutzt wird, denen dann aber auch die zertifizierten Totalgehalte gegenübergestellt werden (GUPTA et al. 1996).

Im Sinne dieser Ausführungen sind typische Aufschlußverfahren (Übersichtsartikel z. B. HILDEBRAND et al. 1953; JEFFEREY & HUTCHINSON 1981; MAXWELL 1981; DOLEZAL et al. 1968; BOCK 1979; SULCEK & POVONDRA 1989; VAN LOON & BAREFOOT 1989; VAN LOON 1980; HEINRICHS & HERRMANN 1990) zur Bestimmung von Totalgehalten z. B.:

- Schmelzaufschlüsse mit Disulfaten und Hydrogensulfaten (VIETS et al. 1984), Hydroxiden (FLOYD et al. 1980; BOCK & HERRMANN 1969), Peroxiden (GUEST & MACPHERSON 1974), Carbonaten (TROLL et al. 1977; AVSEC & KOSTA 1984) und Boraten (O'GORMAN & SUHR 1971; INGAMELLS 1964, 1966, 1970; SUHR & INGAMELLS 1966; WALSH 1979; WALSH & HOWIE 1980; BRENNER et al. 1980; BURMANN et al. 1978),
- Säureaufschlüsse unter Beteiligung von Flußsäure mit oxidierenden Säuren (Salpetersäure oder Perchlorsäure) (HANNAKER & HUGHES 1978), nicht-oxidierenden Säuren (Salzsäure, Schwefelsäure, Phosphorsäure),
- Säureaufschlüsse bei normalem Druck in offenen Systemen (CRUZ & VAN LOON 1974),
- Säureaufschlüsse in Autoklaven bei höheren Drücken mit konventioneller Heizung (BERNAS 1968; HENDEL et al. 1973; PRICE & WHITESIDE 1977),
- Säureaufschlüsse in Autoklaven bei höheren Drücken mit Mikrowellenheizung (KINGSTON & JASSIE 1988; LAMOTHE et al. 1986; KINGSTON & JASSIE 1986; MAHAN et al. 1987; NADKARNI 1984; SMITH & ARSENAULT 1996).

Diese Säureaufschlüsse sind oft unvollständig und erst durch Abrauchen des Siliciumtetrafluorids (SiF_4) wird eine vollständige Zersetzung der Silicate, und damit eine Verminderung der Matrix in der Meßlösung, erreicht.

Die mit diesen Aufschlußverfahren erhaltenen Meßlösungen können in Abhängigkeit von der aktuellen Fragestellung, ggf. nach Abtrennung von Analyt oder Matrix, mit verschiedenen analytischen Meßverfahren (AAS, ICP-OES, ICP-MS, Photometrie, Voltammetrie etc.) zur Quantifizierung der Elementgehalte - unter Berücksichtigung der spezifischen Charakteristika der Meßverfahren - verwendet werden. Generell ist bei Aufschlußverfahren zu berücksichtigen, daß die Mengen und Bestandteile, die mit den Reagenzien in die zu analysierende Probe eingetragen werden, bei Säureaufschlüssen weniger problematisch sind als bei Schmelzaufschlüssen, so daß v. a. für die Bestimmung von Spurenbestandteilen in der Regel Säureaufschlüsse zum Einsatz gelangen sollten.

Typische Aufschlußverfahren zur Bestimmung von „Pseudo-Totalgehalten“ stellen z. B.

- Säureauszüge mit Salz- oder Salpetersäure (VAN DER VEEN et al. 1985; ASLIN 1976; FOREHAND et al. 1976; SOMER & AYDIN 1985; KNECHTEL & FRASER 1979) oder
- Säuregemische (z. B. Königswasser) (CHRISTENSEN et al. 1982; GRIEPINK et al. 1984; SCHLÖSSER & SCHWEDT 1985; GÖTZ & HEUMANN 1986; SINEX et al. 1980; BERROW & STEIN 1983)

dar, die damit erhaltenen Aufschlußlösungen können, wie oben aufgeführt, mit verschiedenen Meßverfahren untersucht werden.

Die Anwendung dieser Säureauszüge in der Praxis und die Verwendung der mit ihnen ermittelten Elementgehalte auch als „Totalgehalte“ ist mit der Feststellung verbunden, daß sich mit Salpetersäure, Königswasser oder anderen Säuregemischen reproduzierbar ca. 80 -100 % der in der Probe vorhanden Schwermetalle freisetzen lassen und dieser Anteil häufig zur Beschreibung der stofflichen Eigenschaften der Probe ausreicht, der höhere Aufwand zur Durchführung eines Aufschlusses zur Bestimmung von Totalgehalten häufig also nicht erforderlich ist. Diese Vorgehensweise ist auch durch die Vorgabe von Aufschlußverfahren in einigen untergesetzlichen Regelwerken vorgegeben.

Mit den recht drastischen Aufschlußbedingungen zur Ermittlung von Totalgehalten oder „Pseudo-Totalgehalten“ (hohe Säure- oder Basekonzentrationen, oxidierende Bedingungen, hohe Temperaturen, lange Reaktionszeiten, mit dem Ziel der Zerstörung der Probenmatrix) ist jedoch verbunden, daß über die Art der Bindung der einzelnen Elemente bzw. die in der Probe ursprünglich vorhandenen Verbindungen keine sicheren Aussagen mehr gemacht werden können. Solche Aussagen können jedoch erforderlich sein, wenn eindeutige Aussagen zur (öko)toxikologischen Relevanz von Elementgehalten in einer Probe getroffen werden sollen.

3.4.1.3 Elementspeziesanalytik

Um die Mobilität und Verfügbarkeit, z. B. von Schwermetallen sowie die möglichen Effekte dieser Elemente auf geologische oder biologische Systeme zu erklären, reicht die Kenntnis von Elementgesamtgehalten („Totalgehalten") nicht aus. Vielmehr ist hier eine chemische Analytik erforderlich, mit der einzelne Verbindungen bzw. Bindungsformen von Elementen bestimmt werden können. Auf Grund der geringen Konzentrationen, in denen z. B. Schwermetalle in natürlichen Proben vorkommen können, reichen die Empfindlichkeiten von spektroskopischen Methoden im allgemeinen nicht aus, um solche Fragestellungen an den Originalproben bearbeiten zu können. Es ist deshalb erforderlich, im Sinne einer Elementspeziesanalytik entweder einzelne Elemente, Verbindungen bzw. Verbindungsgruppen aus dem Probenmaterial zu isolieren, zu identifizieren und zu quantifizieren und über geeignete, physikalisch-chemische Trennoperationen Teilproben der Originalprobe mit bestimmten Eigenschaften herzustellen und in diesen Element- oder Verbindungsgehalte zu ermitteln.

Ziel einer solchen Elementspeziesanalytik ist es, z. B. Aussagen über die Oxidationsstufe in der ein Element vorliegt als auch über die Art der Bindung zu anorganischen oder organischen Bindungspartnern zu machen. Der mit der Elementspeziesanalytik eng verknüpfte Begriff der „Speciation" kann in verschiedenen Zusammenhängen unterschiedliche Bedeutung (DUNEMANN & BEGEROW 1995) haben:

- statischer Speciation-Begriff : Zusammensetzung der Elementbindungsformen in einer Matrix bzw. vollständige Aufklärung eines Analytmoleküls, in dem ein bestimmtes Element enthalten ist,
- dynamischer Speciation-Begriff: Wechsel der Bindungsformen in einer Matrix,
- analytischer Speciation-Begriff : Vorgang der Bestimmung und Charakterisierung von Bindungsformen in einer Matrix.

Die einfachste, seit langem praktizierte Form der Elementspeziesanalytik ist die Unterscheidung von verschiedenen Oxidationsstufen eines Metalles, z. B. die Unterscheidung von Eisen(II) - Eisen(III) (z. B. BUBNIS et al. 1983; LUQUE DE CASTRO 1986) oder von Chrom(III) - Chrom(VI) (z. B. JEN et al. 1993; DE ANDRADE et al. 1985), die in Abhängigkeit von pH- und Eh-Bedingungen in unterschiedlichen Konzentrationen in einer Lösung vorliegen können. Weitere wichtige Beispiele der Elementspeziesanalytik sind die Differenzierungen von anorganischen und metallorganischen Spezies, z. B. der Elemente Arsen, Blei, Quecksilber oder Zinn, die in der Umwelt unterschiedliches Verhalten und deutlich verschiedene Toxizitäten im Vergleich zu den entsprechenden Metallionen aufweisen (CRAIG 1980, 1986).

Zur qualitativen und quantitativen Bestimmung dieser Elementspezies sind in Abhängigkeit von der jeweiligen Fragestellung unterschiedliche Verfahren entwickelt worden; der eigentlichen Trennoperation (Extraktion, Filtration, Chromatographie) wird dabei häufig ein zur elementspezifischen Detektion geeigneter Detektor (AAS, ICP-OES oder ICP-MS) nachgeschaltet, so daß Informationen über Elementgehalte in Abhängigkeit vom Fortschritt der Trennoperation erhältlich sind (Kopplungstechniken). Prinzipiell erfolgt in diesen Fällen die Trennung nach der Art des Verfahrens und der zum Einsatz gelangenden Extraktions- bzw. Fließmittel oder der stationären Phase; diese Verfahren werden deshalb als „operationally defined speciation procedures" bezeichnet. Weiterführende Informationen zu diesem Themenbereich können der aktuellen Fachliteratur sowie den folgenden Monographien entnommen werden (BATLEY 1989; BEHNE 1992; BROEKAERT et al. 1990; FLORENCE 1982; KRAMER & ALLEN 1988; KRULL 1991; URE & DAVIDSON 1995).

Für den Bereich der Umweltanalytik und -bewertung hat in den letzten Jahren besonders die Unterscheidung von verschiedenen festkörpergebundenen Metallspezies (physikalisch gebundene Spezies) große Bedeutung erlangt. Hier sind die einzelnen Elemente durch Sorptionsprozesse an Oberflächen oder durch Inklusion in flüssigen oder festen Phasen festgelegt. Diese Festlegung von einzelnen Metallen hat große Bedeutung bei der Abschätzung der Mobilisierbarkeit von Elementen, z. B. aus Böden oder Sedimenten. Die für diese Fragestellung am meisten verwendete Trennmethode sind Extraktionen, die auf eine Vielzahl von Probenmaterialien (z. B. Böden, Sedimente, Abfälle, Schlämme) aus der Umwelt eingesetzt worden sind (z. B. FÖRSTNER & CALMANO 1982; JAKOB et al. 1990; LESCHBER et al. 1984; TESSIER et al. 1979); auch bei diesen Verfahren handelt es sich um „operationally defined speciation procedures“, da die Ergebnisse von der Wahl des jeweiligen Extraktionsmittels abhängig sind.

3.4.1.4 Eluatuntersuchungen

Um den Einfluß eines Stoffes auf die Umwelt abschätzen zu können, müssen folgende Punkte besonders berücksichtigt werden:

- Welche Reaktivität haben in die Umwelt eingebrachte feste Stoffe im Vergleich zu ähnlichen natürlichen Komponenten ?
- Sind die Wechselwirkungen zwischen Lösungs- und Feststoffphase für natürliche und anthropogen beeinflußte Systeme vergleichbar?

Zur Beantwortung dieser Fragen werden u. a. naßchemische Extraktionsverfahren herangezogen, mit denen auf relativ einfache Weise die Zuordnung von einzelnen Elementen zu einzelnen Feststoffbestandteilen (Bodenbestandteilen, mineralogischen Phasen) erfolgen kann. Das generelle

Ziel von Untersuchungen, in denen selektive naßchemische Extraktionsverfahren eingesetzt werden, ist die genaue Bestimmung der Verteilung von Elementen zwischen den einzelnen „Phasen" der untersuchten Probe. Die mineralischen Bestandteile, die dabei hauptsächlich die Elementkonzentrationen kontrollieren, sind Tonminerale, organische Substanzen und hydratisierte Eisen- und Manganoxide, wie sie z. B. in praktisch allen Bodentypen angetroffen werden. Die Aufteilung auf einzelne „Phasen" erfolgt bei solchen selektiven naßchemischen Extraktionsverfahren entweder durch die Anwendung eines einzelnen „selektiven" Extraktionsmittels oder durch die sukzessive Anwendung mehrerer „selektiver" Extraktionsmittel. Das Konzept des chemischen Auslaugens beruht auf der Idee, daß ein spezielles chemisches „Lösungsmittel" (Extraktions- oder Elutionsmittel) entweder für eine bestimmt Phase oder in ihrer Wirkungsweise (z. B. gepufferte Essigsäure greift nur Carbonate an) spezifisch ist.

Einstufige Eluatuntersuchungen

Verschiedene saure bzw. basische Extrakte von Böden oder Sedimenten werden in der geochemischen Exploration schon seit langem angewendet, um eine Unterscheidung einer geochemischen Anomalie vom regionalen Hintergrundwert festzustellen oder um die mit speziellen mineralogischen Phasen verbundenen Bestandteile freizusetzen (CHAO 1984). Die hierfür zum Einsatz gelangenden, unterschiedlich effektiven Extraktionsmittel umfassen u.a. :

- Ethylendiamintetraessigsäure (EDTA) (VIRO 1955; BORGGAARD 1976; GOLDBERG & ARRHENIUS 1958; AGEMIAN & CHAU 1976),
- 1 M Ammoniumchlorid, pH 7 (CARROL & STARKEY 1960),
- 1 M Magnesiumchlorid. pH 7 (GIBBS 1977),
- 0,1 M Kaliumpyrophosphat, pH 10 (ARSHAD et al. 1972),
- Ammoniumoxalat, pH 3 (ARSHAD et al. 1972; MCKEAGUE & DAY 1966),
- Natriumcitrat / Natriumdithionit, pH 3, 4,7, 7 (COFFIN 1963),
- 30 %iges Wasserstoffperoxid (PRESLEY et al. 1972),
- Natriumhypochlorit (GIBBS 1977; ANDERSON 1963),
- Essigsäure, Natriumacetat, pH 5,2 (ROSHOLT et al. 1961),
- 25 %ige Essigsäure (HIRST & NICHOLLS 1958),
- 25 %ige Essigsäure, 0,1 M Hydroxylammoniumchlorid (CHESTER & HUGHES 1967),
- 0,1 - 0,05 M Salzsäure (KITANO et al. 1980),
- Salpetersäure / Perchlorsäure (AGEMIAN & CHAU 1976),

- Königswasser (AGEMIAN & CHAU 1976),
- Salpetersäure / Salzsäure (SINEX et al. 1980) oder
- Phthalsäurepuffer, pH 2,2 - 6 (TREFRY & METZ 1984) .

In *Tabelle 3.19* sind für einige der aufgeführten Elutionsverfahren die wesentlichen Elutionsbedingungen (verwendete Feststoffmenge und Elutionsmittel, Elutionstemperatur und -zeit) zusammengefaßt.

Für Sedimente konnte dabei festgestellt werden, daß das effektive Extraktionsvermögen in der Reihe

> Flußsäure - Perchlorsäure - Salpetersäure - Mischung > Perchlorsäure - Salpetersäure - Mischung > Königswasser > Salpetersäure > 0,5 M Salzsäure > 1 M Hydroxylammoniumchlorid / 25 %ige Essigsäure > 0,5 M Ethylendiamintetraessigsäure

abnimmt (AGEMIAN & CHAU 1976), wobei es für einige Elemente auch zu Umkehrungen innerhalb dieser Reihe kommen kann.

Die Ermittlung von verschieden, physikalisch an Feststoffe gebundenen Metallen spielt für die Abschätzung der Mobilisierbarkeit z. B. aus Böden, Sedimenten oder Abfällen eine wichtige Rolle und wird besonders im Bereich der Bodenkunde und des Bodenschutzes schon seit langem intensiv untersucht. Bei den hierbei zum Einsatz gelangenden Verfahren wird u.a. versucht, den Übergang von Metallen aus dem Boden über das Bodenwasser in die Pflanzen, z. B. mit Hilfe von Lösungen von Neutralsalzen nachzubilden bzw. wie auch bei der geochemischen Prospektion durch „selektive" bzw. „unselektive" Extraktionsmittel einzelne Bodenbestandteile näher zu charakterisieren (PICKERING 1981). Zu den typischen „unselektiven" Extraktionsmitteln gehören hierbei z. B. anorganische Säuren unterschiedlicher Konzentration, bei denen z. B. für Salzsäure gezeigt werden konnte, daß die Effektivität der Extraktion von Metallen von der Säurekonzentration, dem Verhältnis Probe / Säurevolumen sowie der Temperatur und der Dauer des Extraktionsprozesses abhängt (SORENSEN et al. 1971), aber auch Lösungen organischer Säuren und Salze wie z. B. EDTA (z. B. TIMPERLY & ALLAN 1974; BRADSHAW et al. 1974) oder Lösungen von Ammoniumcitrat und Hydroxylammoniumchlorid (BLOOM 1955; WHITNEY 1975, 1981) oder DTPA (LINDSAY & NORVELL 1978). Zu den „selektiven" Extraktionsmitteln, mit denen spezielle Bestandteile von Böden oder Sedimenten freigesetzt werden, gehören u. a. Verfahren zur Ermittlung

- wasserlöslicher Anteile z. B. nach DEV S 4 (1984),
- austauschbarer Metalle mit Ammoniumacetat, Calcium-, Magnesium- oder Bariumchlorid (JACKSON 1958),

- an Carbonate gebundener Metalle mit Essigsäure-Acetat-Puffern (OPENLENDER 1979),
- an organisches Material gebundener Metalle mit Wasserstoffperoxid, Natriumhypochlorit oder Pyrophosphat (SEQUI & ARINGHIERI 1977; HOFFMAN & FLETCHER 1981; MCKEAGUE 1967),
- von Manganoxiden mit Dithionit (z. B. ANDERSON & JENNE 1970) oder Ammoniumoxalat (z. B. BLUME & SCHWERTMANN 1969),
- amorpher Eisenoxide mit saurem Ammoniumoxalat (z. B. MCKEAGUE & DAY 1966; BLUME & SCHWERTMANN 1969),
- kristalliner Eisenoxide mit Natriumdithionit (z. B. MEHRA & JACKSON 1960) oder mit Ammoniumoxalat/Oxalsäure in Ascorbinsäurelösung (SHUMAN 1982).

Prinzipiell konnte gezeigt werden, daß die Ergebnisse solcher Extraktionen von

- dem verwendeten Extraktions- / Elutionsmittel,
- dem Verhältnis Feststoff - Extraktions - Volumen,
- der Korngrößenverteilung des Untersuchungsgutes,
- der Dauer der Extraktion,
- der Temperatur der Extraktion und
- der Art der Versuchsdurchführung (z. B. Schüttel-, Säulen-, Umlaufversuch)

abhängen.

Mehrstufige Eluatuntersuchungen / Sequentielle Extraktionen

Das Interesse an mehrstufigen (sequentiellen) Extraktionsverfahren läßt sich auf die Arbeiten von LERICHE & WEIR (1963) zurückverfolgen, in denen gezeigt wurde, daß in Böden Spurenbestandteile chemisch verschieden an Bodenbestandteile gebunden sein können.

Komplexe Eluatuntersuchungen (sequentielle Extraktionen), in denen nicht nur ein einzelner Bestandteil eines Feststoffs ermittelt und bewertet wird, werden seit etwa Anfang der 80er Jahre speziell bei Umweltbewertungsfragen angewendet, um Aussagen zu folgenden Fragekomplexen zu erhalten :

Tabelle 3.19. Übersicht über Elutionsverfahren und ihre wesentlichen Elutionsbedingungen

Feststoffmenge	Elutionsmittel	Elutionsbedingungen	Literatur
50 g Sand, 5 g Schlamm	90 ml konz. Salpetersäure, 10 ml konz. Salzsäure	4 h Rückfluß	SINEX et al. 1980
4 g Sediment	50 ml 30 %iges Wasserstoffperoxid	Rückfluß	PRESLEY et al. 1972
10 g Gestein	100 ml 25 %ige Essigsäure	RT	HIRST & NICHOLLS 1958
1 g Sediment	50 ml 1 M Hydroxylammoniumchlorid in 25 %iger Essigsäure	4 h RT	CHESTER & HUGHES 1967
0,25 g Sediment	10 ml 0,2 M Ammoniumoxalat	4 h RT	MCKEAGUE 1967
0,5 g Sediment	10 ml 0,15 M Natriumcitrat/0,05 M Citronensäure, Zugabe von 0,5 g Natriumhydrogensulfit	30 min. 50 °C	COFFIN 1963
1 - 5 g Sediment	25 ml, 30 ml 0,1 M Salzsäure	15 min 30 min 100 min 300 min	SORENSEN et al. 1971
0,05 - 0,4 g Sediment	20 ml Phthalsäurepuffer pH 2,2 - 6,0	24 h RT	TREFRY & METZ 1984
10 g Ton	20 ml Natriumhypochloritlösung, pH 9,5	15 min. Wasserbad	ANDERSON 1963
1 g Sediment	1. 25 ml Salpetersäure oder 2. 25 ml Königswasser oder 3. 25 ml Salpetersäure + Perchlorsäure	1. zweimal abrauchen 2. zweimal abrauchen 3. zweimal abrauchen	AGEMIAN & CHAU 1976
5 g Sediment	100 ml 0,05 M EDTA, pH 4,8	12 h RT	AGEMIAN & CHAU 1976

RT = Raumtemperatur

- Welcher Anteil eines vorhandenen Schadstoffes kann durch einen Auslaugungsprozeß freigesetzt werden ?
- Welche zeitliche Entwicklung wird der Auslaugungsprozeß nehmen ?
- Welche Veränderungen wird das Untersuchungsmaterial im Laufe der Zeit aufweisen ?
- Welchen Einfluß haben pH und Redoxbedingungen auf den Auslaugungsprozeß, welche Änderungen dieser Parameter werden in den Sickerwässern auftreten ?

Die Freisetzbarkeit (Mobilisierbarkeit) von Schadstoffen aus Altlasten, belasteten Böden oder dem bereits kontaminierten Grundwasserleiter ist für die Beurteilung dieser Stoffklassen im Hinblick auf mögliche Gefährdungen des Grundwassers von großer Bedeutung. Wie auch im Bereich Bodenkunde / Bodenschutz ist hierfür eine Reihe von verschiedenen - z. T. in gesetzlich geregelten Vorschriften geforderten - Verfahren entwickelt und angewendet worden, die die unter natürlichen Bedingungen nur unter großem zeitlichem und materiellen Aufwand zu untersuchenden Mobilisierungsprozesse mit sog. Elutionstests im Labormaßstab nachbilden. *Tabelle 3.20* gibt einen kurzen Überblick über einige in der Praxis häufig angewendete genormte / standardisierte Elutionsverfahren (nach LFU 1994).

Meist vor dem Hintergrund spezieller Fragestellungen (z. B. Bewertung des Ablagerungsverhaltens in Flußsedimenten, Freisetzungsverhalten von Schwermetallen aus bestimmten Bodentypen) ist eine Vielzahl von mehrstufigen Verfahren (sequentiellen Extraktionsverfahren) entwickelt worden. Von diesen sind in der Zwischenzeit weit mehr als 30 in der Literatur beschrieben worden, von denen hier nur ein kleiner Teil aufgeführt werden kann.

Bislang gibt es kein allgemein anerkanntes sequentielles Extraktionsverfahren, da in den einzelnen Extraktionsschritten mit ihren heterogenen chemischen Prozessen eine Reihe von Matrixeffekten auftreten kann, die bislang nicht vollständig verstanden ist und von der Art der Untersuchung abhängt. Die Auswahl der am besten geeigneten Extraktionslösungen in den einzelnen Verfahren wird durch das Ziel der Untersuchungen, den Typ des zu untersuchenden Materials (Boden, Sediment, Schlamm etc.) und dem jeweiligen Element vorgegeben und ist kaum systematisierbar.

In der Praxis beeinflussen 3 Hauptfaktoren den Erfolg einer selektiven Extraktion von verschiedenen „Phasen":

1. die chemischen Eigenschaften des gewählten Extraktionsmittels,
2. die Extraktionseffektivität und
3. die Wahl geeigneter experimenteller Randbedingungen.

Speziell bei sequentiellen Extraktionen spielen zusätzlich die Faktoren:

Tabelle 3.20. Übersicht über genormte / standardisierte Elutionsverfahren

Testverfahren	Art des Testes	Elutionsmittel	Anwendungsbereich	Feststoff-Flüssigkeits-Verhältnis	Anzahl der Extraktionen	Extraktionszeit
DIN 38414 Teil 4 (DEV S 4)	Schütteltest	Destilliertes Wasser	Feste, pastöse, schlammige Materialien	1 : 10	1	24 h
DIN 38414 Teil 7 (DEV S 7)	Säureauszug	Königswasser ($HCl : HNO_3 = 1 : 3$)	Feste, pastöse, schlammige Materialien	1 : 7	1	2 h
DIN V 19730	Schütteltest	1 M Ammoniumnitrat	Boden	1 : 2,5	1	2 h
pH_{stat}	Schütteltest	Destilliertes Wasser	Belastete Böden, Abfälle	1 : 10	1	24 h
Schweizer Eluat-Test	Standtest	Destilliertes Wasser, Begasung mit Kohlendioxid	Reststoffe, Inertstoffe	1 : 10	2	48 h, Wechsel nach 24 h
TCLP (US EPA) Methode 1311	Überkopftest	a) Essigsäurelösung pH = 4,93 b) Essigsäurelösung pH = 2,88	Abfälle, anorganische und organische Stoffe	1 : 20	1	18 h
Säulentest (NEN 7343)	Säulentest	Angesäuertes destilliertes Wasser	Abfälle, Verbrennungsrückstände	0,1; 0,5; 1; 2; 3; 5; 10	7 Fraktionen	

Tabelle 3.20. Fortsetzung

Testverfahren	Art des Testes	Elutionsmittel	Anwendungsbereich	Feststoff-Flüssigkeits-Verhältnis	Anzahl der Extraktionen	Extraktionszeit
Kaskadentest (NEN 7343)	Schütteltest, Mehrfachextraktion	Angesäuertes destilliertes Wasser	Abfälle, Verbrennungsrückstände	1 : 20	5 Eluate	23 h
Maximale Auslaugbarkeit (NEN 7341)	Rührtest	Destilliertes Wasser	Abfälle, Verbrennungsrückstände	1 : 100	2	2 * 3 h
Diffusionstest (NEN 7345)	Standtest	Angesäuertes destilliertes Wasser	Abfälle, Verbrennungsrückstände	1 : 10	8 Eluate	0,5; 1; 2; 4; 8; 16; 32; 64 Tage

4. Reihenfolge der einzelnen Extraktionsschritte,
5. spezifische Matrixeffekte, wie z. B. Readsorption oder Quer-Kontamination und
6. Heterogenität der Proben und Phasenassoziationen (Coatings)

eine entscheidende Rolle.

Sequentielle Extraktionsverfahren werden in der Regel so durchgeführt, daß die einzelnen Elutionen nacheinander mit mehreren „phase spezifischen" Lösungen durchgeführt werden, wobei die Elutionsstärke für die betrachteten Metalle und „Phasen" ständig zunimmt und für die folgende Elution jeweils der feste Rückstand der vorigen Elution verwendet wird. Die eluierten Elementgehalte werden dann den operational definierten „Phasen":

1. „water-soluble"
2. „exchangeable"
3. „specifically sorbed, carbonate bound"
4. „ easily reducible substrates"
5. „easily extractable organics"
6. „moderately reducible oxides"
7. „oxidizable oxides and sulfide"
8. „crystalline Fe-oxides"
9. „residual minerals" zugeordnet (Benennungen nach LAKE et al. 1984; URE & DAVIDSON 1995).

Bislang gibt es nur wenige Übereinkommen hinsichtlich der bei den Extraktionen zu verwendenden Extraktionsmittel oder der Reihenfolge der Extraktionsschritte. Die meisten der publizierten sequentiellen Extraktionsschemata gehen von der Freisetzung „austauschbare Fraktion" (exchangeable) unter Verwendung von Neutralsalzlösungen wie Magnesiumchlorid oder Ammoniumacetat (pH 7) aus. In dem sich anschließenden Schritt wird dann i. allg. die carbonatische Phase in essigsaurer Lösung freigesetzt. In den sich daran anschließenden Schritten wird in den neueren Verfahren die Extraktion unter zunehmend sauren und reduzierenden Bedingungen durchgeführt. Während die meisten Verfahren sich überwiegend nur hinsichtlich der Fragestellung und Unterschieden in den Proben sowie in der experimentellen Durchführung unterscheiden, zeigen sich z. B. hinsichtlich der Extraktion der organischen Substanzen deutliche, einander entgegengesetzte Standpunkte. In den Schemata, in denen eine frühe Zerstörung der organischen Substanz durchgeführt wird, geht man davon aus, daß die durch die organische Substanz festgelegten Mineralteilchen freigesetzt werden und somit die Extraktionseffizienz gesteigert wird. Im Gegensatz dazu vermeidet man in den Schemata, in denen die organische Substanz erst zu einem späten Zeitpunkt zerstört wird, zu Beginn der Extraktionssequenz sehr saure Bedingungen, durch die die an Carbonate sowie Eisen- und Manganoxide gebundenen Bestandteile freigesetzt werden.

Generell gilt jedoch, daß durch das Fehlen standardisierter Bedingungen für sequentielle Extraktionen die mit solchen Verfahren erhaltenen Ergebnisse nur schwierig bis gar nicht zu vergleichen sind, besonders dann, wenn in ihnen eine Reihe von Parametern deutlich voneinander abweichen bzw. nicht aufgeführt sind. In den letzten Jahren haben sich v. a. solche Verfahren in der Praxis bei verschiedenen Fragestellungen bewährt, die sich an dem von TESSIER et al. (1979) entwickelten Verfahren orientieren.

In *Tabelle 3.21* sind einige sequentielle Extraktionsverfahren und die wichtigsten experimentellen Bedingungen (Feststoffmenge, Extraktionsmittel, Extraktionszeit und Extraktionstemperatur) im Überblick kurz aufgeführt.

Bei der Elution oder Extraktion von Böden, Sedimenten oder Abfallstoffen mit wäßrigen Lösungen von Neutralsalzen, schwachen, mittelstarken oder starken Säuren, Reduktions- oder Oxidationsmitteln etc. haben z. B. die Art der Probenvorbereitung, der Korngrößenverteilung in der Probe, das Feststoff-Flüssigkeits-Verhältnis, die Temperatur sowie die Art der Versuchsdurchführung einen wichtigen Einfluß auf das Untersuchungsergebnis und somit auf die Aussagen des Untersuchungsverfahrens.

So konnte speziell für anoxische Sedimente / Böden festgestellt werden, daß die Gegenwart von Sauerstoff während der Extraktion das Extraktionsergebnis wesentlich beeinflußt, das Ausmaß des jeweiligen Einflusses aber nicht vorausgesagt werden kann, so daß eine spätere Korrektur der Ergebnisse nicht möglich ist. Die hierbei zu beobachtenden Unterschiede im Verhalten der Eisen-, Mangan- und Schwefelphasen während der Extraktionen in Gegenwart von Sauerstoff sind vermutlich überwiegend auf chemische Veränderungen in den einzelnen Phasen zurückzuführen (RAPIN et al. 1986). Die Untersuchung von anoxischen Sedimenten / Böden sollte deshalb grundsätzlich unter Schutzgasatmosphäre (Stickstoff, Argon) durchgeführt werden, um vorzeitige Oxidationsprozesse in der Probe zu vermeiden.

Bei der Vorbehandlung der Proben wurde eine Reihe von Einflußfaktoren festgestellt. Speziell für die Probenaufbewahrung, konnten z. T. deutliche Unterschiede zwischen den Ergebnissen für solche Proben festgestellt werden, die direkt nach der Entnahme innerhalb von 24 h untersucht werden und solchen, die entweder bei 4 °C feucht gelagert, eingefroren, gefriergetrocknet oder im Trockenschrank getrocknet worden waren. Durch die aufgeführten Verfahren der Probenaufbewahrung scheinen die Bindungsformen der Schwermetalle in den Proben so verändert zu werden, daß die mit sequentiellen Extraktionen ermittelten Elementverteilungen die tatsächlichen Gegebenheiten in den Proben nicht mehr widerspiegeln. Keine der angeführten Auf-

Tabelle 3.21. Übersicht über ausgewählte sequentielle Extraktionsverfahren (Bezeichnung der Fraktionen entsprechend der Bezeichnung in der Originalarbeit)

Fraktion	Feststoffmenge	Extraktionsmittel	Extraktionsdauer	Extraktions-temperatur
Sequentielles Extraktionsverfahren nach TESSIER et al. (1979)				
1	1 g	8 ml 1 M $MgCl_2$	1 h	RT
2	Rückstand aus 1	8 ml 1 M NaOAc, pH 5		RT
3	Rückstand aus 2	20 ml 0,04 M $NH_2OH{\bullet}HCl$ in 25 %iger HOAc		96 °C
4	Rückstand aus 3	8 ml 30 %iges H_2O_2 5 ml 3,2 M NH_4OAc in 20 %iger HNO_3 verd. auf 20 ml	5 h30 min.	85 °C RT
5	Rückstand aus 4	12 ml HF - $HClO_4$ (10 : 2)		
Sequentielles Extraktionsverfahren nach BOGLE & NICHOL (1981)				
1	2 g	20 ml 6 %ige NaOCl, pH 9,5	10 h, 3 h	RT, 80 °C
2	Rückstand aus 1	20 ml 0,1 M $NH_2OH{\bullet}HCl$ in 1 M NH_4OAc, pH 4,5	20 min.	RT
3	Rückstand aus 2	20 ml 0,25 M $NH_2OH{\bullet}HCl$ in 0,25 M HCl	30 min.	70 °C
4	Rückstand aus 3	50 ml 1 M $NH_2OH{\bullet}HCl$ in 25 %iger HOAc	4 h	RT
5	Rückstand aus 4	Salpetersäureaufschluß		

Tabelle 3.21. Fortsetzung

Fraktion	Feststoffmenge	Extraktionsmittel	Extraktionsdauer	Extraktions-temperatur
Sequentielles Extraktionsverfahren nach SPOSITO et al. (1982)				
1	2 g	25 ml 0,05 M KNO_3	16 h	RT
2	Rückstand aus 1	3 * 25 ml Wasser	2 h	RT
3	Rückstand aus 2	25 ml 0,5 M KOH	16 h	RT
4	Rückstand aus 3	25 ml 0,05 M Na_2EDTA	6 h	RT
5	Rückstand aus 4	25 ml 4 M HNO_3	16 h	80 °C
Sequentielles Extraktionsverfahren nach ROBINSON (1984)				
1	0,25 g	25 ml 0,1 M NH_4-Citrat, pH 8,4	20 min.	RT
2	Rückstand aus 1	25 ml 0,1 M $NH_2OH{\bullet}HCl$ in 0,01 M HNO_3	30 min.	RT
3	Rückstand aus 2	25 ml NaOCl, pH 9,5	8 h	RT
4	Rückstand aus 3	25 ml 0,7 M $NH_2NH_2{\bullet}HCl$, pH 2,1	6 h	90 °C

Tabelle 3.21. Fortsetzung

Fraktion	Feststoffmenge	Extraktionsmittel	Extraktionsdauer	Extraktions-temperatur
Sequentielles Extraktionsverfahren nach GIBSON & FARMER (1986)				
1	1 g	25 ml 1 M NH_4OAc, pH 7	4 h	RT
2	Rückstand aus 1	15 ml 1 M NaOAc, pH 5	5 h	RT
3	Rückstand aus 2	20 ml 0,1 M $NH_2OH{\bullet}HCl$ in 0,01 M HNO_3	30 min.	RT
4	Rückstand aus 3	20 ml 1 M $NH_2OH{\bullet}HCl$ in 25 %iger HOAc	4 h	RT
5	Rückstand aus 4	5 ml 30 %iges H_2O_2 / 3 ml 0,03 M HNO_3	5 h	85 °C
6	Rückstand aus 5	Königswasser, HF, H_3BO_3	2 * 4 h	90 °C
Sequentielles Extraktionsverfahren nach KERSTEN & FÖRSTNER (1987)				
1	2 g	50 ml 1M NH_4OAc, pH 7	2 h	RT
2	Rückstand aus 1	50 ml 1M NaOAc, pH 5	5 h	RT
3	Rückstand aus 2	50 ml 0,1 M $NH_2OH{\bullet}HCl$, pH 2	12 h	RT
4	Rückstand aus 3	50 ml 0,1 M Oxalatpuffer, pH 3	24 h	RT, dunkel

Tabelle 3.21. Fortsetzung

Fraktion	Feststoffmenge	Extraktionsmittel	Extraktionsdauer	Extraktions-temperatur
5	Rückstand aus 4	H_2O_2, pH 2 1 M NH_4OAc in 6 %iger HNO_3	2 h	85 °C
6	Rückstand aus 5	HNO_3-Aufschluß		
Sequentielles Extraktionsverfahren nach ZEIEN & BRÜMMER (1989)				
1	2 g	50 ml 1 M NH_4NO_3	24 h	RT
2	Rückstand aus 1	50 ml 1 M NH_4OAc, pH 6	24 h	RT
3	Rückstand aus 2	50 ml 0,1 M $NH_2OH \bullet HCl$ + 1 M NH_4OAc, pH 6	30 min.	RT
4	Rückstand aus 3	50 ml 0,025 M NH_4-EDTA	90 min.	RT
5	Rückstand aus 4	50 ml 0,2 M NH_4-Oxalat, pH 3,3	4 h	RT, dunkel
6	Rückstand aus 5	50 ml 0,1 M Ascorbinsäure + 0,2 M NH_4-Oxalat, pH 3,3	30 min.	96 °C
7	Rückstand aus 6	15 ml HNO_3, 5 ml $HClO_4$	1 h	120 °C

Tabelle 3.21. Fortsetzung

Fraktion	Feststoffmenge	Extraktionsmittel	Extraktionsdauer	Extraktions-temperatur
Sequentielles Extraktionsverfahren nach RULE & ALDEN (1992)				
1	5 g	50 ml 1 M NH_4OAc	1 h	RT
2	Rückstand aus 1	60 ml 0,1 M $NH_2OH•HCl$, 0,01 M HNO_3	1 h	RT
3	Rückstand aus 2	12 ml 30 %iges H_2O_2 50 ml 1 M NH_4OAc, pH 3,5	2 h 1 h	50 - 70 °C RT
4	Rückstand aus 3	50 ml 0,3 M Na-Citrat + 1 M $NaHCO_3$ 3 * 0,5 g $Na_2S_2O_4$	 30 min.	75 °C
5	Rückstand aus 4	15 ml HNO_3 5 ml H_2O_2	4 h 1,5 h	110 °C 110 °C
Sequentielle Extraktionsverfahren nach URE et al. (1993)				
1	1 g	40 ml 0,11 M HOAc	5 h	RT
2	Rückstand aus 1	20 ml 0,1 M $NH_2OH•HCl$, pH 2	16 h	RT
3	Rückstand aus 2	2 * 10 ml 30 %iges H_2O_2, pH 2 50 ml 1 M NH_4OAc, pH 5	2 h 16 h	85 °C RT

Tabelle 3.21. Fortsetzung

Tessier et al. (1979)	Bogle & Nichol (1981)	Sposito et al. (1982)
Fraktion 1: exchangeable	Fraktion 1: organics + exchangeables + sulphides	Fraktion 1: exchangeable
Fraktion 2: bound to carbonates	Fraktion 2 : manganese oxides	Fraktion 2: sorbed
Fraktion 3: bound to iron and manganese oxides	Fraktion 3: hydrous iron oxides	Fraktion 3: organic
Fraktion 4: bound to organic matter	Fraktion 4: crystalline iron oxides	Fraktion 4: carbonate
Fraktion 5: residual	Fraktion 5: residual, HNO_3 total	Fraktion 5: sulfide
Robinson (1984)	**Gibson & Farmer (1986)**	**Kersten & Förstner (1987)**
Fraktion 1: exchangeable	Fraktion 1: exchangeable	Fraktion 1: exchangeable
Fraktion 2: Mn-oxides	Fraktion 2: carbonate bound	Fraktion 2: carbonatic
Fraktion 3: organic fraction	Fraktion 3: easily reducible	Fraktion 3: easily reducible
Fraktion 4: Fe-oxides	Fraktion 4: moderately reducible	Fraktion 4: moderately reducible
	Fraktion 5: organic	Fraktion 5: sulfidic / organic
	Fraktion 6: residual	Fraktion 6: residual

Tab. 3.21 : Fortsetzung

Zeien & Brümmer (1989)	**Rule & Anderson (1992)**	**Ure et al. (1993)**
Fraktion 1: mobile Fraktion	Fraktion 1: exchangeable metals	Fraktion 1: exchangeable + carbonate bound
Fraktion 2: leicht nachlieferbare Fraktion	Fraktion 2: easily reducible (hydrous Mn-oxides)	Fraktion 2: acid reducible
Fraktion 3: an Mn-Oxide gebundene Fraktion	Fraktion 3: organics, sulphides	Fraktion 3: organic and sulphide
Fraktion 4: organisch gebundene Fraktion	Fraktion 4: moderately reducible (hydrous Fe-oxides)	
Fraktion 5: an schlecht kristalline Fe-Oxide gebundene Fraktion	Fraktion 5: acid extractable	
Fraktion 6: an kristalline Fe-Oxide gebundene Fraktion		
Fraktion 7: residual gebundene Fraktion		

bewahrungsmethoden ist geeignet, die ursprünglich in den Proben gegebene Schwermetallverteilung so zu konservieren, daß sich auch nach längeren Aufbewahrungszeiten sinnvolle Untersuchungen durchführen lassen. Für die praktische Durchführung von sequentiellen Extraktionen ergibt sich damit die Forderung, daß die Techniken, bei denen im Zuge der Probenvorbereitung / -aufbewahrung ein Trocknungsschritt einbezogen ist, vermieden werden sollen. Als vorteilhaft und praktisch durchführbar hat sich die Lagerung des feuchten Materials bei 4 °C über einen kürzeren Zeitraum erwiesen (RAPIN et al. 1986). Einen generellen Überblick über die Anforderungen an die Probennahme und -vorbereitung zur Durchführung von Metall-Speciations-Untersuchungen geben RUBIO & URE (1993).

Der Einfluß der Korngrößenverteilung auf die Ergebnisse von Schwermetallextraktionen und -analysen wurde von verschiedenen Autoren untersucht, eine generelle Diskussion findet sich bei ACKERMANN (1980). Speziell für sequentielle Extraktionen beschreiben TESSIER et al. (1982), daß die beobachteten Effekte im wesentlichen auf die verfügbaren Mengen an anorganischen Spurenfängermaterial (Eisen- und Manganoxide) zurückzuführen sind. Durch eine Normalisierung der ermittelten Elementgehalte auf die Eisen- und Mangangehalte der einzelnen operationalen Phasen konnten diese Effekte weitgehend reduziert werden. Hier zeigt sich vermutlich eine Möglichkeit, auch bei Proben sehr stark divergierender Zusammensetzung zu gemeinsamen Bewertungsschemata zu gelangen.

In einigen Untersuchungen wurden solche Effekte untersucht, die zu Neu- bzw. Umverteilungen der freigesetzten Elemente während der Durchführung von sequentiellen Extraktionen führen. Die Untersuchungen führen zu dem Schluß, daß nur in geringem Umfang solche schwer zu quantifizierenden Neu- bzw. Umverteilungen ablaufen und daß die Methodik der sequentiellen Extraktionen durch sie nicht invalidiert wird (AJAYI & VAN LOON 1989).

Generell konnte gezeigt werden, daß das Verhältnis von Elutionsvolumen und Feststoffmenge in Abhängigkeit vom Probentyp optimiert werden muß, um z. B. minimale Änderungen der pH- bzw. der Eh-Bedingungen während der Extraktion zu gewährleisten bzw. um die für verschiedene Elemente unter diesen Bedingungen zu beobachtende Erhöhung / Erniedrigung der Löslichkeit zu erfassen und bei der Bewertung der Untersuchungsergebnisse zu berücksichtigen (RAURET et al. 1989).

TACK et al. (1996) nutzen bei sequentiellen Extraktionen eine neue Vorgehensweise, bei der sie die Extraktionen nicht mehr nacheinander durchführen, sondern Teilproben des zu untersuchenden Materials einzeln mit den jeweiligen Extraktionsmitteln behandeln und durch Differenzbildung die ermittelten Elementgehalte den einzelnen operationellen Phasen zuordnen. Die bislang erhaltenen Arbeitsergebnisse weisen daraufhin, daß die mit dieser Vorgehensweise ermittelten Gehalte an austauschbaren, säurelöslichen und reduzierbaren Anteilen denen entsprechen, die mittels sequentieller Extraktion erhalten werden. Der Vorteil dieser Vorgehensweise besteht u.a. darin, daß eine wesentliche Arbeitsvereinfachung erzielt wird und das Verfahren insgesamt leichter kontrollierbar ist.

Auf der Basis eines mathematischen Modells wiesen JONES et al. (1994) darauf hin, daß mit zunehmender Anzahl der Extraktionsschritte und der damit berücksichtigten „Phasen" die Fehler in der Bestimmung zunehmen und die vermeintlich „schärferen" Aussagen unschärfer werden. Sie ziehen daraus den Schluß, daß die zum Einsatz kommenden sequentiellen Extraktionsschemata relativ einfach, d. h., wenige Schritte beinhalten sollten.

Schlußfolgerungen

Im Bereich der Umweltforschung lassen sich einstufige und sequentielle Extraktionsverfahren mit großem Vorteil zur Beschreibung des Verhaltens von Stoffen in der Umwelt einsetzen, da die in ihnen zum Einsatz gelangenden einzelnen Extraktionsschritte mit Reaktionen vergleichbar sind, die in der Natur unter gegebenen Bedingungen auch ablaufen. Der hauptsächliche Unterschied zwischen den Laborverfahren und den natürlich ablaufenden Elutionen ist die unterschiedliche Zeitachse, so daß für natürlich ablaufende Reaktionen Extrapolationen in die Zukunft erforderlich sind.

Im Gegensatz zu einstufigen Elutionstests liefern sequentielle Extraktionsverfahren wesentlich mehr Informationen über eine Probe, da durch Stoffbilanzierungen auch Phasenumwandlungen in der Probe nachvollzogen werden können. In bezug auf geochemische (Speciation-)Untersuchungen sind sequentielle Extraktionen ein wichtiges Werkzeug, um Elementverteilungen innerhalb einer Probe zu untersuchen, besonders, wenn dies durch andere Untersuchungen (z. B. Mineralogie) und ein gewisses Maß an geochemischer Modellierung begleitet wird.

Das größte Problem von sequentiellen Extraktionen sind die unzureichende Selektivität der Extraktionsmittel und die Redistribution der freigesetzten Elemente zwischen den einzelnen Phasen im Laufe der Extraktion.

Zum gegenwärtigen Zeitpunkt haben sequentielle Extraktionen ihre weite Einsetzbarkeit in der analytischen Umweltchemie unter Beweis gestellt. Sie lassen sich gut einsetzen, um vergleichende Untersuchungen zwischen natürlichen und anthropogen belasteten Gebieten durchzuführen, aber auch, um Gebiete mit unterschiedlichen Belastungstypen zu charakterisieren. Sequentielle Extraktionen können u.a. weiterhin genutzt werden, um das Langzeitverhalten von Boden- oder Sedimentbelastungen unter sich ändernden Umweltbedingungen zu beschreiben und Prognosen für die zukünftig zu erwartende Entwicklung von Altablagerungen zu geben.

Die bislang verfügbaren Arbeitsvorschriften für sequentielle Extraktionen werden intensiv von verschiedenen Arbeitsgruppen für unterschiedliche Fragestellungen genutzt; es muß jedoch berücksichtigt werden, daß für jede dieser Fragestellungen eine umfangreiche Validierung des Verfahrens erfolgen muß, um nachzuweisen, daß das gewählte Verfahren für die vorliegende Fragestellung zu sinnvollen Ergebnissen führt. Dies ist für die Mehrzahl der in der Praxis zum Einsatz gelangenden Verfahren bislang aus verschiedenen Gründen nicht geschehen. Die Entwicklung und Validierung einer geeigneten analytischen Methode für die Bestimmung der Elementverteilung in der Probe muß dem undifferenzierten und unkritischen Einsatz der Verfahren vorangehen, um zu richtigen und in bezug auf die Fragestellung sinnvollen Aussagen zu gelangen. In diesem Sinne sind u.a. Bemühungen auf europäischer Ebene zu erwähnen und zu fördern, bei denen versucht wird, die verschiedenen Elutions- und Extraktionsverfahren für Umweltbewertungsfragen zu harmonisieren und auf einen gemeinsamen internationalen Standard zu heben (RAURET & QUEVAUVILLER 1993; QUEVAUVILLER 1996).

3.4.2 Speziationsmodelle für Schwermetalle in Deponiesickerwässern

MICHAEL KERSTEN

3.4.2.1 Siedlungsabfalldeponien

Siedlungsabfalldeponien und insbesondere Rohmülldeponien werden als Reaktordeponien eingestuft und können als Anhäufung mobilisierbarer Schadstoffe angesehen werden. Zur Zusammensetzung der aus solchen Deponien austretenden Sickerwässer und Gase gibt es zahlreiche Untersuchungen (BRINKMANN et al. 1996); die Speziation von Schwermetallen im Sickerwasser wird dabei jedoch kaum berücksichtigt. In der sauren Abbauphase von Siedlungsabfalldeponien zeigen die Elemente Eisen und Zink durchschnittlich höhere Gehalte in Deponiesickerwässern (EHRIG 1989, *Tabelle 3.22*). Toxische Schwermetalle wie Blei und Cadmium treten unabhängig vom Abbaugrad in sehr geringen Konzentrationen (im unteren mikromol-Bereich) auf. Die Mobilität der Schwermetalle wird dadurch gehemmt, daß neben den dominanten anaeroben Gärungsreaktionen gleichzeitig eine mikrobielle Reduktion von Sulfat sowie biogenen Schwefelverbindungen zu Schwefelwasserstoff stattfindet (JOURDAN 1987). Bei dieser Reaktion spielen der pH-Wert, das verfügbare Angebot an Sulfat und v. a. der Eisengehalt des jeweiligen Milieus die entscheidende Rolle für den Konzentrationsbereich, in dem gelöster Schwefelwasserstoff im Sickerwasser anzutreffen ist. Nennenswerte Ge-

Tabelle 3.22. Konzentrationen gelöster Schwermetalle in Sickerwässern von Siedlungsabfalldeponien. (Nach Daten von EHRIG 1983, zitiert in 1989)

	Acidogenese		Beide Phasen		Methanogenese	
Metall	Mittel	Bereich	Mittel	Bereich	Mittel	Bereich
(µM)	(µM)		(µM)		(µM)	
Fe	14.000	400 - 40.000			200	50 - 5.000
Mn	500	5 - 1.200			10	0,5 - 800
Zn	80	1 - 2.000			10	0,5 - 60
As			2,1	0,06 - 21		
Cd			0,05	0,004 - 1,2		
Cu			1,2	0,06 - 22		
Pb			0,4	0,04 - 5		

halte an Schwefelwasserstoff sind erst in der methanogenen Phase von Siedlungsabfalldeponien mit konventionellen Methoden meßbar. Durch die Bildung von Eisensulfiden wird dieser Konzentrationsbereich auf ein sehr niedriges Niveau im mikromolaren Bereich abgepuffert. Bei Überschreitung der Sulfidbindungskapazität des für diese Reaktion verfügbaren Eisens, kann sich freier, überschüssiger Schwefelwasserstoff mit Konzentrationen im millimolaren Bereich bilden. Aus umweltchemischer Sicht spielen Metall-Sulfid-Systeme eine wichtige Rolle, weil durch die Bildung schwer löslicher Sulfide die Schwermetalle in der Festphase effektiv immobilisiert werden und die Mobilität nicht mehr vom Schwermetallgehalt in den Deponaten abhängt (FÖRSTNER et al. 1989).

Mit Hilfe einer pH_2S-Elektrode (Einstabmeßkette Glas/Ag_0,Ag_2S; FREVERT & GALSTER 1978; PEIFFER 1991a, b) ist es möglich, noch sehr geringe Konzentrationen an gelöstem Schwefelwasserstoff (genauer die H_2S-Aktivität) in Sickerwasser mit Metallionen im Überschuß (z. B. Fe^{2+}) zu messen. Der praktische Wert liegt dabei insbesondere auch in der Möglichkeit einer präzisen In-situ-Messung im Bereich von < 0,1 mM. Der pH_2S-Wert eignet sich, wie der pH-Wert für das Säure-Base-Gleichgewicht oder der $p\varepsilon$-Wert für das Redoxgleichgewicht, als Summenparameter für die Beschreibung des Sulfidsystems. Damit eröffnet sich ein einfacher meßtechnischer Zugriff auf das Verteilungsgleichgewicht Sulfid-Metall-Ligand und zum Verständnis der mobilitätsbestimmenden Faktoren im System Deponiesickerwasser.

Die Auswertung stößt aufgrund der komplexen Wasserchemie des Sulfidsystems auf Schwierigkeiten. Mit der pH_2S-Elektrode wird der negative dekadische Logarithmus der H_2S-Aktivität ($-\log\{H_2S\}$) bestimmt. Das Gleichgewicht eines Metall(II)sulfides mit der H_2S-Aktivität hängt über das Protolysegleichgewicht vom pH-Wert ab:

$$2H^+ + MeS = H_2S + Me^{2+} \tag{1}$$

mit

$$\{H_2S\} * \{Me^{2+}\} / \{H^+\}^2 = K_{S2} \tag{2}$$

bzw.

$$pH_2S = pK_{S2} + 2pH - pMe^{2+} \tag{3}$$

Die pK_{S2}-Werte ergeben sich rechnerisch aus den beiden Dissoziationskonstanten (pK_a-Werte) des Schwefelwasserstoffs und den pK_{S0}-Werten, dem Löslichkeitsprodukt der freien Ionen Me^{2+} und S^{2-}. Bei den Rechnungen muß berücksichtigt werden, daß zwar die erste Dissoziationskonstante des Schwefelwasserstoffs (pK_{a1}) recht genau bekannt ist, nicht aber die zweite Dissoziationskonstante (pK_{a2}). Daher weicht man in der Regel auf den pK_{S1}-Wert aus:

$$pH_2S = pK_{S1} + pH - p\left(Me^{2+}\right) \tag{4}$$

mit
$$K_{S1} = \left\{HS^-\right\} * \left\{Me^{2+}\right\} / \left\{H^+\right\} \tag{5}$$

Diese Werte zeigen jedoch wegen der meist nichtstöchiometrischen Zusammensetzung der Sulfide eine recht große Variationsbreite. Dies trifft bereits für das häufigste Sulfid FeS zu. In den Rechnungen muß ferner berücksichtigt werden, daß die gemessene Gesamteisenkonzentration im anoxischen Sickerwasser auch andere gelöste Fe(II)-Spezies außer freien Fe^{2+}-Ionen enthält. Die anorganischen Fe(II)-Komplexe $FeOH^+$, $FeCl^+$, $FeSO4^0$ und $FeCO_3^0$ sind zwar unter den in einer Siedlungsabfalldeponie herrschenden Milieubedingungen über den gesamten pH-Bereich zu vernachlässigen, nicht aber der Bisulfidkomplex $FeSH^+$, dessen Stabilitätskonstante noch nicht endgültig abgesichert ist (LUTHER et al. 1996).

Mit Hilfe von Speziationsprogrammen (z. B. ChemEQL, MÜLLER 1995) lassen sich für die erste Auswertung der Meßergebnisse bequem pH-pH_2S-Diagramme darstellen. *Abbildung 3.17* zeigt als Beispiel das FeS-Gleichgewicht für die in *Tabelle 3.22* angegebenen mittleren Eisenkonzentration von 200 µM unter Berücksichtigung des Kohlensäuregleichgewichts ($[HCO_3]_T$ = 5 mM) in Abhängigkeit vom pH_2S-Wert. Typische pH_2S-Werte in *frischem* Sickerwasser von Siedlungsabfalldeponien liegen im Bereich von 4-5 bei pH-Werten von 6-7. Aus den pH-pH_2S-Diagrammen kann man die in diesem Bereich im Gleichgewicht vorherrschenden gelösten Spezies bzw. festen Phasen ablesen.

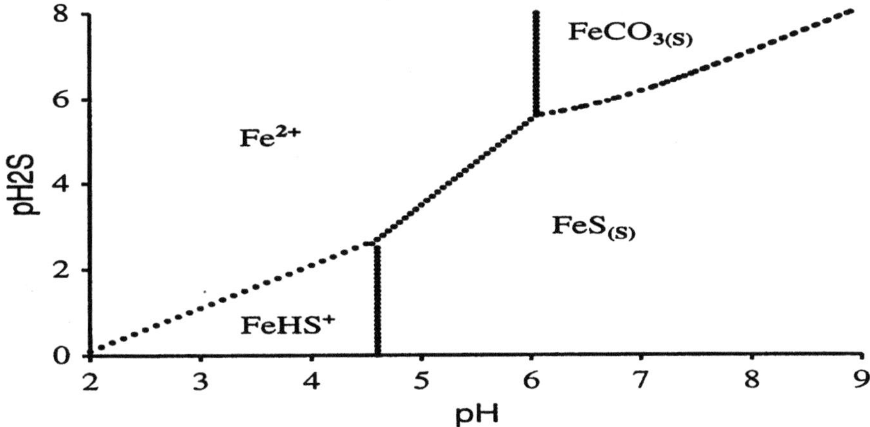

Abb. 3.17. pH-pH_2S-Diagramm mit den Stabilitätsfeldern des Systems Fe^{2+} - CO_2 - H_2S, für $[Fe]_T = 2 \cdot 10^{-4}$ mol l^{-1} und $[HCO_3]_T' = 5 \cdot 10^{-3}$ mol l^{-1}, konstruiert mit dem Programm ChemEQL (Müller 1995) unter Berücksichtigung einer für Sickerwasser typischen Ionenstärke von I = 0,1

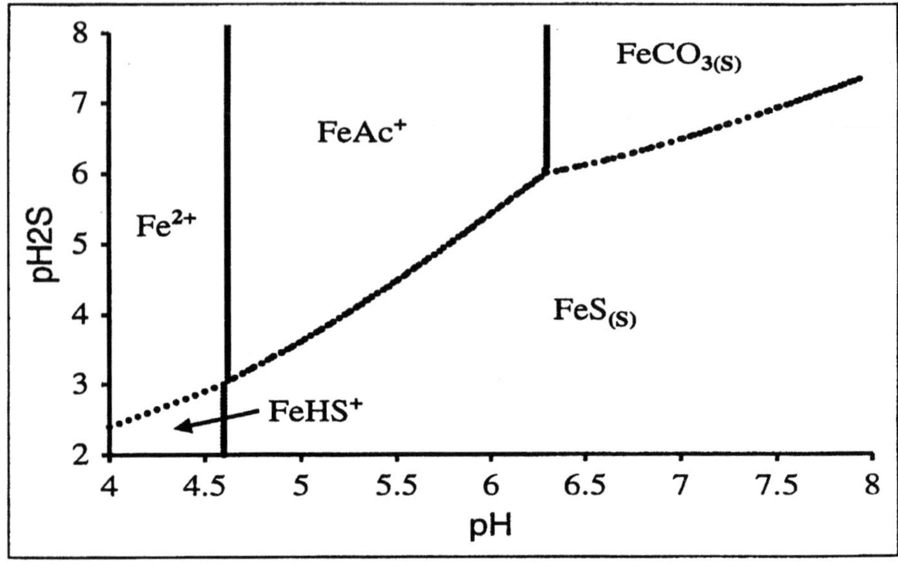

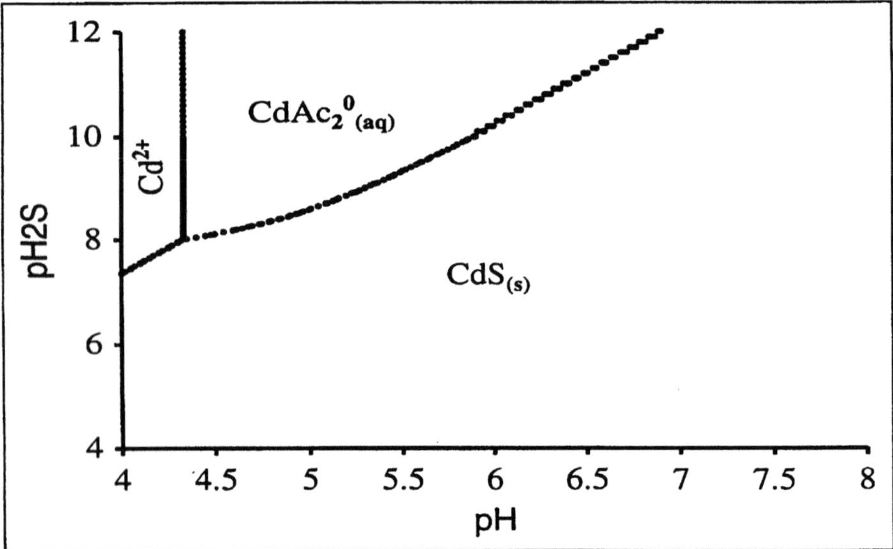

Abb. 3.18. pH-pH_2S-Diagramme zur Vorhersage der Speziation von Fe und Cd im sulfidischen System Müllsickerwasser mit über den ganzen pH-Bereich konstanten $[HAc]_T = 100$ mM und $[HCO_3]_{T'} = 5$ mM sowie den in Tabelle 1 angegebenen, mittleren gelösten Fe und Cd-Konzentrationen von $2 \cdot 10^{-4}$ bzw. $5 \cdot 10^{-9}$ mol l^{-1}, konstruiert mit dem Programm ChemEQL (Müller 1995) unter Berücksichtigung einer für Sickerwasser typischen Ionenstärke von I = 0,1

In Anwesenheit von Schwefelwasserstoff wird die Schwermetallöslichkeit durch die Bildung von Sulfiden ("Sulfidfällung") niedrig gehalten. Dem steht die Komplexierung von Schwermetallionen durch organische Liganden entgegen, die in der sauren und methanogenen Gärung in einer Siedlungsabfalldeponie freigesetzt werden. Der Gesamteffekt kann zu einer Mobilitätserhöhung der Schwermetalle im Deponiemilieu führen. Dieser Effekt nimmt mit abnehmender Gesamtsulfidkonzentration zu und wird verstärkt, wenn an kontaminierten Standorten organische Komplexbildner anthropogenen Ursprungs (z. B. EDTA, NTA, Cyanide etc.) auftreten. Für solche Fälle ist aus der Konzentration der organischen Liganden mit thermodynamischen Speziationsmodellen (wie bei den anorganischen Liganden) das Ausmaß der Mobilitätserhöhung (bei Kenntnis der entsprechenden Stabilitätskonstanten) in erster Näherung berechenbar (WESTALL et al. 1995; GRZYP 1995; MANUNZA et al. 1995).

In *Abb. 3.18* werden als Beispiele die pH-pH_2S-Diagramme für Eisen und Cadmium in Gegenwart eines organischen Komplexbildners (Essigsäure) in einem pH-Bereich von 4-8 und pH_2S-Bereich von 2-12 dargestellt. Die pK-Werte wie auch die Stabilitätskonstanten der Komplexverbindungen der wichtigsten Fettsäuren Essigsäure, Propionsäure und Buttersäure unterscheiden sich nicht wesentlich, so daß sie in diesen Beispielrechnungen zu den Essigsäureäquivalenten HAc zusammengefaßt und mit einer für Sickerwasser typischen Konzentration $[HAc]_T$ = 100 mM berücksichtigt wurden. Für Eisen zeigt das Diagramm die Dominanz von Acetatkomplexen insbesondere im Bereich pH < 7 und pH_2S > 4. Dieses Ergebnis erklärt die große Mobilität von Eisen in der acidogenen Phase. Im Falle von Cadmium sind nicht wie früher angenommen die Bisulfid-, sondern die Sulfidkomplexe in Lösung stabil (LUTHER et al. 1996). Im typischen Sickerwassermilieu (pH = 7, pH_2S = 4-5) wird die Mobilität von Cadmium durch eine effektive Sulfidfällung begrenzt. Nur bei sehr hohen pH_2S-Werten (entsprechend sehr geringen Sulfidkonzentrationen unter 10^{-10} M, z. B. sehr großem Fe^{2+}-Überschuß) und pH-Werten um 6 (acidogene Phase) ist mit einer Komplexierung durch Fettsäuren und damit Erhöhung der Mobilität von Cadmium zu rechnen. Aus den pH-pH_2S-Diagrammen läßt sich somit erklären, warum Eisen (und auch Zink) zu den Schwermetallen gehören, die trotz nachweisbarer freier Sulfidkonzentrationen im Sickerwasser in erhöhten Konzentrationen gefunden werden (*Tabelle 3.22*).

Weitgehend ungeklärt ist bisher, wie sich die in der Deponie unter anaeroben Verhältnissen ausgefällten Schwermetallsulfide verhalten, wenn biochemische Abbauprozesse nicht mehr in der Lage sind, die Energie für eine Stabilisierung des anoxischen Deponiemilieus zu liefern. Anhand von Untersuchungen an unterschiedlich alten Deponieabschnitten einer Deponie (Uttingen, Kt. Bern) wurden die langfristigen Stoffflüsse einer Reihe von Elementen abgeschätzt (*Abb. 3.19*); bei dem gegebenen Wasserhaushalt ist mit der Abnahme des DOC-Wertes im Sickerwasser auf Grundwasserqualität

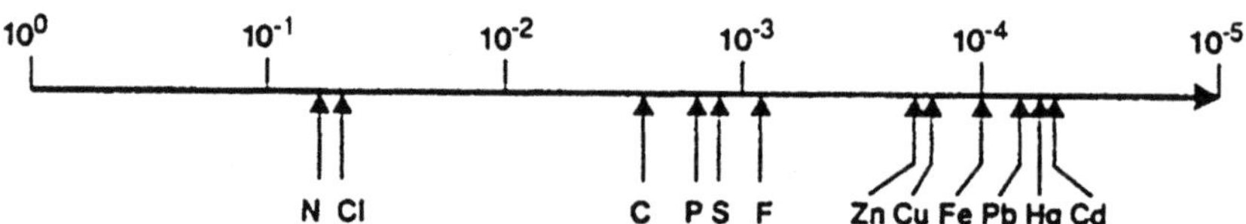

Abb. 3.19. Transferkoeffizienten von 12 Elementen berechnet für den Sickerwasseraustrag aus der Siedlungsabfalldeponie Uttingen (Kt. Bern, Schweiz) nach 10 Jahren (BACCINI et al. 1987)

erst nach einigen 100 Jahren zu rechnen (BACCINI et al. 1987). Selbst wenn eine Erosion der Deponie bis dahin verhindert werden könnte, ist mit Abklingen des anaeroben Abbaus sowie Zutritt von Luft und oxischem Niederschlagswasser mit einer durchgreifenden Oxidation der Deponie zu rechnen. Bei der Oxidation des Eisensulfidinventars wird ein Säurepotential freigesetzt, das nicht mehr ausreichend abgepuffert werden kann (Carbonatpuffer wurden bereits in der sauren Phase aufgebraucht) und zur unmittelbaren Versauerung und damit einhergehenden Freisetzung von Schwermetallen führt:

$$FeS + 2{,}25\ O_2 + 3{,}5\ H_2O + Ads\_Me^{2+} \Leftrightarrow Fe(OH)_3 + SO_4^{2-} + Ads\_H_2^{2+} + Me^{2+} \qquad (6)$$

Während systematische Untersuchungen zu diesen Prozessen in Siedlungsabfalldeponien bisher kaum durchgeführt wurden, wurden ähnliche Prozesse in ausgebaggerten, ursprünglich anoxischen Hafenschlicken beobachtet und intensiv untersucht. Ältere Schlickablagerungen auf ackerbaulich genutzten Spülfeldern zeigen nämlich zunehmende Versauerung in den oxidierten oberflächennahen Horizonten und Freisetzung von Schwermetallen (WEITZ et. al. 1987), die sich in erhöhten Konzentrationen toxischer Schwermetalle im Sickerwasser und im Pflanzenbewuchs manifestieren (*Tabelle 3.23*).

Tabelle 3.23. Sickerwasserchemismus in Hafenschlickspülfeldern (nach WEITZ et al. 1987) im Vergleich zu mittleren Grundwasserwerten. (Aus KERNDORFF 1995)

Parameter	Reduziertes Milieu	Oxidiertes Milieu	Grundwasser
pH	7 - 8	5 - 6	-
Ammonium (mg l^{-1})	125	< 3	11
Nitrat (mg l^{-1})	< 3	120	25
Fe (mM)	> 1	< 0,05	0,17
Zn (µM)	< 0,1	>100	6,3
Cd (nM)	< 5	>1000	13

Zusammenfassend läßt sich sagen, daß die Ausbildung eines sulfidischen Milieus beim anaeroben Abbau von Siedlungsabfällen aktuell die Immobilisierung des Schwermetallinventars bewirkt, wobei allerdings die Bildung von organischen Komplexbildnern ggf. zu einer Erhöhung der Mobilität einzelner Schwermetalle führen kann. Ob die Konkurrenz zwischen Sulfidfällung und Komplexbildung zu einer effektiven Mobilitätserhöhung führt, läßt sich über pH-pH_2S-Diagramme aus den im Feld leicht meßbaren pH- und pH_2S-Werten abschätzen, wenn die Eigenschaften der organischen Komplexe für die einzelnen Metalle (Stabilitätskonstanten) bekannt sind. Die Auswirkung einer Veränderung im Ablagerungsmilieu, wie z. B. die Veränderung in Qualität und Quantität der Komplexierungseigenschaften des Sickerwassers bei fortschreitendem Abbau, läßt sich damit wissenschaftlich fundiert diskutieren. Langfristig bilden die in Form ihrer schwer löslichen Sulfide akkumulierten Schwermetalle allerdings eine "chemische Zeitbombe". Wenn die Deponie aufgrund von Erosion oder Verbrauch des biochemischen Reaktionspotentials aus dem anaeroben in den aeroben Zustand übergeht, besteht die Gefahr einer Versauerung des Deponiemilieus durch die Oxidation der Sulfide und einer einhergehender Mobilisierung des Schwermetallinventars. Eine Deponie mit unbehandeltem Rohmüll stellt daher einen im Hinblick auf das Gefährdungspotential langfristig nur schlecht beherrschbaren Reaktordeponietyp dar.

3.4.2.2 MV-Schlackendeponien

Ein wesentliches Argument für die Abfallverbrennung ist die Annahme, daß die Verbrennung die Funktion einer Schadstoffsenke erfüllt, die sich dadurch auszeichnet, daß dem Ökosystem anthropogene Schadstoffe quantifizierbar und auf Dauer entzogen werden (BRUNNER 1989). Da die Reststoffe aus Müllverbrennungsanlagen (MVA, z. B. Aschen und Schlacken) deponiert oder verbaut, also anthropogen in die Geosphäre *sedimentiert* werden sowie chemisch gesehen durchaus mit natürlichen Gesteinen vergleichbar sind, kann man sie als "anthropogene Sedimente" bezeichnen (LICHTENSTEIGER & ZELTNER 1994). Die Akkumulationsraten dieser anthropogenen Sedimente sind regional mit denen natürlicher Sedimente durchaus vergleichbar (NEUMANN-MALKAU 1996). Prinzipiell gilt jedoch, daß natürliche oder anthropogene Sedimente nur unter ganz bestimmten Milieubedingungen dauerhaft als Schadstoffsenke fungieren können.

Die Reststoffe aus MVA besitzen mit ihrem beträchtlichen Schadstoffinventar ein erhebliches *Schadstoffpotential*, da es sich nicht um ein inertes Material handelt. Das *Emissionspotential* besteht in der Auslaugbarkeit von Salzen und Schwermetallen, die langfristig in die Hydrosphäre gelangen können. Das *Gefährdungspotential* umfaßt die aktuell im Sickerwasser anzutreffenden Schadstoffkonzentrationen. Zur Abschätzung dieses Gefährdungspotentials wurden in der TASi (Anhang B) für eine Reihe von Schadstoffen

Zuordnungswerte für die kurzfristige Auslaugbarkeit nach dem Eluattest (DIN 38414-S4) festgeschrieben. Dieser Ansatz zur Bewertung der Umweltqualität fester Reststoffe ist durchaus kritisch zu sehen, da das prinzipielle Problem, daß man diesen kurzfristig laufenden, operationellen Eluattests nicht auf die langfristigen Vorgänge in der Natur "extrapolieren" kann, unberücksichtigt bleibt. So können mit dem Eluattest zwischen physikalischen Faktoren (Porosität, Retardation etc.) und chemischen Faktoren (Speziation und günstigenfalls deren Änderung im pH-Gradienten) nicht unterschieden bzw. deren langfristige Entwicklung nicht erfaßt werden. Für die Abschätzung des langfristigen Emissionspotentials ist die Kenntnis der kontrollierenden Faktoren erforderlich. In diesem Abschnitt soll am Beispiel der Sickerwässer einer Schlackenmonodeponie gezeigt werden, wie sich durch eine Speziationsanalyse die Mechanismen aufklären lassen, die das Gefährdungs- und Emissionspotential für Schwermetalle beeinflussen.

Während die Zusammensetzung von MV-Schlacken hinreichend bekannt ist (REIMANN 1994), liegen bisher kaum mineralogische Untersuchungen zur Frage der Bindungsformen der Schwermetalle (PLÜSS & FERRELL 1991) und noch weniger über die Schwermetallkonzentrationen in Sickerwässern aus Monodeponien vor (HJELMAR 1996). Da in der Bundesrepublik Deutschland in der Regel MV-Schlacken auf Siedlungsabfalldeponien verbracht werden oder aber direkt in die Verwertung eingehen, sind Untersuchungen über das geochemische Verhalten dieser Stoffe an realen Untersuchungsobjekten nur in wenigen Einzelfällen (z. B. Monodeponien) möglich. Modelluntersuchungen mit dem Ziel, relevante Daten über die Konzentration und die Speziation von umweltrelevanten Schwermetallen in möglichst frischem, unbeeinflußten Sickerwasser aus einer Schlackenmonodeponie zu erhalten, snd in Einzelfällen durchgeführt worden (KERSTEN et al. 1995, 1997; JOHNSON et al. 1997). Bei diesen Untersuchungen wurden für die Elemente Blei, Cadmium,

Tabelle 3.24. Konzentrationen von Schwermetallen im Sickerwasser der MV-Schlackendeponie "Im Lostorf" bei der MVA Buchs (Kt. Aargau, Schweiz), bestimmt aus 10 Proben, direkt mit Hilfe der ICP-MS und indirekt nach Anreicherung an 8-HQ-Kationenaustauscherharz mit Hilfe der AAS (KERSTEN et al. 1997)

Element	ICP-MS	Ionenaustauscher
Mo (µM)	10,3 ± 2,8	< 0.1
Cu (µM)	1,8 ± 1,8	0,22 +/- 0,16
Cr (nM)	270 ± 20	< 2
Zn (nM)	66 ± 27	17 ± 9
Cd (nM)	12 ± 4,0	0,35 ± 0,16
Pb (nM)	4 ± 2,5	1,2 ± 0,4

Chrom, Kupfer, Molybdän, Nickel und Zink folgende Beobachtungen gemacht :

Die Konzentrationen der "klassischen" Schwermetalle lagen im gemessenen pH-Bereich von 9 - 11 nahezu pH-unabhängig in einem sehr niedrigen Bereich um 10^{-6} M; (Kupfer und Nickel), 10^{-7} M (Chrom), 10^{-8} M (Zink) bis zu 10^{-9} M (Blei und Cadmium, *Tabelle 3.24*). Diese Konzentrationen sind damit wesentlich niedriger, als diejenigen im Sickerwasser konventioneller Siedlungsabfalldeponien (*Tabelle 3.22*). Für diese Elemente und auch für andere Schwermetalle wurden Speziationsberechnungen durchgeführt (Löslichkeitsdaten für die Festphasen aus APPELO & POSTMA 1993). Das Ergebnis dieser Berechnungen mit dem Computerprogramm ChemEQL (MÜLLER 1995) wird in Diagrammen als log(Konzentration) gegen den pH-Wert aufgetragen, da hierbei die dominierenden Mechanismen der Schwermetallöslichkeit am deutlichsten werden. Prinzipiell lassen sich auch andere geochemische Modellierungsprogramme wie PHREEQE oder MINTEQA2 nutzen.

Die Konzentrationen von Kupfer und Nickel, die nach Anreicherung an einem Kationenaustauscher gemessen wurden, liegen im Löslichkeitsminimum der jeweiligen Hydroxide. Die gemessene totale Kupferkonzentration liegt um eine Größenordnung höher und ist übersättigt gegenüber der Phase CuO. Dieser Unterschied in den Kupfergehalten weist auf einen Speziationseffekt hin, der sich unter Einbeziehung eines organischen Komplexbildners (hier vereinfacht Salicylsäure als Modell-Ligand) erklären läßt. Der Ionenaustauscher erfaßt nicht die organisch komplexierten Kupferanteile im Sickerwasser, sondern nur die freien Kationen und die labilen anorganischen Komplexe (z. B. die dominierenden Boratokomplexe in dem pH-Bereich < 10; BASSETT 1980). Die Konzentration des Modell-Liganden stellt hierbei eine kritische Größe dar. Da Angaben hierüber fehlen, muß man bei Kenntnis der gemessenen DOC-Gehalte die Ligandenkonzentration abschätzen; die beobachteten Kupfergesamtkonzentrationen sind dann erklärbar (*Abb. 3.20a*).

Die Cadmiumkonzentrationen werden durch die Löslichkeit von $CdCO_3$ ($K_{SP} = 10^{-12,8}$) unter Berücksichtigung des durchschnittlichen Carbonatgehaltes von $1 \cdot 10^{-4}$ M im Sickerwasser bestimmt (*Abb. 3.20b*). Bei der Bewertung muß aber berücksichtigt werden, daß die Löslichkeitsangaben für $CdCO_3$ variieren (HOLM et al. 1996) und daß die Speziation des gelösten Cadmiums bei den üblichen hohen Salzkonzentrationen durch einen Hydroxychlorokomplex ($Cd(OH)Cl^0$) und nicht durch organische Komplexe dominiert wird. Die sehr hohen Konzentrationen für Molybdän sind spezifisch für MV-Schlackenmonodeponien, da dieses Element in dem alkalischen Sickerwassermilieu als Molybdat (MoO_4^{2-}) mobilisiert wird. Eine Speziationsrechnung unter Berücksichtigung der hohen Calcium- und Sulfatkonzentration im Sickerwasser zeigt, daß die Mobilität von Molybdän durch die Bildung der Spe-

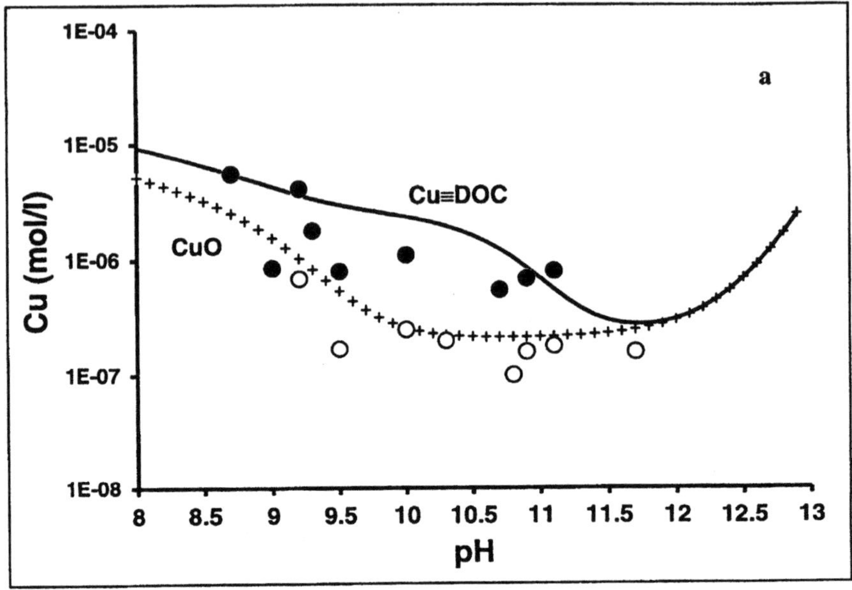

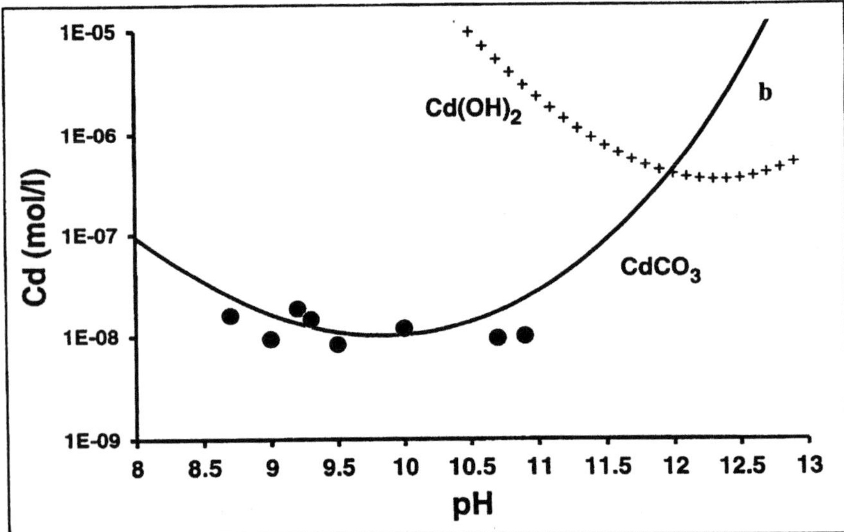

Abb. 3.20. Speziationsmodelle für die Schwermetalle **a** Cu und **b** Cd im Sickerwasser einer MV-Schlackenmonodeponie

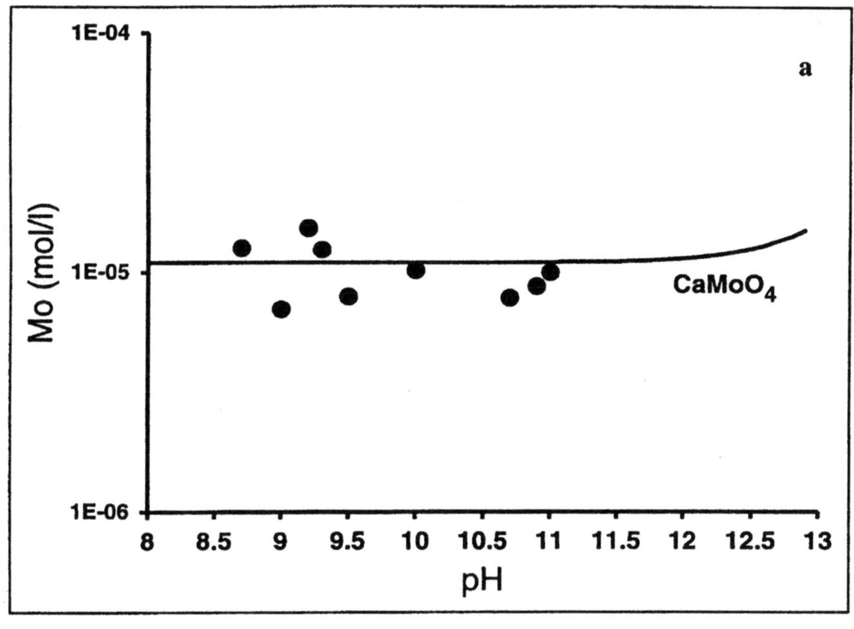

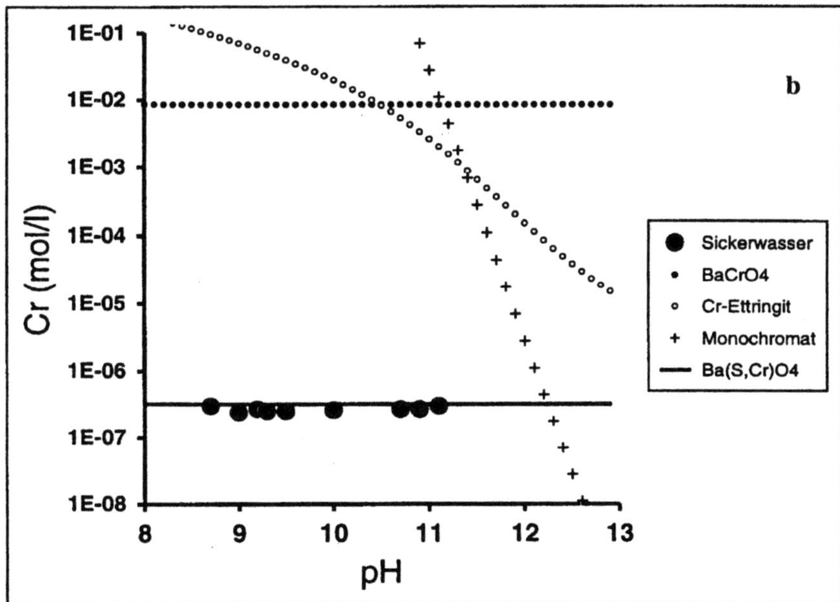

Abb. 3.21. Konzentrationen von gelöstem **a** Mo und **b** Cr im Sickerwasser einer MV-Schlackenmonodeponie in Abhängigkeit vom pH-Wert und mögliche löslichkeitsbestimmende Festphasen

zies $CaMoO_4^0(aq)$ im Bereich der Meßwerte (10^{-5} M) unabhängig vom pH-Wert konstant gehalten wird (*Abb. 3.21a*).

Weitere Untersuchungen zeigen, daß Chrom im Sickerwasser zu über 99% als Chromat (CrO_4^{2-}) vorliegt. Allerdings können selbst schwerlösliche Chromatverbindungen (z. B. $BaCrO_4$, $K_{SP} = 10^{-9.7}$) die beobachteten niedrigen Konzentrationen an Barium (0,5 µM) und Chrom (0,3 µM) nicht erklären (*Abb. 3.21b*), so daß andere Mechanismen wie Adsorption oder Kopräzipitation für die geringe Mobilität von Chrom in der Schlackenmonodeponie verantwortlich sein können. Im sauren Milieu wird Chromat an Sorbenten wie z. B. Eisenhydroxiden adsorbiert, nicht dagegen unter den alkalischen Milieubedingungen des Sickerwassers. Chromat kann aber in sog. Zementhydrat-"Speichermineralen" wie Ettringit und Monosulfat durch strukturelle Substitution des Sulfatanteils eingebaut werden (PÖLLMANN et al. 1993). Es handelt sich hier um eine mineralogische Schadstoffimmobilisierung in den Deponaten durch die Bildung sekundärer Speicherminerale (BAMBAUER 1992), deren Bildung für Ettringit in Schlackendeponien nachgewiesen worden ist. Die Löslichkeit von Chrom aus reinem Monochromat liegt mit etwa 10^{-6} M (pH = 12,1) in der Größenordnung der im Sickerwasser gefundenen Chromgehalte. Das wesentliche Merkmal dieser Phasen ist aber ihre pH-abhängige Löslichkeit (*Abb. 3.21b*). Die Löslichkeit von Chromat nimmt mit abnehmendem pH-Wert deutlich zu, während die Chromkonzentrationen im Sickerwasser unabhängig vom pH-Wert sind. Eine Kopräzipitation mit diesen Speichermineralen kommt daher als Mechanismus für die Immobilisierung von Chrom in den basisch-silikatischen Schlacken nicht in Frage. Wahrscheinlicher ist die Mitfällung von Chromat durch Baryt ($BaSO_4$); daß hierbei gebildete Mischkristallsystem besitzt ähnliche Löslichkeitsprodukte für die reinen Endglieder (z. B. $BaS_{0.9}Cr_{0.1}O_4$, $K_{SP} = 10^{-9.9}$). Die Sulfatkonzentration (15 ± 5 M) steht im Gleichgewicht mit dem relativ gut löslichem Gips ($CaSO_4$). Durch diese relativ hohe Sulfatkonzentration im Sickerwasser werden die Konzentrationen von Barium und Chromat auf die tatsächlich auch gemessenen 0,4 ± 0,1 µM reduziert (*Abb. 3.21b*), und zwar unabhängig vom pH-Wert. Dies bedeutet eine gegenüber dem reinen Endglied $BaCrO_4$ um immerhin 4 Größenordnungen reduzierte Löslichkeit und damit effektive Immobilisierung von Chrom.

Eine Komplexierung mit organischen Liganden spielt bei den Elementen Blei und Zink anscheinend keine Rolle (*Abb. 3.22a, b*). Die Mobilität von Blei im Sickerwasser wird durch die Bildung von schwerlöslichem Bleimolybdat ($PbMoO_4$) im neutralen pH-Bereich auf Werte unter 10^{-8} M begrenzt. Bei höheren pH-Werten nehmen die Löslichkeiten von allen bekannten Bleiphasen inklusive der Phosphate durch die Bildung von Hydroxokomplexen ($Pb(OH)_n^{(n-2)-}$) zu, während die gemessenen Bleikonzentrationen etwa 10^{-8} - 10^{-9} M betragen. Es ist deshalb zu vermuten, daß im alkalischen Bereich eher pH-unabhängige Sorptionsmechanismen als pH-abhängige Lösungs-

/Fällungsreaktionen eine Rolle spielen. Als Sorbenten kommen in den gealterten MV-Schlacken v. a. Eisenhydroxide (z. B. Goethit) in Frage.

Zink ist wie Blei in den Sickerwässern in bezug auf die Löslichkeiten der relevanten Mineralphasen (Hydroxid, Carbonat, Silicat) deutlich untersättigt. In alkalischen Aschen kommen auch andere Mineralphasen (z. B. Portlandit) bzw. Mischphasen aus $Ca(OH)_2$ und Calciumsilicathydratphasen als Sorbenten in Frage (KERSTEN 1996). Dieses binäre Mischphasensystem kann zu einem ternären System C-S-H - $Zn(OH)_2$ erweitert werden, wobei Calciumionen im Calciumhydroxid durch Zinkionen substituiert werden [$Ca(OH)_2$ und α-$Zn(OH)_2$ bilden eine ideale Mischkristallreihe]. Die Löslichkeit des so eingebauten Zink kann dann in erster Näherung durch ein pseudobinäres System $Ca(OH)_2$ - $Zn(OH)_2$ - H_2O modelliert werden.

Modellierung der Wasserlöslichkeit von Mischphasen (STUMM & MORGAN 1995)

Im thermodynamischen Gleichgewicht ist das binäre Mischphasensystem $Ca_XZn_{1-X}(OH)_2$ - H_2O durch die Massenwirkungsgesetze:

$$\{Zn^{2+}\}\{OH^-\}^2 = K_{Ca(OH)_2} X_{Ca(OH)_2} \lambda_{Ca(OH)_2} \quad (7)$$

und

$$\{Ca^{2+}\}\{OH^-\}^2 = K_{Ca(OH)_2} X_{Ca(OH)_2} \lambda_{Ca(OH)_2} \quad (8)$$

gekennzeichnet, wobei auf der linken Seite die molaren Aktivitäten der hydratisierten Ionen stehen. $X_{Zn(OH)_2}$ und $X_{Ca(OH)_2}$ bezeichnen die molaren Anteile und $\lambda_{Zn(OH)_2}$ bzw. $\lambda_{Ca(OH)_2}$ die Aktivitätskoeffizienten der beiden Endglieder $Zn(OH)_2$ und $Ca(OH)_2$ in der Mischphase. Das Produkt aus den molaren Anteilen X_i und den Aktivitätskoeffizienten λ_i ergibt die Aktivität der reinen Komponenten in der Mischphase. Der Quotient aus den (7) und (8) ergibt das Verteilungsgesetz nach Berthelot-Nernst:

$$X_{Ca} / X_{Zn} = D_{Zn}\{Ca^{2+}\} / \{Zn^{2+}\} \quad (9)$$

in dem der Nernstsche Verteilungskoeffizient D_{Zn} gegeben ist durch:

$$D_{Zn} = K_{Zn(OH)_2} \lambda_{Zn(OH)_2} / K_{Ca(OH)_2} \lambda_{Ca(OH)_2} \quad (10)$$

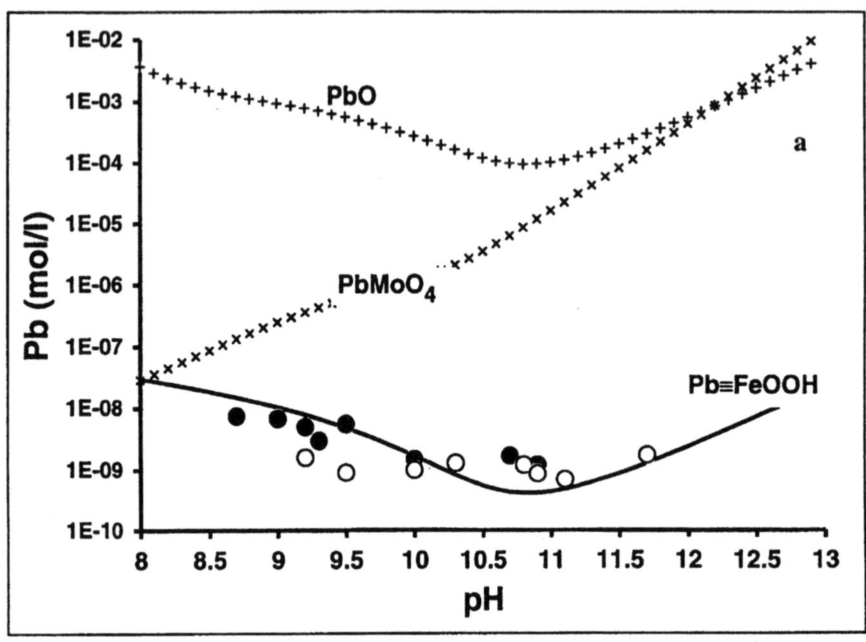

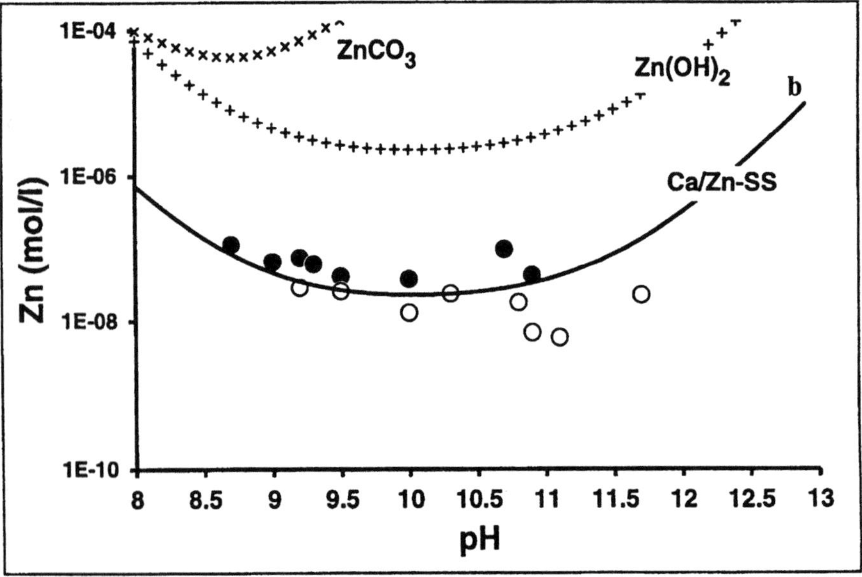

Abb. 3.22. Konzentrationslimitierende Sorptionsmodelle für die Schwermetalle **a** Pb und **b** Zn im Sickerwasser einer MV-Schlackenmonodeponie

Vereinfachend kann man annehmen, daß die Einstellung eines thermodynamischen Verteilungsgleichgewichtes durch eine langsame Kopräzipitationsrate (oder Rekristallisationsrate) begünstigt wird und die Werte der Aktivitätskoeffizienten $\lambda_{Ca(OH)_2}$ und $\lambda_{Zn(OH)_2}$ über den gesamten Molbereich nahe bei 1 liegen und Gleichung (9) damit vereinfacht werden kann :

$$\{Zn^{2+}\} / \{Ca^{2+}\} = K_{Zn(OH)_2} X_{Zn} \,/\, K_{Ca(OH)_2} X_{Ca} \tag{11}$$

Dieser Ausdruck (11) kann für die Modellierung der im Sickerwasser gemessenen Zinkkonzentrationen verwendet werden, wenn angenommen wird, daß die Mischphase sich durch Kopräzipitation in einem (Mikro-)Milieu bildet (pH = 12,5), das mit Portlandit gesättigt ist. Die Löslichkeit von Zink aus dem in der Schlacke dominierenden Zinkoxid, liegt bei diesem pH-Wert um 2 Größenordnungen unter der Löslichkeit von Calcium aus Portlandit. Dieses anfängliche Konzentrationsverhältnis bestimmt den Molanteil der Komponenten in der bei diesen Ausgangsbedingungen aus CaO und ZnO entstehenden Mischphase ($X_{Zn(OH)_2} = 0.01$). Aus (11) folgt dann, daß die Löslichkeit der $Zn(OH)_2$-Komponente in der Mischphase mit eben diesem Molanteil um 2 Größenordnungen gegenüber dem reinen $Zn(OH)_2$ erniedrigt wird, womit die gemessenen Zinkkonzentrationen im Sickerwasser in Übereinstimmung stehen (*Abb. 3.22b*).

Wie bereits erwähnt, sind diese Speicherminerale unter den Ablagerungsbedingungen nicht stabil, sondern werden langfristig durch Aufnahme von Kohlendioxid carbonatisiert. Diese Carbonatisierung kann zu einer Kopräzipitation von Zink mit dem sich bildenden Calcit führen. Nimmt man an, daß sich eine Mischphase $Ca_XZn_{1-X}CO_3$ - H_2O mit der gleichen Zusammensetzung bildet ($X_{ZnCO_3} = 0{,}01$), muß man berücksichtigen, daß dieser Carbonatmischkristall kein ideales Verhalten aufweist (GLYNN & REARDON 1990). Die Aktivitätskoeffizienten λ_i können erheblich vom Wert 1 abweichen und hängen von der Zusammensetzung der Mischphase ab. Die thermodynamische Beschreibung des Mischphasensystems erfolgt hier über die empirischen Gleichungen (12) und (13) (GLYNN & REARDON 1990) :

$$\ln \lambda_{ZnCO_3} = \alpha_0 X^2_{CaCO_3} \tag{12}$$

$$\ln \lambda_{CaCO_3} = \alpha_0 X^2_{ZnCO_3} \tag{13}$$

Gleichung (11) kann damit für die Abschätzung des Untersättigungsgrades gegenüber reinem $ZnCO_3$ verwendet werden, die aus der Mischphasenbildung folgt:

$$\{Zn^{2+}\} / \{Ca^{2+}\} = \left(K_{ZnCO_3} X_{Zn} \lambda ZnCO_3\right) / \left(K_{CaCO_3} X_{Ca} \lambda CaCO_3\right) \tag{14}$$

Bei einem $ZnCO_3$-Einbau von nur $X_{ZnCO_3} = 0.01$ im Calcitgitter bleibt der Wert für den Aktivitätskoeffizienten der Wirtsphase (λ_{CaCO_3}) immer noch nahe 1 (Gleichung 13), während der Wert für den der Spurenkomponente (λ_{ZnCO_3}) auf einen Wert von fast 10 steigt (Gleichung 12). Dadurch wird nach Gleichung (14) die Wasserlöslichkeit der $ZnCO_3$-Komponente um eine Größenordnung erhöht. Die Feststoffaktivität des Endgliedes $Zn(OH)_2$ in der Carbonatmischphase (Produkt aus λ_{ZnCO_3} und X_{ZnCO_3}) ist aber insgesamt immer noch kleiner 1, so daß die Mischphase gegenüber den reinen Endgliedern schwerer löslich und damit in Lösung stabiler ist. Der Unterstättigungsgrad gegenüber dem reinen Endglied $ZnCO_3$ beträgt jetzt nur noch eine Größenordnung. Die Darstellung dieser Modellergebnisse im Konzentrations-/pH-Diagramm (*Abb. 3.22b*) zeigt, daß die Carbonatisierung der Calcium-/Zink-Hydroxidmischphase kaum zu einer Erhöhung der Löslichkeit von Zn führen würde, wenn man dabei auch bedenkt, daß gleichzeitig die Carbonatkonzentration von $1 \cdot 10^{-4}$ mol auf über $1 \cdot 10^{-2}$ mol steigen würde. Den Einfluß einer solchen Mischphasenbildung auf den Retardationskoeffizienten, der für die Modellierung des Schadstofftransports eine wichtige Rolle spielt, beschreiben TESORIERO & PANKOW (1996) und KERSTEN et al. (1997).

Aus diesen Ergebnissen folgt, daß für die Bewertung des langfristigen Verhaltens von Schlackendeponaten aus MVA weder die Sulfidfällung, noch organische Komplexierung in dem Ausmaß wie bei konventionellen Siedlungsabfalldeponien eine Rolle spielt. Das aktuelle Gefährdungspotential durch Schwermetalle ist durch die Bildung von sekundären Verwitterungsprodukten mit hoher Sorptionskapazität bei der Alterung der MV-Schlacken im Deponiemilieu vernachlässigbar gering. Diese Alterungsprozesse werden in den kurzfristigen Eluatversuchen (z. B. nach dem DEV-S4 Test) an frischen MV-Schlacken nicht erfaßt, so daß das Gefährdungspotential durch diese Tests überschätzt werden kann. Die gezielte Alterung der MV-Schlacken vor der Ablagerung stellt demnach einen wichtigen Schritt zur Immobilisierung des Schwermetallinventars dar (LAHL & STRUTH 1993). Speziationsrechnungen zur Validierung dieser Prozesse sind schwierig, da Adsorptionsprozesse oder die Bildung von Mischphasen berücksichtigt werden müssen. Der vorgestellte Ansatz zur Modellierung der Schwermetallspeziation in Deponiesickerwässer greift intensiv auf die Theorie und Anwendung der Mischphasenthermodynamik zurück und stellt eine wichtige interdisziplinäre Forschungsrichtung zwischen Wasserchemie und Mineralogie dar. Aus den Kenntnissen zur Speziation der Schwermetalle lassen sich einerseits Prognosen für das langfristige Emissionspotential von MV-Schlacken ableiten und andererseits die Diskussion um die Wahl der Vorbehandlung des Restmülls auch im Hinblick auf die langfristige Gefährdungsabschätzung sinnvoll führen.

3.4.3 Verfahren und Methoden zur Ermittlung von Migrationsparametern

FRANK ENGELMANN

3.4.3.1 Einleitung

Zur Untersuchung der Schadstoffausbreitung an Deponiestandorten liegen spezielle Verfahren vor, die zum einen auf die Ermittlung der Schadstofffreisetzung aus verbrachten Abfällen im Deponiekörper ausgerichtet sind und welche damit zur Prognose der Beschaffenheitsentwicklung der Deponiesikkerwässer dienen, zum anderen liegen Untersuchungsmethoden vor, die eine Analyse der Schadstoffausbreitung im Untergrund, basierend auf der Ermittlung von Migrationsparametern sowohl in der ungesättigten als auch gesättigten Zone, ermöglichen.

Die Schadstofffreisetzung aus Abfällen und Reststoffen wird überwiegend durch Einsatz klassischer Batchversuche (Schüttel- oder Rührversuche) analysiert. Zum Einsatz kommen Elutionsverfahren mit destilliertem Wasser (DEV S4) bzw. pH-Wert-abhängige Elutionsverfahren, bei denen die Einflußgröße pH-Wert bei der Stofffreisetzung mit Hilfe einer mikroprozessorgesteuerten Titrierstation nachgebildet wird (OBERMANN & CREMER 1992). Als Titratoren werden Salpetersäure und Natronlauge in entsprechenden Konzentrationen den Elutionslösungen zugesetzt. Dieses Verfahren bietet die

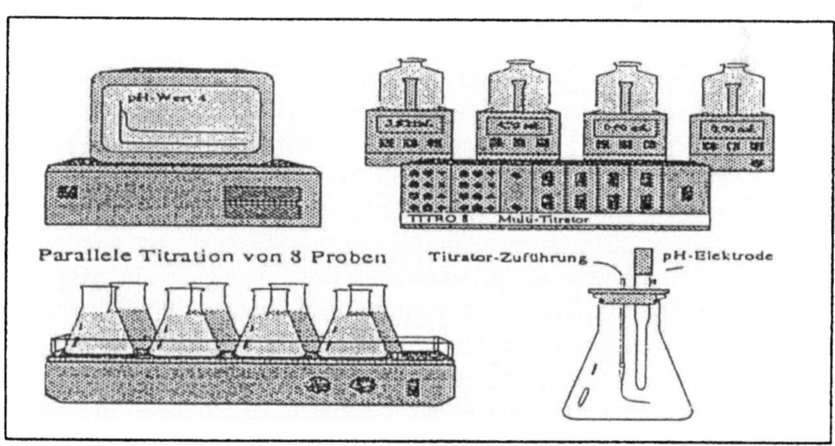

Abb. 3.23. pH_{stat} - Versuch nach Obermann & Cremer (1992). (Aus VOIGT et al. 1992)

Möglichkeit, das Langzeitverhalten von Schadstoffen in Deponien zu bewerten (*Abb. 3.23*).

Als weiteres Verfahren zur Bewertung einer Langzeitauslaugung von Abfallstoffen werden häufig Kaskadenschütteltests mit mehrfacher Erneuerung der Feststoffsubstanz zur Simulation der Anreicherung perkolierender Lösungen und der Untersuchung von Lösungsphänomenen in verschiedenen Stadien der Deponieauslaugung bei variabler Salinität und Temperatur durchgeführt (KLINGER 1994).

Aus dem Deponiekörper ausgetretene Schadstoffe vollziehen im Kontakt mit dem Bodenwasser, dem Grundwasser, der Feststoffmatrix, der Bodenluft und der organischen Substanz im Untergrund vielfältige Wechselwirkungsprozesse, welche sowohl die Ausbreitungsrichtung als auch die Ausbreitungsgeschwindigkeit bestimmen. Zur Prognose der Schadstoffausbreitung an Deponiestandorten müssen deshalb neben der Analyse der geologisch-hydrogeologischen und hydrologischen Standortverhältnisse insbesondere folgende Prozesse betrachtet werden:

- Austauschprozesse (Filterung, Sorption, Ionenaustausch),
- Lösungs- und Fällungsprozesse,
- mikrobielle Speicher- und Stoffumwandlungsprozesse,
- Assoziations- und Dissoziationsprozesse gelöster Teilchen,
- Säure - Base - Reaktionsprozesse,
- Oxidations - Reduktions-Prozesse,
- Transportprozesse (Diffusion, Konvektion, hydrodynamische Dispersion).

Unter Beachtung der jeweils zu definierenden Randbedingungen, die sowohl in der Schematisierung und Regionalisierung der natürlichen Verhältnisse als auch in den zur Parameterbestimmung durchzuführenden, experimentellen Laborversuchen bestehen, kann eine Reihe mathematischer Lösungsansätze genutzt werden, um die genannten Prozesse quantitativ zu beschreiben. Eine systematische Zusammenstellung von Lösungsansätzen wurde durch LUCKNER & SCHESTAKOW (1986) erarbeitet. Die Lösung der die Migrationsprozesse beschreibenden Gleichungssysteme wird aber erst möglich, wenn die entsprechenden Migrationsparameter vorliegen. Sie werden vorrangig durch Laborversuche gewonnen, die wiederum Grundlage zur Planung von Feldversuchen sein können. Nur durch einen Vergleich von Labor- und Feldversuchsdaten werden jedoch Maßstabseffekte der ermittelten Parameter deutlich und somit ihre Aussageschärfe besser erkennbar.

Aufgrund der Vielfalt der existierenden Versuchsanlagen werden gegenwärtig Anstrengungen unternommen, Versuchsanlagen zur Ermittlung von Migrationsparametern zu standardisieren. Nur durch eine Standardisierung der Versuchsbedingungen kann ein hohes Maß an Reproduzierbarkeit und Vergleichbarkeit der Versuchsergebnisse mit einer erforderlich hohen Datenschärfe bei weitestgehendem Ausschluß subjektiver und objektiver Fehlerquellen erfolgen.

Nachfolgend soll ein Überblick der am häufigsten eingesetzten Laborversuche zur Ermittlung von Migrationsparametern, gegliedert in 3 Gruppen, gegeben werden, ohne dabei den Anspruch auf Vollständigkeit, was sowohl die Untersuchungsinhalte als auch die laborativen Verfahrensvielfalten betrifft, erheben zu wollen:

- klassische Batchversuche,
- Reaktorversuche (dynamische Batchversuche),
- Säulenversuche.

3.4.3.2 Batchversuche

Anwendungsgebiete

Batchversuche werden zur Untersuchung von Speicher- und Umwandlungsprozessen eingesetzt. Aufgrund ihrer sehr einfachen gerätetechnischen Ausstattung und der Möglichkeit zur schnellen Datengewinnung haben sie als orientierende Versuche für eine Vielzahl von Fragestellungen eine große Bedeutung.

Einsatz finden sie bei der Analyse der Retentionsfähigkeit mineralischer Komponenten (z. B. Tone) gegenüber Schwermetallen, Radionukliden oder organischen Verbindungen (FRANK 1991; KLOTZ & FOLIV 1983). Auch Untersuchungen zum Desorptionsverhalten von an Feststoffen fixierten Schadstoffen unter Einsatz verschiedener Desorptionsmittel werden durchgeführt. BARTL (1993) untersuchte so das Mobilisationsverhalten von Schwermetallen unter variabler Salinität und Temperatur. Auch auf dem Gebiet der Analyse mikrobieller Stoffumsetzungsprozesse werden Batchversuche genutzt. GLÄSER (1993) setzte diese Art der Versuchsdurchführung zur Ermittlung der heterotrophen Denitrifikation ein.

Aufgrund einer Vielzahl gerätetechnischer und durch die Versuchsmethodik begründeter Einflüsse auf die Versuchsergebnisse sind der Anwendung von Batchversuchen jedoch Grenzen gesetzt.

Prinzip der Methode

Das Prinzip der Untersuchungsmethode besteht darin, eine bestimmte Menge eines Sorbenten (z. B. Aquifermaterial) mit einer wäßrigen Lösung, welche die Zielverbindung (z. B. Schadstoff) in bekannter Konzentration enthält, bis zur Einstellung eines Gleichgewichtes der Zielverbindung zwischen fester und flüssiger Phase in Kontakt zu bringen. Über die Abnahme der Konzentration in der wäßrigen Phase kann über die Versuchszeit die sorbierte Stoffmenge ermittelt und damit ein Verteilungskoeffizient als Verhältnis der Konzentration zwischen gelösten und sorbierten Stoffen errechnet werden (VOIGT 1989).

Wesentliches Merkmal dieser Untersuchungsmethode ist, daß der Sorbent zusammen mit dem Fluid bewegt wird. Diese Bewegung beinhaltet eine Reihe von Fehlerquellen, die eine naturnahe Widerspiegelung der zu untersuchenden Prozesse beeinträchtigt. Die Suspension ist dadurch gekennzeichnet, daß die Lösung in sehr großem Überschuß im Vergleich zum Boden eingesetzt wird. Das am häufigsten angewandte Feststoff-Flüssigkeits-Verhältnis liegt der OECD Richtlinie 106 folgend bei 1 : 2 bzw. 1 : 3.

Unmittelbar nach Herstellung der Suspension kommt es an der gesamten Oberfläche des Feststoffes schnell zu Wechselwirkungsprozessen zwischen den gelösten Stoffen und der Feststoffmatrix. Dabei ist die Suspension als chemisch relativ homogen anzusehen. Durch die Schüttel- und Rührvorgänge liegt im Reaktionsgefäß eine turbulente Strömung vor, welche abrasiv wirkend die spezifische Oberfläche vergrößert und dadurch der Einstellung von Gleichgewichtsprozessen entgegen wirkt.

Laborexperimente, in denen im Reaktionsgefäß auf eine Schüttelbewegung verzichtet wird, werden als statische Batchversuche bezeichnet. Ein Stoffaustausch erfolgt in diesem Fall nur über Diffusionsprozesse. Das bedeutet, daß mit sehr langen Versuchszeiträumen zu rechnen ist.

Versuchsgeräte

Zur Erzeugung der Suspension werden Schüttelgeräte mit kreisender, linearer Bewegung, Überkopfschüttler und auch Rührwerke eingesetzt. Geräte mit horizontaler und kreisender Bewegung gewährleisten eine gute Durchmischung insbesondere grobkörniger Proben, aber nur bei hohen Schüttelintensitäten. Die Intensität der Durchmischung wird oft nach subjektivem Eindruck einer "guten Durchmischung" festgelegt. Sie liegt je nach Anwendungsfall im Bereich von wenigen Minuten pro Tag bis hin zum mehrtägigen, kontinuierlichen Schütteln, Drehen oder Rühren.

Die Dimensionierung der Reaktionsgefäße wird in Abhängigkeit vom gewählten Feststoff-Flüssigkeits-Verhältnis gewählt, welches von 1 : 1 bis 1 : 100 betragen kann. Als Reaktionsgefäße werden Weithals-Erlenmeyer-Kolben, Flaschen oder Zentrifugenröhrchen eingesetzt, die, wenn erforderlich, mit pH-Wert, Leitfähigkeits-, Redox-, Temperatur-, Sauerstoff- und ionensensitiven Elektroden zur Prozeßkontrolle und Aufnahme der Versuchskinetik bestückt werden können.

Qualitätssicherung

Die Sicherung der Qualität der Versuchsergebnisse wird auf folgenden Bearbeitungsebenen gewährleistet:

- Probennahme, Probenkonservierung, Probentransport,
- Probenteilung,
- Probenüberführung in die Versuchsanlage,
- Versuchsdurchführung, ggf. meßtechnische Überwachung des Versuchsablaufes,
- Entnahme von Teilproben für chemische Untersuchungen.

Schon für die ersten 3 Arbeitsschritte gibt es gegenwärtig keine allgemein anerkannten Regeln, welche eine optimale Qualitätssicherung erlauben. Aus diesem Grund wird ein sehr unterschiedliches Probenhandling ausgeführt. Zum einen werden die entnommenen Feststoffproben ohne Zwischenbehandlung direkt in die Reaktionsgefäße eingebaut, zum anderen erfolgt meistens vorher eine Trocknung der Proben bei 105 °C. Im Anschluß an die Trocknung werden teilweise auch Probenhomogenisierungen oder Siebanalysen zur Auftrennung der Korngrößenfraktionen durchgeführt. Die genannten Vorbereitungsabläufe beinhalten eine Reihe von Beeinflussungen der natürlichen Verhältnisse (z. B. Mineralisationsprozesse sorbierter organischer Substanzen, Veränderungen im Kationenaustauschkomplex), die sich dann nachteilig auf die Qualität der Versuchsergebnisse auswirken.

RÖßNER et. al. (1996) zeigen, daß durch eine Frostung der entnommenen Sedimentproben ein weitestgehender Milieuerhalt auch der mikrobiellen Substanz erreicht werden kann. Zur besseren Berücksichtigung der natürlichen Verhältnisse im nachfolgenden Versuchsablauf setzte WINKLER (1989) zum Erhalt anaerober Probenbedingungen bei der Lagerung und Probenüberführung in die Reaktionsgefäße eine mit Inertgas geflutete Handschuhbox ein.

MERZ (1992) führte vor Einbau anaerober Proben in die Reaktionsgefäße eine Konditionierung der Sedimente aus einem Aquifer durch, indem er die Sedimente in 20 cm lange Säulen einbaute und mit natürlichem Grundwasser beschickte.

Während der Versuchsdurchführung beeinflußt eine Reihe von Faktoren die Qualität der Ergebnisse. Einige Bearbeiter verwenden als Versuchslösungen destilliertes Wasser, in welchem sich nur der zu untersuchende Stoff befindet. Durch diese Art der Herangehensweise werden ungewünschte Ionenaustauschprozesse über den Kationenaustauschkomplex hervorgerufen. Eine weitaus realistischere Versuchsdurchführung wird in den Fällen erreicht, in denen Grundwasser, Sickerwasser, Regenwasser oder ein entsprechend hergestelltes Modellwasser der Aufgabenstellung angepaßt im Versuchsablauf eingesetzt wird. Bei Untersuchungen anaerob gesteuerter Prozeßabläufe ersetzte WINKLER (1989) die Luft in den Reaktionsgefäßen durch ein Argon-Kohlendioxid-Gemisch.

Positiv wirkt sich auf die Ergebnisinterpretation aus, wenn in die Reaktionsgefäße Meßelektroden zur kontinuierlichen Systemanalyse installiert werden (OBERMANN & CREMER 1992).

Durch das einfache Prinzip der konventionellen Batchversuche können gleichzeitig größere Probenmengen untersucht werden. Einige Autoren führen neben 3 Parallelproben auch eine Referenzprobe (Lösung ohne Feststoff) zur Ermittlung der Schadstoffsorption am Reaktionsgefäß mit (WINKLER 1989; HAMER 1993).

Einen sehr großen Einfluß auf die Qualität der Versuchsergebnisse hat nicht zuletzt die Probennahme aus dem Reaktionsgefäß für chemische Untersuchungen. Die Suspension muß in den meisten Fällen für die Schadstoffanalytik zentrifugiert, dekantiert und teilweise membranfiltriert werden.

Da schon das Prinzip der Methode konventioneller Batchversuche dem natürlichen Transportprozeß, d. h. der Bewegung eines Fluids entsprechend der Porengrößenverteilung in einer Feststoffmatrix unter Einfluß von Feuchte- und Druckpotentialen, auch nicht annähernd entspricht, wurden in der Vergangenheit in zunehmendem Maße versuchstechnische Lösungsansätze gesucht, welche eine weitestgehende Widerspiegelung naturnaher Prozeßabläufe ermöglichen.

3.4.3.3 Reaktorversuche (dynamische Batchversuche)

Anwendungsgebiete

Reaktorversuche werden wie die konventionellen Batchversuche zur Untersuchung von Speicher- und Umwandlungsprozessen eingesetzt. Da sie bedeutend komplizierter aufgebaut sind, kommen sie seltener zum Einsatz. Ihr Vorteil gegenüber den konventionellen Batchversuchen besteht darin, daß sie durch die Verwendung ungestörter Proben eine Migrationsanalyse im Labormaßstab unter möglichst naturnahen Bedingungen ermöglichen.

Neben den traditionellen Einsatzgebieten, wie der Untersuchung des Sorptions- und Desorptionsverhaltens von Schadstoffen, werden sie auch genutzt für die Bewertung mikrobieller Stoffumsetzungprozesse wie Nitrifikation und Denitrifikation (RÖßNER et. al. 1996), zur Untersuchung der mikrobiellen Nitratelimination in Grundwasserleitern (LICHTENBERG et al. 1993) und auch zur Zustandsbeschreibung der Boden- und Bodenwasserversauerung (GLÄSER 1993).

Ein weiteres Einsatzfeld ist die Ermittlung des Lösungsverhaltens von Schwermetallen an kontaminierten Standorten (ENGELMANN & VOIGT 1995). Auch zur Bestimmung der Schwermetallbindungsformen lassen sich die Reaktorversuche einsetzen (ENGELMANN 1993). Der konstruktive Aufbau der Reaktorversuche ermöglicht ebenfalls die Durchführung von Fällungsversuchen durch Salzlösungen (Nachweis von Schwermetallfällungen). Die Reaktorversuche stellen somit neben der Ermittlung von Migrationsparametern auch als labortechnische Kleinversuche eine erste Stufe zur Entwicklung von In-situ-Untergrundsanierungsverfahren dar.

Reaktorversuche (Umlaufsäulen) können auch zur Untersuchung von Nichtgleichgewichtsprozessen in der ungesättigten Bodenzone eingesetzt werden.

Prinzip der Methode

Reaktorversuche unterscheiden sich in 2 Gruppen:

- schwerkraftbedingte Durchströmung der Gesteinsprobe,
- Umlaufsäulen (Kreislaufführung der mobilen flüssigen Phase).

KLOTZ & FOLIV (1983) entwickelten eine einfache Methode zur Bestimmung der Verteilungskoeffizienten von Radionukliden im Grundwasser. Dafür nutzten sie eine dynamische Batchanlage, welche nach folgendem Prinzip arbeitet. Die Flüssigkeitsbewegung erfolgt schwerkraftbedingt durch eine fest eingebaute Probe. Flüssigkeit und Feststoff befinden sich in einem geschlossenen Reaktionsgefäß, welches auf einer kontinuierlich und langsam laufenden Rotationsschüttelmaschine befestigt ist. Dadurch wird gewährleistet, daß die Lösung den Feststoff wiederholt durchströmen kann. Modifikationen dieses Anlagentyps beschreiben ABRAHAM (1986) und VOIGT et. al. (1992).

Umlaufsäulen arbeiten nach folgendem Prinzip und sind in LUCKNER & SCHESTAKOW (1986) beschrieben. Die Lösung wird mittels Schlauchpumpe, ggf. über ein Lösungsreservoir, durch die Feststoffprobe gepumpt. Sie befindet sich in einem Reaktionsgefäß. Wie im Falle der schwerkraftbedingten Durchströmung des Fluids durch die Feststoffprobe werden auch in den Umlaufsäulen die Ausbreitungs- und Wechselwirkungsprozesse im Reaktionsgefäß beschleunigt und dadurch die Versuchszeiten verkürzt. Durch die künstliche Dynamik lassen sich wie bei den klassischen Batchversuchen keine Transportprozesse analysieren.

Reaktorversuche sind generell gekennzeichnet durch folgende Merkmale:

- Die Gesteinsprobe ist fest eingebaut.
- Das Feststoff-Flüssigkeits-Verhältnis kann dem natürlichen Porenwasseranteil angenähert werden.
- Die Gesteinsprobe kann gestört, aber auch weitestgehend ungestört bezüglich ihrer Struktur, Textur und der Phasen Wasser/Boden/Luft in das Reaktionsgefäß eingebaut werden.

- Die Lösung bewegt sich entsprechend der ausgebildeten Porositätsverteilung durch die Gesteinsprobe.

Versuchsgeräte

Geräte für Reaktorversuche, die auf dem Prinzip der schwerkraftbedingten Durchströmung eines Fluids durch eine festeingebaute Probe basieren, stellen in jedem Fall Spezialentwicklungen, gefertigt aus unterschiedlichen Materialien (Teflon, Edelstahl, PVC, Glas), dar. Die Reaktoren bestehen aus einer Probenzelle (Volumen ca. 10 - 50 ml). Sie halten das Sediment durch beidseitig an der Probenzelle angebrachte Stützplatten (Filter). An jeder Seite der Probenzelle befinden sich Vorratsgefäße zur Aufnahme der Prüfflüssigkeit mit einem Volumen von ca. 50 - 250 ml.

Häufig werden die Vorratsgefäße im Versuchsablauf nur teilweise gefüllt (*Abb. 3.24*). Das verbleibende Gas im geschlossenen Reaktor strömt dann im Versuch entweder durch die Feststoffprobe, oder es wird über spezielle Gasschläuche an der Erdstoffprobe vorbei aus einem Vorratsgefäß in das andere Gefäß geleitet (VOIGT et. al. 1992).

Die Reaktionsgefäße (ca. 10 - 12 Stück) werden auf einer Überkopfdrehmaschine befestigt und somit die Reaktoren langsam über Kopf gedreht.

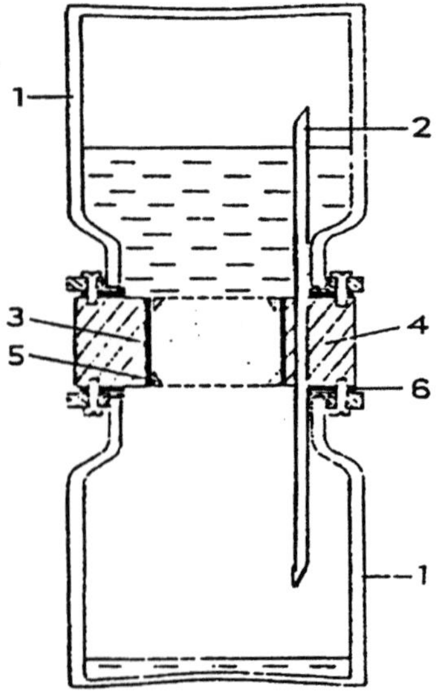

Abb. 3.24. Dynamische Batchanlage nach dem Schwerkraftprinzip
1: Vorratsgefäße, 2: Gasaustauschröhre, 3: Stechzylinder 4: Probezelle, 5: Filterring, 6: Dichtungen

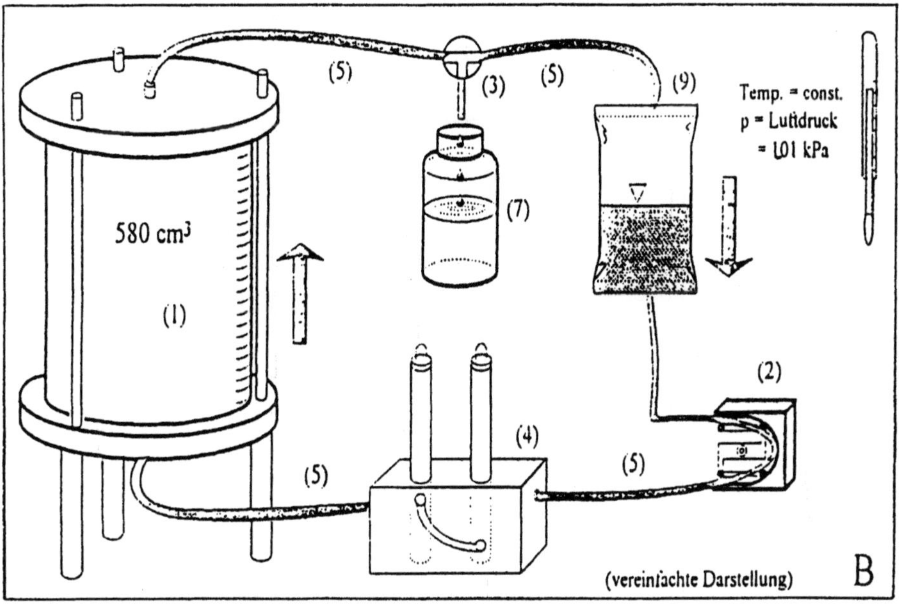

Abb. 3.25. Kreislaufsystem einer dynamischen Batchanlage nach dem Kreislaufprinzip. (Aus GLÄSER 1993)

Geräte für Reaktorversuche, die auf dem Prinzip einer Kreislaufführung der mobilen, flüssigen Phase durch eine festeingebaute Erdstoffprobe basieren, stellen komplizierte technische Versuchsanlagen bestehend aus Schlauchpumpe, Probezelle und Fluidbehältern dar. Diese werden zu einem Versuchskreislauf kombiniert.

Für eine Minimierung äußerer Einflüsse auf die Meßergebnisse erfolgt der Einsatz von Werkstoffen, die nicht, bzw. nur gering mit dem Analysenmedium in chemische Wechselwirkungen treten. Eingesetzte Materialien sind Polyethylen (PE), Polyamid (PA), Edelstahl, Teflon (PTFE) und Viton.

Die zu einem Versuchskreislauf kombinierten Geräte (*Abb. 3.25*) können in einem temperaturisolierten Kühlsystem installiert werden (GLÄSER 1993). Zur Minimierung des Einflusses biologischer Prozesse werden die Boden- und Wasserproben durch das Kühlsystem vor Licht geschützt.

Qualitätssicherung

Insbesondere Umlaufsäulen bieten die Möglichkeit, quasi ungestört entnommene Stechzylinderproben direkt im Kreislaufsystem einzubauen, was Fehlerquellen bei sonst erforderlicher Probennahme, Probenkonservierung und -teilung sowie -überführung in die Versuchszellen verhindert.

Eine sehr hohe Qualität der Versuchsdurchführung mit Umlaufsäulen wird im Vergleich zu klassischen Batchversuchen dadurch erreicht, daß über die Schlauchpumpe der Strömungsprozeß in der Versuchszelle gesteuert werden kann. Die Kombination von Einzelgeräten zu einem Kreislauf bietet zudem die Möglichkeit, alle Einzelgeräte der Aufgabenstellung entsprechend optimal anzupassen. Für Versuche in denen sich der Druck im geschlossenen System ändert, können die normalerweise aus Glas bestehenden Fluidbehälter durch flexible Fluidbeutel ausgetauscht werden.

Die durch GLÄSER (1993) entwickelte Umlaufsäulenanlage ermöglicht zudem durch eine im Kreislaufsystem installierte Strömungszelle mit Hilfe von Meßelektroden (pH-Wert, Leitfähigkeit, Redoxwert) eine kontinuierliche Prozeßkontrolle. Über Magnetventile kann ein automatischer Fluidwechsel realisiert werden.

Weiterhin wirken sich vorteilhaft auf die Qualität der Versuchsdurchführung aus:

- In Abhängigkeit von der Pumpenleistung kann bei Umlaufsäulen eine laminare Filterströmung erzeugt und somit dem Feststoffabrieb und der Suffusion entgegen gewirkt werden.
- Im geschlossenen System ist bei optimaler Schlauchbemessung ein Luftausschluß möglich.
- An der Probenzelle können zur Sicherung einer hohen Vergleich- und Reproduzierbarkeit sowohl in der Konditionierungsphase oder nach Abschluß der Laborversuche dynamische Migrationsparameter (z. B. Durchlässigkeitsbeiwerte, Porositäten oder Dispersionskoeffizienten) als kontrollierende Versuchsrandbedingungen ermittelt werden (VOIGT et. al. 1992).
- Aufwendige Probennachbereitung in Form von Zentrifugieren, Dekantieren und Filtrieren kann entfallen.

3.4.3.4 Säulenversuche

Anwendungsgebiete

Säulenversuche, häufig auch als Durchlaufsäulenversuche bezeichnet, werden neben der Untersuchung von Speicher- und Umwandlungsprozessen vorrangig für die laborative Analyse von Austausch- und Transportprozessen eingesetzt. Sie stellen die nächst höhere Untersuchungsstufe zu den Reaktorversuchen dar, auf deren Grundlage sie oft geplant werden. Die Einsatzgebiete liegen sowohl im Bereich der Aerations- als auch der Saturationszone.

Für die Untersuchung von Prozeßabläufen in der Aerationszone werden Lysimeteranlagen eingesetzt, welche durch ihre spezielle konstruktive Gestaltung auf eine naturnahe Reproduktion der Feuchtebewegung im Boden ausgelegt sind. Für die Prozeßanalyse in der Saturationszone werden Aquifersimulationstestanlagen verwendet.

Häufige Anwendungsgebiete sind:

- Untersuchungen zur Sorption und Desorption von löslichen Wasserschadstoffen,
- Untersuchungen zur chemischen Verwitterung von Mineralen im Boden- und Grundwasserbereich,
- Untersuchungen zur Versauerung des Bodens und von Grundwasserleitern,
- Simulation der Schadstoffausbreitung im Untergrund von Altlaststandorten,
- Untersuchungen zum Mehrphasentransport und zur Wärmemigration im Untergrund,
- Bestimmung von Migrationsparametern (Durchlässigkeitsbeiwerte, Feuchtraumdichte, Porositäten, Abstandsgeschwindigkeiten, Dispersivitäten, Schadstoffverteilungskoeffizienten, Retardationsfaktoren, Schadstoffabbaukonstanten, Sorptionsmaxima etc.).

Prinzip der Methode

Säulenversuche unterscheiden sich von den Umlaufsäulen dadurch, daß die Fluidbewegung nur in eine Richtung erzwungen wird. Dabei wird eine natürliche Fluiddynamik angestrebt. Entsprechend ihrer Wirkungsweise lassen sich die Säulenversuche in 2 Versuchsgruppen unterteilen:

- Lysimeter,
- Aquifersimulationstestanlagen.

Lysimeter sind mit gestörtem oder ungestörtem Boden gefüllte, meist vertikal angeordnete Säulen, die durch ihren konstruktiven Aufbau eine Versickerung von Regenwasser oder Deponiesickerwasser ermöglichen. Durch die Steuerung des Versickerungsprozesses kann die Belüftung der Aerationszone nachgebildet werden. Dadurch wird eine über den Feuchtetransport kontrollierte Simulation der Schadstoffausbreitung im Untergrund möglich. Die

Schadstoffzugabe erfolgt mit dem Versuchswasser sowohl als impulsförmiger als auch als kontinuierlicher Eintrag. Am Säulenausgang wird die Schadstoffkonzentration in Abhängigkeit von der Zeit ermittelt.

Aquifersimulationstestanlagen sind ebenfalls mit gestörten oder ungestörten Sedimenten gefüllte Säulen, die vertikal oder horizontal angeordnet sind. Zur Annäherung an die natürlichen Strömungsprozesse werden die Säulen zunächst mit Grundwasser quasi gesättigt. Der Filtrationsprozeß des Versuchswassers (z. B. Deponiesickerwasser, kontaminiertes Grundwasser, Abwasser aus Kläranlagen, synthetisches Modellwasser) erfolgt bei sehr niedrigen Versuchsgradienten, um möglichst geringe, den naturnahen Verhältnissen entsprechend laminare Strömungsprozesse zu simulieren. Die Zuführung des Versuchswassers erfolgt an einem Säulenende. Am Säulenausgang werden Schadstoffdurchgangskurven aufgezeichnet. Die Auswertung der örtlichen Konzentrationsverteilung in der Säule selbst wird nur selten realisiert.

Versuchsgeräte

Lysimeteranlagen bestehen aus einer Säule, einer Unterdruckeinheit, Sickerwassersammelbehältern und einer Beregnungsanlage.

Aquifersimulationstestanlagen sind häufig aus einem Vorratsbehälter (z. B. Boyle-Mariottesche Flasche), einer Einheit zur Regelung der Durchflußgeschwindigkeit (z. B. Schlauchpumpe), einer Impfeinrichtung am Säuleneinlauf für die Schadstoff- oder Tracerzugabe, einem Durchflußgerät für Meßelektroden und einem automatischen Fraktionssammler aufgebaut. Die Säulenlängen variieren in Bereichen von ca. 50 - 100 cm, bei einem Längen-Durchmesser-Verhältnis von > 3 : 1.

Zur Kontrolle der Schadstoffausbreitung innerhalb der Säule werden durch einige Bearbeiter Probennahmestutzen in definierten Abständen an der Säule angebracht. Durch eine Entnahme von Flüssigkeit aus dem Durchflußsystem kommt es jedoch bei Anwendung solcher Säulen zu einer extrem starken Beeinflussung der Fließvorgänge in der Säule.

An der TU Dresden, Sektion Wasserwirtschaft, wurde vor einigen Jahren ein System entwickelt, welches diese Störeinflüsse minimiert. Danach kann der Beeinflussung der Filterströmung entgegengewirkt werden, wenn die Säule an den Probennahmepunkten aufgetrennt wird. Dadurch entstehen hintereinander gekoppelte Einzelsäulen mit dazwischen befindlichen Beprobungsmöglichkeiten. Die Realisierung einer konstanten Filtrationsgeschwindigkeit in der Gesamtsäule bei gleichzeitiger Entnahme von Lösung aus dem Durchflußsystem wird dadurch erreicht, daß die Einzelsäulen im Durchmesser äquivalent der Wasserentnahmemenge verringert werden. Eine Weiterentwicklung dieses Grundprinzipes wird in VOIGT et. al. (1992) beschrieben (*Abb. 3.26*).

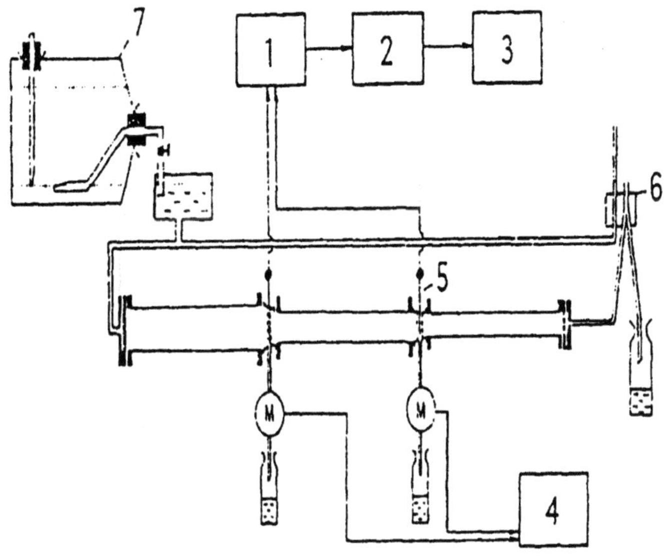

Abb. 3.26. Großsäulenanlage. (Aus VOIGT et al. 1992)
1: Meßwerterfassung, 2: Computer, 3: Drucker, 4: Magnetventilsteuerung, 5: Meßelektroden, 6: Gradientregler, 7: Fluidvorratsbehälter, 8: Magnetventile

Qualitätssicherung

Säulenversuche geben die Möglichkeit, quasi ungestört entnommene Proben direkt in den Versuchsanlagen zu untersuchen. Sollten gestörte Proben verwendet werden, sind eine Reihe von Randeffekten beim Probeneinbau zu beachten. VOIGT et. al. (1992) beschreiben einen schichtweisen Einbau von Sedimentmaterial unter gleichzeitiger Aufsättigung des Feststoffmaterials mit anschließender Bestimmung dynamischer Migrationsparameter wie Porosität und Durchlässigkeitsbeiwert. Gleichzeitig wird darauf verwiesen, daß die Siebplatten in bezug auf das Körnungsmaterial abgestimmt werden müssen, um Filterwiderstände zu minimieren und eine optimale Anpassung der Säulendurchströmung, insbesondere bei niedrigen Fliehgeschwindigkeiten, an natürliche Verhältnisse zu erreichen.

Eine hohe Qualität der Versuchsdurchführung kann in den Aquifersimulationsanlagen realisiert werden, wenn sie unter anaeroben Bedingungen mit speziellen Zusatzeinrichtungen zur Begasung des Versuchswassers mit Inertgasen bestückt werden (WINKLER 1989).

Weiterhin wirken sich vorteilhaft auf die Qualität der Versuchsdurchführung aus:

- In Abhängigkeit von der induzierten Filterströmung kann eine laminare Filterströmung erzeugt und somit dem Feststoffabrieb und der Suffusion entgegen gewirkt werden.
- Bei horizontaler Anordnung der Versuchssäulen ist eine sehr kurze Schlauchbemessung und damit eine unerwünschte Filtration außerhalb der Säule möglich.
- An der Probenzelle sollten zur Sicherung einer hohen Vergleichbarkeit und Reproduzierbarkeit dynamische Migrationsparameter (z. B. Durchlässigkeitsbeiwerte, Porositäten oder Dispersionskoeffizienten) als kontrollierende Versuchsrandbedingungen ermittelt werden (VOIGT et. al. 1992). Dadurch ergibt sich eine direkte Vergleichbarkeit der Untersuchungsergebnisse mit den Reaktorversuchen.
- Aufwendige Probennachbereitung in Form von Zentrifugieren, Dekantieren und Filtrieren kann entfallen.

3.4.4 Geochemische Modellierung von wässerigen Lösungen

ASAF PEKDEGER, ULRIKE MAIWALD, CHRISTIAN SOMMER VON JARMERSTED, ANDREAS WINKLER UND THOMAS WIPPERMANN

3.4.4.1. Einleitung

Die Begriffe "Modell" und "Modellierung" werden oft in einer Reihe von verschiedenen Zusammenhängen verwendet. Dabei wird häufig übersehen, daß die Grundidee des Modells ein realistisch begrenzter Erklärungsansatz für eine Beobachtung ist, der nicht notwendigerweise mathematisch formuliert sein muß. Dieser Erklärungsansatz besitzt aber notwendige und (experimentell) nachprüfbare Konsequenzen. Der Gebrauch des Begriffs "Modell" sollte dementsprechend vermieden werden, wenn lediglich Szenarien oder Möglichkeiten aufgezeigt werden. Ein Modell ist eine überprüfbare Idee, Hypothese oder Theorie (oder Kombinationen hieraus), die neue Erkenntnisse oder Interpretationen eines bekannten Problems ermöglichen. Ein "chemisches Modell" kann als theoretisch fundiertes Abbild verstanden werden, das die Berechnung von physiko-chemischen Eigenschaften und Prozessen von Stoffen (z. B. thermodynamischen Stoffeigenschaften) gestattet. "Geochemische Modelle" oder "hydrogeo-chemische Modelle" sind spezielle chemische Modelle, die für das Verständnis von geologischen Systemen entwickelt und eingesetzt werden. Bei einem chemischen Modell sind verschiedene Prinzipien und Theorien der Chemie in einem Berechnungsschema zusammengefaßt, z. B. die gleichzeitige Anwendung der Gesetze von Massen- und Energieerhaltung, des Massenwirkungsgesetzes und der Debye-Hückel-Theorie zur Beschreibung wäßriger Gleichgewichtssysteme. Die Kombination eines solchen Modells mit möglichen Reaktionen von Mineralen führt zu einem geochemischen Modell.

Geochemische Modellierungen werden zunehmend auf (umwelt)geochemische Probleme angewendet, um z. B. die Mobilität von anorganischen (Schad-)Stoffen, das Rückhaltevermögen eines Bodens oder Grundwasserleiters gegenüber anorganischen und organischen Substanzen, die Diagenese von Sedimenten, die Bildung und den Abbau von Minerallagerstätten oder die Nutzung geothermischer Energie bewerten und untersuchen zu können. In der Umweltgeochemie dienen solche Modellrechnungen letztlich dazu, Freisetzung bzw. Freisetzungs- und Ausbreitungsverhalten von (Schad-)Stoffen und ihre Ausbreitung im engeren (Nahbereich) und weiteren Umfeld (Fernbereich) eines Untersuchungsgegenstandes (z. B. eine Altlast, Deponie, Grundwasserschadensfall) beurteilen und bewerten zu können. Gegebenenfalls können Prognosen über die weiter zu erwartende Entwicklung gegeben werden. Somit können quantifizierte Abschätzungen über die chemischen Veränderungen erhalten werden, die in geologischen Systemen sowohl als natürliche als auch durch den Menschen beeinflußte Prozesse ablaufen.

Die Modellierung geochemischer Prozesse beinhaltet die Berechnung der Verteilung und der Aktivitäten der wäßrigen Spezies unter der Annahme eines chemischen Gleichgewichtszustandes und die Berechnung der Sättigung der wäßrigen Phase gegenüber verschiedenen festen Phasen (Mineralen). Die Modellierung geochemischer Prozesse kann auch die Berechnung des Massentransfers durch Auflösung oder Abscheidung von festen Phasen oder die Adsorption oder Desorption von wäßrigen Spezies beinhalten.

Bei der reinen geochemischen Modellierung geologischer Systeme oder Prozesse gehen die physikalischen Einflußgrößen, z. B. Porosität des durchströmten Gesteins, Strömungsgeschwindigkeit (s. a. Band 2 dieses Handbuchs) nicht mit in die Berechnung ein. Dies ist erst bei der Verwendung von gekoppelten Modellen möglich, die Geochemie und Transport kombinieren. Bei der bloßen geochemischen Modellierung gehen nur die Zusammensetzung und die chemischen Eigenschaften der beteiligten Stoffe des Grund- bzw. Sickerwassers und der Matrix (petrographischer Aufbau) in die Simulation ein. Insbesondere die chemischen Milieuparameter pH-Wert und Redoxpotential spielen unter den chemischen Einflußgrößen von Mobilitätsvorgängen eine entscheidende Rolle.

Für die Durchführung geochemischer Modellierungen ist es zunächst erforderlich, die theoretischen Grundlagen der Chemie aquatischer Systeme in numerische Methoden und Modelle umzusetzen und die jeweils erforderlichen Konstanten und thermodynamischen Daten in Verbindung mit gemessenen Parametern auf das Simulationsproblem anzuwenden. Für die speziellen Gegebenheiten eines Standortes können Prognosen über die zu erwartende Entwicklung nur anhand aktueller und zurückliegender chemischer Analysen von Wasser und Boden/Gestein erstellt werden. Aussagen zu Belastungen (Schadstoffkonzentrationen) bzw. Abschätzungen über den Erfolg von Sanierungsmaßnahmen sind nur auf der Basis konkreter Untersuchungsdaten zu treffen. Beiträge zu solchen Prognosen, in die natürlich wesentlich andere geowissenschaftliche Untersuchungsmethoden eingehen, liefern geochemische Berechnungen, die mit verschiedenen geochemischen Rechencodes (PHREEQE, PHREEQC, MINTEQ, SOLMINEQ, EQ3/6 etc.) durchgeführt werden können.

Für erste Abschätzungen der Wirkung der pH- und Redoxbedingungen bzw. ihrer Veränderungen auf die Mobilität von anorganischen (Schad-) Stoffen können Eh-pH-Stabilitätsfelddiagramme eingesetzt werden; für die meisten Elemente und z. T. mehrere geochemische Systeme eines Elements hat BROOKINS (1988) eine Zusammenstellung solcher Diagramme gegeben.

Bei der Umsetzung der chemischen Grundlagen aquatischer Systeme in geeignete Rechenprogramme (Rechencodes) auf der Basis geochemischer Gleichgewichtsmodelle ist in den letzten 30 Jahren eine ganze Reihe von Methoden und Verfahren entwickelt und schrittweise verbessert worden. Die

Fortschritte in der Theorie aquatischer Systeme und auch in der (technischen) Weiterentwicklung von Rechencodes und der Leistungsfähigkeit von Rechnern, führt in der Folge dazu, daß nun auch neue Modellierungskonzepte verfolgt werden. Dazu gehören z. B. die Bewertung von Modellsensitivitäten, die Verbesserung und Vervollständigung der thermodynamischen Datenbasis, die Einbeziehung organischer Verbindungen in die Programme und eine flexiblere (nutzerfreundlichere) Handhabung der Programme. Mit den heute verfügbaren Modellen können folgende Prozesse beschrieben werden:

a) Speziation und Verteilung von Elementen,

b) Verhalten von Elementen unter variierenden pH- und Redoxbedingungen,

c) Komplexierung von Metallionen auf Festkörperoberflächen,

d) Isotopenfraktionierung.

Als relativ neue Arbeitsrichtung tritt zunehmend die Kopplung von geochemischen Gleichgewichtsmodellen mit geohydraulischen Transportmodellen in den Vordergrund; diese ist jedoch sowohl konzeptionell als auch mathematisch auch für einfache hydrogeologische Systeme sehr komplex, so daß Programmpakete, mit denen solche Fragestellungen bearbeitet werden können, überwiegend noch in der Entwicklungs- und Erprobungsphase sind bzw. nur spezielle Teilaspekte abdecken.

Im folgenden wird kurz ein historischer Überblick über die Entwicklung geochemischer Modellierungsprogramme gegeben. Es werden Ihre theoretischen Grundlagen kurz vorgestellt und zum Schluß einige Anwendungsbeispiele gegeben.

3.4.4.2 Geochemische Modelle - ein Überblick

Die geochemische Modellierung aquatischer Systeme, mit dem Schwerpunkt der Ermittlung der Speziesverteilung, läßt sich auf Arbeiten von GARRELS & THOMPSON (1962) zurückverfolgen. Ihr auf der Gleichgewichtsthermodynamik beruhendes Modell war für viele der heute verwendeten Rechenprogramme richtungsweisend. Eine Zusammenstellung über die Entwicklung geochemischer Modelle ist in *Tabelle 3.25* aufgeführt. Zu Beginn war die Arbeitsrichtung "Geochemischer Modelle" durch das Bestreben einzelner Gruppen gekennzeichnet, jeweils eine auf einen speziellen Einzelfall gerichtete Modellentwicklung zu betreiben; dies hat zu einer relativ großen Zahl von ähnlichen, untereinander aber nicht kompatiblen Programmen geführt. 1978 organisierte JENNE (1978) ein Symposium über chemische Modellierungen, auf dem der aktuelle Stand der Entwicklung aufgezeigt wurde. Auch als Folge dieses Symposiums, hat man sich dann in den 80er Jahren sehr schnell darum bemüht, einige der bereits bestehenden Programme zu dokumentieren

Tabelle 3.25. Übersicht über geochemische Modelle (in ihrer zeitlichen Entwicklung)

Jahr	Modellname	Autoren
1962		Garrels & Thompson (1962)
1972	REDEQL	Morel & Morgan (1972); Ingle et al. (1978)
1973	SOLMNEQ	Kharaka & Barnes (1973)
1973	WATEQ	Truesdell & Jones (1973, 1974)
1976	WATEQF	Plummer et al. (1976)
1976	MINEQL	Westall et al. (1976)
1978	GEOCHEM	Sposito & Mattigot (1980); Mattigot & Sposito (1978)
1979	EQ3/6	Wolery (1979)
1980	WATEQ2	Ball et al. (1980)
1980	PHREEQE	Parkhurst et al. (1980, 1990 überarbeitete Version)
1981	WATEQ3	Ball et al., (1981)
1982	BALANCE	Parkhurst et al. (1982)
1983	EQ3NR	Wolery (1983)
1984	MINTEQ	Felmy et al. (1984)
1985	HYDROGEO-CHEM	Tripathi & Yeh (1985); Yeh & Tripathi (1990)
1986	MICROQL	Westall (1986)
1987	MINTEQA1	Brown & Allison (1987)
1987	WATEQ4F	Ball et al. (1987)
1988	SOLMNEQ.88	Kharaka et al. (1987); Kharaka et al., (1988)
1988	PHRQPITZ	Plummer et al. (1988)
1991	NETPATH	Plummer et al. (1992)
1991	MINTEQA2	Allison et al. (1991)
1994	CoTAM	Hamer & Sieger (1994)
1995	PHREEQC	Parkurst (1995)

und ihre Rechencodes und Datenbasen zu verbessern. Diese Bemühungen wurden 1988 auf einer Folgekonferenz dokumentiert (MELCHIOR & BASSETT

1990). Die Verbesserungen beinhalten neben der Vervollständigung und Optimierung der thermodynamischen Datensätze auch die Einbeziehung von höheren Temperaturen bzw. Drücken sowie von höheren Ionenstärken bei chemischen Reaktionen in aquatischen Systemen. Dies hat zur Folge, daß zum gegenwärtigen Zeitpunkt für einfache natürliche Systeme (gekennzeichnet u. a. durch eine kleine Anzahl von Komponenten und bekannte Randbedingungen, System im thermodynamischen Gleichgewicht, z. B. gültig bei Regenwasser, Grundwasser in begrenzten Gebieten, Ausscheidung von Mineralen in Quellen) mit Programmpaketen wie z. B. MINTEQA2, PHREEQE/PHREEQC oder SOLMNEQ.88 leistungsfähige Modellierungssoftware zur Auswertung und Interpretation geochemischer Reaktionen zur Verfügung stehen.

Bei der Beschreibung komplexer natürlicher Systeme mit solchen geochemischen Modellen gibt es jedoch noch eine Anzahl von Einschränkungen, da beim Einsatz dieser Programme eine Reihe von (häufig nicht eingehaltenen bzw. nicht oder nur schwer überprüfbaren) Annahmen gemacht werden. Zu diesen gehören u. a.:

- Geochemische Modellierungsprogramme; diese setzen praktisch immer ein chemisches Gleichgewicht zwischen allen beteiligten Komponenten (gelöste Stoffe und Feststoffe) voraus.
- Reale Mineralphasen; diese werden durch entsprechende Reinphasen repräsentiert, wobei viele wichtige Mineralphasen aber keine Reinphasen sind; daraus ergeben sich z. T. stark unterschiedliche Löslichkeiten.
- Bildungskonstanten von Komplexen; diese müssen für höhere Temperaturen und höhere Ionenstärken abgeschätzt werden.
- Ein allgemein anerkanntes Modell zur Bestimmung der Stabilitätskonstanten von Oberflächenkomplexen gibt es nicht, die Konkurrenz verschiedener Metalle bei Adsorptionsprozessen ist nicht hinreichend geklärt.
- Geochemische Modellierungen; diese werden in der Regel zeitunabhängig durchgeführt, da es nur wenige geeignete Daten zur Kinetik chemischer Reaktionen in der Geosphäre gibt; Zustände eines chemischen Ungleichgewichtszustandes können aber nur bei Kenntnis der Reaktionskinetik erklärt werden.

Für die Zukunft wird die Absicherung und Validierung (insgesamt eine systematische und ausführliche Codeverifizierung und Modellvalidierung) von Programmpaketen zur geochemischen Modellierung sowie ihre Verknüpfung mit hydrogeologischen Transportmodellen ein wichtiges Arbeitsfeld sein, da diese Programme zunehmend auch bei der rechtlichen Bewertung (Haftungsfragen, Schadensersatz) von Umweltfragestellungen an Bedeutung gewinnen. Bei den thermodynamischen Speziations- und Löslichkeitsmodellen gibt es Unsicherheitsquellen:

a) Unsicherheiten in der thermodynamischen Datenbasis und

b) Unsicherheiten in analytisch gemessenen Element- oder Spezieskonzentrationen.

Auf die Notwendigkeit, die verwendeten Rechencodes im Hinblick auf ihre Genauigkeit zu verifizieren und die Abschätzung der Fehlerfortsetzung in ihnen zu implementieren, haben schon MELCHIOR & BASSET (1990) hingewiesen. Bislang werden Sensitivitätsanalysen so durchgeführt, daß verschiedene Parameter nacheinander variiert und Speziations- bzw. Löslichkeitsberechnungen dann nacheinander durchgeführt werden. Diese wenig effiziente Vorgehensweise kann z. B. durch die Kombination einer Monte-Carlo-Rechnung mit einer generalisierten Sensitivitätsanalyse (GSA) verbessert werden. Hierbei liefert die Monte-Carlo-Rechnung die Variation der berechneten Parameter für jede spezifische Eingabeparameterverteilung, während die GSA ein statistisches Verfahren ist, mit dem die Eingabeparameter ermittelt werden können, die den größten Betrag zur Unsicherheit der Ausgabeparameter liefern (CRISCENTI et al. 1996).

Die Kopplung zwischen dem Transport und den geochemischen Prozessen im Grundwasser/Boden ist immer dann erforderlich, wenn sich das geochemische Milieu in der Geosphäre während des zu modellierenden Zeitraums oder ortsabhängig verändert. Mögliche Ursachen hierfür sind u. a.:

- Geochemisches Milieu; dieses wird in der Geosphäre durch die transportierten (Schad-)Stoffe im Grundwasser verändert (Zeitabhängigkeit).
- Transport des (Schad-)Stoffes; dieser erfolgt durch verschiedene geologische Formationen; die unterschiedlichen Mineralbestände können zu Ungleichgewichten zwischen Grundwasser und dem Mineralbestand führen (Ortsabhängigkeit).
- Mischung von Grundwässern unterschiedlicher Zusammensetzung; hierbei kommt es zu einer Veränderung des geochemischen Milieus (Ortsabhängigkeit).

3.4.4.3 Theoretische Grundlagen

Bei der geochemischen Modellierung werden die in wäßrigen Systemen auftretenden Reaktionstypen beschrieben und im Rechencode abgebildet. Hierbei sind folgende Reaktionstypen von Bedeutung (aus SCHLUZ & KÖLLING 1992):

- Säure-Base-Reaktionen, z.B.

$$H_2O + CO_2 \Leftrightarrow H_2CO_3^0 \Leftrightarrow H^+ + HCO_3^- \Leftrightarrow 2\,H^+ + CO_3^{2-}$$
$$Fe^{3+} + 3\,H_2O \Leftrightarrow Fe(OH)_3 + 3\,H^+$$

- Redoxreaktionen, z.B.

$$2\,Fe^{2+} \Leftrightarrow 2\,Fe^{3+} + 2\,e^- \quad \text{(Oxidation)}$$
$$MnO_2 + 4\,H^+ + 2\,e^- \Leftrightarrow Mn^{2+} + 2\,H_2O \quad \text{(Reduktion)}$$

$$2\,Fe^{2+} + MnO_2 + 4\,H^+ \Leftrightarrow Mn^{2+} + 2\,H_2O + 2Fe^{3+} \quad \text{(Redoxreaktion)}$$

- Fällungs- und Lösungsreaktionen, z. B.

$$Al(OH)_3 + 3\,H^+ \Leftrightarrow Al^{3+} + 3\,H_2O \quad \text{(Lösungsreaktion)}$$
$$2\,Al^{3+} + 2\,H_4SiO_4 + H_2O \Leftrightarrow Al_2Si_2O_5(OH)_4 + 6\,H^+ \quad \text{(Fällungsreaktion)}$$

- Sorptionsreaktionen (Adsorption / Desorption), z.B.

$$\equiv SOH + M^{n+} \Leftrightarrow \equiv SOM^{(n-1)+} + H^+$$

- Gas-Wasser-Reaktionen, z. B.

$$H_2O + CO_2(g) \Leftrightarrow H_2CO_3^0$$

- Komplexierungsreaktionen, z.B.

$$Al^{3+} + H_2O \Leftrightarrow Al(OH)^{2+} + H^+$$
$$Al^{3+} + 2\,H_2O \Leftrightarrow Al(OH)^{2+} + 2\,H+$$
$$Al^{3+} + 3\,H_2O \Leftrightarrow Al(OH)_3^0 + 3\,H^+$$
$$Al^{3+} + 4\,H_2O \Leftrightarrow Al(OH)_4^- + 4\,H^+$$

Für alle diese Reaktionstypen läßt sich die Lage des chemischen Gleichgewichts mit Hilfe des Massenwirkungsgesetzes errechnen:

z. B. für die Reaktion: $Al^{3+} + 4\,H_2O \Leftrightarrow Al(OH)_4^- + 4\,H^+$

ist der Ausdruck für das Massenwirkungsgesetz gegeben durch

$$K = \frac{\{Al(OH)_4^-\} * \{H^+\}^4}{\{Al^{3+}\} * \{H_2O\}^4}$$

mit K als der temperatur- und druckabhängigen Gleichgewichtskonstanten. {...} bezeichnet die Aktivitäten der Spezies in der Lösung. Die Aktivitäten der einzelnen Spezies können aus den molaren/molalen Konzentration und den zugehörigen Aktivitätskoeffizienten γ berechnet werden. Die Aktivitätskoeffizienten aller wäßrigen Spezies sind Funktionen der Ionenstärke I

$I = ½ \Sigma a_i * Z_i^2$ (mit a_i Modalität und Z_i Ladung der i-ten Spezies).

Zur Berechnung der Aktivitätskoeffizienten γ_i sind einige semiempirische, gewöhnlich auf der Debye-Hückel-Theorie basierende Formeln entwickelt worden, die alle die generalisierte Form

$$\text{Log}(\gamma_i) = - Az_i^2 * (\sqrt{I} / (1+Ba_i\sqrt{I})) + b_i I + B_i I^2$$

haben (Kincaid et al. 1984). Die einzelnen Rechencodes unterscheiden sich u. a. in der Anwendung unterschiedlicher mathematischer Ausdrücke (Debye-Hückel, erweiterte Debye-Hückel, Truesdell & Jones, Güntelberg, Davies) für die Berechnung der Aktivitätskoeffizienten bei verschiedenen Ionenstärken der zu modellierenden Lösungen.

Gleichung zur Berechnung von Aktivitätskoeffizienten		Anwendung bis zur Ionenstärke I
Debye-Hückel	$\log \gamma_i = -Az_i^2\sqrt{I}$	$< 10^{-2,3}$
erweiterte Debye-Hückel	$\log \gamma_i = -Az_i^2\sqrt{I} / (1+Ba_i\sqrt{I})$	$< 10^{-1}$
Truesdell & Jones	$\log \gamma_i = -Az_i^2\sqrt{I} / (1+Ba_i\sqrt{I}) + b_i I$	< 6
Güntelberg	$\log \gamma_i = -Az_i^2\sqrt{I} / (1+\sqrt{I})$	$< 10^{-1}$
Davies	$\log \gamma_i = -Az_i^2(\sqrt{I} / (1+\sqrt{I}) - 0,3I)$	$< 0,5$

mit $A = 1,82 \bullet 10^6 (\varepsilon T)^{-3/2}$, $B = 50,3(\varepsilon T)^{-1/2}$, a_i, b_i = ionen- bzw. elementspezifische Konstanten

Jede chemische Reaktion erfolgt unter einem meßbaren Energieumsatz. Bei konstantem Druck läßt sich der Energieumsatz über die Gibbssche freie Energie ermitteln:

$$\Delta G = \Delta H - T * \Delta S,$$

die über die Beziehung

$$\Delta G = \Delta G^0 + R*T*\ln K$$

mit der Gleichgewichtskonstanten einer Reaktion in Beziehung steht (ΔG: Änderung der Gibbsschen freien Energie; ΔG^0: ΔG bezogen auf 25°C und 1 bar; ΔH: Änderung der Reaktionsenthalpie; ΔS: Änderung der Reaktionsentropie; R: Gaskonstante; T: Temperatur in Kelvin).

Damit besteht über die Beziehung

$$\ln K = - \Delta G / RT = - \Delta H / RT + \Delta S / T$$

eine Möglichkeit, Gleichgewichtskonstanten auf höhere bzw. tiefere Temperaturen zu extrapolieren. Hierzu verwendet man entweder direkt die Van´t Hoffsche Reaktionsisotherme

$$\ln K_1 - \ln K_2 = - \Delta H / R * (1/T_1 - 1/T_2)$$

oder eine Virialgleichung des Typs

$$\log K_T = A + B*T + C/T + D*\log(T) + E*T^2 + F/T^2 + GT^{0.5}$$

wo A, B, C, D, E, F, G empirische Konstanten und T die Temperatur in Kelvin ist, wobei sowohl die Reaktionsenthalpien als auch die Konstanten der Virialgleichung für jede Reaktion experimentell ermittelt werden müssen.

Prinzipiell kann man für die Modellierung eines geochemischer Systems - im Sinne der Ermittlung der Speziesverteilung in der Lösung - nun so vorgehen (ANDERSON & CRERAR 1993), daß man

1. alle Spezies, die im System auftreten, notiert und die Anzahl der Spezies, für die keine Angaben vorliegen, zählt; diese Anzahl der Unbekannten bestimmt die Anzahl der erforderlichen und zu lösenden Gleichungen,
2. alle chemischen Reaktionen und die dazugehörigen Ausdrücke für die Gleichgewichtskonstanten notiert, sofern die Konstanten bekannt sind,
3. eine Gleichung für die Ladungsbilanz angibt (positive und negative Ladungen der Ionen müssen sich ausgleichen),
4. alle bekannten Massengleichungen (Anwendung des Massenerhaltungssatzes) notiert,
5. die Gleichungen, deren Anzahl gleich der Anzahl der Unbekannten sein muß, so umformt, daß die Unbekannten nacheinander berechnet werden können; hierbei geht man davon aus, daß alle Aktivitätskoeffizienten zunächst 1.0 sind und

6. die im Schritt 5. errechneten Spezieskonzentrationen verwendet werden, um die Aktivitätskoeffizienten zu berechnen.

Die Schritte 5. und 6. werden dann mit diesen Aktivitätskoeffizienten solange wiederholt, bis die Änderungen in einem vertretbaren Rahmen bleiben.

Diese Vorgehensweise, die bei kleinen Systemen (< 10 Spezies) auch manuell durchgeführt werden kann, wird für größere Systeme besser über entsprechende Rechencodes abgearbeitet, die zur Lösung des Gleichungssystems in der Regel auf die Newton-Ralphson-Methode zurückgreifen. Von entscheidender Bedeutung für die Qualität der geochemischen Modellierung ist dann

- die Güte des verwendeten Datensatzes für die thermodynamischen Daten der einzelnen Spezies (Gleichgewichtskonstanten K, Bildungsenthalpien ΔH bzw. die Koeffizienten der Virialgleichung, Aktivitätskoeffizienten und das verwendete Modell für ihre Berechnung) und
- die Güte der vorliegenden chemischen Analyse(n) des Wassers und der Festphasen (Minerale etc.).

Während der Forderung nach qualitativ hochwertigen Wasser- und Festphasenanalysen durch den Einsatz entsprechender Qualitätssicherungsmaßnahmen in der Regel entsprochen werden kann, ergibt sich bei der Bewertung der Güte des für die Modellierungen verwendeten thermodynamischen Datensatzes bzw. des verwendeten Rechencodes eine Reihe von Schwierigkeiten. In der Vergangenheit konnten die meisten Diskrepanzen bei Modellierungen jedoch auf Unterschiede in den jeweils verwendeten thermodynamischen Datensätzen zurückgeführt werden, während die Rechencodes praktisch gleichwertige Ergebnisse lieferten. Dies läßt im wesentlichen darauf schließen, daß die verschiedenen Rechencodes thermodynamisch äquivalente Gleichungssysteme lösen.

3.4.4.4. Anwendungsbeispiele

Die hier gegebenen Anwendungsbeispiele wurden mit dem Code PHREEQE durchgeführt, dem weit verbreitetsten Programmcode für die Berechnung geochemischer Gleichgewichte in der Literatur.

Als erstes Anwendungsbeispiel wird die Arbeitsweise dieses Programms am Beispiel des Kalk-Kohlensäure-Gleichgewichtes vorgestellt. Im Anschluß daran wird auf die Modellierung von Redoxvorgängen am Beispiel des Elementes Technetium und der Pyritverwitterung eingegangen.

Kalk - Kohlensäure - Gleichgewicht (KKW)

Der Carbonatpuffer ist eines der wichtigsten Puffersysteme in natürlichen wäßrigen Systemen. Aus diesem Grund wird eine Berechnung vorgestellt, bei der

1. eine Gleichgewichtsreaktion von Regenwasser mit dem CO_2-Partialdruck (p_{CO2}) der Atmosphäre modelliert wird;
2. das Regenwasser in den Boden eindringt und als Sickerwasser mit dem gegenüber der Atmosphäre deutlich erhöhten CO_2-Partialdruck (p_{CO2}) des Bodens reagiert (Gleichgewichtsreaktion);
3. ab Punkt 1. sich die Modellierung in zwei Schritte auftrennt: Typ a und Typ b. Typ a steht als Sickerwasser nicht im Kontakt (bzw. Gleichgewicht) mit Calcit. Für Typ b ist das Gleichgewicht mit dem Mineral Calcit schon in der ungesättigten Zone, also im Sickerwasserbereich gegeben;
4. im weiteren Verlauf beide Lösungen (Typ a und b bringen jeweils unterschiedliche Lösungsfracht mit) vom offenen System der ungesättigten Zone (freie Diffusion des CO_2 der Bodenluft) in das geschlossene System Grundwasserleiter überführt werden, in dem sich neue Gleichgewichte zwischen dem Wasser, der Gasphase und dem Mineral Calcit einstellen;
5. als letzter Schritt das Zutagetreten dieser Grundwässer (von Typ a und b) in Quellen den Kreislauf der Kalk - Kohlensäure - Gleichgewichtseinstellungen abschließen.

Für dieses Beispiel sind der Partialdruck des CO_2 in der Atmosphäre mit p_{CO2} = 0,03% (= 3,52 E-4) und im Regenwasser als destilliertes Wasser (keine zusätzliche Versauerung durch SO_2 etc.) gegeben. In der Bodenluft wird der CO_2-Partialdruck als p_{CO2} = 1,0% (= 1,0 E-2) angenommen. Fall a) beschreibt die Reaktion ohne Pufferung durch Calcit ($CaCO_3$), Fall b) beschreibt die Reaktion unter Berücksichtigung der Pufferung durch Calcit. Der 4. Schritt ist der Kontakt dieser Lösungen mit dem Calcit im Grundwasserleiter, ohne daß eine weitere CO_2-Quelle (geschlossenes System) vorhanden ist. Der 5. Schritt stellt den anschließenden Quellaustritt der Reaktionslösungen mit dem Übergang von einem geschlossenen in ein offenes System mit einem CO_2-Partialdruck p_{CO2} = 0,03% (= 3,52 E-4) dar.

Als Beispiel ist der Input-File für die o. g. PHREEQE-Modellierung (Modell-Typ a) ausgedruckt; Typ b) zeigt nur geringe Unterschiede im Eingabe-File. Die Bodenpassage verläuft hier im Kontakt mit Calcit und der CO_2-Partialdruck des Grundwassers beträgt: p_{CO2} = 0,05% (= 0,05 E-4):

```
Aufgabe: Regenwasser mit pCO2 0,03%;   1 E-3.52
015000100  0 0          0.0
SOLUTION 1
1. Regenwasser / CO2
 0  0 0   7.          9.          25.          1.0
```

```
MINERALS
PCO2         2      4.0    -1.466    -4.708         0          -3.52
  35  1.0              3 -1.0

END
```

2. Bodenpassage mit pCO2 1%, 1 E-2, ohne Kalzit

```
015000100  0 0        0.0
MINERALS
PCO2         2      4.0    -1.466    -4.708         0          -2.
  35  1.0              3 -1.0

END
```

3. Grundwasserleiter, kein zusätzliches CO2 in GW, Gleichgewicht mit Kalzit

```
015000100  0 0        0.0
MINERALS
CALCITE      2   4.0         -8.47     -2.58          1
  15 1.0                4 1.0
13.543        -0.0401     -3000.0

END
```

4. Quellaustritt, Normalatmosphäre, pCO2 0,03%; 1 E-3.52

```
015000100  0 0        0.0
MINERALS
PCO2         2      4.0    -1.466    -4.708         0          -3.52
  35  1.0              3 -1.0
CALCITE      2   4.0         -8.47     -2.58          1
  15 1.0                4 1.0
13.543        -0.0401     -3000.0

END
```

Die Ergebnisse der Rechnung sind in *Tabelle 3.26* und in den *Abb. 3.27a - 3.28b* dargestellt.

Der aus den Berechnungen resultierende pH von 5,67 entspricht dem normalen, nicht sauren Regen, bei dem das Regenwasser im Gleichgewicht mit dem CO_2-Partialdruck der Atmosphäre steht. In Abwesenheit des Carbonatpuffers (Typ a) führt ein z. B. durch mikrobiologische Mineralisation organischer Substanz erhöhter Partialdruck von 1 % CO_2 in der Bodenluft zu einem pH von ca. 4,9 im Sickerwasser. Bei einer Pufferung durch Carbonat (Typ b) stellt sich im Gleichgewichtszustand ein pH von ca. 7,3 ein. Die hohe Löslichkeit von $CaCO_3$ für die Reaktion des Typ b) wird durch die berechneten Gehalte (mg/l) an Calcium und Kohlenstoff (C) deutlich. Typ a) zeigt weiterhin im dritten Reaktionsschritt, daß der Partialdruck des CO_2 im geschlossenen System noch unter den Wert der Atmosphäre absinkt, wenn im Grundwasserleiter kein zusätzliches Kohlendioxid gelöst ist (pH ca. 8,5).

Da der CO_2-Partialdruck bei Reaktionen des Typ a) im Grundwasserleiter geringer ist als an der Erdoberfläche, erhöht sich die Löslichkeit für Carbonat an der Quelle. Hierbei muß allerdings berücksichtigt, werden, daß die unterschiedlichen Temperaturen des Oberflächen- und Grundwassers bei dieser Berechnung vernachlässigt wurden. Für Reaktionen des Typ b) gilt entgegengesetztes. In der ungesättigten Zone ist der p_{CO2} am höchsten, ein Gleichge-

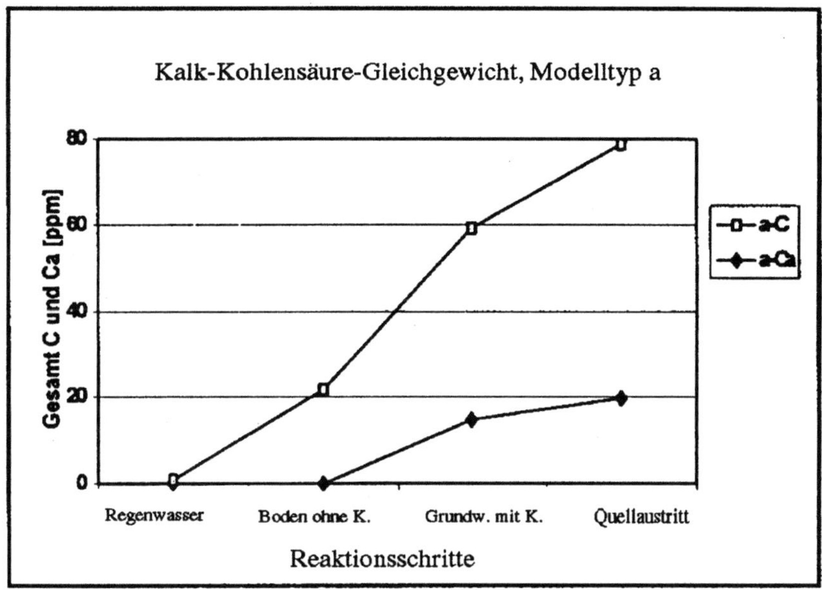

Abb. 3.27a. Entwicklung und Konzentrationen von Gesamt-C und Ca für Modell Typ a

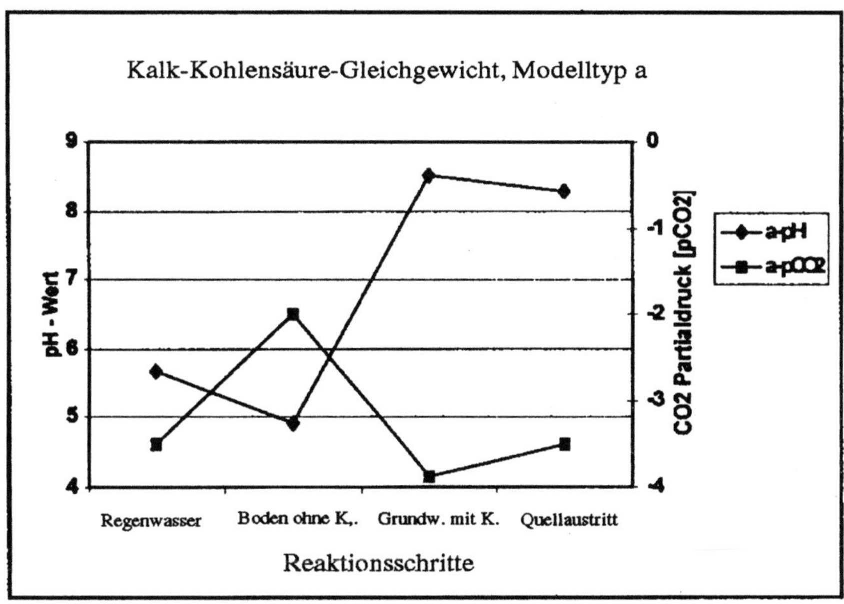

Abb. 3.27b. Entwicklung des pH-Wertes und des p_{CO2} für Modell Typ a

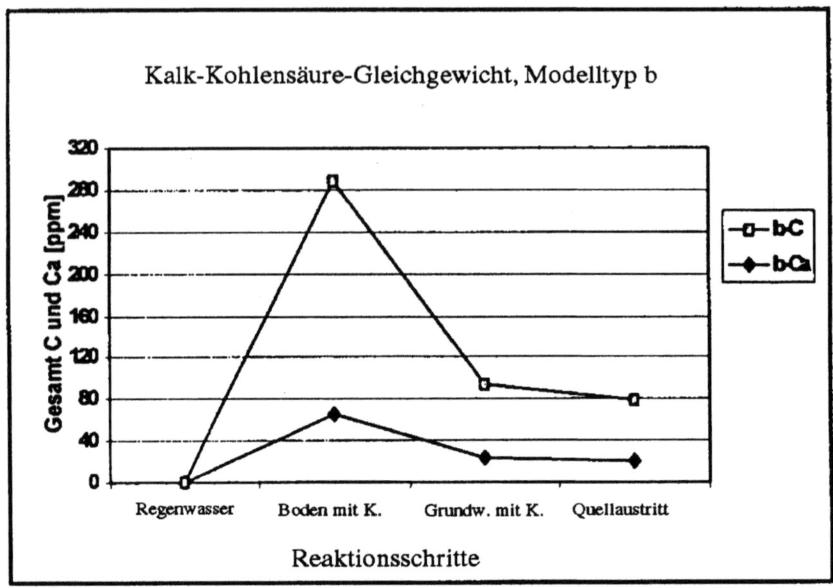

Abb. 3.28a. Entwicklung der Konzentrationen von Gesamt C und Ca für Modell Typ b

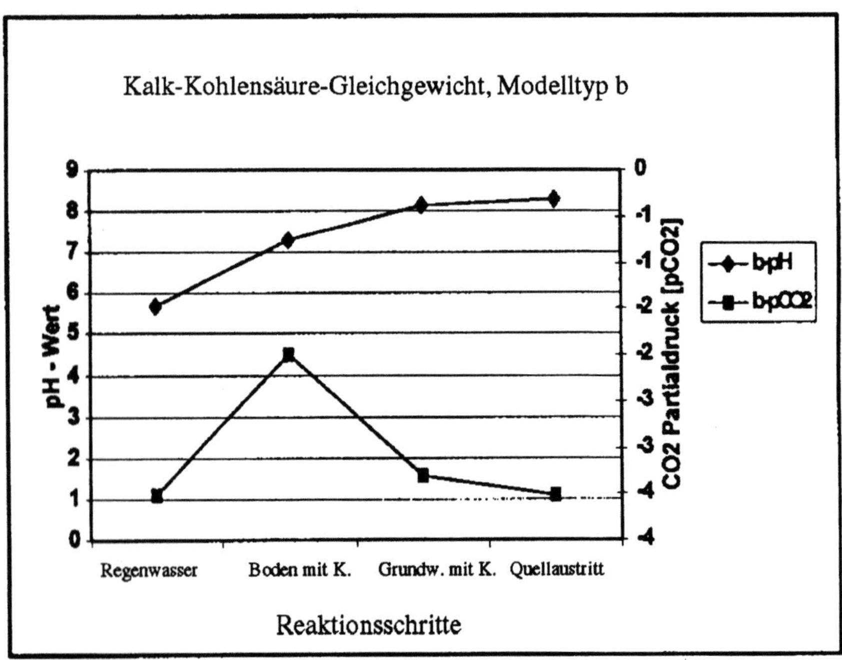

Abb. 3.28b. Entwicklung des pH-Wertes und des p_{CO2} für Modell Typ b

Tabelle 3.26. Ergebnisse der PHREEQE- Modellierung des KKW für 2 Reaktionstypen (Typ a und Typ b)

Typ a				
CO_2		[mg/l]	[mg/l]	
	PCO2	Ca	C	pH
Regenwasser	-3,52	0	0,76	5,67
Boden ohne Calcit	-2,00	0	21,62	4,91
Grundwasser mit Calcit	-3,88	14,853	44,22	8,53
Quellaustritt	-3,52	19,55	59,12	8,29
Typ b				
CO_2		[mg/l]	[mg/l]	
	PCO2	Ca	C	pH
Regenwasser	-3,52	0	0,76	5,67
Boden ohne Calcit	-2,00	66,171	221,73	7,30
Grundwasser mit Calcit	-3,30	23,194	70,75	8,15
Quellaustritt	-3,52	19,55	59,12	8,29

wicht mit Calcit wird für alle weiteren Reaktionsschritte angenommen. Einhergehend mit dem stetigen Abfall des p_{CO2} verringert sich stetig auch die Konzentration bzw. Aktivität des Calciums und des Gesamtkohlenstoff-Gehaltes, wohingegen sich die Wasserstoffionenaktivität erniedrigt (steigender pH).

Redoxübergänge: Abschätzung der Migration von Nukliden

Zur Abschätzung der Migrationsfähigkeit von Nukliden unter verschiedenen Bedingungen, wurden und werden zahlreiche Untersuchungen mit den Sedimenten und Wässern unterschiedlicher Grundwasserstockwerke vorgenommen. Hierbei werden die Sedimente der Grundwasserleiter unter Beibehaltung der physiko-chemischen Kennwerte gewonnen und später für die Versuche eingesetzt. Untersuchungen dieser Art sollten stets von geochemischen Modellrechnungen begleitet werden, um eine zusätzliche Sicherheit bei der Beurteilung der Mobilität der Nuklide zu erhalten. Dies gilt besonders für solche Elemente, die redoxsensitiv sind, d. h. bei unterschiedlichen Redoxmilieubedingungen ein deutlich unterscheidbares bis gegensätzliches Transportverhalten zeigen.

Technetium (Tc) wird hauptsächlich bei der Stromerzeugung in Kernreaktoren erzeugt. Die lange Halbwertszeit und die berechnete hohe Mobilität als Pertechnetat (TcO_4^-) erfordern einen sorgfältigen Umgang. Die Tc-Mobilität ist unter oxischen Bedingungen so hoch, daß es früher als Markierungsstoff für die Beobachtung von Wasserbewegungen eingesetzt wurde (MOSER 1979). Unter sauerstoffarmen, reduzierenden Bedingungen ist Technetium als vierwertiges Tc [z. B. $TcO(OH)_2$] dagegen praktisch immobil.

Bei Versuchen mit Quarzsanden eines Grundwasserleitersedimentes ließen sich jedoch auch unter oxidierenden Bedingungen hohe Tc-Festlegungen beobachten. Die für geochemische Modellierungen notwendigen thermodynamischen Daten für die Tc-Spezies (sowie für weitere, z. B. für die Endlagerung relevante Elemente) finden sich in der Chemval Datenbasis (s. a. Kap. 5). Eine Überprüfung mit dem thermodynamischen Rechencode PHREEQE ließ erkennen, daß bei den gemessenen Eh-Werten von ca. 300 – 400 mV eine derartige Festlegung nicht zu erwarten ist (s. *Abb. 3.29*), da praktisch alles Tc als Pertechnetat (TcO_4^-) vorliegen sollte. Eine Festlegung dürfte in diesem geochemischen System erst bei einem Absinken des Eh–Wertes auf ca. 140 mV erfolgen, da erst hier ein merklicher Anteil des Tc als $TcO(OH)_2$ vorliegen sollte. Diese Diskrepanz mußte durch weitere Untersuchungen geklärt werden.

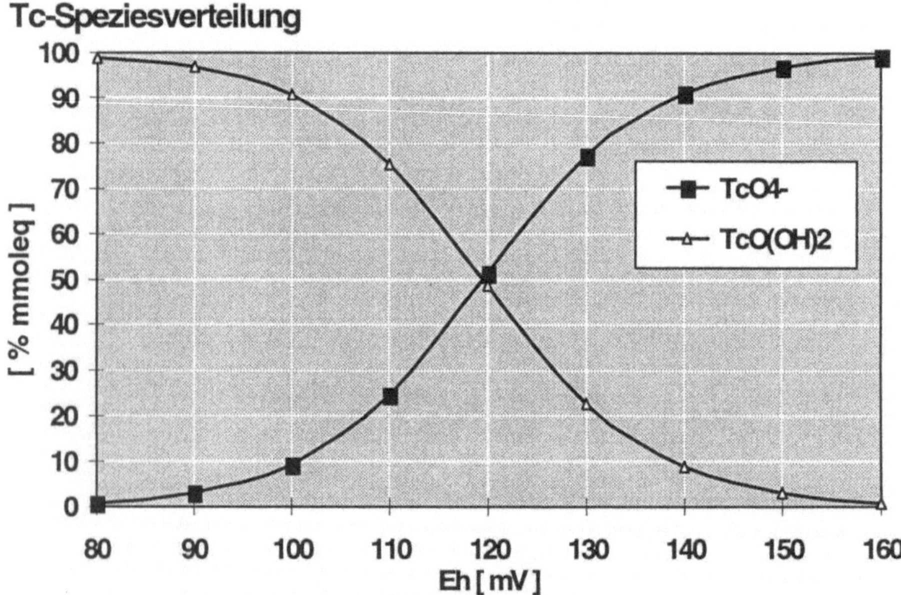

Abb. 3.29. Tc-Speziesverteilung für das untersuchte Grundwasser in Abhängigkeit vom Redoxmilieu (hier beschrieben über die Eh-Werte [mV])

Die Gesteinskomponenten besaßen keine hohe sorptive Kraft, das Sediment wies keine Sulfide auf, die in der Lage sind, auch unter oxidierenden Mileubedingungen eine Festlegung des Pertechnetats (TcO_4^-) zu bewirken. Erst die Überprüfung der mikrobiellen Besiedlung der untersuchten Gesteine und Wässer zeigte, daß die vorhandenen Mikroorganismen in der Lage waren, - in mit der Eh–Sonde nicht erfaßbaren Mikromilieus - Bereiche zu schaffen, die so reduzierend waren, daß das gut lösliche Pertechnetat zur sehr schwer löslichen 4wertigen Tc-Verbindung umgewandelt wurde. In dieser Form konnte das Tc von den Mikroorganismen eingelagert werden.

Die Berechnung mit geochemischen Modellen schafft also u. a. die Möglichkeit, Mobilitätsuntersuchungen kritisch zu hinterfragen und ggf. bislang unbekannten Wechselwirkungen (hier zwischen Mikroorganismen und Schadstoffen) auf die Spur zu kommen. Ein Fazit dieser Arbeiten ist es u. a., daß, zumindest bei Mobilitätsuntersuchungen, die sich nicht mit geochemisch-thermodynamischen Modellen bestätigen lassen, zusätzlich Versuche unter sterilen Bedingungen durchgeführt werden müssen, um die Konservativität der Untersuchungsergebnisse zu gewährleisten. Die hier gemachten Beobachtungen sind generell auch auf andere redoxsensitive Schwermetallelemente übertragbar.

Redoxübergänge: Oxidation von Sulfiden (Beispiel Pyritverwitterung, Flutung von Tagebaurestseen)

Ein Problem bei der Stillegung von ausgekohlten Braunkohletagebauen ist die Gefahr einer Versauerung der entstehenden Restseen durch die Oxidation der in den Sedimenten vorhandenen Sulfide (in der Regel Pyrite) mit Gefahr der Mobilisierung von Schwermetallen. Ähnliches gilt für den Aufstieg von hoch mineralisierten Salzwässern; so ist z. B. durch erhöhte Cl- Gehalte eine verstärkte Mobilität von Schwermetallen durch Komplexbildung zu erwarten.

Als Beispiel für den Einsatz von geochemischen Modellen für die Vorhersage von Ausbreitungsvorgängen bieten sich Untersuchungsergebnisse an, die mit tertiären Gesteinen eines heute als Deponie genutzten ehemaligen Tagebaurestloches erhalten wurden. Die Auskohlung des Tagebaus wurde Mitte der 70er Jahre eingestellt. Seitdem wird das Restloch mit Haus- und Gewerbeabfällen sowie Kraftwerksaschen verfüllt. Die tertiären Liegendschichten des ausgekohlten Flözes bilden das heutige Deponieunterlager. Aus diesen Schichten stammen die für die Laborversuche verwendeten Sedimentproben, die im Randbereich des Restloches mittels Kernbohrverfahren gewonnen wurden.

Die hydrochemische Situation im Umfeld des Tagebaurestloches ist durch jahrzehntelange intensive Wasserhaltung stark beeinflußt. Der natürliche Grundwasserspiegel wird auch heute noch um ca. 45 m unter sein natürliches Niveau abgesenkt. Die dadurch hervorgerufene Druckentlastung hat ein

Aufsteigen salinarer Lösungen (Lösungsinhalt > 100 g/l) aus dem Zechsteingrundwasserleiter zur Folge, was zu einer Versalzung der wasserführenden tertiären Schichten unterhalb des Flözes führt. In Zusammenhang mit der betriebenen Deponie stellt sich die Frage nach der potentiellen Mobilität von Schadstoffen.

In Laborversuchen wurde der Einfluß der im Umfeld des Tagebaurestloches möglichen hydrochemischen Milieubedingungen auf das Sorptionsverhalten von Schadstoffen untersucht. Dabei wurde neben dem Einfluß von Süß- und Salzwasser auch die potentielle Versauerungsgefahr in den Versuchen berücksichtigt. Für die Versuche wurden 3 Modellwässer als Versuchslösungen verwendet, um die unterschiedlichen Milieus zu simulieren. Das Ausgangswasser 1 (Süßwasser) hat die in *Tabelle 3.27* beschriebene Zusammensetzung. Die Versuchslösung 2 entspricht in ihrer Zusammensetzung einem höher mineralisierten Grundwasser, wie es in den tertiären Schichten unterhalb des Flözes angetroffen wird. Dazu wurden dem Ausgangswasser 50 g Natriumchlorid/l zugesetzt.

Um Versauerungsprozesse zu simulieren, wurde das Süßwasser mit Schwefelsäure (H_2SO_4) auf pH 2,5 angesäuert (Versuchslösung 3). Die Versuche wurden unter Laborbedingungen im aeroben Milieu durchgeführt.

Das Sorptionsverhalten von Schwermetallen ist einerseits von der Sedimentzusammensetzung abhängig, wird andererseits aber auch in hohem Maße durch die Inhaltsstoffe und die physiko-chemischen Eigenschaften der Lösung beeinflußt. Generell ist der pH-Wert einer Lösung von primärer Bedeutung für die Festlegung von Cd und Zn (ANDERSON & CHRISTENSEN 1988; CHRISTENSEN 1984; BOEKHOLD et al. 1993).

Säulenversuche

Bei den durchgeführten Säulenversuchen wurde neben den Schwermetallen Cadmium und Zink auch Quecksilber als Tracer aufgeben. Quecksilber wurde unter allen 3 Mileubedingungen quantitativ in den Säulen festgelegt. Unter Einfluß von Süßwasser konnte auch für Cadmium und Zink kein Durchbruch verzeichnet werden (*Abb. 3.30* und *3.31*). Im sauren Milieu verhalten sich

Tabelle 3.27. Chemische Hauptinhaltsstoffe des verwendeten Süßwassers (1)

Anionen [mg/l]		Kationen [mg/l]	
HCO_3	240	Ca	100
SO_4	93	Mg	8,9
Cl	196	Na	65
NO_3	3,8	K	7,5

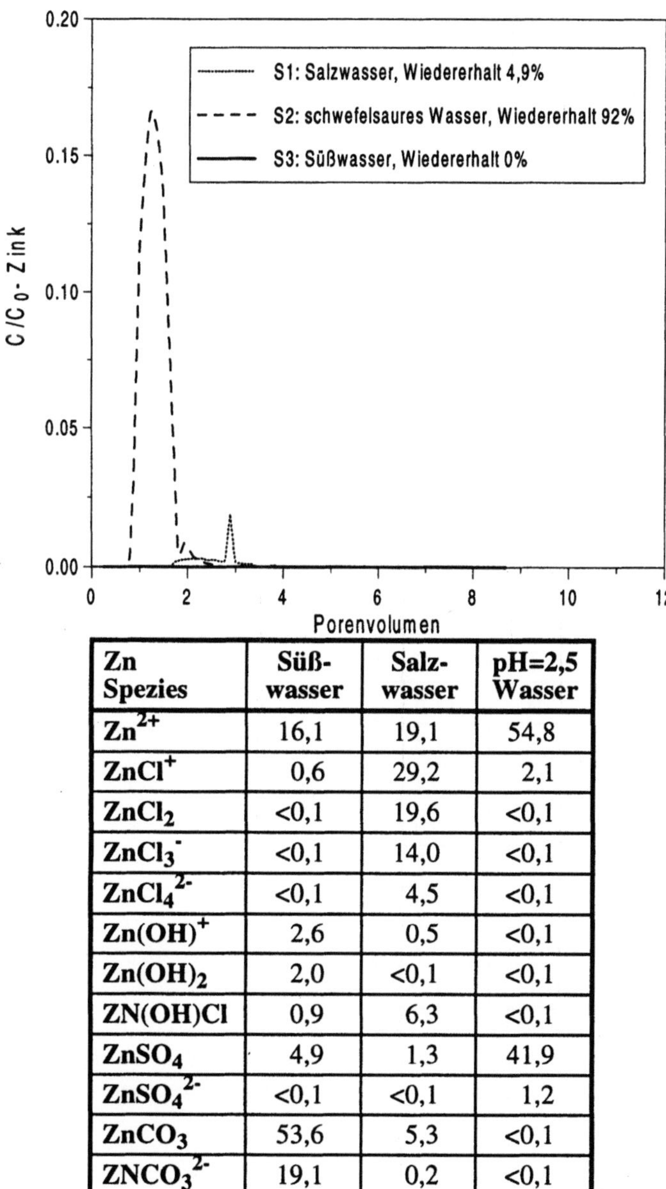

Zn Spezies	Süß-wasser	Salz-wasser	pH=2,5 Wasser
Zn^{2+}	16,1	19,1	54,8
$ZnCl^{+}$	0,6	29,2	2,1
$ZnCl_2$	<0,1	19,6	<0,1
$ZnCl_3^{-}$	<0,1	14,0	<0,1
$ZnCl_4^{2-}$	<0,1	4,5	<0,1
$Zn(OH)^{+}$	2,6	0,5	<0,1
$Zn(OH)_2$	2,0	<0,1	<0,1
ZN(OH)Cl	0,9	6,3	<0,1
$ZnSO_4$	4,9	1,3	41,9
$ZnSO_4^{2-}$	<0,1	<0,1	1,2
$ZnCO_3$	53,6	5,3	<0,1
$ZNCO_3^{2-}$	19,1	0,2	<0,1

Abb. 3.30. Zn-Durchbruchkurven der Säulenversuche unter den verschiedenen Milieubedingungen mit Angabe der Speziesverteilungen [%] (< 0,1 % nicht mehr angegeben)

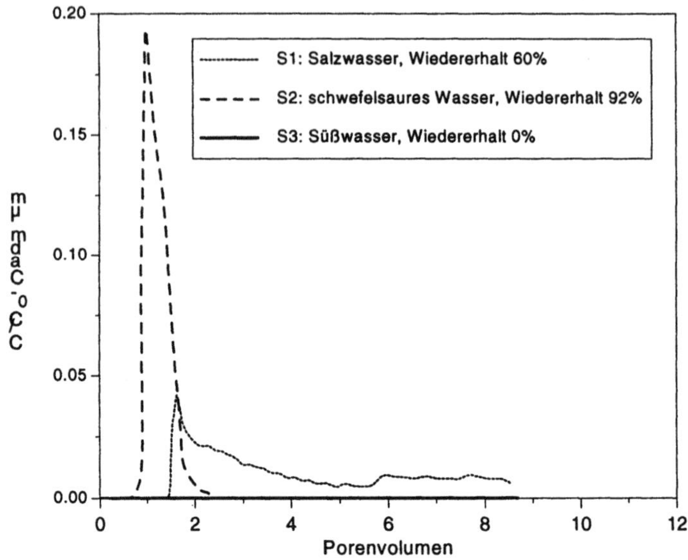

Cd Spezies	Süß-wasser	Salz-wasser	pH = 2,5 Wasser
Cd^{2+}	12,9	0,3	27,7
$CdCl^{+}$	19,9	21,0	41,8
$CdCl_2$	1,3	56,3	2,8
$CdCl_3^{-}$	< 0,1	22,0	< 0,1
$CdHCO_3^{+}$	5,8	< 0,1	0,4
$CdCO_3$	54,2	0,1	< 0,1
Cd(OH)Cl	7,7	0,1	< 0,1
$CdSO_4$	4,9	< 0,1	26,2
$CdSO_4^{2-}$	< 0,1	< 0,1	1,0

Abb. 3.31. Cd-Durchbruchkurven der Säulenversuche unter den verschiedenen Milieubedingungen mit Angabe der Speziesverteilungen [%] (< 0,1 % nicht mehr angegeben)

beide Schwermetalle ähnlich. Der Wiedererhalt der aufgegebenen Mengen liegt hier mit jeweils 92 % sehr hoch (*Abb. 3.30* und *3.31*). Die Maxima der Durchbruchkurven zeigen keine signifikanten Verzögerungen gegenüber dem idealen Tracer (Tritium).

Unter Verwendung der NaCl-Lösung als Versuchsmedium zeigen sich aufgrund der schon beschriebenen unterschiedlichen Affinitäten der beiden Schwermetalle zur Bildung von Chlorkomplexen deutliche Unterschiede in den Durchbruchkurven. Für Zink zeigt sich im salinaren Milieu ein deutlich verzögertes Durchbruchmaximum und ein Wiedererhalt von nur 4,9 % der aufgegebenen Stoffmenge. Demgegenüber ist bei den Säulenversuchen eine signifikant höhere Cadmium-Mobilität feststellbar. Die Durchbruchkurve des Cadmiums zeigt zwar eine deutliche Retardation, der Wiedererhalt der aufgegebenen Schwermetallmenge ist mit 60 % jedoch sehr hoch (*Abb. 3.31*).

Aus Vorversuchen liegen chemische Analysen der Batchlösungen nach der Konditionierungsphase vor. Mit dem Programm PHREEQE (PARKHURST et al. 1980) wurde die Verteilung der Cadmium- und Zinkspezies in den Lösungen berechnet. Die in den *Abb. 3.30* und *3.31* aufgelisteten Speziesverteilungen zeigen, daß Cadmium im salzigen Milieu zu mehr als 70 % in neutralen bzw. negativ geladenen Chlorokomplexen gebunden ist, die nur in sehr geringem Maß sorbierbar sind. Cadmium verhält sich im sauren Milieu und unter Süßwassereinfluß ähnlich dem Zink. Unter dem Einfluß der NaCl-Lösung nimmt die Mobilität von Cadmium deutlich zu, was auf die Bildung von sehr stabilen Chlorokomplexen zurückzuführen ist (COMANS et al. 1988). Zwar ist Chlorid grundsätzlich ein starker Komplexbildner für gelöste Schwermetalle (BOURG 1995), jedoch neigt Cadmium in wesentlich höherem Maße zur Bildung von stabilen Chlorokomplexen als Zink.

Nur ca. 21 % des Cadmiums liegen als ein- oder zweiwertig positiv geladenes Ion, also in relativ gut sorbierbarer Form vor. Die Bildung von schwer oder nicht sorbierbaren Zink-Chloro-Komplexen ist mit 44% deutlich geringer, und bis zu ca. 50 % des Zinks liegt als positiv geladenes Ion vor.

Zusammenfassung

Die exemplarisch aufgeführten Untersuchungen zeigen, daß sich mit Hilfe von geochemischen Modellen auch die z. T. extremen hydrochemischen Milieubedingungen im Umfeld von Deponien beschreiben lassen. Da diese Milieubedingungen sich sehr unterschiedlich auf das Transportverhalten von Schadstoffen auswirken, ist die Anwendung geochemischer Modelle ein wichtiges zusätzliches Instrument, um die Ausbreitung von Schadstoffen für Sanierungs- und Sicherungsmaßnahmen abzuschätzen. Im einzelnen wurde gezeigt, daß die Mobilität von vielen Schwermetallen (hier am Beispiel Cadmium) unter Einfluß von Salzlösungen aufgrund der Bildung von stabilen Chlorokomplexen signifikant erhöht wird. Bei möglichen Versauerungsprozessen ist generell mit einer starken Mobilität von Schwermetallen in Grundwasserleitern im Umfeld von Deponien zu rechnen, wenn die Sedimente aufgrund geringer Carbonatgehalte nur begrenze Säurepufferkapazitäten aufweisen.

3.4.4.5 Beschaffung der Programme und Schulung

Beschaffung

Die Programme PHREEQE, PHREEQC und NETPATH sind als public domain kostenfrei beim USGS (United States Geological Survey) zu beziehen. Dies kann schriftlich erfolgen über folgende Anschrift:

Software
U.S. Geological Survey
NWIS Program Office
437 National Center
Reston, VA 22092
☎ 001 / 703 / 648-5695
USA

Manual: User`s guide to PHREEQC
U.S. Geological Survey
Earth Science Information Center
Earth Science Information Center
Box 25286, MS 517
Denver Federal Center
Denver, CO 80225 – 0046, USA

Für die alte PHREEQE-Version gibt es eine sehr gute interaktive Benutzeroberfläche für die Generierung der Inputdatensätze namens FREAKIN. Sie ist in dem DVWK-Schriften-Band 100 näher beschrieben und zusammen mit dem Band auf Diskette erhältlich.

Zusätzlich sind die Programme auch über das Internet erhältlich. Die neuesten DOS- und UNIX-Versionen dieser Software und ein Postscript-File des Manuals können von folgender ftp-Adresse als „anonymous“ bezogen werden: **brrcrftp.cr.usgs.GOV** (136.177.112.5).

Eine vielleicht einfachere Beschaffung ist auch innerhalb Deutschlands möglich über die TU Freiberg (AG Prof. B. Merkel), die zusätzlich einen Windows-Editor anbietet (s. u.). Das Programm ist über **http://www.geo.tu-freiberg.de/institut/hydro/phr-tools.html** erhältlich.

PHREEQC ist die neue vollständig überarbeitete Version des PHREEQE-Programms von 1980 (s. a. Tabelle 1). Das neue PHREEQC ist in C programmiert und ermöglicht die Verwendung von mehr als 30 Masterspezies. Zudem entfallen die Beschränkungen hinsichtlich der Anzahl der gelösten Spezies und der Minerale. Neben den weitreichenden Funktionen des alten PHREEQE wurden die folgenden Optionen neu hinzugefügt:

1. Ionenaustausch und Oberflächenkomplexierung,
2. deutlich erweiterte Redoxmöglichkeiten,
3. keine Beschränkung auf nur 2 Lösungen, sondern eine beliebige Anzahl von Lösungen, Mineralassoziationen und Gasphasen,
4. die Möglichkeit, ein Ladungsungleichgewicht beizubehalten nach einer Gleichgewichtseinstellung mit Mineralen,
5. zusätzlich wurden früher eigenständige Programme implementiert, wie z. B.
   a) NETPATH (inverse Modellierung mit Massenbilanz),
   b) eine PHREEQM - ähnliche einfache Transportmodellierung.

Eine der deutlichsten Veränderungen ist die Eingabe in einem freien Format, das mit den verschiedensten Editoren und Textverarbeitungsprogrammen erstellbar ist. Eine "sklavische" Einhaltung der durch die FORTRAN-Programmierung vorgegebenen festen Positionen für jegliche Eingabewerte ist nicht mehr nötig. Die Input-Files und die Basisdatensätze sind deutlich leichter verständlich, auch für den ungeübten Benutzer.

Seit Beginn 1997 ist über die TU Freiberg (AG Prof. B. Merkel) ein spezieller PHREEQC-Editor für Windows erhältlich, die Windows–Shell Phredit. Der Kern der Shell ist ein Editor zum Erstellen von PHREEQC–Input–Files. Es werden die Keywords, die Mineralphasen und die Spezies in Listenform zur Verfügung gestellt. Die Modellberechnungen können direkt aus der Shell aufgerufen werden, die wiederum eine Editor/Browser aufruft, mit der die Ergebnisse der Berechnungen angesehen werden können. Zusätzlich werden mit der Datei phr_tool.zip 3 kleine Hilfsprogramme für den Umgang mir PHREEQC heruntergeladen, nämlich Phr_gen, Pn-Scan und Invert. Phr_gen erzeugt aus Wasseranalysen im ASCII–Datenformat PHREEQE-Input–Files. Pc-scan liest PHREEQE-Output-Files und schreibt 2 ASCII-Files. Ein ASCII-File hat die Form einer Matrix. Jede Wasseranalyse entspricht einer Zeile. Invert invertiert die Matrix, so daß ein neuer ASCII–File erstellt wird, in dem jede Spalte eine Wasseranalyse enthält.
Das Programm CoTAM ist erhältlich über den Verlag Ernst & Sohn (ISBN 3-433-01544-9). Die Programmbeschreibung mit Fallbeispielen ist erschienen als gebundenes Buch mit der Programmdiskette: Kay Hamer und Rainer Sieger (1994): Anwendung des Modells CoTAM zur Simulation von Stofftransport und geochemischen Reaktionen. 186 S.

Des weiteren wird auch durch die NEA (Nuclear Energy Agency) eine Reihe von geochemischen Modellen angeboten. Diese Software-Datenbank wird ständig aktualisiert. Hier sind z. B. auch EQ 3/6, Minteq, Mineql, Solmineq88, Phrqpitz und zahlreiche andere Programme vertreten. Die Internetadresse lautet: **http://www.nea.fr/html/dbprog/cpsabs_r.html**

Datenbasen

Eine sehr gut bearbeitete und dokumentierte Datenbasis ist die Chemval Datenbasis. Diese Datenbasis ist das Resultat aus der Erkenntnis, daß nicht die mathematische Grundlage der verschiedenen geochemischen Modelle der Grund für unterschiedliche Ergebnisse war, sondern die verwendeten Datenbasen. Hier werden zusätzlich zu den thermodynamischen Datensätzen, die alle nochmals überprüft wurden, Zusatzinformationen zu den Quellen der Daten gegeben (Datenbank im dBase Format).

Schulung - Einführung in das Arbeiten mit geochemischen Modellen

Generell gilt das gleiche wie für alle Modellierungsprogramme in der Hydrogeologie: Das Programm ersetzt nicht den geologischen und hydrogeochemischen Sachverstand. Zusätzlich sollte eine Schulung Einsichten in die Möglichkeiten und Grenzen der Programme verschaffen.

Als ein guter, verständlich geschriebener Ratgeber zu Fragen der Einsatzmöglichkeiten von PHREEQE ist SCHULZ & KÖLLING (1992) in dem Heft 100 der o. g. DVWK Schriften zu empfehlen.

Für größere Institutionen, die es sich leisten können, weil eine größere Anzahl von Mitarbeitern geschult werden soll, ist es zu überlegen, ob nicht die

Entwickler der Modelle eingeladen werden können, um die Schulung selbst durchzuführen.

Handelt es sich nur um einen Mitarbeiter, der sich in die Verfahrensweise der geochemischen Modellierung einarbeiten soll, dann bietet sich innerhalb Deutschlands besonders die Sommer-Universität Hydrogeologie - Umweltgeologie in Bremen an, die im Jahresrhythmus Kurse zur Geochemischen Modellierung anbietet (mit den Programmsystemen WATEQ, PHREEQE / PHREEQC, SOLMINEQ und CoTAM).

Kontaktadresse:

Dr. Jürgen Schröter,
Universität Bremen,
FB5 Geowissenschaften
Postfach 330 440
D - 28334 BREMEN
☎ 0241 / 218 41 23
Fax: 0241 / 218 43 21
e-mail: schroe@zfn.uni-bremen.de

WWW: http://www.palmod.uni-bremen.de/FB5/agschulz/sommer_u.htm

3.4.5 Untersuchungen zur Veränderung natürlicher Barrieren unter dem Einfluß von Deponiesickerwasser

STEPHAN DEMMERT UND DETLEF ASMUS

3.4.5.1 Problematik und Hintergrund der Fragestellung

Die Sicherheitsphilosophie in der Deponietechnik sieht am Standort einen natürlich anstehenden Untergrund aus einem geringdurchlässigen Barrieregestein (Schluffe, Tone etc.) mit ausreichender Mächtigkeit und Ausdehnung vor. Diese natürliche, weil nicht bautechnisch hergestellte geologische Barriere liegt somit als zusätzliches Element unterhalb des technisch erstellten Basisabdichtungssystems, das sich aus einer mineralischen Dichtung, einer Konvektionssperre (Kunststoffdichtungsbahn oder Asphaltbeton) und einer Entwässerungsschicht zusammensetzt.

Dieser Aufbau zeigt, daß ein großflächiger Kontakt von Deponiesickerwässern mit dem natürlich anstehenden Untergrund nur bei Altdeponien denkbar ist, bei denen zum damaligen Betriebsbeginn keine Basisabdichtung eingebaut wurde. Demgegenüber ist bei neueren Deponien ein lokaler Kontakt nur in den Fällen denkbar, bei denen Fehlstellen in der Konvektionssperre der Basisabdichtung ein flächig begrenztes Durchsickern der mineralischen Dichtung bis hin zur geologischen Barriere ermöglichen. Solche Fehlstellen sind bei Deponien neuerer Art allerdings nur in geringer Anzahl zu erwarten.

Sicherlich ist bei langzeitlicher Betrachtung des Deponiesystems und der angenommenen Alterung von Kunststoffdichtungsbahnen (KDB) oder Asphaltbeton ein Sickerwasserkontakt mit der geologischen Barriere eher möglich, doch wird bis dahin auch die Konzentration der einzelnen Schadstoffe im Sickerwasser so weit abgenommen haben, daß ein Kontakt für das mineralische Material ohne Auswirkungen bleibt.

Insofern bleibt festzuhalten, daß bei Deponien mit einer Basisabdichtung ein Sickerwasserkontakt mit der geologischen Barriere unterhalb der Dichtung nur in wenigen Fällen und dann auch nur lokal zu erwarten ist. Aus diesem Blickwinkel ist die Frage der Sickerwasserbeständigkeit der geologischen Barriere deshalb eher von untergeordneter Bedeutung. Dennoch ist diese Fragestellung interessant, da die mineralischen Dichtungen häufig aus Materialien solcher natürlicher Barrieren aufgebaut sind. Daher wird bei den folgenden Überlegungen davon ausgegangen, daß entweder ein Kontakt des Sickerwassers mit der geologischen Barriere nach lokaler Durchsickerung der mineralischen Dichtung vorliegt oder als mineralische Dichtung ein Material einer natürlichen Barriere, d. h. eines Tones oder Ton-Schluff-Gemisches verwendet wurde.

Welche Eigenschaften einer Dichtung oder einer natürlichen Barriere können nun durch den Kontakt mit den Sickerwasserinhaltsstoffen beeinflußt werden? Die maßgebende Eigenschaft von Barrieren liegt neben ihrer Verformbarkeit und Scherfestigkeit vor allem in ihrer Dichtigkeit, ausgedrückt durch eine niedrige Durchlässigkeit, einem hohen Diffusionswiderstand und einem hohen Schadstoffrückhaltevermögen. Abnahmen in der Plastizität und somit der Verformbarkeit eines Tones etwa durch den Kontakt mit reinem Methanol sind zwar beobachtet worden, können aber bei realitätsnahen Sickerwasserzusammensetzungen ausgeschlossen werden.

Daher ist die Wirkung von Chemikalien auf die Durchlässigkeit - als charakteristische Kenngröße einer Dichtung oder Barriere - von größter Bedeutung. Zu dieser Thematik liegen auch die meisten Untersuchungs- und Forschungsergebnisse vor.

3.4.5.2 Einfluß des Sickerwassers auf die Durchlässigkeit

Auswirkungen anorganischer und organischer Substanzen

Ein Boden besteht aus verschiedenen Kornfraktionen, doch sind für die Frage der Beständigkeit nur die tonigen Anteile von Bedeutung, da die Tonpartikel aufgrund äußerer Einflüsse entweder quellen oder schrumpfen können. Solche Reaktionen tauchen bei den Schluff-, Sand- und Kiesanteilen der Kornfraktion nicht auf, so daß man daraus ableiten kann, daß die Frage der Sickerwasserbeständigkeit am besten bei reinen Tonen und hier bei den Tonen mit der größten Quellfähigkeit betrachtet werden kann.

Im Deponiebau werden dem Dichtungsmaterial meist aktivierte Natrium-Bentonite zugesetzt, deren Hauptbestandteil das quellfähige Tonmineral Montmorillonit ist. Nach BRANDL (1989) werden jedoch gerade die Eigenschaften des Montmorillonit am stärksten durch Chemikalien beeinflußt, während die Auswirkungen für die Tonminerale Illit, Kaolinit und Chlorit in dieser Reihenfolge abnehmen. MITCHELL & MADSEN (1987) untersuchten ausführlich die Effekte verschiedener anorganischer und organischer Stoffgruppen auf die Durchlässigkeit von Tonen. Die Auswirkungen anorganischer Stoffe hängen demzufolge ab von:

- ihren Einflüssen auf die Doppelschicht des Kristallgitters und die Kräfte zwischen den Partikeln,
- ihren Einflüssen auf die Oberflächenladung der Tonminerale,
- ihren Einflüssen auf den pH-Wert des Bodens.

Die Auswirkungen organischer Stoffe hängen dagegen ab von:

- ihrer Wasserlöslichkeit,

- ihrer Dielektrizitätskonstante,
- ihrer Polarität,
- der Konzentration der verwendeten Lösung.

Die folgenden Aussagen müssen daher für anorganische und organische Stoffe getrennt werden. In diesem Zusammenhang muß darauf hingewiesen werden, daß bereits die Versuchsanordnung - speziell die Wahl der Durchströmungszellen - die feststellbaren Effekte beeinflußt (ZEIGER 1993). So werden bei Festbettzellen ohne seitlichen Druck durch Schrumpfungen des Materials Randumläufigkeiten an der Zellenwand mit erhöhter Durchlässigkeit hervorgerufen, die einen in der Realität nicht vorhandenen, hohen Einfluß der Substanz auf den Durchlässigkeitsbeiwert vortäuschen können.

Daher ergeben sich günstigere Randbedingungen bei der Verwendung einer Triaxzelle, bei der neben einer Auflast auch ein ständiger Seitendruck aufgebracht werden kann. Werden in einem Triaxgerät Proben mit reinen organischen Flüssigkeiten durchströmt, können diese einen um 1 - 2 Zehnerpotenzen niedrigeren k_f-Wert aufweisen als bei einer Versuchsanordnung in einer Festbettzelle. Die Diskrepanz der k_f-Werte reduziert sich deutlich, wenn bei beiden Versuchen destilliertes Wasser oder gering konzentrierte Lösungen verwendet werden.

Anorganische Lösungen

Bei den anorganischen Lösungen muß zwischen sauren und basischen Wässern unterschieden werden. Wie KOHLER (1983) ausführt, greifen basische Lösungen Tonminerale der Kaolinitgruppe stärker an als solche aus der Illit- und Montmorillonitgruppe, wobei bevorzugt die Tetraederbausteine der Schichtsilicate gelöst werden. Bei den sauren Wässern ist dies umgekehrt, da hier in Abhängigkeit vom Säuregrad die Oktaederschichten stärker als die Tetraederschichten angegriffen werden.

Konzentrierte anorganische Säuren können eine deutliche Zunahme der Durchlässigkeit durch Auslösung von Carbonaten, Eisenoxid und Aluminium bewirken (OWEIS & KHERA 1990), sind jedoch für Deponiebedingungen kaum zutreffend. Nach DANIEL (1991) hängt der Grad der Lösung von der Konzentration der Säure, der Reaktionsdauer, dem Flüssigkeits-Feststoff-Verhältnis und der Tonart ab, wobei Kaolinit die geringste und Smectit die größte Löslichkeit aufweisen. Der Angriff verdünnter organischer Säuren auf Tonminerale ist dagegen kaum vorhanden.

Basen wirken als Dispergierungsmittel, weil die bei niedrigem pH-Wert positiv geladenen Tonmineralkanten bei einem pH-Wert > 8 negativ werden. Da die Flächen der Minerale ebenfalls negativ geladen sind, entsteht ein disperses Gefüge (MADSEN 1992). Basen haben nur dann signifikanten Einfluß auf die Durchlässigkeit, wenn sie in reiner Form auftreten, nicht jedoch bei Konzentrationen unterhalb der Löslichkeitsgrenze (BRANDL 1989). So untersuchten LENTZ et al. (1985) die Auswirkungen einer Natriumhydroxidlösung bei unterschiedlichen pH-Werten. Dabei stellten sie fest, daß sich die Durchlässigkeit erst bei einem pH-Wert > 11 veränderte und bei einem maximalen pH-Wert = 13 um eine Zehnerpotenz stieg. Solche Bedingungen sind in der Praxis nicht zu erwarten.

Organische Lösungen

Der Einfluß organischer Säuren ist in der Regel geringer als der von anorganischen Säuren. Im Gegensatz zu anorganischen Säuren wird durch organische Säuren die Tetraederschicht durch Lösung des Siliciums stärker angegriffen als die Oktaederschicht. Reine organische Verbindungen können zwar zur Entstehung von Schrumpfrissen und durch abnehmende Abstände der Tonmineralschichten zur Erhöhung der Durchlässigkeit führen, sind jedoch als Sikkerwasser realitätsfremd. MITCHELL & MADSEN (1987) zeigten zudem, daß gerade diese Ergebnisse stark von der verwendeten Versuchsapparatur abhängig sind.

Verdünnte Lösungen zeigen kaum Einfluß auf die Durchlässigkeit. MADSEN & MITCHELL (1988) überprüften für verschiedene organische Substanzen wie einfache Kohlenwasserstoffverbindungen, Alkohole und Phenole, Ether, Aldehyd sowie organische Säuren und organische Basen deren Einfluß auf die Durchlässigkeit von Tonen. Auch ohne auf Einzelergebnisse dieser umfangreichen Studie einzugehen, läßt sich resümieren, daß Lösungen schwerlöslicher Stoffe (Kohlenwasserstoffe) und Lösungen wasserlöslicher Stoffe bei Konzentrationen bis zu 75 % keine spürbare Erhöhung der Durchlässigkeit bewirkten. Wie MADSEN (1992) zudem ausführt, kann durch die Aufnahme organischer Verbindungen der Basisabstand der Elementarschichten des Tonminerals erhöht werden, womit eine Quellung und somit sogar eine Reduktion des k_f-Wertes erfolgen kann.

Deponiesickerwässer

Eine ausführliche Studie zum Verhalten kalkhaltiger Basisabdichtungen beim Kontakt mit sauren, organischen Sickerwässern wurde von STEFFEN et al. (1992) durchgeführt. Dabei wurde als Ergebnis herausgestellt, daß die Beanspruchung kalkhaltiger Dichtungsmaterialien durch saure Sickerwässer weniger problematisch erscheint als allgemein angenommen wird. Der Einfluß der sauren Sickerwässer konzentrierte sich auf den oberen Bereich des Materials, wobei der Kalk teilweise aus der Kornmatrix ausgelöst wurde. Der ausgelöste Kalk setzte sich weiter unten in der Probe in den Porenräumen fest und führte quasi zu einer Kolmation (Verstopfung der Bodenporen). Die Durchlässigkeit der Gesamtprobe änderte sich kaum. Bei Proben mit k_f-Werten um 10^{-10} - 10^{-11} m/s waren überhaupt keine nennenswerten Veränderungen festzustellen. Bei deponienahen Randbedingungen haben somit organische Substanzen wenig Einfluß auf die Durchlässigkeit.

Der tatsächliche Einfluß von üblichen Deponiesickerwässern wurde nur selten untersucht, da die Konzentrationen der einzelnen Substanzen deutlich

unterhalb der Prüfflüssigkeiten liegen, bei denen Reaktionen der Tonminerale festgestellt wurden und zudem auftretende Effekte durch die unterschiedliche Sickerwasserzusammensetzung schwerer interpretierbar sind.
So untersuchten DANIEL et al. (1988) die Durchlässigkeit verschiedener Tone bei 3 Sickerwässern mit pH-Werten zwischen 1,5 - 7,1. Signifikante Veränderungen des k_f-Wertes konnten dabei nicht festgestellt werden.

Durchströmungsversuche mit einem realen Deponiesickerwasser einer Sonderabfalldeponie wurden von ZEIGER (1993) durchgeführt und dokumentiert. Dabei konnten keine nachteiligen Effekte auf die Durchlässigkeit beobachtet werden - im Gegenteil traten in einigen Fällen sogar Reduzierungen des k_f-Werte voraussichtlich durch Ausfällungsprodukte auf.

Einfluß der Auflast

In früherer Zeit wurde hauptsächlich die Sickerwasserbeständigkeit der Tone losgelöst von der Auflast durch den Abfallkörper untersucht. Erst in den letzten Jahren wurden solche Beständigkeitsversuche unter gleichzeitiger Druckbelastung der Probe ausgeführt, da festgestellt wurde, daß eine solche Auflast die Gefahr einer Erhöhung der Durchlässigkeit bei Kontakt mit Sickerwasser durch die Überdrückung der Schrumpfrisse deutlich reduziert.

Von Bedeutung ist hierbei v. a. eine Untersuchung von BRODERICK & DANIEL (1989). Diese wiesen nach, daß bei Verdichtung des Tons mit modifizierter Proctordichte oder einer Auflast von mindestens 70 kPA die chemische Resistenz des Tons deutlich zunimmt. Dies weist darauf hin, daß die früheren Untersuchungen zur chemischen Resistenz mineralischer Materialien ohne Auflast nur beschränkte Aussagefähigkeit haben.

Zusammenfassend läßt sich sagen, daß der Einfluß verschiedener Chemikaliengruppen auf die einzelnen Tonminerale unterschiedlich einzuschätzen ist. Insgesamt jedoch ist der Einfluß von verdünnten organischen und anorganischen Lösungen sowie realitätsnahen Deponiesickerwässern auf die Durchlässigkeit eines mineralischen Dichtungsmaterials bei gleichzeitig hoher Auflast gering. Dies gilt in noch stärkerem Maße für die Veränderung der Eigenschaften einer natürlichen geologischen Barriere, da die Möglichkeit eines Sickerwasserkontaktes bei Deponien mit einem Abdichtungssystem nur lokal und zeitlich begrenzt möglich ist.

Literatur

ABRAHAM, T. (1986) Hydrogeochemisch relevante Stofftransportprozesse in porösen Medien und deren Modellierung. Ein Beitrag zum Grundwasserschutz. Fak. Math. und Naturwissenschaften der Bergakademie Freiberg. Diss. (unveröff.), Freiberg

ACKERMANN, F. (1980) A procedure for correcting the grain size effect in heavy metal analyses of estuarine and coastal sediments. Environ Technol Lett 1: 518 - 527

AGEMIAN, H., CHAU, A. S. H. (1976) Evaluation of extraction techniques for the determination of metals in aquatic sediments. Analyst 101: 761 - 767

AJAYI, S.O., VAN LOON, G.W. (1989) Studies on redistribution during the analytical fractionation of metals in sediments. Sci Tot Environ 87/88: 171 - 187

ALLISON, J. D., BROWN, D. S., NOVO-GRADAC, K. J. (1991): MINTEQA2/PRODEFA2, a geochemical assessment model for environmental systems, version 3.0. EPA Report No. EPA/600/3-91/021

ANDERSON, B.J., JENNE, E.A. (1970) Free-iron and -manganese oxides of reference clays. Soil Sci. 109: 163 - 169

ANDERSON, G. M., CRERAR, D. A. (1993) Thermodynamics in geochemistry - The equilibrium model. Oxford University Press, Oxford

ANDERSON, J. U. (1963) An improved pretreatment for mineralogical analysis of samples containing organic matter. Clays and Clay Miner., Proc. 10th Natl. Conf., pp 380 - 388

ANDERSON, P. R., CHRISTENSEN, T. H. (1988) Distribution of Cd, Co, Ni, Zn in soils. J Soil Sci 39: 15-22

APPELO, C. A. J., POSTMA, D. (1993) Geochemistry, groundwater and pollution. Balkema, Rotterdam, 536 p

ARSHAD, M. A., ARNAUD, R. J. ST., HUANG, P. M. (1972) Dissolution of trioctahedral layer silicates by ammonium oxalate, sodium dithionite-citrate-bicarbonate, and potassium pyrophosphate. Can J Soil Sci 52: 19 - 26

ASLIN, G. E. M. (1976) The determination of arsenic and antimony in geological materials by flameless atomic absorption spectrometry. J Geochem Explor 6: 321 - 330

AVSEC, H., KOSTA, L. (1984) Fluoride content of carbonaceous rocks and some soils and sediment reference samples. Mikrochim Acta III: 229 - 236

BACCINI, P., HENSELER, G., FIGI, R., BELEVI, H. (1987) Water and element balances of municipal solid waste landfills. Waste Managem Res 5: 483-499

BALL, J.W., JENNE, E.A., CANTRELL, M.W. (1981) WATEQ3 - geochemical model with uranium added. U.S. Geological Survey, 81-11836

BALL, J.W., NORDSTROM, D.K., JENNE, E.A. (1980) Additional and revised thermochemical data and computer code for WATEQ2 - a computerized chemical model for trace and major element speciation and mineral equilibria of natural waters. U.S. Geological Survey Water Resources Investigations Rept. 78-116

BALL, J. W., NORDSTROM, D. K., ZACHMANN, D. W. (1987) A personal computer fortran translation of the geochemical model WATEQ2 with revised data base. U.S. Geological Survey Open-File Rep. 87-50

BAMBAUER, H. U. (1992) Mineralogische Schadstoffimmobilisierung in Deponaten. Beispiel: Rückstände aus Braunkohlekraftwerken. VDI-Umwelt-Spezial März 1992, S29-S34

BARTL, U. (1993) Retentions- und Desorptionsverhalten von Radionukliden an tonigen Barrieregesteinen. Schriftenreihe Angew Geol 3: 1 - 112, Karlsruhe

BASSETT, R. L, (1980) A critical evaluation of the thermodynamic data for boron ions, ion pairs, complexes, and polyanions in aqueous solutions at 298.15 K and 1 bar. Geochim Cosmochim. Acta 44: 1151-1160

BATLEY, G. E. (1989) Trace element speciation: analytical methods and problems. CRC Press, Boca Raton

BEHNE, D. (1992) Speciation of trace elements in biological materials. Trends and problems. Analyst 117: 555 - 557

BERNAS, B. (1968) A new method for decomposition and comprehensive analysis of silicates by atomic absorption spectrometry. Anal Chem 40: 1682 - 1686

BERROW, M. L., STEIN, W. M. (1983) Extraction of metals from soils and sewage sludges by refluxing with aqua regia. Analyst, 108: 277 - 285

BLOOM, H. (1955)) A field method for the determination of ammonium citrate-soluble heavy metals in soils and alluvium. Econ Geol 50: 535 - 541

BLUME, H. P., SCHWERTMANN, U. (1969) Genetic evaluation of profile distribution of aluminium, iron, and manganese oxides. Soil Sci Soc Am Proc 33: 438 - 444

BOCK, R. (1979) Handbook of decomposition methods in analytical chemistry. International Textbook Co. Blackie Academic, Glasgow London

BOCK, R., HERRMANN, A. (1969) Verwendung von Platin-Tiegeln bei Aufschlüssen mit Alkalimetallhydroxiden in N_2-Atmosphäre. Fresenius Z Anal Chem 248: 180 - 181

BOEKHOLD, A. E., TEMMINGHOFF, E. J. M., VAN DER ZEE, S.E.A.T.M. (1993) Influence of electrolyte composition and pH on cadmium sorption by an acid sandy soil. J Soil Sci 44: 85-96

BOGLE, E. W., NICHOL, I. (1981) Metal transport, partition and fixation in drainage waters and sediments in carbonate terrain in south-eastern Ontario. J Geochem Explor 15: 405 - 422

BORGGAARD, O. K. (1976)) The use of EDTA in soil analysis. Acta Agric Scand 26: 144 - 150

BOURG, A. C. M. (1995) Speciation of heavy metals in soils and groundwater and implications for their natural and provoked mobility. Salamons, W., Förstner, U., Mader, P. (eds.) Heavy metals. Springer, Berlin Heidelberg New York Tokyo 412 S

BRADSHAW, P. M. D., THOMSON, I., SMEE, B. W., LARSSON, J. O. (1974) The application of different analytical extractions and soil profile sampling in exploration geochemistry. J Geochem Explor 3: 209 - 225

BRANDL, H. (1989) Der Einfluß von Deponie-Sickerwässern auf bindige Böden bzw. mineralische Dichtschichten. Geotechnik 12: 190-201

BRENNER, I. B., WATSON, A. E., RUSSELL, G. M., GONCALVES, M. (1980) A new approach to the determination of the major and minor constituents in silicate and phosphate rocks. Chem Geol 28: 321 - 330

BRINKMANN, U., HÖRING, K., HEIM, M., EHRIG, H.-J. (1996) Emissionsverhalten von unbehandelten und mechanisch-biologisch vorbehandeltem Restmüll unter Deponiebedingungen. Müll und Abfall 2: 96-81

BRODERICK, G P., DANIEL, D E. (1989) Stabilizing compacted clay against chemical attack. J Geotech Engineering, 115: 1549-1567

BROEKAERT, J. A. C., GÜCER, S., ADAMS, F. (1990) Metal speciation in the environment. NATO ASI Series, Series G, Vol. 23. Springer, Berlin Heidelberg New York Tokyo

BROOKINS, D. G. (1988) Eh-pH diagrams for geochemistry. Springer Berlin, Heidelberg NewYork Tokyo 176 S

BROWN, D. S., ALLISON, J. D. (1987) U.S. Env. Prot. Agency, EPA 60013-971012

BRUNNER, P. H. (1989) Die Herstellung von umweltverträglichen Reststoffen als neues Ziel der Müllverbrennung. Müll und Abfall 4/89: 166-180

BUBNIS, B. P., STRAKA, M. R., PACEY, G. E. (1983) Metal speciation by flow-injection analysis. Talanta 30: 841 - 844

BURMAN, J. O., PONTER, C., BOSTROM, K. (1978) Metaborate digestion procedure for inductively coupled plasma-optical emission spectrometry. Anal Chem 50: 679 - 680

CARROLL, D., STARKEY, H. C. (1960) Effect of sea-water in clay minerals. Clays and Clay Miner., Proc. 7th Natl. Conf., 80 - 101

CHAO, T. T. (1984) Use of partial dissolution techniques in geochemical exploration, J Geochem Explor 20: 101 - 135

CHESTER, R., HUGHES, M. J. (1967) A chemical technique for the separation of ferromanganese minerals, carbonate minerals and adsorbed trace elements from pelagic sediments. Chem Geol 2: 249 - 262

CHRISTENSEN, T. H., PEDERSEN, L. R., TJELL, J. C. (1982) Comparison of four methods for digestion of sewage sludge samples for analysis of metals by atomic absorptions spectrophotometry. Int J Environ Anal Chem 12: 41 - 50

CHRISTENSEN, T. H. (1984) Cadmium soil sorption at low concentrations: I. Effekt of time, cadmium load, pH, and calcium. Water, Air and Soil Pollution 21: 105-114

COFFIN, D. E. (1963) A method for the determination of free iron in soils and clays. Canadian J Soil Sci 43: 7 - 17

COMANS, R. N J., VAN DIJK, C. P. J. (1988) Role of complexation processes in cadmium mobilisation during estuarine mixing. Nature 336: 151-154.

CRAIG, P. J. (1980) Metal cycles and biological methylation. In: Hutzinger, O. (ed..) The handbook of environmental chemistry, 1A: 168 - 227

CRAIG, P. J. (1986) Organometallic Compounds in the Environment. Longman, Harlow

CRISCENTI, L. J., LANIAK, G. F., ERIKSON, R. L. (1996) Propagation of uncertainty through geochemical code calculations. Geochim Cosmochim Acta 60:3551-3568

CRUZ, R. B., VAN LOON, J.C. (1974) A critical study of the applications of graphite-furnace non-flame atomic absorption spectrometry to the determination of trace base metals in complex heavy-matrix sample solutions. Anal Chim Acta 72: 231 - 243

DANIEL, D. E., LILJESTRAND, H. M., BRODERICK, G. P., BOWDERS, J. J. (1988) Interaction of eathern liner materials with industrial waste leachate. Hazardous Waste Hazardous Materials, 5

DANIEL, D. E. (1991) Compacted clay and geosynthetic clay linings. Third International Landfill Symposium of Sardinia. Margherita di Pula, Cagliari, Italien

DE ANDRADE, J. C., ROCHA, J. C., BACCAN, N. (1985) Sequential spectrophotometric determination of chromium(III) and chromium(VI) using flow injection analysis. Analyst 110: 197 - 199

DEV S4 (1984) Deutsche Einheitsverfahren zur Wasser-, Abwasser- und Schlammuntersuchung, Schlamm und Sedimente (Gruppe S), Bestimmung der Eluierbarkeit mit Wasser (S 4). DIN 38414, Teil 4

DEV S7,(1983) Deutsche Einheitsverfahren zur Wasser-, Abwasser- und Schlammuntersuchung, Schlamm und Sedimente (Gruppe S), Aufschluß mit Königswasser zur nachfolgenden Bestimmung des säurelöslichen Anteils von Metallen (S 7). DIN 38414, Teil 7

DOLEZAL, P., POVONDRA, P., SULCEK, Z. (1968) Decomposition techniques in inorganic analysis. Iliffe, London

DUNEMANN, L., BEGEROW, J. (1995) Kopplungstechniken zur Elementspeziesanalytik. VCH, Weinheim

EHRIG, H.-J. (1989) Water and element balances of landfills. In: Baccini P. (ed.) The landfill - reactor and final storage. Lecture Notes in Earth Sciences 20, Springer, Berlin Heidelberg New York pp. 83-115

ENGELMANN, F., VOIGT, H. J. (1995) Modellhafte Sanierung eines schwermetallbelasteten Standortes am Beispiel der Kupferhütte Ilsenburg. Tagungsmaterialien UTECH, Berlin

ENGELMANN, F. (1993) Entwicklung einer Methodik und Vorrichtung zur Bestimmung der Bindungsformen von Schwermetallen in Bodenkontaminationen. F/E-Thema beim BMWi/Außenstelle Berlin. Reg. Nr. 971/92. Berlin

FELMY, A. R., GIRVIN, D., JENNE, E. A. (1984) MINTEQ: A computer program for calculating aqueous geochemical equilibria. U.S. Env. Protect. Agency, EPA-600/3-84-032

FLORENCE, T. M. (1982) The speciation of trace elements in waters. Talanta 29: 345 - 364

FLOYD, M. A., FASSEL, V. A., D'SILVA, A. P. (1980) Computer-controlled scanning monochromator for the determination of 50 elements in geochemical and environmental samples by inductively coupled plasma-atomic emission spectrometry. Anal Chem 52: 2168 - 2173

FÖRSTNER, U., CALMANO,W. (1982) Bindungsformen von Schwermetallen in Baggerschlämmen. Vom Wasser 59: 83 - 92

FÖRSTNER, U., KERSTEN, M., WIENBERG, R. (1989) Geochemical processes in landfills. In: Baccini P. (ed.) The landfill - reactor and final storage. Lecture Notes in Earth Sciences 20, Springer Berlin Heidelberg New York pp. 39-81

FOREHAND, T. J., DUPUY, A. E., TAI, H. (1976) Determination of arsenic in sandy soils. Anal Chem 48: 999 - 1001

FRANK, K. (1991) Tongesteine Retention von Schwermetallen und Einflußnahme künstlicher Komplexbildner. Schriftenreihe Angew. Geologie, 11 (1 - XXIII) 1 - 249, Karlsruhe

FREVERT, T., GALSTER, H. (1978) Schnelle und einfache Methode zur in-situ Bestimmung von Schwefelwasserstoff in Gewässern und Sedimenten. Schweiz. Z Hydrologie 40: 199-208

GARRELS, R. M., THOMPSON, M. E. (1962) A chemical model for seawater at 25 °C and one atmosphere total pressure. Am J Sci 260:57-76

GIBBS, R. J. (1977) Transport phases of transition metals in the Amazon and Yukon Rivers. Geol Soc Amer Bull 88: 829 - 843

GIBSON, M. J., FARMER, J. G. (1986) Multi-step sequential chemical extraction of heavy metals from urban soils. Environ Poll (Ser. B) 11: 117 - 135

GLÄSER, K. (1993) Batch- und Reaktortests zur Zustands- und Prozeßbeschreibung des Mehrphasen- und Mehrkomponentensystems Untergrund. TU Dresden. Diss. (unveröffentlicht), Dresden

GLYNN, P. D., REARDON, E. J. (1990) Solid-solution aqueous-solution equilibria: Thermodynamic theory and representation. Am J Sci 290: 164-201

GÖTZ, A., HEUMANN, K. G. (1986) Schwermetall-Spurenbestimmung mit einem kompakten Thermionen-Quadrupol-Massenspektrometer. Teil 1: Analyse von Klärschlämmen, Böden und verwandten Materialien. Fresenius Z Anal Chem 325: 24 - 31

GOLDBERG, E. D., ARRHENIUS, G. O. S. (1958)Chemistry of Pacific pelagic sediments. Geochim Cosmochim Acta 13: 153 - 212

GRIEPINK, B., MUNTAU, H., COLINET, E. (1984) Certification of the contents of some heavy metals (Cd, Co, Cu, Mn, Hg, Ni, Pb and Zn) from three types of sewage sludge. Fresenius Z Anal Chem 318: 490 - 494

GRZYB, K. R. (1995) NOAEM (natural organic anion equilibrium model): A data analysis algorithm for estimating functional properties of dissolved organic matter in aqueous environments: Part I. Ionic component speciation and metal association. Org Geochem 23: 379-390

GUEST, R. J., MACPHERSON, D. R. (1974) The use of flame procedures in metallurgical analysis. Part I. Determination of silicon in sulphide and silicate minerals. Anal Chim Acta 71: 233 - 253

GUPTA, S. K., VOLLMER, M. K., KREBS, R. (1996) The importance of mobile, mobilisable and pseudo total heavy metal fractions in soil for three-level risk assessment and management. Sci Total Environ 178: 11 - 20

HAMER, K. (1993) Entwicklung von Laborversuchen als Grundlage für die Modellierung des Transportverhaltens von Arsenat-, Blei, Cadmium und Kupfer in wassergesättigten Säulen. Berichte aus dem Fachbereich Geowissenschaften der Universität Bremen, Nr. 39, 147 S, Diss

HAMER, K., SIEGER, R. (1994) Anwendung des Modells CoTAM zur Simulation von Stofftransport und geochemischen Reaktionen. Ernst & Sohn, Berlin

HANNAKER, P., HUGHES,T. C. (1978) Improved stepwise solvent extraction scheme for geochemical trace analysis using flame atomic absorption. J Geochem Explor 10: 169 - 180

HEINRICHS, H., HERRMANN, A. G. (1990) Praktikum der Analytischen Geochemie. Springer Berlin Heidelberg New York Tokyo

HENDEL, Y., EHRENTHAL, A., BERNAS, B. (1973) The rapid determination of cations in phosphate rocks by an acid pressure decomposition technique and atomic absorption spectroscopy. At Absorpt Newslett 12 (5): 130

HILDEBRAND, W. F., LUNDELL, G. E. F., BRIGHT, H. A., HOFFMAN, J. I. (1953) Applied inorganic analysis. 2nd edn. Wiley, New York

HIRST, D. M., NICHOLLS, G. D. (1958) Techniques in sedimentary geochemistry: (1) Separation of the detrital and non-detrital fractions of limestones. J Sediment Petrol 28: 468 - 481

HJELMAR, O. (1996) Disposal strategies for municipal solid waste incineration residues.J Hazard Mater 47: 345-368

HOFFMAN, S. J., FLETCHER, W. K. (1981) Organic matter scavenging of copper, zinc, molybdenum, iron and manganese by sodium hypochlorite extraction (pH 9.5). J Geochem Explor 15: 549 - 562

HOLM, P. E., ANDERSEN, B. B. H., CHRISTENSEN, T. H. (1996) Cadmium solubility in aerobic soils. Soil Sci Soc Am J 60: 775-780

INGAMELLS, C. O. (1964) Rapid chemical analysis of sililcate rocks. Talanta 11: 665 - 666

INGAMELLS, C. O. (1966) Absorptiometric methods in rapid silicate analysis. Anal Chem 38: 1228 - 12234

INGAMELLS, C. O. (1970) Lithium metaborate flux in silicate analysis. Anal Chim Acta 52: 323 - 334

INGLE, S. E., SCHULDT, M. D., SHULTS, D. W. (1978) A Users Guide for REDEQL. EPA, A Computer Program for Chemical Equilibria in Aqueous Systems. U.S. Environmental Protection Agency, EPA600/3-78-024

JACKSON, M. L. (1958) Soil chemical analysis. Prentice-Hall, Englewood Cliffs, N.J.

JAKOB, G., DUNEMANN, L, ZACHMANN, D., BRASSER. T. (1990) Untersuchungen zur Bindungsform von Schwermetallen in ausgewählten Abfällen. AbfallwirtschaftsJournal 2: 451 - 457

JEFFEREY, P. G., HUTCHISON, D. (1981) Chemical methods of rock analysis. 3rd edn.. Pergamon Press, Oxford

JEN, J.-F., OU-YANG, G.-L., CHEN, C.-S., YANG, S.-M. (1993) Simultaneous determination of chromium(III) and chromium(VI) with reversed-phase ion-pair high-performance liquid chromatography. Analyst 118: 1281 - 1284

JENNE, E. A. (ed.) (1978) Chemical modeling in aqueous systems. Speciation, sorption, solubility, and kinetics, Proc. Chemical Modeling in Aqueous Systems, 176th Meeting of the American Chemical Society, Miami Beach, September 11-13, 1978. ACS Symposium Series 93, American Chemical Society, Washington, DC

JOHNSON, C. A., ZIEGLER, F., KERSTEN, M., MOOR, H. C. (1997) Leaching behaviour and solubility-controlling solid phases of heavy metals in municipal solid waste incinerator ash. Waste Managem 16:129-134

JONES, J. M., HAO, J., WILLIAMS, D. L. (1994) Mathematical consideration of sequential extraction procedures: a simple model. Trace Subst., Environ. Health, [Annu. Conf. Soc. Environ. Geochm. Health], 27th 1993(Pub. 1994), pp. 115 - 123

JOURDAN, B. (1987) Grundsätzliches zur Müllvergärung. Müll und Abfall 19: 287-294

KERNDORFF, H. (1995) Groundwater contamination assessment by problem-specific selection of analytical parameters. Int J Environ Anal Chem 60: 239-256

KERSTEN, M. (1996) Aqueous solubility diagrams for cementitious waste stabilization systems. I: The C-S-H solid solution system. Environ Sci Technol 30: 2286-2293

KERSTEN, M., SCHULZ-DOBRICK, B., LICHTENSTEIGER, T., JOHNSON, C.A. (1998) Speciation of Cr in leachates of a MSWI bottom ash landfill. Environ Sci Technol (in press)

KERSTEN, M., JOHNSON, C. A., MOOR, CH. (1995) Emissionspotential einer MV-Schlackenmonodeponie für Schwermetalle. Müll & Abfall 11: 748-758

KERSTEN, M., MOOR, H. CH., JOHNSON, C. A. (1997) Speciation of trace metals in leachate from a MSWI bottom ash landfill. Appl Geochem 12: 675-683

KERSTEN, M., FÖRSTNER, U. (1987) Effect of sample pretreatment on the reliability of solid speciation data of heavy metals - implications sesfor the study of early diagenetic processes. Mar Chem 22: 299 - 312

KHARAKA, Y. K., BARNES, I. (1973) SOLMNEQ: Solution-mineral Equilibrium Computations. NTIS Tech. rept. PB214-899, Springfield, VA

KHARAKA, Y. K., GUNTER, W. D., AGGARWAL, P. K., PERKINS, E. H, DE BRAAL, J. D. (1988) U.S. Geological Survey Water Resources Investigation Report 88-4227

KHARAKA, Y. K., MAEST, A. S., CAROTHERS, W. W., LAW, L. M., LAMOTHE, P. J.,FRIES, T. L. (1987) Geochemistry of metal-rich brines from central Mississippi salt dome bain, U.S.A.. Appl Geochem 2:543-561

KINCAID, C. T., MORREY, J. R., ROGGERS, J. E. (1984) Geohydrochemical models for solute migration. Vol 1: Process development and computer code selection, EA-3417, Volume 1. Final Report, Battelle, Pacific Northwest Laboratories, Richland, WA

KINGSTON, H. M., JASSIE, B. (1986) Microwave energy for acid decompositon at elevated temperatures and pressures using biological and botanical samples. Anal Chem 58: 2534 - 2541

KINGSTON, H. M., JASSIE, B. (1988) Introduction to microwave sample preparation - theory and practice. ACS Professional Reference Book

KITANO, Y., SAKATA, M., MATSUMOTO, E. (1980) Partitioning of heavy metals into mineral and organic fraction in a sediment core from Tokyo Bay. Geochim Cosmochim Acta 44: 1279 - 1285

KLINGER, C. (1994) Mobilisationsverhalten von organischen Schadstoffen in der Umgebung von untertägigen Versatzbereichen am Beispiel von Reststoffen aus der Müllverbrennung im Steinkohlengebirge des Ruhrkarbons. DMT Berichte aus Forschung und Entwicklung. 23, Bochum

KLOTZ, D.; FOLIV, F. (1983) Eine einfache Methode zur Bestimmung der Verteilungskoeffizienten von Radionukliden im Grundwasser. GWF-Wasser/Abwasser 124 (3): 139 - 141. Deutscher Verlag für Grundstoffindustrie, Leipzig

KNECHTEL, J. R., FRASER, J. L. (1979) Wet digestion methods for the determination of mercury in biological and environmental samples. Anal Chem 51: 315 - 317

KOHLER, E. (1983) Mineralogische und geochemische Aspekte der Deponietechnik, Lehrstuhl für Angewandte Mineralogie und Geochemie der Universität Regensburg

KRAMER, J. R., ALLEN, H. E. (1988) Metal speciation: theory analysis and application. Lewis Publishers, Chelsea

KRULL, I. S. (1991) Trace metal analysis and speciation. J Chromatography Library 47, Elsevier, Amsterdam

LAHL, U., STRUTH, R. (1993) Verwertung von Müllverbrennungsschlacken aus der Sicht des Grundwasserschutzes. Vom Wasser 80: 341-355

LAKE, D. L., KIRK, W. W., LESTER, J. N. (1984) Fractionation, characterization, and speciation of heavy metals in sewage sludge and sludge-amended soils: a review. J Environ Qual 13: 175 - 183

LAMOTHE, P. J., FRIES, T. L, CONSUL, J. J. (1986) Evaluation of a microwave oven system for the dissolution of geological samples. Anal Chem 58: 1881 - 1886

LENTZ, R. W., HORST, W. D., UPPOT, J. O. (1985) The permeability of clay to acid and caustic permeants. Hydraulic barriers in soil and rock, ASTM STP 874, pp.127-139

LE RICHE, H. H., WEIR, A. H. (1963) A method of studying trace elements in soil fractions. J Soil Sci 14: 225 - 235

LESCHBER, R., DAVIS, R. D., L'HERMITE, P. (1984) Chemical methods for assessing bioavailable metals in sludges and soils. Elsevier, New York

LFU (Landesanstalt für Umweltschutz Baden-Württemberg) (1994) Derzeitige Anwendung und Entwicklungen von Elutionsverfahren. Texte und Berichte zur Altlastenbearbeitung, 11/94, 43 S.

LICHTENBERG, U.; BORCHERS. G.; WIELAND, H.-J., NÄVEKE, R. (1993) Untersuchungen zur bakteriellen Nitrateliminierung in Grundwasserleitern. Braunschweiger Grundwasserkolloquium, TU Braunschweig. Grundwasserkontamination diffuser Stoffeinträge

LICHTENSTEIGER, T., ZELTNER, CH. (1994) Wie lassen sich Feststoffqualitäten beurteilen ? In: Baccini P., Gamper B. (Hrsg.). Deponierung fester Rückstände aus der Abfallwirtschaft - Endlager-Qualität am Beispiel Müllschlacke. VDF-Verlag, Zürich, S. 11-34

LINDSAY, W. L., NORVELL, W. A. (1978) Development of a DTPA soil test for Zinc, Iron, Manganese, and Copper. Soil Sci Soc Am J 42: 421 - 428

LUCKNER, L.; SCHESTAKOW, W. M. (1986) Migrationsprozesse im Boden und Grundwasserbereich. 1. Auflage, Leipzig, Dt. Verlag für Grundstoffindustrie, 376 S., Koe. mit dem Verlag Nedra, Moskau

LUQUE DE CASTRO, M. D. (1986) Speciation studies by flow-injection analysis. Talanta 33: 45 - 50

LUTHER III, G. W., RICKARD, D. T., THEBERGE, S., OLROYD, A. (1996): Determination of metal (bi)sulfide stability constants of Mn2+, Fe2+, Co2+, Ni2+, Cu2+, and Zn2+ by voltammetric methods. Environ Sci Technol 30: 671-679

MADSEN, F. T. (1992) Der Einfluß von Chemikalien auf die Eigenschaften von Ton. Seminar Tonmineralogie für die geotechnische Praxis des LGA Bayern, TFZ-20

MADSEN, F., MITCHELL, J. K. (1988) Chemical effects on clay fabric and hydraulic conductivity. In: Baccinni, P. (ed.): The landfill, reactor and final storage. Springer Berlin Heidelberg New York Tokyo

MAHAN, K. I., FODERARO, T. A., GARZA, T. L., MARTINEZ, R. M., MARONEY, G. A., TRIVISONNO, M. R., WILLING, E. M. (1987) Microwave digestion techniques in the sequential extraction of calcium, iron, chromium, manganese, lead, and zinc in sediments. Anal. Chem. 59: 938 - 945

MANUNZA, B., DEIANA, S., MADDAU, V., GESSA C., SEEBER, R. (1995) Stability constants of metal-humate complexes: Titration data analyzed by bimodal Gaussian distribution. Soil Sci Soc Am J 59: 1570-1574

MATTIGOD, S. V., SPOSITO, G. (1978) Chemical modeling of trace metal equilibria in contaminated soil solutions using the computer program GEOCHEM. In: Jenne, E.A. (ed.) Chemical modeling in aqueous systems. Speciation, sorption, solubility, and kinetics, Proc. Chemical Modeling in Aqueous Systems. 176th Meeting of the American Chemical Society, Miami Beach, September 11-13, 1978, ACS Symposium Series 93, American Chemical Society, Washington, DC

MAXWELL, J. A. (1981) Rock and mineral analysis, 2nd. edn.. Wiley, New York

MC KEAGUE, J. A. (1967) An evaluation of 0.1 M pyrophosphate and pyrophosphatedithionite in comparison with oxalate as extractants of the accumulation products in podsols and some other soils. Can J Sci 47: 95 -99

MC KEAGUE, J. A., DAY, J. H. (1966) Dithionite- and oxalate-extractable Fe and Al as aids in differentiating varios classes of soils. Can J Soil Sci 46: 13 - 22

MEHRA, O. P., JACKSON, M. L. (1960) Iron oxide removal form soils and clays by a dithionite-citrate system buffered with sodium carbonate. Clays Clay Miner 5: 317 - 327

MELCHIOR, D. C., BASSETT, R. L. (eds.) (1990) Chemical Modeling of Aqueous Systems II. ACS Symposium Series 416, American Chemical Society, Washington, DC

MERZ, C. (1992) Untersuchungen zum Migrationsverhalten von Cadmium, Zink, Eisen und Mangan in Lockergesteinen unter Wahrung der natürlichen Milieubedingungen mit Hilfe der Radionuklidtracerung. Berliner Geowissenschaftliche Abhandlungen, Reihe A, Band 141. FU-TU Berlin

MITCHELL, J. K, MADSEN, F. T. (1987) Chemical effects on clay hydraulic conductivity. Geotechnical practice for waste disposal No. 13. University of Michigan

MOREL, F., MORGAN, J. J. (1972) A numerical method for computing equilibria in aqueous chemical systems. Environ Sci Technol 6:58-67

MOSER, H. (1979) Isotopenhydrogeologische Methoden zur Bestimmung der Durchlässigkeit des Grundwasserleiters. Mitt Ing Hydrogeologie, 8: 79-103, Aachen

MÜLLER, B. (1995) ChemEQL - A program to calculate chemical speciation and adsorption. Manual zum Programm, Limnologische Forschungsstation der EAWAG, Schweiz, 30 S. (Informationen zum Programm über e-mail: beat.mueller@eawag.ch)

NADKARNI, R. A. (1984) Application of microwave oven sample dissolution in analysis. Anal Chem 56: 2233 - 2237

NEUMANN-MALKAU, P. (1996) Anthropogener Massentransport - ein geologischer Faktor? In: Thein J., Schäfer A. (Hrsg.) Geologische Stoffkreisläufe und ihre Veränderungen durch den Menschen. Schriftenreihe der Deutschen Geologischen Gesellschaft 1: 63

OBERMANN, P., CREMER, S. (1992) Mobilisierung von Schwermetallen in Porenwässern von belasteten Böden und Deponien: Entwicklung eines aussagekräftigen Elutionsverfahrens, Bd 6, Materialien zur Ermittlung und Sanierung von Altlasten. Landesamt für Wasser und Abfall NRW, Düsseldorf

O'GORMAN, J. V., SUHR, N. H. (1971) A rapid atomic-absorption techniques for the determination of lithium in silicate materials. Analyst 96: 335 - 357

OPENLENDER, I. V. (1979) Method for determining the mobile forms of microelements in calcareous soils. Sov Soil Sci 3: 365 - 369

OWEIS, I. S., KHERA, R. P. (1990) Geotechnology of waste managment. Butterworth, Co. [Publishers] Ltd. ISBN 0-408-00969-1

PARKHURST, D. L. (1995) User's guide to PHREEQC: a computer model for speciation, reaction-path, advective transport, and inverse geochemical calculatioons. U.S. Geological Survey, Water-Resour Invest, Rep 95-xxxx.

PARKHURST, D. L., PLUMMER, L. N., THORSTENSON, D. C. (1982) BALANCE- a computer program for calculating mass transfer for geochemical reactions in ground water. U.S. Geological Survey, Water-Resour Invest, Rep 82-14

PARKHURST, D. L., THORSTENSON, D. C., PLUMMER, L. N. (1980) PHREEQE - a computer program for geochemical calculations. U.S. Geological Survey Water Resour. Invest. Rept. 80-96

PARKHURST, D. L., THORSTENSON, D. C., PLUMMER, L. N. (1990) PHREEQE - a computer program for geochemical calculations (Conversion and upgrade on the Prime version of PHREEQE to IBM PC-compatible systems by J.V. Tirisanni & P.D. Glynn). U.S. Gelogical Survey Water Resour. Invest. Rept. 90-96

PEIFFER, S. (1991a) Der pH2S-Wert - ein Maß für die Koordinierungstendenz von Metallionen in wässrigen sulfidischen Systemen. Teil 1: Theoretische Einführung. Vom Wasser 76: 267-285.

PEIFFER, S. (1991b) Der pH2S-Wert - ein Maß für die Koordinierungstendenz von Metallionen in wässrigen sulfidischen Systemen. Teil 2: Anwendungsbeispiel Müllsickerwasser. Vom Wasser 77: 133-158

PICKERING, W. F. (1981) Selective chemical extraction of soil components and bound metal species. CRC Crit Rev Anal Chem 12: 233 - 266

PLÜSS, A., FERRELL, R. E., JR. (1991) Characterization of lead and other heavy metals in fly ash from municipal waste incinerators. Hazard Waste Mat 8: 275-292

PLUMMER, L. N., JONES, B. F., TRUESDELL, A. H. (1976) WATEQF: a FORTRAN IV version of WATEQ, a computer program for calculating chemical equilibrium of natural waters. U.S. Geological Survey Water Resour Invest, Rep 76-13

PLUMMER, L. N., PARKHURST, D. L., FLEMING, G. W., DUNKLE, S. A. (1988) A computer program incorportion Pitzer's equations for calculation of geochemical reactions in brines. U.S. Geological Survey Water Resour Invest Rep 88-4153

PLUMMER, N. L., PRESTEMON, E. C., PARKHURST, D. L. (1992) An interactive code (NETPATH) for modeling net geochemical reactions along a flow path. U.S. Geological Survey Water Resour Invest Rep 91-4078

PÖLLMANN, H., AUER, S., KUZEL, H.-J. (1993) Solid solution of ettringites, Part II: Incorporation of B(OH)4- and CrO42- in 3CaO•Al2O3•3CaSO4•32H2O. Cem Concr Res 23: 422-430

PRESLEY, B. J., KOLODNY, Y, NISSENBAUM, A., KAPLAN, I. R. (1972) Early diagenesis in a reducing fjord, Saanich Inlet, British Columbia - II. Trace element distribution in interstitial water and sediment, Geochim Cosmochim Acta 36: 1073 - 1090

PRICE, W. J., WHITESIDE, P. J. (1977) General methods for analysis of siliceous materials by atomic-absorption spectrophotometry and its application to macro- and micro-samples. Analyst 102: 664 - 671

QUEVAUVILLER, P. (1996) Harmonization of leaching/extraction tests for environmental risk assessment. Sci Tot Environ 178: 1 - 132

RAPIN, F., TESSIER, A., CAMPBELL, P.G.C., CARIGAN, R. (1986) Potential artifacts in the determination of metal partitioning in sediments by a sequential extraction procedure. Environ Sci Technol 20: 836 - 840

RAURET, G., RUBIO, R., LOPÉZ-SÁNCHEZ (1989) Optimization of Tessier procedure for metal solid speciation in river sediments. Int J Environ Anal Chem 36: 69 - 83

RAURET, G., QUEVAUVILLER, P. (1993) Proceedings of the workshop on the sequential extraction of trace metals in soils and sediments. Int J Environ Anal Chem 51:1-4

REIMANN, D. O. (Hrsg.) (1994) Entsorgung von Schlacken und sonstigen Reststoffen. Beihefte zu Müll und Abfall 31: 221

ROBINSON, G. D. (1984) Sequential chemical extractions and metal partitioning in hydrous Mn - Fe-oxide coatings: reagent choice and substrate composition affect results. Chem Geol 47: 97 - 112

RÖßNER, U., ZARSKE, CH.G ENGELMANN, F. (1996) Laboruntersuchungen zur Sanierung eines stark mit Stickstoff und Kohlenstoff kontaminierten Grundwasserleiters. In: In-situ-Sanierung von Böden. Resümee und Beiträge des 11. DECHEMA Fachgesprächs Umweltschutz. Kreysar, G., Wiesner J. (Hrsg.) Frankfurt am Main. DECHEMA

ROSHOLT, J. N., EMILIANI, C., GEISS, J., KOCZY, F. F., WANGERSKY, P. J. (1961) Absolute dating of deep-sea cores by the Pa^{231}/Th^{230} method. J Geol 69: 162 - 185

RUBIO, R., URE, A. M. (1993) Approaches to sampling and sample pretreatments for metal speciation in soils and sediments. J Intern Environ Anal Chem 51: 205 - 217

RULE, J. H., ALDEN, R. W. (1992) Partitioning of Cd in geochemical fractions of anaerobic estuarine sediments. Estuar Coast Shelf Sci 34: 487 - 499

SCHLÖSSER, W., SCHWEDT, G. (1985) Zur Analytik organisch-komplexierter Elementgehalte in Sedimenten und Schlämmen. Fresenius Z Anal Chem 321: 136 - 140

SCHULZ, H. D., KÖLLING, M. (1992) Grundlagen und Anwendungsmöglichkeiten hydrogeochemischer Modelle. In: DVWK (Hrsg.): Anwendung hydrogeochemischer Modelle.- DVWK-Schriften 100: 1-96. Parey, Berlin

SEQUI, P., ARINGHIERI, R. (1977) Determination of organic matter by hydrogen peroxide in the presence of pyrophosphate and its effect on soil specific surface area. Soil Sci Soc Am Proc 41: 340 - 342

SHUMAN, L. M. (1982) Separating soil iron- and manganese-oxide fractions for microelement analysis. Soil Sci Soc Am Proc 46: 1099 - 1102

SINEX, A. S., CASTILLO, A. Y., HETZ, G. R. (1980) Accuracy of acid extraction methods for trace metals in sediments. Anal Chem 52: 2342 - 2346

SMITH, F. E., ARSENAULT, E. A. (1996) Micrwave-assisted sampe preparation in analytical chemistry. Talanta 43: 1207 - 1268

SOMER, G., AYDIN, H. (1985) Determination of lead in roadside soil using anodic-stripping voltammetry. Analyst 110: 631 - 633

SORENSEN, R. C., OELSLIGLE, D. D., KNUDSON, D. (1971) Extraction of Zn, Fe, and Mn from soils with 0.1 N hydrochloric acid as affected by soil properties, solution: soil ratio, and length of extraction period. Soil Sci 111: 352 - 359

SPOSITO, G., LUND, L. J., CHANG, A. C. (1982) Trace metal chemistry in arid-zone field soils amended with sewage sludge: I. Fractionation of Ni, Cu, Zn, Cd, and Pb in solid phases. Soil Sci Soc Am J 46: 260 - 264

SPOSITO, G., MATTIGOT, S. V. (1980) GEOCHEM: A computer program for the calculation of chemical equilibria in soil solutions and other natural water systems. Department of Soil and Environmental Sciences. University of California, Riverside, CA

STEFFEN, H., STADTBÄUMER, F., KOHLER, E. (1992) Untersuchungen zum Verhalten kalkhaltiger Basisabdichtungen unter Einwirkung saurer Sickerwässer. Abschlußbericht eines Forschungsvorhabens für das Bayerische Landesamt für Umweltschutz; Dr.-Ing. Steffen Ingenieurgesellschaft mbH, Essen

STUMM, W., MORGAN, J. J. (1995) Aquatic chemistry - chemical equilibria and rates in natural waters. 3rd edn., Wiley New York, 1022 p

SUHR, N. H., INGAMELLS, C. O. (1966) Solution technique for analysis in silicates. Anal Chem 38: 730 - 734

SULCEK, Z., POVONDRA, P. (1989) Methods of decompositon in inorganic analysis. CRC Press Inc., Boca Raton, Florida

TA ABFALL (1991) Zweite Allgemeine Verwaltungsvorschrift zum Abfallgesetz. Technische Anleitung zur Lagerung, chemisch/physikalischen, biologischen Behandlung, Verbrennung und Ablagerung von besonders überwachungsbedürftigen Abfällen

TA SIEDLUNGSABFALL (1993) Dritte Allgemeine Verwaltungsvorschrift zum Abfallgesetz. Technische Anleitung zur Verwertung, Behandlung und sonstigen Entsorgung von Siedlungsabfällen

TACK, F. M. G., VOSSIUS, H. A. H., VERLOO, M. G. (1996) A comparison between sediment metal fractions, obtained from sequential extraction and estimated from single extractions. Int. J. Environ. Anal Chem 63: 61 - 66

TESORIERO, A. J., PANKOW, J. F. (1996) Solid solution partitioning of Sr2+, Ba2+ and Cd2+ to calcite. Geochim Cosmochim Acta 60: 1053-1063

TESSIER, A., CAMPBELL, P. G. C., BISSON, M. (1979) Sequential extraction procedure for the speciation of particulate trace metals. Anal Chem 51: 844 - 851

TESSIER, A., CAMPBELL, P. G. C., BISSON, M. (1982) Particulate trace metal speciation in stream sediments and relationships with grain size: implications for geochemical exploration. J Geochem Explor 16: 77 - 104

TIMPERLEY, M. H., ALLAN, R. J. (1974) The formation and detection of metal dispersion halos in organic lake sediments. J Geochem Explor 3: 167 - 190

TREFRY, J. H., METZ, S. (1984) Selective leaching of trace metals from sediments as a function of pH. Anal Chem 56: 745 - 749

TRIPATHI, V. S., YEH, G. T. (1985) HYDROGEOCHEM: A new model for transport of reactive mulit-species contaminants. EOS Trans Am Geophys Union 66(46):905

TROLL, G., FARZANEH, A., CAMMANN, K. (1977) Rapid determination of fluoride in mineral and rock samples using an ion-selective electrode. Chem Geol 20: 295 - 305

TRUESDELL, A. H., JONES, B. F. (1973) WATEQ, A computer program for calculating chemical equilibria of natural waters. U.S. Geological Survey, National Technical Information Services, PB-220 464

TRUESDELL, A. H., JONES, B. F. (1974) WATEQ, A computer program for calculating chemical equilibria in natural waters. U.S. Geological Survey J. Res., Washington, DC, 2:233-248

URE, A. M., QUEVAUVILLER, P., MUNTAU, H., GRIEPNIK, B. (1993) Speciation of heavy metals in soils and sediments. An account of the improvement and harmonization of extraction techniques undertaken under the auspices of the BCR of the commission of the european communities. Intern J Environ Anal Chem 51: 135 - 151

URE, A. M., DAVIDSON, C. M. (1995) Chemical Speciation in the Environment. Blackie, London

VAN DER VEEN, N. G., KEUKENS, H. J., VOS, G. (1985) Comparison of ten digestion procedures for the determination of arsenic in soils by hydride-generation atomic absorption spectrometry. Anal Chim Acta 171: 285 - 291

VAN LOON, J. C. (1980) Analytical atomic absorptions spectrometry - selected methods. Academic Press, Orlando

VAN LOON, J. C., BAREFOOT, R. R. (1989) Analytical methods for geochemical exploration. Academic Press, San Diego

VIETS. J. G., O'LEARY, R. M., CLARK, J. R. (1984) Determination of arsenic, antimony, bismuth, cadmium, copper, lead, molybdenum, silver, and zinc in geological materials by atomic-absorption spectrometry. Analyst, 109: 1589 - 1592

VIRO, P. J. (1955) The use of ethylenediamintetraacetic acid in soil analysis. I - Experimental. Soil Sci 79: 459 - 465

VOIGT, H.-J. (1989) Hydrogeochemie. Eine Einführung in die Beschaffenheitsentwicklung des Grundwassers. 1. Aufl., Leipzig. Dt. Verlag für Grundstoffindustrie, 310 S

VOIGT, H.-J.; ENGELMANN, F., ZAJONTZ, M. (1992) Laboruntersuchungen zum Migrationsverhalten von Schadstoffen in der wassergesättigten Zone - integraler Bestandteil bei der Bewertung von Altlasten. Z angew Geol 38, Hannover

WALSH, J. N. (1979) The simultaneous determination of major, minor and trace constituents of silicate rocks using inductively coupled plasma spectrometry, Spectrochim Acta 35B: 107 - 111

WALSH, J. N., HOWIE, R. A. (1980) An evaluation of the performance of an inductively coupled plasma source spectrometer for the determination of the major and trace constituents of silicate rocks and minerals. Min Mag 43: 967 - 974

WEITZ, A., GRÖNGRÖFT, A., MAAß, B., MIEHLICH, G. (1987) Schwermetalle in der Bodenlösung ackerbaulich genutzter Hafenschlick-Spülfelder in Abhängigkeit vom Versauerungsgrad. Mittlgn Dtsch Bodenkundl Gesellsch 53: 323-330

WESTALL, J. C. (1986) MICROQL - A chemical equilbrium program in BASIC. Rep 86-02. Oregon State University, Corvallis, Oregon

WESTALL, J. C., ZACHARY, J. L., MOREL, F. M. M. (1976) MINEQL, A computer program for the calculation of chemical equilibrium composition of aqueous systems, Dept. Civil Eng. Massachusetts Instute of Technology, Technical Note 18, Cambridge, MA

WESTALL, J. C., JONES, J. D., TURNER, G. D., ZACHARA, J. M. (1995) Models for association of metal ions with heterogeneous environmental sorbents. 1. Complexation of Co(II) by Leonardite humic acid as a function of pH and NaClO4 concentration. Environ Sci Technol 29: 951-959

WHITNEY, P. R. (1975) Relationship of manganese-iron oxides and associated heavy metals to grain size. J Geochem Explor 4: 251 - 263

WHITNEY, P. R. (1981) Heavy metals and manganese oxides in the Genesee watershed, New York State: effects of geology and land use. J Geochem Explor 14: 95 - 117

WINKLER, A. (1989) Untersuchungen zur Mobilität von Technetium (und Selen) in Norddeutschen Grundwasserleitern und Technetium im Kontakt mit natürlich vorkommenden Mineralen. Berliner Geowissenschaftliche Abhandlungen, Reihe A, Band 117, FU-TU Berlin

WOLERY, T. J. (1979) Calculation of chemical equilibrium between aqueous solution and minerals: The EQ3/6 Software Package, UCRL-52658. Lawrence Livermore Laboratory, Livermore, CA

WOLERY, T. J. (1983) EQ3NR, a computer program for geochemical aqueous speciation-solubiluity calculations: User´s guide and documentation, URCL-53414. Lawrence Livermore National Laboratory, Livermore, CA

YEH, G. T., TRIPATHI, V. S. (1990) HYDROGEOCHEM: A coupled model for HYDROlogic transport and GEOCHEMical equilibria in reactive mulitcomponent systems. ORNL-6371, Oak Ridge National Laboratory, Oak Ridge, TN

ZEIEN, H., BRÜMMER, G. W. (1989) Chemische Extraktionen zur Bestimmung von Schwermetallbindungsformen in Böden. Mittlgn Dtsch Bodenkundl Gesellsch 59: 505 - 510

ZEIGER, F. G. (1993) Beständigkeit von tonigen Deponieabdichtungen im Kontakt mit Deponiesickerwasser und organischen Prüfflüssigkeiten. Schriftenreihe des Lehrstuhls für Angewandte Geologie der Universität Karlsruhe, Heft 24

4 Der Einsatz von Bodengasmessungen bei Deponiestandortuntersuchungen

4.1 Vorkommen und Herkunft von Bodengasen

RAINER MÜLLER, MANFRED SCHMITT UND HORST CHRISTOFZIK

4.1.1 Einführung

Unter Bodengasen versteht man alle Gase, die aufgrund geogener, bakterieller und anthropogener Vorgänge im Boden vorkommen. Einerseits können Gase in der oberen Bodenzone durch natürliche, bakterielle Prozesse gebildet werden, andererseits migrieren Gase aus dem tieferen Untergrund und Erdmantel in den Boden oder werden durch anthropogene Einwirkungen von der Oberfläche aus eingespeist. Die Zusammensetzung der Bodengase wird hauptsächlich durch physiko-chemische und biologische Vorgänge bestimmt. Nach ihrer Herkunft und Genese unterscheidet man folgende Gase (s. auch *Abb. 4.1*).

4.1.1.1 Atmosphärische Gase

Ein Eintrag von Gasen in den Boden erfolgt durch Austauschprozesse mit der Atmosphäre, welche durch meteorologische Veränderungen oder Konzentrationsgradienten verursacht werden sowie durch die Lösung atmosphärischer Gase im Niederschlagswasser. Von diesen Vorgängen sind hauptsächlich die auch als *Permanentgase* bezeichneten Gase Stickstoff, Sauerstoff, Argon und Kohlendioxid (*Tabelle 4.1*), die nur in Spurenkonzentrationen (ppmv-Bereich) im Boden vorkommenden Edelgase Neon (Ne) und Krypton (Kr) sowie Stickoxide (NO_x) und Methan betroffen. Maßgeblich für die Verteilung dieser

Tabelle 4.1. Konzentrationen der häufigsten Gase in der Atmosphäre

Substanz		**Atmosphärische Konzentration [Vol.-%]**
Stickstoff	(N_2)	78,10
Sauerstoff	(O_2)	20,93
Argon	(Ar)	0,93
Kohlendioxid	(CO_2)	0,03 - 0,04

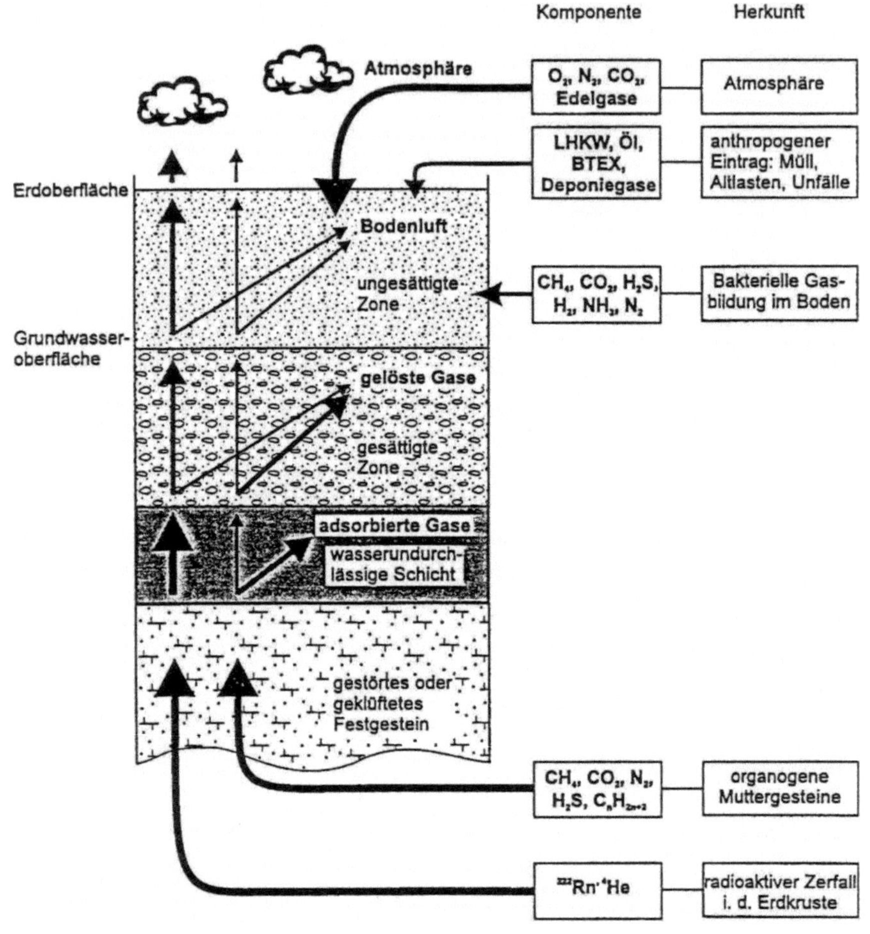

Abb. 4.1. Vorkommen und Herkunft von Gasen im Untergrund. Bakteriell werden hauptsächlich folgende Gase erzeugt: Kohlendioxyd (CO_2), Methan (CH_4), ungesättigte Kohlenwasserstoffe (Alkene), Schwefelwasserstoff (H_2S), Wasserstoff (H_2), Ammoniak (NH_3), Stickstoff (N_2)

Gase im Boden ist ihre unterschiedliche Wasserlöslichkeit und ihre Sorptionsfähigkeit in der Bodenmatrix. Infolgedessen stellt sich im Boden eine von der reinen Atmosphäre abweichende Gaszusammensetzung ein.

4.1.1.2 Thermische und radiogene Gase aus dem tieferen Untergrund (geogene Gase)

Der Eintrag geogener Gase in die Bodenluft erfolgt aus dem tieferen Untergrund. Sogenannte *thermische Gase* werden in organischen Muttergesteinen durch thermokatalytische Prozesse und Crackprozesse infolge thermischer Beanspruchung ständig abgespalten. Die Gaszusammensetzung umfaßt Methan, organische Kohlenwasserstoffe, Stickstoff sowie schwefel- und sauerstoffhaltige Komponenten. Genetisch unterscheidet man Erdölgase (z. B. Gaskappen von Erdöllagerstätten), Erdgase, Kohlegase und Grubengase (z. B. Ausgasungen von Kohleflözen). Diese Gase können durch diffusive Prozesse und/oder in Lösung mit dem Porenwasserfluß vertikal in den Boden gelangen. Gesteinsschichten mit geringerer Permeabilität (z. B. Caprocks) können den vertikalen Gasfluß vermindern und führen in geologischen Zeiten zur Lagerstättenbildung. Gleichwohl werden Spuren von gasförmigen Komponenten mit dem Porenwasserfluß, wenn auch mit verminderter Geschwindigkeit, auch durch wenig durchlässige Gesteine transportiert und gelangen schließlich in die oberen Bodenzonen. Dort wird der Porenwasserfluß unterbrochen und die Gase reichern sich adsorptiv an der Bodenmatrix und in der freien Gasphase (Bodenluft) an (*Abb. 4.1*).

Diesen Vorgang der vertikalen Migration von Kohlenwasserstoffen nutzt man in der Prospektion von Erdgas- und Erdöllagerstätten durch den Nachweis thermisch gebildeter Gase im Boden aus. Auf diese Weise können auch tiefreichende geologische Störungen und Gaswegsamkeiten an Schichtgrenzen von der Oberfläche aus nachgewiesen werden.

An gasführenden Störungen sind in oberflächennahen Sedimenten konsequenterweise erhöhte Gasausbeuten der geogenen Gase nachweisbar. Ein möglicher Vergleich der Gasinformation (z. B. Reifedaten) mit Daten aus Bohrungen kann zu einer zusätzlichen Absicherung der Interpretation herangezogen werden.

In geringen Konzentrationen kommen in der Bodenluft auch radiogene Gase vor. Durch den natürlichen Zerfall von radioaktiven Elementen in der Erdkruste werden im wesentlichen die Edelgase Radon und Helium gebildet. Erhöhte Konzentrationen dieser Komponenten in der Bodenluft weisen entsprechend auf tiefreichende Bruchzonen mit Gaswegsamkeiten hin.

Die wichtigsten geogenen Gase sind:

- aliphatische, aromatische, heterogene Kohlenwasserstoffe,
- Stickstoff (N_2),
- Schwefelwasserstoff (H_2S),
- Kohlendioxid (CO_2),
- Radon (^{222}Rn), Thoron (^{220}Rn), Actinon (^{219}Rn) und
- Helium (^{4}He).

4.1.1.3 Im Boden bakteriell gebildete Gase

Eine weitere Quelle für Bodengase sind bakterielle Prozesse beim Abbau organischer Materie im Boden selbst. Generell ist dabei zwischen aeroben und anaeroben Vorgängen zu unterscheiden. Aerobe bakterielle Abbauvorgänge laufen relativ schnell ab und führen unter Sauerstoffzehrung zur Bildung von Kohlendioxid, während anaerobe Prozesse langsamer verlaufen und über eine Vielzahl von Zwischenprodukten schließlich zu Methan und Wasserstoff als Endglieder führen (Fermentationsprozesse). Diese Prozesse werden von vielen Faktoren beeinflußt. Von besonderer Bedeutung sind hierbei die Feuchte und die lithologische Zusammensetzung des Bodens, die Bodennutzung sowie die Art der abgebauten organischen Materie. Im Zuge des Abbaus lösen unterschiedliche Bakterienstämme einander ab.

Bakteriell werden hauptsächlich folgende Gase erzeugt:

- Kohlendioxid (CO_2),
- Methan (CH_4),
- ungesättigte Kohlenwasserstoffe (Alkene),
- Schwefelwasserstoff (H_2S),
- Wasserstoff (H_2),
- Ammoniak (NH_3) und
- Stickstoff (N_2).

Die Möglichkeit, daß sich bestimmte Bodengase, wie z. B. Methan, sowohl geogen als auch bakteriell bilden können, bereitet bei der Untersuchung solcher Komponenten besondere Schwierigkeiten. Zur Erkennung der jeweiligen Bildungsmechanismen sind isotopengeochemische Untersuchungen hilfreich.

4.1.1.4 Anthropogener Eintrag von flüchtigen Schadstoffen

Anthropogen in den Boden eingebrachte Gase sind hauptsächlich in 2 Gruppen einzuordnen:

Schadstoffgase entstehen v. a. bei der Freisetzung von Schadstoffen infolge von unsachgemäßer Deponierung oder Unfällen.
Die wichtigsten hier auftretenden Stoffgruppen sind :

- BTEX-Aromate: Benzol, Toluol, Ethylbenzol und Homologe, Xylole,
- Leichtflüchtige halogenierte Kohlenwasserstoffe (LHKW):

Dichlormethan, Trichlormethan, Tetrachlormethan,

Dichlorethen, Trichlorethen, Tetrachlorethen,

1,1,1-Trichlorethan und Homologe sowie deren Abbauprodukte,

Frigene,

- Chlorbenzole,
- Lösemittel,
- Waschbenzin, Kaltreiniger, Erdgaskondensat und
- Alkane, Aromaten, heterocyclische Verbindungen.

Deponiegase entstehen durch bakteriellen Abbau organischer Materie in Deponiekörpern und durch Ausgasungen aus den abgelagerten Stoffen. Die Gaszusammensetzung von Deponiegas ist in erster Linie vom Ablagerungsmilieu (anaerob oder aerob, Druck- und Temperaturbedingungen) und der Art der abgelagerten Stoffe abhängig und daher oft einer ständigen Veränderung unterworfen.
Folgende Komponenten treten auf:

- Methan (CH_4),
- Kohlendioxid (CO_2),
- Wasserstoff (H_2),
- Schwefelwasserstoff (H_2S) und Mercaptane sowie ein
- weites Spektrum flüchtiger organischer Stoffe.

4.1.2 Physiko-chemische Phasenverteilung der Bodengase

Freie Gasphase oder Bodenluft
Unter Bodenluft versteht man die Gesamtheit der gasförmigen Stoffe im Boden, die im Austausch mit den im Grundwasser gelösten Gasen und der Atmosphäre stehen. Sie füllt den nicht mit Wasser gefüllten Porenraum des Bodens.

Die Verteilung, Konzentration und Zusammensetzung der Bodenluft werden hauptsächlich durch die Temperatur und den Feuchtigkeitsgrad des Bodens, den Luftdruck, die Permeabilität des Bodens, die Salinität des Bodenwassers, die Adsorptionseigenschaften der inneren Oberfläche und der Lithologie, Schwankungen des Grundwasserspiegels und Einflüsse der Bodenatmung (dem Gasaustasch der Bodenorganismen und Pflanzenwurzeln mit der Atmosphäre) bestimmt. Der Gasgehalt des Bodens beträgt je nach Wassersättigung zwischen 0 und 40 Vol.-%.

Gelöste Gasphase
Als gelöste Gase werden solche Gase bezeichnet, die im Wasser (Porenwasser, Stauwasser) der Bodenmatrix gelöst sind. Für die Speicherung von Stoffen im Boden sind daher deren Wasserlöslichkeit und der Wassergehalt des Bodens von Bedeutung. Zusätzlich beeinflussende Parameter für das Vorkommen, die Verteilung und Zusammensetzung der gelösten Stoffe sind neben den die Wasserlöslichkeit bestimmenden Faktoren Temperatur und Druck:

- die lithologische Zusammensetzung des Bodens,
- die Grundwasserströmung,
- die chemische Zusammensetzung von Boden- und Grundwasser,
- die chemischen Reaktionen der Stoffe mit den Wässern im Untergrund sowie
- die biogenen Bildungs- und Abbaureaktionen.

Adsorbierte Gasphase
Die Adsorption von Gasen in der Bodenmatrix wird durch einen lang andauernden Transport von gasförmigen Stoffen aus dem tieferen Untergrund hervorgerufen. Hierbei handelt es sich überwiegend um geogene Kohlenwasserstoffe, welche durch thermokatalytische Prozesse in tief abgesenkten organischen Muttergesteinen bei der Erdöl- und Erdgasbildung oder aus vorhandenen Lagerstätten abgespalten werden.

Durch eine hauptsächlich vertikal ausgeprägte Migration, hervorgerufen durch die vertikale Porenwasserfließrichtung, gelangen die gasförmigen Kohlenwasserstoffe in oberflächennahe Schichten und werden dort angereichert, da in dieser Zone der Porenwasserfluß abreißt. Der physiko-chemische Transportvorgang läßt sich mit einem chromatographischen Prozeß vergleichen, bei dem einerseits das Porenwasser die fluide Phase, welche die Kohlenwasserstoffe in gelöster Form transportiert, darstellt und andererseits die durchströmten Gesteinsschichten die stationäre Phase (Trägersubstanz) bilden.

Oberflächennah sind die geogenen Gase hauptsächlich an der Feinfraktion (< 63-µm-Fraktion) adsorbiert. Als Trägersubstanz für die adsorbierten Gase wirken dabei Tonminerale.

4.1.3 Die Anwendung der Bodengase

Die stoffliche und genetische Information der Bodengase kann mit unterschiedlichen Arbeitsmethoden für unterschiedliche geologische und umweltrelevante Fragestellungen genutzt werden.

4.1.3.1 Kohlenwasserstoffe

Vor etwa 40 Jahren wurden Bodenluftuntersuchungen mit Kohlenwasserstoffen erstmals zur Erdöl- und Erdgasprospektion eingesetzt. Diese Methoden werden auch heute noch mit wesentlich verfeinerter Meßtechnik in der Exploration angewandt. Durch technische Fortschritte im Bereich der Analytik wurde das Spektrum der analysierbaren Kohlenwasserstoffe erheblich erweitert. Stabile-Isotopenanalysen an Einzelkomponenten erlauben inzwischen eine genetische Aussage über die Herkunft der Gase.

Die Kenntnis der Größe und der räumlichen Verteilung von Durchlässigkeitsbeiwerten des Untergrundes hat bei der Neuanlage von Deponien und/oder der Sicherung von Altlasten entscheidende Bedeutung. Zum Erwerb entsprechender Kenntnisse ist eine Prüfung des Untergrundes auf potentielle Wegsamkeiten erforderlich, über die Schadstoffe in die Umwelt gelangen können. In der Umgebung von Störungen oder Schichtgrenzen ist die Möglichkeit einer erhöhten Durchlässigkeit der geologischen Barriere gegeben.

Zur Lokalisation von Zonen erhöhter Gaswegsamkeit an Störungen und Schichtgrenzen eignet sich daher sowohl der Nachweis von Radon und Helium in der Bodenluft als auch der Nachweis thermischer Gase in den adsorbierten und freien Gasen bzw. Bodenluft.

Die Wahl der geeigneten Methode ist in hohem Maße abhängig von den geologischen und regionalen Gegebenheiten und sollte im Vorfeld einer beabsichtigten Untersuchung mit einem Fachbüro diskutiert werden, um die generelle Machbarkeit, Probenentnahme und Meßstrategie abzustimmen.

Grundvoraussetzungen für die Anwendbarkeit der isotopen-geochemischen Methode zur Lokalisierung von thermischen Kohlenwasserstoffen in der oberen Bodenzone sind:

- Das Untersuchungsgebiet muß in einer Zone liegen, an der mit einer Produktion und dem Fluß von thermischen Kohlenwasserstoffen aus dem Untergrund zu rechnen ist.
- Die oberflächennahen Sedimente sollten tonreich sein, stark sandige Sedimente oder kristalline Gesteine sind ungeeignet.

Gegebenenfalls können sich die isotopen-geochemische Methode zur Lokalisierung thermischer Kohlenwasserstoffe und die Radon-Helium-Methode ergänzen, weil Informationen über die Tiefe einer Gaswegsamkeit erhalten und sekundäre Effekte wie z. B. Wasserlöslichkeit, Luftdruckschwankungen, bakterielle Gasbildung und -oxidation, welche die detektierten Anomalien beeinflussen können, erkannt und berücksichtigt werden können.

4.1.3.2 Helium und Radon

Grundlagen

Bruchzonen im Gesteinskörper stellen potentielle Gefahrenzonen für eine Deponiestandort dar. Die Kenntnis der Lage von Bruchzonen hat für eine Gefährdungsabschätzung von Deponiekörpern eine besondere Bedeutung. Unter diesem neutralen Begriff für bruchhafte Strukturen in Gesteinen sind sowohl Störungen (Brüche mit einem erkennbaren Versatz) als auch Klüfte oder Scharen von Klüften und Spalten zu verstehen.

Der Ansatz gasgeochemischer Arbeitsweisen zur Detektion von Bruchzonen basiert auf der Beobachtung, daß geogen in der Erdkruste gebildete Gase auf Brüchen bevorzugt transportiert werden können und im Boden darüber Anomalien ausbilden. Man schließt also aus den Konzentrationen der Gase im Boden auf Zonen erhöhter Gaswegsamkeiten im Untergrund.

Dabei sind an die zum Nachweis herangezogenen Gase folgende Anforderungen zu stellen:

- Es muß sich ausschließlich um geogene Gase handeln, die möglichst wenig von pedologischen oder anthropogenen Faktoren beeinflußt werden und deren Bildungsmechanismen weitgehend überschaubar sind.
- Sie sollen möglichst wenig von bodenchemischen Prozessen beeinflußt werden.
- Probennahme und Analysetechnik müssen es zulassen, daß hinreichend große Probemengen in einem finanziell vertretbaren Rahmen bearbeitet werden können, um sichere Aussagen über ihre räumliche Verteilung zu ermöglichen.

Solchen Anforderungen genügen vor allem die chemisch inerten Edelgase Helium und Radon.

Natürliches Radon setzt sich aus den 3 Isotopen ^{222}Rn (Radon, T = 3,82 d), ^{220}Rn (Thoron, T = 55 s) und ^{219}Rn (Actinon, T = 4 s) zusammen (T = Halbwertszeit). Diese entstehen im Zuge der 3 natürlichen radioaktiven Zerfallsreihen jeweils aus dem entsprechenden Radium-Isotop (^{226}Ra, ^{224}Ra und ^{223}Ra). Actinon kann aufgrund seiner sehr kurzen Halbwertszeit bei Bodengasmessungen vernachlässigt werden. Thoron kann in Böden mit thoriumhaltigen Mineralen, z. B. Monazit, in größeren Mengen auftreten. Dies ist bisweilen über Granitvorkommen der Fall. Wegen seiner kurzen Halbwerts-

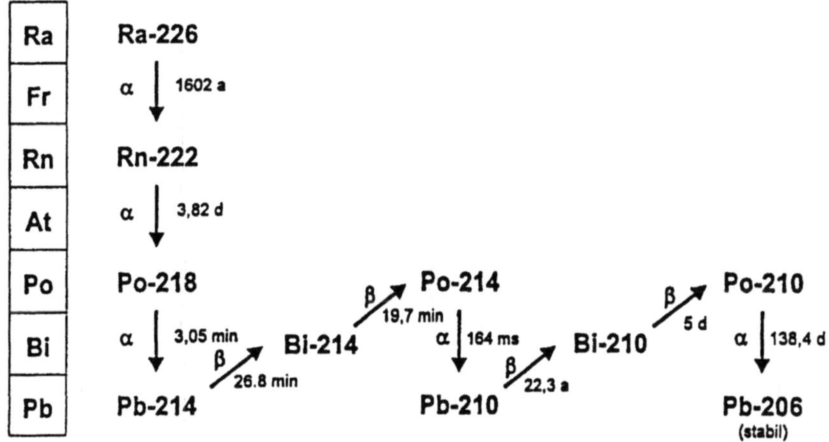

Abb. 4.2. Zerfallsschema der Radon-Gruppe (Ausschnitt aus der Uran-Zerfallsreihe)

zeit kann Thoron nicht über nennenswerte Entfernungen migrieren und ist daher für die hier vorliegende Fragestellung nur von geringer Bedeutung. Seine Tochterisotope können jedoch je nach Menge und Art des Meßverfahrens die Radonmeßergebnisse verfälschen.

Zur Bestimmung der Radonkonzentrationen wird die Strahlungsrate des Alpha-Zerfalles genutzt.

Beim Zerfall von ^{222}Rn entstehen weitere alphastrahlende Tochterisotope (*Abb. 4.2*). Auch hier müssen bei der Bestimmung der Aktivitätskonzentration von ^{222}Rn je nach Meßverfahren die Tochterisotope entweder vor der Registrierung der Alpha-Zerfälle ausgefiltert, rechnerisch korrigiert oder nach den unterschiedlichen Zerfallsenergien diskriminiert werden. Als Meßgröße für die Aktivitätskonzentration benutzt man die Einheit Becquerel pro Kubikmeter (Bq/m^3). Definitionen und Umrechnungsfaktoren zu älteren Einheiten siehe z. B. PHILIPSBORN (1990 a).

Über das Verhalten und die Messung von Radon liegt eine Vielzahl von Studien vor, die auf den Einsatz im Zusammenhang mit der Prospektion von Uranvorkommen oder, wie in den letzten Jahren verstärkt, auf Untersuchungen zum Strahlenschutz zurückgehen. Als zusammenfassende Arbeiten seien PHILIPSBORN (1990 a, b), PORSTENDÖRFER (1993) und TANNER (1964, 1980) genannt.

Die Freisetzungsrate (Exhalationsrate) von ^{222}Rn im Boden oder Gestein wird bestimmt von den Gehalten an ^{226}Ra, bzw., bei Vorliegen eines Gleichgewichtes, von ^{238}U und der Bindung dieser Elemente in den vorhandenen Mineralen. Die Bindung der Mutterisotope muß so beschaffen sein, daß die Rückstoßenergie des neugebildeten Radons ausreicht, um es in den Porenraum freizusetzen. Daher ist die tatsächliche Exhalationsrate eines Materials wesentlich kleiner, als sie nach den Gehalten an ^{226}Ra rechnerisch sein müßte. Das Verhältnis von neugebildetem Radon zu effektiv freigesetztem Radon wird als Emanationskoefizient bezeichnet. So werden nach Studien von GILETTI & KULP (1955) z. B. aus Pechblendeproben zwischen 0,064 und 16,6 % des neugebildeten Radons freigesetzt. böden haben vergleichsweise hohe Emantionskoefizienten.

Als Migrationsmechanismus des Radongases kommen i. w. 2 Prozesse in Betracht. *Diffusiver Transport* von Radon ist in luftgefüllten Poren sicher dominierend. Wegen der nur geringen Diffusionsweiten des Radons, die aus dessen kurzer Halbwertszeit resultieren, muß man annehmen, daß die im Boden gemessenen Radongehalte weitgehend die lokalen Uran- bzw. Radiumkonzentrationen im betreffenden Nebengestein der Entnahmepositionen widerspiegeln. Dementsprechend lassen sich häufig die Verteilungen der Radongehalte im Boden mit den darunter anstehenden lithologischen Einheiten korrelieren.

Neben diffusiven Gasbewegungen tritt jedoch auch *konvektiver Transport* auf, bei dem Transportweiten von einigen hundert Metern erreicht werden können. Als Transportmedium dient dabei Grundwasser. Die Transportweite hängt von der Fließgeschwindigkeit und Fließrichtung des Grundwassers ab. Nach neueren Untersuchungen (KRISTIANSSON & MALMQUIST 1981; DURRANCE & GREGORY 1990) ist es möglich, daß Radon in Wasser durch Trägergase ("Geogas", CO_2, CH_4) mittransportiert wird. Ein rascher Aufstieg in größeren Trägergasblasen könnte somit die Entstehung von Anomalien in größerer Entfernung vom Entstehungsort erklären. Auf einen solchen Stripping-Effekt könnten auch die positiven Korrelationen zwischen Radon und Kohlendioxid in Bodengasmessungen (MÜLLER & SCHIFFER 1994 a, b) zurückzuführen sein.

In lithologisch komplex zusammengesetzten Gebieten können entsprechend der unterschiedlichen Radonproduktion und Exhalationskoeffizienten der verschiedenen Gesteins- und Bodentypen auch ohne Gaszufuhr von Bruchzonen bereits stark variierende Radonkonzentrationen auftreten. Unter günstigen Bedingungen, wenn viel Radon zur Verfügung steht, wie z. B. über gangförmigen Uranmineralisationen (MÜLLER 1980), und das damit beladene Grundwasser rasch auf offenen Brüchen migrieren kann, ist es auch möglich, Bruchzonen mit Hilfe von Radonanomalien zu erfassen. Solche Anomalien sind jedoch oft sehr diffus ausgebildet und damit schwerer zu interpretieren als entsprechende Heliumanomalien. Dennoch werden auch Radonmessungen zur Untersuchung von Deponiestandorten erfolgreich eingesetzt (FISCHER 1992).

Neben der Anwendung als direktes Tracerelement für gaspermeable Bruchzonen ist Radon besonders zur Kontrolle der Probennahme bei gasgeochemischen Untersuchungen geeignet. Wegen der sehr niedrigen Radongehalte in atmosphärischer Luft ist es möglich, eine Kontamination der entnommenen Bodenluftproben mit Außenluft über die Bestimmung der Radongehalte zu detektieren.

Der *Heliumgehalt* der bodennahen Erdatmosphäre beträgt weltweit konstant 5240, nach neueren Ergebnissen 5220 ppb(v) (HOLLAND & EMERSON 1990). Atmosphärische Luft kann daher bei Heliummessungen der Bodenluft als Eichstandard benutzt werden. Natürlich kommen in der Erdatmosphäre zwei Heliumisotope (^{4}He, ^{3}He) vor, mit dem Verhältnis

$$\frac{^3He}{^4He} = 12*10^{-7}.$$

^{3}He ist daher für die hier behandelte Fragestellung vernachlässigbar.

Die Herkunft des ^{4}He auf der Erde wird nahezu ausschließlich durch die Bildung von Heliumkernen bei dem Alpha-Zerfall der natürlichen radioaktiven Elemente in der Erdkruste abgeleitet. Die Produktionsrate liegt bei $1{,}16x10^{-7}$ cm^3 pro g Uran pro Jahr und $2{,}43x10^{-8}$ cm^3 pro g Thorium pro Jahr (TIRATSOO 1972).

Für die Freisetzung und Aufwärtsmigration des Heliums aus der Kruste in den Boden sind, wie auch bei Radon, geeignete Wegsamkeiten erforderlich. Die höchsten Heliumgehalte werden weltweit in Zonen mit extensiver Krustenbeanspruchung angetroffen. Auch als Transportmechanismen kann man von vergleichbaren Prozessen wie für Radon ausgehen. Wegen seiner erheblich höheren Diffusionsrate ist allerdings zu erwarten, daß Helium deutlich schärfere Anomalien über den Migrationszonen ausbildet. Da Helium nicht weiter zerfällt, wird die Ausbildung solcher Anomalien im Boden weit weniger von lokalen pedologischen Verhältnissen kontrolliert, als bei Radon.

Die Heliumgehalte im Boden sind überwiegend mit denen bodennaher atmosphärischer Luft identisch. Die Mittelwerte der Heliumkonzentrationen liegen in Untersuchungsgebieten bei hinreichend großen Datenmengen nahe bei dem Außenluftwert. Lediglich in Zonen, in denen ein Konzentrationsausgleich, z. B. durch abdichtende Lagen, erschwert wird oder über Bruchzonen mit erhöhten Zufuhrraten, treten erhöhte Konzentrationen auf. Diese liegen im allgemeinen um 100 - 300 ppb über dem Background. Konzentrationsmaxima für Helium von über 6000 ppb werden nur selten angetroffen.

Da Helium gegenüber Radon stabil und außerdem aufgrund seiner höheren Diffusivität wesentlich mobiler ist, ist es als Tracergas zum Nachweis verdeckter Migrationswege besser geeignet. Seine Anomalien sind meist scharf auf den Bereich über seiner Aufstiegsbahn konzentriert. Die erläuterten Unterschiede im Verhalten der beiden Edelgase und ihre Auswirkungen auf die Gaskonzentrationen im Boden sind in *Abb. 4.3* modellhaft dargestellt.

Der Vergleich der Gehalte von ^{222}Rn und ^{4}He aus identischen Meßstationen zeigt i. allg. keine guten Korrelationen zwischen den beiden Gasen. Dies kann man mit den oben diskutierten unterschiedlichen Quellen der beiden Gase erklären.

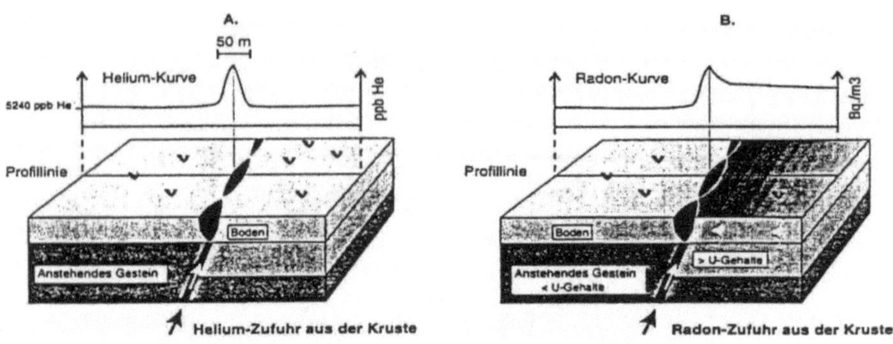

Abb. 4.3. Modell der Entstehung von **A** Helium- und **B** Radonanomalien

Störfaktoren

Die Konzentrationen von ^{222}Rn und ^{4}He im Boden sind nicht nur räumlich, sondern auch zeitlich deutlichen Schwankungen unterworfen. Dabei können innerhalb einiger Stunden erhebliche Variationen im Gasgehalt des Bodens auftreten. Dies ist für die Anwendung der hier beschriebenen Methodik dann von Bedeutung, wenn man die Ergebnisse von Bodengasmessungen zu unterschiedlichen Zeiten quantitativ miteinander vergleichen will.

Die Ursachen solcher Konzentrationsschwankungen von Radon werden seit langem diskutiert. Zusammenfassende Darstellungen finden sich z. B. bei MÜLLER (1980) oder WORM (1986). Als Ursachen werden dabei pedologische Unterschiede (Bodenzusammensetzung, Bodenfeuchte) und meteorologische Faktoren (Niederschläge, Luftdruck, Lufttemperatur, Windgeschwindigkeiten etc.) genannt. Da im Einzelfall immer eine Reihe unterschiedlicher Faktoren in unterschiedlichen Größenordnungen zusammenwirkt, ist es bisher nicht gelungen, generell gültige Einflußgrößen zu quantifizieren oder gar daraus Korrekturparameter abzuleiten. Die Wirkung der verschiedenen Faktoren läßt sich jeweils darauf zurückführen, daß der Konzentrationsausgleich zwischen Bodenluft und atmosphärischer Luft behindert wird. So zeigt WORM (1986) auf, daß Regenfälle die oberste Bodenschicht zunächst versiegeln und somit zu einem Konzentrationsanstieg von Radon führen. Die zunehmende Verkleinerung des luftgefüllten Porenraumes durch Sickerwasser führt zusätzlich zu einem Anstieg des Radongehaltes.

Im Verlauf gasgeochemischer Untersuchungen (MÜLLER & SCHIFFER 1994b) wurden umfangreiche Untersuchungen zum Einfluß meteorologischer Faktoren auf den Gasfluß im Boden durchgeführt. In den *Abb. 4.4a - c* in dieser Arbeit sind exemplarisch typische Diagramme des Zeitraumes zwischen dem 31.7. und 27.8.1994 dargestellt, in denen jeweils der Radonfluß in Boden mit Luftdruck (*Abb. 4.4a*), Lufttemperatur (*Abb. 4.4b*) und Niederschlagsmenge (*Abb. 4.4c*) verglichen werden. Obwohl sich in den ersten beiden Diagrammen für sich betrachtet jeweils Beziehungen von Gaskonzentra-

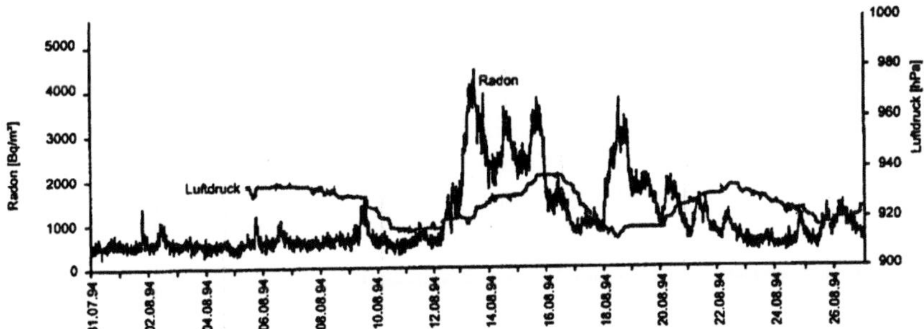

Abb. 4.4a. Radongehalte und Luftdruck (*obere Kurve*) im Zeitraum vom 31.07.-27.08.1994

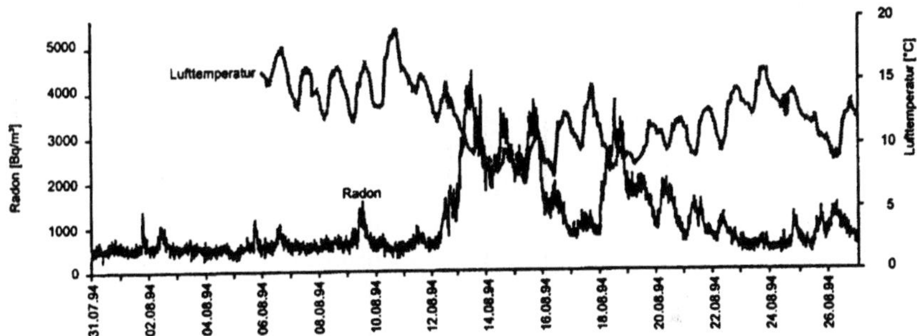

Abb. 4.4b. Radongehalte und Lufttemperatur (*obere Kurve*) im Zeitraum vom 31.07.-27.08.1994

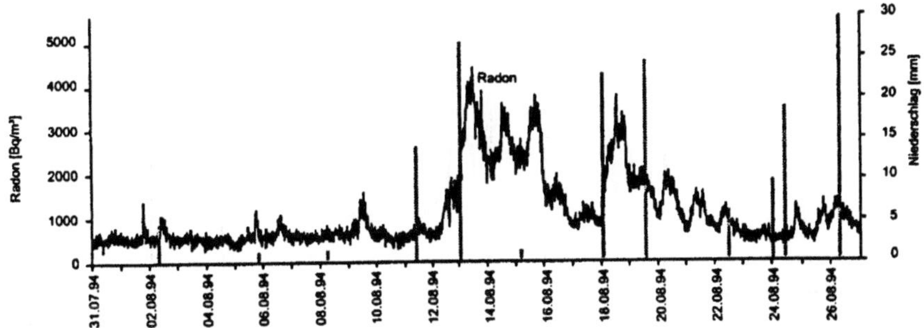

Abb. 4.4c. Radongehalte und Niederschlagsmenge (*obere Kurve*) im Zeitraum vom 31.07.-27.08.1994

tionen und Luftdruck bzw. Lufttemperatur anzudeuten scheinen, zeigt *Abb. 4.4c*, daß die Konzentrationserhöhungen am ehesten mit Niederschlagsereignissen zu korrelieren sind. Luftdruckänderungen, die im Schrifttum immer wieder als ein Hauptfaktor für solche Variationen des Bodengasgehaltes angegeben werden, sind nach den vorliegenden Untersuchungen von untergeordneter Bedeutung. Nach Auswertung von Langzeitstudien über 3 Jahre kann man zusammenfassend schließen, daß Niederschläge bei weitem der dominierende Faktor sind, der zu Veränderungen des Gasflusses im Boden beiträgt. Temperatur- und Luftdruckänderungen scheinen demnach vielmehr kausal mit dem Auftreten von Niederschlägen verbunden zu sein, als daß sie alleine merkliche Änderungen des Gasflusses bedingen.

Etwas anders stellt sich die Situation in niederschlagsarmen Zeiträumen dar. Langzeitmessungen in den Jahren 1992 und 1993 (MÜLLER & SCHIFFER 1993, 1994b) haben gezeigt, daß unter solchen Bedingungen sowohl die Radon- als auch die Heliumkonzentrationen im Boden einem ausgeprägten 24stündigen Gang (*Tagesgang*) unterworfen sind. Die Ursachen für diesen Gang sind noch nicht völlig geklärt. Die Meßergebnisse, ein typisches Beispiel ist in *Abb. 4.5* dargestellt, deuten auf eine Beziehung zwischen Lufttemperatur und dem Gasfluß hin. Dabei sind die Konzentrationserhöhungen während der relativ kühlen Nachtstunden vermutlich auf Kondensation von Wasser in der obersten Bodenschicht und der damit verbundenen kurzzeitigen Unterbrechung des Gasaustausches mit der atmosphärischen Luft zurückzuführen. Auch hier konnte kein Einfluß von Luftdruckschwankungen beobachtet werden. Die relativ hohen Radongehalte am 24.7.1992 wurden auch in diesem Fall durch leichte Niederschläge hervorgerufen.

Die hier am Beispiel des Radons dargestellten Beziehungen gelten, wie Vergleichsmessungen gezeigt haben, auch in ähnlicher Weise für den Heliumfluß im Boden.

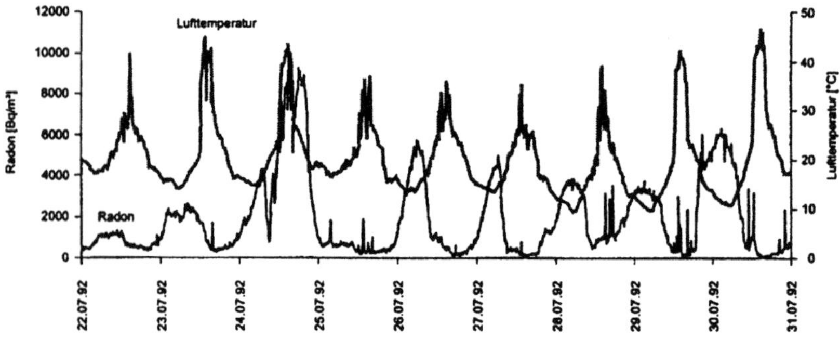

Abb. 4.5. Radongehalte und Lufttemperatur (*obere Kurve*) im Zeitraum vom 22.07.-31.07.1992

Tabelle 4.2. Einsatzmöglichkeiten der Radon-Helium-Methode

	Meßanordnung	Kombination mit anderen Verfahren	Ziel
Übersichtskartierung	Große Probenabstände (25 - 50 m) Profilbeprobungen	Geologische Detailkartierung Tektonische Untersuchungen Geophysikalische Kartierungen	Erfassung von Permebilitätszonen (hydrologisch wirksame Bruchzonen) Festlegung von Bohrpunkten
Detailuntersuchungen	Kurze Probenabstände(5 - 10 m), Rasterbeprobungen	Geophysikalische Vermessungen	Festlegung von Pegelstationen Vorbereitung hydrogeologischer oder geochemischer Detailuntersuchungen

Nach den bisherigen Erkenntnissen kann man je nach meteorologischer Lage zwar kurzfristig die Tendenz des Gasflusses vorhersagen, nicht jedoch die absolute Höhe der auftretenden Konzentrationsmaxima und -minima.

Da die zeitlichen Variationen an einer Meßstelle um bis zu 4 Standardabweichungen nach oben und unten um einen Mittelwert schwanken können, ist es bei der Durchführung von gasgeochemischen Untersuchungen unbedingt erforderlich, an einer oder mehreren stationären Sonden ("Repeaterstationen") die zeitlichen Schwankungen des Gasflusses im Boden kontinuierlich zu erfassen.

Einsatzmöglichkeiten, Voraussetzungen und Grenzen für die Anwendung der Methode

Die Methode kann immer dann angewendet werden, wenn Bruchzonen detektiert werden sollen, die hydrologisch wirksam sind. In *Tabelle 4.2* sind die Einsatzmöglichkeiten bei der Standortuntersuchung von Deponien zusammengestellt.

Für einen optimalen Einsatz sind mehrere Voraussetzungen zu beachten:

- Um Bodengasproben zu gewinnen, ist eine Bodenbedeckung über dem anstehenden Gestein von mindestens 1 m. Nach den vorliegenden Untersuchungen sollten Beprobungstiefen von 70 cm nicht unterschritten werden, da sich von dieser Tiefe an nach oben die Gaskonzentrationen im Boden zunehmend den Außenluftgehalten annähern. Gebiete mit starken Reliefunterschieden sind daher wegen der zu erwartenden geringen Bodenbedeckungen an exponierten Stellen wenig geeignet.

- Die Böden dürfen nicht zu bindig sein, da sonst eine Gasentnahme nicht mehr möglich ist.
- Ebenso darf der Flurabstand des Grundwassers nicht über der Entnahmetiefe liegen. Sumpfige oder anmoorige Bereiche müssen generell gemieden werden.
- In Kiesen und Blockschutt ist eine Beprobung zwar möglich, der Verschleiß an Gassonden jedoch sehr hoch.

Wegen der oben beschriebenen Störung des Gashaushaltes durch Regenfälle und der möglichen Einwirkung weiterer meteorologischer Faktoren ist die gasgeochemische Untersuchung eine ausgesprochene "Schönwettermethodik". Obwohl auch unter ungünstigen Bedingungen durch eine Datenkorrektur noch brauchbare Ergebnisse erzielt werden können, erreicht man die besten Resultate unter stabilen, trockenen Wetterbedingungen im Sommer und Herbst. Messungen während der Frostperiode sollten generell vermieden werden.

Die Interpretation der Meßdaten stützt sich v. a. auf die Verteilung der Heliumgehalte im Boden. Das Auftreten deutlich erhöhter Heliumkonzentrationen ist i.allg. auf die Zufuhr von Helium aus der Kruste zurückzuführen. Autochthone Heliumquellen im Boden selbst, z. B. durch Anreicherungen von radioaktiven Elemente, sind kaum vorstellbar. Heliumanomalien sind daher an Zonen erhöhter Gaspermeabilität um Untergrund gebunden. Da solche Zonen auch hydrologisch wirksam sein können, liefert das Verfahren also Hinweise auf potentielle Migrationswege für Schadstoffe und somit auf Zonen, die mit speziellen Verfahren der Hydrogeologie weiter zu untersuchen sind. Kurzfristige Veränderungen der Durchlässigkeit des Bodens durch Versiegelungseffekte (s. o.) können zeitweise Anomalien vortäuschen. Durch Repeatermessungen und Kontrollbeprobungen können solche Effekte erkannt werden.

Die Meßergebnisse allein lassen keine Aussagen über die Art der erkannten Zonen erhöhter Gasdurchlässigkeit zu. Ob es sich dabei um Störungen, Spalten oder Kluftscharen handelt, kann erst aus geologischen Befunden oder entsprechenden Analogieschlüssen abgeleitet werden. Berücksichtigt man den komplexen Aufbau der in Frage kommenden Brüche im Detail, so ist es auch nicht zu erwarten, daß man eine solche Struktur lückenlos in ihrem streichenden Verlauf nachweisen kann. So können Störungen verspringen oder lokal, z. B. durch Störungsletten, versiegelt sein. Außerdem können lokal die pedologischen Verhältnisse (Bodendurchlässigkeit, Grundwasserstand) so ungünstig sein, daß die Migration der Gase in den Bereich der Entnahmetiefe behindert ist. Entsprechend ergeben sich bei der flächigen Auswertung der Meßergebnisse meist Aneinanderreihungen von einzelnen Anomalien. Durch ein dichtes Probenraster und die Anwendung geostatistischer Auswerteverfahren kann die Aussagekraft entsprechend erhöht werden, die Problematik der Interpretation wird dadurch jedoch nicht grundsätzlich verändert. Bei der Auswertung der Anomalienmuster zu "Bruchzonen" müssen daher auch geologische

Erfahrungswerte, wie z. B. der vermutete Verlauf von Störungen, die in der Nachbarschaft nachgewiesen sind, die Orientierung des Kluftnetzes etc., eingehen.

Ebenso ist es bisher nicht möglich, aus der Höhe der Heliumkonzentrationen auf die tatsächliche Durchlässigkeit des Untergrundes für eventuelle Schadstoffe zu schließen. Die Ergebnisse dieser Methode sollten daher nicht allein zur Beurteilung der Eignung eines Untergrundes für Deponiezwecke herangezogen werden, sondern sollten als Hinweis auf näher zu untersuchende Schwachstellen dienen.

4.1.3.3 Leichtflüchtige halogenierte Kohlenwasserstoffe

In der Industrie werden vielfach wassergefährdende Stoffe bzw. Stoffgemische eingesetzt. Aufgrund ihrer physiko-chemischen Eigenschaften kann bei einem Schadensfall mit Hilfe der Bodenluftanalytik deren räumliche Ausdehnung in der ungesättigten Bodenzone und bei entsprechendem Wasser-Luft-Verteilungskoeffizient auch im obersten Bereich des Grundwasserleiters beschrieben werden.

Die Gruppe der leichtflüchtigen halogenierten Kohlenwasserstoffe (LHKW) ist dabei von besonderer Relevanz, weil sie einerseits aufgrund der in der BRD produzierten und verbrauchten Mengen, allein in 1986 in den alten Bundesländern 1,73 Mio. t (*Tabelle 4.3*), andererseits aufgrund ihrer Persistenz und Mobilität zunehmend in Grundwässern nachgewiesen wird (SCHLEYER & KERNDORFF 1992). Grundlegende Arbeiten zum Verhalten dieser Stoffe in der Umwelt liegen vor (MELUF 1983; SCHWILLE et al. 1984).

Tabelle 4.3. Verbrauch, chemische und physikalische Eigenschaften einiger leichtflüchtiger halogenierter Kohlenwasserstoffe. VK: Verteilungskoeffizient (mg/l in Wasser zu mg/l in der Luft)

Stoffname	Verbrauch in der BRD 1986 [t]	Dampfdruck [mbar bei 20°C]	VK	Löslichkeit [mg/l]	Dichte [g/cm³]
Dichlormethan	69.000	453	8,1	20.000	1,33
1,2-Dichlorethan	1.281.000	81	8,69	1,252	1,253
1,1,1-Trichlorethan	180.000	133	0,71	1.300	1,34
Trichlorethen	68.000	76,7	2,74	1.100	1,464
Tetrachlorethen	26.000	18,6	1,22	160	1,623

Gelangen LHKW als flüssige Phase in die ungesättigte Bodenzone werden sie dort zunächst entsprechend des Rückhaltevermögens (hier definiert als Sammelbegriff für Residualsättigung und Ansammlungen von LHKW auf stauenden Zwischenlagen) zurückgehalten. Der von flüssiger Phase beeinflußte Bereich wird als Phasenkörper bezeichnet. Die hohe Flüchtigkeit der meisten LHKW bewirkt ein schnelles Verdunsten in der ungesättigten Zone, soweit diese nicht eine zu geringe Durchlässigkeit aufweist. Um den Phasenkörper herum breiten sich die LHKW im gasförmigen Zustand mit nach außen abnehmender Konzentration aus. Wegen der hohen Dichte der Dämpfe sinken diese in der ungesättigten Zone ab und breiten sich über dem Kapillarsaum aus. Die Dämpfe diffundieren jedoch auch entgegen ihrer relativen Dichte zur Erdoberfläche, da zu dieser ein Konzentrationsgefälle besteht.

Diese Prozesse lösen den ursprünglich kleinen Phasenkörper in der ungesättigten Zone weitgehend auf, führen dabei allerdings zu im Volumen und Fläche wesentlich vergrößerten kontaminierten Bereichen mit entsprechend vergrößerten Kontaktmöglichkeiten zwischen Grund-, Haft- und Sickerwasser und der kontaminierten Gasphase und somit zu einem Übertritt der Schadstoffe in die wäßrige Phase.

Eine weitere Möglichkeit des Übertrittes von LHKW ins Grundwasser ist dadurch gegeben, daß das Rückhaltevermögen der ungesättigten Zone überschritten wird. Der Schwerkraft folgend sinkt die eingetragene flüssige Phase dann sukzessive nach Überschreiten des jeweiligen Rückhaltevermögens einzelner Schichtglieder nahezu senkrecht nach unten. Bei entsprechend großen Infiltrationsmengen können LHKW als flüssige Phase die gesättigte Zone komplett durchsickern und sich auf geringdurchlässigen Schichten ansammeln.

Alle im Untergrund miteinander in Kontakt stehenden Phasen (Bodenluft, Wasser, Bodenfeststoffe und Schadstoffphase) befinden sich in einem oder streben nach einem thermodynamischen Gleichgewichtszustand, d.h. sie tauschen untereinander Stoffanteile und Mischungskomponenten aus. Diese Gleichgewichte werden zum einen durch Gleichgewichtskonstanten (Löslichkeiten in Bodenluft und Grundwasser, Verteilungskoeffizienten, Adsorptionskoeffizienten) und zum anderen durch die kinetischen Parameter (Stoffaustauschkoeffizienten, Stoffübergangskoeffizienten, Diffusionskonstanten) charakterisiert.

Untersuchungen der Bodenluft auf LHKW können aufgrund der Löslichkeiten in Luft und Wasser sowie der günstigen Wasser-Luft-Verteilungskoeffizienten zur horizontalen Abgrenzung von Eintragstellen und in deren näherer Umgebung auch zur horizontalen Abgrenzung der Ausbreitung von im Grundwasser gelösten Schadstoffen eingesetzt werden.

Bodenluftuntersuchungen können direkt nur die horizontale und vertikale Ausdehnung flüchtiger Schadstoffe in der ungesättigten Zone und indirekt auch die LHKW-Abgabe aus den obersten Bereichen des Grundwasserleiters erfassen. LHKW-Ausbreitungen in tieferen Bereichen des Aquifers oder gar die Ausbreitung von Schadstoffphase an dessen Sohlfläche können nicht durch Bodenluftuntersuchungen erfaßt werden.

4.2 Lokalisierung von Gaswegsamkeiten durch Bestimmung thermischer Kohlenwasserstoffe in adsorbierten Gasen

MANFRED SCHMITT

4.2.1 Probennahmestrategie

In der Planungsphase für eine Untersuchung von adsorbierten Gasen zur Detektion von Gaswegsamkeiten sollten detaillierte topographische und geologische Hintergrundinformationen eingeholt werden. Eine Grundvoraussetzung für die Methode ist die Existenz einer gasabspaltenden organischen Muttersubstanz im tieferen Untergrund. Diese Situation ist in vielen Gebieten der Bundesrepublik Deutschland gegeben (Norddeutsches Becken, Hamburger Trog, Holsteinische Tröge, Gifhorner Trog, Niedersächsisches Becken, Saar-Nahe-Senke, Oberrheintalgraben, Molasse, Lausitz, Mecklenburger Trog). Nach Möglichkeit sollten Typ und Reife der potentiellen Muttergesteine bekannt sein, damit die Charakteristik der oberflächennah gemessenen Gase damit korreliert werden können. Folgende Unterlagen sind frü die Beprobung zu beschaffen:

a) geologische und topographische Karten des Untersuchungsgebietes im Maßstab 1 : 5 000 bis maximal 1 : 25 000,

b) Informationen über die Lage von Versorgungsleitungen, Elektrokabeln, Ferrnmeldekabel, Gas- und Wasserleitungen usw.,

c) Erlaubniseinholung für die Bohrungen bei den örtlich zuständigen Ämtern und den Eigentümern,

d) Informationen über den Typ, die Tiefenlage und Reife des Muttergesteins sowie über die Lage bekannter Störungen und Schichtgrenzen,

e) Angaben ggf. über Muttergesteinseigenschaften der oberflächennahen Schichten, z. B. des Gehaltes an C_{org}.

Zu Beginn der Beprobung sind 1 - 2 Tiefenprofile bis zum Grundwasserhorizont abzuteufen, um die Tiefenlage geeigneter Bodensektionen einzugrenzen. Es ist anzustreben, die Bodenproben immer aus derselben lithologischen Einheit zu entnehmen. Die zu beprobenden Bodenschichten sollten im reduzierenden Milieu liegen. Im Gelände kann diese Zone organoleptisch durch eine dunkelgraue oder graugrüne Färbung der Bodenzonen oder meßtechnisch durch die Bestimmung der Redoxspannung bestimmt werden. Tonige, schluffreiche und feinsandige Sedimente sind zu bevorzugen. Die Lage der Meßpunkte sollte an die Größe des Untersuchungsgebietes angepaßt sein. In allgemeinen werden grobe Raster von 100 - 200 m Punktabstand mit einer Punktverdichtung auf 50 m über näher zu untersuchenden Teilflächen beprobt.

Die Bodenproben werden in der Regel durch Rammkernsondierungen aus 1 m bis maximal 10 m gewonnen. Möglich sind aber auch Bohrungen mit geeigneten Drehbohrverfahren. Ein Nachteil der Drehbohrverfahren besteht darin, daß Bohrcuttings als Probenmaterial anfallen. Dabei besteht zum einen die Gefahr des Durchmischens und andererseits ist eine Profilansprache nicht möglich.

Nach der Aufnahme der lithologischen Daten werden ca. 200 - 300 g der ton- bzw. schluffreiche Fraktion entnommen, in Dosen oder Plastikbeuteln verpackt und kühl gelagert.

Der zeitliche Aufwand und die Kosten für eine Beprobungskampagne hängen stark von den örtlichen Verhältnissen und der Beprobungstiefe ab. Bei guter Zugänglichkeit der Bohrpunkte und einer Endteufe von 4 m kann ein Zwei-Personen-Team ca. 20 - 30 Bohrungen und Probenentnahmen/Tag durchführen. Die gesamte Ausrüstung für das Rammkernverfahren kann in einem 2 m langen PKW-Anhänger oder einem Kleinbus transportiert werden.

Folgende Ausrüstung für die Probengewinnung wird im allgemeinen benötigt:

- PKW mit Anhänger oder Kleinbus, bei Bedarf Stromaggregat,
- benzin- oder strombetriebener Schlagbohrhammer,
- 1 m oder 2 m lange Rammkernsonde (Außendurchmesser 35 mm) mit Verlängerungsteilen,
- hydraulisches oder mechanisches Stangenziehgerät,
- Polypropylenbeutel und Cellulosebeutel zur Verpackung.

4.2.2 Analytische Vorgehensweise

Probenvorbereitung

Zur Gewinnung der adsorbierten Gase wird die < 63-µm-Fraktion der Bodenprobe durch Naßsiebung abgetrennt und mehrfach mit Wasser gewaschen, um eventuell oberflächlich anhaftende, freie und gelöste bakterielle Gase durch einen Austausch des Porenwassers vollständig zu entfernen. Die durch Zentrifugieren zurückgewonnene < 63-µm-Fraktion wird anschließend in einem evakuierten Behälter mit 85 %iger o-Phosphorsäure versetzt. Durch die Säureeinwirkung quellen die einzelnen Lagen der Tonminerale auf und geben die dort adsorbierten Kohlenwasserstoffe frei. Die zusätzliche Zersetzung von Carbonaten erzeugt einen Kohlendioxidstrom, welcher den Transport freigesetzter Kohlenwasserstoffe in die Gasphase unterstützt.

Aus der Gasphase wird das Kohlendioxid mit konzentrierter Kalilauge entfernt. Die verbleibenden adsorbierten Gase werden in Gasprobenbehältern gesammelt. In *Abb. 4.6* ist die verwendete Entgasungsapparatur schematisch dargestellt.

Meßtechnik - Gasanalytik und Isotopenbestimmung:

Gasanalytik. Zusammensetzung und Menge der Kohlenwasserstoffe werden mit kapillar-gaschromatographischen Methoden bestimmt. Erfaßt werden die Kohlenwasserstofffraktionen von C1 bis C6. Die Gasausbeute wird als Gramm Kohlenwasserstoff pro Gramm desorbierter < 63-µm-Fraktion in ppb angegeben.
Berechnung der Gasausbeute:

$$\text{Gasausbeute} = \frac{\text{ZählrateFID[IMP]*Eichfaktoren[g / IMP]}}{\text{Probeneinwaage[g]}} *10^9$$

Die Eichung der Apparatur muß täglich durch Analyse von selbst hergestellten und käuflichen Laboreichgasen durchgeführt werden. Die Mengeneichung zur Berechnung der Gasausbeuten erfolgt durch Injektion einer genau bekannten Menge Eichgas in das Sedimententgasungssystem. Die Eichprobe wird danach wie eine normale Probe behandelt, transferiert und analysiert. Auf diese Weise werden bei der Ausbeuteberechnung Gasverluste durch Totvolumina, Transfer und Druckmessung vollständig berücksichtigt.
Isotopenbestimmungen. Die Abtrennung der für Isotopenanalysen vorgesehenen Kohlenwasserstoffe erfolgt durch ein präparatives, gaschromatographisches Trennsystem. In *Tabelle 4.4* sind die Parameter für die Isotopenaufbereitung zusammengefaßt. Die Gasproben werden direkt in eine evakuierte Probeneinlaßschleife expandiert und automatisch auf die präparative gaschromatographische Trennsäule dosiert. Einzelne für die Isotopenbestimmung vorgesehene Kohlenwasserstoffe (Methan, Ethan und Propan) werden über Ventilschaltungen am Detektorausgang aus der Gasmischung abgetrennt und über Kupfer(II)oxid bei 900 °C zu Kohlendioxid und Wasser oxidiert.

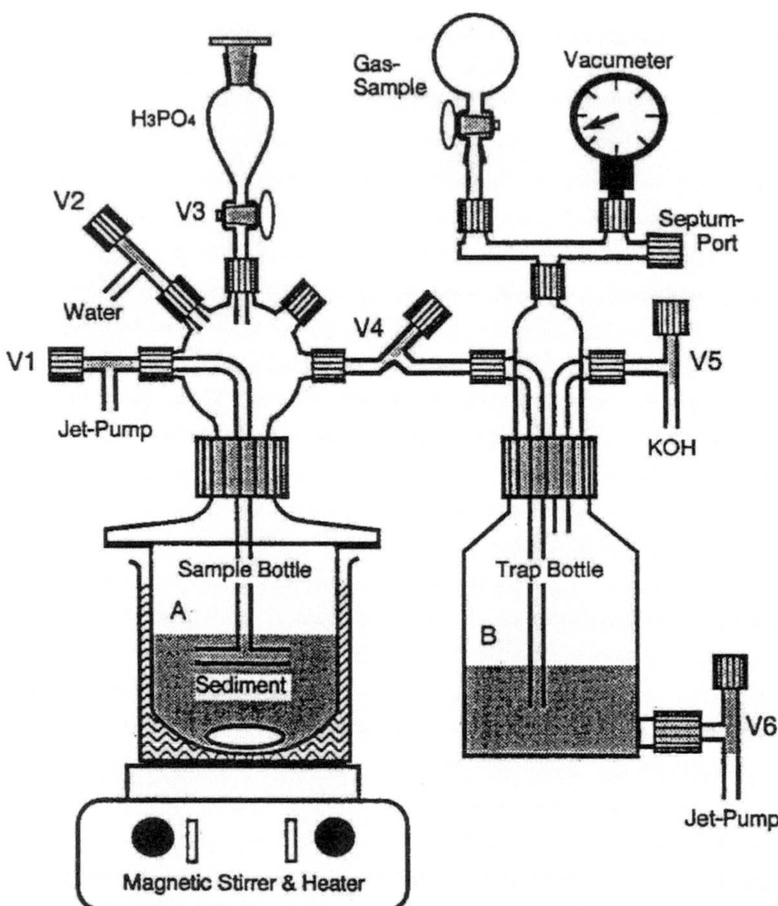

Abb. 4.6. Entgasungsapparatur für Bodenproben nach dem Säure-Vakuum-Prinzip

Tabelle 4.4. Parameter für die Isotopenaufbereitung:

Gerät	GC mit gepackter Säule, mit Ventilschaltsystem
Trägergas	Stickstoff 5.0, über Phosphorpentoxid getrocknet
Injektion	33.2 ml Gasschleife
Säule	2 m Porapak-Super Q 1/4"
Detektor	WLD
Temperatur	60°C -------> 240°C
Oxidationsofen	12 cm, ID 10 mm, Füllung mit CuO/Cu2O/Pt-Kontakt
Oxidationstemperatur	900°C
Hochvakuum	<10-5 mbar (Öldiff.-Pumpe)

Die Reaktionsprodukte Kohlendioxid und Wasser werden anschließend unter Hochvakuumbedingungen bei $< 10^{-5}$ mbar voneinander getrennt und in Glasampullen zur weiteren Analyse umgefroren und abgeschmolzen.

Das für die D-/H-Isotopenanalysen dienende Wasser wird zusammen mit ca. 0,3 - 0,5 g angeätzten Zinkspänen in einer Glasampulle versiegelt und 3 h bei 450 °C zu Wasserstoff reduziert.

Die Analyse der stabilen Isotopenverhältnisse erfolgt an einem Präzisionsmassenspektrometer mit Doppeleinlaßsystem und Dreifachkollektor. Das Massenspektrometer muß zur Analyse kleiner CO_2-Mengen von < 5 µl absolut mit einem Kleinstmengenvolumeneinlaßteil ausgestattet sein. Aus technischen Gründen können D-/H-Isotopenanalysen nur an H_2-Mengen > 200 µl durchgeführt werden. D-/H-Analysen sind daher generell auf Proben mit relativ hoher Gasausbeute beschränkt.

In den letzten Jahren kommt alternativ zu dieser offline-Methode eine online-Methode zum Einsatz. Diese sogenannten CF-IRMS Meßgeräte (continuous flow - isotope ratio mass spectrometry) bestehen aus einer Kombination von Kapillar-Gaschromatographie, Oxidationssystem und Massenspektrometer. Die Gasprobe durchläuft das gesamte System in einem Heliumstrom. Mit dieser Methode sind $^{13}C/^{12}C$-Isotopenbestimmungen an um den Faktor 10 - 100 geringeren Gaskonzentrationen (selbst an Luftmethan c = 1,7 ppm) möglich. ein weiterer großer Vorteil liegt in der gleichzeitigen Bestimmung von Gaszusammensetzung und Isotopenverhältnissen ausgewählter Komponenten.

Die Berechnung der ^{13}C-/^{12}C-und D-/H-Isotopenverhältnisse erfolgt nach der üblichen d-Notation. Die Werte sind gegen die internationalen Standards PDB bzw. SMOW angegeben:

$$\delta = \frac{R_{Probe} - R_{Standard}}{R_{Standard}} * 100\ [‰]$$

$$R = \frac{^{13}C}{^{12}C} \text{ bzw.} \frac{D}{H}$$

4.2.3 Statistische Kenngrößen

Parallel zur Bestimmung der Gasausbeuten von Bodenproben wird eine bekannte Menge Methangas (50 µl) in die Entgasungsanlage für Bodenproben dosiert und das Gas auf die gleiche Weise wie die Sedimentproben behandelt und vermessen. Aus dem Verhältnis der Methanintensität in der gaschromatographischen Analyse zur eingegebenen Methanmenge wird in jeder Aufbereitungsserie ein Eichfaktor (INT/g Methan) neu bestimmt, welcher für die Berechnung der Gasausbeuten in den Sedimentproben dient. Die Empfindlichkeit des GC-Systems wird täglich durch einen Standard aus 1 Vol-% Methan in Luft und durch Injektion von Luft (1,7 vpm Methan) kontrolliert. Für eine absolute Gasmenge von 0,0017 µl Methan (1 ml Luft) sollte der relative Meßfehler < 20 % betragen.

Die gaschromatographische Bestimmungsgrenze für Kohlenwasserstoffe in Böden mittels GC/FID und einer Megabore-Kapillarsäule liegt im ppb-Bereich. Bei einer Einwaage von ca. 200 - 300 g Boden lassen sich noch bis etwa 10 ppb Bestimmungen mit einer Reproduzierbarkeit von 10 - 20 % relativ durchführen.

Die wesentlichen Fehler sind dabei auf Inhomogenitäten des Probenmaterials und Totvolumina bei der Entgasung zurückzuführen. Diese Fehler bei der molekularen Gasanalytik spielen für die Auswertung keine dominierende Rolle, da Gaswegsamkeiten sehr deutlich durch einen sprunghaften Anstieg der Gasausbeute bis in den 10.000-ppb-Bereich charakterisiert sind.

Die Langzeitstabilität der Isotopenanalysen ist für die Vergleichbarkeit von Messungen aus verschiedenen Zeiträumen wichtig. Regelmäßige tägliche Kontrollanalysen von Labor- und internationaler Standards sind deshalb in einem Isotopenlabor unerläßlich.

Die Bestimmungsgenauigkeit der Isotopenverhältnisse ist von der zur Verfügung stehenden Gasmenge stark abhängig. Bei Gasmengen von > 50 µl Methan liegen die Reproduzierbarkeiten für ^{13}C-/^{12}C-Werte bei < 0,1 ‰. Für die D-/H-Isotopenanalysen gelten andere Werte, da das Meßgas nicht durch Kondensation transportiert werden kann. Deshalb sind die Reproduzierbarkeiten für D-/H-Messungen deutlich schlechter. Für eine Methanmenge von > 100 µl werden Standardabweichungen von ± 3-5 ‰ erhalten.

Zeitlicher und finanzieller Aufwand

Obwohl sich das gesamte Verfahren der Untersuchung adsorbierter Gase aus einer Vielzahl von Einzelschritten zusammensetzt, ist der zeitliche Aufwand überschaubar. Wegen der Komplexität der Methode hängt der Erhalt gut interpretierbarer Ergebnisse stark von der Qualität des beauftragten Fachlabors und einer problemorientierten, interaktiven Arbeitsweise ab. So ist es oft erforderlich, ein Projekt in 2 Kampagnen zu teilen, um beginnend von einer groben Übersichtsrasterung eine kleinere Detailrasterung anzuschließen.

Für die Untersuchung einer 10 ha großen Fläche auf Gaswegsamkeiten sind etwa 25 Lokationen und ca. 30 Proben zu untersuchen. Für die Planung und Probengewinnung sollten dazu 5 Arbeitstage und Kosten von 6.000 - 9.000 DM eingeplant werden.

Die Proben werden im Labor zunächst nur entgast und die Gasmenge in jedem Probenpunkt bestimmt. Für die aufwendigere Isotopenmessung werden nur solche Proben ausgewählt, die erhöhte Gasanzeichen aufweisen. Auf diese Weise werden Kosten und Zeit eingespart. Einen Plan für die methodische Vorgehensweise für die Analytik ist aus dem Schema in *Abb. 4.7* ersichtlich.

Die erforderlichen Analysenzeiten und -kosten hängen unmittelbar von der geologischen und topographischen Situation im Untersuchungsgebiet ab. Bei der kompletten Untersuchung aller 30 Proben ist mit einem Zeitaufwand von ca. 5 Tagen zu rechnen. In der Regel sind die Kosten wegen nicht erforderlicher Isotopenanalysen um mindestens 50 % geringer (s. oben).

4.2.4 Auswertung, Interpretation

Die isotopengeochemische Charakterisierung der Gase beruht auf dem physiko-chemischen Effekt, daß die Isotopenverhältnisse $^{13}C/^{12}C$ und D/H der bei thermischer Beanspruchung von organischen Muttergesteinen (Thermokatalyse, Crackprozesse) bzw. bei biologischen Reaktionen erzeugte Gase in charakteristischer und bekannter Weise verändert werden. Diese einmal erzeugte Isotopensignatur bleibt in den Gasmolekülen über geologische Zeiträume hinweg erhalten.

Die erhaltenen isotopen-geochemischen Daten bieten eine Vielzahl von Informationen zur Charakterisierung der Herkunft von Gasen. Zum Herkunftsnachweis von Gasen bedarf es vor der Probenentnahme und Analytik genauer Recherchen über die Art der möglichen Gasquellen. In vielen Fällen treten Überlagerungen und Mischungen von Gasen unterschiedlicher Genese auf.

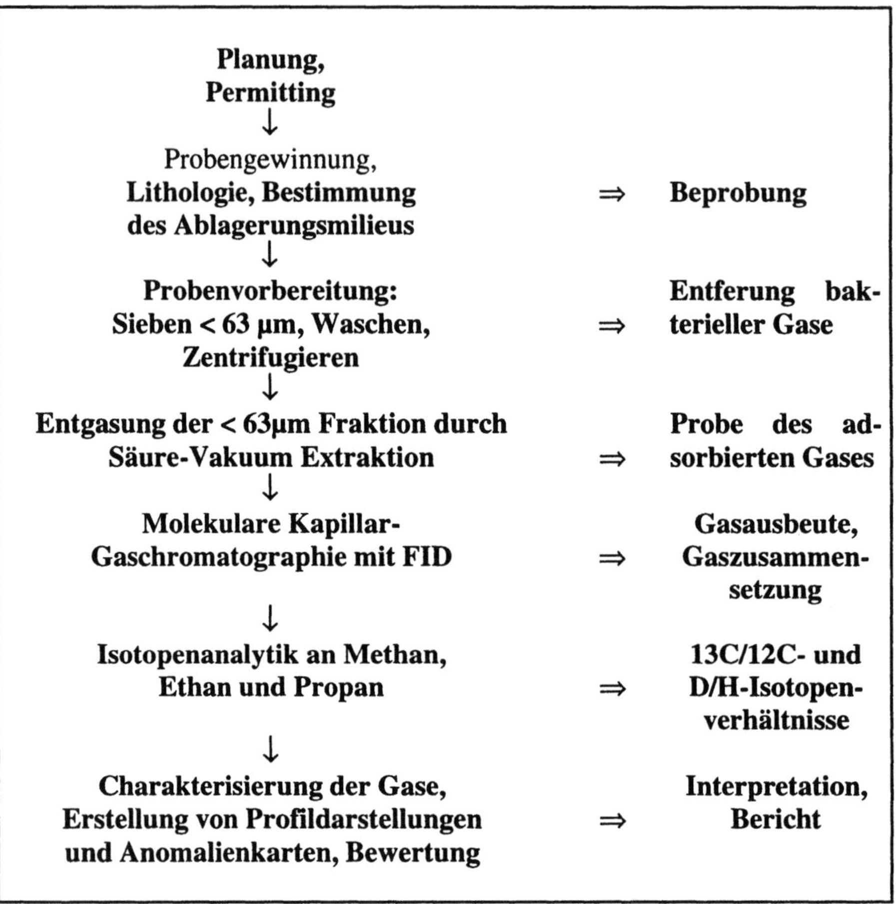

Abb. 4.7 Ablaufschema der der isotopengeochemischen Methode zur Charakterisierung thermischer Kohlenwasserstoffe in Bodenproben

Die möglichen Beeinflussungen des Datenmaterials durch sekundäre Prozesse bieten andererseits ein großes Interpretationspotential mit der Möglichkeit, ein Gassystem ziemlich vollständig zu beschreiben. (FABER 1987).

Nach der genetischen Charakterisierung der Gase folgen statistische Auswertungsmethoden wie z. B. die Wertung anhand von Kennwerten, Anomalienkarten und 3D-Darstellungen. Für diese Arbeit stehen verschiedene bewährte Modelle aus umfangreichen Forschungsarbeiten zu Verfügung.

Bestimmung der Gasgenese

Dazu werden das ^{13}C-/^{12}C-Isotopenverhältnis von Methan und das Gasverhältnis Methan/(Ethan+Propan) gegeneinander aufgetragen. Im Diagramm können Gase unterschiedlicher Genese unterschieden und Gasmischungen berechnet werden. Bakterielle Gase sind methanreich und reich an ^{12}C, während thermische Gase mehr oder weniger große Anteile höherer Homologe enthalten und ^{13}C reich sind. Der Typ der organischen Muttersubstanz (Kerogen Typ II oder I/III) kann abgeschätzt werden. Tendenzielle Veränderungen der Gascharakteristika durch Oxidation oder Einfluß der Reife der organischen Muttersubstanz werden erkannt (*Abb. 4.8*).

Diese Darstellung ist eine Grundvoraussetzung zur Lokalisierung von Gasanomalien an Störungen. Kartiert werden nur Gasausbeuten gleicher Genese.

Ein Beispiel für die Anwendbarkeit der Methode wurde in einem Gebiet mit bekannten geologischen Störungen und Schichtgrenzen erprobt (SCHMITT & PAETSCH 1995). Dazu wurden die adsorbierten Gase in Bodenproben auf einem 1200 m langen Meßprofil über einer Störungszone untersucht. Der Probennahmebstand betrug zwischen 20 m und 200 m. Es zeigte sich, daß im Bereich der Störungen und Schichtgrenzen punktuell ausgeprägt hohe Konzentrationen thermischen Methans auftreten und damit tiefreichende Gasdurchlässigkeiten angezeigt werden (*Abb. 4.9*). Die horizontale Auflösung zur Erfassung von Gasdurchlässigkeiten des Untergrundes beträgt ca. 50 m.

Diese relativ schnell durchzuführenden und kostengünstigen Untersuchungen, die auch als Ergänzung zur geophysikalischen Erkundung von geologischen Störungen stattfinden können, können für die Beurteilung der Dichtigkeit der geologischen Barriere bei der Planung von Deponien von Bedeutung sein, da Gasdurchlässigkeiten auch gleichzeitig potentielle Pfade für Schadstoffaustritte aus einer Deponie darstellen.

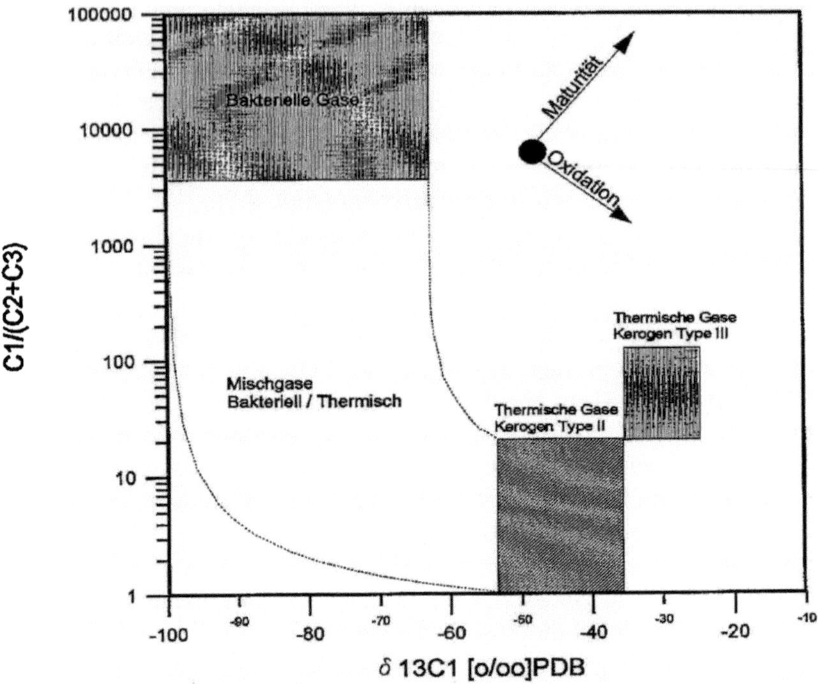

Abb. 4.8. Ermittlung der Gasgenese nach Bernard / Faber

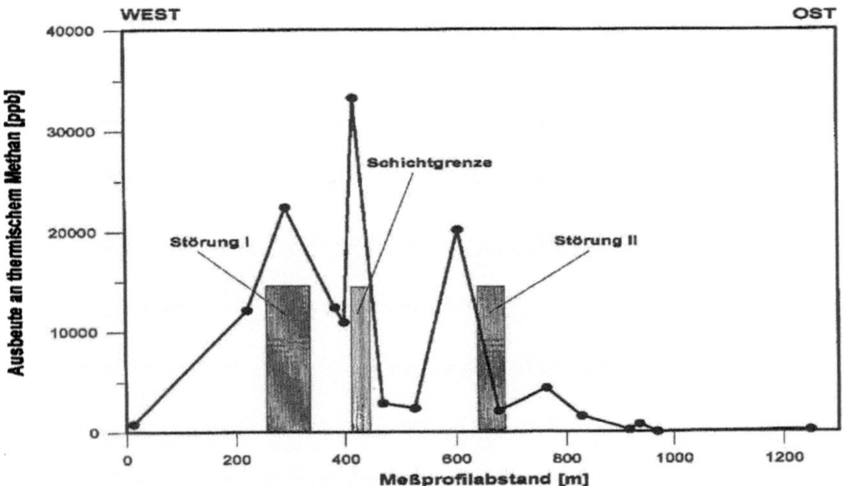

Abb. 4.9 Untersuchung zur Dichtigkeit der geologischen Barriere in einer Störungszone. Im Bereich der Störungen und Schichtgrenzen steigt die Ausbeute thermischen Methans deutlich auf sehr hohe Werte > 10000 ppb an. Die horizontale Auflösung beträgt ca. 50 m.

4.3 Untersuchung von Gaswegsamkeiten mit der Helium-Radon-Methodik

RAINER MÜLLER

4.3.1 Probennahmestrategie

Ziel der Beprobungskampagne ist es, ein Untersuchungsgebiet möglichst flächenhaft zu erfassen, so daß aus der Verteilung der Anomalien eine Interpretation über Lage und Orientierung von gaspermeablen Zonen ermöglicht wird. Der generelle Ablauf einer solchen Meßkampagne ist in *Abb. 4.10* aufgeführt. Da normalerweise aus geologischen Voruntersuchungen bereits Informationen über die Lage von möglichen Bruchzonen vorliegen, sollte man das Beprobungsareal groß genug wählen, um die gesuchten Strukturen sicher räumlich erfassen zu können. Das zu beprobende Gebiet sollte also größer sein, als die eigentliche Untersuchungsfläche.

Die Beprobungsstrategie muß sich i. w. nach dem Ziel der Untersuchungen richten. Für Übersichtsbeprobungen wird man größere, für Detailuntersuchungen kürzere Probenabstände wählen. Maßgeblich für die Auswahl der Probenabstände ist die Breite des Dispersionshofes der Anomalien. Diese hängt von der Heliumzufuhr und von den speziellen pedologischen Bedingungen ab. Die bisherigen Erfahrungen haben gezeigt, daß die Dispersionshöfe von Heliumanomalien über Bruchzonen im Boden i. allg. so breit sind, daß sie mit Probenabständen von etwa 25 m sicher erfaßt werden können. Für Detailuntersuchungen kann man 5- oder 10-m-Abstände verwenden.

Neben dem Probenabstand ist die Ausrichtung des Probennetzes von Bedeutung. Da man die Ergebnisse i. allg. als Isolinienverteilung darstellen wird, ist die Anlage eines regelmäßigen rechtwinkligen Probenrasters, z. B. in 25-m-Abständen, die optimale Beprobungsstrategie. In der Praxis ist eine solche Arbeitsweise meist jedoch mit Schwierigkeiten verbunden.

Es ist daher in den meisten Fällen logistisch wesentlich günstiger, entlang von fixierbaren topographischen Gegebenheiten wie Straßen, Wegen, Feld- oder Waldgrenzen mit festgelegten Abständen zu beproben. Dies gewährleistet neben der wesentlich schnelleren Arbeitsweise meist auch gleichbleibende Beprobungsbedingungen. Diese Arbeitsweise bietet sich für die Radon-Helium-Methode auch deshalb an, da durch die vergleichsweise rasche Verfügbarkeit der Daten die Beprobungsstrategie nach den Ergebnissen angepaßt und kurzfristig verändert werden kann.

Für spezielle Fragestellungen, z. B. den Nachweis einer konkreten, bereits aus Voruntersuchungen bekannten Bruchzone, kann es durchaus ausreichen, Einzelprofile in definierten Beprobungsabständen über die gesuchte Zone zu legen. Diese Verfahrensweise hat den Vorteil, daß die benötigten Proben in

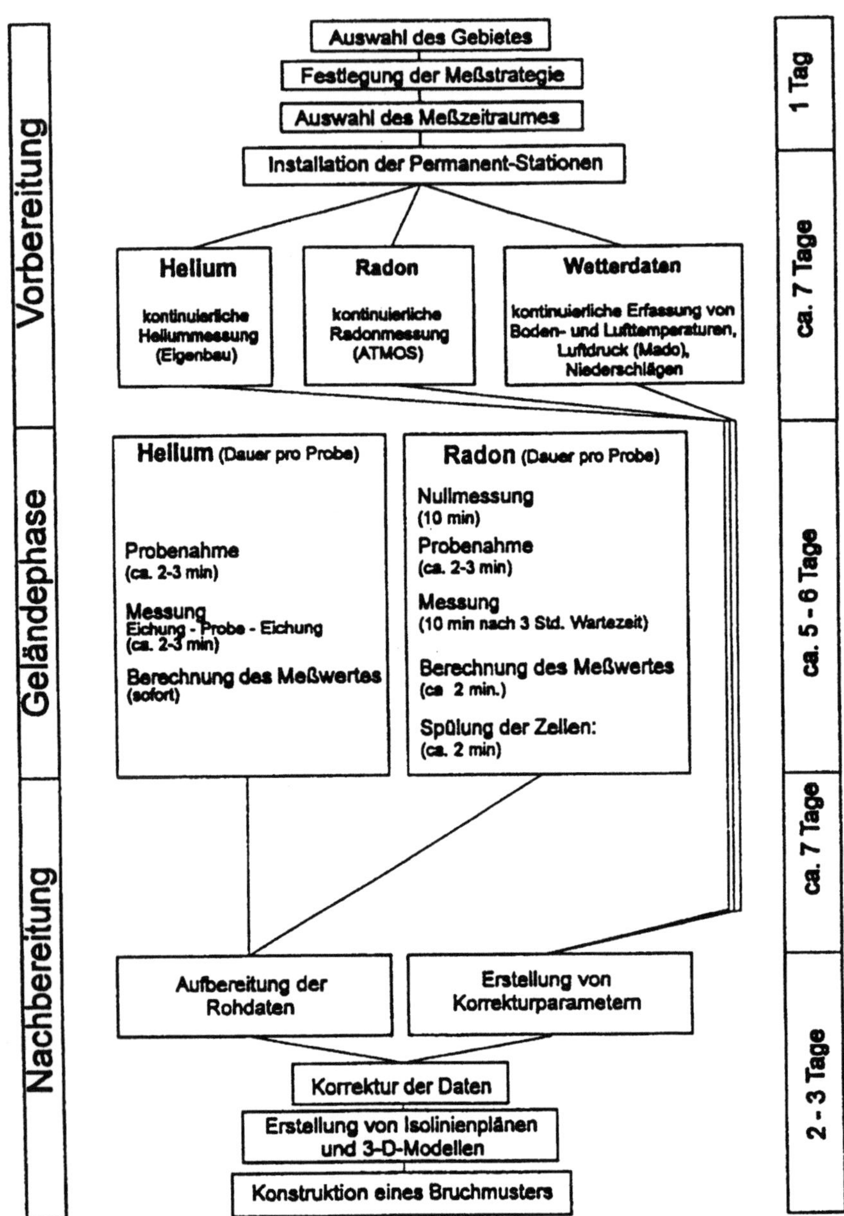

Abb. 4.10. Ablaufschema einer gasgeochemischen Beprobungkampagne. Die zeitlichen Angaben (*rechts*) gehen von einer Probenmenge von ca. 400 Helium- und ca. 200 Radonproben aus.

kurzer Zeit entnommen werden können und somit auf die aufwendigen zeitlichen Korrekturen (s. u.) verzichtet werden kann. Es muß jedoch beachtet werden, daß hierbei die Einzelergebnisse nur relativ zueinander verglichen werden können. Im allgemeinen sind flächenhafte Vermessungen vorzuziehen.

4.3.2 Probennahme

Die Beprobung sollte von einem zwei- bis dreiköpfigen Team, bestehend aus einem in gasgeochemischen Arbeitsweisen erfahrenen Geowissenschaftler und ein oder zwei Hilfskräften oder Technikern, durchgeführt werden. Der Teamleiter führt das Protokoll, legt die Beprobungspunkte fest und nimmt die Proben. Die wesentlichen potentiellen Fehlerquellen des Verfahrens liegen in der Entnahme der Gasproben; daher ist hier besondere Sorgfalt und ausreichende Erfahrung nötig.

Für eventuelle Wiederholungsmessungen ist es empfehlenswert, die Probepunkte zu markieren.

Protokollführung. Zur Protokollierung der Probennahme verwendet man ein Formular, das folgende Punkte enthalten sollte:

- Kopf: Einsatzort, Datum, Probennehmer, Lage der Probepunkte, Beprobungsabstände, Entnahmemengen

Darunter folgt eine Tabelle mit folgenden Spalten:

- fortlaufende Probenummer,
- Kennzeichnung der Heliumprobe,
- Kennzeichnung der Lucaszelle der Radonprobe,
- Uhrzeit der Probennahme,
- Beprobungstiefe,
- Koordinaten der Probestelle (Rechts-, Hochwert),
- Entnahmebedingungen: falls möglich, Durchflußgeschwindigkeit der Probe,
- Kurzbeschreibung des Probepunktes, Nutzung (Wald, Wiese, Acker),
- pedologische Situation,
- Besonderheiten: z.B. Bodenfeuchte.

Neben der Aufzeichnung der Probennahme werden zeitlich variierende Parameter, die die Meßdaten beeinflussen könnten, kontinuierlich an einer Basisstation aufgezeichnet.

Permanentstationen. Die Gasgehalte im Boden unterliegen einem deutlichen zeitlichen Gang, der sich aus einem 24stündigen Tagesgang und zusätzlichen aperiodischen Ereignissen zusammensetzt. Bodengasproben, die in einem kurzen Zeitraum, im Verlaufe einiger Stunden, entnommen wurden, sind untereinander weitgehend vergleichbar. Wird jedoch ein größeres Untersuchungsgebiet im Verlauf einiger Tage untersucht, so ist es nötig, die zeitliche Variation bei der Beurteilung der verschiedenen Datensätze zu berücksichtigen.

Zur Kontrolle und Korrektur der Daten aus dem Untersuchungsgebiet müssen permanent aufzeichnende Meßstationen an der Basisstation installiert werden. Diese sollte sich in nicht allzugroßer Entfernung vom Einsatzort befinden. Bei der Installation der Meßgeräte ist darauf zu achten, daß sie an Lokationen eingebaut werden, die nach ihren pedologischen Verhältnissen in etwa mit denen im Untersuchungsgebiet vergleichbar sind.

Die bisherigen Erfahrungen haben gezeigt, daß es nötig ist, diese Meßstation einen gewissen Zeitraum (z. B. eine Woche) vor Beginn der eigentlichen Feldmessungen und nach deren Abschluß in Betrieb zu halten, um eine hinreichend große Datenbasis für die statistische Behandlung der Meßergebnisse zu erzielen.

Folgende Meßgeräte sollten installiert werden:

Automatische Helium-Meßstation

Eine solche Anlage wurde von Müller auf der Basis des für die Helium-Messungen eingesetzten Helium-leak-Testers (s. u.) in Zusammenarbeit mit der BGR entwickelt (*Abb. 4.11*).

Dabei wird das Meßgerät über eine Schlauchleitung an eine stationäre Bodenluftsonde angeschlossen. Sowohl die Probennahme als auch die Messung werden über einen Rechner gesteuert. Die Proben können zu voreinstellbaren Zeitintervallen (z. B. alle 60 min.) entnommen werden. Über eine motorgetriebene Pumpe und druckluftgesteuerte Ventile wird entweder Probenluft aus der Sonde oder, vor und nach jeder Messung, Eichluft entnommen und in das Meßgerät eingespritzt. Die Heliummessung wird automatisch aufgezeichnet und aus den Ergebnissen von Probenluft- und Eichmessungen der Heliumgehalt berechnet und zusammen mit der Entnahmezeit in eine Datei gespeichert. Aus diesen Daten ergeben sich "Repeaterkurven", die die zeitliche Variation der Bodenluftkonzentrationen an der Repeaterstation zeigen.

Automatische kontinuierliche Radonmessung

Der Radonfluß im Boden kann ebenfalls kontinuierlich aufgezeichnet werden. Hierzu kommen verschiedene Meßgeräte, die derzeit angeboten werden, in Frage. Sie sollten in der Lage sein, den Radonfluß in kurzen Zeitabständen gleichbleibend zu erfassen, jedoch das Bodengas nicht aktiv absaugen, um den

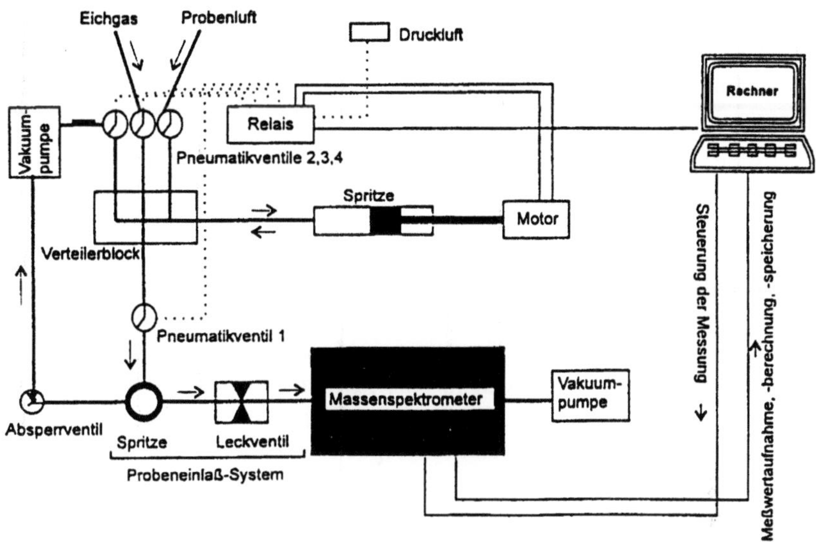

Abb. 4.11. Schemazeichnung der automatischen Helium-Meßstation

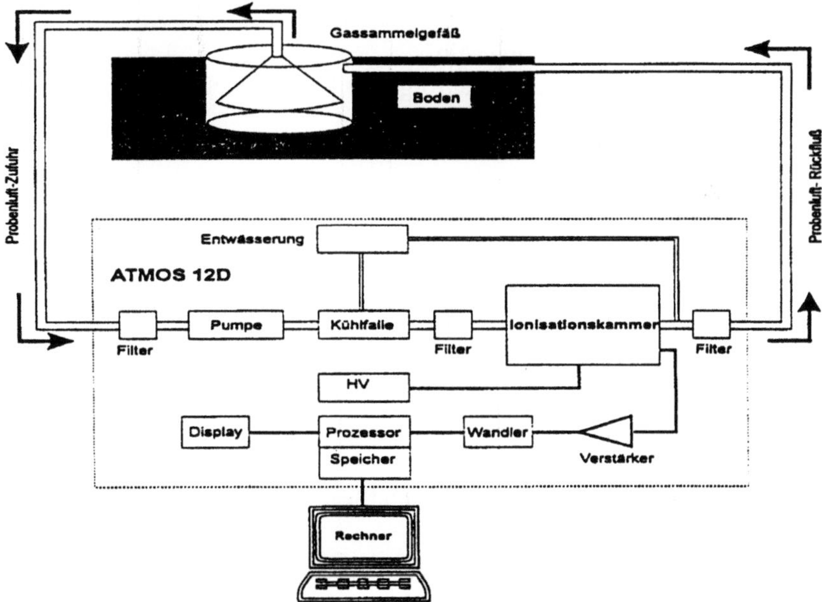

Abb. 4.12. Schematisierte Darstellung der Meßanordnung für kontinuierliche Radonmessungen

Bodenlufthaushalt nicht zu stören. Im Rahmen von den von Müller durchgeführten Arbeiten wurde das Gerät ATMOS-12D (Genitron Instruments GmbH) eingesetzt (*Abb. 4.12*), das auf der Basis einer Impuls-Ionisationskammer mißt.

Zur Aufnahme des Bodengases wurde ein Gassammelgefäß konstruiert, das in etwa 20 cm Bodentiefe eingebaut wird (*Abb. 4.12*). Über Schlauchleitungen wird sowohl der Probeneinlaß- wie auch der Probenauslaßstutzen des Meßgerätes mit dem Sammelgefäß verbunden. Die geräteinterne Pumpe pumpt daher das aufgefangene Gas in einem Kreislauf durch das Meßgerät in das Gassammelgefäß zurück, so daß der natürliche Radonfluß nur minimal beeinflußt wird.

Im Display des Meßgerätes werden die analysierten Radongehalte in Bequerel/Kubikmeter im Takt von 5 s angezeigt, und Mittelwerte der Einzelmessungen in 10minütigen Abständen in einen Datenspeicher geschrieben. Diese können über eine Schnittstelle durch einen Rechner abgerufen werden. Die Aufnahmekapazität des Datenspeichers liegt bei 28 Tagen.

Meteorologische Stationen

Obwohl der Einfluß meteorologischer Gegebenheiten nicht in allen Details zweifelsfrei geklärt ist, sollte man bei Bodengasmessungen dennoch die meteorologischen Veränderungen mitaufzeichnen. Die gewonnenen Daten können bei der späteren Auswertung der Bodengasmessungen zur Klärung von Meßlevelschwankungen hilfreich sein.

Eine entsprechende Station sollte folgende Komponenten enthalten:

- Lufttemperaturmessung,
- Bodentemperaturmessung(30 cm, 60 cm),
- Luftdruckmessung,
- Niederschlagsmessung,
- eventuell Tensiometer für Saugspannungsmessung im Boden.

Die Daten dieser Komponenten sollten über einen Datenlogger kontinuierlich aufgezeichnet werden.

Ausrüstung für die Probennahme im Gelände

Gassonden. Zur Entnahme der Bodengasproben werden speziell konstruierte Bodengassonden verwendet (*Abb. 4.13*).

Diese bestehen aus einem Stahlrohr von 10 mm ∅ und ca. 150 mm Länge. In dieses Rohr ist eine Edelstahlseele mit 1 mm Innendurchmesser eingesetzt. Das obere Ende ist präzise konisch abgedreht (*Abb. 4.13a*), um einen

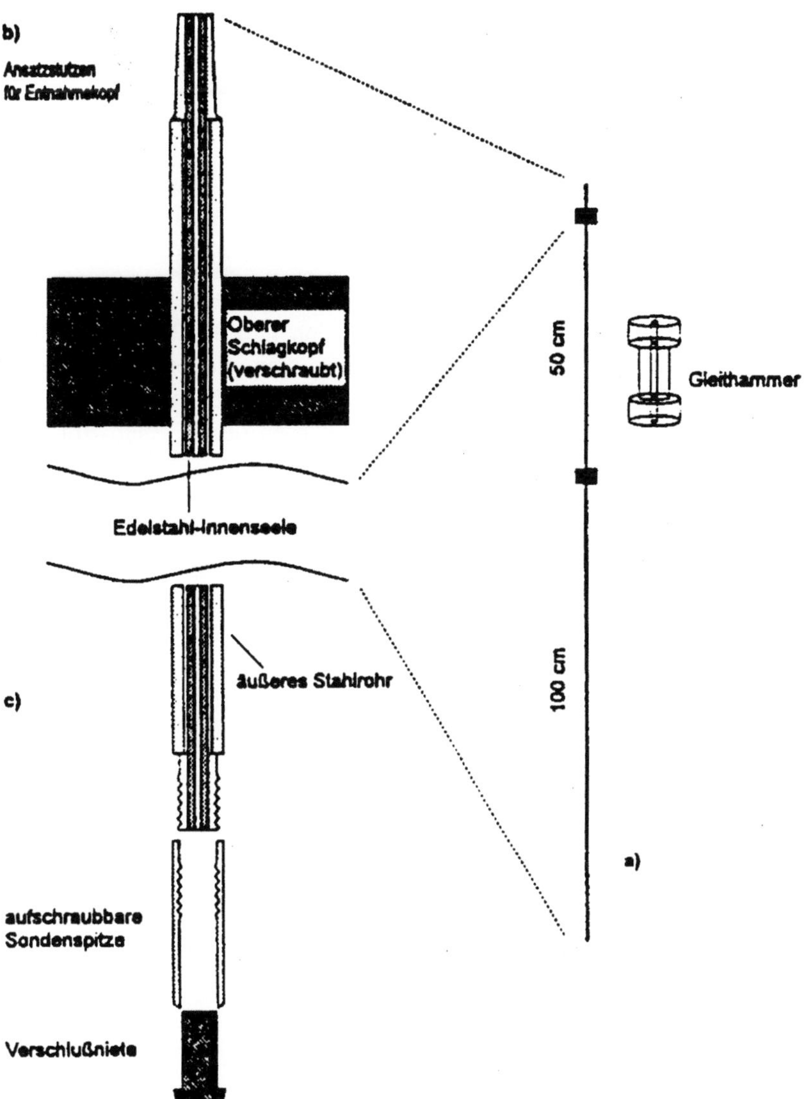

Abb. 4.13. Schemaskizze der Bodengassonden: (*Gesamtansicht)* **a** (*Sondenoberteil*) **b** Sondenunterteil

Sondenkopf abdichtend aufsetzen zu können. Das untere Sondenende ist ebenfalls abgedreht und mit einem Gewinde versehen. Hier wird eine Sondenspitze aus gehärtetem Stahl aufgeschraubt (Abb. *4.13b*). Vor dem Einschlagen wird die Spitze mit einer Niete verschlossen. Zum Einschlagen wird ein Gleithammer verwendet, der zwischen 2 Schlagköpfen am oberen Teil der Sonde angesetzt wird.

Sondenköpfe. Zur Entnahme der Gasproben wird auf die niedergebrachte Sonde ein spezieller Sondenkopf aufgesetzt. Er besteht aus 2 Komponenten (*Abb. 4.14*). Der untere Teil ist ein Ultratorr-Verbinder, der durch einen Dichtring die Sonde gegenüber der Außenluft abdichtet. Im Oberteil sind ein Silicon- und ein Gummiseptum eingesetzt, durch die die Nadel einer Entnahmespritze eingeführt werden kann. Beide Septen sind in regelmäßigen Abständen, maximal nach etwa 50 Probennahmen, auszuwechseln, um die Dichtigkeit gegenüber Außenluft zu gewährleisten.

Entnahmespritzen. Zur Entnahme der Probe werden handelsübliche Plastikspritzen verwendet, auf die etwa 3 cm lange Seitenlochnadeln aufgeschraubt werden. Im allgemeinen ist ein Volumen von 10 ml ausreichend. Nach der Probennahme werden die Spritzen werden durch einen Siliconschlauchstutzen verschlossen.

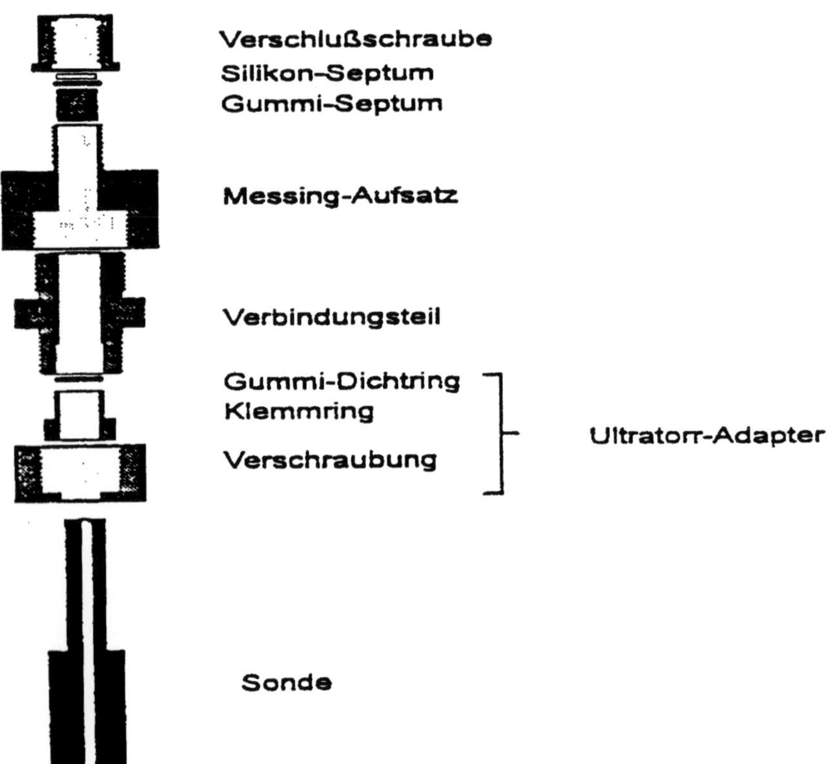

Abb. 4.14. Schematischer Aufbau eines Sondenkopfes

Lucaszellen. Für die Analyse der Radongehalte im Boden wird bei der Probennahme eine entsprechende Anzahl von vorevakuierten Lucaszellen mitgeführt, in die die entnommenen Luftproben eingespritzt werden. Die verwendeten Lucaszellen (*Abb. 4.15*) bestehen aus einem halbkugeligen Edelstahlgefäß mit einem Volumen von 100 ml, das auf seiner inneren Oberfläche mit einer Szintillisationsschicht von silberdotiertem Zinksulfid beschichtet ist. Über ein Ventil, das mit einer Schnellkupplung versehen ist, kann mit Hilfe eines Adapters die Probe durch ein Siliconseptum eingespritzt werden. Ein zweites Ventil ermöglicht die nötige Reinigung (Luftspülung) der Zelle nach der Messung.

Entnahmetiefe

Die Entnahmetiefe bei den erprobten Verfahren ist generell auf 1 m Bodentiefe festgelegt. Dies hat sich in den meisten Untersuchungsgebieten als praktikabel erwiesen. Grundsätzlich sind jedoch auch größere Tiefen möglich, soweit dies die pedologischen Bedingungen und der Grundwasserstand zulassen. Dies ist jedoch mit einem weit größeren zeitlichen und technischen (Verlängerungsstücke, entsprechend konstruierte Kupplungen etc.) Aufwand und größerem Verschleiß verbunden (s. auch Ort 1993). Nach oben darf eine Minimaltiefe von 70 cm nicht unterschritten werden, um die Kontamination der Bodenluft mit atmosphärischer Luft gering zu halten.

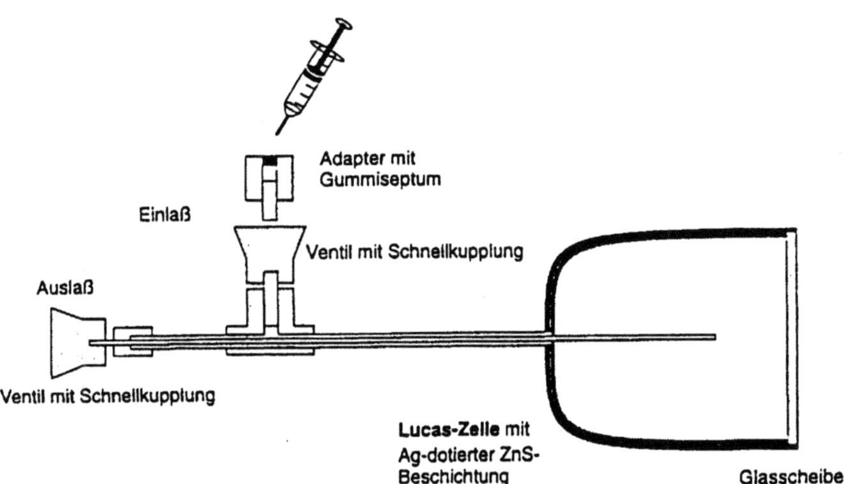

Abb. 4.15. Schematisierter Aufbau der verwendeten Lucaszellen

Konservierung und Transport

Grundsätzlich sollten die entnommenen Bodengasproben möglichst bald nach der Entnahme analysiert werden. Für Radonproben ist eine längere Lagerung wegen der kurzen Halbwertszeit des ^{222}Rn ohnehin ausgeschlossen. Zwar können die Radonkonzentrationen über eine Korrekturgleichung innerhalb eines Zeitrahmens einiger Stunden berechnet werden, um unnötige Fehler zu vermeiden, sollte jedoch eine Lagerzeit von 6 - 8 h nicht überschritten werden.

Die Lagerung von Heliumproben wird durch deren hohes Diffusionsvermögen eingeschränkt. Testreihen haben gezeigt, daß die Proben bis zu 24 h ohne nennenswerte Heliumverluste in den verschlossenen Entnahmespritzen aufbewahrt werden können. Dieser Zeitraum ist i. allg. für den Zyklus Probennahme - Transport - Messung ausreichend. Falls längere Lagerzeiten nötig werden, können die Proben in heliumdichte "Gasfrösche" überführt werden. Die BGR hat hierfür ein Modell entwickelt, das aus 2 laserverschweißten Edelstahlblechen besteht (s. auch ORT 1993). Über ein Ventil können die Bodengasproben eingespritzt werden. Durch die Elastizität der Bleche ist eine Entnahme der Proben, ohne dabei einen Unterdruck zu erzeugen, möglich.

Tabelle 4.5. Fehlerquellen, -erkennung und -beseitigung bei der Probennahme

Ursache	Erkennung	Vermeidung
Außenluft gelangt entlang der Sonde zur Entnahmestelle	Lange Entnahmezeiten, niedrige Radongehalte	Entnahmestelle wechseln
Kein Totvolumen entnommen	Niedrige Radongehalte	Totvolumen entnehmen
Fehler beim Entnehmen und Einspritzen	Niedrige Radongehalte	Spritze senkrecht in Septen einsetzen
Defekte Sonde (Bruch, Risse)	Luftentnahmetest bei verschlossener Sondenspitze	Sonde regelmäßig kontrollieren
Defekte Dichtringe am Sondenkopf oder schadhafter Sondenkopfansatz	Luftentnahmetest bei verschlossener Sondenspitze	Dichtringe kontrollieren
Defekte Septen	Luftentnahmetest bei verschlossener Sondenspitze	Septen regelmäßig wechseln, auf feste Verschraubung achten
Lucaszelle hält kein Vakuum	Zelle zieht die Probe nicht ein	Dichtungen der Zelle überprüfen

Fehlerquellen, Fehlerminimierung

Bei der Probennahme können Fehler durch mehr oder weniger große Kontamination des Bodengases mit atmosphärischer Außenluft auftreten. Anhand der Heliumgehalte können diese nicht erkannt werden, da die Helium-background-Konzentration im Boden der der Außenluft entspricht. Hinweise auf eine mögliche fehlerhafte Probennahme liefern allerdings die Radon-Konzentrationen, da diese in Außenluft gegen Null gehen.

Mögliche Fehlerquellen, deren Erkennung und Vermeidung sind in *Tabelle 4.5* zusammengestellt.

Generell bedeuten fehlerhafte Radonbeprobungen nicht gleichzeitig auch fehlerhafte Heliumbeprobung, da die Fehlerquelle auch ausschließlich die Radonbeprobung betreffen kann. In Zweifelsfällen ist es jedoch zu empfehlen, die fraglichen Beprobungen zu wiederholen.

Zeitlicher und finanzieller Aufwand

Der zeitliche Aufwand und damit die Kosten der gasgeochemischen Probennahme werden überwiegend durch die pedologischen und hydrologischen Bedingungen kontrolliert. Unter günstigen Bedingungen können pro Meßtrupp etwa 20 - 30 Proben pro Stunde entnommen werden. Ist durch Blockschutt im Boden oder hohen Grundwasserflurabstand häufiges Umsetzen der Sonden erforderlich, so vermindert sich diese Zahl bisweilen auf unter 5 Proben. Gleiches gilt bei gleichzeitigen aufwendigen Vermessungsarbeiten bei der Probennahme.

Unter günstigen Voraussetzungen und unter Berücksichtigung der zusätzlich notwendigen Meßzeit können maximal pro Tag etwa 120 - 150 Heliumproben und ca. 30 Radonproben bestimmt werden.

4.3.3 Analytik

Probenvorbereitung

Für die Analyse von Heliumproben ist keine gesonderte Probenvorbereitung nötig.

Gleiches gilt für die Radonanalytik; hier muß allerdings berücksichtigt werden, daß die Lucaszellen vor dem Einsatz jeweils gereinigt und vorevakuiert werden müssen. Außerdem muß die jeweilige Background-Strahlung von in der Zelle verbliebenen Radontöchtern bestimmt werden (Nullmessung, s. u.).

Meßtechnik

a) Helium

Meßgerät

Heliummessungen mit der hier erforderlichen Genauigkeit im ppb-Bereich sind nur mit Massenspektrometern möglich. Die nachfolgend beschriebene Meßanordnung basiert auf einem Gerät der Firma BALZERS, das als Lecktester konzipiert ist und für die Messung von Heliumgehalten in der Bodenluft mit einem speziellen Einlaßsystem versehen wurde (*Abb. 4.16*). Kern des Gerätes ist ein auf die Masse 4 eingestelltes Quadrupol-Massenspektrometer. Eine Turbomolekularpumpe erzeugt das nötige Hochvakuum und dient als Massenseparator. Helium aus der eingelassenen Probenluft diffundiert im Gegenstromprinzip zum Massenspektrometer, während die schwereren Gase abgepumpt werden.

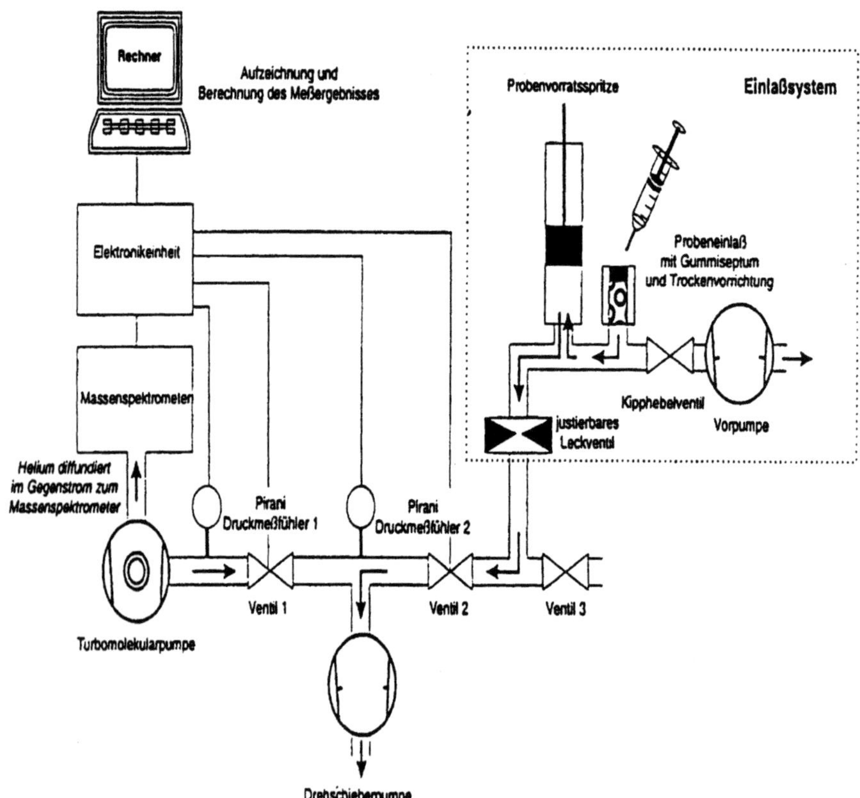

Abb. 4.16. Schematischer Aufbau des Helium-Meßanordnung

Zwei Drehschieberpumpen dienen zur Vorevakuierung des Systems. Das Einlaßsystem wird auf den normalen Testanschluß des Gerätes aufgesetzt. Schließt man das Kipphebelventil zwischen Vorpumpe und Probeneinlaß, so kann die Probenluft aus der Entnahmespitze in einen Glaszylinder, der als Probenvorratsbehälter dient, eingespritzt werden. Ein Edelstahlkolben drückt nun die Probenluft unter gleichbleibendem Druck über ein justierbares Leckventil in das Meßgerät. Die Einspritzvorrichtung besteht aus einem Ultratorr-Adapter, der mit einem Gummiseptum verschlossen ist. Bevor die Probenluft in das Gerät eintritt, durchläuft sie nochmals ein Metallröhrchen mit einem Keramikfilter und einer Silica-Gel-Füllung zur Trocknung der Probenluft. Diese Vorschaltung einer Trocknungseinrichtung ist bei der hier beschriebenen Meßtechnik besonders wichtig, da Luftfeuchtigkeit den Meßablauf erheblich stören kann.

Je nach Einstellung des Leckventils sind zwischen 5 und 7 ml Probenluft für eine Messung erforderlich.

Meßablauf

Eine Heliumbestimmung besteht aus 3 Teilmessungen: Da die Heliumkonzentration in der Außenluft als konstant angesehen werden kann, wird vor und nach jeder Probenluftmessung eine Eichmessung mit Außenluft durchgeführt. Der Ablauf dieser Messungen ist jeweils identisch und wird über einen angeschlossenen Rechner gesteuert. Nach dem Start der Messung wird zunächst 5 s lang die Nullinie des Gerätes registriert. Nach Einspritzen der Probe baut sich nach einigen Sekunden ein etwa konstanter Meßwertlevel auf, der 25 s lang registriert wird. Aus den gespeicherten Einzeldaten errechnet das Steuerprogramm einen Mittelwert, von dem die Höhe der Nullinie subtrahiert wird. Anhand der Peakhöhe der beiden Eichmessungen wird anschließend über den Heliumgehalt atmosphärischer Luft der Heliumgehalt der Probenluft errechnet und in einer Datei gespeichert.

Insgesamt dauert ein solcher Meßzyklus ca. 3 min. Bei stabilem Meßverlauf kann der Meßzyklus beliebig verändert werden, so daß auch kürzere Meßzeiten erreicht werden können. Die Qualität der Messungen kann durch zwischengeschaltete Eichmessungen von Außenluft oder durch Messungen von künstlichen Eichgasmischungen kontrolliert werden.

Fehler

Der geräteinterne Fehler für die Heliumbestimmungen wurde durch Messungen von Eichgasen auf unter 0,5 % bestimmt.

Im störungsfreien Meßbetrieb sind Meßfehler überwiegend auf plötzliche Veränderungen der Gasdurchflußrate im Leckventil zurückzuführen. Diese sehr feine Vorrichtung ist temperaturempfindlich und kann sich während des Meßbetriebes verändern. Langsame Veränderungen werden durch die Mittelung der beiden Eichmessungen aufgefangen. Starke, plötzliche Veränderungen zwischen 2 Eichmessungen können den betroffenen Meßwert unbrauchbar machen. Solche relativ selten auftretenden Fälle können jedoch erkannt werden, da neben den berechneten Heliumgehalten auch die Geräterohdaten in einer Datei aufgezeichnet werden.

Bei der Messung von Bodenluftproben kommt zu dem Gerätefehler zusätzlich als Fehler die natürliche Varianz der Heliumgehalte in der entnommenen Probenluft und ein möglicher Fehler bei der Probennahme und dem Transport hinzu. Der Gesamtfehler liegt zwischen 0,5 und 1 %. Aus dem Vergleich der Fehler von Eichmessungen und Bodenluftmessungen bestätigt sich auch, daß Fehler bei der Probennahme weitgehend vermieden werden können. Nachweisgrenzen und Fehler sind in *Tabelle 4.6* zusammengestellt.

Zeitlicher und finanzieller Aufwand

Im Normalfall entstehen bei der Heliummessung außer geringen Aufwendungen für Verschleißteile wie Gummisepten oder Dichtringe keine Kosten. Pro Stunde können etwa 20 bis 30 Proben; pro Tag maximal 120 - 150 Proben bestimmt werden.

b) Radon

Meßgeräte

Zur Bestimmung der Radonkonzentrationen in Bodenluft kommen verschiedene Verfahren in Betracht. Neben aktiven Verfahren, bei denen die Probenluft durch Abpumpen gewonnen wird, sind auch eine Reihe von passiven Verfahren, bei denen Radon durch Diffusion in die Meßgeräte gelangt, auf

Tabelle 4.6. Statistische Kenngrößen der verwendeten Meßgeräte

Gas	Gerät	Nachweisgrenzen		Gerätefehler	Gesamtfehler	Dauer einer Messung
		Minimal	Maximal			(Komplette r Zyklus)
Helium	Lecktester BALZERS	> 100 ppb He	Einige % He	ca. 0,4 %	0,5 - 0,8%	Ca. 3 min.
Radon	Szintillisationszähler PYLON AB-5	> 50 Bq/m3	Unbegrenzt	< 1 %	7-10 %	Ca. 20 min. *

* Evakuieren, Nullmessung, Messung, Reinigung.

dem Markt. Unter letzteren sind vor allem drei Verfahren zu erwähnen:

- Die **Track-etching-Methode** verwendet alphastrahlungssensible Folien, die in einem Auffangbehälter ("Alpha-Cups") im Boden installiert werden. Die entstehenden Spaltspuren werden durch Anätzen sichtbar gemacht.
- **"Alpha-Meter"** sind elektronisch registrierende Meßgeräte auf der Basis von Ionisationskammern, die im Boden installiert werden.
- Die **"Electret ion chamber technology"** (E-Perm®) mißt die Entladung von positiv geladenen Kunststoffscheiben durch Elektronen, die beim Alphazerfall entstehen.

Bei allen drei Verfahren werden die Sensoren längere Zeit (einige Tage bis einige Wochen) im Boden exponiert. Dies hat zwar den Vorteil, daß über kurzfristige Konzentrationsschwankungen integriert wird; es gewährleistet jedoch nicht den hier gewünschten direkten Vergleich mit den Helium-Luftproben. Aus diesem Grunde wird bei der beschriebenen Methode auf ein aktives szintillometrisches Meßverfahren mit Lucaszellen zurückgegriffen.

Die bereits im Gelände mit 10 ml Probenluft versehenen Zellen werden über einen Adapter an das Meßfenster des Strahlungsmonitors Pylon® AB-5 angekoppelt. Die an der Szintillisationsschicht in der Lucaszelle beim Auftreffen eines Alphateilchens entstehenden Lichtblitze werden, durch einen Photomultiplier verstärkt, von einer Photozelle registriert und über den vorwählbaren Meßzeitraum gespeichert. Das Meßgerät ist klein und handlich und kann auch akkubetrieben im Gelände eingesetzt werden.

Beschreibung des Analysevorganges

Vor dem Geländeeinsatz werden die Lucaszellen zunächst mit einer Vakuumpumpe vorevakuiert und die Reststrahlung in der Kammer gemessen. Dieser Vorgang nimmt pro Zelle etwa 10 min. in Anspruch (s. u.).

Nach der Befüllung steht die Radonkonzentration in der Zelle zunächst in Ungleichgewicht mit den entstehenden Radontöchtern. Der Gleichgewichtszustand wird etwa nach 3 h erreicht. Will man den Gesamtfehler möglichst gering halten, dann sollte diese Zeitspanne zwischen Probennahme und Messung liegen.

Als Meßzeit reichen bei nicht allzu niedrigen Radongehalten etwa 10 min. aus. Dieser Wert ist ebenso wie die verwendete Probenmenge nicht als konstante Größe aufzufassen, sondern als ein Erfahrungswert für "normale" Untersuchungsbedingungen. Er hängt von der vorhandenen Radonmenge und der angestrebten Genauigkeit ab. Entsprechend sind bei niedrigen Gehalten höhere, bei hohen Gehalten niedrigere Meßzeiten möglich. Eine Optimierung dieser Parameter nach Meßanordnung und Zweck der Messungen läßt sich am besten durch kurze Voruntersuchungen erreichen.

Das Meßgerät liefert einen Wert in Counts/Zeiteinheit. Aus diesem wird über eine Korrekturgleichung, basierend auf dem Zerfallsgesetz, die Aktivitätskonzentration für Radon in Bq/m^3 berechnet. In die Gleichung gehen die Zerfallskonstanten der beteiligten Isotope, die seit der Probennahme vergangene Zeitspanne, die Meßzeit, das Volumen der Probe, die in der Kammer verbliebene Reststrahlung aus der Nullmessung und die Effektivität der Zelle und des Meßgerätes ein. Zur Bestimmung der letztgenannten Größen sind regelmäßige Eichmessungen der Zellen und der Meßgeräte in Eichkammern erforderlich.

Nach der Messung werden die Zellen gründlich mit Luft gespült und evakuiert. Um die Reststrahlung verbliebener Radontöchter abklingen zu lassen, sollten die Zellen nach dem Gebrauch mindestens 12 h ruhen.

Fehler

Der Gesamtfehler der Messungen setzt sich auch hier aus verschiedenen Komponenten zusammen:

- Der Gerätefehler kann mit Hilfe einer Eichzelle mit einer Radiumquelle bestimmt werden. Er liegt bei den 3 benutzen Radonmonitoren jeweils unter 1 %.
- Die verschiedenen Lucaszellen weisen jeweils etwas abweichende Genauigkeiten auf und erfassen nur einen Teil der tatsächlich vorhandenen Radonkonzentration ("Efficiency"). Diese können durch Eichgase ("Radonkammern") bestimmt werden. Für die vom Autor benutzten Zellen lagen sie zwischen 65 und 70 %.
- Probennahmefehler durch Vermischung der Probenluft mit Außenluft beim Entnehmen oder Einspritzen der Probe.
- Natürliche Varianz und statistischer Fehler.

Die ermittelten Gesamtfehler liegen zwischen 7 und 9 %. Die Erfahrungen zeigen, daß sich Bestimmungen zur Problematik des Meßfehlers einfach dadurch durchführen lassen, indem man aus der gleichen Entnahmestelle hintereinander 50 - 100 Proben entnimmt und mißt. Dadurch läßt sich auch die Zuverlässigkeit der verwendeten Ausrüstung testen.

Zeitlicher und finanzieller Aufwand

Im laufenden Betrieb entstehen für Radonmessungen keine nennenswerten Materialkosten. Der zeitliche Aufwand für die Analyse einer Probe mit Vor- und Nachbearbeitung ist mit etwa 20 min. anzusetzen.

4.3.4 Auswertung, Interpretation

4.3.4.1 Datenaufbereitung, Korrektur der Meßdaten

Die Notwendigkeit einer Datennachbereitung mit Hilfe eines Korrekturverfahrens ergibt sich aus der Beobachtung, daß die Höhe der Meßraten sowohl von Helium als auch von Radon in den oberen Bodenschichten systematisch zeitlich variiert. Da die Ursachen für diese Variationen und ihre genaue zeitliche Entwicklung bisher nicht exakt vorausbestimmbar sind, ist die Verwendung von Repeaterdaten als Korrekturkurve erforderlich. Die Anwendung des Korrekturverfahrens setzt voraus, daß sich die Bodengaskonzentrationen zeitlich ähnlich verhalten, wie die Konzentrationen an der Basisstation. Das Prinzip der daraus folgenden Korrektur ist in *Abb. 4.17* dargestellt.

Die Meßdaten der Repeaterkurve werden an einer Station in regelmäßigen Zeitabständen (stündlich, halbstündig) gewonnen. Zu jedem Zeitpunkt der Entnahme einer Bodenluftprobe des Untersuchungsgebietes wird die Höhe des Meßlevels an der Repeaterstation durch Interpolation der beiden zeitlich benachbarten Repeaterdaten berechnet und standardisiert. Die jeweiligen Probenmeßwerte werden um den so gewonnenen Faktor erhöht (t 2 in *Abb. 4.17*) oder erniedrigt (t 1 *in Abb. 4.17*). Dabei muß berücksichtigt werden, daß bei Subtraktion die Heliumgehalte in der Bodenluft nicht unter Normalgehalt (5.240 ppb) korrigiert werden, da dies zu einer Verfälschung der tatsächlichen Verhältnisse führen würde.

Eine Korrekturgleichung könnte demnach wie folgt aussehen:

$$M_k = Mo_{(t)} - \left[\left(Mo_{(t)} - 5.240 \right) * \left(\frac{Mr_{(t)} - \overline{x}_r}{s_r} \right) \right];$$

wobei: M_k = korrigierter Meßwert ,
$Mo_{(t)}$ = gemessener Wert zum Probennahmezeitpunkt t,
$Mr_{(t)}$ = Repeaterwert zum Zeitpunkt t,
$\overline{x}_r$ = Mittelwert des Repeaterdatensatzes,
s_r = Standardabweichung des Repeaterdatensatzes.

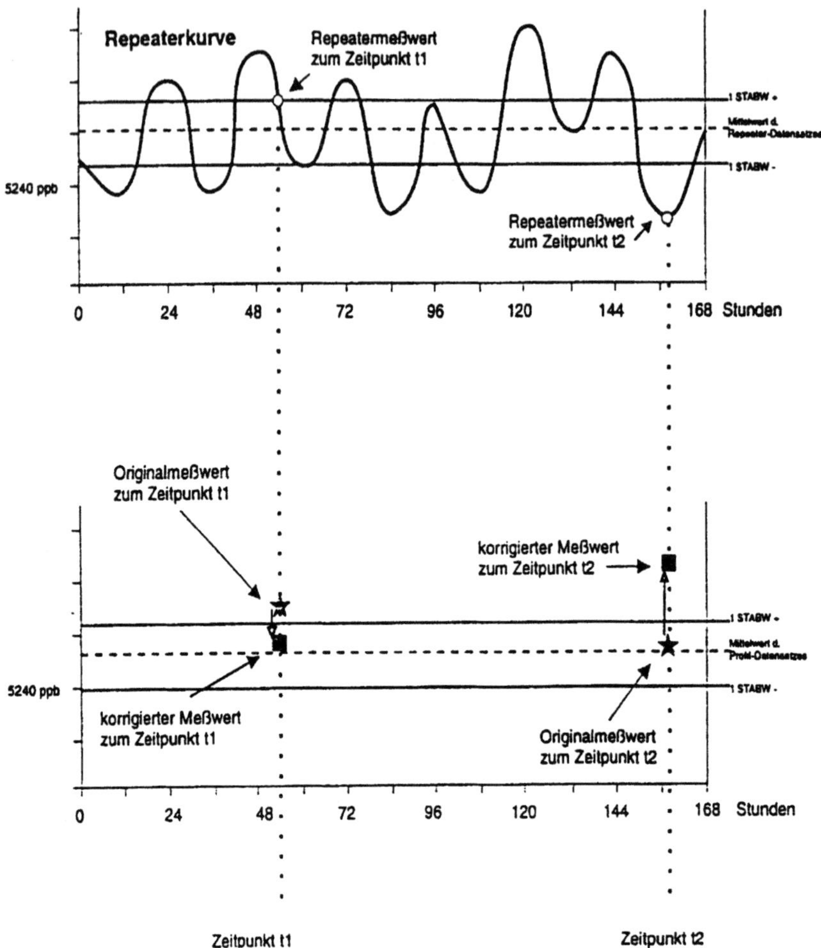

Abb. 4.17. Prinzip der Datenkorrektur anhand einer Repeaterkurve (*oben*)

Der Vergleich von unkorrigierten und korrigierten Datensätzen zeigt, daß letztere i. allg. eine wesentlich genauere Auflösung und eine schärfere Akzentuierung der Anomalien besitzen.

4.3.4.2 Visualisierung der Meßdaten

Die graphische Darstellung der Meßergebnisse ist wiederum von der Art der Beprobungsstrategie abhängig. Wurden nur einzelne Profilstrecken vermessen, so reicht es aus, die Meßraten entlang der Profilstrecken als Liniendiagramme darzustellen.

Bei flächenhaften Vermessungen präsentiert man die Ergebnisse am besten in Form einer Anomalienkarte. Als Beispiel hierfür sind in *Abb. 4.18a* die Ergebnisse einer Meßkampagne aus dem Testfeld Gittelde am westlichen Harzrand aufgeführt.

Die Daten hierzu stammen von 2 aufeinanderfolgenden Beprobungskampagnen aus dem Jahr 1992, die je als Raster- und als Profilbeprobung angelegt waren. Die Beprobungslokalitäten sind in *Abb. 4.18b* dargestellt.

Die Meßergebnisse beider Datensätze wurden anhand von Repeaterdaten nach dem oben beschriebenen Verfahren korrigiert.

Aus diesen Daten und ihren Lagekoordinaten wurde mit Hilfe des Programmes SURFER® (GOLDEN SOFTWARE) ein Anomalienplan erstellt. Vergleichbare Karten können auch von Hand oder mit üblichen geostatistischen Methoden erstellt werden.

Zur besseren räumlichen Orientierung wurde der Anomalienplan auf eine topographische Vorlage des Arbeitsgebietes gelegt. Die erläuterte Darstellungsform ist in ähnlicher Weise auch für die gemessenen Radonkonzentrationen geeignet.

4.3.4.3 Interpretation der Meßergebnisse

Die Interpretation gasgeochemischer Messungen zur Untersuchung des Bruchnetzes kann durchaus problematisch sein. Auch an gut belegten Störungszonen ist die Heliumführung i. allg. entlang der streichenden Erstrekkung nicht gleichmäßig, sondern kann in Abhängigkeit von lokalen Faktoren variieren oder sogar unauffällig werden. In einem bruchtektonisch komplexen Arbeitsgebiet können daher Anomalienverteilungen auftreten, die unterschiedlich interpretierbar sind. Es ist daher empfehlenswert, die Auswertung von gasgeochemischen Anomalien nicht ausschließlich auf probabilistischer Grundlage durchzuführen, sondern auch die bekannten strukturellen Gegebenheiten einfließen zu lassen.

Im Falle des Beispieles aus dem Testfeld Gittelde (*Abb. 4.18a*) wurden die berechneten Anomalienverteilungen mit dem relativ gut bekannten Störungsmuster verglichen. Dabei sind zwei E-W- bzw. SE-NW-streichende, regional vergleichsweise unbedeutende Querstörungen, durch Heliumanomalien gut belegt, während die beiden N-S-streichenden Strukturen, die die östlichen Randstörungen des Gittelder Grabens bilden, nur durch eine Aufreihung von Einzelanomalien zu erkennen sind.

Die wahrscheinliche Verteilung des Bruchmusters, wie es sich aus den oben genannten Kriterien ergibt, wurde in der Karte (*Abb. 4.18a*) in Form von Linien markiert.

4.3.4.4 Qualitätsabschätzung und Kontrolle, Absicherung der Ergebnisse

Eine Kontrolle der Heliumprobennahme ist, wie bereits erwähnt, durch den Vergleich mit einer analogen Radonbeprobung möglich.

Heliumgehalte unterhalb des Backgroundlevels, unter Berücksichtigung des normalen Meßfehlers, sollten i. allg. nicht auftreten und deuten auf einen Meßfehler hin. Solche Proben sollten generell wiederholt werden.

Möglicherweise zu niedrige Meßraten, die im Niveau des Backgroundlevels liegen, sind am Datenmaterial nicht zu erkennen. Im Zweifelsfalle sollte daher eine Wiederholungsbeprobung durchgeführt werden.

Radonkonzentrationen im Boden können stark variieren und sind erheblich vom anstehenden Gestein kontrolliert. So wurden im Testfeld Gittelde über Gesteinen von Zechstein, Buntsandstein und Muschelkalk Radongehalte zwischen 10 und über 100 kBq/m^3 gemessen.

4.3.4.5 Aussagekraft der Ergebnisse: Höhe der Werte, Wiederfindungsrate, Bewertungsmaßstäbe

Mehrere tausend Messungen in verschiedenen Testgebieten haben gezeigt, daß die Heliumgehalte in Bodenluft zwischen 5.240 und ca. 6.000 ppb liegen. Die Datensätze sind deutlich lognormal verteilt, wobei der Mittelwert von korrigierten Daten i. allg. dicht beim Backgroundlevel von 5.240 ppb liegt. Als anormal kann man Gehalte, die größer als 2 Standardabweichungen über dem Mittelwert liegen, betrachten. Konzentrationen über 5.400 ppb sind daher meist als Anomalien zu interpretieren. Höhere Anomalien sind meist auf eng begrenzte Bereiche über einer gaspermeablen Zone konzentriert, während niedrigere Gehalte in einem Dispersionshof vorkommen. Meßwerte über 6.000 ppb sind sehr selten; bei solch hohen Anomalien sollte man überprüfen, ob nicht künstliche Heliumquellen, wie z. B. Erdgasleitungen, die Meßergebnisse verfälschen.

Mehrere Beprobungskampagnen in verschiedenen Jahren im Testfeld Gittelde wie auch umfangreiche Repeatermessungen über längere Zeiträume an mehreren stationären Sonden haben gezeigt, daß die Meßergebnisse der Heliumgehalte im Boden gut reproduzierbar sind und i. allg. an den gleichen Positionen wieder angetroffen werden. Hierbei ist jedoch die zeitliche Variation des Gasflusses im Boden zu berücksichtigen. Ähnliches gilt auch für Radonmessungen.

Abb. 4.18a. Beprobungsplan der Bodenluftproben im Testfeld Gittelde, 1992

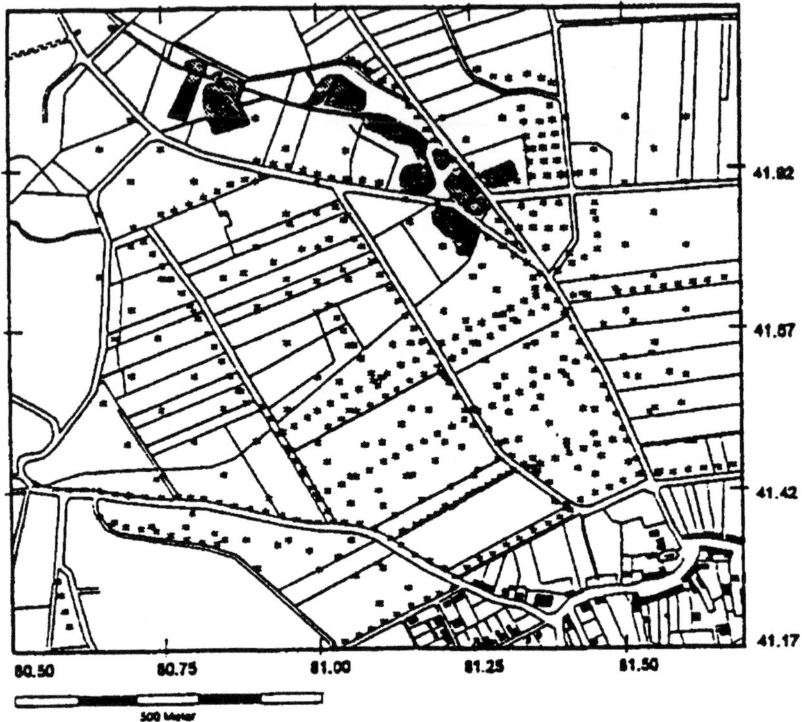

Abb. 4.18b. Heliumkonzentration in der Bodenluft im Testfeld Gittelde, Gesamtdarstellung 1992, korrigierte Daten

4.4 Bodengasuntersuchungen

HORST CHRISTOFZIK

4.4.1 Probennahmestrategie

Die Kenntnis des geologischen Baues des Untersuchungsgebietes sowie dessen anthropogene Veränderungen sind Voraussetzung für die Meßergebnisse von Untersuchungen freier Bodenluft (VDI 3865, Blatt 1 1992). Notwendigste Vorabinformationen sind:

- großmaßstäbliche Karten des Untersuchungsgebietes mit Nutzungsangaben (Ver- und Entsorgungsleitungen, Lagerbehälter, Verwendungsstellen etc.).
- Lage von Grundwasseraufschlüssen mit hydrogeologischen Basisdaten sowie Analyseergebnissen zur Schadstoffbelastung,
- Angaben zu pedologischen Verhältnissen, hier v. a. Abschätzung des Gehaltes an C_{org}.

Bei Bodenluftuntersuchungen richtet sich die Entnahmetiefe nach dem Untergrundaufbau. Kenntnislücken hierzu können kurzfristig vor Durchführung der Bodenluftuntersuchungen durch Schlitzsondierungen geschlossen werden.

Zur *Beurteilung der Schadstoffbelastung des Grundwassers,* z. B. für die Kartierung von Schadstoffahnen im Grundwasserabstrom, sollte die Probenentnahme stets im gleichen Abstand zur Grundwasseroberfläche erfolgen. Sind in der wasserungesättigten Bodenzone geringdurchlässige Schichtglieder (Ton oder Schluff) eingelagert, so ist die Probennahme aus dem Horizont zwischen Grundwasseroberfläche und Sperrschicht durchzuführen.

Ist primär die *Abgrenzung von Eintragstellen* Ziel der Bodenluftuntersuchung, so ist eine Probennahme mit konstantem Abstand zur Geländeoberfläche ebenfalls sinnvoll. Bei einem Schadstoffeintrag von oben ist die Probennahme dann grundsätzlich über einer evtl. vorhandenen Sperrschicht durchzuführen. Ein Durchteufen des Sperrhorizontes ist nur dann sinnvoll, wenn hierdurch keine Wegsamkeiten für eine Verschleppung der eingetragenen Schadstoffe geschaffen werden oder wenn wegen der benötigten Zusatzinformation ein Verletzen der Sperrschicht unvermeidlich ist.

Der laterale Abstand der Meßpunkte sollte 30 m nicht überschreiten. In Abhängigkeit von den erhaltenen Meßergebnissen kann das Meßnetz bei Einsatz von Vor-Ort-Analytik zeit- und kostensparend gezielt verdichtet werden.

Ist die Grundbelastung in der Bodenluft eines Gebietes durch Eintrag über Atmosphärenluft nicht gesichert bekannt, sollte zu deren Ermittlung eine

Stelle gewählt werden, die nicht in unmittelbarer Nähe des Eintrages (Entfernung größer 100 m) und dessen Abstrombereiches liegt.

Bodenluftuntersuchungen werden nicht nur zur ersten Eingrenzung von Stoffeinträgen und deren Ausbreitung im Grundwasser verwendet. Die Sanierungstechniken für die ungesättigte Bodenzone nutzen ebenfalls die Flüchtigkeit der hier behandelten Stoffe (Bodenluftabsaugung). Bei größerer Mächtigkeit der ungesättigten Bodenzone (zwischen 4 und 12 m) können im Zuge von Sanierungsuntersuchungen durch teufendifferenzierte Probennahme aus der erkennbaren Schadstoffverteilung wertvolle Erkenntnisse für die Sanierung (Lage und Verfilterung der Absaugpegel) gewonnen werden.

Detaillierte Hinweise zur Verteilung der Meßpunkte bei

- punktuellen Bodenluftuntersuchungen,
- Bodenluftuntersuchungen zum Auffinden von Leckagen aus defekten Leitungen,
- Ermittlung einer unterstromigen Schadstoffabdrift,
- Ermittlung eines oberstromigen Schadstoffeintrages in das Grundwasser,
- Ermittlung der Herkunft einer Brunnenbelastung sowie die
- Erstellung eines Meßrasters

werden in der VDI-Richtlinie 3865, Blatt 1 (VDI 1992) gegeben.

4.4.2 Probennahme

Verfahrensbeschreibung, Protokollführung

Auf dem Markt sind verschiedene Verfahren zur Entnahme von Bodenluftproben erhältlich. In *Abb. 4.19* ist die Entnahme freier Bodenluft mit zwei- bzw. einphasigen Entnahmesystemen schematisch dargestellt. Analog zur bekannten Gewinnung von Bodenproben durch Schlitzsondierungen beruhen viele Entwicklungen von Ausrüstungen zur Entnahme von Bodenluft auf der Absaugung von Luft aus einer in 2 Phasen hergestellten Entnahmestelle. Dabei wird eine Probennahmesonde in das bestehende Bohrloch eingeführt und mittels eines sog. "Dichtkegels" o. ä. zur Atmosphäre abgedichtet.

Eine wirksame Abdichtung gegen den Zutritt von Atmosphärenluft wird v. a. bei durch Beton oder Asphalt versiegelten Flächen nicht erreicht. Zusätzlich tritt Bodenluft dem Entnahmesystem über den verbleibenden Ringraum auf den am besten durchlässigen Wegen (z. B. Packlage unter Versie-

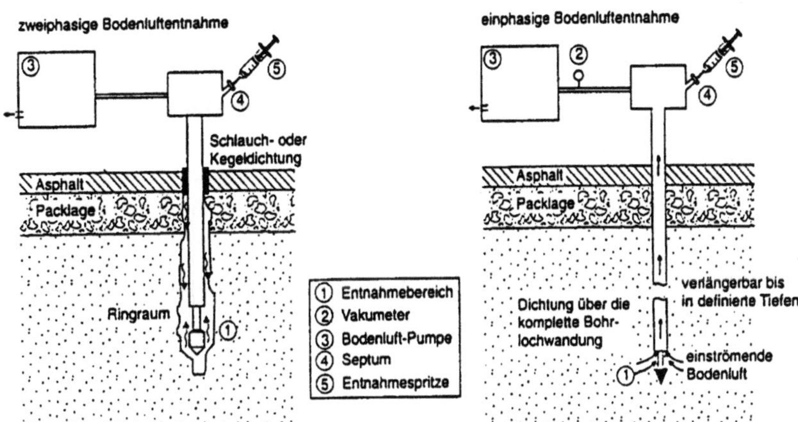

Abb. 4.19. Schematische Darstellung der Entnahme freier Bodenluft mit zwei- oder einphasigen Entnahmesystemen

gelung) zu und nicht aus der gewünschten Teufe. Die Aussage derart gewonnener Proben ist daher mit größter Vorsicht zu genießen.

Aus diesem Grund wurden einphasige Entnahmesysteme entwickelt, die Beeinflussungen der Bodenluftzusammensetzung ausschließen und Probennahmen aus definierten Teufen (auch horizontiert) gestatten.

Bei diesen Verfahren wird jeweils eine ausgeheizte Sonde (hierbei werden die flüchtigen Stoffe durch das Ausheizen ausgetrieben, so daß keine Verschleppungen von Meßpunkt zu Meßpunkt auftreten können) mit Hilfe eines Bohrhammers bis in eine definierte Tiefe abgeteuft. Das folgende Öffnen der Sondenspitze sollte überprüfbar sein. Mittels einer druck- und volumenstromgeregelten Kolbenmembranpumpe, deren Sauggeschwindigkeit und -volumen in Abhängigkeit vom Substrat wählbar sind, wird die Bodenluft im unmittelbaren Bereich der Sondenspitze angesaugt. Über ein Vakumeter erfolgt die Kontrolle, ob ein geringer Unterdruck aufgebaut wurde. Die Abdichtung gegen Atmosphärenluft erfolgt über die gesamte Bohrlochwand. Hohe Volumenströme bei der Entnahme erweisen sich als nicht sinnvoll, da hierbei je nach Untergrundbeschaffenheit ein zu hoher Unterdruck entsteht, der zu verfälschten Meßwerten führt.

Für die eigentliche Probengewinnung werden 2 Techniken unterschieden:

- *Adsorption der LHKW* an ein geeignetes Sorbens,
- *direktes Abfüllen* der Bodenluft in geeignete Behältnisse.

Neben Entnahmedatum, Probenbezeichnung und Uhrzeit zur eindeutigen Identifikation der Probe und der Reihenfolge der Probennahme sollten Entnahmetiefe, Durchflußrate, Durchflußmenge und Unterdruck als wichtigste beeinflussende Parameter in einem Probennahmeprotokoll festgehalten werden. In diesem Protokoll sollen wichtige Beobachtungen, z. B. über angesaugtes Wasser, plötzliche Änderungen der Witterung wie starke Regenfälle etc., als Bemerkungen ergänzt werden.

Untersuchungen im Auftrag der LfU Baden-Württemberg (SCHMIDT 1993) belegen für verschiedene Sorbentien bzw. Behältnisse für Konzentrationsniveaus zwischen 100 und 10.000 µg/m³ gute Übereinstimmungen beider Techniken.

Bei höheren Konzentrationsniveaus, wie sie im Zentrum von Schadensfällen häufig vorhanden sind, können bei der Adsorptionsmethode deutliche Minderbefunde auftreten, weil die Gefahr der Überschreitung der Adsorptionskapazität besteht. In diesem Fall ist der Direktmethode der Vorzug zu geben.

Die gewonnene Bodenluftprobe wird dabei mittels einer gasdichten Spritze in zuvor evakuierte Headspace-Gläschen übergeführt. Diese Methode ist auch unter Feldbedingungen praktikabel und gewährleistet verläßliche Ergebnisse.

Der Vollständigkeit halber sollen an dieser Stelle noch *passive Adsorptionsverfahren* sowie der Einsatz halbquantitativer Teströhrchen erwähnt werden. Passive Adsorptionsverfahren können auf verunreinigten Standorten als reine Screening-Methode für ein breites Spektrum an flüchtigen und halbflüchtigen Stoffen eingesetzt werden. Eine Stoffdifferenzierung ist hierbei möglich, eine Quantifizierung aber nicht.

Halbquantitative Teströhrchen erlauben weder eine qualitative noch eine quantitative Stoffdifferenzierung, sondern eine Gruppenzuordnung mit grober Mengenschätzung.

Ausrüstung

Die zur Probennahme erforderlichen Geräte sind klein und leicht zu transportieren, so daß sie auch auf engstem Raum eingesetzt werden können. Durch Einsatz elektrisch betriebener Geräte kann abgasfrei gearbeitet werden. Im einzelnen werden folgende Geräte benötigt:

- Gerät zum Durchörtern befestigter Oberflächen (Kernbohrgerät o. ä.), Entnahmesonde (Hohlgestänge) mit Verlängerungen und Schlagkopf,
- Entnahmekopf mit Vakumeter und Septum bzw. Einrichtungen zur Integration der Adsorbentien in die Probennahmeapparatur,
- Sondenspitze, die von übertage geöffnet werden kann,
- Motor- (möglichst elektrisch angetrieben) oder Schonhammer zum Einschlagen der Sonden von Hand,
- mechanisches oder hydraulisches Ziehgerät,

- geeignete Gaspumpe,
- gasdichte Spritzen,
- Evakuierpumpe,
- Behältnisse für den Probentransport (bei Einsatz von Headspace-Gläschen auf PTFE-beschichtete Septen achten, weil sonst starke Störungen durch Adsorption an den Septen möglich sind),
- Vorrichtung zum Dekontaminieren der Entnahmesonden und Sondenspitzen zur Vermeidung von Verschleppungen.

4.4.2.1 Konservierung und Transport

Aufgrund der Flüchtigkeit der zu untersuchenden Schadstoffgruppen und deren Zersetzbarkeit in Anwesenheit von UV-Strahlung müssen die gewonnenen Proben kühl und dunkel (Kühlbox, mindestens 4°C) transportiert werden. Die Proben müssen spätestens am Tag nach der Probennahme bei der Untersuchungsstelle eintreffen und dort binnen 48 h extrahiert bzw. untersucht werden.

Bei Untersuchungsprogrammen mit größeren Probenzahlen ist der Einsatz von Vor-Ort-Untersuchungseinrichtungen zur Minimierung des Transportaufwandes sowie der Reduzierung des Probenaufkommens von Vorteil.

4.4.2.2 Fehlerquellen, Fehlerminimierung

Auf die möglichen Fehlerquellen bei der Probennahme und deren Vermeidung wurde schon in den vorangegangenen Kapiteln hingewiesen. Deshalb soll an dieser Stelle nur noch eine stichwortartige Zusammenstellung erfolgen:

- Ungeeignete Entnahmetiefen führen zu Fehlinterpretationen der erhaltenen Meßwerte.
- Schadstoffkonzentrationen in der Bodenluft werden durch Niederschläge und entsprechende Feuchtegänge wesentlich beeinflußt. Unter unbefestigten Oberflächen kann die Bodenluftuntersuchung daher nicht als absolutes Meßverfahren eingesetzt werden. Entsprechende Beobachtungen sind im Probennahmeprotokoll (z. B. Trockenwetter-Naßwetter, Angaben über das Aufbohren von Oberflächenversiegelungen) festzuhalten.
- Ansaugen von atmosphärischer Luft, das bei unvollständiger Abdichtung der Entnahmestelle möglich ist, kann in Reinluftbereichen zu einer Verringerung der Meßwerte führen. An Verwendungsstellen auf Industriestandorten mit Luftbelastungen in der Höhe von MAK-Werten kann dieses Ansaugen von Fremdluft zur Erhöhung der eigentlichen Meßwerte führen. Kon-

trollen und Korrekturen können über Argonbestimmungen vorgenommen werden.

- Verschleppungen von Schadstoffen von Meßpunkt zu Meßpunkt sollen durch Dekontaminieren der Probennahmeausrüstung vermieden werden, da sonst zu große Ausdehnungen der Kontaminationen angenommen werden. Bei Einsatz von Adsorptionsverfahren mit anschließender Extraktion sollte die Kontaminationsfreiheit des eingesetzten Extraktionsmittels über die regelmäßige (mindestens halbtägige) Ermittlung von Blindwerten belegt werden.
- Schadstoffminderbefunde können ferner durch den Einsatz ungeeigneter Septen beim Verschließen von Headspace-Fläschchen auftreten. Hier kommen PTFE-beschichtete Septen zum Einsatz, die diese Adsorptionserscheinungen weitgehend vermeiden.
- Adsorptionsverfahren sollten bei der Ersterkundung eines Geländes möglichst nicht eingesetzt werden, da es bei hohen Schadstoffgehalten in der Bodenluft zu einem Überschreiten der Adsorptionskapazität des eingesetzten Adsorbens kommen kann. Bei Einsatz von Desorptionsverfahren sollte regelmäßig die Wiederfindungsrate für die einzelnen Substanzen bestimmt werden.
- Auf die notwendige Sorgfalt bei der Protokollierung der durchgeführten Maßnahmen wie z. B. eindeutige Kennzeichnung der Entnahmestellen bzw. der gewonnenen Proben sei an dieser Stelle ergänzend hingewiesen.

4.4.2.3 Zeitlicher und finanzieller Aufwand

Verläßliche Abschätzungen hinsichtlich des zeitlichen Aufwandes für die Gewinnung einer Probe und damit die Angabe eines Preises pro Probennahmestelle sind von vielen Faktoren abhängig.

Generell können die Arbeiten von einem 2-Personen-Team mit einem Fahrzeug und der obengenannten Ausrüstung ausgeführt und die Proben aus Entnahmetiefen zwischen 1,5 und 2 m unter Gelände entnommen werden.

Ein zweiphasiges Verfahren mit Niederbringen der Sondierung, Ziehen des Gestänges und Einsetzen einer Entnahmeapparatur in das entstandene Loch zzgl. der Abdichtung gegen die Atmosphärenluft erfordert einen größeren Zeitaufwand als der Einsatz eines einphasigen Systems.

Der Einsatz eines Adsorptionsverfahrens mit dem Abpumpen größerer Mengen Bodenluft über ein Adsorbens erfordert mehr Zeit als die direkte Abfüllung in ein geeignetes Probennahmegefäß nach Abpumpen des Totvolumens der in den Boden eingebrachten Entnahmesonde.

Unter Berücksichtigung dieser Randparameter läßt sich sagen, daß je nach eingesetztem Verfahren zwischen 1 und 2,5 Proben pro Stunde gewonnen werden können. Bei dieser Angabe ist der Zeitaufwand für notwendige Vorarbeiten wie das Aufbohren von Oberflächenversiegelungen bzw. das nachfolgende Verschließen nicht berücksichtigt, da der hierfür notwendige Aufwand von Standort zu Standort variiert.

Muß man darüber hinaus Proben aus größeren Tiefen gewinnen, scheiden zweiphasige Verfahren mit Blick auf die Kosten von vornherein aus, da das dann notwendig werdende Einbringen von Dichtsystemen (Packer etc.) in das Bohrloch noch höhere Kosten mit sich bringt und ein Gelingen der Maßnahme im wesentlichen von der Standfestigkeit des Bohrloches abhängig ist.

An einem 8-Stunden-Arbeitstag lassen sich demnach ca. 16 Proben aus Tiefen zwischen 1,5 und 2 m gewinnen. Um eine bessere Vergleichbarkeit der Einsatzkosten zu erreichen, können notwendige Vor- bzw. Nacharbeiten (Aufbohren von Oberflächenversiegelungen, Verschließen) in einer Preisanfrage oder Ausschreibung genannt und preislich berücksichtigt werden.

4.4.3 Analytik

4.4.3.1 Probenvorbereitung

Direktentnahme

Die mit der Bodenluft gefüllten HS-Gläschen werden unmittelbar vor Durchführung der Messung im Headspace-Probengeber für etwa 30 bis 60 min. erwärmt. Dabei ist darauf zu achten, daß die gewählte Equilibrierungstemperatur unter den Siedepunkten der erwarteten Schadstoffe liegt. Diese Art der Probenvorbereitung gewährleistet die notwendige Gleichbehandlung von externem Standard und Probe, da die verwendeten Standards meist LHKW-/BTEX-/Lösemittel-Gemische sind, zur deren vollständiger Verdampfung im Headspace-Gläschen eine erhöhte Temperatur notwendig ist.

Adsorption

Zur Vorbereitung der Messung von an Aktivkohle adsorbierten LHKW und BTEX werden die Aktivkohle-Röhrchen geöffnet, vollständig in ein HS-Gläschen übergeführt, mit einem Desorptionsmittel überschichtet und sofort verschlossen. Um eine vollständige Desorption der LHKW/BTEX von der Oberfläche der Kohle sicherzustellen, müssen die Gläschen anschließend für mehrere Stunden bei Raumtemperatur auf einem Schüttler geschüttelt werden. Wie bei der Direktbestimmung erwärmt man dann unmittelbar vor der Messung die Gläschen im Headspace-Probengeber auf Temperaturen zwischen 60 und 80 °C. Im Gegensatz zur Direktmessung führt diese Konditionierung über die Erhöhung des Dampfdruckes zu einer Anreicherung der LHKW/BTEX in der Dampfphase (Headspace). Hierdurch werden die Nachweis- und Bestimmungsgrenzen deutlich verbessert.

Als Desorptionsmittel für die Headspace-Technik finden hauptsächlich Aceton, Hexan und Benzylalkohol Verwendung. Bei der Verwendung von Azeton und Hexan muß berücksichtigt werden, daß diese Lösemittel ähnliche gaschromatographische Retentionszeiten haben wie einige der zu bestimmenden Stoffe. Dies betrifft sowohl den Flammenionisationsdetektor (FID) als auch den Elektroneneinfangdetektor (ECD). Bei letzterem kann die Basislinie durch negative Banden so erheblich gestört werden , daß eine sichere Auswertung im fraglichen Retentionszeitenbereich unmöglich wird.

Darüber hinaus weist insbesondere Hexan, auch in hochreinen Qualitäten, erhebliche Verunreinigungen mit anderen Stoffen auf, die die korrekte Auswertung erschweren.

4.4.3.2 Meßtechnik

Die quantitative Bestimmung der LHKW-/BTEX-Gehalte erfolgt über die Gaschromatographie. Durch die simultane Detektion der Einzelkomponenten über einen ECD und einen FID ist es möglich, LHKW- und BTEX-Komponenten in einer Messung zu erfassen und gleichzeitig die Linearitätsprobleme des ECD für LHKW bei höheren Konzentrationen zu umgehen.

Die Trennung der einzelnen Stoffe erfolgt auf Kapillarsäulen mit Längen zwischen 30 und 50 m und mittel- bis unpolaren Filmen. Zur Erzielung eines Optimums an Trennleistung bei möglichst geringer Analysenzeit werden in vielen Fällen Temperaturprogramme angewendet.

Als Probenaufgabeverfahren hat sich in den letzten Jahren die statische Dampfraumanalyse (Headspace-Technik) gegenüber der manuellen Probenaufgabe durchgesetzt. Dies gilt sowohl für die Direktmessung als auch für die Anreicherungsverfahren.

Die Untersuchungen können auch mittels GC-MSD (massenselektiver Detektor) durchgeführt werden. Diese Methode hat den Vorteil, daß eine Stoffidentifizierung nicht nur durch einen Retentionszeitenvergleich, sondern darüber hinaus durch einen Vergleich des Massenspektrums mit den Daten einer Stoffbibliothek vorgenommen werden kann.

Eine MS-Detektion wird deshalb vorzugsweise bei Fragestellungen eingesetzt, bei denen es auf unzweifelhafte Substanzidentifikationen ankommt.

Statistische Kenngrößen (erforderliche Meßgenauigkeiten)

Die Entwicklung leistungsfähigerer Detektoren in den letzten Jahren ermöglicht Bestimmungsgrenzen für LHKW, die bei der Direktbestimmung beim ECD für LHKW zwischen 5 µg/m³ für Tetrachlorkohlenstoff und 1.800 µg/m³ für cis-1,2-Dichlorethen liegen. Durch die Simultandetektion der einzelnen Komponenten mit dem FID lassen sich aber auch sehr hohe Gehalte bis hin zur Sättigungskonzentration in der Bodenluft sicher nachweisen.

Die unteren Bestimmungsgrenzen für die BTEX-Aromaten im FID liegen bei etwa 600 µg/m³ für die Direktmessung, wobei auch hier die oberen Bestimmungsgrenzen des Detektors in der Praxis nicht erreicht werden.

Berücksichtigt werden muß, daß die Nachweisgrenzen für die LHKW und BTEX in der Regel um etwa den Faktor 4 - 5 niedriger liegen als die Bestimmungsgrenzen, die die statistisch abgesicherten unteren Konzentrationsangaben darstellen. Für die Praxis bedeutet dies, daß man bereits wesentlich geringere Gehalte in der Bodenluft quantitativ und halbquantitativ nachweisen kann.

Durch die weitgehend automatisierte Probenaufgabe bei der Headspace-Technik, liegen die Standardabweichungen bei 10 Wiederholungen bei 10 - 15 %.

Bei Anreicherungsverfahren erreicht man je nach extrahiertem Bodenluftvolumen geringere Bestimmungsgrenzen, ist jedoch durch die Beladungskapazität der Aktivkohle bei Auftreten hoher Belastungen stark nach oben beschränkt. Hinzu kommt, daß der Fehler in der analytischen Bestimmung durch den weiteren Probenaufarbeitungsschritt größer ist als bei der Direktmessung und das Adsorptionsverhalten der einzelnen Komponenten stark von der Qualität der verwendeten Aktivkohlen abhängt.

Zeitlicher und finanzieller Aufwand

Im Vergleich zur Direktmessung erfordert das Anreicherungsverfahren mehr Zeit für die analytische Bestimmung. Eine Direktmessung, die Probenvorbereitung eingeschlossen, dauert im Höchstfalle etwa 2 h. Abhängig von der Anzahl der zu trennenden Komponenten läßt sich bei isothermem Temperaturprogramm die Analysenzeit auf weniger als 1 h reduzieren.

Bei den Anreicherungsverfahren kommt neben der aufwendigen Probenvorbereitung hinzu, daß für jeden Meßpunkt mindestens 2 hintereinander geschaltete Aktivkohleröhrchen untersucht werden müssen, um eine Kontrolle über Durchbrüche durch Überladung oder falsche Strömungsgeschwindigkeiten zu erhalten. Der zeitliche Aufwand und die dadurch entstehenden Kosten betragen damit ein Vielfaches gegenüber der Direktmessung. Hinzu kommen die Materialkosten für die Aktivkohle, die hochreinen Desorptionsmittel und deren Entsorgung.

Die Kosten für die MS-Detektion liegen aufgrund höherer Anschaffungs- und Wartungskosten über denen der EC-/FI-Detektion. Beide Methoden lassen sich durch weitgehende Automatisierung hinsichtlich der Analyse- und Auswertungsroutinen bei einem hohen Probendurchsatz (Nachtlauf im Labor möglich) kostengünstig gestalten.

4.4.4 Auswertung, Interpretation, Darstellung und Bewertung

Allen Darstellungen liegen der Lageplan der Probennahmestellen sowie die in Meßwerttabellen zusammengestellten Untersuchungsergebnisse zugrunde.

Als sinnvolle Darstellung der Schadstoffverteilung werden meist Profile (i. w. Horizontalprofile senkrecht zur Grundwasserfließrichtung, bei mächtiger wasserungesättigter Bodenzone auch Vertikalprofile) gewählt. Bei ausreichend dichtem und gleichmäßigem Meßraster können kontaminierte Bereiche in Form von Isokonzenplänen dargestellt werden (*Abb. 4.20*).

Diese Darstellungen erlauben Feststellungen über Zentrum und horizontale Erstreckung der Kontamination in der Gasphase, die bei der Gruppe der LHKW mit der Kontamination des Grundwassers im obersten Bereich eines unbedeckten Grundwasserleiters tendenziell korreliert.

Sowohl Profildarstellungen als auch Isokonzenpläne liefern schnell und sicher Standorte für notwendige weitergehende Untersuchungen hinsichtlich der vertikalen Abgrenzung der Kontamination. Diese kann durch horizontierte Boden- und/oder Grundwasserproben erfolgen. Der dafür notwendige Bohraufwand wird durch die kostengünstigen Bodenluftuntersuchungen minimiert, da Fehlbohrungen in unkontaminierte Bereiche vermieden werden.

Bei MELUF (1983) werden in der *Tabelle 4.7* folgende Grundbelastungen der Bodenluft für die in der Industrie eingesetzten LHKW angegeben:

Meßwerte, die über diese ubiquitäre Grundbelastung der Bodenluft hinausgehen, können bereits als Verunreinigung interpretiert werden.

Tabelle 4.7. Grundbelastung der Bodenluft an Standorten unterschiedlicher Nutzung. (Nach MELUF 1983)

	Tetrachlorethen [µg/m³]	Trichlorethan [µg/m³]	1.1.1-Trichlorethen [µg/m3]
Land- und forstwirtschaftliche Nutzung	1 - 12	1 - 6	n.n. - 3
Land- und forstwirtschaftliche Nutzung mit erhöhtem Niederschlag	10 - 45	8 - 30	1 - 8
Stadtlandschaft im Rhein - Main - Gebiet	8 - 30	5 - 20	n.n. - 60
Unmittelbare Umgebung von Industriestandorten	50 - 300	30 - 200	5 - 20

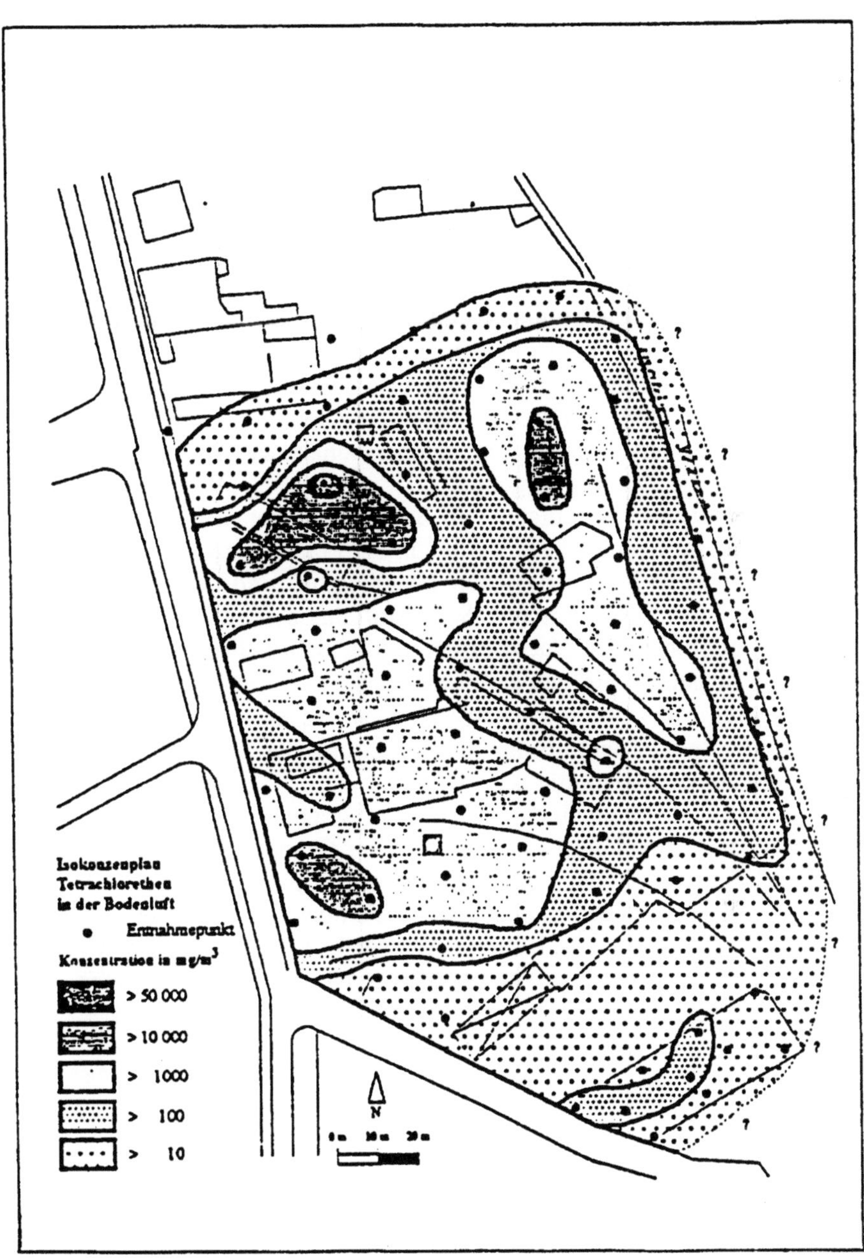

Abb. 4.20. Isokonzenplan eines Untersuchungsfeldes

Bei grundwassernahen Standorten (Flurabstand < 2 m) können bereits LHKW-Belastungen der Bodenluft von ca. 10.000 µg/m^3 eine deutliche Belastung mit LHKW im Bereich der Grundwasseroberfläche hervorrufen. Werden bei punktuellen oder linearen Untersuchungen Belastungen oberhalb der Grundbelastung entdeckt, ist daher durch deutlich verdichtete rasterförmige Untersuchungen (Abstand der Meßpunkte 5 bis 10 m) zu prüfen, ob in unmittelbarer Umgebung nicht noch höhere Werte vorliegen.

Je nach horizontalem Abstand des Meßpunktes zur eigentlichen Freisetzungsstelle der Schadstoffe sowie in Abhängigkeit von der freigesetzten Schadstoffmenge können Meßwerte bis hin zur Sättigungskonzentration beobachtet werden. Diese Sättigungskonzentrationen liegen für die in der Industrie eingesetzten LHKW im 10er bis 100er-g/m^3-Bereich, ebenso für die BTEX-Aromaten. Lediglich für Toluol liegt die Sättigungskonzentration in der Bodenluft bei den dort herrschenden Temperaturen um 10 °C deutlich unter 1 g/m^3. Bei der Untersuchung solcher Schadenzentren ist stets der Direktbestimmung der Vorzug zu geben.

Bei Bodenluftuntersuchungen zur Beurteilung der Lage einer LHKW-Schadstoffahne im Grundwasser werden in der Praxis je nach Flurabstand und Entnahmetiefe meist Werte zwischen 10.000 µg/m^3 und der Grundbelastung gemessen. Bei der Detektion von Schadstoffahnen ist daher in bestimmten Fällen wegen der größeren Nachweisempfindlichkeit der Adsorptionsmethode der Vorzug zu geben. Sie gewährleistet meist auch die Detektion von Zwischenprodukten des biologischen Abbaus (z. B. cis-1.2-Dichlorethen, Vinylchlorid), deren Kenntnis für die Bewertung des Gefährdungspotentials von entscheidender Bedeutung ist.

Bei generell gleichem geologischen Bau spielen hier für die Höhe des Meßwertes der Abstand der Entnahmestelle zur Grundwasseroberfläche sowie die relative Feuchte der Bodenluft eine entscheidende Rolle. Kennt man in Einzelfällen die Belastung im obersten Bereich des Grundwasserleiters (z. B. aus belasteten Hausbrunnen), kann der Wasser-Luft-Verteilungskoeffizient für eine erste Beurteilung der zu erwartenden Schadstoffkonzentrationen herangezogen werden.

Literatur

Durrance, E. M., Gregory, R. G. (1990) Helium and radon transport mechanisms in hydrothermal circulation systems of southwest England. In: Durrance, E.M. et al. (eds.): Geochemistry of gaseous elements and compounds. 337: 353, Athen (Theophrastus)

Faber, E. (1987) Zur Isotopengeochemie gasförmiger Kohlenwasserstoffe. Erdöl, Erdgas und Kohle 103: 210-217, Hamburg

Fischer, H. J. (1992) Radonmessungen als Ergänzung des gängigen Untersuchungs- und Bewertungsschemas zur Ausweisung von Deponiestandorten in geklüftetem, geringdurchlässigem Gestein. Schr Angew Geol Karlsruhe 19, 206 S., Karlsruhe

GILETTI, B. J., KULP, J. L. (1955) Radon leakage from radioactive minerals. Amer Miner 5/6: 481- 496, 8 Tab

HOLLAND, P. W., EMERSON, D. E. (1990) The global Helium-4 content of near-surface atmospheric air. In: DURRANCE, E.M. et al. (eds): Geochemistry of gaseous elements and compounds 97 : 113, Athen (Theophrastus)

HORVITZ, L. (1980) Near-surface evidence of hydrocarbon environment from depth. in: ROBERTS W.H. III, CORDELL, R. J. (eds): Problems of petroleum migration. AAPG Studies in Geology 10: 241-269, Tulsa

KRISTIANSSON, R., MALMQVIST, L. (1981) Evidence for nondiffusive transport of $^{222}_{86}$Rn in the ground and a new physical model for the transport. Geophysics 47: 1444-1452, 6 Fig

MELUF (Ministerium für Ernährung, Landwirtschaft, Umwelt und Forsten des Landes Baden Württemberg) (1983) Leitfaden für die Beurteilung und Behandlung von Grundwasserverunreinigungen durch leichtflüchtige Chlorkohlenwasserstoffe. Ministerium für Ernährung, Landwirtschaft und Forsten des Landes Baden-Württemberg, 99 S., Stuttgart

MÜLLER, R. (1980) Radiometrische Untersuchungen an Bruchzonen in der südlichen Oberpfalz. Mainzer Geowiss Mitt 11: 111-155, Mainz

MÜLLER, R., SCHIFFER, R. (1993) Weiterentwicklung, Erprobung und Anwendung einer Radon Helium-Methode zur Standortuntersuchung von Deponien. Statusbericht 1992. Berichte der Forschungsteilnehmer des Verbundvorhabens "Methoden zur Erkundung und Beschreibung des Untergrundes von Deponien und Altlasten": 415- 430, Hannover

MÜLLER, R., SCHIFFER, R. (1994a) Weiterentwicklung, Erprobung und Anwendung einer Radon Helium-Methode zur Standortuntersuchung von Deponien. Statusbericht 1993. Berichte der Forschungsteilnehmer des Verbundvorhabens "Methoden zur Erkundung und Beschreibung des Untergrundes von Deponien und Altlasten": 516-530, Hannover

MÜLLER, R., SCHIFFER, R. (1994b) Weiterentwicklung, Erprobung und Anwendung einer Radon Helium-Methode zur Standortuntersuchung von Deponien. Schlußbericht zum Forschungsvorhaben 146060 5 AO, Bundesministerium für Forschung und Technologie, Verbundforschungsvorhaben "Deponieuntergrund", 78 S., 53 Abb., 12 Tab., Clausthal-Zellerfeld

ORT, M. (1993) Optimierung der Entnahmetechnik ausgewählter Gase in Bodenluft-Proben zur Untersuchung eines Deponie-Untergrundes. Statusbericht 1992. Berichte der Forschungsteilnehmer des Verbundvorhabens "Methoden zur Erkundung und Beschreibung des Untergrundes von Deponien und Altlasten": 431-458, Hannover

PHILIPSBORN, H. VON (1990a) Radon und Radonmessung Teil I: Eigenschaften, Meßgrößen und Methoden. Geowissenschaften 8: 220-228, 1 Abb., 3 Tab. VCH Weinheim

PHILIPSBORN, H. VON (1990b) Radon und Radonmessung Teil II: Geräte und Verfahren, Vorkommen und Verbreitung, Strahlenbiologie und Strahlenschutz. Geowissenschaften, 8: 324-338, 6 Abb. VCH Weinheim

PORSTENDÖRFER, J. (1993) Properties and behaviour of tadon and thoron and their decay products in the air. Radiation Protection, Fifth Int. Symp. of the Natural Radiation Environment, Report EUR 14411: 73-155, Luxemburg (Commision of the European Communities)

SCHIENER, E. J., STOBER, G., FABER, E. (1985) Surface geochemical exploration for hydrocarbons in offshore areas principles, methods and results. Petroleum Geochemistry of the Norwegian Shelf, pp. 223-238, (Graham, Trotman)

SCHLEYER, R., KERNDORFF, H. (1992) Die Grundwasserqualität westdeutscher Trinkwasserressourcen. VCH Weinheim, 245 S

SCHMIDT, W. (1993) Validierung der Analysenergebnisse von Bodenluftproben. Landesanstalt für Umweltschutz des Landes Baden-Württemberg, Texte und Berichte zur Altlastbearbeitung 8/93, 18 S., Karlsruhe

SCHMITT, M., PAETSCH, H. (1995) Untersuchungen der Abdichtungseigenschaften der geologischen Barriere von Deponien und Altlasten durch eine isotopengeochemische Methode. Endbericht: BMFT-Forschungsvorhaben FV 1460605 A0 TV2, 133 S., Hannover

SCHWILLE, F., BERTSCH, W., LINKE, R., REIF, W., ZAUTER, S. (1984) Leichtflüchtige Chlorkohlenwasserstoffe in porösen und klüftigen Medien - Modellversuche -. Bes Mitt Dt Gewässerkundl Jb 46, 72 S., Koblenz

TANNER, A. B. (1964) Radon migration in the ground: a review. in: ADAMS, J.A.S., LOWDER, W.M. (eds.): The natural radiation environment, pp. 161-190, Chicago

TANNER, A. B. (1980 Radon migration in the ground: A supplementary review. In: GESELL, T. F., LOWDER, W. M. (eds.): Natural Radiation Environment III. Symp. proc., April 1978, 1: 5-56, Houston

TIRATSOO, E. N. (1972) Natural gas. 400 p., Scientific Press, Beaconsfield

VDI 3865, Blatt 1 (1992) Messen organischer Bodenverunreinigungen. 8 S. Beuth, Berlin

VDI 3865, Blatt 5 (1988) Messen organischer Bodenverunreinigungen, Messen leichtflüchtiger halogenierter Kohlenwasserstoffes im Boden, Head-space-Analyse von Bodenproben (Entwurf). 8 S. Beuth, Berlin

WORM, R. (1986) Das gaskinematische Verhalten von Radon unter dem Einfluß von Bodenwasser in Lockergesteinen über verdeckten Uranvorkommen. 199 S., 77 Abb., 14 Tabs., Diss. TU Berlin

5 Interpretationsverfahren

5.1 Chemometrische Auswertung und Interpretation

JÜRGEN W. EINAX UND ULRIKE SOLDT

5.1.1 Problemstellung

Anthropogene Aktivitäten haben, insbesondere seit dem Beginn der Industrialisierung, sowohl zu einer beträchtlichen Beschleunigung der biogeochemischen Kreisläufe vieler Stoffe als auch zum Eintrag naturfremder Substanzen in die Umwelt geführt. Die Pedosphäre besitzt als eines der lebenswichtigen Umweltkompartimente im Unterschied zu Atmosphäre und Hydrosphäre zwar einerseits eine relative hohe Belastbarkeit, andererseits ist die Selbstreinigungskraft des Bodens in Relation zu den genannten anderen Umweltmedien vergleichsweise gering, so daß der Boden als das am meisten gefährdete Umweltkompartiment zu betrachten ist. Die in die Pedosphäre eingetragene Schadstoffpalette reicht von den Schwermetallen bis zu organischen Schadstoffen (Lösemittel, Mineralöle etc.) mit z. T. hochgiftigen bzw. hochcancerogenen Stoffklassen. Ebenso vielfältig sind auch die Eintragswege in den Boden. Häufig erfolgt ein direkter Schadstoffeintrag über Düngung und Pflanzenschutzmaßnahmen bei landwirtschaftlicher Nutzung, aber auch durch Deponierung von Rückständen und Abfällen in den jeweils betroffenen Gebieten. Insbesondere in industriellen Ballungsräumen stellt der Schadstoffeintrag durch sedimentierende Luftstäube ebenfalls eine nicht unerhebliche Eintragsquelle dar. Viele Schadstoffe werden zunächst weitgehend im Oberboden fixiert. Längerfristig besteht die Gefahr des Eintrages in das Grundwasser; es sind aber auch erhöhte Schadstoffeinträge in Nutzpflanzen und damit letztendlich in die Nahrungskette des Menschen möglich. Außerdem kann eine nicht unerhebliche Schadstoffverfrachtung durch Windtransport erfolgen.

All diese Gründe machen es erforderlich, Bodenflächen sowohl in der Umgebung aktueller oder ehemaliger Emittenten, aber auch Kulturböden im Sinne des Bodenschutzes zu untersuchen. Da häufig in der Umgebung von Industrieanlagen starke Kontaminationen des Bodens existieren bzw. zu vermuten sind, geht es praktisch oftmals um die Untersuchung altlastverdächtiger Flächen. Derartige Untersuchungen beinhalten sowohl den qualitativen Nachweis der Kontaminanten als auch die quantitative Bewertung der Höhe und territorialen Verteilung der anthropogen in den Boden eingetragenen Schadstoffe. Daß dabei der Untersuchung von Deponien bzw. Halden eine besondere Bedeutung zukommt, ist offensichtlich.

Das Ziel der Überwachung der Pedosphäre ist es, sowohl qualitative als auch quantitative Aussagen über die Art und den Grad von Bodenbelastungen

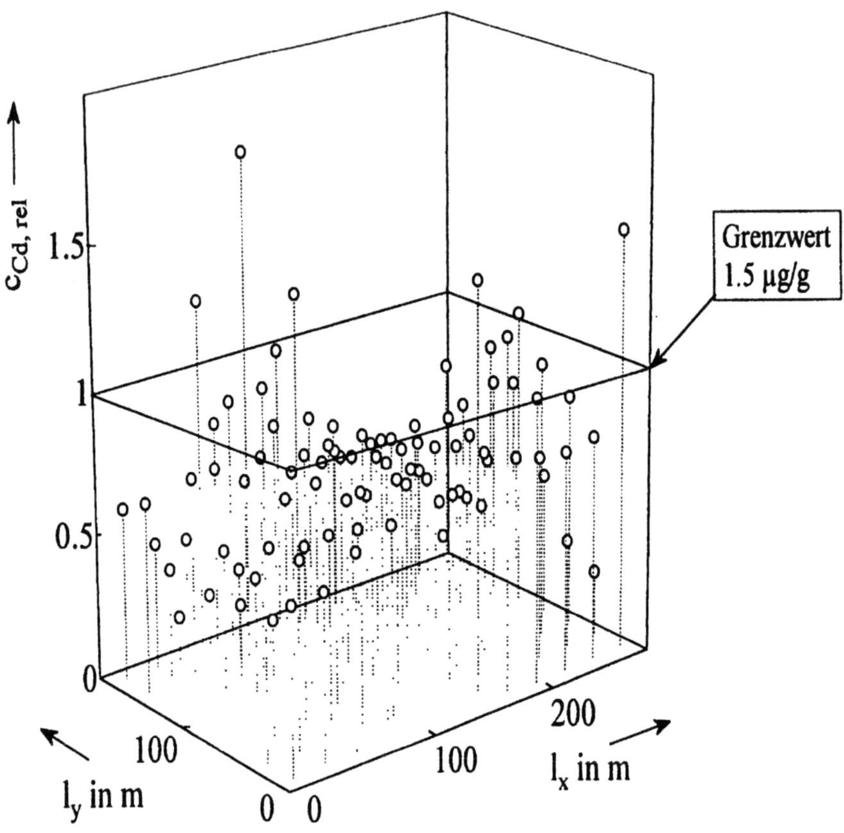

Abb. 5.1. Streuung von grenzwertgewichteten Cd-Gehalten innerhalb einer Untersuchungsfläche. (Grenzwert nach KLÄRSCHLAMMVERORDNUNG 1992)

zu treffen, zeitliche Veränderungen dieser Belastungen zu kontrollieren und aus den erhaltenen Untersuchungsergebnissen das Gefährdungspotential abzuschätzen, um ggf. erforderliche Schutz- und Sanierungsmaßnahmen einzuleiten.

Die Ergebnisse der meist kosten- und zeitaufwendigen Umweltuntersuchungen sind durch folgende umweltspezifische Besonderheiten charakterisiert :

- Die örtlichen und meist auch zeitlichen Variabilitäten der in der Umwelt vorkommenden Schadstoffe, aber auch die natürlicher Substanzen sind groß.

  Selbst im Falle relativ "gleichmäßig" verteilter Inhaltsstoffe in Böden, d. h. im Falle der Abwesenheit signifikanter Immissionseinflüsse und bei konstantem geologischen Untergrund, treten verhältnismäßig große und weitgehend stochastisch streuende Konzentrationsunterschiede von Probennahmepunkt zu Probennahmepunkt auf. So schwanken die Gehalte von Schwermetallen selbst innerhalb von landwirtschaftlichen Nutzflächen, d. h. von Flächen, deren Oberboden durch die landwirtschaftliche Nutzung und Bearbeitung "homogenisiert" wird, um das Mehrfache des jeweiligen Mittelwertes (KRIEG & EINAX 1994 a, b) (*Abb. 5.1*). Im Falle des Vorliegens merklicher Schadstoffbelastungen, z. B. in der Umgebung von Emittenten, können die Schadstoffgehalte im Untersuchungsgebiet über mehrere Zehnerpotenzen variieren (EINAX et al. 1990).

- Mit geringer werdendem Schadstoffgehalt im untersuchten Umweltkompartiment nimmt der aus den Schritten des analytischen Prozesses zwangsläufig resultierende Fehler zu.

  Im Bereich der analytischen Bestimmung von Spuren bzw. Ultraspuren, die es in der Regel bei umweltanalytischen Fragestellungen zu analysieren gilt, treten je nach Analysenmethode und Analyt relative Standardabweichungen von 10 bis teilweise über 50% auf.

- Die Ausbreitung und Verteilung der Schadstoffe in der Umwelt erfolgt auf vielfältigen, oft unbekannten Transport- und Übertragungspfaden.

- In der Umwelt dominieren multifaktorielle Prozesse.

  Es treten häufig Wechselwirkungen sowohl zwischen verschiedenen Schadstoffen als auch zwischen Schadstoffen und natürlichen Umweltbestandteilen auf. Durch chemische, biologische, aber auch physikalische Vorgänge können sich sowohl die Konzentrationen der Schadstoffe im zu untersuchenden Umweltkompartiment, aber auch die Relationen der Kontaminanten zueinander (Schadstoffmuster) ändern. Es liegen oft vielfältige Bindungsformen von Schadstoffen (Species) mit stark unterschiedlichem ökotoxikologischen Potential vor.

Die genannten Spezifika umweltanalytischer Untersuchungen bedingen in jedem Untersuchungsfall die Erarbeitung einer individuellen, d. h. der konkreten Fragestellung angepaßten, Untersuchungsstrategie. Das betrifft natürlich auch die Auswertung, die den stark streuenden Charakter von Umweltdaten und die komplizierten, meist multifaktoriellen Prozesse, die in der Umwelt vorherrschen, zu berücksichtigen hat.

Die Aus- und Bewertung sowie Interpretation analytischer Daten, die im Ergebnis von Umweltuntersuchungen erhalten werden, beschränkt sich heutzutage noch häufig auf den Vergleich entsprechender Mittel- oder Extremalwerte mit Grenz-, Richt- oder Normativwerten. Meist erfolgt die Berechnung univariater, d. h. auf den einzelnen Schadstoff bezogener, Kenngrößen (arithmetisches Mittel, Median, Perzentilwerte etc.) durch Mittelung einzelner, im Bereich der Boden- und Altlastuntersuchung meist flächenbezogener Meßwerte. Dabei limitieren die oben diskutierten Besonderheiten umweltanalytischer Untersuchungsergebnisse die Aussage herkömmlicher univariatstatistischer Aus- und Bewertungen stark. Außerdem wird ein erheblicher Anteil der gewonnenen Information, nämlich der der Wechselwirkungen zwischen den gemessenen Schadstoffen, überhaupt nicht berücksichtigt.

Nachfolgend soll gezeigt werden, daß es durchaus von Nutzen sein kann, moderne statistische Methoden zur Auswertung und Interpretation von Umweltdaten zu nutzen. Im Vordergrund der Ausführungen stehen dabei konkrete Fallstudien der Untersuchung belasteter Böden. Auf die mathematischen Grundlagen der angewendeten multivariat-statistischen und geostatistischen Methoden wird nur in dem Maße eingegangen, wie es zum grundlegenden Verständnis der erhaltenen chemometrischen Ergebnisse erforderlich ist.

Die chemometrischen Methoden werden nachfolgend auf die Untersuchung des Vorkommens und der Verteilung von Schwermetallen in Böden angewendet. Die vorgestellten Lösungsansätze sind jedoch grundsätzlich auf andere Schadstoffgruppen, z. B. organische Verbindungen, und andere Umweltkompartimente übertragbar (GEISS & EINAX 1992; EINAX 1993).

5.1.2 Übersicht über wichtige Methoden der Datenanalyse

Im Ergebnis von Umweltuntersuchungen werden meist große Mengen von Untersuchungsergebnissen erhalten. Das liegt einerseits in der oft hohen Anzahl von Proben (Objekten) begründet, die es aus den dargestellten Gründen zu untersuchen gilt, andererseits sind moderne instrumentell-analytische Methoden in der Lage, eine Reihe von Elementen (ICP-OES, ICP-MS) bzw. Komponenten (HPLC, GC, HPTLC) im Spurenbereich praktisch simultan und in kurzer Zeit quantitativ zu analysieren. Das heißt: Als Ergebnis umweltanalytischer Untersuchungen wird häufig eine Datenmatrix $\boldsymbol{X}$ erhalten, bei der jedes der n Objekte (Proben an verschiedenen Entnahmestellen bzw. zu unterschiedlichen Entnahmezeiten) durch m Merkmale (Schadstoffgehalte, Gehalte an Haupt- und Nebenbestandteilen, biologische Aktivität etc.) charakterisiert ist :

$$\mathbf{X} = \begin{pmatrix} x_{11} & x_{12} & \dots & x_{1m} \\ x_{21} & x_{22} & \dots & x_{2m} \\ x_{31} & x_{32} & \dots & x_{3m} \\ \dots & \dots & \dots & \dots \\ x_{n1} & x_{n2} & \dots & x_{nm} \end{pmatrix} \tag{1}$$

Bei herkömmlichen univariat-statistischen Auswertungen erfolgt die Betrachtung von jeweils nur einem Merkmal *i*, meist berücksichtigt als dessen Varianz s_i^2:

$$s_i^2 = \frac{\sum_{k=1}^{n} (x_{ki} - \overline{x}_i^2)}{n-1} \tag{2}$$

Wechselwirkungen zwischen den Merkmalen, charakterisiert durch deren Kovarianz s_{ij}:

$$s_{ij} = \frac{\sum_{k=1}^{n} (x_{ki} - \overline{x}_i)(y_{kj} - \overline{y}_j)}{n-1} \tag{3}$$

finden keine Berücksichtigung. Da den Wechselwirkungen zwischen den gemessenen Umweltparametern aber eine entscheidende Rolle zukommt (z. B. gemeinsame Emission bzw. Einleitung von mehreren Schadstoffen, gemeinsamer Transport bzw. Chemismus mehrerer Schadstoffe etc.), wird bei univariat-statistischen Auswertungen ein großer Teil der erhaltenen Information nicht berücksichtigt.

Multivariat-statistische Methoden hingegen nutzen die gesamte Information durch simultane Auswertung des erhaltenen Datensatzes, meist in Form der Varianz-Kovarianz-Matrix *S*:

$$\mathbf{S} = \begin{pmatrix} s_{11} & s_{12} & \dots & s_{1m} \\ s_{21} & s_{22} & \dots & s_{2m} \\ s_{31} & s_{32} & \dots & s_{3m} \\ \dots & \dots & \dots & \dots \\ s_{m1} & s_{m2} & \dots & s_{mm} \end{pmatrix} \tag{4}$$

Die in diesem Kapitel angewendeten Methoden der multivariaten Datenanalyse nutzen folglich die Gesamtinformation des Originaldatensatzes, um je nach Problemstellung folgende Ziele zu erreichen:

a) Extraktion der "Nutzinformation", um redundante Information zu eliminieren,

b) Visualisierung der komplexen, vieldimensionalen Zusammenhänge durch Dimensionserniedrigung mit minimalem Abbildungsfehler in der Ebene (Display-Verfahren),

c) Erkennen multivariater Ähnlichkeiten von Objekten bzw. Merkmalen (Muster) und kausal interpretierbare Darstellung gemeinsamer Strukturen,

d) Nutzung von a-priori-Informationen, wie z. B. die der Existenz unterschiedlicher Belastungsklassen, um deren Verschiedenheit zu prüfen und ggf. zu bestätigen.

Da, wie bereits erwähnt, die Verhältnisse bzw. Vorgänge in Umweltkompartimenten oft durch starke, meist unbekannte Wechselwirkungen von Schadstoffen und natürlichen Inhaltsstoffen charakterisiert sind, sind Vorteile von der Nutzung multivariat-statistischer Methoden zu erwarten.

Nachfolgend wird ein kurzer qualitativer Überblick über wichtige Methoden der Datenanalyse gegeben :

a) Methoden des Unsupervised Learning

   Diese Methoden, auch als automatische Klassifikationsverfahren bezeichnet, werden eingesetzt, wenn es darum geht, Strukturen bzw. Ähnlichkeiten (z. B. Gruppierungen einzelner Objekte) im Datensatz aufzudecken, ohne daß a-priori-Informationen vorliegen. Typische Vertreter dieser Methodengruppe sind die Techniken der Clusteranalyse, aber auch Displaymethoden, wie z. B. Nonlinear Mapping oder die Hauptkomponentenanalyse.

b) Methoden des Supervised Learning

   Das Ziel des Einsatzes von Verfahren der überwachten Klassifikation ist einerseits die quantitative Abgrenzung von Klassen, die aus a-priori-Informationen bekannt sind, und andererseits die Bestimmung der Zusammenhänge zwischen den multivariaten Klasseneigenschaften und den gemessenen Originalmerkmalen. Als typische Vertreter seien die Mehrdimensionale Varianz- und Diskriminanzanalyse, die Methode der k nächsten Nachbarn und das SIMCA (Soft Independent Modeling of Class Analogy)-Verfahren genannt.

c) Faktorielle Methoden

Die Beziehungen zwischen allen gemessenen Variablen, die voneinander mehr oder weniger abhängen, werden untersucht und auf gemeinsame Merkmals- bzw. Ursachenkomplexe (Faktoren, Hauptkomponenten) zurückgeführt, die oft kausal interpretierbar sind.

Als wichtige Techniken sind die Faktoren- und die Hauptkomponentenanalyse zu nennen. Aber auch die PLS (Partial Least Squares)-Modellierung und die kanonische Korrelationsanalyse können im genannten Sinne angewendet werden.

d) Korrelations- und Regressionsanalyse

Diese statistischen Methoden werden sowohl in univariaten als auch in multivariaten Algorithmen eingesetzt, um den Zusammenhang zwischen Variablen quantitativ zu beschreiben. Oft handelt es sich um den Zusammenhang zwischen unabhängigen Größen, wie z. B. Konzentrationen oder Emissionsmustern, auf der einen Seite und abhängigen Größen, wie z. B. resultierenden Meßgrößen oder Immissionsmustern, auf der anderen Seite.

Sowohl die Korrelations- als auch die Regressionsanalyse können mit direkten Variablen, den Originalmerkmalen, als auch mit latenten Variablen, die meist gewichtete Linearkombinationen der Ausgangsvariablen darstellen, durchgeführt werden.

Eine kurze Beschreibung der in diesem Kapitel angewendeten Methoden der Datenanalyse erfolgt zum besseren Verständnis jeweils im Zusammenhang mit der auszuwertenden Fallstudie.

Im Rahmen dieses Kapitels kann nur sehr allgemein auf die Methoden der multivariaten Datenanalyse als wichtigem Teilgebiet der Chemometrik eingegangen werden. Als vertiefende Literatur zur Chemometrik seien genannt SHARAF et al. (1986), MASSART et al. (1988), BRERETON (1990) und speziell zur Anwendung von Methoden der multivariaten Datenanalyse HENRION & HENRION (1994). Eine Übersicht zur Anwendung chemometrischer Methoden im Bereich der Umweltanalyse wird von EINAX (1995) gegeben. Eine Vielzahl konkreter Fallstudien zur Anwendung chemometrischer Prinzipien im Bereich der Umweltforschung wird in den Editionen von DEVILLERS & KARCHER (1991) und EINAX (1995) sowie in der Monographie von EINAX et al. (1997) diskutiert.

Die Anwendung von Methoden der multivariaten Datenanalyse im eigenen Arbeitsfeld ist heutzutage rechentechnisch problemlos möglich, da es eine Reihe komfortabler kommerzieller Programmpakete dazu gibt. Die Autoren selbst haben gute Erfahrungen mit SPSS, STATISTICA und STATGRAPH gemacht.

Liegen Umweltdaten mit räumlichem oder zeitlichem Bezug vor (Schadstoffgehalte in Sedimenten entlang eines Flußlaufes oder Schadstoffgehalte an einer Probennahmestelle im Boden, untersucht in größeren zeitlichen Abständen - eindimensionaler Fall; Gehalte eines Schadstoffes in der Oberfläche einer altlastverdächtigen Fläche - zweidimensionaler Fall; Schadstoffgehalte in einem Deponiekörper oder einer Halde - dreidimensionaler Fall), empfiehlt es sich, zu deren Auswertung auch geostatistische Methoden heranzuziehen.

Geostatistische Methoden berücksichtigen die räumliche oder zeitliche Abhängigkeit einer Variablen sowie deren Zufallsstreuung zur Beschreibung und verzerrungsfreien Schätzung. Sie basieren auf der Theorie der regionalisierten Variablen.

Ursprünglich von KRIGE und DE WIJS für die Lagerstättenerkundung im südafrikanischen Goldbergbau entwickelt, gewinnt die Geostatistik zunehmend auf anderen Gebieten, z. B. in den Umweltwissenschaften, der Hydrologie und der Bodenkunde, an Bedeutung.

Die mathematischen Grundlagen werden in der Literatur (z. B. JOURNEL & HUIJBREGTS 1978; AKIN & SIEMES 1988; CRESSIE 1991; WACKERNAGEL 1994) ausführlich beschrieben.

Es gibt 2 grundlegende Schritte geostatistischer Methoden :

a) Semivariogrammanalyse

Das Ziel ist die Untersuchung des räumlichen Zusammenhanges und der Struktur zwischen den Merkmalen, d.h. in unserem Fall den Schadstoffgehalten, an den Probennahmestellen.

b) Kriging-Verfahren

Mit Hilfe des Kriging-Verfahrens können Merkmale in einer Fläche oder einem Block (z.B. in einem Deponiekörper) nach einer gewichteten räumlichen Moving-Average-Interpolation geschätzt bzw. ausgeglichen werden.

Eine detailliertere Beschreibung der beiden geostatistischen Methoden erfolgt unter Punkt 5.1.5.

5.1.3 Ermittlung repräsentativer Probennahmeabstände zur Einschätzung belasteter Böden

5.1.3.1 Mathematische Grundlagen der Autokorrelationsanalyse

Zur Bestimmung des Abstandes, in dem Proben einem zu untersuchenden Objekt, z. B. einem kontaminierten Bodenareal oder einem Fließgewässer, entnommen werden müssen, um dieses repräsentativ zu beschreiben, kann die Autokorrelationsanalyse angewendet werden. Die mathematischen Grundlagen dieser Methode der Zeitreihenanalyse werden ausführlich in der Literatur (CHATFIELD 1980; DOERFFEL & WUNDRACK 1986; DOERFFEL 1990) beschrieben.

Mit Hilfe der Autokorrelationsfunktion Ψxx

$$\Psi_{xx}(\lambda) = \lim_{L\to\infty} \frac{1}{2L} \int_{-L}^{L} x(l)x(l+\lambda)dl \tag{5}$$

L Gesamtlänge

kann der Zusammenhang zwischen Meßwerten an benachbarten Punkten *x(l)* und *x(l+λ)* eines eindimensionalen Probennahmeplanes als Funktion ihrer Entfernung *λ* untersucht werden.

Insbesondere bei Bodenuntersuchungen ist hingegen die Verteilung eines Schadstoffes innerhalb einer Untersuchungsfläche von Interesse. Die Probennahme kann in Form eines gleichmäßigen Rasters erfolgen. Der resultierende zweidimensionale Datensatz wird durch eine mäanderförmige Transformation entlang der Zeilen bzw. Spalten des Rasters in eine eindimensionale Form überführt. Die Berechnung der Autokorrelationsfunktion für autoskalierte Meßwerte erfolgt nach :

$$\Psi_{xx}(\lambda) = \frac{1}{n-\lambda} \sum_{l=1}^{n-\lambda} x(l)x(l+\lambda) \tag{6}$$

Die Autokorrelationsfunktion ist gegenüber Extremalwerten und Trends empfindlich. Aus diesem Grunde muß der Datensatz vor der Korrelationsanalyse unbedingt geprüft werden.

Die ermittelten Autokorrelationswerte werden nach Glättung mit Hilfe einer empirischen Funktion, im nachfolgend erläuterten Beispiel einer Regression 2. Grades, in Abhängigkeit von ihrer Entfernung graphisch dargestellt sowie ihre Signifikanz gegenüber dem tabellierten Zufallshöchstwert des Korrelationskoeffizienten r getestet. Der Schnittpunkt des Zufallshöchstwertes mit der Ausgleichskurve gibt die Reichweite der Korrelation an.

Als maximal möglicher Abstand für eine repräsentative Beprobung wird der Schnittpunkt des Zufallshöchstwertes mit dem unteren Vertrauensbereich der Ausgleichsfunktion angegeben.

Soll eine Probennahmestrategie erarbeitet werden, deren Ziel die Untersuchung mehrerer Parameter ist, so muß die multivariate Autokorrelationsanalyse zur Ermittlung des kritischen Probennahmeabstandes angewendet werden. Mit ihrer Hilfe können alle Merkmale eines Datensatzes und deren Wechselwirkungen simultan berücksichtigt werden. Die Grundlagen dieser Methode werden von GEISS et al. (1991) beschrieben.

Eine andere, ebenfalls sehr gut zur Bestimmung des notwendigen Abstandes sowie der erforderlichen Anzahl von Proben geeignete Methode ist die Semivariogrammanalyse.

5.1.3.2 Anwendungsbeispiel

Auf einer landwirtschaftlich genutzten Fläche von 57 000 m² wurden in einem quadratischen Raster Proben aus dem A_p-Horizont (0 - 20 cm) entnommen. Der Abstand der Rasterlinien betrug 25 m, der Abstand zum Feldrand 10 m. Der mit HNO_3 (1.5 mol/l) extrahierbare Anteil an Cd, Cr, Cu, Ni, Pb und Zn wurde atomabsorptionsspektrometrisch bestimmt (MACHELETT et al. 1986; EINAX et al. 1992).

Zu Beginn der Auswertung ist ein Test des Datensatzes auf Normalverteilung, Extremalwerte und Trend erforderlich.

Neben einer Reihe von Verfahren kann der Spannweitentest auf Nicht-Normalität nach DAVID, PEARSON und HARTLEY (SACHS 1992) zur Prüfung der Verteilung der Daten verwendet werden:

$$P = \frac{x_{max} - x_{min}}{s} \tag{7}$$

P: Prüfwert, $x_{max,\, min}$: größter bzw. kleinster Meßwert der Reihe, *s:* Standardabweichung

Erreicht der Prüfwert *P* die tabellierte untere oder obere kritische Schranke, so liegt mit einer vorgegebenen Irrtumswahrscheinlichkeit keine Normalverteilung vor. Die Überschreitung der oberen kritischen Schranke läßt Extremwerte vermuten.

Die Null-Hypothese über Normalverteilung muß im beschriebenen Beispiel nur im Fall des Zn abgelehnt werden.

Zur Prüfung auf Extremwerte kann der Test nach GRAF und HENNING (SACHS 1992) angewendet werden. Er ist verteilungsunabhängig und für umfangreiche Meßserien geeignet. Liegt der verdächtige Wert außerhalb des 4s-Bereiches des Mittelwertes der verbleibenden Punkte, wird er als Ausreißer bezeichnet. Im getesteten Datensatz kann für Cd, Cr, Ni und Pb je ein Ausreißer nachgewiesen werden.

Die zweifache Varianzanalyse mit festen Effekten ist zum Nachweis eines Trends im Datensatz geeignet. Eine Beschreibung der Grundlagen wird von SACHS (1992) gegeben. Mittels Varianzanalyse können statistisch gesicherte Aussagen zur Homogenität der Testfläche erhalten werden (DANZER & MARX 1979). Eine homogene Verteilung liegt vor, wenn die Streuung eines Parameters bezüglich des Probennahmeortes nicht signifikant größer ist als der Fehler des analytischen Prozesses (Probennahme, Aufschluß und Analyse). Sowohl

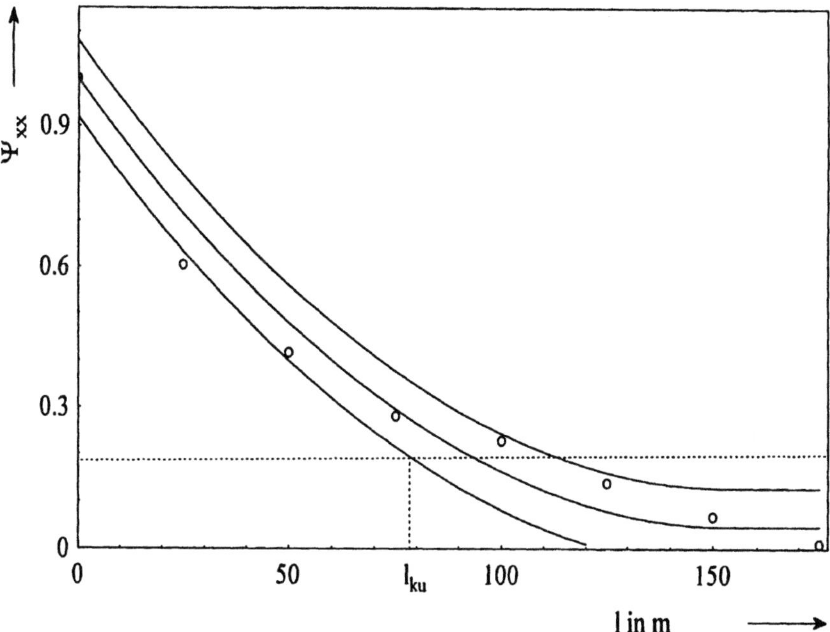

Abb. 5.2. Autokorrelationsfunktion mit Konfidenzintervall ($\alpha = 0.05$) zur Ermittlung des kritischen Probennahmeabstandes l_k für das Schwermetall Cr

Tabelle 5.1. Kritische Probennahmeabstände l_k und entsprechende Werte an der unteren Grenze des Konfidenzintervalls l_{ku} ($\alpha_k = 0.05$) der Autokorrelationsfunktion

Element	l_k in m	l_{ku} in m
Cd	107.1	77.0
Cr	93.0	78.7
Cu	71.8	56.1
Ni	107.2	70.1
Pb	69.1	53.3
Zn	97.6	73.8

in vertikaler als auch in horizontaler Richtung sind die untersuchten Merkmale nicht homogen verteilt.

Nach einer linearen Trendkorrektur der mäanderförmig aufgereihten, autoskalierten Meßwerte kann die Autokorrelationsanalyse durchgeführt werden. Die Autokorrelationsfunktion für das Element Cr und der zugehörige Zufallshöchstwert des Autokorrelationskoeffizienten ist in *Abb. 5.2* dargestellt. Unter Berücksichtigung des Konfidenzintervalles der Funktion wurden die in *Tabelle 5.1* zusammengefaßten kritischen Probennahmeabstände für die untersuchten Schwermetalle ermittelt.

Soll bei einer nachfolgenden Untersuchung der Gehalt nur eines Elementes bestimmt werden, so kann die Entnahme der Proben mit dem für dieses Element ermittelten maximalen Abstand erfolgen. Zur Bestimmung mehrerer Parameter ist das Raster entsprechend des Merkmales mit dem kleinsten notwendigen Probennahmeabstand auszuwählen.

Als Alternative zur besprochenen eindimensionalen kann die zweidimensionale Autokorrelationsanalyse zur Behandlung von Flächendaten angewendet werden (EINAX 1997).

5.1.4 Multivariat-statistische Methoden zur Interpretation von Schadstoffbelastungen kontaminierter Böden

5.1.4.1 Allgemeine Grundlagen von Verfahren der multivariaten Datenanalyse

Zu den Methoden der multivariaten Datenanalyse gehört eine Vielzahl von Methoden, von denen die Clusteranalyse, die Mehrdimensionale Varianz- und Diskriminanzanalyse sowie die Faktorenanalyse kurz vorgestellt werden sollen. Die Leistungsfähigkeit dieser Methoden wird in Punkt 5.1.4.2 an einem Beispiel demonstriert.

Clusteranalyse

Die Clusteranalyse dient der Systematisierung der Objekte bzw. Variablen eines Datensatzes. Dabei werden disjunkte Klassen gebildet, die hinsichtlich der Merkmale, die für jedes Objekt bestimmt wurden, homogen sind. Mit Hilfe hierarchischer Methoden kann eine Folge von Partitionen mit steigenden (divisive Verfahren) oder sinkenden (agglomerative Verfahren) Homogenitätsanforderungen konstruiert werden. Dieses Problem wird durch sukzessive Teilung bzw. Vereinigung der Objekte gelöst.

Die Datenmatrix der autoskalierten Merkmale wird in eine symmetrische Abstandsmatrix umgewandelt. Als Distanzmaß werden im einfachsten Fall EUKLIDsche Abstände benutzt :

$$d(x,y) = \sqrt{\sum_{i=1}^{n} (x_i - y_i)^2} \tag{8}$$

d: EUKLIDscher Abstand des Vektorenpaares ***x, y***

Die paarweise berechneten Abständen können in einer symmetrischen Abstandsmatrix übersichtlich und einfach dargestellt werden.

Bei agglomerativen Verfahren werden die Objekte mit dem kleinsten Abstand zusammengefaßt, die Abstandsmatrix wird nachfolgend aktualisiert und der Zyklus so lange wiederholt, bis alle Objekte zusammengefaßt sind. Die klassischen hierarchischen Verfahren Single Linkage, Complete Linkage, Average Linkage (gewichtet und ungewichtet) sowie Centroid Linkage, Median, die Methode nach WARD und Flexible Strategie unterscheiden sich in der Art der Aktualisierung der Abstandsmatrix. Der Abstand des aus den Objekten A und B gebildeten Clusters AB zu einem nicht zusammengefaßten Objekt C kann aus den ursprünglichen Abständen der Objekte zueinander berechnet werden. Beispielsweise wird die Abstandsmatrix bei Anwendung der Methode nach WARD wie folgt aktualisiert:

$$d([A,B],C) = \frac{(n_c + n_a)d(A,C) + (n_c + n_b)d(B,C) - n_c d(A,B)}{n_a + n_b + n_c} \tag{9}$$

d: Abstand zwischen den jeweiligen Objekten A, B, C bzw. AB, $n_{a,b,c}$: Anzahl der Einzelobjekte im Cluster a, b bzw. c

Mit Hilfe der Methode nach WARD werden die Objekte so zusammengefaßt, daß der Homogenitätsverlust, der durch die Partitionierung entsteht, minimal ist, d. h. es kommt häufig zur Clusterneubildung. Im Gegensatz dazu vereinigt z. B. Single Linkage als raumkontrahierendes Verfahren die Objekte leichter mit bereits bestehenden Clustern.

Das Niveau der Zusammenfassung zweier Objekte ist ein Maß für deren Ähnlichkeit. Die berechnete Hierarchie kann als Dendrogramm graphisch dargestellt werden (s.a. *Abb. 5.4*).

Mehrdimensionale Varianz- und Diskriminanzanalyse

Die Mehrdimensionale Varianzanalyse ist eine Erweiterung der univariaten Varianzanalyse auf die simultane Betrachtung mehrerer Variablen und deren Wechselwirkungen. In Zusammenhang mit der Durchführung einer linearen Diskriminanzanalyse hat die mehrdimensionale Varianzanalyse die Aufgabe, die Beeinflussung der Klassenzugehörigkeit der Objekte durch bestimmte

Merkmale zu untersuchen, die Klassenmittelwerte zu vergleichen, den Informationsgehalt der einzelnen Merkmale zu bestimmen sowie redundante Merkmale auszusondern. Die Grundlagen der Mehrdimensionalen Varianzanalyse sind in der Literatur (z. B. BROSIUS 1989; HENRION & HENRION 1994) ausführlich beschrieben und werden an dieser Stelle nicht näher erläutert.

Die lineare Diskriminanzanalyse gehört zu den klassischen Verfahren der multivariaten Datenanalyse. Ihr Ziel ist das Auffinden optimaler Linearkombinationen der Variablen bei optimaler Separation der vorgegebenen Objektklassen eines Lerndatensatzes. Da die mathematischen Grundlagen ausführlich in der Literatur (LACHENBRUCH 1979; DERDE & MASSART 1982; HENRION & HENRION 1994) beschrieben sind, soll die Methode an dieser Stelle nur kurz beschrieben werden.

Die Methode setzt voraus, daß die Objekte in den einzelnen Klassen multinormal verteilt sind und daß sich die Varianz innerhalb der einzelnen Objektklassen nicht signifikant unterscheidet. Diese Varianz kann mit Hilfe der Varianz-Kovarianz-Matrix bestimmt werden.

Der erste Schritt der linearen Diskriminanzanalyse ist die Reduktion des Merkmalsraumes durch Bildung neuer Variablen, der Diskriminanzfunktionen df_i. Die Zahl der resultierenden Diskriminanzfunktionen ist um eine geringer als die Zahl der vorgegebenen Klassen des Lerndatensatzes.

$$df_i = a_{li} x_i + \ldots + a_{pi} x_p \tag{10}$$

a_i: Gewichte, die die Orientierung der Diskriminanzfunktion df_i im Musterraum angeben, x_p: Variable oder Merkmal, Merkmalsindex $j = 1,...,p$

Die Gewichte werden durch Maximierung des Verhältnisses der Varianz "zwischen den Klassen" zur Varianz "innerhalb der Klassen" so festgelegt, daß die Separation der Klassen am größten wird. Wenn mehr als 2 Klassen vorgegeben werden, können die optimalen Gewichte durch Lösung des Eigenwertproblems bestimmt werden :

$$Ba = \lambda Ta \tag{11}$$

B: Matrix der Varianz zwischen den Klassen, ***T***: Matrix der Gesamtvarianz

Die Lage der Objekte des Lerndatensatzes zu den Diskriminanzfunktionen kann nun nach (10) bestimmt werden.

Als Maß für die Separation der Klassen kann die Summe der Eigenwerte, die durch Lösung des Eigenwertproblems (11)bestimmt wurden, angesehen werden. Je größer diese Summe ist, desto besser ist die Separation.

Die einzelnen Objekte einer Klasse streuen um den Klassenzentroid. Üblicherweise werden um den Zentroid einer Klasse mehrdimensionale Vertrauensbereiche in Form von Streukreisen konstruiert, die als Entscheidungslinie bezüglich der Zuordnung eines Testobjektes zu der betreffenden Klasse gilt :

$$r_l = \sqrt{\frac{t(n-g)(n_l+1)}{n_l(n-g-t+1)} F_{t,n-g-t+1;\alpha}} \qquad (12)$$

r_l: Radius der Klasse l, g: Anzahl der Klassen, Klassenindex $l = 1, ..., g$, t: Anzahl der verwendeten Diskriminanzfunktionen, Index $i = 1, ..., t$, n: Gesamtzahl der Objekte, Objektindex $k = 1, ..., n$

Wenn mehr als 2 Diskriminanzfunktionen zur Klassifikation verwendet werden, können auch Streubereiche oder Klassifikationsfunktionen als Trennkriterien verwendet werden. Die Klassifikationsfunktionen werden so berechnet, daß sie sich genau in der Mitte zwischen den Zentroiden der Klassen befinden.

Die gleichen Gewichte, mit denen aus dem Lerndatensatz die Diskriminanzfunktionen abgeleitet wurden, können zur Klassifikation weiterer, bisher nicht berücksichtigter Objekte benutzt werden.

Faktorenanalyse

Das Ziel der unter dem Begriff Faktorenanalyse zusammengefaßten Verfahren ist die Reduktion einer Vielzahl von Variablen auf wenige hypothetische, linear unabhängige Einflußgrößen, die oft aus der Sachkenntnis des Analytikers bzw. Umweltfachmanns kausal interpretiert werden können. Die so entstandenen Faktoren sollen den größtmöglichen Anteil der Gesamtvarianz des Datensatzes beschreiben. Ihre Zahl ist meist wesentlich geringer als die der ursprünglichen Variablen.

Grundlage des Verfahrens ist das Modell der reduzierten Faktorlösung. Es werden also nicht alle extrahierbaren Faktoren berücksichtigt, sondern nur die k Faktoren mit dem höchsten Beitrag zur gesamten Merkmalsvarianz.

Die standardisierte Datenmatrix $\boldsymbol{X}$ wird in eine reduzierte Faktorladungsmatrix $\boldsymbol{F}$, eine reduzierte Faktorwertematrix $\boldsymbol{A}$ und eine Residualmatrix $\boldsymbol{Q}$ zerlegt:

$$\mathbf{X}_{(m,n)} = \mathbf{F}_{(m,k)} \cdot \mathbf{A}_{(k,n)} + \mathbf{Q}_{(m,n)} \qquad (13)$$

m: Anzahl der Merkmale, n: Anzahl der Objekte, k: Anzahl der Faktoren

Die Faktorladungsmatrix beschreibt den Zusammenhang zwischen den Variablen und den Faktoren. Die Residualmatrix beinhaltet den Anteil der Varianz, der durch die gemeinsamen Faktoren nicht interpretiert werden kann.

Im ersten Schritt der Faktorenanalyse erfolgt die Berechnung der Korrelationsmatrix, im Fall nicht standardisierter Merkmale die der Varianz-Kovarianz-Matrix. Mit Hilfe dieser Matrix wird die Faktorextraktion durchgeführt. Für die Extraktion gemeinsamer Faktoren für stark korrelierte Variablenpaare und die Bestimmung der Faktorladungen stehen mehrere Methoden zur Verfügung.

Die Maximum-Likelihood-Methode liefert effiziente Schätzwerte der Faktorladungen und der Restvarianz. Die Ergebnisse sind vom Maßsystem der Merkmalsvariablen unabhängig, d. h. eine Standardisierung der Merkmale ruft lediglich eine proportionale Änderung der Faktorladungen hervor. Nachteilig ist die langsame Konvergenz dieses iterativen Prozesses.

Die Zentroidmethode ist das älteste Verfahren und beruht auf einfachen Summationen. Sie ist vom Maßsystem nicht unabhängig und somit ist eine Standardisierung der Datenmatrix erforderlich. Die einfach nach der Zentroidmethode zu ermittelnden Schätzwerte der Faktorladungen können der Maximum-Likelihood-Iteration zugrunde gelegt werden, um deren Konvergenz zu beschleunigen.

Die Hauptkomponentenmethode ist ebenfalls nicht unabhängig vom Maßsystem. Die beobachteten Variablen werden als Funktion einer geringen Anzahl hypothetischer Variablen, den Hauptkomponenten, dargestellt. Die Hauptkomponenten werden unter der Bedingung, daß die erste Hauptkomponente den größten Teil der Gesamtvarianz beschreibt, durch lineare Transformation der beobachteten Variablen gefunden. Die folgenden Hauptkomponenten erfassen dann jeweils das Maximum der Restvarianz. Es können so viele Hauptkomponenten extrahiert werden, wie Variable in das Faktormodell aufgenommen werden.

Mathematisch erfolgt die Extraktion der Hauptkomponenten durch Lösung des Eigenwertproblems:

$$\left(\mathbf{R} - \lambda_i \mathbf{E}\right) = \mathbf{0} \tag{14}$$

R: Korrelationskoeffizientenmatrix, ***E***: Einheitsmatrix, λ_i: Eigenwert i

Die Anzahl der verwendeten Faktoren hängt vom Ziel der Analyse ab. In der Regel werden nur solche Faktoren berücksichtigt, deren Eigenwert $\lambda \geq 1$ ist. Der Eigenwert beschreibt den Anteil an der Gesamtvarianz aller Variablen, der durch einen Faktor erklärt wird. Ist der Eigenwert $\lambda < 1$, so beschreibt der Faktor einen kleineren Varianzanteil als durch jede einzelne Variable beschrieben werden könnte.

Während des iterativen Prozesses der Faktorextraktion werden die Kommunalitäten h_i^2 geschätzt. Die Kommunalität ist die Varianz einer Variablen, die durch die extrahierten Faktoren beschrieben wird. Da die Ausgangsdaten autoskaliert wurden, kann sie höchstens den Wert 1 annehmen. Die Kommunalitäten werden während der Faktorenanalyse maximiert und die Residuen gleichzeitig minimiert.

Die extrahierten Faktoren werden anschließend einer - im allgemeinen - orthogonalen Rotation unterzogen. Die Rotation verbessert die Interpretierbarkeit der Faktoren durch Auffinden einer Konfiguration, in der die einzelnen Merkmale möglichst nur durch einen Faktor beschrieben werden, d. h. die Faktorladungen werden in diesem Faktor maximiert und in allen übrigen minimiert. Oft angewendet wird z. B. die Varimax-Rotation.

Abschließend werden die Faktorwerte geschätzt, die die Lage der Objekte im Faktorraum angeben. Als Methoden werden z. B. die Regressions- und die BARTLETT-Methode angewendet. Beide Schätzmethoden führen bei Verwendung der Hauptkomponentenmethode zu gleichen Ergebnissen.

Die mathematischen Algorithmen der Faktorenanalyse sind ausführlich in der entsprechenden Literatur dargestellt (WEBER 1986; BROSIUS 1989; MALINOWSKI 1991).

5.1.4.2 Anwendungsbeispiel

In der Kupfer- und Silberhütte Hettstedt (Sachsen-Anhalt) wurden über mehrere Jahrzehnte Kupfererze verhüttet. Die damit verbundenen Emissionen schwermetallhaltiger Stäube führten zu einer Belastung des Bodens in umliegenden Gebieten (KRIEG & EINAX 1994a, b).

In der Nähe des Emittenten wurde das Profil eines Auenlehmbodens in 5-cm-Intervallen bis zu einer Tiefe von 75 cm beprobt. Die mit Königswasser extrahierbaren Gehalte der Proben an Ba, Ca, Cr, Cu, Fe, Mg, Mn, Na, Ni, Pb, Sr und Zn wurden mittels ICP-OES und As mit Hydrid-AAS analysiert. Der

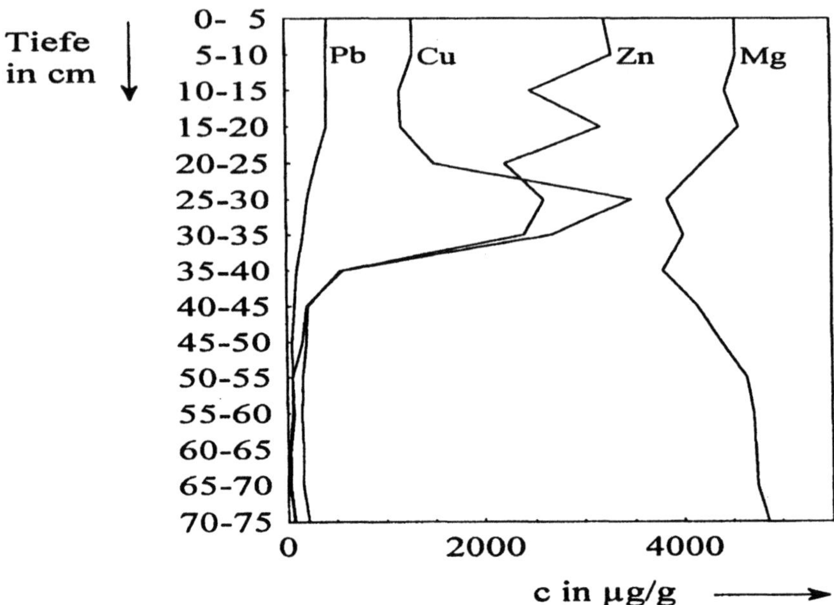

Abb. 5.3. Konzentration ausgewählter Metalle als Funktion der Tiefe im Bodenprofil Hettstedt

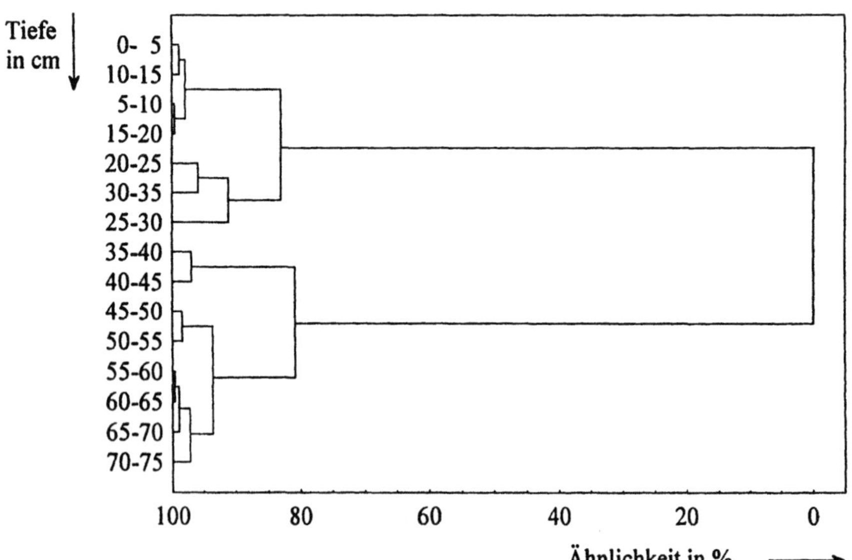

Abb. 5.4. Dendrogramm der hierarchischen agglomerativen Clusteranalyse nach WARD

Boden-pH-Wert wurde in einer wäßrigen Aufschlämmung (RUMP 1992) und der Kohlenstoffgehalt der Proben elementaranalytisch ermittelt. Außerdem wurden die Gehalte der Bodenmatrix an Ton, Feldspat und Sulfat durch Fouriertransform-Infrarot-Spektrometrie (HOBERT et al. 1993) bestimmt.

In *Abb. 5.3* sind die Gehalte ausgewählter Metalle in Abhängigkeit von der Entnahmetiefe der Proben dargestellt. Es treten teilweise ausgeprägte Konzentrationsänderungen auf. Es ist jedoch nicht möglich, Zusammenhänge zwischen einzelnen Merkmalen zu erkennen. Aus diesem Grunde ist es sinnvoll, Methoden der multivariaten Datenanalyse anzuwenden.

Mit Hilfe der hierarchischen agglomerativen Clusteranalyse nach WARD konnten die Bodenschichten nach ihrem Schadstoffgehalt systematisiert werden. Im Dendrogramm (*Abb. 5.4*) sind 2 relativ stabile Cluster erkennbar, die die oberen Bodenschichten von den unteren deutlich trennen. Im ersten Cluster sind die Proben aus 0 - 35 cm Tiefe mit hohen Gehalten an Cu, Zn und Pb vereint, im zweiten die unbelasteten Proben aus 35 - 75 cm Tiefe. Beide Cluster zeigen auf einem Ähnlichkeitsniveau von 85 % eine weitere Unterteilung entsprechend der Entnahmetiefe der Proben.

Zur Überprüfung der Systematisierung der Proben durch die Clusteranalyse kann die Mehrdimensionale Varianz- und Diskriminanzanalyse angewendet werden. Die Klasseneinteilung wird entsprechend der 4 Cluster vorgenommen. In *Abb. 5.5* sind die reklassifizierten Objekte in der Ebene der ersten beiden Diskriminanzfunktionen dargestellt. Die Abbildung zeigt eine deutliche Separation der einzelnen Klassen, d. h. die im Datensatz enthaltene Information wird durch die gewählten Diskriminanzfunktionen hinreichend beschrieben. Die Objekte wurden zu 100 % richtig reklassifiziert. Dieses Ergebnis bestätigt die Einteilung des untersuchten Tiefenprofiles in 4 Belastungshorizonte :

0 - 20 cm	Oberboden mit hoher Belastung an Cu, Zn und Pb
20 - 35 cm	Horizont mit extremer Cu-Belastung und abnehmendem Gehalt anderer Schwermetalle
35 - 45 cm	Horizont mit stark abnehmenden Schwermetallgehalten
45 - 75 cm	Unterboden mit geogen determiniertem Schwermetallgehalt

Die ermittelten trennenden Merkmale sind Cu, Pb, C und Ton. Die Zuordnung neuer Objekte in das 4-Klassen-Modell ist anhand dieser 4 Merkmale möglich. Der analytische Aufwand kann somit beträchtlich vermindert werden.

Nachdem die Objekte mit Hilfe der Clusteranalyse und der mehrdimensionalen Varianz- und Diskriminanzanalyse systematisiert werden konnten, ist auch die Suche nach gemeinsamen Merkmalskomplexen, z. B. Eintragspfaden, Transportmechanismen oder Bindungsformen im Boden, von Interesse. Zur Lösung dieses Problems kann die Faktorenanalyse eingesetzt werden.

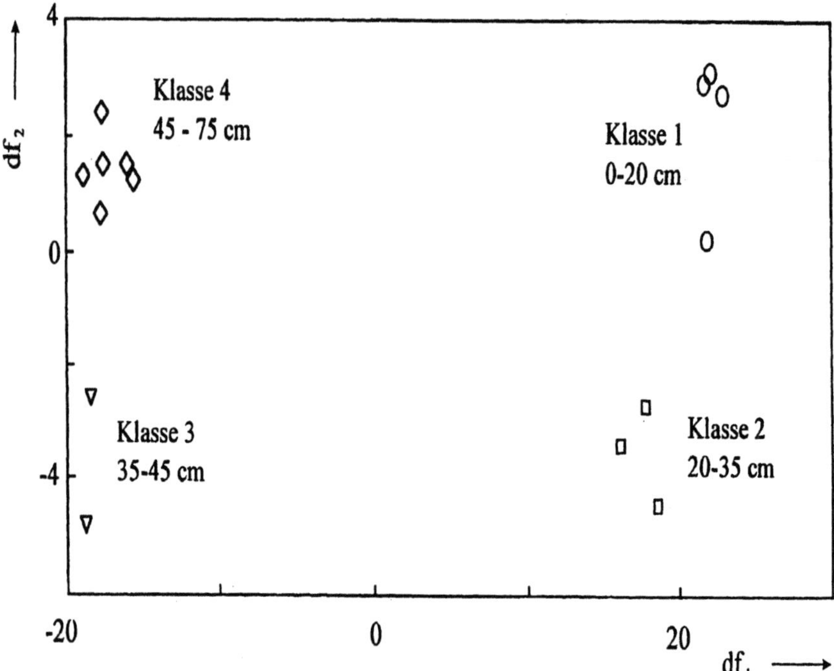

Abb. 5.5. Reklassifizierte Objekte der Klassen 1 - 4 in der Ebene der 2 trennstärksten Diskriminanzfunktionen df_1 und df_2

Mit Hilfe einer reduzierten faktoranalytischen Lösung können 3 Faktoren extrahiert werden, die insgesamt 93,4 % der gemeinsamen Varianz des Originaldatensatzes beschreiben. Die Faktorladungsmatrix ist in *Tabelle 5.2* dargestellt.

Der erste Faktor beschreibt im wesentlichen den anthropogenen Eintrag der Schwermetalle Cu, Pb und Zn sowie ihre Fixierung an organische Bestandteile des Bodens. Relativ hohe Ladungen der Parameter Ca und pH weisen auf die Emission Ca-haltiger Stäube hin (UMWELTBUNDESAMT 1992). Der Zusammenhang zwischen hohen pH-Werten und hohen Anteilen organischer Bodensubstanz läßt erwarten, daß die Schwermetalle in wenig mobilisierbaren Formen vorliegen (UMWELTBUNDESAMT 1992), d. h. das aktuelle ökotoxikologische Potential der Schwermetalle ist relativ gering.

Im zweiten gemeinsamen Faktor sind Cr, Fe, Mg, Na, Ni, und Ton hoch geladen. Dieser Faktor resultiert aus der Migration der Tonminerale in tiefere Bodenschichten.

Der dritte Faktor, mit einem nur geringen Anteil an der erklärten Gesamtvarianz, wird durch merkmalseigene Varianzen der Metalle Na und Sr bestimmt.

Tabelle 5.2. Faktorladungsmatrix des Bodentiefenprofils Hettstedt (zur besseren Übersicht wurden die Faktorladungen <0,5 nicht berücksichtigt)

Merkmal	Faktor 1	Faktor 2	Faktor 3
Zn	0,93		
Pb	0,92		
As	0,91		
C	0,91		
Ca	0,79		
pH	0,64		-0,61
Feldspat	0,60		
Cu	0,56		
Mn	-0,84		
Ba	-0,84		
Ton	-0,70	0,61	
Fe	-0,69	0,70	
Cr		0,85	
Mg		0,82	
Ni		0,81	
Na		0,64	0,67
Sr			0,94
Varianzanteil in %	69,8	16,8	6,9

5.1.5 Geostatistische Methoden zur Belastungscharakterisierung kontaminierter Gebiete

5.1.5.1 Theorie der geostatistischen Methoden

Die Geostatistik, auch als Theorie der regionalisierten Variablen bezeichnet, ist ein Verfahren zur Analyse räumlich oder zeitlich korrelierter Daten. Sie beruht auf der Anwendung der Formalismen von Zufallsfunktionen auf natürliche Phänomene.

Eine regionalisierte, d. h. ortsabhängige Variable $z(x)$ besteht aus einem Satz von Werten, die sich an jedem Ort eines Raumes stochastisch oder kontinuierlich ändern können. Es ist deshalb nicht möglich, die regionalisierte Variable durch eine einfache mathematische Funktion zu beschreiben. Sie wird aus diesem Grunde als Realisierung einer Zufallsfunktion *Z(x)* betrachtet. In der Praxis bilden also die untersuchten Proben die regionalisierte Variable und sind eine Realisierung der Zufallsfunktion. Der Vorteil ist, daß nunmehr nur die Zufallsfunktion *Z(x)* und nicht eine bestimmte regionalisierte Variable *z(x)* charakterisiert werden muß.

Semivariogrammanalyse

Die Veränderlichkeit einer regionalisierten Variablen wird durch die Variabilität der Merkmale im Raum bestimmt. Das Maß für die Variabilität ist der Semivariogrammwert γ als halbe quadrierte Differenz zweier Werte

$$\gamma(h_{i,j}) = \tfrac{1}{2}[z(x_i) - z(x_i + h_{i,j}]^2 \tag{15}$$

$h_{i,j}$: Abstand der Punkte x_j und x_i

Die Semivariogrammwerte werden in Abstandsklassen eingeteilt und ihr Mittelwert, die Semivarianz $\gamma(h)$, wird im Semivariogramm als Funktion des Abstandes *h* graphisch dargestellt (s. *Abb. 5.6a*).

$$\gamma(h) = \frac{1}{2n(h)} \sum_{i=1}^{n-h} [z(x_i) - z(x_i + h)] \tag{16}$$

n: Anzahl der Punktepaare in einer Abstandsklasse

In der Fachliteratur wird das Semivariogramm $\gamma(h)$ mitunter auch als Variogramm bezeichnet, wobei jedoch inhaltlich eindeutig vom Variogramm $2\gamma(h)$ unterschieden werden muß (AKIN & SIEMES 1988).

Semivariogramme können für beliebige Raumrichtungen berechnet werden. Ein Vorteil der Semivariogrammanalyse ist, daß die Punkte nicht regelmäßig verteilt sein müssen. Das ist besonders für Bodenuntersuchungen von Bedeutung, da in der Praxis die Probennahme in Form eines Rasters nicht immer realisiert werden kann. Häufig sind einige Rasterpunkte geographisch ungünstig gelegen (z. B. innerhalb von Gewässern oder Gebäuden), oder sie sind für das zu untersuchende Objekt nicht repräsentativ (z. B. Straßengräben). Es können für den Abstand und die Richtung Toleranzbereiche vereinbart werden.

Für die weitere geostatistische Analyse ist es notwendig, den berechneten Semivariogrammpunkten eine theoretische Semivariogrammfunktion anzupassen. Sie soll die Semivariogrammwerte mit möglichst kleinem Fehler beschreiben. Die Anpassung kann empirisch oder nach mathematischen Algo-

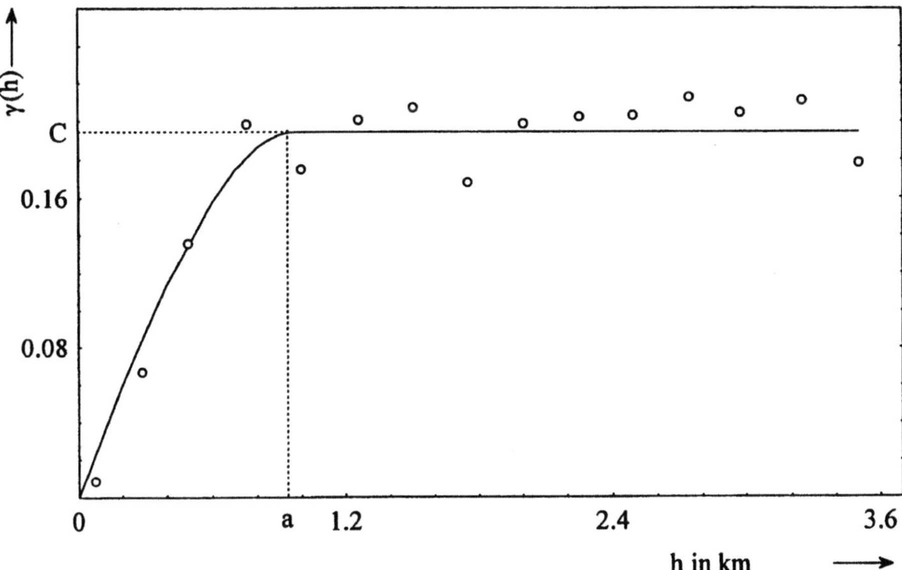

Abb. 5.6a. Experimentelles Semivariogramm für Nickel (C = 0.19, a = 0.96)im Untersuchungsgebiet Unterwellenborn

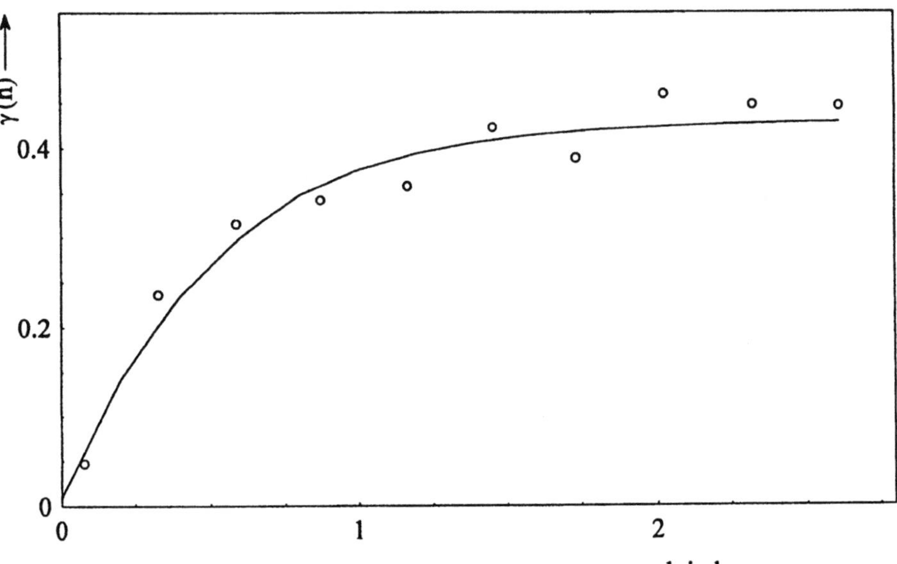

Abb. 5.6b. Experimentelles Semivariogramm für Blei (C_0 = 0.01, C = 0.42, $3a$ = 1.47) im Untersuchungsgebiet Unterwellenborn

rithmen, z. B. "Weighted Least Squares Fitting" (CRESSIE 1985) oder Integration des Semivariogrammes (DELAY & DE MARSILY 1994), erfolgen. Dabei ist zu beachten, daß die Anzahl der Punktepaare, die den Semivariogrammwerten zugrunde liegt, mit dem Abstand abnimmt, d. h. den ersten Semivariogrammwerten kommt ein größeres Gewicht zu.

Die angepaßte theoretische Semivariogrammfunktion beinhaltet Informationen über die Struktur der untersuchten Punkte. So nimmt die Semivarianz in der Regel mit steigendem Abstand der Punkte zu, was bedeutet, daß Punkte mit geringer Entfernung einander ähnlicher sind als solche mit größerem Abstand. In einer bestimmten Entfernung, der Reichweite *a*, erreicht die Semivarianz einen Grenzwert, den Schwellenwert *C*, um den nachfolgende Semivariogrammwerte streuen. Punkte, deren Abstand kleiner als die Reichweite ist, sind miteinander korreliert. Funktionen, die diesen Semivariogrammtyp beschreiben, sind z. B. das sphärische Modell

$$\gamma(h) = C\left(\frac{3h}{2a} - \frac{h^3}{2a^3}\right) \quad \text{für } h < a$$

$$\gamma(h) = C \qquad \text{für } h \geq a \tag{17}$$

und das exponentielle Modell

$$\gamma(h) = C\left(1 - \exp^{-h/a}\right) \qquad \text{für } h \geq a. \tag{18}$$

Einige Semivariogramme erreichen keinen Schwellenwert. Das kann bedeuten, daß die Reichweite der räumlichen Struktur größer als das untersuchte Gebiet ist. Als Funktion eignet sich ein lineares Modell mit dem Anstieg *b*:

$$\gamma(h) = b \cdot h \tag{19}$$

Des weiteren können die Semivariogrammwerte stochastisch um den Schwellenwert streuen. Das kann bedeuten, der Abstand der Probennahmepunkte ist größer als die Reichweite der Struktur, oder es ist keine räumliche Struktur vorhanden.

Alle erwähnten Modelle können die Semivarianzachse in der Höhe C_0, dem Nuggeteffekt, schneiden. Der Nuggeteffekt beschreibt alle nicht auflösbaren Varianzen am Ort der Probennahme, z. B. Mikroinhomogenitäten des Bodens (vgl. auch *Abb. 5.6b*).

Mit Hilfe des Semivariogrammes kann neben strukturellen Eigenschaften des Datensatzes auch der maximale Probennahmeabstand bestimmt werden. Er gibt an, welchen Abstand Probennahmepunkte besitzen müssen, damit eine geostatistische Analyse noch durchgeführt werden kann. In Lehrbüchern wird als maximaler Probennahmeabstand der Wert 2/3 *a* benutzt.

Kriging-Verfahren

Der zweite Schritt der geostatistischen Datenanalyse ist das Kriging-Verfahren. Es ist eine Methode zur optimalen und verzerrungsfreien Schätzung regionalisierter Variablen unter Berücksichtigung des Ausgangsdatensatzes sowie der strukturellen Eigenschaften des Semivariogrammes. Prinzipiell kann jeder Punkt im Raum geschätzt werden, dessen Abstand zu Nachbarpunkten durch das Semivariogramm definiert ist.

Grundlage des Kriging-Verfahrens ist eine Moving-Average-Interpolation, bei der Nachbarpunkte mit optimierten Gewichten in die Berechnung eingehen. Zu jedem geschätzten Punkt kann ein Schätzfehler angegeben werden.

Der unbekannte Wert $z(x_0)$ kann durch eine Linearkombination von n Nachbarpunkten an den Orten x_i mit den Gewichten λ_i geschätzt werden :

Es gilt folgende Normierung der Gewichte λ_i:

$$z^*(x_0) = \sum_{i=1}^{n} \lambda_i z(x_i) \tag{20}$$

$$\sum_{i=1}^{n} \lambda_i = 1 \tag{21}$$

Folglich ist der Mittelwert der Differenzen zwischen den wahren Werten $z(x_0)$ und den zugehörigen Schätzwerten $z^*(x_0)$ Null und die Schätzung unverzerrt. Die Gewichte werden so festgelegt, daß die Schätzvarianz σ_K^2, auch Kriging-Varianz genannt, minimal wird. Dieses Optimierungsproblem kann mit Hilfe des Semivariogrammes als Varianzfunktion und durch Einführung des Lagrange-Multiplikators μ gelöst werden. Das erhaltene Kriging-Systems mit n +1 Gleichungen ist für alle λ_i lösbar:

Bei Punktschätzungen ist die zugehörige Kriging-Varianz:

$$\sum_{j=1}^{n} \lambda_i \gamma(x_i - x_j) + \mu = \gamma(x_i - x_0) \tag{22}$$

$$\sigma_K^2 = \sum_{i=1}^{n} \lambda_i \gamma(x_i - x_0) + \mu \tag{23}$$

Die Anzahl der Schätzwerte für ein untersuchtes Areal ist meist sehr groß. Aus diesem Grunde ist eine graphische Präsentation der Ergebnisse als Isolinien- oder Oberflächendarstellung zu empfehlen.

Geostatistische Methoden sind, wie nachfolgend am Beispiel einer Bodenkontamination gezeigt wird, für die Auswertung flächenhafter Untersuchungen gut geeignet. Mit Hilfe einer ausreichenden Anzahl von Stichproben können nicht beprobte Punkte geschätzt und die Ausdehnung der belasteten Fläche ermittelt werden.

5.1.5.2 Anwendungsbeispiel

Die Maxhütte Unterwellenborn war eines der größten metallurgischen Werke Thüringens. Jahrzehntelange Staubemissionen der Maxhütte und eines nahegelegenen Zementwerkes führten zur Anreicherung von Metallen im Oberboden (KRIEG & EINAX 1994a, b; EINAX & SOLDT 1995). Zur Charakterisierung der Belastung wurden einer Fläche von 18 km² 62 unregelmäßig verteilte Bodenproben aus 0 - 20 cm Tiefe entnommen und die Gehalte an königswasserlöslichen Schwermetallen sowie an Na, K, Mg und Ca atomspektrometrisch bestimmt.

Die geostatistische Auswertung für die Elemente Nickel und Blei soll nachfolgend dargestellt werden.

Tabelle 5.3. Unzulässig hoch belastete Flächen im Untersuchungsgebiet Unterwellenborn

Element	Grenzwert gem. §4 Abs. 8 AbfKlärV inmg/g	Belastete Fläche in km²
Cd	1,5	10,5
Cr	100	4,0
Cu	60	16,8
Ni	50	8,1
Pb	100	15,8
Zn	200	12,8

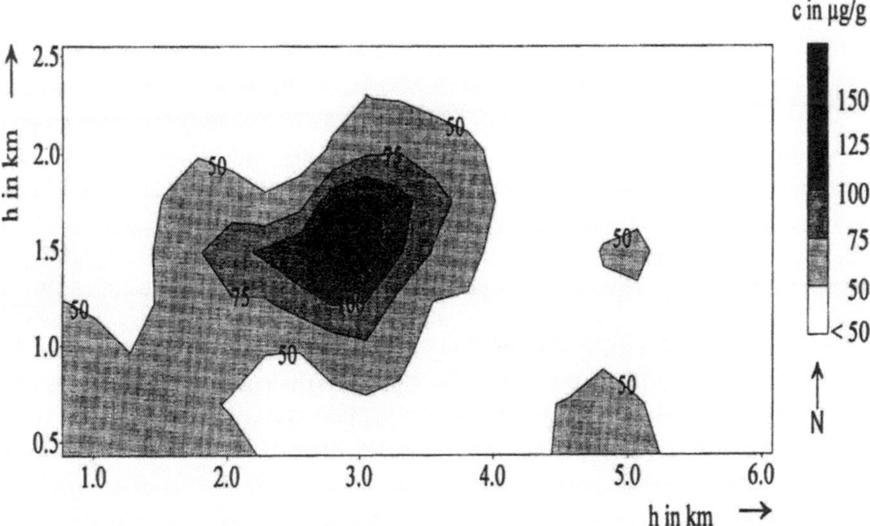

Abb. 5.7a. Isoliniendarstellung der rücktransformierten Kriging-Schätzwerte für Nickel

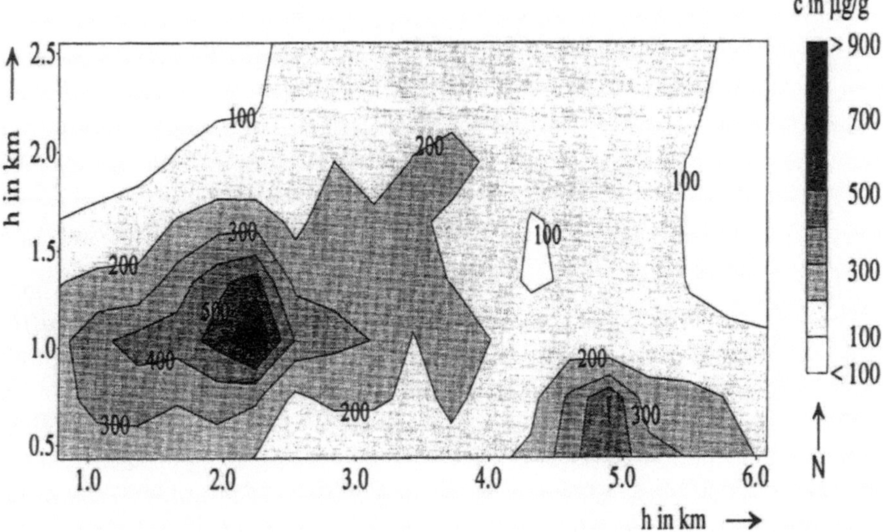

Abb. 5.7b. Isoliniendarstellung der rücktransformierten Kriging-Schätzwerte für Blei

Die Anpassung der Meßwerte an eine erwartete Normalverteilung, die Voraussetzung für die sinnvolle Anwendbarkeit geostatistischer Methoden ist, wurde mit Hilfe des KOLMOGOROFF-SMIRNOFF-Tests (SACHS 1992) überprüft. Die Testhypothese muß abgelehnt werden. Nach einer logarithmischen Transformation der Meßwerte wird die Testhypothese nicht mehr abgelehnt. Folglich wird die geostatistische Analyse mit den transformierten Daten durchgeführt.

Im ersten Schritt wurden die Semivariogrammwerte für Nickel und Blei berechnet und die Güte der daran angepaßten Semivariogrammfunktionen mathematisch überprüft. Die Semivariogramme beider Elemente sind in Abb. 5.6 dargestellt. Das sphärische Modell des Nickelsemivariogrammes besitzt eine definierte Reichweite a. In Gegensatz dazu konvergiert die exponentielle Funktion im Fall des Elementes Blei gegen den Schwellenwert, d. h. das Modell besitzt keine Reichweite. Der lineare Anstieg des ersten Teiles der exponentiellen Funktion schneidet den Schwellenwert C im Punkt $h/a = 1$. Häufig wird der so zu ermittelnde Wert $3 \cdot a$, bei dem 95 % des Schwellenwertes erreicht sind, als Reichweite angegeben (AKIN & SIEMES 1988). Wird als optimale Semivariogrammfunktion ein exponentielles Modell ermittelt, ist eine komplexe Struktur der Daten zu vermuten.

Mit Hilfe der Semivariogrammfunktionen kann die Kriging-Schätzung durchgeführt werden. Die erhaltenen Schätzwerte werden rücktransformiert und als Isolinien dargestellt (*Abb. 5.7*). Durch die Transformation der Ausgangswerte ist die Schätzung nicht linear. Das bedeutet, daß die Schätzwerte nach (20) gewichtete Mediane und keine gewichteten Mittelwerte sind. Die Rücktransformation zu Mittelwerten erfolgt nach einem komplizierten mathematischen Algorithmus (GILBERT & SIMPSON 1985).

Die Kriging-Schätzung ermöglicht eine detaillierte Interpretation der Meßwerte und die Angabe der Ausdehnung und Höhe der Belastung. Die Isoliniendarstellung für Nickel zeigt ein Konzentrationsmaximum um die Maxhütte, die in der Mitte des untersuchten Gebietes liegt. Die Nickelemission resultiert v. a. aus der Schrottverhüttung.

Für Blei können 2 lokale Maxima nachgewiesen werden. Das "Hauptmaximum" befindet sich im Gebiet der Schlackenhalden im südwestlichen Teil der Hütte. Das zweite Maximum im Südosten wird durch einen alten Eisenbahndamm hervorgerufen, der mit Schlacke aufgeschüttet wurde.

Die Ergebnisse der Belastungsabschätzung für einige ausgewählte Schwermetalle sind in *Tabelle 5.3* zusammengefaßt. Zur Ermittlung der Größe der belasteten Fläche werden alle Punkte herangezogen, deren Kriging-Schätzwerte größer als der entsprechende Grenzwert nach § 4 Abs. 8 der Klärschlammverordnung (KLÄRSCHLAMMVERORDNUNG 1992) sind.

Die dargestellten Ergebnisse zeigen, daß mit Hilfe geostatistischer Verfahren räumliche Strukturen in Datensätzen nachgewiesen werden können. Der wohl größte Vorteil des Kriging-Verfahrens ist die Ermittlung von Vertrauensgrenzen für nicht beprobte Punkte über die Kriging-Varianz. Außerdem können sowohl die Ausdehnung belasteter Flächen und als auch der Grad der Belastung angegeben werden.

5.1.6 Homogenitätsprüfung als Alternative zur Modellierung der Schadstoffverteilung

5.1.6.1 Statistische Verfahren zur Homogenitätsprüfung

Das Ziel der in den Punkten 5.1.2 - 5.1.4 angewendeten Verfahren der Datenanalyse ist die Aufdeckung der räumlichen Strukturen eines Datensatzes sowie der Zusammenhänge zwischen den untersuchten Merkmalen. Konnte mit Hilfe dieser Methoden keine Struktur nachgewiesen werden, ist eine weitgehend homogene Verteilung der Merkmale im beprobten Areal zu vermuten.

Es gibt mehrere Verfahren, die Homogenität eines Datensatzes zu prüfen. Im einfachsten Fall werden die Proben entlang einer Linie (z. B. Katena oder Bohrkern) entnommen. Die Homogenität des Datensatzes oder eines Teiles desselben kann mittels Trendtest überprüft werden. Der verteilungsunabhängige Phasenhäufigkeitstest nach WALLIS und MOORE (SACHS 1992) kann zur Prüfung der Abweichung einer Meßreihe von n Gliedern ($n > 10$) von der Zufälligkeit eingesetzt werden. Zunächst werden die Differenzen ($x_{i+1} - x_i$) benachbarter Meßwerte gebildet. Die Vorzeichen dieser Differenzen werden als Phase h bezeichnet, wobei aufeinanderfolgende Differenzen mit gleichen Vorzeichen zu einer Phase zusammengefaßt und die erste und letzte Phase weggelassen werden. Soll die Prüfhypothese der Zufälligkeit der Meßreihe nicht abgelehnt werden, muß die Prüfgröße P annähernd standardnormalverteilt sein ($P \leq P_{\alpha = 0.05}$).

$$\hat{P} = \frac{\left| h - \frac{2n-7}{3} \right| - 0{,}5}{\sqrt{\frac{16n-29}{90}}} \tag{24}$$

h: Anzahl der Phasen
Für $n > 30$ kann der Kontinuitätskorrekturfaktor 0,5 entfallen.

Werden aus einer Fläche rasterförmig Proben entnommen, können Trends, die ein Ausdruck für die Inhomogenität dieser Fläche sind, entlang der Zeilen und Spalten des Datensatzes mit Hilfe der zweifachen Varianzanalyse nachgewiesen werden (s. a. Punkt 5.1.2).

Sind die Proben hingegen unregelmäßig verteilt, bietet die Anwendung des varianzanalytischen Vergleiches mehrerer Mittelwerte (SACHS 1992) einen

Ausweg aus der Problematik. Die Fläche wird dazu in mehrere Segmente unterteilt. Für jede der k Stichprobengruppen wird der Mittelwert x_i der enthaltenen n_i Punkte gebildet und anschließend der Quotient der Varianzen zwischen und innerhalb der Stichprobengruppen mit dem kritischen Wert der F-Verteilung verglichen :

$$\hat{F} = \frac{s^2_{\text{zwischen}}}{s^2_{\text{innerhalb}}} = \frac{\frac{1}{k-1}\sum_{i=1}^{k} n_i(\overline{x}_i - \overline{x})^2}{\frac{1}{n-k}\sum_{i=1}^{k} s_i^2(n_i - 1)} \tag{25}$$

x: Gesamtmittelwert, n: Gesamtzahl der Stichproben, s_i^2: Varianz der Stichproben in Gruppe i

Ist **F** > $F_{(k-1,\, n-k;\, \alpha)}$, gilt die Prüfhypothese gleicher Mittelwerte als abgelehnt. Mindestens 2 der getesteten Mittelwerte sind signifikant verschieden. Die Verteilung der Meßwerte ist demnach heterogen.

5.1.6.2 Anwendungsbeispiel

Zur Charakterisierung einer Abraumhalde im Uranerzbergbaurevier Ronneburg wurden der Haldenoberfläche auf einem Areal von ca. 1 km² 34 unregelmäßig verteilte Proben entnommen. Außerdem wurde ein Tiefenprofil von 24 m Länge in annähernd äquidistanten Abständen untersucht. Die Gehalte verschiedener Radionuklide wurden gammaspektrometrisch bestimmt.

Weder mit geostatistischen noch mit multivariat-statistischen Methoden konnte eine Struktur in den Datensätzen nachgewiesen werden. Als Alternative dazu werden Methoden der Homogenitätsprüfung angewendet.

Mit Hilfe des Phasenhäufigkeitstestes nach WALLIS und MOORE (24) konnte für alle im Bohrkern bestimmten Radionuklide eine homogene Verteilung nachgewiesen werden.

Die Verteilung der Oberflächenproben wurde mit Hilfe des varianzanalytischen Vergleiches mehrerer Mittelwerte geprüft. Die beprobte Fläche wurde in 3, 6 bzw. 9 Segmente geteilt. Die Ergebnisse des Testes sind für ausgewählte Radionuklide in *Tabelle 5.4* zusammengestellt. Die Mehrzahl der Radionuklide ist auf der Oberfläche der Halde homogen verteilt. Die inhomogene Verteilung des Nuklides ^{137}Cs ist in seiner Herkunft begründet. ^{137}Cs ist kein Produkt einer natürlichen Zerfallsreihe, sondern resultiert aus dem Beschuß des Nuklides ^{235}U mit thermischen Neutronen. Seine Quelle ist somit nicht der Uranbergbau.

Tabelle 5.4. Ergebnisse des varianzanalytischen Vergleichs mehrerer Mittelwerte

Nuklid	3 Gruppen	6 Gruppen	9 Gruppen
^{238}U	Homogen	Homogen	Homogen
^{230}Th	Homogen	Homogen	Homogen
^{235}U	Homogen	Homogen	Homogen
^{219}Rn	Homogen	Homogen	Homogen
^{228}Ac	Homogen	Homogen	Homogen
^{208}Tl	Homogen	Homogen	Homogen
^{40}K	Homogen	Homogen	Homogen
^{137}Cs	Inhomogen	Homogen	Inhomogen

Kann für ein untersuchtes Areal eine homogene Verteilung der Merkmale nachgewiesen werden, so ist es möglich, den Probennahmeaufwand für weitere Untersuchungen zu vermindern. Die Charakterisierung derartiger Belastungen ist mit Hilfe entnommener Mischproben möglich.

5.1.7 Vergleichende Wertung und Schlußfolgerungen

Schadstoffgehalte in Umweltkompartimenten, und das gilt natürlich auch für Schadstoffe in Böden, weisen i. allg. recht hohe Variabilitäten auf, die wesentlich sowohl durch deren inhomogene Verteilung als auch durch zufällige Fehler im analytischen Prozeß verursacht werden. Zur Auswertung von Umweltdaten empfiehlt es sich deshalb, statistische Methoden heranzuziehen. Der komplizierte, oft vieldimensionale Charakter derartiger Untersuchungsergebnisse macht es notwendig, zur umfassenden Aus- und Bewertung sowie Interpretation nicht nur herkömmliche univariat-statistische Methoden zu nutzen, sondern komplexere Methoden der Datenanalyse anzuwenden. Es wird an ausgewählten Beispielen der Belastung der Pedosphäre gezeigt, daß sowohl Methoden der multivariaten Datenanalyse als auch geostatistische Methoden nutzbringend zur Auswertung herangezogen werden können.

Wurden mehrere Schadstoffe im Boden an verschiedenen Probennahmestellen analysiert, ermöglichen es Methoden der multivariaten Datenanalyse - unter simultaner Berücksichtigung der Information des gesamten Datensatzes - die komplexen Verhältnisse sowohl übersichtlich als auch oft interpretierbar darzustellen. Mittels Clusteranalyse können verschieden belastete Areale bzw. Bodenhorizonte identifiziert werden. Die Mehrdimensionale Varianz- und Diskriminanzanalyse ermöglicht es, die Existenz unterschiedlich belasteter Bodenareale, die aus Kenntnis der Emissionssituation und der konkreten territorialen Situation bzw. aus dem Ergebnis der Clusteranalyse vermutet werden, zu bestätigen. Faktorenanalytische Lösungen gestatten es, sowohl Belastungsmuster (und damit Eintragsquellen) zu identifizieren als auch Aussagen zu chemischen Prozessen bzw. Transportvorgängen zu treffen.

Liegen Schadstoffgehalte vor, die an verschiedenen Stellen eines Untersuchungsgebietes gemessen wurden, empfiehlt sich die Anwendung geostatistischer Methoden zu deren Auswertung. Mit Hilfe der Semivariogrammanalyse wird der räumliche Zusammenhang zwischen den Gehalten an den verschiedenen Probennahmestellen quantitativ beschrieben. Es werden Aussagen über den maximal möglichen Probennahmeabstand zur repräsentativen Belastungseinschätzung im untersuchten Areal und zur Iso- bzw. Anisotropie der Schadstoffverteilung erhalten. Mit Hilfe des Kriging-Verfahrens als einer Methode zur räumlichen Glättung und Interpolation streuender Belastungsdaten ist es möglich, zufallsfehlerbereinigte räumliche Schätzungen von Belastungsdaten zu erhalten. Aus den entsprechenden Isoliniendarstellungen können unmittelbar sowohl die Höhe der jeweiligen Schadstoffbelastung als auch - bei Zugrundelegung des für den einzelnen Schadstoff geltenden Grenzwertes - das unzulässig hoch belastete Areal ermittelt werden, so daß aus diesen Ergebnissen eventuell erforderliche Sanierungsmaßnahmen direkt abgeleitet werden können.

Ist die Zahl der entnommenen Proben klein bzw. liegen keine definierten Eintragsquellen im Untersuchungsgebiet vor, liefert weder die Anwendung von Methoden der multivariaten Datenanalyse noch von Methoden der Geostatistik sinnvolle und interpretierbare Lösungen. In diesem Falle empfiehlt sich die Nutzung von Methoden der Homogenitätsprüfung. Im Falle einer homogenen Verteilung der Schadstoffe läßt sich eine Einschätzung der Belastungssituation vereinfacht über die Entnahme von Mischproben durchführen. Bei heterogener Schadstoffverteilung ist eine wiederholende Probennahme in einem engeren Probennahmeraster erforderlich.

Zusammenfassend kann folgendes Fazit gezogen werden :

- Methoden der Korrelations- bzw. der Semivariogrammanalyse können angewendet werden, um den Probennahmeabstand für eine repräsentative Belastungscharakterisierung zu ermitteln.
- Die Anwendung von Methoden der multivariaten Datenanalyse ermöglicht sowohl die übersichtliche Darstellung komplexer Untersuchungsergebnisse als auch die Identifizierung von Schadstoffmustern. Rückschlüsse auf Emittenten und Mechanismen im untersuchten Umweltmedium sind möglich.
- Mit Hilfe geostatistischer Methoden können die Höhe der Schadstoffbelastung und deren räumliche Ausdehnung ermittelt werden.

- Methoden der Homogenitätsprüfung lassen sich als ergänzende Auswertungsmöglichkeit heranziehen, um summarische Aussagen zum Charakter der räumlichen Schadstoffverteilung zu erhalten.
- Vor Beginn einer umfassenden Datenanalyse sollten natürlich alle Möglichkeiten der herkömmlichen univariat-statistischen Auswertung ausgeschöpft werden. Deren Ergebnisse liefern oft wichtige Aussagen für die weiteren Schritte einer vertiefenden datenanalytischen Auswertung.
- Um einerseits die aufwendig gewonnenen Umweltdaten umfassend auswerten zu können und andererseits Fehlinterpretationen zu vermeiden, ist eine enge interdisziplinäre Zusammenarbeit zwischen Umweltfachmann, Analytiker und Chemometriker unabdingbar. Diese Zusammenarbeit sollte bereits bei der Umsetzung der Problemstellung in die Probennahmestrategie beginnen.

Danksagung
Den Herren Dr. Bernhard und Dr. Geipel (Institut für Radiochemie des Forschungszentrums Rossendorf e. V.) sowie Herrn Dr. Machelett (Institut für Ernährung und Umwelt der Friedrich-Schiller-Universität Jena) sei an dieser Stelle für die freundliche Bereitstellung von Datenmaterial gedankt.

5.2 Ausbreitungsprognosen von Schadstoffen mittels Simulationsmodellen

Stefan Kaden

5.2.1 Problemstellung

Die Bewertung des Gefährdungspotentials von Altlasten sowie der Entwurf von Methoden und Verfahren zur Gefahrenabwehr und für die Sanierung von Deponien und Altlasten setzen die Prognose der Ausbreitung der Schadstoffe in Raum und Zeit (nachfolgend kurz "Ausbreitungsprognosen") voraus. Diese Prognosen müssen die Altlastengenese, die aktuellen Standortbedingungen und deren prognostische, in der Regel anthropogen bedingten Veränderungen berücksichtigen.

Von Bedeutung sind Fragen wie:

- Wann erreichen die Schadstoffe aus der Deponie / Altlast das Grundwasser?
- Wann brechen Schadstoffe über den Grundwasserpfad zu Wassergewinnungsanlagen durch?
- Können die Schadstoffe über den Grundwasserpfad in die Oberflächengewässer austreten und diese verunreinigen?
- Wie verändern technische Lösungen die Ausbreitung und führen zu einer Sanierung bzw. Gefährdungsminderung?

Eng verbunden mit diesen Fragen ist das Grundwassermonitoring. Ausbreitungsprognosen können dazu beitragen, Lage, Ausbau und Betrieb von Grundwassermeßstellen zu optimieren und damit zugleich verbesserte Randbedingungen für eine Beweissicherung zu schaffen. Dabei sind die hohen Kosten für die Errichtung und den Betrieb von Grundwassergütemeßstellen besonders zu beachten.

In *Abb. 5.8* ist ein vereinfachter Überblick zu Problem- und Fragestellungen in Verbindung mit Ausbreitungsprognosen gegeben.

Die Schadstoffausbreitung im Untergrund ist in der Regel ein langdauernder Prozeß, der von sich zeitlich ändernden Randbedingungen bestimmt wird. Maßgebliche Transportmechanismen sind Konvektion, molekulare Diffusion, Dispersion, Adsorption, chemische und biologische Reaktionen sowie u. U. der Zerfall radioaktiver Substanzen. Diese Transportmechanismen sind durch stark unterschiedliche Maßstäbe sowohl räumlich als auch zeitlich gekennzeichnet. Das Spektrum reicht z. B. von der molekularen Diffusion bis zur makroskopischen Dispersion oder von der schnellen Reaktionsgeschwindig-

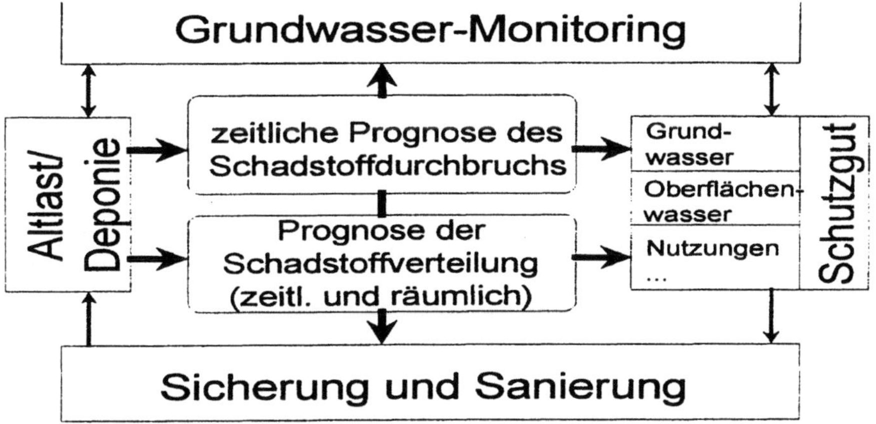

Abb. 5.8: Problem- und Fragestellungen bei Ausbreitungsprognosen

keit chemischer Spezies bis zu Fließzeiten beim konvektiven Transport von Schadstoffen in der Größenordnung von Jahren bis Jahrhunderten.

Das Zeitverhalten sowie die Größenordnung und Komplexität der Probleme und Standortbedingungen schließen für Ausbreitungsprognosen technische Experimente in der Regel aus. Ausnahmen beschränken sich auf Labor- und Feldversuche zur Parameterbestimmung sowie lokale Spezialprobleme.

Ungeeignet für Ausbreitungsprognosen sind auch grundsätzlich statistische Verfahren. Hierfür ist i. allg. weder das Datenmaterial ausreichend noch können solche Verfahren prognostische Veränderungen der Standortbedingungen (z. B. technische Eingriffe zur Gefahrenabwehr und Sanierung) berücksichtigen. Auf Sonderfälle beschränkt sind auch einfache Ausbreitungsprognosen aus Meßwerten, z. B. die Abschätzung von Fließzeiten aus Grundwassergleichenplänen. Entsprechende Ansätze sind bestenfalls zur Gefährdungsabschätzung, nicht aber zum Entwurf einer wirksamen Gefahrenabwehr und/oder von Sanierungstechniken geeignet.

Somit bleibt als universelles Instrument für gesicherte Ausbreitungsprognosen nur die *Modellierung und Simulation der Strömungs- und Stofftransportprozesse.*

Der vorliegende Abschnitt hat die mathematische Modellierung und Simulation von Ausbreitungsprozessen zum Gegenstand. Entsprechend der Zielstellung des Bandes "Geochemie" des Handbuches "Methoden zur Erkundung des Untergrundes von Deponien und Altlasten" kann hier aber nur ein Überblick zu Problemen und Lösungsansätzen gegeben werden. Interessierte Leser werden auf den Bd. 2 des Handbuches (LEGE et al. 1996) verwiesen. Dort werden umfassend Probleme der Modellierung von Strömungs- und Stofftransportprozessen am Beispiel der Deponie Münchehagen, speziell unter den Bedingungen im Festgesteinsbereich, behandelt. Im vorliegenden Kapitel sollen ausgewählte Literaturhinweise den leichten Zugang zu weiterführenden Arbeiten bieten. Besonders hingewiesen sei auch auf die Schrift DVWK

(1989), die einen Überblick zur Vorgehensweise beim Einsatz von Grundwassermodellen für Stofftransportberechnungen gibt.

5.2.2 Modellbildung

Grundlage jeder Modellierung ist die Modellbildung, d. h. eine Schematisierung des Modellierungsgegenstandes und Sachproblems. Die Modellbildung beginnt bei der Interpretation von hydrogeologischen Primärdaten und deren Schematisierung zum hydrogeologischen Modell und endet beim eigentlichen Simulationsmodell für die zu untersuchenden Strömungs- und Transportprozesse. Es ist empfehlenswert, die Etappen der Modellbildung möglichst klar zu trennen, um weitgehend eigenständige und damit separat nutzbare Modelle zu schaffen. Als zweckmäßig hat sich die Trennung in ein informations-adäquates, ein prozeß-adäquates und ein simulations-adäquates Modell erwiesen. Letzteres ist Grundlage des eigentlichen Simulationsmodells. Vorteil dieser Verfahrensweise ist z. B., daß von einem informations-adäquaten Modell unterschiedliche Simulationsmodelle abgeleitet werden können - je nach der konkreten Problemstellung.

Informations-adäquates Modell

Das informations-adäquate Modell wird zunächst unabhängig von der späteren Modellierung, aber als deren Grundlage für ein Modell der Standortbedingungen entwickelt. Kern dieses Modells ist das hydrogeologische Modell. Dieses stellt eine Schematisierung der hydrogeologischen Primär- und Sekundärinformationen aus Aufschlüssen, Pumpversuchen, Karten usw. dar. Für die darauf aufbauenden Simulationsmodelle erweist sich eine Trennung in das hydrogeologische Strukturmodell als geometrisches Modell der stratigraphischen Verbreitung von Grundwasserleitern und -stauern sowie ein zugeordnetes Parametermodell als nützlich. Letzteres beinhaltet die Beschreibung der räumlichen Verteilung hydrogeologischer Parameter sowie von Migrationsparametern wie die hydraulische Durchlässigkeit, das transportwirksame Porenvolumen oder der Dispersionskoeffizient.

Bei komplexen Problemen sollte dieses hydrogeologische Modell in digitaler Form erfaßt und aufbereitet werden. In Verbindung mit numerischen Simulationsmodellen bieten hier Geoinformationssysteme eine effektive Grundlage. Als Beispiel ist in *Abb. 5.9* die Verbreitungskarte einer stratigraphischen Einheit für das Grundwassermodell Oranienburg (als ArcView[1] - Bildschirmdump) dargestellt.

[1] ArcView ist ein Desktop-GIS der Firma ESRI.

Abb. 5.9. Digitale Verbreitungskarte einer stratigraphischen Einheit

Als weitere wichtige Komponenten des informations-adäquaten Modells sind das hydrologische und das technologische Modell zu betrachten. Das *hydrologische Modell* schematisiert die maßgebenden Abflußbildungsprozesse (Grundwasserneubildung) und die hydraulischen Randbedingungen (Wasserstände und Abflüsse) in Oberflächengewässern, sofern relevant. Im *technischen Modell* dagegen sind die technischen Parameter der zu untersuchenden Altlast bzw. Deponie (Abdeckung, Untergrunddichtungen, hydraulische Sanierungsmaßnahmen usw.) sowie die historische Entwicklung der Altlast (Altlastengenese) zu schematisieren.

Von besonderer Bedeutung bei der Untersuchung von Stofftransportprozessen in Verbindung mit Deponien und Altlasten ist schließlich das *geochemische Modell* - die Schematisierung aller Erkenntnisse über die Zusammensetzung, den Gehalt und die Eigenschaften chemischer Parameter im Untersuchungsraum. Hierzu gibt der vorliegende Band in den vorangegangenen Kapiteln einen umfassenden Überblick.

Im Ergebnis der geochemischen Modellbildung erfolgt häufig eine Eingrenzung der Untersuchungen auf ausgewählte Stoffe und/oder Stoffgruppen. Diese Einschränkung ergibt sich in der Regel aus der Datenlage und einer notwendigen und sinnvollen Begrenzung des Untersuchungsaufwandes. Dabei sollte versucht werden, die Parameter so auszuwählen, daß kritische Grenzfälle erfaßt werden, z. B. durch Auswahl sehr mobiler (konservativer Tracer) und immobiler Stoffe bzw. Stoffgruppen. Im Modellbeispiel Oranienburg konzentrierten sich beispielsweise die Untersuchungen auf die Stoffgruppen CKW und BTEX.

Tabelle 5.5. Klassifizierung von Grundwassersystemen

Gesteinstyp	Lockergestein	Festgestein			
Maßgebendes Hohlraumsystem	Poren	Trennfugen		Hohlräume	
				Geogen	Anthropogen
Typ des Grundwasserleiters (GWL)	Poren-GWL	Klüftig-poröser GWL	Kluft-GWL	Karst-GWL	

Tabelle 5.6. Problemklassen bei Grundwasserströmungs- und Transportprozessen

Strömung	Stofftransport				
	Einphasentransport				Mehrphasentransport
	Einkomponententransport		Mehrkomponententransport		
	Nicht mischbar	Mischbar	Nicht mischbar	Mischbar	analog zu Einphasentransport
Ungesättigt	XX	XX	X	X	
Gesättigt	XX	XXX	X	XX	
Mehrphasen	X	XX	X	XX	

Aus dem hydrogeologischen Modell leitet sich die Zuordnung des untersuchten Problems zu einer bestimmten Klasse von Grundwassersystemen, *Tabelle 5.5*, ab.

Das informations-adäquate Modell insgesamt bestimmt die Problemklasse, *Tabelle 5.6.* In der Tabelle wird jeweils durch die Anzahl der X in den Feldern die praktische Bedeutung entsprechender Problemklassen für die Untersuchung der Stoffausbreitung bei Deponien und Altlasten gekennzeichnet (XXX - größte Bedeutung).

Zusätzlich ist bei der Klassifizierung eine mögliche Dichteabhängigkeit des Stoffausbreitungsprozesses zu beachten.

Die Zuordnung des betrachteten Problems zu einer der genannten Klassen bestimmt in entscheidendem Maße Möglichkeiten und Aufwand einer nachfolgenden mathematischen Modellierung und Simulation. Auf entsprechende Aspekte wird in den nachfolgenden Kapiteln eingegangen.

Prozeß-adäquates Modell

Das *prozeß-adäquate Modell* stellt die mathematische Beschreibung der für eine bestimmte Problemklasse gemäß *Tabelle 5.6* maßgebenden Strömungs- und Stofftransportprozesse dar. Diese Beschreibung ist immer eine Approximation der realen Naturprozesse.

Die mathematische Modellbildung erfolgt grundsätzlich unter Definition eines repräsentativen Elementarvolumens (REV). Das Elementarvolumen begründet das räumliche Auflösungsvermögen der Betrachtung. Es muß einerseits hinreichend groß sein, damit Fluktuationen mikroskopischer Eigenschaften vernachlässigbar sind und andererseits hinreichend klein, damit die lokale Variabilität der makroskopischen Eigenschaften erfaßbar bleibt.

Das mathematische Modell wird aus Erhaltungsgleichungen am REV abgeleitet. Im einzelnen sind das die Phasenmassenerhaltung, die Phasenimpulserhaltung, die Phasenenergieerhaltung und die Stoffmassenerhaltung. Im einfachen Fall der Grundwasserströmung in porösen Medien wird das mathematische Modell aus der Kontinuitätsgleichung (Massenerhaltung) und dem DARCY-Gesetz (Impulserhaltung) gebildet. Dazu gehören zusätzliche konstitutive Bedingungen und Nebenbedingungen.

Bei Stofftransportprozessen beschreibt das mathematische Modell die maßgebenden Transportmechanismen:

- Advektion,
- molekulare Diffusion,
- Dispersion und
- Adsorption.

Die Erhaltungsgleichungen werden zunächst am REV endlicher Größe Dx, Dy, Dz abgeleitet. Dabei entstehen Differenzengleichungen. Führt man den Grenzübergang $dx \to 0$, so entstehen die bekannten partiellen Differentialgleichungen. Diese wiederum werden für die numerische Lösung in der Regel diskretisiert, s. Abschn. 5.2.3. Einige Verfahren verzichten auf diesen Abstraktionsschritt, d. h. die Modellgleichungen werden unmittelbar als Differenzengleichungen abgeleitet (sog. Bilanzmethoden wie Finite-Volumen-Verfahren).

Neben den Erhaltungsgleichungen gehören zum mathematischen Modell Randbedingungen und, im Fall nichtstationärer Aufgaben, Anfangsbedingungen.

Randbedingungen definieren die Systemeigenschaften auf dem Rand des Untersuchungsgebietes. Unterschieden werden Randbedingungen 1. Art (DIRICHLET-Bedingungen, Vorgabe der Piezometerhöhe oder der Stoffkonzentration), 2. Art (NEUMANN-Bedingungen, Vorgabe des Grundwasserstromes oder Stoffflusses) und Randbedingungen 3. Art (CAUCHY-Bedingungen, Kombination der Randbedingungen 1. und 2. Art). Zu beachten ist, daß Randbedingungen nicht nur auf dem äußeren Rand des Untersuchungsraumes, sondern auch im Inneren, z. B. als Entnahme als Stofffluß aus einer Deponie, zu definieren sind.

Anfangsbedingungen beschreiben die Systemeigenschaften zum Beginn der Modellrechnung.

Die mathematische Modellbildung für Grundwasserströmungs- und Transportprozesse wird ausführlich in einer größeren Zahl von Monographien und Handbüchern abgehandelt. Auf eine auch auszugshafte Darstellung wird deshalb hier verzichtet. Für ein weiterführendes Studium werden z. B. empfohlen: DIERSCH (1994), HÄFNER et al. (1992), KINZELBACH (1992), KIN-

ZELBACH & RAUSCH (1995), LEGE et al. (1995), LUCKNER & SCHESTAKOW (1991).

Neben der Modellbildung am REV bedarf es der chemisch-biologischen Modellierung der untersuchten Stoffe (Spezies). Dabei sind Gleichgewichtsreaktionen und Nichtgleichgewichtsreaktionen zwischen verschiedenen Spezies, der Abbau einer Spezies infolge chemischer bzw. biochemischer Abbauprozesse oder der radioaktive Zerfall bei radioaktiven Substanzen zu betrachten.

Wesentliche Grundlagen wurden in den vorangegangenen Kapiteln dieses Bandes dargestellt. Zu speziellen Aspekten der mathematischen Modellbildung dieser Prozesse sei ebenfalls auf o. g. Literatur verwiesen.

Simulations-adäquates Modell

Die Verknüpfung von informations-adäquatem und prozeß-adäquatem Modell bildet die Grundlage der mathematischen Simulation der Ausbreitungsprozesse im konkreten Fall. Hier ist aber zu beachten, daß bei komplexen Problemen in Abhängigkeit des verfügbaren Simulationsverfahrens, vgl. Abschn. 5.2.3 ff., weitere Schematisierungen sinnvoll bzw. notwendig sind. Diese werden als simulations-adäquates Modell bezeichnet. Schematisierungen verbinden sich vorrangig mit der räumlichen Dimension und der räumlichen Verteilung der Prozeßparameter, vgl. *Tabelle 5.7.* Auch hier wird wieder die praktische Bedeutung durch X gekennzeichnet.

Tab. 5.7. Räumliche Modellschematisierung und Parameterverteilung

Räumliche Schematisierung		Parameterverteilung			
		Homogen	Zoniert	Ortsdiskret	
				Regelmäßig	Unregelmäßig
1 D	Horizontal	X			
	Vertikal	X		X	
2 D	Horizontal	XX	XX	XXX	XXX
	Vertikal	X	X	XX	XXX
2 1/2 D			XX	XXX	XXX
3 D			XXX	XXX	XXX

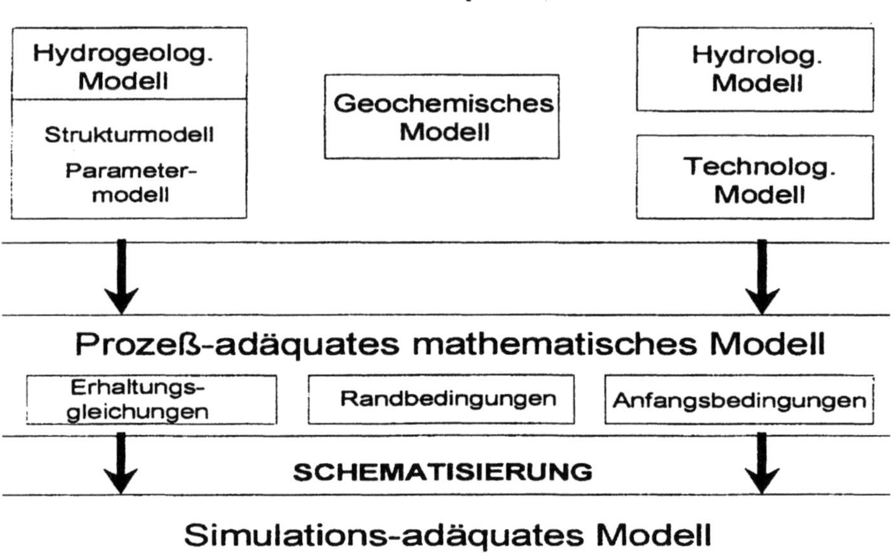

Abb. 5.10. Modellbildungsprozeß

Die räumliche Verteilung von Prozeßparametern im Modell wird von den Möglichkeiten und Grenzen des eingesetzten Verfahrens bestimmt. Das Spektrum reicht dabei von räumlich konstanten Parametern (z. B. in Verbindung mit analytischen Lösungen) über regelmäßige Elemente (Finite-Differenzen-Verfahren) bis zu unregelmäßigen (weitgehend beliebigen) Parameterverteilungen (Finite-Elemente-Verfahren). Bezüglich der Zeit wird, mit Ausnahme spezieller analytischer Lösungen, von einem Differenzenansatz ausgegangen, verbunden mit der Diskretisierung in äqui- oder nichtäquidistante Zeitschritte. Alle zeitabhängigen Modellgrößen (z. B. Grundwasserneubildung, Randbedingungen, ggf. Systemparameter) sind entsprechend diesen Zeitschritten zu schematisieren.

Aus dem oben Gesagten wird deutlich, daß die Modellbildung standortspezifische, phänomenologische und numerische Aspekt beinhaltet.

In der nachfolgenden *Abb. 5.10* ist ein schematischer Überblick des Modellbildungsprozesses gegeben.

Ergebnis der Modellbildung ist ein System partieller Differentialgleichungen (oder Differenzengleichungen) mit Rand-, Anfangs- und Nebenbedingungen. Für dessen Lösungen stehen verschiedene Methoden zur Verfügung, die im folgenden Abschnitt im Überblick dargestellt werden.

5.2.3 Übersicht über wichtige Simulationsverfahren

Die Lösung der Randwert-/Anfangswertaufgaben der Grundwasserströmungs- und Stofftransportprozesse kann in unterschiedlicher Weise sowohl mittels analytischer als auch numerischer Verfahren erfolgen.

Nur in Sonderfällen ist eine *analytische Lösung* möglich. Dies setzt Abstraktionen voraus, die in der Regel über das für praktische Probleme speziell bei der Untersuchung von Transportproblemen sinnvolle Maß hinausgehen. Klassische Beispiele sind die analytischen Lösungen für die Brunnenströmung, z. B. die THEIS- und die HANTUSH-Funktion. Dazu gehören aber auch sog. Speicherdurchflußmodelle für die Schadstoffausbreitung wie das Piston-Flow-Modell (DVWK 1995). Analytische Lösungen finden v. a. Anwendung in Verbindung mit der Interpretation von Modellversuchen zur Parameterermittlung; klassisches Beispiel ist die Pumpversuchsauswertung. Auch für das Austesten numerischer Verfahren sind diese gut einsetzbar (Benchmarks).

Auf analytischen Lösungen bauen die sogenannten Analytic element Methoden auf (HAITJEMA 1995), die über die Kombination analytischer Lösungen für Teilprobleme auch komplexere Fragestellungen lösen lassen. Grundvoraussetzung ist allerdings die Gültigkeit des Superpositionsprinzips, also die Annahme linearer Prozesse (gespannte Grundwasserströmungsverhältnisse).

Im Gegensatz zu analytischen Lösungen sind *numerische Verfahren* weitgehend universell einsetzbar. Folgende Verfahren sind von praktischer Bedeutung:

Finite-Differenzen-Verfahren (FD-Verfahren)

Diese Verfahren überführen die Differentialquotienten des mathematischen Modells in Differenzenquotienten. Grundlage ist die Diskretisierung des Untersuchungsgebiets in Netze oder Blöcke. In der Regel verwendet man hier regelmäßige Netze, vorzugsweise ein Rechtecknetz. Diese FD-Modelle können auch direkt durch Modellbildung an den Blöcken abgeleitet werden.

Dem Vorteil einer einfachen mathematischen Struktur der FD-Modelle steht der Nachteil geringer Flexibilität bezüglich der Anpassung des Modells an Modellberandungen oder Parameterverteilungen gegenüber. FD-Verfahren werden vorrangig nur für Strömungsprobleme angewendet. Bei der Modellierung eines Stofftransports ergeben sich oftmals erhebliche numerische Probleme (numerische Dispersion etc.). Aus diesem Grunde erfolgt häufig eine Kombination mit speziellen Verfahren zur Modellierung der Stoffausbreitung, s. u.

Finite-Element-Verfahren (FE-Verfahren)

Auch diese Verfahren transformieren das mathematische Modell differentieller Bilanzgleichungen in ein System diskretisierter Gleichungen. Dabei erfolgt eine Diskretisierung des Untersuchungsgebietes in sog. Finite Elemente. Im Gegensatz zu den Rechtecknetzen der FD-Verfahren sind hier Elemente variabler Geometrie möglich und üblich. Am gebräuchlichsten sind Dreieckelemente.

In der einfachsten Form werden FE-Verfahren als Linearkombination von Basisfunktionen für Netzknoten abgeleitet (DVWK 1989). Die größte Verbreitung haben die GALERKIN-Verfahren sowie die sog. Upwind-Verfahren erlangt, s. z. B. PINDER & GRAY (1977), KINZELBACH (1992) u. a.

FE-Verfahren sind im Vergleich zu FD-Verfahren wesentlich flexibler und universeller. Als Beispiele seien hier die Anpassung an variable Geometrien [bis hin zu adaptiven Netzen, DIERSCH et. al. (1996)], die Anwendung verbesserter Ansätze zur Minimierung der numerischen Dispersion und die effiziente Formulierung von gekoppelten Strömungs- und Stofftransportproblemen genannt.

Rand-Elemente-Methoden (BEM, Boundary-Element-Methode)

Im Gegensatz zu den o. g. Verfahren wird bei den Rand-Elemente-Verfahren die Lösung auf die Auswertung der Randintegration auf dem Gebietsrand reduziert (LIGGET & LIU 1983). Damit verbunden ist, daß die Lösung nur für den Gebietsrand, nicht dessen Inneres abgeleitet wird und Einschränkungen in der Flexibilität der Problemformulierung bestehen (z. B. homogene Teilgebiete). Der Vorteil liegt im geringen numerischen Aufwand. Aus diesen Gründen gibt es verstärkt Bemühungen, die Vorteile von FE- und BEM-Verfahren zu verknüpfen.

Die o. g. Verfahren beinhalten zunächst nur die Lösung des räumlichen Problems. Im mathematischen Sinne entsteht ein System von gewöhnlichen Differentialgleichungen bezüglich der Zeit. Diese wiederum werden mittels Differenzenverfahren in ein System von Differenzengleichungen überführt. Aus numerischen Gründen haben sich implizite Verfahren durchgesetzt, die letztlich auf ein System gekoppelter Gleichungen pro Zeitschritt führen. Für dessen Lösung sind entweder klassische Eliminationsverfahren mit einer direkten Lösung des Systems oder iterative Verfahren einsetzbar. Zu letzteren zählen Relaxations- aber v. a. die Gradientenverfahren. Sehr große Modelle mit Elementezahlen von zehntausend bis zu einigen hunderttausend sind grundsätzlich nur noch mittels iterativer Verfahren beherrschbar.

Für Ausbreitungsrechnungen sind noch 2 spezielle Verfahren von Bedeutung, die Charakteristiken-Methode und Random-walk-Verfahren.

Random-Walk-Verfahren

Dieses Verfahren ist ein sog. "Particle-tracking-Verfahren". Der Stofftransport wird durch eine große Zahl von Partikeln beschrieben, die sich im Strömungsfeld bewegen. Diese Bewegung beinhaltet den advektiven Transport entlang

Bahnlinien (z. B. mittels FD-Verfahren bestimmt) sowie Diffusion und Dispersion. Letztere wird über eine Zufallsbewegung erzeugt, deren statistische Parameter von den Gebietsparametern abhängen. Die Stoffkonzentration wird aus der Anzahl der Partikel je Gitterelement ermittelt. Eine anschauliche Beschreibung dieses Verfahrens ist in Kinzelbach & Rausch (1995) enthalten.

Das Verfahren ist grundsätzlich nur für einfache Stofftransportprobleme einsetzbar (eine Phase, eine Komponente, keine Kopplung von Strömung und Transport usw.), in diesem Fall aber numerisch robust und effizient. Numerische Dispersionsprobleme treten nicht auf.

Charakteristiken-Methode

Analog zum Random-walk-Verfahren zerlegt die Charakteristiken-Methode (Konikow & Bredehoeft 1978) das Stofftransportproblem in einen advektiven (entlang Bahnlinien) und einen dispersiven Teilschritt. Letzterer wird auf einem überlagerten Differenzengitter berechnet. Vor- und Nachteile sind denen der Random-walk-Verfahren vergleichbar.

Eine entscheidende Rolle bei der Problemabstraktion und der Anwendbarkeit verschiedener Verfahren spielt auch die räumliche Dimension. Auch hier gibt es erhebliche Unterschiede in den Einsatzmöglichkeiten. Das Spektrum reicht von vertikal eindimensionalen Modellen einer Schadstoffausbreitung durch die ungesättigte Bodenzone bis zum komplexen dreidimensionalen Ausbreitungsproblemen in Aquifersystemen.

Ein Überblick zu allen genannten Verfahren gibt *Tabelle 5.8.* Dabei wurde versucht, die Einsatzbreite der Verfahren zu charakterisieren.

Bei Ausbreitungsprognosen von Schadstoffen in Locker- und Festgesteins-Grundwasserleitern hat sich seit wenigen Jahren die Anwendung von 3-D-Modellen weitgehend durchgesetzt. Diese Tatsache wird einerseits durch die Verfügbarkeit geeigneter Simulatoren und leistungsfähiger Hardware,

Tabelle 5.8. Analytische und numerische Simulationsverfahren

Verfahren	Dimension				Strömung	Transport	Strömung/ Transport	
	1	2	2 1/2	3				
Analytisch	XX	XX		X	XX	X		
Boundary Elemente u.a.		XX		X	XX			
Finite Differenzen	XXX	XXX	XXX	XXX	XXX	XXX	XX	XX
Finite Elemente	XXX	XXX	XXX	XXX	XXX	XXX	XXX	XXX
Random-Walk u.ä.		XX				XXX		

andererseits aber durch die dem Stofftransport immanente Dreidimensionalität begründet. Zweidimensionale Betrachtungen sind bei Stofftransportproblemen im Gegensatz zu Strömungsproblemen auf Ausnahmen beschränkt. Bei Stofftransportproblemen können Heterogenitäten des Aquifers und selbst geringe vertikale Gradienten zu signifikanten Veränderungen der Ausbreitungspfade der Schadstoffe führen. Noch dominanter werden vertikale Transportprozesse bei dichteabhängigen Ein- und Mehrphasenproblemen.

Besondere Aufmerksamkeit ist bei Ausbreitungsrechnungen Aquiferen mit ungespannten Strömungsverhältnissen, also Problemen mit freier Grundwasseroberfläche beizumessen. In diesem Fall bestimmt die Behandlung dieser Randbedingung in entscheidendem Maße die Repräsentanz der Modellrechnungen. Eine geschlossene und physikalisch korrekte Lösung liefern Modelle, die die ungesättigte Bodenzone und den gesättigten Aquifer als Einheit modellieren. Die „freie Oberfläche" ist hier von untergeordneter Bedeutung, sie ergibt sich quasi automatisch aus dem Modellansatz. Entsprechende Modelle sind bisher aber aus Aufwandsgründen kaum verfügbar. Bei einer Betrachtung der gesättigten Bodenzone dagegen muß die freie Oberfläche als Modellrandbedingung definiert und modelliert werden, die sich zeitabhängig verschiebt. Daraus ergibt sich das Problem, daß sich bei einer festen Diskretisierung des Strömungsfeldes in der vertikalen Richtung die freie Oberfläche

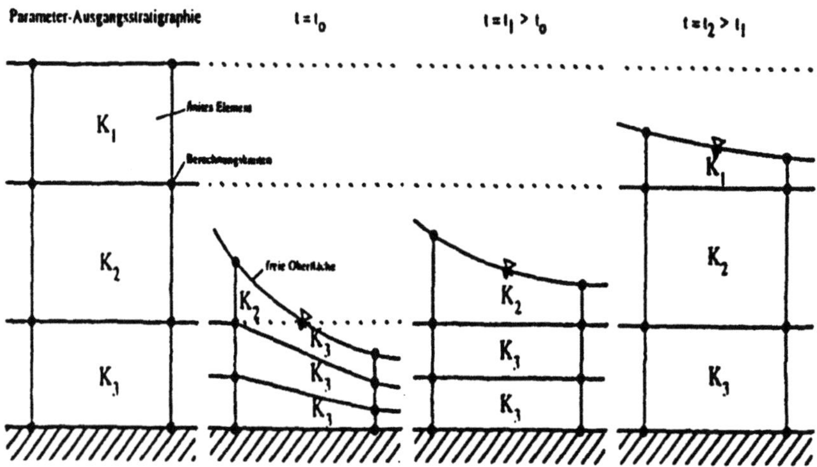

Abb. 5.11 Modellierung der freien Grundwasseroberfläche mittels der BASD-Technik (DIERSCH 1994)

zwischen Netzknoten bewegt. Diese Bewegung ist dann nur näherungsweise über Modifikation der hydraulischen Modellparameter des betreffenden Elements erfaßbar. Diese Parametermodifikation wiederum hat zur Folge, daß eine Stoffausbreitung nicht mehr korrekt modelliert wird. Ent sprechende Probleme treten insbesondere dann auf, wenn mit größeren Grundwasserstandsänderungen wie beim Grundwasserwiederanstieg in ehemaligen Bergbaugebieten zu rechnen ist. Korrekte Prognosen sind hier mit Modellen zu erzielen, die eine Adaption des vertikalen Modellnetzes an die freie Oberfläche beinhalten, wie es in *Abb. 5.11* dargestellt ist.

In den folgenden Abschnitten werden die Anwendungsmöglichkeiten der hier charakterisierten Verfahren sowie ausgewählte Modelle für Ausbreitungsprognosen im Lockergestein, in Festgesteinsaquiferen und in der ungesättigten Bodenzone beschrieben.

5.2.4 Ausbreitungsprognosen im Lockergestein

Die Methoden und Modelle zur Untersuchung von Grundwasserströmungs- und Stofftransportproblemen in Lockergestein-Grundwasserleitern bei Deponien und Altlasten haben in den vergangenen Jahren einen beachtlichen Stand und weite Verbreitung erreicht. Diese Konzentration auf Lockergesteins-Grundwasserleiter ist vorrangig durch deren Bedeutung für die Trinkwasserversorgung, ihre häufig zu verzeichnende Ungeschütztheit und die i. allg. lang andauernden Stoffausbreitungsprozesse bedingt. Das letztgenannte bedeutet, daß ein größerer zeitlicher Vorlauf für die Einleitung von Maßnahmen bei eingetretenen Kontaminationen gegeben ist, zugleich aber wegen der Prozeßdauer technische Modellversuche in der Regel nicht praktikabel sind. Somit bietet allein eine mathematische Simulation das geeignete Prognoseinstrumentarium.

Die Entscheidung für ein bestimmtes Prognoseverfahren hängt von vielen Faktoren ab. Entscheidend sind dabei die Komplexität der hydrogeologischen Verhältnisse, der Grad der bereits eingetretenen Grundwasserbeeinflussung durch Schadstoffe und deren Gefährdungspotential sowie die Bedeutung der Grundwasserressourcen im Untersuchungsgebiet (z. B. für die Trinkwasserversorgung). Mit zunehmender Komplexität der Problemstellung und wachsendem Gefährdungspotential nimmt die Möglichkeit des Einsatzes einfacher Prognoseverfahren (z. B. Bahnlinienberechnungen aus einem Grundwassergleichenplan, analytische Lösungen) ab, der Einsatz flexibler numerischer Prognoseverfahren wird zwingend.

Berechnung von Bahnlinien und Laufzeiten

Die einfachste Form der Ausbreitungsprognose ist die Berechnung von Bahnlinien und Laufzeiten bei bekanntem Grundwasserströmungsfeld. Mittels einfacher analytischer Ansätze werden die Bahnlinien (Stromlinien) aus gemessenen oder berechneten Grundwasserstandsverteilungen berechnet und unter Berücksichtigung der transportwirksamen Porosität und der Filtergeschwindigkeit die Abstandsgeschwindigkeit hypothetischer Partikel und daraus letztlich Laufzeiten und Isochronen (Linien gleicher Fließzeit) ermittelt. Dabei erfolgt die Berechnung der Filtergeschwindigkeit entweder indirekt aus dem Grundwasserströmungsfeld oder aber mittels einfacher mathematischer Modelle der Grundwasserströmung. Als Beispiele seien hier die Programme BV11-X (BEAR & VERRUIJT 1987) sowie PAT (KINZELBACH et al.1996) genannt. Diese Verfahren basieren grundsätzlich auf der Annahme einer stationären, horizontal-ebenen Grundwasserströmung und einem rein advektiven Transport. Sie eignen sich dementsprechend nur für einfache Gefährdungsabschätzungen. Bei nichtstationären Problemstellungen und/oder ausgeprägten vertikalen Strömungskomponenten sind sie nicht praktikabel, wie in *Abb. 5.9 - 5.12* anhand einer 3-D-Bahnlinien- und Isochronenberechnung (mittels des Simulationssystems FEFLOW, s. u.) illustriert.

Die Abbildung macht deutlich, welche Konsequenzen bereits aus einfachen Heterogenitäten in Aquifersystemen auf konservative Ausbreitungsbetrachtungen resultieren. Dies unterstreicht wiederum die Bedeutung einer fundierten hydrogeologischen Modellbildung und einer kritischen Auswahl des Verfahrens. Horizontal-ebene (2-D-)Bahnlinienbetrachtungen sind dann und nur dann für Ausbreitungsprognosen sinnvoll, wenn geringmächtige und quasi-homogene Grundwasserleiter vorliegen.

Ausbreitungsprognosen mittels analytischer Verfahren

Grundlage dieser Verfahren sind analytische Lösungen der mathematischen Modelle von Grundwasserströmungs- und Stofftransportprozessen. Solche Lösungen sind nur für einfache mathematische Modelle bekannt, die erhebliche Abstraktionen und Schematisierungen erfordern. Am verbreitetsten sind die analytischen Lösungen der Brunnenströmung, die von homogenen Grundwasserleitern, horizontal-ebenen Strömungsverhältnissen und schematisierten Randbedingungen ausgehen. Eine gute Übersicht hierzu ist beispielsweise in BUSCH et al. (1993) gegeben. Mit diesen Lösungen kann die Grundwasserabsenkung an beliebigen Punkten im Strömungsfeld berechnet werden. Über die Berechnung bzw. Konstruktion von Grundwassergleichenplänen können dann Bahnlinien und Isochronen einer Stoffausbreitung theoretisch bestimmt werden.

Aufgrund der erforderlichen Vereinfachungen sind solche Verfahren für realistische Ausbreitungsprognosen in Verbindung mit Deponien und Altlasten in der Regel nicht einsetzbar. Sie sind bestenfalls für einfache Abschätzungen (u. U. bei Erstbewertungen von Altlasten) oder aber für die Verifizierung numerischer Modelle einsetzbar.

Gleichfalls nur stark eingeschränkt praktisch anwendbar sind analytische Verfahren für Stofftransportrechnungen. Der Vorteil dieser Verfahren besteht zunächst darin, daß sie Stofftransportmechanismen (z. B. Dispersion) berücksichtigen und die räumliche Ausbreitung von Schadstoffen (Konzentration) direkt ermitteln lassen.

Als klassisches Beispiel einer analytischen Lösung bei Stofftransportprozessen sei hier das Piston-Flow-Modell genannt, das für die Interpretation von Altersbestimmungen (Tritium und andere Tracer) genutzt wird, DVWK (1995). Eine Zusammenstellung von analytischen Lösungen ist z. B. in KINZELBACH (1986, 1992), BEAR & VERRUIJT (1987) und TORIDE et. al. (1993) gegeben. Wie bei Strömungsproblemen sind analytische Verfahren bei Stofftransportprozessen auf Sonderfälle beschränkt. Für praktische Probleme sind die erforderlichen Schematisierungen in der Regel nicht akzeptabel.

Abb. 5.12. 3-D-Bahnlinien- und Isochronenberechnungen

Weite Verbreitung haben analytische Lösungen allerdings für die Interpretation von Feld- und Laborversuchen gefunden (Pumpversuche, Säulenversuche).

Ausbreitungsprognosen mittels numerischer Modelle

Das Spektrum verfügbarer Modelle ist außerordentlich vielfältig. Auf der Basis der in Abschn. 5.2.3 vorgestellten Lösungen ist eine Fülle von Programmen im Einsatz, die sich aber bezüglich der Anwendungsbedingungen und -möglichkeiten signifikant unterscheiden. Das Spektrum reicht von Finite-Differenzen-Modellen für 2-D- und 3-D-Strömungsprozesse bis zu komplexen Finite-Differenzen-Modellen für gekoppelte Strömungs- und Stofftransportprobleme, von frei verfügbarer Software (Public-domain) bis zu kommerziellen Produkten. Im Vordergrund steht dabei Software für den Transport eines gelösten Stoffes (Einphasen- und Einkomponentenprobleme). Eine Marktübersicht kann nicht Gegenstand dieses Abschnittes sein. Nachfolgend werden 3 Programme kurz vorgestellt, die kennzeichnend für das oben genannte Modellspektrum sind und einen größeren Verbreitungsgrad in Deutschland gefunden haben.

ASM

ASM [Aquifer-Simulations-Modell, KINZELBACH & RAUSCH (1995)] ist ein 2-D-Grundwasserströmungs- und Stofftransportmodell, das sowohl horizontal-eben als auch vertikal-eben eingesetzt werden kann. Das Strömungsproblem wird mittels der Finite-Differenzen-Methode gelöst. Für die Transportsimulation (nur stationärer Transport) findet das Random-walk-Verfahren Anwendung. Für Bahnlinien- und Isochronenberechnungen, graphische Darstellungen, Bilanzen usw. stehen integrierte Programmodule zur Verfügung. Dieses Programm wurde für die studentische Ausbildung entwickelt. Die Einsetzbarkeit auf Personal Computern und die einfache, graphisch-gestützte Handhabung macht es aber auch für einfachere praktische Fragestellungen interessant. Die wesentlichen Einschränkungen verbinden sich mit der Beschränkung auf zweidimensionale Prozesse (beim Stofftransport stationär) und der unflexiblen Rechteckdiskretisierung. Für gekoppelte Strömungs- und Stofftransportprobleme (Dichteabhängigkeit) ist ASM nicht einsetzbar.

MODFLOW

MODFLOW, entwickelt beim US Geological Survey (MCDONALD & HARBAUGH 1983), ist ohne Zweifel eines der verbreitetsten Grundwassermodelle, auch in Deutschland. Der Name MODFLOW steht für eine Gruppe von Modellen zur Simulation von Grundwasserströmungsproblemen auf der Basis der Methode Finiter Differenzen. Es gibt Versionen für horizontal-eben geschichtete oder auch dreidimensionale Strömungen. Das Strömungsfeld ist in

Rechtecknetze diskretisiert. Über flexible Randbedingungen und Parameterbelegungen sind die meisten praktischen Strömungsprobleme lösbar.
Als nachteilig erweist sich in erster Linie die starre Form der Rechtecknetze. Bei komplizierten Geometrien der Untersuchungsgebiete sind entweder Diskretisierungsfehler an den Modellrändern in Kauf zu nehmen oder aber sehr feine Netze (mit entsprechend hohem Daten- und Rechenaufwand) erforderlich.

MODFLOW berechnet grundsätzlich nur Grundwasserstände und Volumenströme. Für einfache, konservative Ausbreitungsberechnungen muß es mit Tools zur Berechnung von Bahnlinien und Isochronen gekoppelt werden. MODFLOW verfügt als Public-domain-Software nur über stark eingeschränkte interaktiv-graphische Möglichkeiten der Dateneingabe und Ergebnisvisualisierung. Aus diesem Grunde entstanden in den vergangenen Jahren viele Tools, die dieses Defizit auszugleichen helfen. Dazu gehören MODFLOW-PM oder VISUAL MODFLOW. Gekoppelt mit MODFLOW stehen auch verschiedene Stofftransportmodelle, z. B. MT3D (ZHENG 1990) zur Verfügung.

Mittels MODFLOW, gekoppelt mit Modellen für die Bahnlinien- und Isochronenberechnung oder Modellen für Stofftransportprobleme können vielfältige Aufgaben der Ausbreitung von Schadstoffen untersucht werden. Dichteabhängige sowie gekoppelte Strömungs- und Stofftransportprobleme mit freier Oberfläche sind auf dieser Basis nicht lösbar.

Dem Vorteil einer weiten Verbreitung von MODFLOW steht der Nachteil fehlender Wartung als Public-domain-Software und vieler unterschiedlicher Versionen gegenüber.

FEFLOW

Mit dem Simulationssystem FEFLOW ® (DIERSCH 1993; DIERSCH et. al. 1996) steht ein kommerzielles Produkt zur Verfügung, das als Komplettsystem für praktisch alle Strömungs- und Stofftransportprozesse in Porengrundwasserleitern einsetzbar ist. Das Programm basiert auf Finite-Element-Methoden und ist für vollständige dreidimensionale Analysen von Grundwasserströmungs- und -transportproblemen (Stoffe, Wärme), ggf. dichteabhängig, einsetzbar. Es finden die Galerkin-Finite-Element-Methode, Streamline-Upwind-Verfahren mit automatischer Zeitschrittweitensteuerung (optional) Verwendung. Schnelle iterative Solver ermöglichen die Lösung auch komplexer Problemstellungen mit mehreren hunderttausend Elementen. Durch sehr flexible Randbedingungsformulierungen (zeitabhängige Randbedingungen mit Nebenbedingungen) und adaptive Netze bei freier Grundwasseroberfläche sind nahezu alle praktischen Probleme unter Annahme des Transports eines gelösten Stoffes im Grundwasser simulierbar. Besonders hingewiesen sei auf die umfangreichen Möglichkeiten des graphischen Pre- und Postprocessings. Hierzu zählen z. B. einerseits ein Map Assistent als graphisches Werkzeug zur Vorbereitung von Karten für die Modellerstellung, der FEFLOW-

Netzgenerator, ein Data Store Manager zum Datenbankzugriff und vielfältige integrierte visiometrische 3-D-Funktionalität wie Voll- und Teilkörper-Darstellungen, 3-D-Cursor, beliebige Schnitte, Fence-Darstellungen, Isoflächen, 3-D-Bahnlinien und -Isochronen etc. Dieses umfassende Leistungsspektrum setzt allerdings adäquate Hardware-Plattformen (UNIX-Workstation oder High-end-PC unter WINDOWS-NT oder WINDOWS 95) voraus.

Als ein Beispiel für umfangreiche Ausbreitungsuntersuchungen werden nachfolgend kurz Ergebnisse einer Grundwassermodellierung im Rahmen eines Altlastengroßprojektes (UWG/WASY 1996) vorgestellt.

Das Untersuchungsgebiet mit einer Fläche von 317 km^2 umfaßt die Orte Friedrichsthal, Oranienburg, Velten, Hennigsdorf, Birkenwerder und einen Teil Berlins. Bearbeitungsziel war eine modellhafte Erfassung des Grundwasserregimes mit der Untersuchung des Einflusses der in dieser Region registrierten 62 Altlastenverdachtsflächen auf die dort existierenden 19 Trinkwasserfassungen.

In der ersten Arbeitsphase wurde ein informations-adäquates Modell aufgebaut, das hydrogeologische Gegebenheiten (u. a. relevante Grundwasserleiter und -stauer sowie hydrogeologische Verhältnisse, Grundwasserentnahmen, Grundwassermeßstellen) erfaßt. Relevante Eingangsdaten für die Modellierung wurden mit ARC/INFO aufbereitet, wodurch sich die Überführung in den Grundwassersimulator FEFLOW rationell gestaltete.

Die vollständige 3-D-Grundwasserströmungs- und Stofftransportmodellierung mit FEFLOW erfolgte in 2 Schritten:

- Erarbeitung eines 3-D-Regionalmodells mit dem Ziel, die großräumige Hydraulik des Grundwassersystems unter Betrachtung der komplizierten hydrogeologischen Situation und der vielfältigen Nutzungsbedingungen in der Region Oranienburg zu simulieren;
- Entwicklung von 3-D-Detailmodellen Nord und Süd, um lokale Grundwasserströmungsfelder im Zusammenhang mit der potentiellen Schadstoffbewegung zu erfassen.

Das 3-D-Regionalmodell besteht aus 226.394 dreieckigen Finite-Elementen (122.775 Knoten) und repräsentiert mit 14 numerischen Schichten das komplizierte Grundwassersystem aus 6 Grundwasserleitern und 5 Stauern im Raum Oranienburg. In *Abb. 5.13* ist eine geschnittene 3-D-Darstellung der Modellstruktur (mit k_f-Wert-Verteilung) gezeigt.

Die 3-D-Teilmodelle Nord und Süd mit feinerer Diskretisierung u. a. durch 21 numerische Schichten wurden jeweils mit 175.287 und 217.203 Dreieck-Prismen gebildet. Neben der detaillierten Erfassung lokaler Grundwasserströmungsfelder wurden die Schwerpunkte der Altlastengefährdung mit 3-D-Stofftransportmodellen der Stoffgruppen BTEX und CKW herausgearbeitet und dafür erste Szenarien möglicher Sanierungs- und Sicherungsvarianten untersucht.

Auf der Basis einer naturräumlichen Systemanalyse, gekoppelt mit der Berechnung von 3-D-Vorwärts- (ausgehend von Altlastenverdachtsflächen) und 3-D-Rückwärts-Bahnlinien (von Wasserfassungen), wurde eine Prioritätenliste der Sicherung/Sanierung dieser Altlastenverdachtsflächen zum maximalen Schutz für die Trinkwasserfassungen aufgestellt. In Kombination der 3-D-Vorwärts-Bahnlinien mit Eintragsflächenberechnungen mittels FEFLOW wurden vorhandene Meßstellen nach ihrer Tauglichkeit für die Grundwasserüberwachung bewertet. In diesem Zusammenhang wurden für prioritäre Altlasten Vorschläge für den Meßnetzausbau erarbeitet, die sowohl eine Überwachung der potentiellen Kontaminationen aus Altlasten als auch eine Erfolgskontrolle von Sanierungsmaßnahmen ermöglichen.

In den *Abb. 5.14* und *5.15* sind ausgewählte Berechnungsbeispiele als Bildschirmdumps gezeigt.

Mehrphasen- und Mehrkomponentenprobleme

In den bisherigen Betrachtungen wurde davon ausgegangen, daß es sich um Ausbreitungsprognosen für einzelne gelöste Stoffe handelt. Wie oben dargestellt wurde, sind für solche Prozesse geeignete Instrumentarien verfügbar. Wesentlich problematischer ist die Situation, wenn Mehrphasen- und/oder Mehrkomponentenprobleme zu untersuchen sind. Auch wenn hier bereits Modelle grundsätzlich verfügbar sind, beschränken sich solche Anwendungen für Ausbreitungsprognosen in der Praxis auf Ausnahmen, da sich die Probleme bei der Parameterquantifizierung gegenüber Einphasen- und Einkomponentenproblemen vervielfachen. Als ausgewählte Literaturzitate seien hier nur gegeben: KUEPER & FRIND (1990) sowie WALTER et al. (1994).

5.2.5 Ausbreitungsprognosen im Festgestein

Ausbreitungsprognosen im Festgestein erweisen sich in der Regel als noch komplizierter als in Lockergestein-Grundwasserleitern. Die Ursache liegt zum einen in den komplizierten Strömungs- und Stofftransportprozessen, zum anderen in der Regel wesentlich schwierigeren und aufwendigeren Erkundung von Festgestein-Grundwasserleitern begründet.

Wie bereits *Tabelle 5.6* zeigt, wird die Auswahl eines Modells für Ausbreitungsprognosen im Festgestein maßgeblich von den hydrogeologischen Verhältnissen und konkreten Problemstellungen bestimmt. Das Spektrum reicht von porösen Grundwasserleitern, klüftig-porösen Grundwasserleitern, Kluftgrundwasserleitern bis zu Karstgrundwasserleitern. Darüber hinaus können anthropogene Hohlräume (in Verbindung mit Bergbau) eine wichtige Rolle spielen.

Es besteht ein enger Zusammenhang zwischen der Struktur des Grundwasserleiters sowie seines Hohlraumsystems und der Problemdimension. Je kleiner das Untersuchungsgebiet und je größer die durchströmten Hohlräume sind, um so dominanter können Strömungsvorgänge in Klüften und Hohlräumen werden. Je größer der Untersuchungsraum wird, desto mehr verhalten sich klüftige Festgestein-Grundwasserleiter wie poröse Medien. Dabei spielt auch die Dimension der Untersuchung eine Rolle, da beim Übergang von der

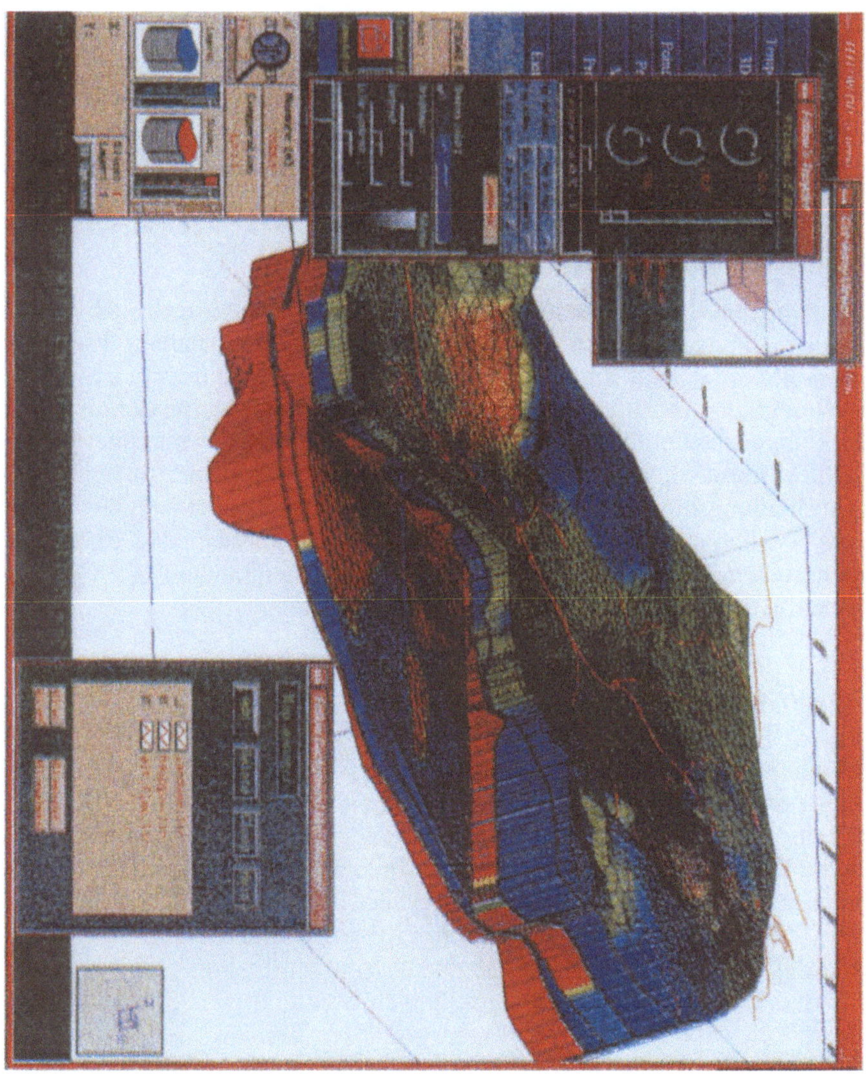

Abb. 5.13. 3-D-Modell Oranienburg; k_f - Wert-Verteilung

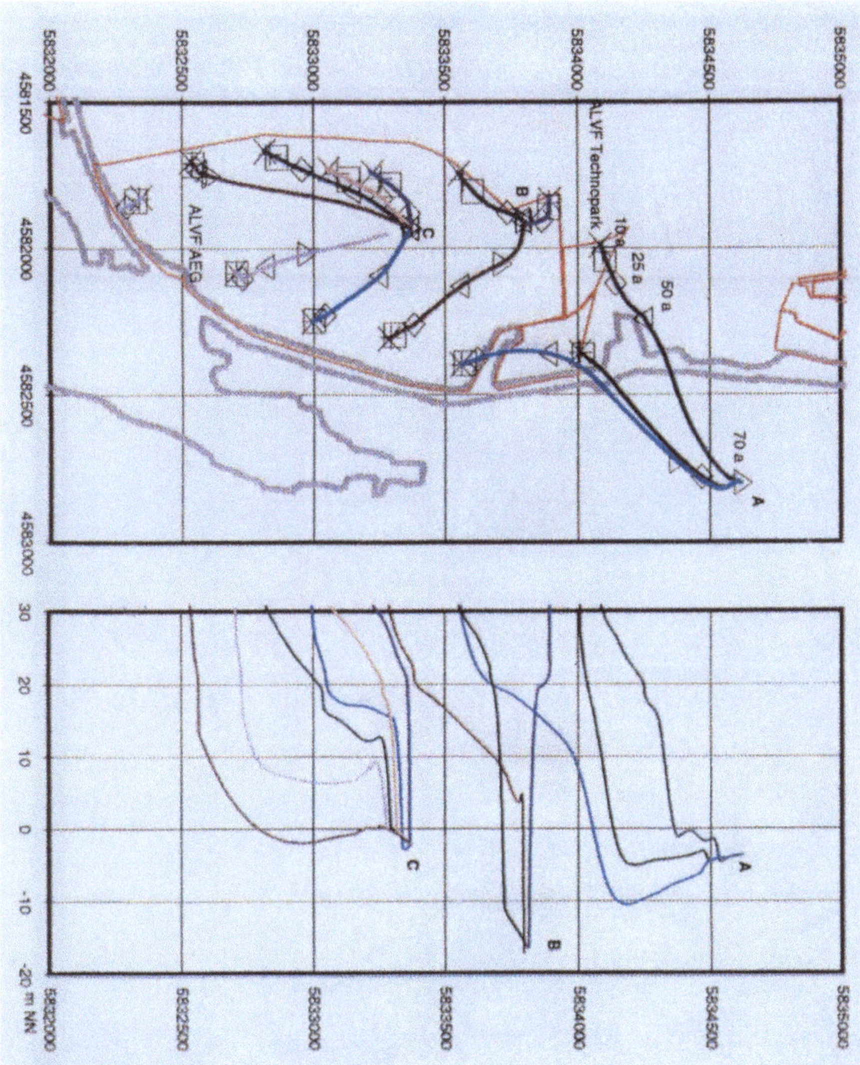

Abb. 5.14. 3-D-Bahnlinien- und Isochronenberechnung als Horizontalprojektion und Vertikalschnitt, Modellbeispiel Region Oranienburg

zweidimensionalen zur dreidimensionalen Betrachtungsweise eines Kluftsystems die Durchlässigkeit eher größer wird und das System sich vielmehr wie ein poröses Medium verhält. In GLA (1994) wird ein Zusam-

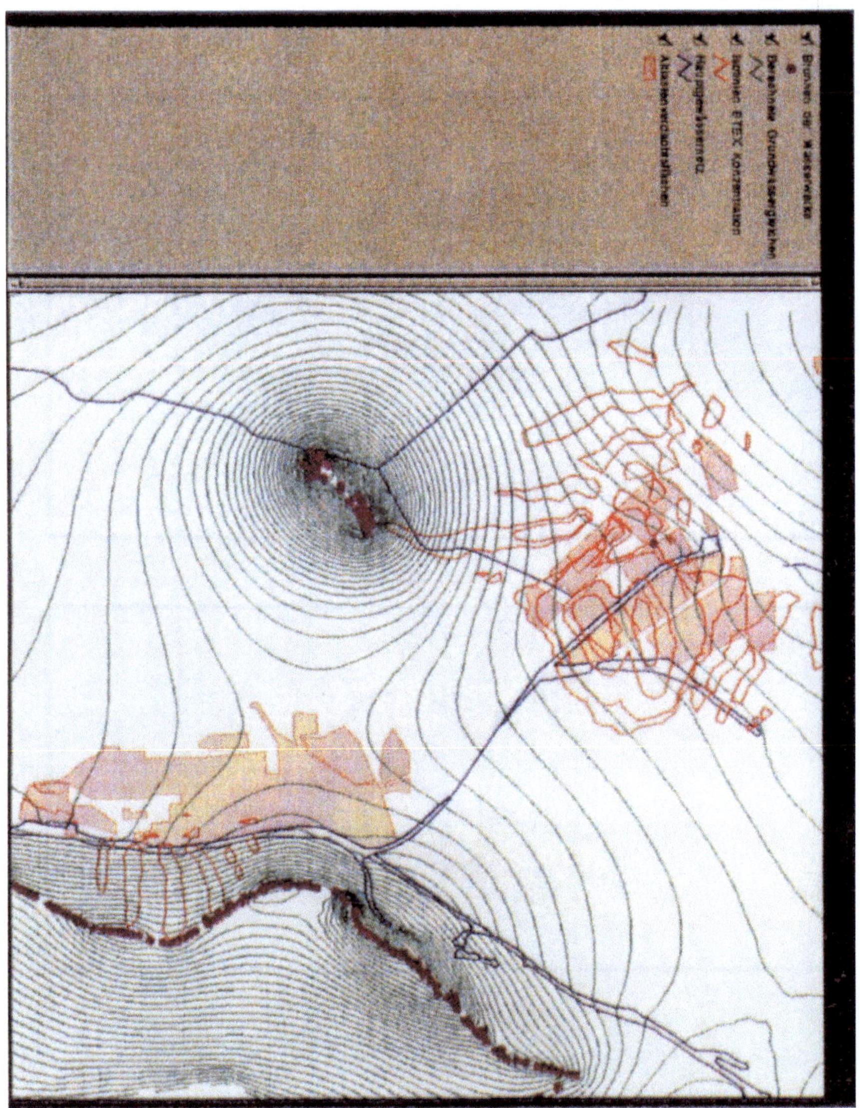

Abb. 5.15. Ausbreitungsberechnung BTEX, Modellbeispiel Region Oranienburg

menhang zwi schen der Struktur des Grundwasserleiters und den repräsentativen Elementarvolumina (REV) hergestellt. Für Kluftgrundwasserleiter wird als Größe des REV, für das ein DARCY-basierter Ansatz möglich ist, ein Quader der Kantenlänge von 100 - 200 m angegeben.

In der Praxis werden in vielen Fällen Modelle eingesetzt, die auf dem DARCY-Gesetz basieren und den Kluftgrundwasserleiter wie ein poröses

Medium beschreiben. Dabei kann durch Berücksichtigung einer richtungsabhängigen Anisotropie sowie der Heterogenität der Grundwasserleiter eine realitätsnahe Modellierung erreicht werden. In diesem Fall gelten grundsätzlich die Ausführungen in Abschn. 5.2.4 mit zusätzlichen Problemen der Modellparameterisierung. Bei kleinräumigeren Fragestellungen und/oder dominanten Makroklüften muß auf verbesserte Modellansätze zurückgegriffen werden, die die Kluftstruktur erfassen und u. U. auch die nichtlinearen Strömungsvorgänge in den Kluftsystemen beschreiben. Ein solches Modell ist beipielsweise ROCKFLOW (Institut für Strömungsmechanik, Universität Hannover). Hierzu sei besonders auch auf den Bd. 8 des Handbuchs verwiesen, der Modelluntersuchungen für die Deponie Münchehagen unter Nutzung dieses Modellsystems zum Gegenstand hat.

Bei Ausbreitungsprognosen stellt sich im Festgestein auch noch stärker die Frage nach dem Ziel der Prognosen. So ist es ein erheblicher Unterschied, die von einer Altlast ausgehende Gefährdung des Durchbruchs einzelner Partikel (die in bevorzugten Fließwegen, Klüften erfolgen kann) zu prognostizieren oder die insgesamt eingetragene Schadstofffracht/-konzentration zu betrachten. Diese Frage ist in Verbindung mit der in der Regel geringen Erkundung (und Erkundbarkeit) der Festgesteine wichtig. Wenn es um Gefährdungsabschätzungen geht, so sind Worst-case-Annahmen gerechtfertigt, die z. B. von der Ausbreitung eines konservativen Tracers im Kluftsystem ausgehen. Gilt es dagegen, möglichst genaue Prognosen der Konzentrationsentwicklung von Schadstoffen in Raum und Zeit zu treffen, so muß den maßgebenden Stofftransportmechanismen Rechnung getragen werden. Hier sind neben den in Abschn. 5.2.2 dargestellten Prozessen die Wechselwirkungen zwischen Klüften und der (porösen) Gesteinsmatrix zu beachten. In diesem Fall sind die Anforderungen an die Modellierung noch größer. Der Schritt zur Modellierung von Mehrphasenproblemen im Festgestein wird aktuell von HELMIG & ZIELKE (1996) beschrieben. Dieser Beitrag macht den noch erheblichen Forschungsbedarf auf diesem Gebiet deutlich.

In den *Abb. 5.9 - 5.16* wird eine einfache Entscheidungshilfe zur Modellauswahl bei Ausbreitungsuntersuchungen im Festgestein gegeben, KADEN & KOLDITZ (1996).

Sofern nicht von Modellen ausgegangen wird, die auf dem klassischen DARCY-Gesetz aufbauen, ist die Modellvielfalt gering. Nur wenige Modelle bieten ein umfassendes Leistungsspektrum. Analytische Lösungen sind noch eingeschränkter anwendbar als im Lockergesteinsbereich. Die Sinnfälligkeit von Modellanwendungen ist hier stärker in Frage zu stellen. So gibt die mathematische Simulation einer Stoffausbreitung in Karstgrundwasserleitern in der Regel keinen Sinn, da mit Tracerversuchen quasi on-line solche Prognosen experimentell bestimmt werden können.

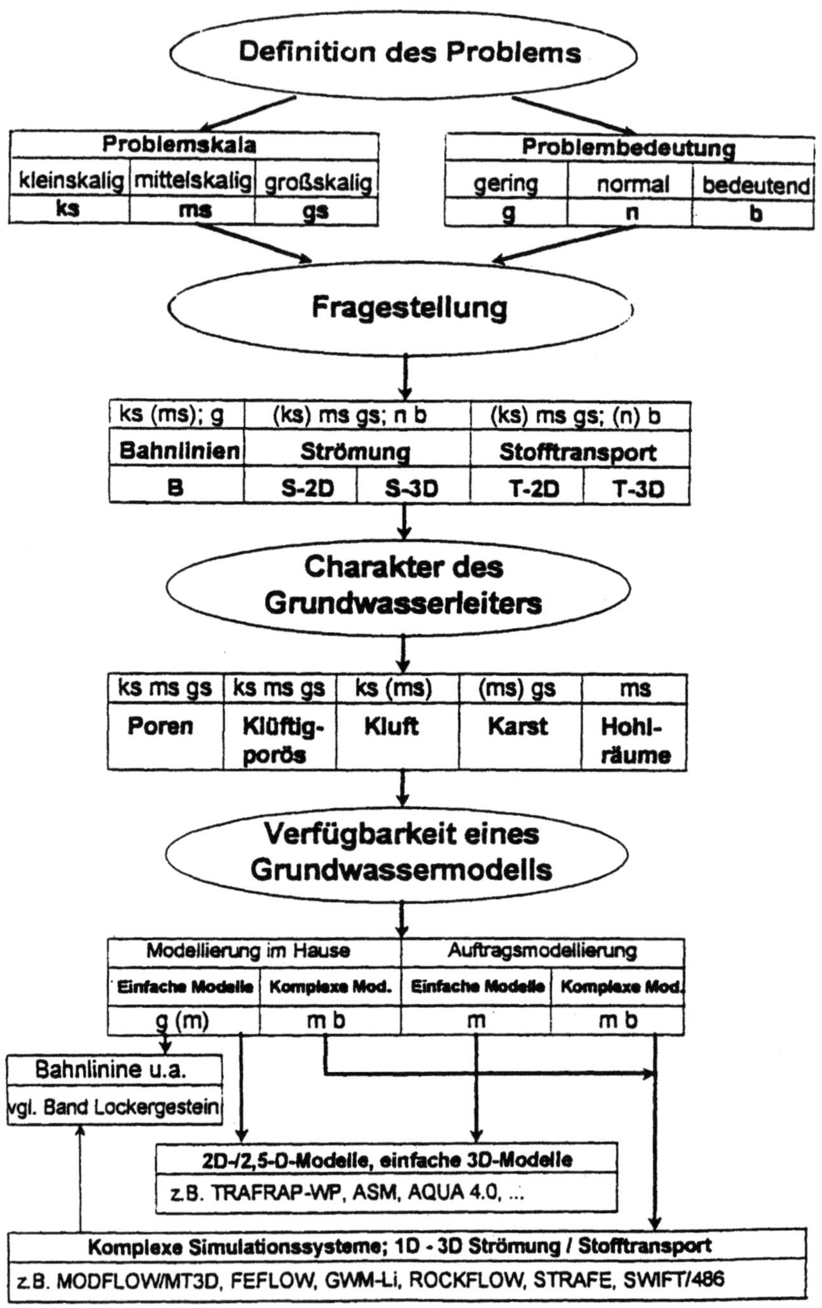

Abb. 5.16. Entscheidungshilfe zur Modellauswahl für Ausbreitungsprognosen im Festgestein

5.2.6 Ausbreitungsprognosen in der ungesättigten Bodenzone

Ausbreitungsprognosen für gelöste Schadstoffe in der ungesättigten Bodenzone sind nur in Ausnahmefällen von praktischer Bedeutung, obgleich entsprechende Prozesse bei Altlasten und Deponien oftmals auftreten, sofern die Kontaminationen noch oberhalb der gesättigten Zone liegen und eine Auswaschung mit der Grundwasserneubildung (Versickerung) erfolgt. In der Praxis wird der Prozeß der Schadstoffausbreitung in der ungesättigten Bodenzone gegenüber dem in der gesättigten Bodenzone häufig vernachlässigt. Die Ursachen liegen einerseits in den vergleichsweise kurzen Fließzeiten und andererseits in der aufwendigen Bestimmung der maßgeblichen Bodenkennwerte in der ungesättigten Zone begründet. Einen stochastischen Ansatz zur Modellierung von Strömungs- und Stofftransportproblemen in der ungesättigten Bodenzone hat YEH (1995) vorgestellt. Auch er verweist allerdings auf die Probleme der Parameterermittlung im Feld.

Eine detailliertere Untersuchung der Ausbreitungsprozesse in der ungesättigten Bodenzone ist besonders bei Problemstellungen mit mehreren flüssigen und/oder gasförmigen Phasen von Interesse, da in diesem Fall der ungesättigten Bodenzone für die zeitliche Stoffausbreitung eine wichtige Rolle zukommen kann. Hierzu sei auf LUCKNER & SCHESTAKOW (1991) verwiesen.

5.2.7 Anwendungsgrenzen und Entwicklungstendenzen

Die Anwendungsgrenzen der Verfahren werden auch in Zukunft von den verfügbaren Primärdaten bestimmt. Das beste praktische Verfahren kann nicht besser sein als die dem Modell zugrunde liegenden Daten. Möglichkeiten, Probleme und Entwicklungstendenzen der Parameterermittlung, speziell aus chemischer Sicht, sind Gegenstand des vorliegenden Buches sowie weiterer Bände des Handbuches.

Ausbreitungsprognosen werden zunehmend zum Standard werden. Einerseits wird der Spareffekt bei praktischen Sicherungs- und Sanierungsaufgaben erkannt. Andererseits ist die Einsetzbarkeit entsprechender Verfahren immer breiter und besser gegeben.

ANDERSON (1995) charakterisiert die Entwicklungstendenzen unter der Überschrift "Grundwasser im 21. Jahrhundert" wie folgt:

Parameterbestimmung und Modellzuverlässigkeit

Der Prozeß der Modellkalibrierung wird durch den Einsatz von intelligenten Tools zur Lösung der inversen Aufgaben für Strömungs- und Stofftransportprobleme automatisiert und objektiviert, obgleich auch zukünftig mangels ausreichender Feldmessungen der Kalibrierung immer praktische Grenzen gesetzt sein werden. Und ein kalibriertes Model ist nur die Widerspiegelung des jeweiligen Feldsystems.

Kritischer wird die Bestimmung der Modellzuverlässigkeit (Validität) gewertet. Es wird vermerkt, daß eine Modellvalidierung grundsätzlich nur in Verbindung mit Feldexperimenten möglich ist - und diese können über Jahrzehnte ablaufen. ORESKES et al. (1994) zeigen sogar, daß eine Modellvalidierung natürlicher Systeme unmöglich sei.

Als wichtige Voraussetzung einer Modellvalidierung in der Zukunft wird die möglichst präzise Protokollierung der Modellgrundlagen und des Modellaufbaus gefordert. Eine Forderung, der gegenwärtig nur wenige Modellstudien entsprechen. Diese Tatsache geht einerseits zu Lasten der Auftraggeber, die entsprechende Forderungen (u. U. aus Kostengründen) nicht erheben und andererseits zu Lasten der Modellentwickler (wegen Urheberrechtsüberlegungen).

Geologische Heterogenität

Die Unsicherheit in der geologischen Beschreibung der Grundwasserleitersysteme wird zunehmend durch stochastische Modellansätze erfaßt. Dazu gehören Modelle, die die hydraulische Durchlässigkeit als Zufallsprozeß mit bestimmten statistischen Eigenschaften betrachten. Geostatistische Verfahren setzen auf Kriging-Techniken auf. Mittels Monte-Carlo-Simulationen werden bei stochastischen Parameteransätzen mittlere Modelleigenschaften prognostiziert. Verstärkt wird auch eine Berücksichtigung geologischer Prozeßmodelle erwartet, besonders bei Schadstofftransportuntersuchungen. Allen Ansätzen wird der Versuch gemeinsam sein, die Heterogenität der Grundwasserleiter bzgl. ihres Einflusses auf Strömungs-, v. a. aber auf Stoffausbreitungsprozesse zu erfassen.

Beschreibung der Kontamination

Neben der Beschreibung der Heterogenität des Grundwasserleiters ist eine genaue Kenntnis der Geschichte der Kontamination (Altlastengenese), der Ausbreitung des Schadstoffes im Grundwasser und der dominanten chemisch-biologischen Reaktionen erforderlich. Zukünftig werden komplexe chemisch-biologische Wechselwirkungen zwischen den Phasen und zwischen verschiedenen Stoffkomponenten zu untersuchen sein.

Neben den von ANDERSON (1995) sind aus der Sicht des Autors weitere Entwicklungstendenzen mit der Ausdehnung des Leistungsspektrums der Modelle verbunden. Dazu gehören die Erweiterung der Modelle hinsichtlich integrierter Tools zur GIS-gestützten Modellparameterisierung, Verfahren der automatisierten und adaptiven Diskretisierung sowie die Kopplung mit Oberflächengewässermodellen.

Auf der anderen Seite muß davon ausgegangen werden, daß auch in Zukunft nicht alle Fragen mit Modellen präzise beantwortet werden können. Wie für jedes Prognosemodell können Ausbreitungsprognosen dann und nur dann korrekt sein, wenn die zukünftigen Randbedingungen bekannt sind. Wenn man noch die Kenntnis technisch bestimmter Randbedingungen voraussetzen kann, so sind natürliche Randbedingungen wie die Grundwasserneubildung nicht exakt prognostizierbar (beachte z. B. die Klimaänderung). Um so wichtiger sind Sensibilitätsuntersuchungen. Gleichzeitig wird das Konzept von Standortmodellen (ständig verfügbare Modelle) angeregt. Modelle sollten maßnahmebegleitend betrieben werden. Damit sind schrittweise Modellverbesserungen möglich, und die Genauigkeit von Modellprognosen wird verbessert.

Generell sollte ein ausgewogenes Verhältnis von Felduntersuchungen und Modelluntersuchungen gefunden werden. Ausbreitungsprognosen ohne durch Felduntersuchungen gestützte Parameter sind "Geophantasie", Felduntersuchungen für Ausbreitungsprognosen und Sanierungslösungen andererseits bestenfalls Bestandsbeschreibungen ohne prognostizierenden Wert.

Auch zukünftig dürften die Problemklassen der Grundwasserströmung und des Transports einer Spezies in einer (gelösten) Phase im Vordergrund stehen, sowohl problem- als auch datenbedingt. Die in den vergangenen Jahren intensiven Anstrengungen in der Forschung zur Lösung von Mehrphasen- und Mehrkomponentenproblemen lassen aber erwarten, daß entsprechende Konzepte verstärkt auch zur Lösung praktischer Probleme im Altlastenbereich Anwendung finden.

Weitere Entwicklungstendenzen verknüpfen sich mit der Entwicklung in der Informationstechnik. Interaktive Computergraphik wird zum Standard werden. Der Trend wird durch Modelle wie FEFLOW, VISUAL-MODFLOW bestimmt. Neue Wege dürfte auch der Information-Highway eröffnen, nämlich die Förderung der Verbreitung von Modelle und Methoden bis zu deren Nutzung über das Netz.

Alle Entwicklungen dürfen aber nicht losgelöst von einer angemessenen Fachkompetenz der Modellanwender erfolgen. Die komplexe Materie der Simulation von Strömungs- und Stofftranportprozessen wird auch zukünftig nicht ohne den qualifizierten Anwender beherrschbar sein.

Literatur

AKIN, H., SIEMES, H. (1988) Praktische Geostatistik - eine Einführung für den Bergbau und die Geowissenschaften. Springer, Berlin Heidelberg New York Tokyo 304 S

ANDERSON, M. P. (1995) Groundwater modelling in the 21. century. In: Groundwater models for resources analysis and management. Aly I. El-Kadi (ed.) Lewis Publishers, pp. 79-93

BEAR, J., VERRUIJT, A. (1987) Modelling groundwater flow and pollution. Reider, Dordrecht, 414 p

BRERETON, R. G. (1990) Chemometrics, Horwood, New York

BROSIUS, G. (1989) SPSS/PC + Advanced Statistics und Tables. McGraw-Hill, Hamburg

BUSCH, K.-F., LUCKNER, L., TIEMER, K. (1993) Geohydraulik, 3. neubearbeitete Aufl., Bornträger, Berlin 497 S

CHATFIELD, C. (1980) The analysis of time series. An introduction. Chapman, London

CRESSIE, N. A. C. (1985) Fitting variogram models by weighted least squares. Math Geol 17: 563-568

CRESSIE, N. A. C. (1991) Statistics for spatial data. Wiley, New York

DANZER, K., MARX, G. (1979) Application of two-dimensional variance analysis for the investigation of homogeneity of solids. Anal Chim Acta 110: 145-151

DELANEY, P. G., GUIGUER, N. (1996) The visual modelling revolution. Int Groundwater Technol 19: 14 -19

DELAY, F., DE MARSILY, G. (1994) The integral of the semivariogram: a powerful method for adjusting the semivariogram in geostatistics. Math Geol 26: 301-321

DERDE, M. P., MASSART, D. L. (1982) Extraction of information from large data sets by pattern recognition. Fresenius J Anal Chem 313: 484-495

DEVILLERS, J., KARCHER, W., (eds.) (1991) Applied multivariate analysis in SAR and environmental studies. Kluwer, Dordrecht

DIERSCH, H.-J. (1993) GIS-based groundwater flow and transport modelling - The simulation system FEFLOW. In: Ossing, F. (ed.) Praxis der Umwelt-Informatik Bd 4. Metropolis, Marburg, 187-208

DIERSCH, H.-J. (1994) FEFLOW - Physikalische Modellgrundlagen. In: Fachtagung "Grafikgestützte Grundwassermodellierung", Berlin 16./17.3.1994. IWU-Tagungsberichte, S. 7-53

DIERSCH H.-J. et. al. (1996) FEFLOW user-manual. WASY GmbH, Berlin

DOERFFEL, K., WUNDRACK, A. (1986) Korrelationsfunktionen in der Analytik. In: Fresenius, W. (Hrsg.) Analytikertaschenbuch, Bd. 6, Akademie-Verlag, Berlin

DOERFFEL, K. (1990) Statistik in der analytischen Chemie. 5. Aufl, Deutscher Verlag für Grundstoffindustrie, Leipzig, 192 S

DVWK (1989) Stofftransport im Grundwasser. DVWK-Schriften Nr. 83, 296 S

DVWK (1995) Speicher-Durchfluß-Modelle zur Bewertung des Stoffein- und Stoffaustrages in unterschiedlichen Grundwasser-Zirkulationssystemen. DVWK-Schriften Nr. 109, 95 S

EINAX, J., OSWALD, K., DANZER, K. (1990) Analytical investigations and chemometrical characterization of polluted soils. Fresenius J Anal Chem 336: 394-399

EINAX, J., MACHELETT, B., GEISS, S., DANZER, K. (1992) Chemometric investigations on the representativity of soil sampling. Fresenius J Anal Chem 342: 267-272

EINAX, J. (1993) Einsatz multivariat-statistischer Methoden zur Interpretation staubförmiger Immissionen. Z Umweltchem Ökotox 5: 45-51

EINAX, J. (ed.) (1995) Chemometrics in environmental chemistry. Statistical methods. In: Hutzinger, O. (ed.) Handbook of environmental chemistry, Vol. 2, Part G, Springer, Berlin Heidelberg New York Tokyo 330 p

EINAX, J.W. (1997) Repräsentative Probenahme - Chemometrische Werkzeuge . In : Tagungsband, CANAS'97, Freiberg

EINAX, J., SOLDT, U. (1995) Geostatistical investigations of polluted soils. Fresenius J Anal Chem 351: 48-53

EINAX, J.W., ZWANZIGER, H.H., GEISS, S. (1997) Chemometrics in environmental analysis. VCH, Weinheim.

GEISS, S., EINAX, J. (1992) Möglichkeiten der Anwendung multivariat-statistischer Methoden in der Schwermetallanalytik von Fließgewässern. Vom Wasser 78: 201-210

GEISS, S., EINAX, J., DANZER, K. (1991) Multivariate correlation analysis and ist application in environmental analysis. Anal Chim Acta 242: 5-9

GLA (1994) Ergiebigkeitsuntersuchungen in Festgesteinsaquiferen. Geolog. Landesamt Baden-Württemberg, Informationen 6/94, 114 S

GILBERT, R. O., SIMPSON, J. C. (1985) Kriging for estimating spatial pattern of contaminants: potential and problems. Environ Monit Assess 5: 113-135

HÄFNER, F., SAMES, D., VOIGT, H.-D. (1992) Wärme- und Stofftransport -Mathematische Methoden. Springer, Berlin Heidelberg New York Tokyo, 626 p

HAITJEMA, H. M. (1995) Analytic element modelling of groundwater flow. Academic Press, San Diego, USA, 394 p

HELMIG, R., ZIELKE, W. (1996) FE-Simulation von Mehrphasenströmungen in klüftigem Gestein. Dtsch Gewässerkundliche Mitt 40: (1) 26 - 36

HENRION, R., HENRION, G. (1994) Multivariate Datenanalyse. Springer, Berlin Heidelberg New York Tokyo

HOBERT, H., MEYER, K., WEBER, I. (1993) Infrared analysis of mixtures of organic solids by iterative spectra exhaustion. Vib Spectrosc 4: 207-215

JOURNEL, A. G., HUIJBREGTS, C. (1978) Mining geostatistics. Academic Press, London, 600 p

KADEN, S. UND KOLDITZ, O. (1996) Simulation von Strömungs- und Transportprozessen im Rahmen der Altlastenbehandlung - Festgesteinsgrundwasserleiter. Studie im Auftrag des Sächsischen Staatsministeriums für Umwelt und Landesentwicklung

KINZELBACH, W. (1986) Groundwater modelling. An introduction with sample programs in BASIS. Elsevier, New York, 333 p

KINZELBACH, W. (1992) Numerische Methoden zur Modellierung des Transports von Schadstoffen im Grundwasser. 2. Aufl. Oldenbourg, München, 343 S

KINZELBACH, W. et al. (1996) Berechnungsverfahren und Modelle, Materialien zum Altlastenhandbuch Niedersachsen. Springer, Berlin, 216 S

KINZELBACH, W., RAUSCH, R. (1995) Grundwassermodellierung: eine Einführung mit Übungen. Bornträger, Berlin 283 S

KLÄRSCHLAMMVERORDNUNG (AbfKlärV) (1992): Bundesgesetzblatt, Teil I, 912-933

KONIKOW, L. F., BREDEHOEFT, J. D.1(978) Computer model of two-dimensional solute transport and dispersion in groundwater. - Techniques of water resources investigations of the United States Geological Survey, Book 7, Chap C2; 40 p. Washington D. C. (U.S. Governm. Print. Office)

KRIEG, M., EINAX, J. (1994a)Mit der Chemometrik die Verteilung von Schadstoffen in Böden untersuchen. CLB Chemie in Labor und Biotechnik 45: 189-192, 246-248

KRIEG, M., EINAX, J. (1994b) Chemometric characterization of soil depht profiles, Fresenius J Anal Chem 348: 490-495

KUEPER, B. H., FRIND, O. E. (1990) Numerical modelling of multiphase/multicomponent flow and transport in porous media: an overview. Paper, presented at Int. Hydrogeolog. Association Conf. on Subsurface Contamination by Immiscible Fluids, Calgary, pp. 18 - 20

LACHENBRUCH, P. A. (1979) Diskriminant Analysis. Hafner, New York

LEGE, T., KOLDITZ, O., ZIELKE, W. (1995) Strömungs- und Transportmodellierung. In: Methodenhandbuch Deponieuntergrund, Bd 2. Springer Berlin Heidelberg New York Tokyo 418 S

LIGETT, J. A.; LIU, P. (1983) The boundary integral equation method for porous media flow. Allen, Unwin

LUCKNER, L., SCHESTAKOW, W. M. (1991) Migration processes in the soil and groundwater zone. Lewis Publisher, Florida 484 p

MACHELETT, B., GRÜN, M., PODLESAK, W. (1986) Routinemethode zur Charakterisierung der Schwermetallkontamination des Bodens. Extraktion mit siedender 1,5 N Salpetersäure. In: Anke, M., Brückner, C., Gürtler, H., Grün, M. (Hrsg.): Mengen- und Spurenelemente. Arbeitstagung 1986, Tagungsband, Karl-Marx-Universität, Leipzig

MALINOWSKI, E. R. (1991) Factor analysis in chemistry, 2nd edn. Wiley, New York

MASSART, D. L., VANDEGINSTE, B. G. M., DEMING, S. N., MICHOTTE, Y., KAUFMANN, L. (1988) Chemometrics: a textbook. Elsevier, Amsterdam

MATHERON, G. (1965) Les variables régionalisées et leur estimation. Masson, Paris, 212 p

MCDONALD, M. G. AND HARBAUGH, A. W. (1983) A modular three-dimensional finite difference groundwater flow model. USGS Open File Report 83-875, 528. Denver, Colorado

ORESKES, N., SHRADER-FRECHETTE, K., BELITZ, K. (1994) Verification, validation, confirmation of numerical models in the earth sciences. Science 263: 641

PINDER, G. F.; GRAY, W. G. (1977) Finite element simulation in surface and subsurface hydrology. Academic Press, New York

RUMP, H. H. (1992) Laborhandbuch für die Untersuchung von Wasser, Abwasser und Boden. VCH, Weinheim

SACHS, L. (1992) Angewandte Statistik. 7. Aufl. Springer, Berlin Heidelberg New York tokyo 552 S

SHARAF, M. A., ILLMAN, D. L., KOWALSKI, B. R. (1986) Chemometrics. Wiley, New York 332 p

TORIDE, N., LEIJ, F., VAN GENUCHTEN, M. T. (1993) A comprehensive set of analytical solutions for non-equilibrium solute transport with first-order decay and zero-order production. Water Resour Res 29(7): 2167 - 2182

UMWELTBUNDESAMT (Hrsg.) (1992) Umweltsanierung des Großraumes Mansfeld. Abschlußbericht, Berlin

UWG/WASY (1996) Modellhafte Erfassung des Grundwasserregimes für den Bereich des Altlasten-Großprojektes "Region Oranienburg". UWG GmbH und WASY GmbH, Berlin. Bericht im Auftrag des Landkreises Oberhavel

WACKERNAGEL, H. (1994) Multivariate geostatistics. Springer, Berlin Heidelberg New York Tokyo

WALTER, A. L., FRIND, E. O., BLOWES, D.W., PTACEK, C.J., MOLSON, J.W. (1994) Modelling of multicomponent reactive transport in groundwater. 1. Model development and evaluation. Water Resour Res 30(11): pp. 3137 - 3161

WEBER, E. (1986) Grundriß der biologischen Statistik. 9. Aufl. Fischer, Jena

YEH, T.-C. J. (1995) Stochastic modelling of water flow and solute transport in the vadose zone. In: Aly I. El-Kadi (ed.) Groundwater models for resources analysis and management. Lewis Publishers pp. 185 - 230

ZHENG, C. (1990) MT3D: A modular three-dimensional transport model for simulation of advection, dispersion and chemical reactions of contaminants in ground-water systems. Ada, Oklahoma, USA, EPA, R.s. Kerr Environmental Research Laboratory

Sachverzeichnis

Springer und Umwelt

Als internationaler wissenschaftlicher Verlag sind wir uns unserer besonderen Verpflichtung der Umwelt gegenüber bewußt und beziehen umweltorientierte Grundsätze in Unternehmensentscheidungen mit ein. Von unseren Geschäftspartnern (Druckereien, Papierfabriken, Verpackungsherstellern usw.) verlangen wir, daß sie sowohl beim Herstellungsprozess selbst als auch beim Einsatz der zur Verwendung kommenden Materialien ökologische Gesichtspunkte berücksichtigen. Das für dieses Buch verwendete Papier ist aus chlorfrei bzw. chlorarm hergestelltem Zellstoff gefertigt und im pH-Wert neutral.

MIX
Papier aus verantwortungsvollen Quellen
Paper from responsible sources
FSC® C105338

If you have any concerns about our products,
you can contact us on
ProductSafety@springernature.com

In case Publisher is established outside the EU,
the EU authorized representative is:
Springer Nature Customer Service Center GmbH
Europaplatz 3, 69115 Heidelberg, Germany

Printed by Libri Plureos GmbH
in Hamburg, Germany